Band 1 liegt vor mit folgenden Themen:

Qualitätsmanagement (QM)

Längenprüftechnik

Abtrennen (Spanen, Abtragen)

Werkzeugmaschinen

Steuerung von Werkzeugmaschinen
(einschließlich CNC)

Fertigungsautomatisierung
(einschließlich Robottechnik)

Zahnrad- und Gewindefertigung

Aufgaben und Laborübungen

FERTIGUNGSTECHNIK 2

Urformen

Umformen (Massivumformen und Stanzen)

Trennen (Zerteilen)

Fügen (Pressen – Schweißen – Löten – Kleben)

Beschichten und Stoffeigenschaftändern

Thermisches Trennen

Herausgeber:
Dipl.-Gwl. Willy Schal
Studienprofessor
Stuttgart

Autoren:
Lothar Landt, Fachberater, Stuttgart
Dipl.-Gwl. Willy Schal, Studienprofessor, Stuttgart

12., durchgesehene Auflage

HANDWERK UND TECHNIK · HAMBURG

Bildquellenverzeichnis

Autoren und Verlag danken den genannten Firmen und Institutionen für die Überlassung von Vorlagen bzw. Abdruckgenehmigungen folgender Abbildungen:

Beratungsstelle für Stahlverwendung, Düsseldorf (Werkfoto BERNA): 43.2, 47.2, 50.1
Otto Bihler Maschinenfabrik GmbH & Co. KG, Halblech/Füssen: 91.1
Gebr. Böhler & Co. Aktiengesellschaft, Düsseldorf: 21.1
CIBA AG, Wehr: 276.2
Carl Cloos Schweißtechnik GmbH, Haiger: 203.1
DALEX-WERKE Niepenberg GmbH & Co. KG, Wissen (Sieg): 164.1, 2, 165.1
Deutscher Verlag für Schweißtechnik GmbH, Düsseldorf: 217.1
Dentaurum, Ispringen: 72.1
DeVilbiss-Defag GmbH, Dietzenbach: 304.1
Druckerei Ernst Klett, Stuttgart: (Schuler: Handbuch für die spanlose Formgebung. – 1964): 82.2, 83.1, 2
S. DUNKES GmbH, Kirchheim/Teck-Ötlingen: 89.1
Otto Dürr, Stuttgart: 302.1
Eitel KG, Karlsruhe: 87.2
ERLAS – Erlanger Lasertechnik GmbH, Erlangen: 255.2
Fachverband Pulvermetallurgie, Hagen-Emst: 33.1
Feintool AG, Lyss/Schweiz: 143.1 (1 Bild), 145.2
Finanzministerium Baden-Württemberg, Stuttgart (Fotografie: Jörg-Peter Maurer, Stuttgart): 49.2
GALVANOFORM, Lahr: 32.1
Carl Hanser Verlag, München: (Oehler: Biegen unter Pressen. – 1963): 80.1; (nach Billigmann/ Feldmann: Stauchen und Pressen. – 2. Aufl.; Hilbert: Stanzerei-technik Bd. II, 5. Aufl.): 84.1, 2, 4; („Werkstatt und Betrieb" (1961)11, S. 845; (1962)9, S. 638, Guidi): 143.1 (2 Bilder)
Haulick + Roos GmbH, Pforzheim: 88.1

Hydrel AG, Romanshorn: 144.1
Karl Kellinghaus, Ahlen: 90.1
Kurt G. Kersten GmbH, Fliegenberg: 300.1, 2
Mannesmann-Werbe-Gesellschaft, Düsseldorf: 40.4, 41.1, 2, 42.1, 2, 43.1
Messer-EMW GmbH, Mündersbach: 197.1
Messer-Griesheim GmbH, Frankfurt: 193.1, 196.1, 219.1, 220.1, 329.1, 332.1
Metrohm AG, Herisau/Schweiz: 325.1
J. u. W. Müller GmbH, Opladen: 255.1
Oerlikon GmbH & Co., Eisenberg/Pfalz: 208.1, 209.2
OSU Günter Hessler GmbH & Co. KG, Bochum: 300.3
Springer Verlag GmbH & Co. KG, Berlin/Heidelberg/ New York (nach Oehler/Kaiser/Schmitt: Stanz- und Ziehwerkzeuge. – 6. Aufl.): 93.1, 2
Sustan GmbH & Co. KG, Offenbach: 109.2, 129.2
Trumpf GmbH + Co., Ditzingen: 226.1, 338.2, 339.1, 341.1
VDI-Verlag, Düsseldorf (aus VDI-Richtlinie 3138, Blatt 1. – Beuth-Verlag. – Berlin 1985): 52.2
VEB Verlag Technik, Berlin: (Jahnke, Retzke, Weber: Fertigungstechnik Umformen und Schneiden. – 1981): 82.1; (Romanowski: Handbuch der Stanzerei-technik. – 2. Aufl.): 94.2
Westfälische Union Aktiengesellschaft, Hamm: 176.1, 183.1
Zentralstelle für Gussverwendung, Düsseldorf: 17.2, 20.1, 22.1, 23.1, 27.1, 2
Zentralstelle für Unfallverhütung und Arbeits-medizin Zefu, Sankt Augustin: 358 unten
Robert Zapp Werkstofftechnik GmbH & Co. KG, Düsseldorf: 237.1

ISBN 978-3-582-02313-1

Die Normblattangaben werden wiedergegeben mit Erlaubnis des DIN Deutsches Institut für Normung e.V. Maßgebend für das Anwenden der Norm ist deren Fassung mit dem neuesten Ausgabedatum, die bei der Beuth Verlag GmbH, Burggrafenstraße 6, 10787 Berlin, erhältlich ist.

Verlag Handwerk und Technik GmbH,
Lademannbogen 135, 22339 Hamburg; Postfach 63 05 00, 22331 Hamburg – 2013
E-Mail: info@handwerk-technik.de – Internet: www.handwerk-technik.de

Gesamtherstellung: Media-Print Informationstechnologie GmbH, 33100 Paderborn

Inhaltsverzeichnis

1 Einteilung der Fertigungsverfahren

In DIN 8580 werden die Fertigungsverfahren nach bestimmten Ordnungsgesichtspunkten (OGP) in ein übersichtliches und erweiterungsfähiges System eingeteilt.

1. Stelle der ON	Hauptgruppen				
1 Urformen	**2 Umformen**	**3 Trennen**	**4 Fügen**	**5 Beschichten**	**6 Stoffeigenschaft-ändern**
Definitionen					
Fertigen eines festen Körpers aus form-losem Stoff	Bildsames Ändern der Form eines festen Körpers	Formändern eines festen Körpers durch örtliches Aufheben des Zusammenhaltes	Zusammenbringen von Werkstücken auch mit formlosem Stoff	Aufbringen einer fest haftenden Schicht aus formlosem Stoff	Ändern der Eigen-schaften des Werk-stoffes, z. B. durch Diffusion, chem. Reaktion, Gitterverset-zungen
Zusammenhalt der Stoffteilchen bzw. Bestandteile wird					
geschaffen	beibehalten	vermindert oder aufgehoben	vermehrt		
2. Stelle der ON	Gruppen (mit Beispielen)				
1.1 aus dem flüssigen Zustand (Gießen)	2.1 Druckumformen (Walzen, Fließpressen)	3.1 Zerteilen (Scherschneiden)	4.1 Zusammensetzen (Einlegen)	5.1 aus dem flüssigen Zustand (Lackieren)	6.1 Verfestigen durch Umformen (Schmieden)
1.2 aus dem plastischen Zustand (Spritzgießen)	2.2 Zugdruckumformen (Tiefziehen)	3.2 bestimmten (Drehen)	4.2 Füllen (Einfüllen)	5.2 aus dem plastischen Zustand (Spachteln)	6.2 Wärmebehandeln (Glühen, Härten)
1.3 aus dem breiigen Zustand (Gießen von Keramik)	2.3 Zugumformen (Längen)	3.3 unbestimmten (Honen, Schleifen)	4.3 An- und Einpressen (Schrumpfen)	5.3 aus dem breiigen Zustand (Verputzen)	6.3 Thermomechanisches Behandeln
1.4 aus dem körnigen oder pulverförmigen Zustand (Pressen)	2.4 Biegeumformen (mit drehender Werk-zeugbewegung)	3.4 Abtragen (Thermisches Trennen)	4.4 Fügen durch Urformen (Ausgießen, Umgießen mit Kunststoff)	5.4 aus dem körnigen oder pulverförmigen Zustand (Wirbelsintern)	6.4 Sintern, Brennen
1.5 aus dem span- oder faserförmigen Zustand	2.5 Schubumformen (Ver-drehen)	3.5 Zerlegen (Lösen von Verbindungen)	4.5 Fügen durch Umformen (Nieten)		6.5 Magnetisieren
		3.6 Reinigen (Reinigungsstrahlen)	4.6 Fügen durch Schweißen (Schmelzver-bindungsschweißen)	5.6 durch Schweißen (Schmelzauftrag-schweißen)	6.6 Bestrahlen
			4.7 Fügen durch Löten (Weichlöten, Hart-löten)	5.7 durch Löten (Auftragweichlöten)	6.7 Photochemische Verfahren (Belichten)
1.8 aus dem gas- oder dampfförmigen Zustand			4.8 Kleben	5.8 aus dem gas- oder dampfförmigen Zustand (Vakuumbedampfen)	
1.9 aus dem ionisierten Zustand (elektrolyt. Abscheiden, Galvano-plastik)			4.9 Textiles Fügen	5.9 aus dem ionisierten Zustand (Galvanisieren)	
Kombinationen zwischen Gruppen sind möglich					

(Spanen mit geometrisch — Schneiden: betrifft 3.2, 3.3)

1 Einteilung der Fertigungsverfahren (DIN 8580): Gerasterte Felder sind in diesem Buch behandelt. In Klammern: Beispiele

Maßgebender Ordnungsgesichtspunkt für die Einteilung der Fertigungsverfahren in eine Hauptgruppe ist entweder
– das Schaffen einer Ausgangsform (Urform) aus formlosem Stoff oder
– die Veränderung der Form oder
– die Veränderung der Stoffeigenschaften.

In Bild 1 wird der Aufbau einer Ordnungsnummer (ON) am Beispiel des Fügeverfahrens Ofenlöten im Vakuum dargestellt.

Hauptgruppe (1. Stelle der ON)

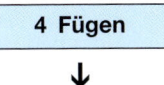

4 Fügen

↓

Gruppen (2. Stelle der ON)

4.1	4.2	4.3	4.4	4.5	4.6	4.7	4.8	4.9
Fügen durch Zusammensetzen	Fügen durch Füllen	Fügen durch An- und Einpressen	Fügen durch Urformen	Fügen durch Umformen	Fügen durch Schweißen	Fügen durch Löten	Fügen durch Kleben	Textiles Fügen

Untergruppen der Gruppe 4.7 (3. Stelle der ON)

4.7.1	4.7.2
Verbindungs-Weichlöten	Verbindungs-Hartlöten

Unterteilung der Untergruppe 4.7.2 (4. Stelle der ON)

4.7.2.2	4.7.2.3	4.7.2.4	4.7.2.5	4.7.2.7	4.7.2.8
durch Flüssigkeiten	durch Gas (Flammhartlöten)	durch elektrische Gasentladung	durch Strahl	durch elektrischen Strom	Verbindungs-Hochtemperaturlöten

Weitergehende Unterteilung
(5. Stelle der ON)

4.7.2.7.12
Ofenlöten im Vakuum

1 Stellung des Verfahrens Ofenlöten im Vakuum im Ordnungssystem der Fügeverfahren

2 Urformen

Urformen ist das Fertigen eines festen Körpers aus formlosem Stoff durch Schaffen des Zusammenhaltes.

DIN 8580

Unterteilung nach DIN:

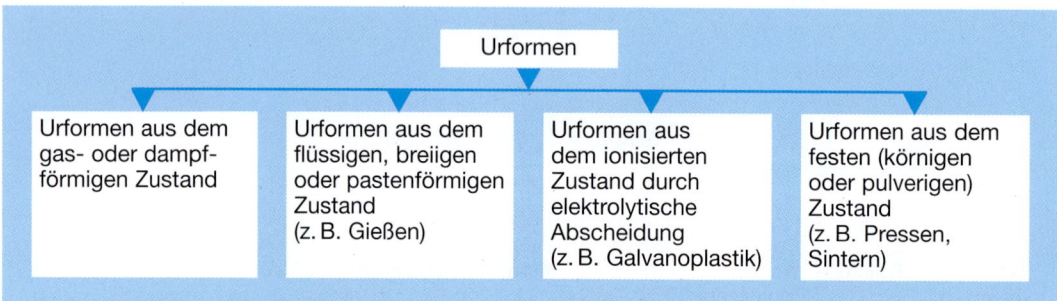

Urformen

| Urformen aus dem gas- oder dampfförmigen Zustand | Urformen aus dem flüssigen, breiigen oder pastenförmigen Zustand (z. B. Gießen) | Urformen aus dem ionisierten Zustand durch elektrolytische Abscheidung (z. B. Galvanoplastik) | Urformen aus dem festen (körnigen oder pulverigen) Zustand (z. B. Pressen, Sintern) |

2.1 Gießen

Beim Gießen wird flüssiger, teigiger oder pastenförmiger Werkstoff in eine Form eingeführt und darin zum Erstarren gebracht.

2.1.1 Grundlagen

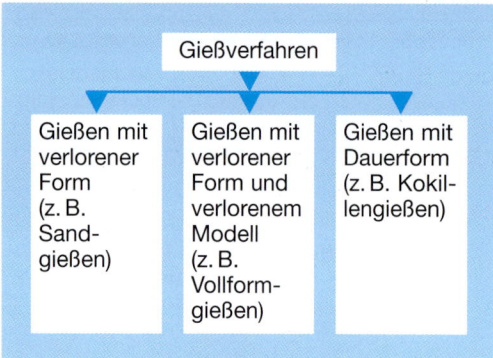

Gießverfahren

| Gießen mit verlorener Form (z. B. Sandgießen) | Gießen mit verlorener Form und verlorenem Modell (z. B. Vollformgießen) | Gießen mit Dauerform (z. B. Kokillengießen) |

Vergießbar sind fast sämtliche Metalle, deren Legierungen und Kunststoffe. Der Arbeitsablauf von der Konstruktion bis zum fertigen Einzelstück ist für alle gießbaren Werkstoffe und Gießverfahren annähernd gleich. Eisenwerkstoffe können nach der Entfernung aus der Form einer Nachbehandlung, z. B. durch Glühen, Tempern usw., unterzogen werden.

Der Konstrukteur muss sich über die wirtschaftlichen Fertigungsverfahren schon bei der Entwurfszeichnung im Klaren sein. So lassen sich oft komplizierte Einzelstücke, aber auch Massenteile aller Abmessungen vorteilhafter durch Gießen als durch eine spanende Bearbeitung fertigen. Voraussetzung einer einwandfreien Produktion ist jedoch, dass bereits bei der Werkstattzeichnung auf eine form- und einformgerechte, gieß- und putzgerechte Ausführung zu achten ist, unter gleichzeitiger Berücksichtigung der werkstoffgemäßen und funktionellen Eigenschaften. Dies verlangt eine enge Zusammenarbeit zwischen Konstrukteur und Fertigung. – Selbstverständlich sind nicht nur die Erfüllung funktioneller und wirtschaftlicher Gesichtspunkte maßgebend, sondern auch die Beachtung des Bedürfnisses nach zeitgemäßer industrieller Formgebung! Dies bedingt im Allgemeinen eine aufwendigere und teurere Gestaltung, um die Kundenwünsche zu erfüllen. Die Ergebnisse der Marktforschung und Marktanalyse sind bei der Konstruktion zu berücksichtigen.

2.1.2 Gießen mit verlorener Form

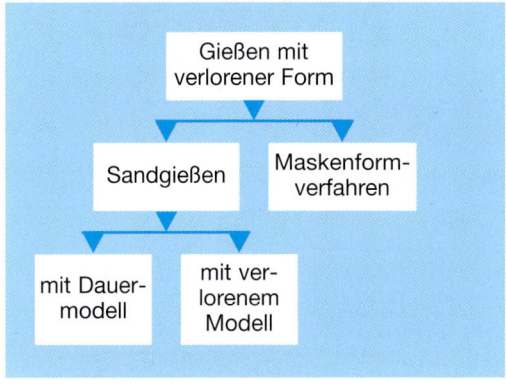

Schwindmaß ist die prozentuale Schrumpfung des Gießwerkstoffes bei der Abkühlung.

Gusswerkstoff	%
Gusseisen mit Lamellengraphit	1,0
Gusseisen mit Kugelgraphit, ungeglüht	1,2
Gusseisen mit Kugelgraphit, geglüht	0,5
Austenitisches Gusseisen	2,5
Stahlguss	2,0
Weißer Temperguss	1,6
Schwarzer Temperguss	0,5
Manganhartstahlguss	2,3
Epoxid-, Siliconharze, Thermoplaste	0,3 … 2,0
Polyesterharze	6,0 … 8,0
Aluminium-/Magnesium-Gusslegierungen	1,2
Kupferguss	1,9
Kupfer-Zinn-Gusslegierung (Gussbronzen)	1,5
Kupfer-Zinn-Zink-Gusslegierungen (Rotguss)	1,3
Kupfer-Zink-Legierungen (Gussmessinge)	1,2
Kupfer-Zink-(Mn, Fe, Al)-Gusslegierungen	2,0
Kupfer-Aluminium-(Ni, Fe, Mn)-Gusslegierungen	1,9
Zink-Gusslegierungen	1,3
Lagermetall-Gusslegierungen (Weißmetall)	0,5
Nickel-Gusslegierungen	2,1

1 Richtwerte für lineare Schwindmaße für Gussstücke DIN EN 12890

2.1.2.1 Sandgießen

Unter Sandgießen versteht man das Eingießen von Schmelzen in feuerbeständige Formen aus Sand.

Die Sandformen werden durch entsprechende Modelle gefertigt.

Herstellung von Modellen

Überwiegend werden die Gießformen mit **Holzmodellen** hergestellt, naturgetreuen Abbildern der zu gießenden Teile, vergrößert um das Schwindmaß.

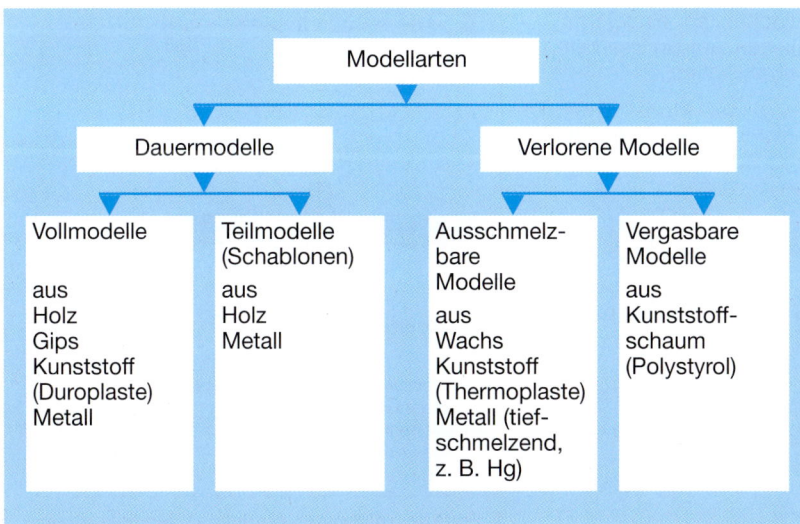

Obige Mittelwerte (Bild 1) können sich noch bis ca. 3 % – bezogen auf die vorgenannten Schwindmaße – verändern. Je nach Größe eines Gussteiles ist es erforderlich, in Länge, Breite und Höhe mit unterschiedlichen Schwindmaßen zu arbeiten. Dies hängt davon ab, ob die herzustellenden Bauteile einer behinderten oder unbehinderten Schwindung unterliegen.

Man unterscheidet Modelle für Werkstücke ohne Hohlräume (Naturmodelle) und für Werkstücke mit Hohlräumen (Kernmodelle) (Bild 1).

Das Modellholz muss abgelagert und trocken sein, maximaler Feuchtigkeitsgehalt 8 … 10 %, da sonst die austretende Holzfeuchtigkeit die Modelle schwinden lässt. Je nach der Beanspruchungsart der Modelle werden Hartholzarten, z. B. aus Birnbaum, Kirschbaum, Nussbaum, Ahorn, oder Weichholzarten wie Fichte, Kiefer, Erle, Tanne verwendet. In DIN EN 12890 sind die Modelle in verschiedene Güteklassen (H 1 … H 3) entsprechend ihrer Belastbarkeit, Haltbarkeit und Genauigkeit eingeteilt.

Als Grundlage zur Fertigung von Modellen dient die **Fertigteilzeichnung,** die das Bauteil fertig bearbeitet darstellt (Bild 2). Die **Modellrisszeichnung** baut auf der Fertigteilzeichnung auf und enthält Form- bzw. Modellteilung, Bearbeitungszugaben, Aushebeschrägen, Lage der Kerne und, falls notwendig, auch die Einzeichnung der Losteile. Die **Modellaufbauzeichnung** gibt die Art der Holzverleimung an.

Bearbeitungszugaben

Als Mittelwerte kann je nach Werkstoffgröße, Oberflächendichte und spanender Bearbeitung angenommen werden:

Sandguss (GG-)	2 … 15 mm
Sandguss (GS-)	2 … 30 mm
Feinguss, Maskenformverfahren	0,5 … 1 mm
Kokillenguss, Druckguss	0,2 … 0,5 mm

Hinzu kommen noch die gießtechnisch bedingten Maßabweichungen nach DIN EN 12890.

Verunreinigungen sind leichter als die Schmelze und steigen nach oben, deshalb müssen Bauteile mit großen Bearbeitungsflächen so eingeformt werden, dass diese unten liegen, um die Bearbeitungszugabe möglichst klein zu halten.

In der Modellschreinerei wird das Modell unter Berücksichtigung des Schwindmaßes gefertigt, wobei die Maße mithilfe des Schwindmaßstabes auf die Holzteile übertragen werden.

Beispiel:

1000 mm fertige Gussgröße entsprechen am Modell
für GG 99 %
  GS 98 %

Das Modell erhält unter Berücksichtigung des Schwindmaßes die Fertiggröße von 100 %, d. h.

  GG-Modell 1010,101 mm
  GS-Modell 1020,408 mm

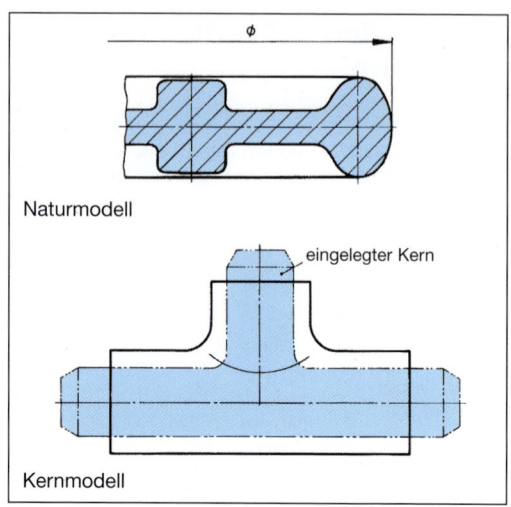

Naturmodell

eingelegter Kern

Kernmodell

1 Natur- und Kernmodell

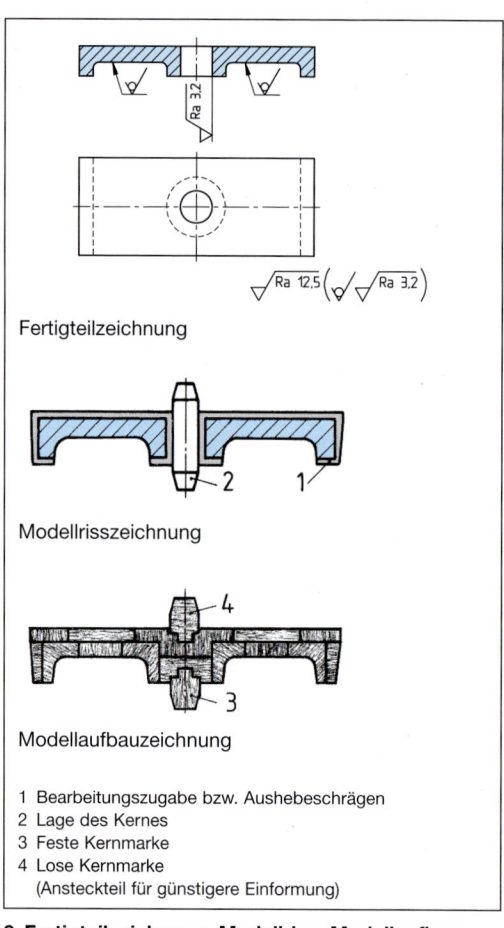

Fertigteilzeichnung

Modellrisszeichnung

Modellaufbauzeichnung

1 Bearbeitungszugabe bzw. Aushebeschrägen
2 Lage des Kernes
3 Feste Kernmarke
4 Lose Kernmarke
  (Ansteckteil für günstigere Einformung)

2 Fertigteilzeichnung, Modellriss, Modellaufbau

Bei der Verleimung ist darauf zu achten, dass sich die Faserrichtungen der einzelnen Holzschichten möglichst senkrecht kreuzen, um ein Verwerfen der Modelle zu vermeiden. Für eilige Arbeiten werden Warmklebstoffe verwendet. Sie binden sehr schnell ab, sind aber wasserlöslich und somit im Modellbau nur bedingt verwendbar. **Kaltklebstoffe** brauchen eine längere Zeit zum Abbinden und sind durch Feuchtigkeit nicht mehr erweichbar.

Aus Gründen der besseren Einformung werden die Modelle meist geteilt ausgeführt, mittels Modelldübel (Holz, besser Metall) gegen ein Verschieben gesichert und erhalten geeignete Aushebevorrichtungen. Am Modell sind Kernmarken angebracht, an deren Stelle vor dem Abguss die Kerne einzulegen sind.

Holzmodelle müssen grundsätzlich gegen die Sandfeuchtigkeit durch Anstriche geschützt werden. Die Farbe des Anstriches kennzeichnet den Gießwerkstoff (Schwindmaß!) sowie besondere Oberflächen- und Einformungsmerkmale (Bild 1). Der Anstrich ergibt gleichzeitig eine glatte Modelloberfläche.

Metallmodelle aus Al-, Pb-, Zn-, Cu-Legierungen, Modellmetall (83 % Sn, 17 % Sb) und Gusseisen werden hauptsächlich in der Maschinenformerei angewandt, da sie formbeständiger als Holzmodelle sind. Auch hier sind die Güteklassen

M 1 und M 2 in Bezug auf die Modellausführung festgelegt.

In der Regel werden Metallmodelle nach Urmodellen gegossen, die aus Holz oder Gips gefertigt sind. Deshalb müssen beim Urmodell, auch Muttermodell genannt, die Schwindmaße vom Modell- und Gusswerkstoff berücksichtigt werden.

Um auch bei geringen Stückzahlen rationell zu arbeiten, werden teilweise **Gipsmodelle** verwendet.

Kunststoffmodelle:
a) **Modelle aus Gießharz** (Acryl-, Ethoxylen- und Epoxidharz; Güteklasse K 1 und K 2). Sie dienen als Dauermodelle und sind gegenüber Holz- und Metallmodellen sandabstoßend, abriebfest, alterungs- und maßbeständiger. Bei ihrer Herstellung ist das Schwindmaß zu berücksichtigen. Die Schutzmaßnahmen zur Vermeidung von Gesundheitsschädigungen sind besonders zu beachten.
b) Modelle aus geschäumtem **Polystyrol** (Güteklasse S 1 … S 3) können nur einmal verwendet werden, da sie nach dem Einformen in dem einteiligen Kasten belassen und durch das eingegossene Material vergast werden.
c) Modelle aus **Thermoplasten** sind ebenfalls nur einmal verwendbar. Durch den Gießwerkstoff werden sie verflüssigt oder schmelzen bei der Formentrocknung aus.

Anwendung	GG	GGG	GS	GT	Schwermetallguss	Leichtmetallguss
Grundfarbe für unbearbeitet bleibende Flächen am Modell und Kernkasten; Ziehkanten von Schablonen	rot	violett	blau	grau	gelb	grün
zu bearbeitende Flächen	gelbe Striche				rote Striche	gelbe Striche
Ansteckteile am Modell oder im Kernkasten	schwarz umrandet					
Stellen für Abschreckplatten und Marken für einzulegende Dorne	blau	rot			blau	
Kernmarken	schwarz					
Auszuführende Hohlkehlen	nicht angebrachte Hohlkehlen sind schwarz gestrichelt anzudeuten unter Angabe des Halbmessers					
Verlorene Köpfe oder Aufgüsse, gießtechnisch bedingte Bearbeitungszugaben, Probestäbe „P"	schwarze Streifen und entsprechende Beschriftung					
Dämmleisten oder Versteifungen	in der Grundfarbe des Modells oder ungestrichen, jedoch mit schwarzen Strichen					
Lage des Kerns auf der Teilfläche der Modelle	schwarz oder schwarz markiert					
Dreh- und Ziehschablonen	Klarlack					

1 Farbliche Kennzeichnung von Modellen nach DIN EN 12890

Weitere einmalig verwendbare Modelle können aus **Wachs** oder **tief schmelzenden Metallen** hergestellt werden.

Wassergehalt:	4 %	7 %	10 %
Tongehalt:	bis 8 %	8 ... 18 %	über 18 %
Sand-bezeichnung:	mager	mittelfett	fett

1 Sandbezeichnungen

Formsand und Formsandaufbereitung

Für einen guten Guss ist unbedingt ein einwandfreier Formsand notwendig, der folgende Eigenschaften besitzen muss: **bildsam, standfest, gasdurchlässig, feuerbeständig** und **wieder aufbereitbar.** Formsand besteht aus Quarz, Ton, Lehm, Wasser und Hilfsstoffen, wie Steinkohlenstaub, Tonmineralien, Graphit und Formpuder (Bild 1).

Die Korngröße, die Kornform, die Kornoberfläche und der entsprechende Tongehalt beeinflussen die Gasdurchlässigkeit, Bildsamkeit und Standfestigkeit. Tonverunreinigungen (z. B. nicht bindender oder verbrannter Ton) setzen die Feuerbeständigkeit herab. Zu hoher Wassergehalt führt zu starker Wasserdampfbildung und ergibt die verschiedenartigsten Gussfehler.

Formsand besteht aus ungefähr 50 % Neusand, regeneriertem Altsand, Ton, Wasser und Steinkohlenstaub, der das Anbrennen des Sandes am Gussstück verhindert. Für Leichtmetallguss werden dem Formsand statt Steinkohlenstaub Borsäure und Schwefel beigegeben, wobei dieser das Anbrennen verhindert.

Der Formsand wird meist nur unmittelbar auf das Modell aufgestampft, während die restliche Form mit Füllsand (regenerierten und gesiebten Altsand) aufgefüllt wird. Bei der Maschinenformerei wird für die ganze Form dagegen nur eine Sandart verwendet, der so genannte **Einheitssand.**

Beim **Nassguss** werden Kleinteile direkt in die erdfeuchte Form gegossen, während in getrockneten Formen, dem **Trockenguss,** große Teile hergestellt werden.

Synthetischer Formsand besteht aus Quarzsand, Bentonit, Zusatzstoffen, wie Kohlenstaub, Perlpech, Quellmehl u. a. sowie geringerem Wasserzusatz. Gegenüber dem normalen Formsand ergeben sich folgende Vorteile: bessere Verdichtungseigenschaften mit erhöhter Standfestigkeit, größere Maßhaltigkeit der Gussteile, geringere Ausschussgefahr, verminderte Putzarbeit nach der Entformung, bessere Gasdurchlässigkeit und dadurch gute Vergießbarkeit fast sämtlicher Werkstoffe auch in nasser Form. Nachteilig können sich die höheren Kosten gegenüber dem Normalsand auswirken.

Zementformsand: Kalk- und tonfreier Quarzsand wird mit Portlandzement und Wasser vermischt und in einer dickeren Schicht auf das Modell von Hand aufgetragen. Die restliche Form wird mit unverdichtetem Sand oder Kies aufgefüllt. Die Form kann sofort mit flüssigem Material beschickt werden. Vorteile: keine Trocknungszeit, glatte Oberfläche, gute Gasdurchlässigkeit und Standfestigkeit. – Bei Zugabe eines tonfreien Bindemittels wird weniger Portlandzement benötigt. Die Form muss allerdings ca. 24 Stunden an der Luft getrocknet werden. Vorteil: zerfällt nach dem Guss sehr leicht.

Mit **Formmasse** (fettem Formsand, Lehm und Koksgrus) werden große Gussstücke (Herdguss) eingeformt. Die Form ist bei ca. 500 °C zu trocknen. Für Stahlgussteile erhält die Formmasse Beigaben von Schamotte, Graphit und Magerungsmitteln (Koks, Quarzsand). Die Trocknungstemperatur beträgt 700 °C. Formmassen werden in dünnen Schichten auf das Modell aufgetragen.

Kernsande besitzen gegenüber normalem Formsand eine größere Temperaturbeständigkeit, Standfestigkeit und Gasdurchlässigkeit bei genügender Elastizität, d. h. **Nachgiebigkeit** der Kerne, damit bei der Abkühlung (Schwindung) des Gießmetalls keine Spannungen (Warm- bzw. Kaltrisse) entstehen. Die Bindung der Kernsande muss nach der Erstarrung des Gießmetalls leicht zerfallen, um teure Putzarbeit zu vermeiden. Die Kerne werden fast immer im getrockneten Zustand eingesetzt. Sie bestehen aus magerem Sand und Bindemittel bzw. aus Lehm, Zementsand und tonfreiem Bindemittel.

Als Bindemittel kommen tierische oder pflanzliche Kernöle (Lein-, Teer-, Wal- oder Fischöle), Kernemulsionen (Kernöle und flüssiger Klebestoff wie Sulfitlauge oder Melasse) und Trockenbinder (Kleb- und Harzstoffe, Dextrin) in Betracht.

Im **CO$_2$-Verfahren** werden Formen und Kerne mit Schießmaschinen gefertigt. Der Quarzsand erhält als Bindemittel Wasserglas (Na$_2$SiO$_3$) beigemengt. Nach der maschinellen Formung wird einige Sekunden Kohlenstoffdioxid in die geschlossene Modellform eingeblasen, wobei durch die entstehende Kieselsäure eine Aushärtung erfolgt. Diese Formen bzw. Kerne sind standfester und entwickeln weniger Gase als solche, die in einem anderen Verfahren hergestellt werden. Um nach dem Guss den Sandzerfall zu erleichtern, kann Steinkohlenstaub dem Sand beigemengt werden.

Ebenfalls mit Kernschießmaschinen werden in beheizten Kernbüchsen Kerne gefertigt, bei denen als Bindemittel zum Quarzsand flüssige Furanharze verwendet werden. Schon wenige Sekunden nach dem „Schuss" kann der Kern aus der Kernbüchse entnommen werden. Diese Herstellung wird als **Hot-Box-Verfahren** bezeichnet.

Im **Cold-Box-Verfahren** (Hand- oder Maschinenformung) werden Kerne aus Kernsand und einem chemischen Zweikomponentenbindemittel gefertigt. Die Aushärtung der Kerne geschieht bei Raumtemperatur, sodass auch große Kerne bis in das Innere ohne Wärmestau aushärten. Die Kerne können sofort in die Form eingesetzt werden. Sie haben eine große Biegefestigkeit, besser als beim Hot-Box- oder CO$_2$-Verfahren, sie zerfallen leicht nach der Erkaltung des Gussstückes. Vorteilhaft ist auch die Regenerierbarkeit des Sandes.

Kernherstellung

Innenkonturen (Hohlräume) und komplizierte Außenkonturen der Gussstücke werden mit Kernen eingeformt.

Die einfachste Art der Herstellung ist die im geteilten **Kernkasten** aus Holz. Da die Kerne meistens von flüssigem Material umgeben sind, werden zur Erhöhung der Biegefestigkeit Kerneisen bzw. auch komplette „Kerngerüste" verwendet (Bild 1). Zur Ableitung der Gießgase können Lufteisen eingelegt werden. Sie sind vor der Trocknung zu entfernen. Bei gebogenen Kernen werden statt Lufteisen Wachsschnüre eingelegt, die bei der Trocknung ausschmelzen.

Dünne Entlüftungskanäle sind für große Kerne nicht ausreichend. Deshalb werden Einlagen aus Koks oder Asche vorgesehen (Bild 2). In diese porösen Räume können die Gießgase einströmen und über einen breiten Kanal nach außen gelangen.

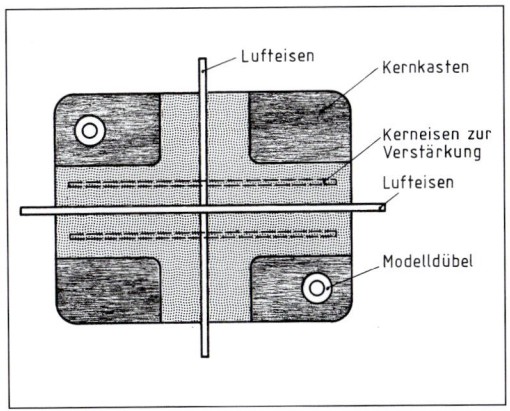

1 Kern mit Kerneisen und Lufteisen

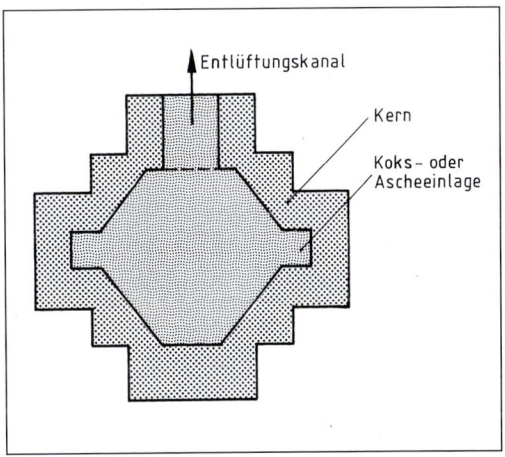

2 Kern mit Kokseinlage

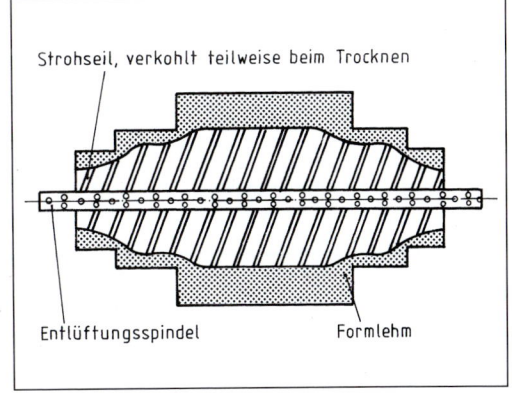

3 Gedrehter Kern

Bei gedrehten Lehmkernen (Bild 3, Seite 15) werden über ein Rohr mit Bohrungen mehrere Lagen Strohseil – oder auch Holzwollelagen – gewickelt, die z. T. mit Formlehm vermengt sind. Die Fertigform des Kernes wird durch das Aufbringen einer stärkeren Lage Formlehm erreicht. Die beim Gießen entstehenden Gase können in diesem Fall ungehindert durch die hohle Spindel ins Freie strömen.

Komplizierte Kerne können auch aus mehreren Einzelkernen bestehen, die miteinander verklebt werden. Außer den geteilten Kernkästen werden auch **Kernschablonen** verwendet (Bild 1).

Allgemein können Kerne maschinell mit der **Kernblasmaschine** bzw. der **Kernschießmaschine** hergestellt werden. Für rotationssymmetrische Kerne eignet sich die **Kerndrehmaschine.**

Um die sichere Lage der Kerne im Formkasten zu gewährleisten, sind u. U. Kernstützen aus Metall erforderlich. Diese müssen so lange standfest bleiben, bis die Schmelze erstarrt, andererseits aber müssen sie sich auch voll mit dem Gusswerkstoff verbinden. Kernstützen sind jedoch nicht überall anwendbar.

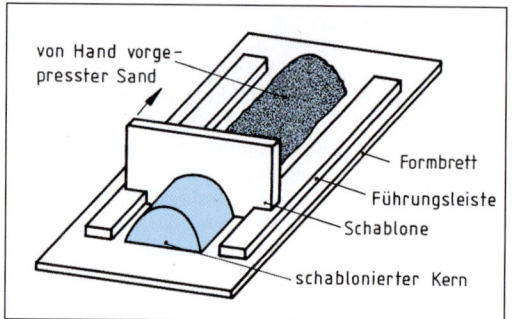

1 Kernherstellung mit Schablonen

boden gelegt und mit Streusand bzw. Modellpuder bestäubt. Auf das Modell wird reiner Formsand aufgesiebt und von Hand gut angedrückt. Darüber wird der Kasten mit Füllsand aufgefüllt und verdichtet. Zur Gasableitung werden mit dem Luftspieß Luftlöcher gestochen. Der Unterkasten wird gewendet und die obere Modellhälfte aufgelegt. Das Modell und die einwandfrei geglättete Teilfläche wird mit feinstem Streusand versehen, damit das Modell und die beiden Kästen nicht verkleben. Die Modelle für Einguss- und Steigtrichter sind einzusetzen. Der Oberkasten ist dann in gleicher Art wie der Unterkasten zu füllen, ebenso sind Luftlöcher zu stechen. Nach dem Abheben des Oberkastens sind die Modelle vorsichtig auszuheben. Im Oberkasten ist der Lauf für das flüssige Material und im Unterkasten sind die Anschnitte auszuarbeiten. Nach Einlegen der Kerne in den Unterkasten ist der Oberkasten wieder aufzusetzen und durch ein **Belastungsgewicht** zu beschweren. – Zur Gewichtsbestimmung ist die Auftriebskraft maßgebend, da sonst der Oberkasten abgehoben werden kann (s. Formel unten).

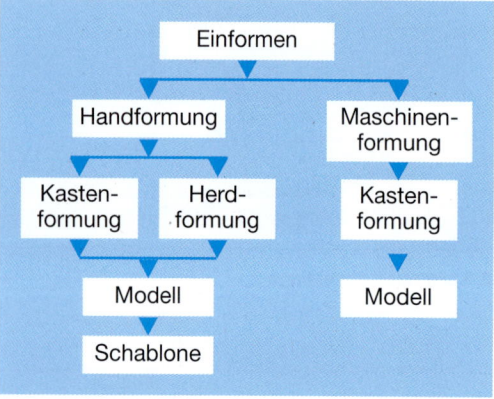

Die **Kastenformung mit Modell von Hand** wird für Stücke bis zu mittleren Größen angewendet, wobei die Toleranzen bei ± 0,5 … ± 2,5 mm liegen. Bei geteilten Modellen werden die untere Modellhälfte und der Unterkasten auf den Aufstampf-

Bei der Ermittlung der **Auftriebskraft** für das **Beschwergewicht** eines eingeformten Kastens bleibt die Dicke eines Gussteiles unberücksichtigt, während die Höhe h von der jeweiligen Gussteiloberkante, im Allgemeinen von der untersten Trennfuge des Kastens, bis Oberkante Eingusstrichter bzw. Steiger eingesetzt wird. Für die Berechnung ist die Gussteilquerschnittsfläche A in Höhe der Trennfuge maßgebend.

Beschwergewicht = Sicherheitsfaktor · Auftriebskraft – Oberkastengewicht
(Betriebl. Sicherheitsfaktor: 1,2 … 1,8)

Oberkastengewicht = Metallkastengewicht + Gewicht des verdichteten Sandes + Gewicht für Steiger und Eingussaufsatz

---

Auftriebskraft $\boxed{F_A = A \cdot h \cdot \rho \cdot g}$ in N

Für Bild 1 gilt:

$$F_A = \frac{\pi}{4}(0,4^2 - 0,1^2) \cdot 0,25 \cdot 6,8 \cdot 10^3 \cdot 9,81$$

$$F_A = 1965 \text{ N}$$

D; d; h in m

ρ in kg/m³; für GG: $\rho = 6,8 \cdot 10^3$ kg/m³

g in m/s²

1 Unterkasten	4 Eingusstrichter
2 Oberkasten	5 Speiser
3 Kern	6 Beschwergewicht

1 Eingeformter Kasten mit Beschwergewicht

Das Abgießen nach Bild 2 wird als liegender Guss bezeichnet, während das Vollformgießen nach Bild 1, Seite 22 das Schema des stehenden Gusses darstellt. Beim Stapelguss werden mehrere Kastenformen übereinander gestellt und durch einen Einguss gefüllt.

Die **Kastenformung mit Schablone** ist ähnlich der Herdformung mit Schablone (siehe Seite 19).

Bei der **Maschinenformung** laufen die gleichen Arbeitsgänge wie bei der Kastenformung von Hand teilmechanisiert ab. Gegenüber der Handformung wird hier eine gleichmäßige Sandverdichtung (Einheitssand!) und damit ein stets gleicher und genauer Abguss erreicht. Dabei werden auch die Kosten der Formenherstellung gesenkt.

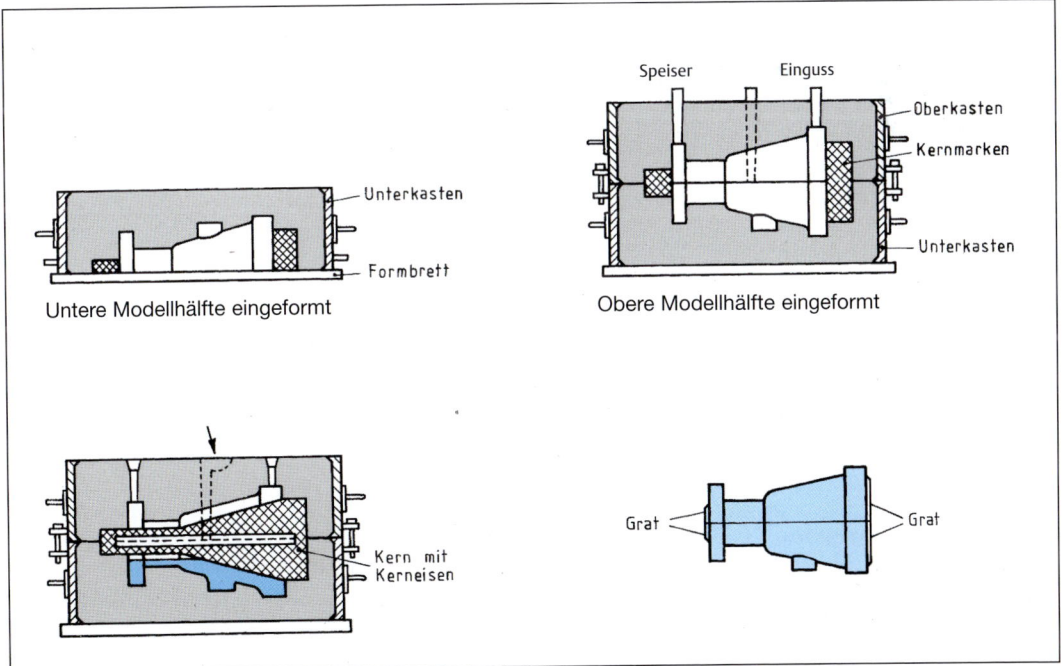

2 Kastenformen mit Modell

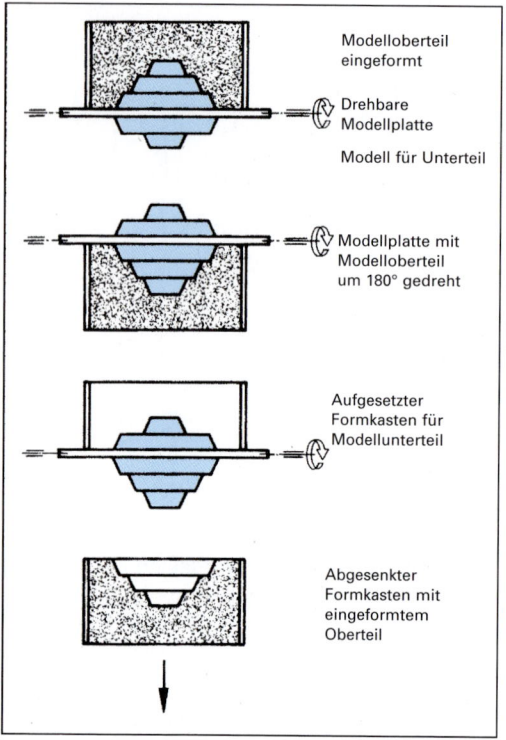

1 Prinzip der Wendeplattenformmaschine

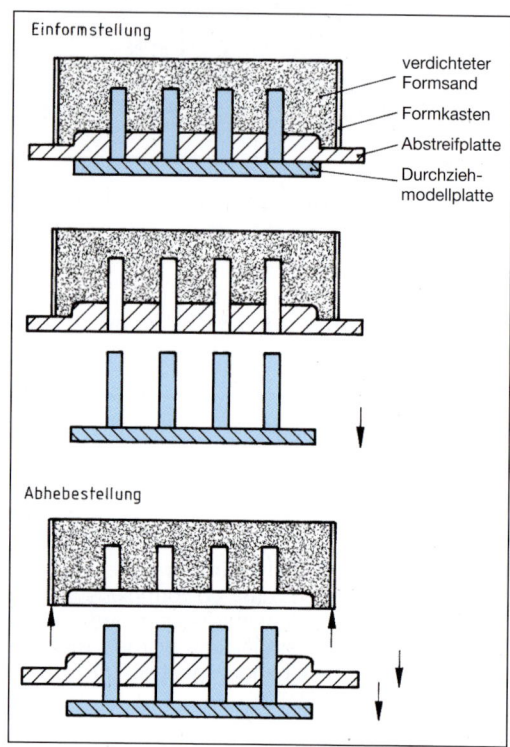

2 Prinzip der Durchzugsformmaschine

Die **Wendeplattenformmaschine** (Bild 1) hat eine drehbare Formplatte, auf der das Modell für den Oberkasten und auf der anderen Seite das Modell für den Unterkasten angebracht sind, sodass beide Kästen mit einer Maschine hergestellt werden.

Die **Durchzugsformmaschine** (Bild 2) wird für Teile angewendet, die kaum eine Aushebeschräge besitzen, z. B. Zahnräder, Motorengehäuse usw., damit die Form beim Ausheben nicht beschädigt wird.

Bei der **Abhebeformmaschine** (Bild 3) werden die fertigen Kästen von der Formplatte abgehoben bzw. abgesenkt. Für Ober- und Unterkasten ist je eine Maschine erforderlich.

Weitere Möglichkeiten der maschinellen Formung sind durch das Umrollverfahren, Abstreifverfahren (ähnlich dem Durchziehverfahren) und durch das kastenlose Formen gegeben.

Die Verdichtung des Sandes bei der Maschinenformung erfolgt durch pneumatische oder hydraulische Pressen, wobei zusätzlich ein Füllrahmen auf den Formkasten gestellt und mit Sand gefüllt wird. Auch durch Rütteln des Tisches

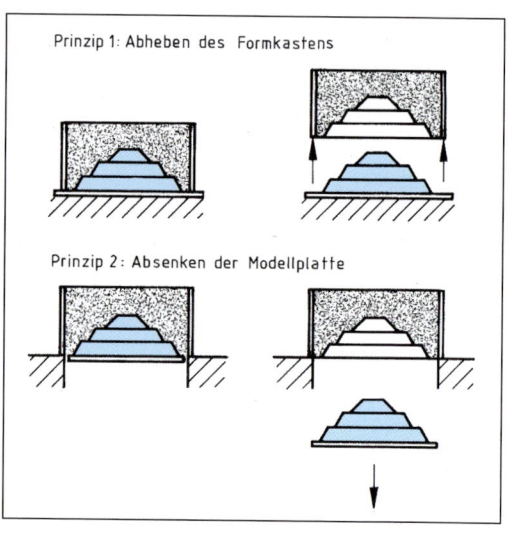

3 Prinzip der Abhebeformmaschine

wird eine einwandfreie Sandverdichtung erzielt, ebenso durch Aufschleudern des Sandes (Sandslinger).

Bei der **Herdformung** wird das Modell im Gießereiboden in Formsand eingeformt. Hierbei unterscheidet man eine offene und eine gedeckte Form. Bei der offenen Form ist die Oberfläche des einfachen Gussstückes rau und teilweise uneben.

Die **Schablonenformung** (Bild 1) wird meist für rotationssymmetrische Teile bei der Herdformung angewendet.

Arbeitsfolge:
1. Schablonieren der Innenform des Oberkastens im Herd mit Schablone 1
2. Aufstampfen des Oberkastens im Herd, Trennung durch Streusand
3. Abheben des gestampften Oberkastens
4. Schablonieren der Außenform im Herd mit Schablone 2
5. Oberkasten mit Trichter und Steiger aufsetzen, beschweren u. abgießen

Außer diesem Beispiel werden Glocken und größere Trichter u. Ä. in dieser Art hergestellt, wobei allerdings mit teilweise gemauerten und mit Lehm geglätteten Formen gearbeitet wird.

2.1.2.2 Maskenformverfahren (Croning-Verfahren)

> Das Maskenformverfahren ist ein Gießen in dünne, aushärtbare Formmasken aus Sand und Bindemittel.

Ein Metallmodell mit Metallplatte wird auf ca. 250 °C erhitzt (Bild 1, Seite 20). Darüber wird der Formstoff – feinster, rieselfähiger Quarzsand, vermischt mit Phenolharz als Bindemittel – geschüttet. Als Trennmittel zwischen Metallmodell und Maske wird eine gleichmäßig aufgetragene Siliconemulsion verwendet. Der Harzfilm (1 bis 1,5 µm), der jedes Sandkorn umgibt, schmilzt bei ca. 90 °C und ergibt in wenigen Sekunden eine Maskenform von ca. 4 ... 8 mm Wanddicke, die anschließend bei ca. 400 ... 500 °C ausgehärtet wird. Die Einzelmasken werden mit einem Spezialkleber miteinander zur fertigen Maskenform verklebt. – Die Kernherstellung erfolgt in der gleichen Art. In der Serienfertigung werden die Masken und die Kerne maschinell gefertigt. Der Formstoff wird z. B. mittels Druckluft in eine stehende beheizte Form von unten eingeblasen. Nach Bildung der Formmasse rieselt der überschüssige Formstoff in den Vorratsbehälter zurück, nachdem der Luftdruck abgelassen wurde.

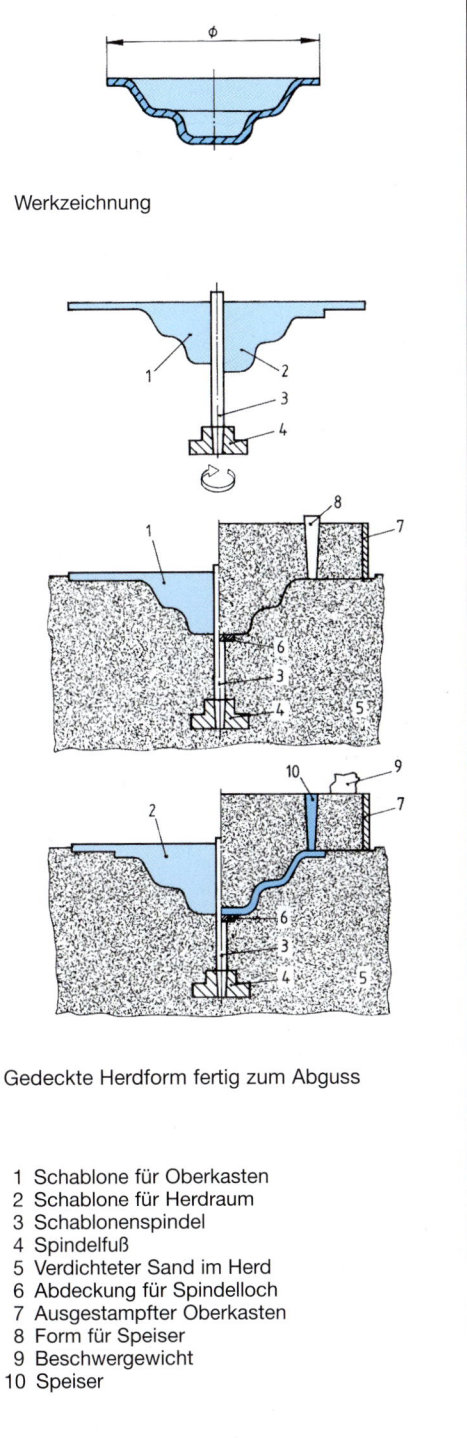

Werkzeichnung

Gedeckte Herdform fertig zum Abguss

1 Schablone für Oberkasten
2 Schablone für Herdraum
3 Schablonenspindel
4 Spindelfuß
5 Verdichteter Sand im Herd
6 Abdeckung für Spindelloch
7 Ausgestampfter Oberkasten
8 Form für Speiser
9 Beschwergewicht
10 Speiser

1 Schablonieren eines ringförmigen Gussstückes

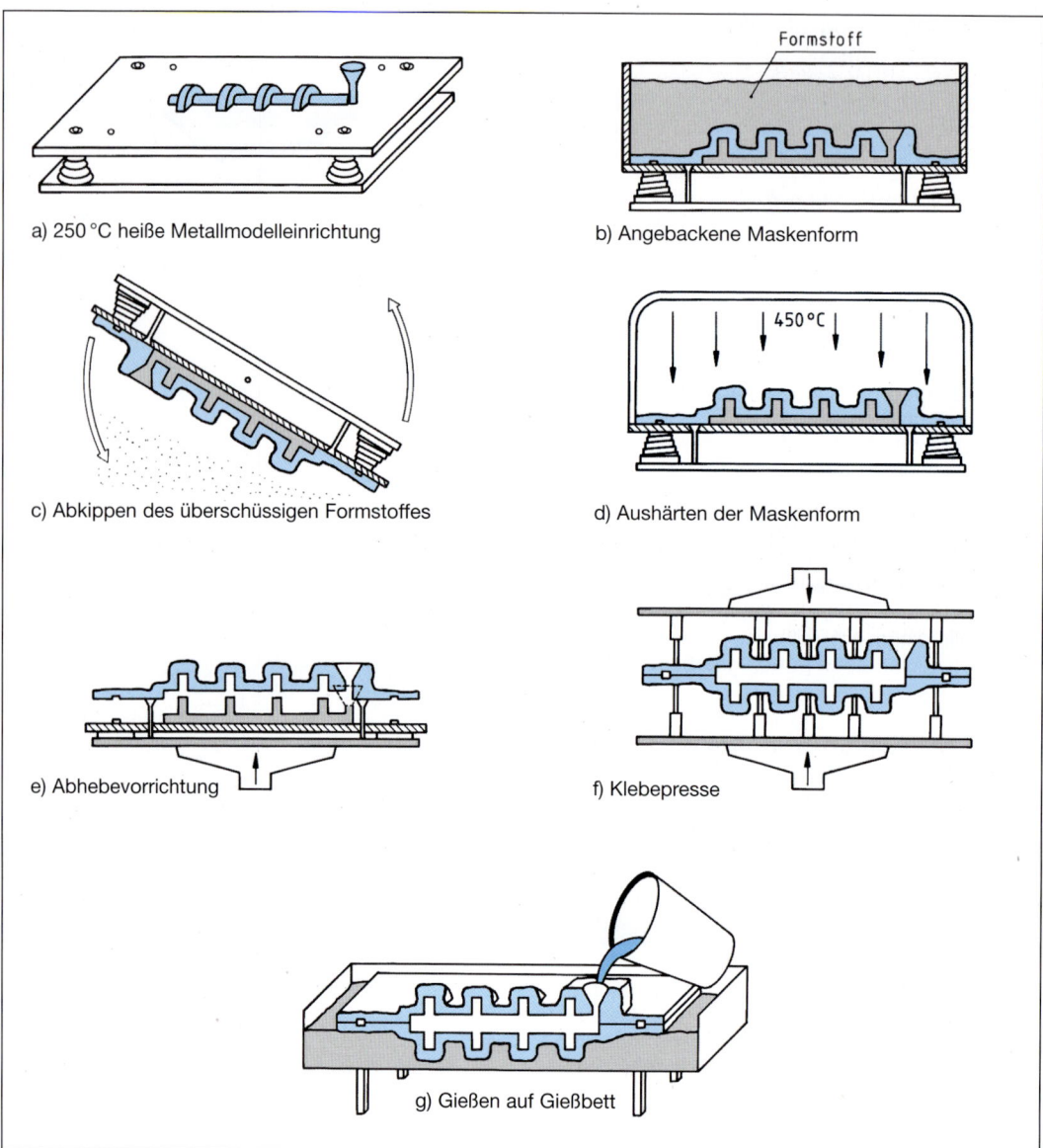

a) 250 °C heiße Metallmodelleinrichtung

b) Angebackene Maskenform

c) Abkippen des überschüssigen Formstoffes

d) Aushärten der Maskenform

e) Abhebevorrichtung

f) Klebepresse

g) Gießen auf Gießbett

1 Herstellung einer Maskenform

Liegende Formen können sofort mit flüssigem Material (fast sämtlichen Materialien, einschl. Titan) gefüllt werden. Bei stehenden Formen muss die Maske mit Altsand oder Stahlkies zur Aufnahme des Druckes der flüssigen Schmelze umgeben werden. Nach dem Guss zerfällt die Maske in rieselfähigen Sand, da die Harze verbrannt sind. – Die Masken sind sehr genau, sodass eine präzise Ausformung von Bohrungen, Nuten, Schlitzen, Aussparungen, Gewinden usw. erfolgt.

Vorteile des Maskenformverfahrens: große Maßgenauigkeit, gute Oberflächengüte mit *Ra* kleiner 15 μm, geringe Wandstärken bis 1,5 mm bei Kleinteilen, geeignet für komplizierte Formen und Verbundgussteile, gute Bearbeitbarkeit.

Seit etwa 1948 wird dieses Verfahren namentlich im Automobilbau (Motor, Zylinder) und bei der Armaturenherstellung angewendet. Es eignet sich zur Herstellung von Gussstücken in der Serienfertigung. Im Normalfall können Teile bis 15 kg, in Sonderfällen bis 150 kg gegossen werden.

2.1.3 Gießen mit verlorener Form und verlorenem Modell

Modell und Form sind jeweils nur für einen Abguss verwendbar.

2.1.3.1 Gießen mit ausschmelzbaren Modellen

Als Modellwerkstoff eignen sich Wachs (Wachsausschmelzverfahren), Polystyrol, auch noch erstarrtes Quecksilber. Wegen der erreichbaren Genauigkeit (Toleranzen $\pm$ 0,1 ... 0,7 % des Nennmaßes, Winkelmaße $\pm$ 30′, Oberflächenrauheit R kleiner 10 µm) wird dieses Verfahren auch **Feingießen** genannt.

Die Modelle werden in einer Kokille aus Weißmetall, Kunststoff oder Gummi hergestellt und zu so genannten **Trauben** (bis zu 100 Einzelmodellen) zusammengesetzt (Bild 1).

Wachsmodelle werden zur Verfestigung der Oberfläche zusätzlich in Kieselsäure getaucht. Nach der Einformung in einen härtbaren Formstoff wird die Form bei höheren Temperaturen getrocknet, wobei das Modell ausschmilzt. Stattdessen können die Modelle auch mit einem bis zu 7 mm dicken keramischen Überzug versehen werden (Bild 1). Dieser dient dann als Form. Der Gießwerkstoff wird unter einem Druck von ca. 3 bar vergossen, damit auch enge Hohlräume einwandfrei ausgefüllt werden; ein Schleudern der Form erreicht den gleichen Zweck.

Vergießbar sind fast sämtliche Werkstoffe. Erreicht wird ein äußerst genauer Guss mit bester Oberflächengüte, auch bei sehr komplizierten und hinterschnittenen Formen, der eine Nacharbeit meistens erübrigt. Eine Gratnaht ist nicht vorhanden, da mit ungeteilter Form gearbeitet wird. Die Stückmasse liegt zwischen wenigen g und ca. 10 kg. In Sonderfällen können Stücke bis weit über 50 kg und Längen von über 1000 mm gegossen werden.

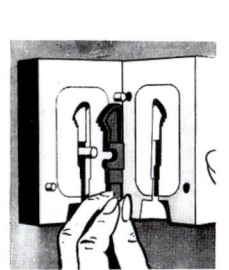
Herstellung des Wachsmodells in fester Form

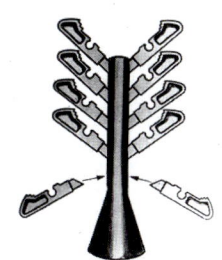
Anfertigung der Modelltraube

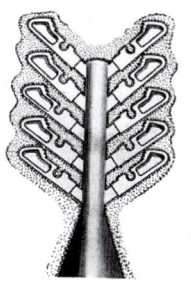
Überspritzen mit keramischem Überzug

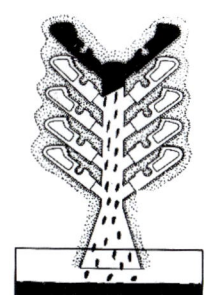
Trocknen, dabei fließt das Wachs aus

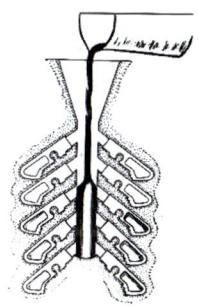
Eingießen der Schmelze in erhitzte, rotierende Keramikform

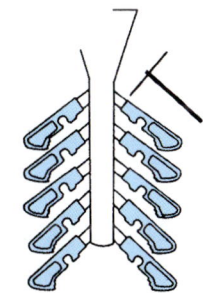
Abtrennen der gegossenen Teile

1 Wachsausschmelzverfahren

2.1.3.2 Gießen mit vergasbarem Modell (Vollformgießen)

Bei diesem Verfahren wird mit einem Kunststoffmodell aus geschäumtem Polystyrol, z. B. Exporit, gearbeitet, das nach dem Einformen in Sand in dem einteiligen und unten geschlossenen Formkasten verbleibt. Während des Eingießens der Metallschmelze vergast das Modell. Dieses Verfahren ergibt wesentliche Einsparungen in der Formherstellung, da z. B. keine Formkästen bewegt bzw. aufgesetzt werden müssen (Bild 1).

Die Modelle werden entweder in Formen geschäumt oder aus Platten bzw. Blöcken durch Ausscheiden bzw. Kleben gefertigt. Dieses Exporitmodell benötigt keine Formschrägen, keine Formteilung, keine Kernmarken usw. In das Modell können metallische Teile wie Stifte und Bolzen eingesetzt werden, die dann an der entsprechenden Stelle im Gussstück eingegossen sind. Vorgefertigte Kerne entfallen, da die Hohlräume beim Einformen des Modells mit besonderem Formsand gefüllt werden. Hinterschnittene Gussstücke sind in diesem Verfahren erheblich leichter zu fertigen als in einem anderen Verfahren mit Dauermodellen. Am Modell selbst werden gleichzeitig Einguss, Anschnitt, Kugelspeiser usw. angebracht und mit eingeformt.

Weitere Vollform-Einformverfahren

Trockensandform-Vollformverfahren: Hierbei rieselt der Formstoff, ein binderfreier und trockener Quarzsand, um das Modell. Eine weitere Sandverdichtung findet nicht statt, sodass die einfließende Schmelze u. U. diese Form verändern kann.

Unterdruck-Vollformgießen: Das Kunststoffmodell wird in den durch Luft aufgewirbelten binderfreien Formstoff eingetaucht. Durch die Erzeugung eines Unterdruckes im Formkasten wird der Formsand verfestigt, sodass beim Einguss der Schmelze keine Formänderung eintreten kann.

Magnetform-Vollformgießen: Als Einformmaterial wird bei diesem Verfahren Eisenwerkstoffgranulat verwendet. Nachdem das Exporitmodell vollkommen mit Granulat umgeben worden ist, wird dieses Granulat durch ein Magnetfeld stabilisiert, bis die eingegossene Schmelze erstarrt ist.

Bei diesen drei Verfahren lässt sich der Formstoff bzw. das Granulat leicht vom Gussteil trennen und ohne große Verluste einer Wiederverwendung zuführen.

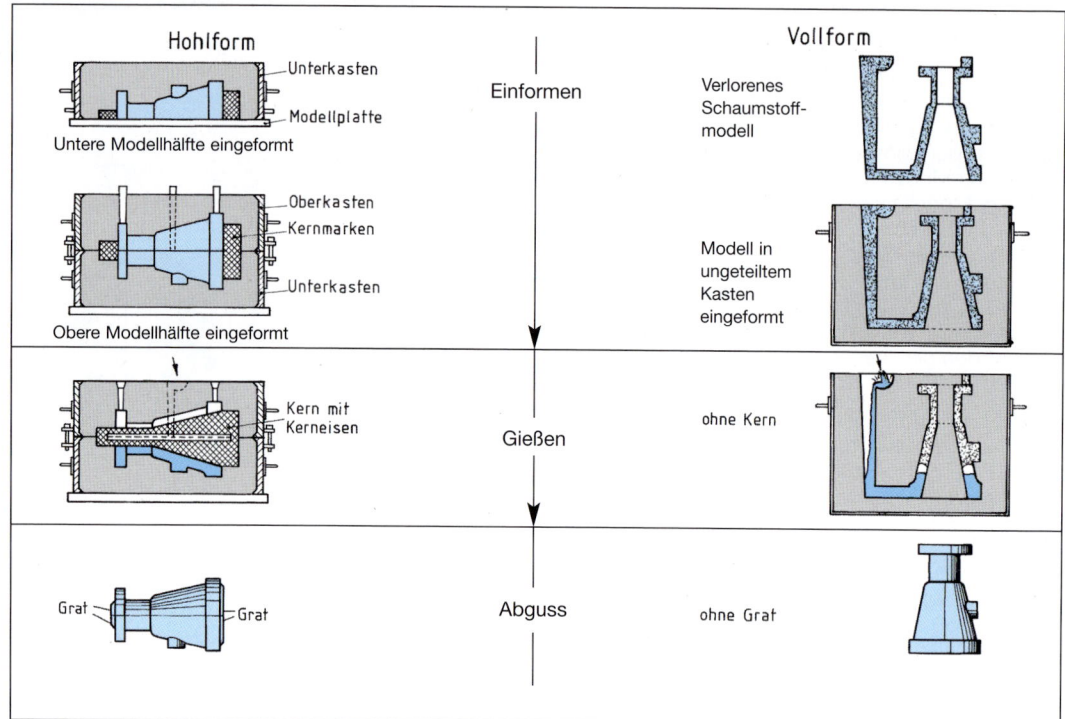

1 Hohl- und Vollformgießen

1 Gegenüberstellung der Holzmodelleinrichtung für das Hohlformgießen (links) **und des Schaumstoffmodells für das Vollformgießen** (rechts oben) **eines Pumpengehäuses** (Abguss vorn rechts)

Im Vollformgießen sind Stückmassen bis über 50 t herstellbar, während die Wandstärken von 4 … 1000 mm reichen. Die Oberflächengüte und die Maßabweichungen sind gleich bzw. sogar besser als bei Gießverfahren mit Dauermodellen. Die Anwendungsgebiete für Gussteile im Vollformverfahren sind hauptsächlich im Fahrzeug- und Motorenbau, Werkzeugmaschinenbau (Ober- und Untergestelle für Großwerkzeuge, Maschinenständer, Maschinenbette usw.), Schiffbau (Vorder- und Hintersteven, Schiffsschrauben usw.), Dampfmaschinenzylinder usw. anzutreffen.

2.1.4 Gießen mit Dauerformen

Für jeden Abguss ist bei der Sandformerei eine neue Form notwendig. Diese Neuanfertigung belastet bei großen Serien die Wirtschaftlichkeit,

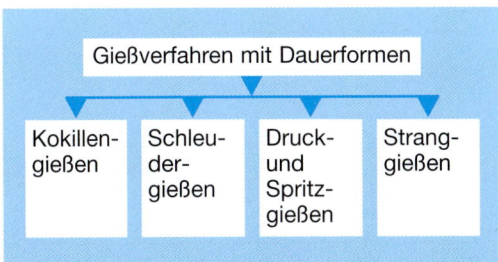

weshalb hitzebeständige Dauerformen verwendet werden. Die dazu verwendeten Werkstoffe richten sich nach Gießwerkstoff und Verfahren.

2.1.4.1 Kokillengießen

Beim Kokillengießen werden Dauerformen aus Stahl oder Grauguss verwendet. Zusätzliche Vorteile gegenüber Sandgießen: verbesserte Toleranzen ($\pm$ 0,2 … $\pm$ 0,3 mm), einwandfreie Oberfläche, Verbesserung des Gefüges, der Härte (Hartguss), der Festigkeit und Streckgrenze.

In die z. T. mehrfach geteilte Kokille werden im Allgemeinen NE-Leichtmetalle, seltener NE-Schwermetalle und Grauguss vergossen. Vor dem ersten Abguss muss die Form auf ca. 250° C … 400° C, je nach Gießwerkstoff, erwärmt werden. Diese Temperatur ist zu halten. Die Stückmasse reicht bis etwa 100 kg. Die Mindestwandstärke liegt bei ca. 2 … 2,5 mm. Die Ausschussgefahr ist gegenüber dem Sandguss bedeutend geringer.

Um die Wirtschaftlichkeit nicht zu stark zu gefährden, sollen Kerne aus Sand, Maskenformen usw. nach Möglichkeit vermieden werden. Im Allgemeinen werden Stahlkerne verwendet. Sie müssen leicht konisch sein und unmittelbar nach Erstarrung der Schmelze gezogen werden (Aufschrumpfgefahr, Wärmerisse). Das Eingießen von Gewindeeinsätzen ist möglich. – Mit einer Kokille können, je nach dem zu vergießenden Werkstoff, bis ca. 80 000 Abgüsse hergestellt werden.

2.1.4.2 Schleudergießen

In eine sich drehende Dauerform wird das Schmelzgut eingefüllt (Bild 1) und infolge der Zentrifugalkraft in die Form bzw. an deren Innenwandung gedrückt. Besonders achssymmetrische Teile lassen sich vorteilhafter und wirt-schaftlicher durch das Schleudergießverfahren in horizontaler (lange Stücke) oder vertikaler (kurze Stücke bei großem Durchmesser) Lage herstellen. Verwendet werden gekühlte und ungekühlte Formen, die zum Teil mit Sand oder Schamotte ausgefüttert sind. Es können fast alle Metalle und ihre Legierungen vergossen werden.

Bei Rohren wird die Wandstärke lediglich durch die Menge der Materialzuteilung bestimmt. Auch die axiale Verschiebung der Gießrinne beeinflusst bei verschiedenen Schmelzen die Wandstärke. Bei der Herstellung von Muffenrohren ist für die Muffe selbst jeweils ein neuer Sandkern erforderlich, während sonst ohne Kern gearbeitet werden kann. – Wird in ein fertiges Stahlrohr ein verschleißfestes Gussrohr eingeschleudert, so wird dies als **Verbundguss** bezeichnet. Ebenso ist es möglich, z. B. Lagerstellen im Verbundguss herzustellen, wobei auch legierte Materialien Verwendung finden können.

Die Schleuderwirkung ergibt ein verdichtetes Gefüge mit erhöhter Festigkeit; Gasblasen und Lunker treten nicht auf. Herstellbar sind Gussstücklängen bis 8 m, Durchmesser von 40 mm bis 2,5 m, Wandstärken bis über 50 mm. Die Drehzahlen sind vom Durchmesser abhängig und liegen zwischen 50 bis 1200 1/min; die Stückleistung reicht je nach Gussteilgröße bis 100 Abgüsse/Stunde.

2.1.4.3 Druckgießen

> Beim Druckgießen wird die Schmelze mit Drücken bis 2000 bar in geteilte Stahlformen gedrückt.

Das Druckgießverfahren erlaubt gegenüber den bisherigen Verfahren die Herstellung von geringen Wandstärken (1 mm bei Zn, 1,4 mm bei Al). Die erreichbaren Toleranzen liegen bei ± 0,05 mm bis ± 0,15 mm, sodass auch von einem **Genau- oder Fertigguss** gesprochen wird. Vergießbar sind NE-Metalle. Teile aus anderen Werkstoffen, wie z. B. Buchsen, Gewindebolzen, Stifte usw., können mit eingegossen werden. Innengewinde werden unmittelbar mit drehbaren „Stahlkernen" hergestellt. – Bei den Druckgießverfahren

nennt man den Abguss „Schuss". Es ist möglich, bis über 300 Schüsse/Stunde durchzuführen. Die Standmenge der Formen beträgt bis 500 000 Schüsse je nach Gießwerkstoff.

Warmkammer-Druckgießen

In einem Tiegel wird das Material zum Schmelzen gebracht und durch den Kolben (Druck bis 45 MPa ≙ 450 bar) in die Stahlform gepresst (Bild 2). Der Kolbenhub dient zur Dosierung der flüssigen Schmelze.

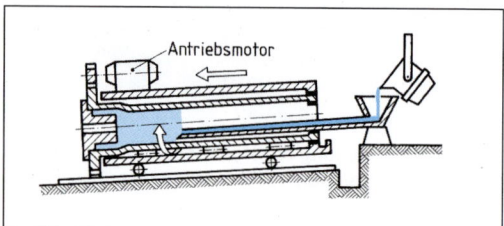

1 Schleudergießmaschine mit wasser- oder luftgekühlter Drehform (Prinzipskizze)

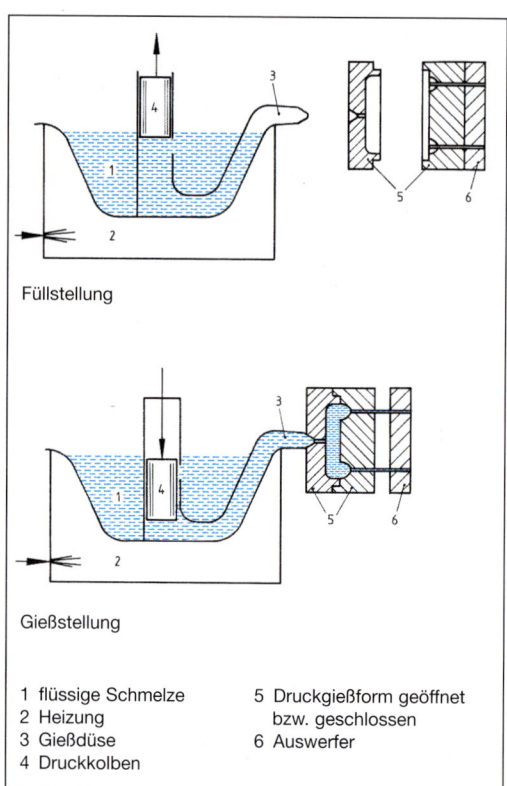

Füllstellung

Gießstellung

1 flüssige Schmelze	5 Druckgießform geöffnet
2 Heizung	bzw. geschlossen
3 Gießdüse	6 Auswerfer
4 Druckkolben	

2 Warmkammer-Druckgießen (Prinzipskizze)

In den Warmkammer-Verfahren werden hauptsächlich Zink und Zinn bzw. ihre Legierungen „verschossen". Nicht geeignet sind Al-Legierungen, da bei höheren Temperaturen die Gefahr der Zerstörung der metallisch blanken Teile besteht, bedingt durch die unkontrollierbare Diffusion von Fe-Atomen.

Warmkammer-Druckluftgießen

Das flüssige Material wird durch den schwenkbaren **Schwanenhals** aufgenommen, der in die Schmelze eintaucht (Bild 1). In der Gießstellung wird die Form anschließend mittels Pressluft gefüllt.

Kaltkammer-Druckgießen (waagerecht oder senkrecht, Bild 2, Druck bis 200 MPa $\triangleq$ 2000 bar)

Das Schmelzgefäß ist von der Gießmaschine getrennt. Die Mengenzuteilung erfolgt mit einem Gießlöffel. Das Material kann flüssig oder teigig sein. Dieses Verfahren ist besonders geeignet für Cu- und Al-Legierungen.

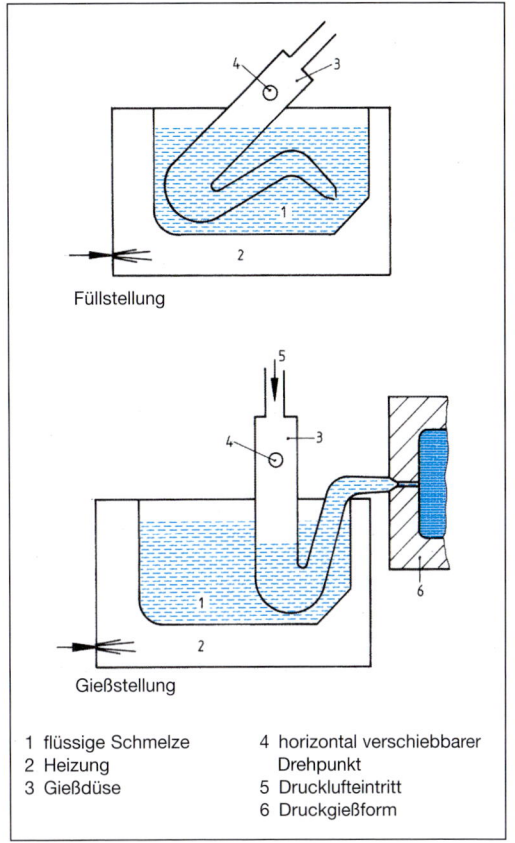

Füllstellung

Gießstellung

1 flüssige Schmelze
2 Heizung
3 Gießdüse

4 horizontal verschiebbarer Drehpunkt
5 Drucklufteintritt
6 Druckgießform

1 Warmkammer-Druckluftgießen (Prinzipskizze)

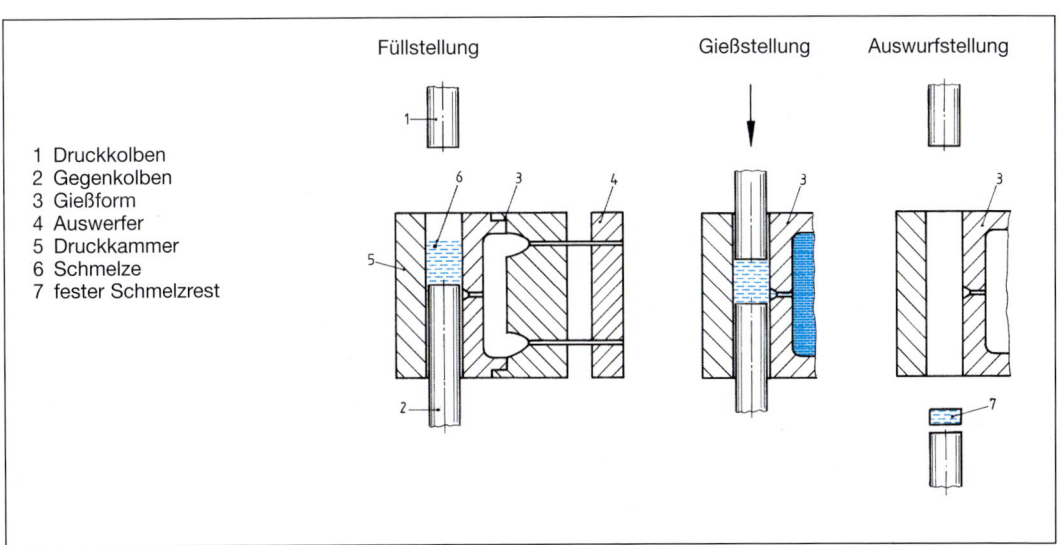

Füllstellung   Gießstellung   Auswurfstellung

1 Druckkolben
2 Gegenkolben
3 Gießform
4 Auswerfer
5 Druckkammer
6 Schmelze
7 fester Schmelzrest

2 Kaltkammer-Druckgießen (Prinzipskizze)

Die Herstellung gegossener Teile aus Kunststoff erfolgt durch **Gießen, Spritzgießen** bzw. **Extrudieren, Spritzpressen, Formpressen, Blasformen, Kalandrieren.**

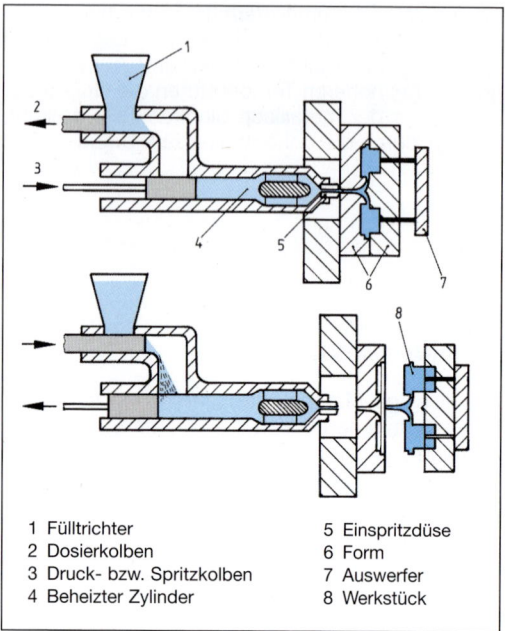

Eine kontinuierliche Fertigung ist durch das **Spritzgießen** möglich. Mittels eines Dosierkolbens wird dem Druckkolben eine bestimmte Menge Granulat zugeführt (Bild 1). Der Druckkolben drückt beim Arbeitshub („Schuss") die zugeteilte Menge in eine beheizte Kammer, in der sich schon erweichter Kunststoff befindet. Durch den Kolbendruck wird dabei auch gleichzeitig über Düsen die Form gefüllt – Statt des Druckkolbens werden auch so genannte Stoßschnecken verwendet.

1 Fülltrichter   5 Einspritzdüse
2 Dosierkolben   6 Form
3 Druck- bzw. Spritzkolben   7 Auswerfer
4 Beheizter Zylinder   8 Werkstück

1 Spritzgießen (Prinzipskizze)

Beim **Spritzpressen** (Bild 2) wird die abgewogene Pressmasse (Granulat) für ein Fertigteil in die beheizte Druckkammer gegeben und darin plastifiziert. Mit dem Druckkolben wird diese Kunststoffmasse über eine oder mehrere Düsen in die Stahlform gepresst und nach der Erhärtung aus der Form entfernt.

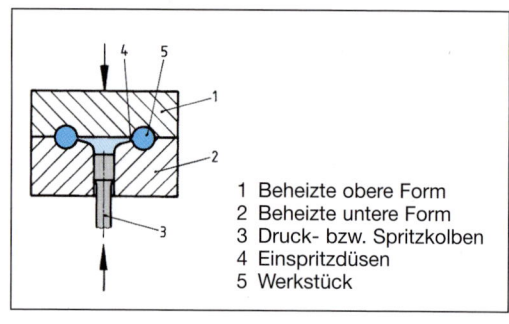

1 Beheizte obere Form
2 Beheizte untere Form
3 Druck- bzw. Spritzkolben
4 Einspritzdüsen
5 Werkstück

2 Spritzpressen (Prinzipskizze)

Beim **Formpressen** wird das Granulat direkt in die beheizte Matrize gegeben und durch den beheizten Stempel mit Drücken bis über 20 MPa (200 bar) verdichtet. Nach der Aushärtung wird das Werkstück durch einen Ausstoßer entfernt.

Die kontinuierliche Fertigung von Kunststoffrohren, Profilen verschiedenster Querschnittsformen, ummantelten Kabeln, Folienschläuchen bzw. Bahnen erfolgt mit **Extruder** (Bild 3). Das Granulat wird in der beheizten Maschine plastifiziert.

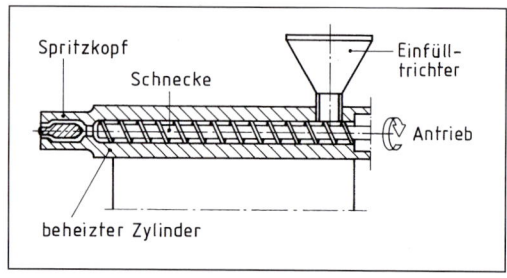

3 Extruder (Prinzipskizze)

2.1.4.4 Stranggießen

> Stranggießen ist ein kontinuierlich arbeitendes Gießverfahren, bei dem Stangen- oder Hohlprofile endlos hergestellt werden können.

Als Kennzeichen für dieses Verfahren gilt, dass die Gießform wesentlich kürzer als der damit gefertigte Abguss ist.

Zusätzliche Vorteile: bessere Oberflächengüte (kein Sandeinbrand), dichteres Gefüge (geeignet für hohe Drücke im Pumpen- und Hydraulikbau), bessere Festigkeitseigenschaften, geeignet für Halbzeuge größerer Länge. Vergießbar sind Eisen- und NE-Metalle.

Gleichmäßig bzw. schubweise wird das flüssige Material aus dem beheizten Tiegel der Dauerform (Kokille aus Metall bzw. Graphit) zugeführt und erhält somit die Querschnittsform dieser Kokille (Bild 1). Die Schmelze im Tiegel wirkt als Druckspeiser und Ausgleichsgefäß während der Erstarrung der Schmelze in der Kokillenform, d. h., die sich bei der Abkühlung des Stranges ergebende Volumenverminderung wird durch diesen Speiser ausgeglichen. Da die Dauerform wassergekühlt ist, erfolgt in ihr eine schnelle Abkühlung, sodass die Schmelze außen erstarrt – während der Kern zunächst noch flüssig bleibt – und gewissermaßen als festes Profil austritt. Die Abkühlungsgeschwindigkeit ist außerhalb der Kokille dann geringer, was sich vorteilhaft auf das Gefüge auswirkt.

Beim vertikalen Stranggießen wird das Profil durch Umlenkrollen in die Waagerechte umgelenkt.

Die mechanischen Bearbeitungszeiten von Stranggussteilen liegen bis zu 50 % unter denen von Grauguss. Die Standzeit der Werkzeuge steigt ebenfalls erheblich an.

Herstellbar sind Strangdurchmesser bis 500 mm, Vierkantabmessungen bis 300 mm, Plattenbreiten bis 1000 mm. In horizontalen Anlagen ist es möglich, gleichzeitig mehrere Stränge mit z. T. unterschiedlichen Abmessungen und verschiedener Auslaufgeschwindigkeit herzustellen. Bei NE-Schwermetallen werden Drähte bzw. Stangen in bis zwölfsträngigen Anlagen mit Durchmessern bis über 30 mm gefertigt.

Anwendungsbeispiele für Stranggussteile: Führungsleisten von Werkzeug- und Textilmaschinen,

hydraulische und pneumatische Steuerungsblöcke, Pumpenteile, Zylinder, Kegel-, Stirnräder, Zahnstangen usw. – Bei einer Dichtigkeitsprüfung eines Hydraulik-Steuerblockes (Bild 2) war eine 2 mm dicke und 10 mm lange Wand zwischen zwei Bohrungen von ca. 20 mm Durchmesser bis über 200 MPa (2000 bar) druckdicht.

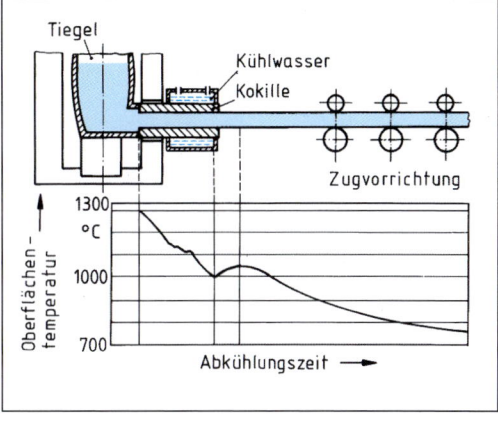

1 Schematische Darstellung des Horizontal-Stranggießens

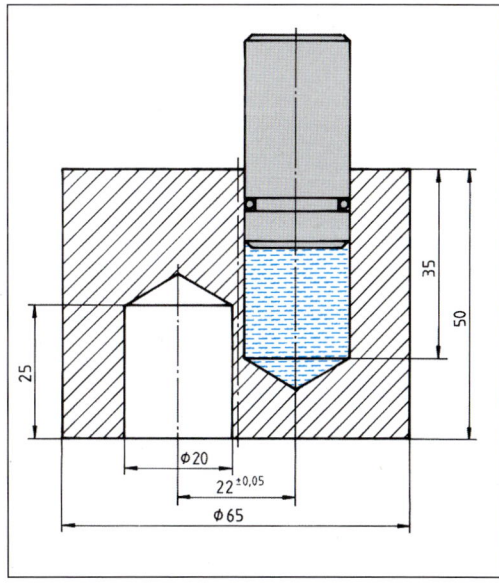

2 Probe für die Öldruckdichtigkeit

2.1.5 Gestaltungsregeln und Gießfehler

2.1.5.1 Gestaltungsregeln

Eine einwandfrei durchdachte Konstruktion muss alle Phasen der Herstellung eines Gussstückes berücksichtigen: Modellherstellung, Einformen, Gießen, Erstarren, Ausformen, Putzen. – Aus der Vielzahl der Gestaltungsregeln sollen nur einige Regeln für Sandguss genannt werden (Bild 2).

Gleiche Wandstärken verhindern Spannungen, Risse und ermöglichen ein gleichmäßiges Schwinden. Sind Versteifungsrippen erforderlich, so sind sie mit (0,6 … 0,8) s der Normalwandstärke anzufertigen. Die Rippen selbst dürfen nicht zu lang werden, da sonst der Materialfluss stockt. Die Anschlüsse sind wegen der Kerbgefahr mit den entsprechenden Abrundungen zu versehen (Bild 1).

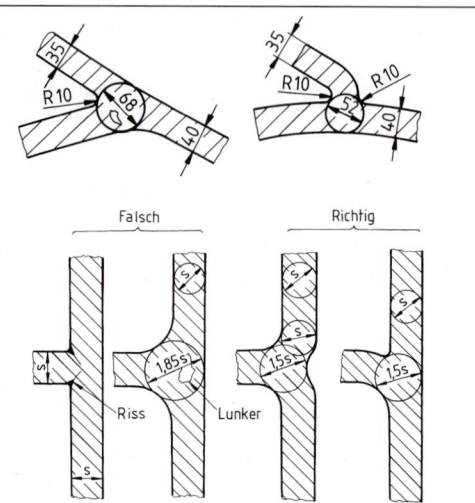

Die so genannten Kontrollkreise geben die Wanddickenverhältnisse wieder, wobei über 1,5 s die Gefahr der Lunkerbildung besteht. Werden Wandungen bzw. Rippen scharfkantig angesetzt, so entstehen zudem in den Ecken Schrumpfungsrisse.

1 Falsche und richtige Gestaltung von Wandübergängen.

Ungünstig		Gut
Ohne Aushebeschrägen besteht die Gefahr der Zerstörung der Form. Scharfe Kanten sind gießtechnisch kaum herstellbar.	Ungünstig / Gut 30° 1:25 1:50	Leichtere Entformung der Modelle nach dem Einformen durch Aushebeschrägen 1:25 … 1:50; die Sandform wird nicht beschädigt. Kleine Schrägen sind im Winkel von 30° anzufertigen; die Radien im Verhältnis 1:3 … 1:4 zur Wandstärke.
Waagerechte Flächen ergeben einen unsauberen Guss, da sich Luftblasen ansammeln können.	Ansammlung von Luftblasen 1:25 1:50 3…30° je nach Form 1:25 1:50	Durch Anbringung von Schrägen werden bessere Form- und Gießeigenschaften erreicht; die Luft kann gut entweichen.
Stege (Rippen) erschweren die Modell- und Formherstellung.		Wegen der Verstärkung des Flansches können die Versteifungsrippen entfallen; einfachere Herstellung durch Schablone.
Hinterschneidungen; Kernlagerungen schwierig einformbar.		Durch Umgestaltung keine Hinterschneidung mehr; vereinfachtes Einformen; nur noch ein Kern für die Mittelbohrung erforderlich.

2 Auswahl einiger Regeln für die Gestaltung von Sandguss

Zusammengefasst gilt:

Querschnittsänderungen müssen gegenseitig in bestimmten Größenverhältnissen liegen, da ungleiche Wandstärken eine ungleiche Abkühlung ergeben. Vgl.: Spannungsgitter.

Werkstoffdurchflusswege sind groß genug zu dimensionieren, da sonst ein vorzeitiges Erstarren, verbunden mit Lunkerbildung, eintreten kann.

Materialsteiger bzw. verlorene Köpfe sind möglichst an höchster Stelle anzuordnen; sie müssen nach dem Guss leicht entfernbar sein (Sollbruchstelle).

Keine hinterschnittenen Formen; Kerne an gießtechnisch richtiger Stelle anbringen und nicht teilen.

Formschrägen unbedingt einhalten. Materialzugabe für eine spätere spanende Bearbeitung vorsehen; große zu zerspanende Flächen nach unten einformen.

2.1.5.2 Gießfehler

Hauptsächlich beim Vergießen in Sandformen treten Fehler am Gussstück auf, die es unbrauchbar machen bzw. eine kostspielige Reparaturarbeit erfordern. Durch eine exakte Gussteilkonstruktion und eine einwandfreie Formherstellung in der Gießerei sowie durch die Beachtung der Gießtemperaturen können viele Fehler vermieden werden. – Häufige Fehler sind:

Versetzungen am Fertigteil treten auf, sobald die Modellhälften beim Aufstampfen der beiden Kastenhälften nicht in genauer Lage zueinander gehalten werden, häufiger aber auch durch die ungenaue Lage der Formkastenhälften zueinander (Bild 1).

Ungleiche Wanddicken ergeben sich aus einer Verschiebung des Kernes, wenn die Kernlagerung ungenau geformt war, oder durch den Auftrieb des Kernes bei fehlenden Kernstützen (Bild 2).

Ist die Teilfuge zwischen Ober- und Unterkasten zu groß, entsteht ein dicker Grat (Bild 3).

Werden die Trichter, verlorenen Köpfe und Angüsse (Anschnitt) falsch angebracht, so wird durch das Abschlagen der Guss beschädigt (Bild 4).

Wird der Sand nicht genügend verdichtet, so drückt das flüssige Material den Sand zusammen. Dadurch wird das Fertigteil in seinen Konturen ungenau (Bild 5).

Fehler durch den Formsand:

Verbindet sich der Sand an der Forminnenwand nicht richtig miteinander, so können sich Sandteilchen lösen und führen dann ebenfalls zu einem unsauberen Guss. Solche Stellen werden als „Schülpen" bezeichnet.

Ein weiterer durch den Formsand hervorgerufener Gießfehler ist der angebrannte Guss. Hierbei ist der Formsand an der Innenwand geschmolzen und hat sich innig mit der Gusshaut verbunden (erschwerte mechanische Bearbeitung!). Auch lose Sandteile und im Gießstrom mitgeführte Schlacke ergeben an der Gussteiloberfläche fehlerhafte Stellen.

Fehler durch die Schmelze:

Wird eine Form durch mehrere Eingusstrichter gefüllt, so ist darauf zu achten, dass die Metallströme noch genügend Temperatur besitzen, um sich einwandfrei verbinden zu können, sonst entsteht eine Kaltschweißstelle.

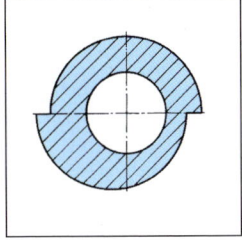

1 Versetzter Guss

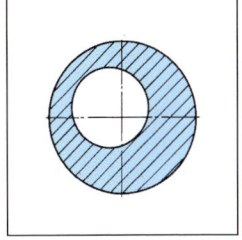

2 Verschobener Kernsitz

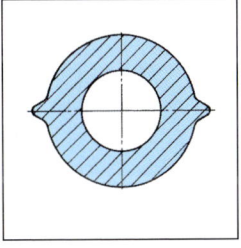

3 Guss mit zu dickem Grat

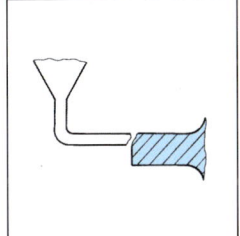

4 Falsch angebrachter Speiser

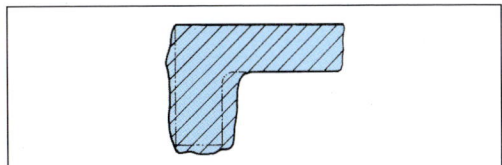

5 Unsauberer Guss bei ungenügend verdichtetem Sand

Fehler durch Schwindung:

Durch die Schwindung entstehen im Fertigteil Spannungen, die zu Rissen führen können. Ungleiche Abkühlgeschwindigkeit (verschiedene Wandstärken) können Verzug hervorrufen. Diese Fehler lassen sich durch verschiedene Maßnahmen vermeiden. **Kleine** Werkstücke **sofort** ausformen und im Ofen langsam abkühlen. Bei **großen** Teilen werden jene Stellen in der Form freigelegt, wo große Materialanhäufungen sind; dadurch erstarren diese Stellen schneller. Der Verzug kann durch ein gekrümmtes Einformen ausgeglichen werden. Dies ist hauptsächlich für lange Gussstücke vorteilhaft.

Fehler durch Abkühlung:

Gefährlich sind auch Lunker im Gussstück. Sie entstehen an jenen Stellen, an denen das Material zuletzt erkaltet. Der **Innenlunker** (vergleiche Bild 1, Seite 28) wird begünstigt durch die Materialanhäufung bzw. durch zu kleine Trichter. Der Steigtrichter soll so groß dimensioniert sein, dass das Material in ihm so lange flüssig bleibt und nachfließen kann, bis in der Form das Gussstück erstarrt ist. In diesem Falle entsteht der Lunker im Trichter, er wird als **Außenlunker** bezeichnet. Er ist ungefährlich, da er mit dem Trichter entfernt wird. Die Lunkerbildung kann durch richtige Formgebung und auch durch Anbringung von Abschreckplatten (zur raschen Abkühlung großer Materialanhäufungen) unterbunden werden.

2.1.6 Schmelzeinrichtungen

Die Verschiedenartigkeit der Fertigteile in Bezug auf ihre technischen Verwendungszwecke und ihre Materialeigenschaften bedingen eine genaue Zusammensetzung der Rohstoffe für die fertige Schmelze. Die Schmelzeinrichtungen (Bild 1) beeinflussen neben der Gattierung die späteren Eigenschaften des fertigen Gussteiles.

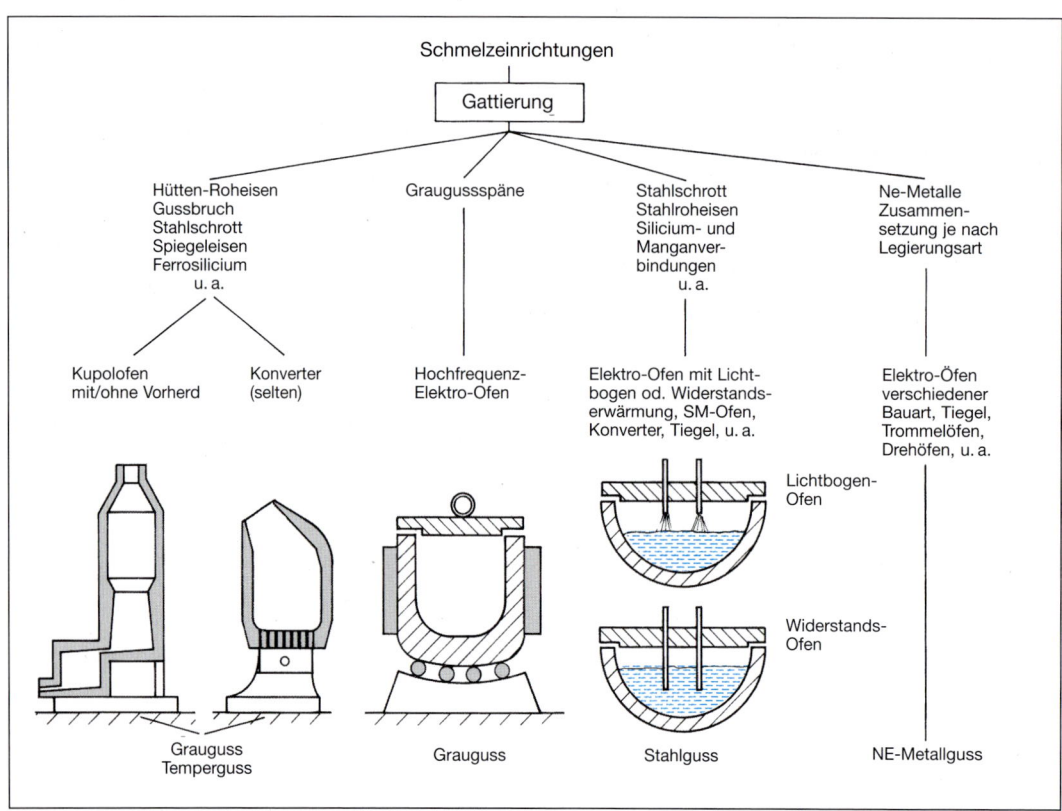

1 Schmelzeinrichtungen (Überblick)

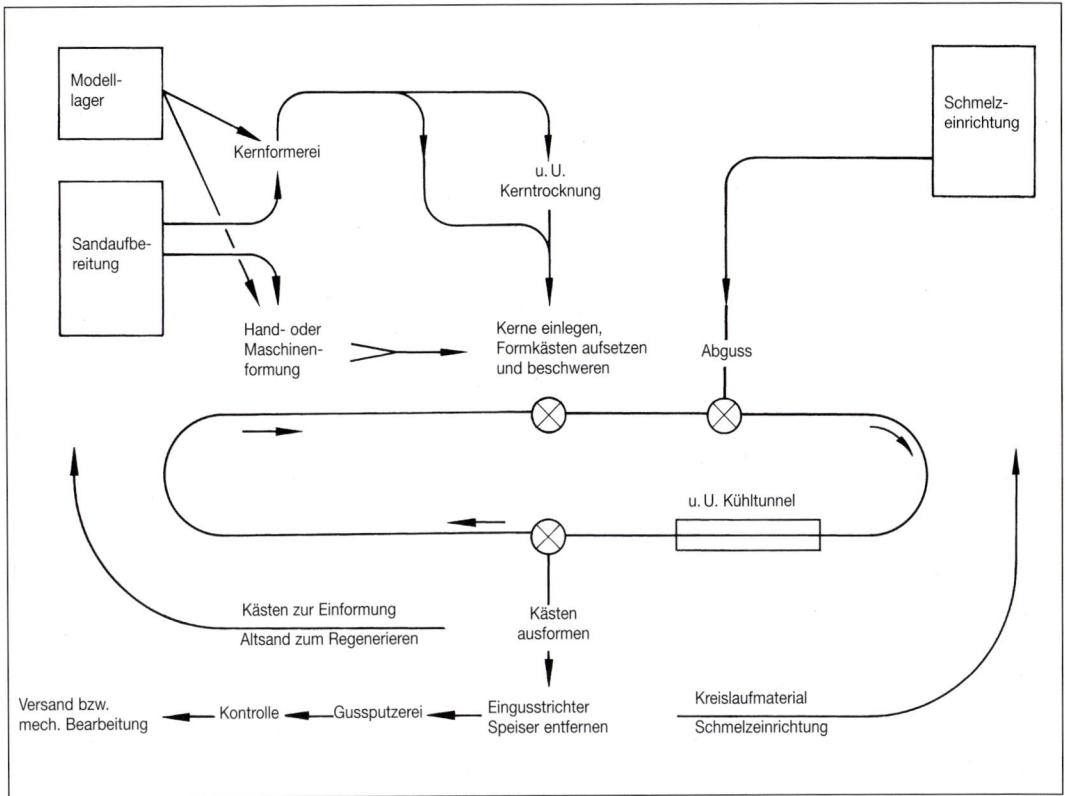

1 Schematische Darstellung einer Gießerei

2.1.7 Gießereieinrichtungen

Die Einrichtungen und der Arbeitsablauf in einer Gießerei (Bild 1) sind von folgenden Faktoren abhängig:

- Gießwerkstoff
- Gießverfahren
- Gussmasse
- Stückzahl

2.1.8 Unfallverhütung

Die Unfallgefahr ist in einer Gießerei besonders groß, insbesondere wenn man unausgeruht, nervös und gedankenlos zur Arbeit erscheint.

Einige Gefahrenquellen sind:

- Nichttragen der vorgeschriebenen Arbeitskleidung, z.B. Sicherheitsschuhe, Beinschutz, Gesichtsmaske usw.
- nicht angewärmte und feuchte Gießpfannen und Tiegel
- Unachtsamkeit beim Transport der Schmelze
- überspritzende Schmelze, besonders gefährlich bei feuchtem Boden
- unordentlicher Arbeitsplatz und verstellte Transportwege
- Kohlenstoffmonoxidgase der Trocknungskammern
- zu gering beschwerte und vorzeitig geöffnete Gießformen

Viele Unfälle lassen sich vermeiden, wenn die Unfallverhütungsvorschriften der Berufsgenossenschaften eingehalten werden.

2.2 Elektrolytische Abscheidung (Galvanoplastik)

Durch galvanisches Abscheiden geeigneter Metalle auf ein Positivmodell können schwierige und genaue Negativformen hergestellt werden.

Die galvanischen Formen (Bild 1) bestehen im Allgemeinen aus einer Hartnickelschicht von 2 bis 5 mm und einer Hartkupferhinterfütterung von 5 … 25 mm. Vollnickelformen sind ebenfalls herstellbar, aber dementsprechend teurer. Sie besitzen eine geringe Wärmeleitfähigkeit. – Die Nickelschicht weist eine Rockwellhärte von ca. 45 bis 50 HRC auf. Das galvanisch hinterfütterte Kupfer erreicht Festigkeiten von 600 … 700 N/mm². Durch die Art der Herstellung und der dabei verwendeten Materialien ist die Form dauerhaft, zähhart, verschleißfest und korrosionsbeständig (besonders bei der PVC-Verarbeitung wichtig).

Galvanoplastische Formen (Gieß- und Prägeformen) werden heute in der gesamten Metall- und Kunststoffindustrie angewendet.

Die Positivform spielt eine entscheidende Rolle, denn sie überträgt sich 100%ig auf die Galvanoplastik. Selbst feinste Kratzer erscheinen in der neuen Form und können u.U. nur durch eine teure Polierarbeit entfernt werden. Hinterschneidungen dürfen nicht vorhanden sein.

Als Modellmaterial eignen sich u.a. Leder, Holz, Kunststoffe wie auch Messing, Werkzeugstahl und korrosionsbeständige Stähle. Mit diesen Modellen können dann auch mehrere Einsätze nacheinander gefertigt werden. Für Modelle, die schwer entformbar sind, wie z.B. schräg verzahnte Zahnräder, wurden in der Praxis mit Acrylglasmodellen sehr gute Ergebnisse erzielt. – Nichtmetallische Modelle werden vor dem Galvanisieren elektrisch leitend gemacht. Als Trennmittel zwischen Modell und Form eignen sich Lacke, Graphit, die nach der Fertigung herausgelöst werden.

Beim Einbau der galvanischen Formen in die Werkzeuge werden Presssitze verwendet. Der Einsatz soll voll umschlossen im Grundwerkzeug sitzen; der Hauptarbeitsdruck ist von ihm aufzunehmen. Eventuelle Einpassarbeiten und Veränderungen am Galvanoplast können spanend vorgenommen werden.

Galvanoeinsätze werden stets als Negative bezeichnet, während die daraus gefertigten Teile die Positive sind. Positiv-Modelle sind die genauen Abbildungen der Spritzlinge, vergrößert um das Schwindmaß des zu spritzenden Materials.

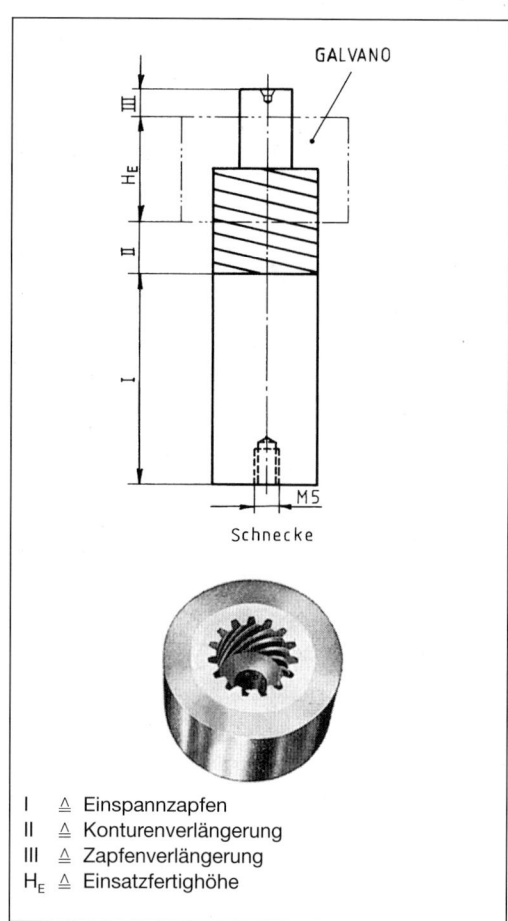

I $\triangleq$ Einspannzapfen
II $\triangleq$ Konturenverlängerung
III $\triangleq$ Zapfenverlängerung
H_E $\triangleq$ Einsatzfertighöhe

1 Schema für die Herstellung von Galvanoformen

2.3 Pressen, Sintern (Pulvermetallurgie)

Beim Pressen und Sintern werden unter Anwendung von Druck oder Druck und Wärme feste Körper aus Pulver von Metallen und/oder Nichtmetallen erzeugt, meistens aus ihren Mischungen.

2.3.1 Grundlagen

Stoffe, die nicht oder nur äußerst schwer miteinander zu legieren sind, werden durch **Sintern** miteinander verbunden und verfestigt. Erreicht werden dabei, je nach Materialzusammensetzung, eine große Härte, Festigkeit, Schneid-, Temperatur- und Säurebeständigkeit sowie gute Gleiteigenschaften. – Aufgeschüttetes Pulver nimmt infolge der Hohlräume zwischen den einzelnen Körnern ein großes Volumen ein. Durch hohe Drücke werden die Pulverkörner gegeneinander geschoben. Dadurch verringert sich das Volumen, die Zusammenhangskräfte werden erhöht.

Anwendungsgebiete von Sinterteilen (Bild 1)		
Schneidstoffe	Lagerteile	Formteile
z. B. Hartmetalle, Cermets	z. B. Lagerschalen für Gleitlager	z. B. Zahnräder, Wälzlagerkäfige, Kohlebürsten, Schloss- und Beschlagindustrie

1 Anwendungsbeispiele

2.3.2 Pulverherstellung

Die Korngröße des Pulvers liegt zwischen 0,06 bis ca. 0,5 mm und wird in verschiedenen Verfahren erzeugt.

Mechanische Verfahren: Zur Aufbereitung von Nichtmetallen, z.B. Ton und Graphit, erfolgt eine Wasserschlämmung. Spröde Stoffe werden in Kollergängen und Schlagmühlen zerkleinert. Eisen- und Aluminiumpulver werden durch Gießen einer Schmelze auf ein Sieb oder durch Zerstäuber der Schmelze im Dampfstrahl gewonnen.

Physikalisch-chemische Verfahren: Bei der Erzeugung von Zinn-, Silber- und Goldpulver wird mit Salzlösungen gearbeitet. Durch eine Reduktion der Oxide werden Wolfram-, Molybdän- und Cobaltpulver hergestellt. Kupfer- und Eisenpulver werden durch eine elektrolytische Abscheidung in einer wässerigen Lösung bzw. Nickel- und Eisenpulver auch aus dem gasförmigen Zustand gewonnen.

2.3.3 Pressen und Sintern

Die Herstellung der Sinterteile erfolgt durch Pressen unter hohen Drücken und anschließendem Sintern bei entsprechenden Temperaturen. Beim isostatischen Kaltpressen für große Werkstücke und Stückmassen treten z.B. Drücke bis 10 kbar auf; normal sind Drücke bis 2 kbar. Die Sintertemperaturen liegen zwischen ca. 600 °C bei

Al-Legierungen und bis über 2500 °C bei Wolfram-Legierungen.

Je nach herzustellendem Teil erfolgt sofort das Fertigsintern oder zuerst ein Vorsintern mit anschließender Bearbeitung und danach das Fertigsintern (Bild 1). Durch die so genannte Mehrfachpressung mit jeweiligem Zwischensintern tritt eine erhebliche Vergrößerung der Dichte und Härte ein, während die Zerspanbarkeit abnimmt. Im kalten Zustand kann eine Nachkalibrierung erfolgen, sodass sehr genaue Werkstückabmessungen erzielt werden (Durchmesser bis IT 7, Längen bis IT 12). – Der Sintervorgang wird in elektrisch beheizten Formen und Pressen durchgeführt. Zur Vermeidung einer Oxidation an der Oberfläche der Sinterteile werden u. a. Ammoniak, Wasserstoff oder teilweise verbranntes Heizgas als Schutzgas verwendet.

Sinterwerkstoffe können nach dem Vorsintern leicht spanend bearbeitet werden. Nach dem Fertigsintern ist nur noch bei bestimmten Werkstoffzusammensetzungen eine spanende Bearbeitung möglich, sonst nur noch Schleifen.

Beim **Spänepressen** werden besonders ausgesuchte Späne auf eine bestimmte Größe zerkleinert, gewaschen, entölt, getrocknet und gesiebt. In einer Form werden die Späne vorgepresst und nach einer Erwärmung auf ca. 1000 °C fertig gepresst. Eine Nachkalibrierung erhöht die Maßgenauigkeit; die Teile können einer oberflächenmäßigen Nachbehandlung unterzogen werden. Herstellbar sind ähnliche Teile, wie in Bild 1, Seite 33 dargestellt.

1 Sintern und Pressen

3 Umformen

Umformen ist das Fertigen durch bildsames (plastisches) Ändern der Form eines festen Körpers. Die Masse wie auch der Stoffzusammenhalt verändern sich nicht.　DIN 8580

Die Vorteile der Umformung sind: Verbesserung der Festigkeitseigenschaften, keine Zerstörung der Fasern, gute Oberflächengüte bei ausreichender bis bester Maßgenauigkeit, geringere Werkstoffkosten und Stückzeiten. Nachteilig sind hoher Technologieeinsatz, Lärmbelästigung und höhere Maschinen- und Werkzeugkosten. Im vorliegenden Kapitel werden die wesentlichen Verfahren behandelt.

UMFORMEN
DIN 8582

Druck-umformen DIN 8583 Bl. 1 … 6	Zugdruck-umformen DIN 8584 Bl. 1 … 6	Zug-umformen DIN 8585 Bl. 1 … 4	Biege-umformen DIN 8586	Schub-umformen DIN 8587
Walzen Bl. 2 Längswalzen Querwalzen Schrägwalzen	Durchziehen Bl. 2 Gleitziehen Walzziehen	Längen Bl. 2 Strecken Streckrichten	Freies Biegen Biegerichten Freies Runden Querkraftfreies Biegen	Verschieben
Freiformen Bl. 3 Recken Rundkneten Breiten Stauchen Treiben	Tiefziehen Bl. 3 Tiefziehen mit Werkzeugen mit Wirkmedien mit Wirkenergie	Weiten Bl. 3 Weiten mit Werkzeugen mit Wirkmedien mit Wirkenergie	Gesenkbiegen Gesenkrunden Gesenksicken Gesenkbördeln	Verdrehen
Gesenkformen Bl. 4 Formrecken Reckstauchen Formrundkneten Formstauchen u. a.	Drücken Bl. 4 Drücken von Hohlkörpern Weiten durch Drücken Engen durch Drücken	Tiefen Bl. 4 Streckziehen Hohlprägen Tiefen	Gleitziehbiegen	
Eindrücken Bl. 5 Körnen Kerben Einprägen Einsenken Dornen Prägerichten Glattdrücken Wälzprägen Rändeln	Kragenziehen Bl. 5		Rollbiegen Winden	
	Knickbauchen Bl. 6		Knickbiegen	
	Innenhochdruck-Weitstauchen		Walzbiegen Walzrunden Walzrichten Wellbiegen Walzprofilieren Walzziehbiegen	
Durchdrücken Bl. 6 Verjüngen Strangpressen Fließpressen			Schwenkbiegen	
Umformstrahlen			Rundbiegen Wickeln	
Oberflächenveredelungsstrahlen			Umlaufbiegen	

3.1 Grundlagen des Umformens

Innerhalb des Gefüges tritt eine Kristallverschiebung auf, die als Voraussetzung der Änderung der Gesamtform nötig ist, wobei die Formbeständigkeit bei größeren plastischen Verformungen meist leichter zu erreichen ist.

Geeignet für die Umformung sind Stahl, knetbare NE-Metalle, z. T. Kunststoffe und unter bestimmten Voraussetzungen auch spröde Werkstoffe (z. B. Glas).

Die Formänderung wird durch Aufbringung von äußeren Kräften erreicht, wobei die dadurch erzielte Form erhalten bleibt (Bild 1).

Bei der Umformung sind die beiden Hauptgruppen der Kalt- und Warmumformung zu unterscheiden.

Kaltumformung geschieht bei Raumtemperatur und erfordert sehr große Umformkräfte. Die entstehende Kaltverfestigung des Materials ist gegebenenfalls durch Zwischenglühen zu beseitigen, wenn das Werkstoffgefüge zur Versprödung und Rissbildung neigt.

Bei der **Warmumformung** wird das zu verformende Material auf bestimmte Temperaturen erwärmt. Dadurch ist eine bessere Verformung bei vermindertem Kraftaufwand gegenüber der Kaltumformung zu erzielen. Eine Verfestigung des Materials tritt bei langsamer Umformung nicht auf.

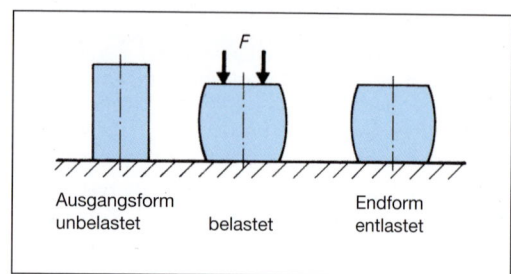

Ausgangsform unbelastet   belastet   Endform entlastet

1 Plastische Verformung

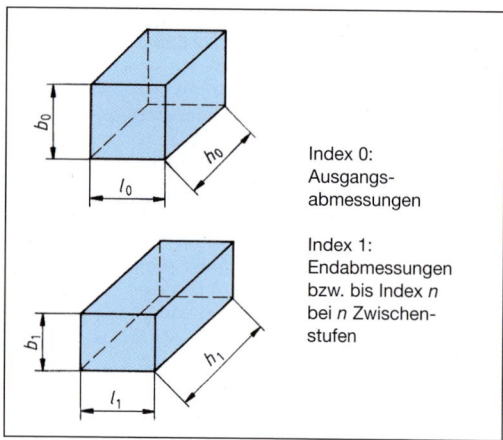

Index 0:
Ausgangs-
abmessungen

Index 1:
Endabmessungen
bzw. bis Index n
bei n Zwischen-
stufen

2 Konstantes Körpervolumen

3.1.1 Berechnungsgrundlagen

Bei der Umformung von metallischen Körpern verschieben sich die Kristalle in verschiedene, vorbestimmte Richtungen. Das Körpervolumen bleibt **konstant** (Bild 2).

$$V = l_0 \cdot b_0 \cdot h_0 = l_1 \cdot b_1 \cdot h_1$$

bzw.: Verhältnis $= \dfrac{l_1 \cdot b_1 \cdot h_1}{l_0 \cdot b_0 \cdot h_0} = 1$

Zur Bestimmung wichtiger Kenngrößen bei Umformprozessen benötigt man den Umformgrad. Da das Volumen gleich bleibt, tritt z. B. bei einer Verlängerung eines Stabes gleichzeitig eine Querschnittsverminderung auf, entsprechend bei einer Stauchung eine Querschnittszunahme.

Diese größte auftretende logarithmische Formänderung φ ist für die gesamte Berechnung maßgebend. Es gilt:

$$\varphi = \text{Logarithmus} \ \frac{\text{Endabmessung}}{\text{Ausgangsabmessung}}$$

$$\ln \frac{h_1}{h_0} + \ln \frac{b_1}{b_0} + \ln \frac{l_1}{l_0} = \varphi_h + \varphi_b + \varphi_l = \ln 1 = 0$$

$$\left(\begin{array}{l} \text{Pluswerte } = \text{ Verlängerung} \\ \text{Minuswerte } = \text{ Stauchung} \end{array} \right)$$

Beispiel:

$l_0 = 30$ mm; $b_0 = 40$ mm; $h_0 = 50$ mm
$l_1 = 20$ mm; $b_1 = 30$ mm; $h_1 = 100$ mm

Konstantes Volumen: $\dfrac{V_1}{V_0} = \dfrac{l_1 \cdot b_1 \cdot h_1}{l_0 \cdot b_0 \cdot h_0} = \dfrac{20 \cdot 30 \cdot 100}{30 \cdot 40 \cdot 50} = 1$

Umformgrad:

Folglich:

$\varphi_l = \ln \dfrac{20}{30} \approx -0,40$

$\varphi_b = \ln \dfrac{30}{40} \approx -0,29$

$\varphi_h = \ln \dfrac{100}{50} \approx 0,69$

$\varphi_l + \varphi_b + \varphi_h = 0$
$+ (-0,40) + (-0,29) + (0,69) = 0$

Bei der Umformung der Bauteile kommen die Kristalle zum Fließen, behalten aber bis zu bestimmten Grenzen den stofflichen Zusammenhalt. Nach Überschreiten des Fließbereiches steigen die Umformfestigkeit und somit auch die Umformarbeit erheblich an.

Für die Berechnung der Umformkräfte werden die Formänderungsfestigkeit k_f, der Formänderungswiderstand k_w und der Formänderungswirkungsgrad η_F benötigt. Die **Formänderungsfestigkeit** kann für die Kaltumformung aus Schaubildern, den so genannten Fließkurven, entnommen werden (Bild 1).

Bei der Formgebung setzt sich die Formänderungsarbeit in Wärme um; die durch die Umformung entstandene Wärme erhöht die Temperatur des umzuformenden Werkstückes. Mit zunehmender Temperatur nimmt die Formänderungsfestigkeit des Werkstoffes ab, sodass die Werte für die Formänderungskraft und -arbeit geringer werden (Bild 2).

Die bezogene **Formänderungsarbeit**

$w = k_{fm} \cdot \varphi$ in $\dfrac{\text{Nmm}}{\text{mm}^3}$ für die Umformung des Volu-

mens von 1 mm³ kann aus dem Schaubild 1, Seite 38 abgelesen werden, wobei w die planimetrierte Fläche unterhalb der zugehörigen Fließkurve bis zur Endformänderung darstellt.

Der **Formänderungswiderstand** k_w wird vom umzuformenden Werkstoff, der Umformgeschwindigkeit und dem geometrischen Verhältnis (z. B. h_1/h_0) beeinflusst. Bei der Kaltbearbeitung kann dieser Wert bis zum Dreifachen von k_{fm} ansteigen.

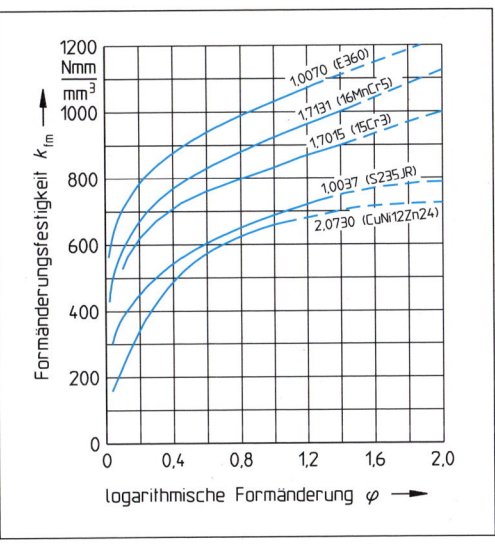

1 Fließkurven

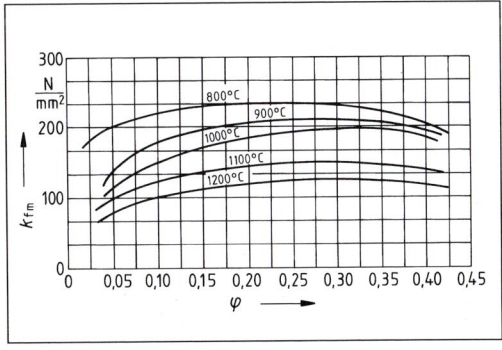

2 Mittlere Formänderungsfestigkeit k_{fm} für 1.0037 in Abhängigkeit von Temperatur und Umformgrad

Der **Formänderungswirkungsgrad** η_F liegt im Allgemeinen zwischen 0,3 … 0,9 und ist abhängig von der Maschine (Presse), der Umformgeschwindigkeit und von der Form des herzustellenden Werkstückes. Besonders Gratausbildung und Dickenunterschiede beeinflussen den Formänderungswirkungsgrad, sodass hierfür meist angenäherte Erfahrungswerte herangezogen werden.

Die **Formänderungsarbeit** W errechnet sich aus dem konstanten Umformvolumen, der Arbeit für die Umformung des Volumens und dem Wirkungsgrad.

$$W = \frac{V \cdot w}{\eta_F} \quad \text{in Nmm}$$

Die **Umformkraft** ist abhängig von der Endfläche, der Formänderungsfestigkeit und dem Wirkungsgrad.

$$F_{max} = \frac{A_1 \cdot k_f}{\eta_F} \quad \text{in N}$$

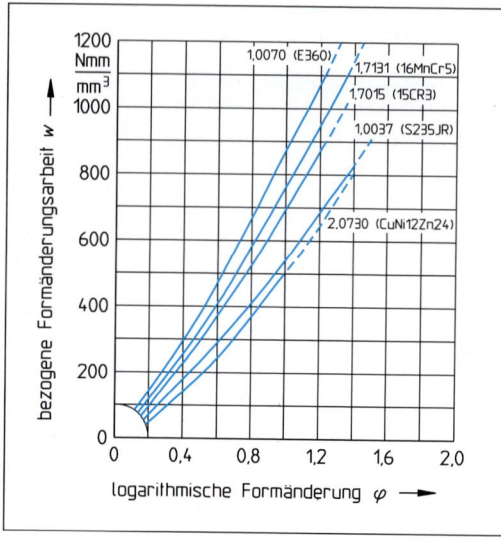

1 Formänderungsarbeit

Vorgenannte Berechnungsgrundlagen können auf alle nachfolgenden Umformverfahren sinngemäß angewendet werden.

Anwendungsbeispiel:

Kaltstauchen eines Zylinders aus 1.0037, normal geglüht, mit einer Anfangshöhe $h_0 = 10$ mm und einem Ausgangsdurchmesser $d_0 = 20$ mm auf eine Endhöhe von $h_1 = 7$ mm.
Wie groß sind die Formänderungsarbeit W und die theoretisch erforderliche Umformkraft F_{max}?

Ausgangsquerschnitt

$$A_0 = \frac{\pi}{4} d_0^2 = \frac{\pi}{4}(20 \text{ mm}^2) = 314 \text{ mm}^2$$

Volumen

$$V = h_0 A_0 = 10 \text{ mm} \cdot 314 \text{ mm}^2 = 3140 \text{ mm}^3$$

Endquerschnitt

$$A_1 = A_0 \frac{h_0}{h_1} = \frac{314 \text{ mm}^2 \cdot 10 \text{ mm}}{7 \text{ mm}} = 448 \text{ mm}^2$$

Formänderungsarbeit

$$W = \frac{V \cdot w}{\eta_F} = \frac{3140 \text{ mm}^3 \cdot 120 \text{ Nmm/mm}^3}{0,75} = 502\,400 \text{ Nmm} \approx 502 \text{ Nm}$$

Umformkraft

$$F_{max} = \frac{A_1 \cdot k_F}{\eta_F} = \frac{448 \text{ mm}^2 \cdot 510 \text{ N/mm}^2}{0,75} = 304\,640 \text{ N} \approx 305 \text{ kN}$$

Umformgrad
(logarithm. Formänderung)

$$\varphi = \ln \frac{h_1}{h_0} = \ln \frac{7 \text{ mm}}{10 \text{ mm}} \approx -0,36$$

Formänderungsfestigkeit
am Ende der Umformung

$$k_f = 510 \text{ N/mm}^2$$

bezogene Formänderungsarbeit

$$w = 120 \text{ Nmm/mm}^3$$

Formänderungswirkungsgrad

$$\eta_F \approx 0,75 \text{ (geschätzt)}$$

Würde die Umformung im warmen Zustand bei ca. 1100 °C erfolgen, so ergäbe sich:

$$k_{fm} \approx 150 \text{ N/mm}^2$$

$$F_{max} = \frac{448 \text{ mm}^2 \cdot 150 \text{ N/mm}^2}{0,75} = 89\,600 \text{ N} \approx 90 \text{ kN}$$

3.2 Umformverfahren (Massivumformen)

Walzen	Schmieden	Eindrücken	Durchdrücken	Rundkneten
Flach- und Profillängs-walzen von Vollkörpern Profillängswalzen von Hohlkörpern weitere Walzverfahren	Freiformen, Gesenkformen, Stauchen	Kalteinsenken, Warmeinsenken, Prägen	Strangpressen, Fließpressen	

Abweichend von DIN 8582 werden andere Zu-sammenstellungen und z.T. noch ältere Begriffe gewählt sowie Teilgebiete des Umformens im Abschnitt 3.3 (Stanztechnik) behandelt.

3.2.1 Walzen

3.2.1.1 Flach- und Profil-Längswalzen von Vollkörpern

Die im Stahlwerk hergestellten Blöcke werden im Walzwerk zu Profilstählen, Rohren, Blechen usw. verarbeitet. Diese Formgebung erfolgt zwischen den im Walzgerüst gelagerten Rotationskörpern, wobei sich das Material durch den Walzendruck erheblich streckt, sich u.U. verbreitert und im Querschnitt abnimmt.

Der einmalige Durchgang durch ein Walzenpaar heißt **Stich.** Wird in gleicher Lage weitergewalzt, so spricht man vom **Flachstich.** Erfolgt eine Dre-hung des Walzgutes um 90°, bevor das nächste Walzenpaar erreicht wird, so ist dies der so genannte **Stauchstich.** Hierbei wird die Verbrei-terung vom vorhergehenden Bearbeitungsgang rückgängig gemacht.

Bei neueren Anlagen werden die Walzgerüste hin-tereinander aufgestellt, somit wird eine kontinu-ierliche Walzenstraße gebildet (Bild 1). Dadurch erzielt man große Vorteile in Bezug auf Walzzeit-verkürzung, engere Maßtoleranzen, größere Fer-tigungslängen je Profil, größere Leistung durch größere Walzengeschwindigkeit, weniger Arbeits-kräfte bei geringerer körperlicher Arbeit usw. Jedoch bedingen diese Vorteile u.a. auch neue und längere Werkhallen und den Einsatz von Gleichstrommotoren (Leonardsätze) zur Regu-lierung der Arbeitsgeschwindigkeit der Walzen-paare.

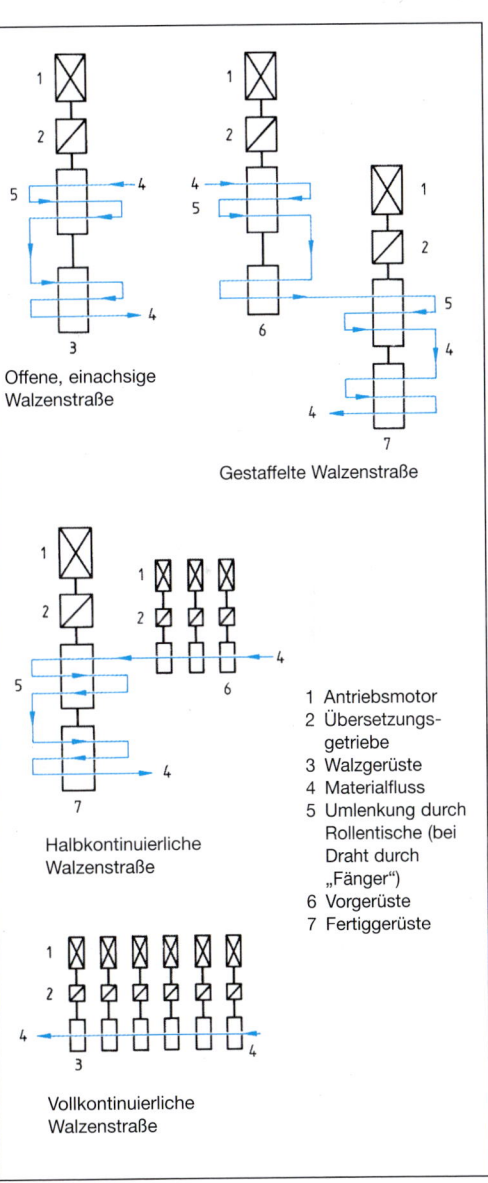

Offene, einachsige Walzenstraße

Gestaffelte Walzenstraße

Halbkontinuierliche Walzenstraße

Vollkontinuierliche Walzenstraße

1 Antriebsmotor
2 Übersetzungs-
   getriebe
3 Walzgerüste
4 Materialfluss
5 Umlenkung durch
   Rollentische (bei
   Draht durch
   „Fänger")
6 Vorgerüste
7 Fertiggerüste

1 Walzenstraßenschema

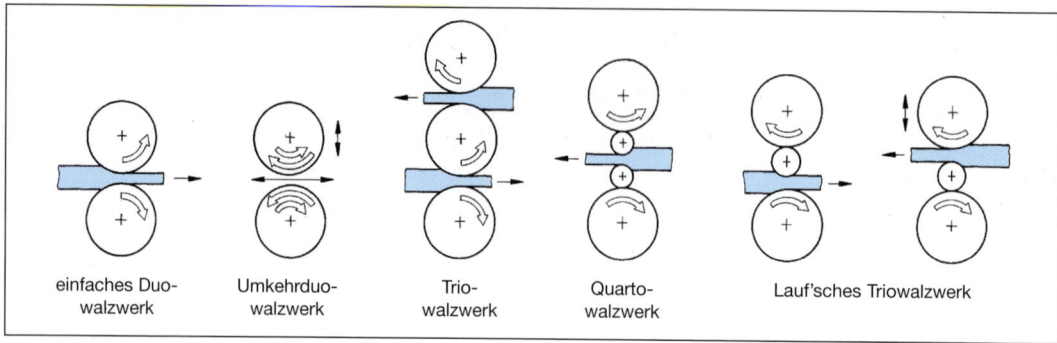

1 Walzenanordnung in den Walzgerüsten (Schemaskizze)

Die verschiedenartige Anordnung der Walzen in den Walzgerüsten führt zu den entsprechenden Bezeichnungen (Bild 1).

Die Walzen zur Herstellung von Blechen sind **zylindrisch** oder **leicht ballig,** während für die Profilherstellung so genannte **Kaliberwalzen** verwendet werden (Bild 2).

Walzwerkstraßen werden außerdem noch nach den zu walzenden Erzeugnissen bezeichnet, z.B. Block-, Profil-, Träger-, Draht-, Blechstraßen usw. –. Drähte werden nicht nur gewalzt, sondern auch auf **Drahtziehmaschinen** gezogen (Bild 3). Dabei werden Ziehsteine aus Werkzeugstahl, Hartmetallen oder Diamanten verwendet. Gezogene Profile werden in gleicher Weise hergestellt (vgl. Kaltziehen von Rohren).

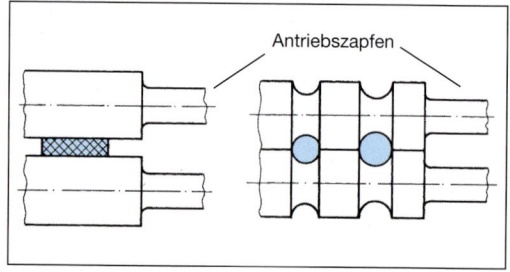

2 Zylinder- und Kaliberwalzen (Schemaskizze)

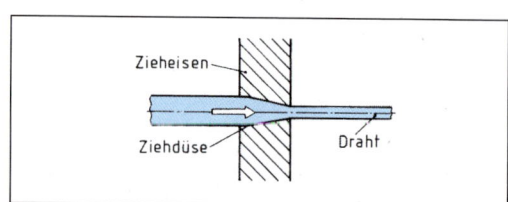

3 Drahtziehen (Schemaskizze)

3.2.1.2 Profil-Längswalzen von Hohl-körpern (Rohrherstellung)

Nahtlose Rohre

In der Praxis werden hauptsächlich das Mannesmann-Verfahren und das Pressverfahren nach Ehrhardt angewendet. In beiden Verfahren wird zuerst aus einem Rohblock ein Hohlblock hergestellt, der anschließend zu einem nahtlosen Rohr weiterverarbeitet wird.

Mannesmann-Verfahren

Der runde Rohblock wird zwischen zwei in einem Winkel von 3°... 6° zueinander stehenden Walzen eingeführt (Bild 4). Durch die Walkarbeit der Walzen, die gleichen Drehsinn haben, reißt der Block in der Mitte auf. Der eingesetzte Dorn glättet die Innenfläche des entstehenden Rohrrohlings.

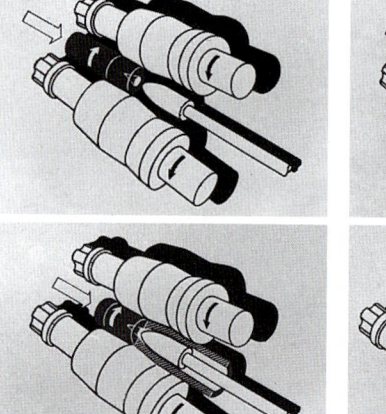
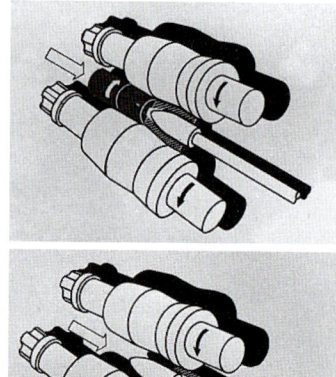

4 Mannesmann-Schrägwalzwerk

Das Fertigwalzen dieser Rohrrohlinge (Rohrluppen) erfolgt im **Pilgerschritt-Verfahren** (Bild 1). Hierbei wird in die Rohrluppe ein Dorn, dessen Durchmesser dem zu fertigenden Innendurchmesser entspricht, eingeführt. Die Pilgerwalzen stechen am Rohrumfang eine gewisse Strecke ab und walzen diese anschließend zum gewünschten Außendurchmesser aus.

Genaue Rohrmaße (gleichmäßige Wandstärke, genauer Außendurchmesser) erhält man im Maßwalzwerk (Bild 2).

Neben den oben genannten Verfahren werden auch die von Stiefel erfundenen **Kegel-Loch-Walzverfahren** und **Scheiben-Loch-Walzver-fahren** angewendet, bei denen eine dünnwandige Rohrluppe entsteht. Sie wird im **Stiefel-Stopfen-Walzverfahren** auf die entsprechenden Abmessungen gewalzt.

Pressverfahren nach Ehrhardt

Hierbei wird in eine zylindrische Form ein glühender quadratischer Rohling eingesetzt. Mit einem Stempel wird die Lochung vorgenommen (Bild 2 Seite 42). Es verbleibt eine gewisse Bodenstärke.

Die maximale Blocklänge beträgt ca. achtmal Lochdurchmesser. Mit diesem Verfahren können auch dickwandige Druckbehälter hergestellt werden.

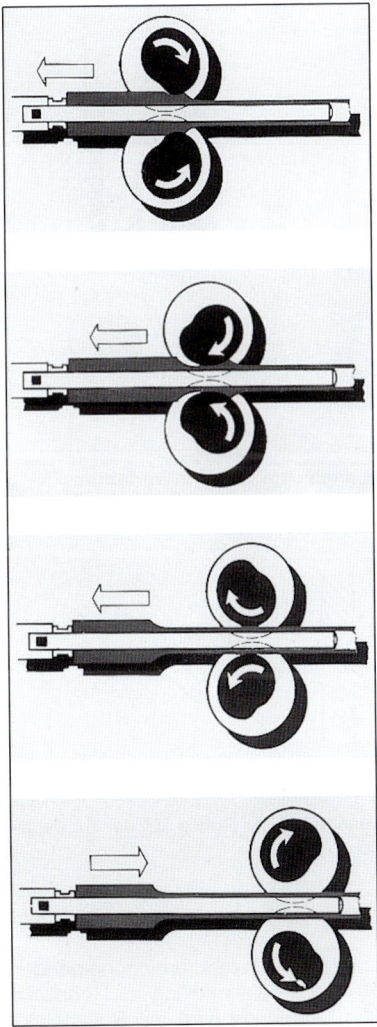

1 Pilgerschritt-Walzwerk

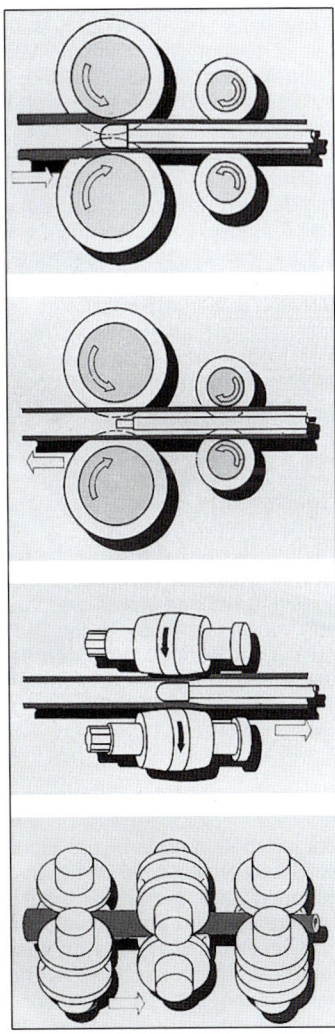

2 Maßwalzwerk

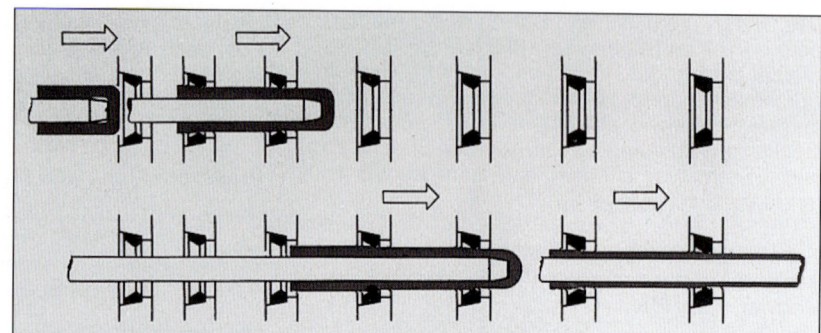

1 Stoßbank nach Ehrhardt

Die Weiterverarbeitung des vorgedornten Blockes zum fertigen Rohr erfolgt z.B. mit dem Pilgerwalzwerk, dem Schulter-Streck-Walzwerk (ähnlich dem Mannesmann-Verfahren) und der **Rohrstoßbank** nach Ehrhardt (Bild 1) mit anschließender Bearbeitung auf dem Streckreduzierwalzwerk. – Der vorgepresste, glühende Hohlblock wird auf eine Stoßstange gesteckt und mit großer Geschwindigkeit durch immer kleiner werdende Zieheisen gestoßen. Dabei verändern sich der Außendurchmesser (60 … 140 mm) und die Länge (bis ca. 10 m), während der Innendurchmesser (Stoßstangendurchmesser) gleich bleibt. Vor der weiteren Reduzierung des Außendurchmessers auf einem Streckreduzierwalzwerk ist der Boden, der beim Lochen des Rohblocks entstand, abzutrennen.

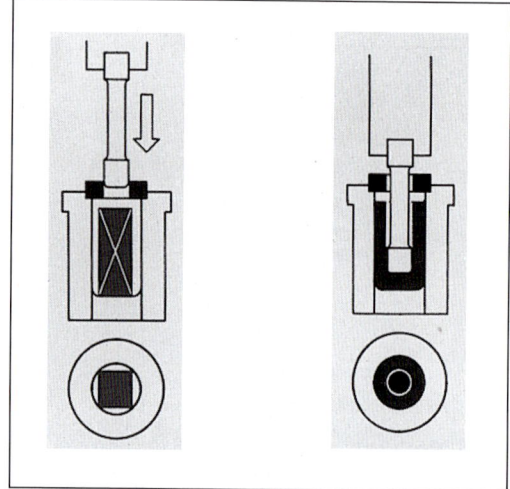

2 Rohrpressen nach dem Ehrhardt-Verfahren

Geschweißte Rohre

Nahtrohre werden aus Blechstreifen gefertigt, die einmal gerundet zum anderen schraubenförmig zu einem Rohr gewickelt werden. In beiden Fällen ist eine Verschweißung der Stoßstellen erforderlich. In der Herstellung sind diese Nahtrohre billiger, jedoch dafür nur für geringe Drücke geeignet.

Herstellung auf der Schleppziehbank

Vorgefertigte und erhitzte Blechstreifen werden auf einer Schleppziehbank durch ein Zieheisen gezogen und dabei gerundet (Bild 3). Dieser Rohrrohling wird auf Schweißtemperatur erwärmt und bei einem weiteren Durchgang durch ein Zieheisen stumpf verschweißt. Ebenso ist die Verschweißung mit der elektrischen Widerstandsschweißung oder im Unterpulververfahren möglich.

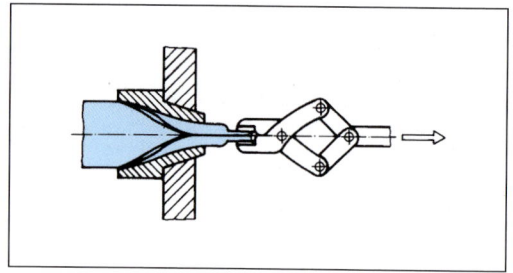

3 Herstellung geschweißter Rohre auf der Schleppziehbank

Herstellung durch Rollen

Stahlbänder werden durch mehrere nacheinander angebrachte Rollenpaare allmählich zur Rohrform gewalzt und die Längsfuge wird mit Rollenelektroden verschweißt (Bild 1, Seite 43).

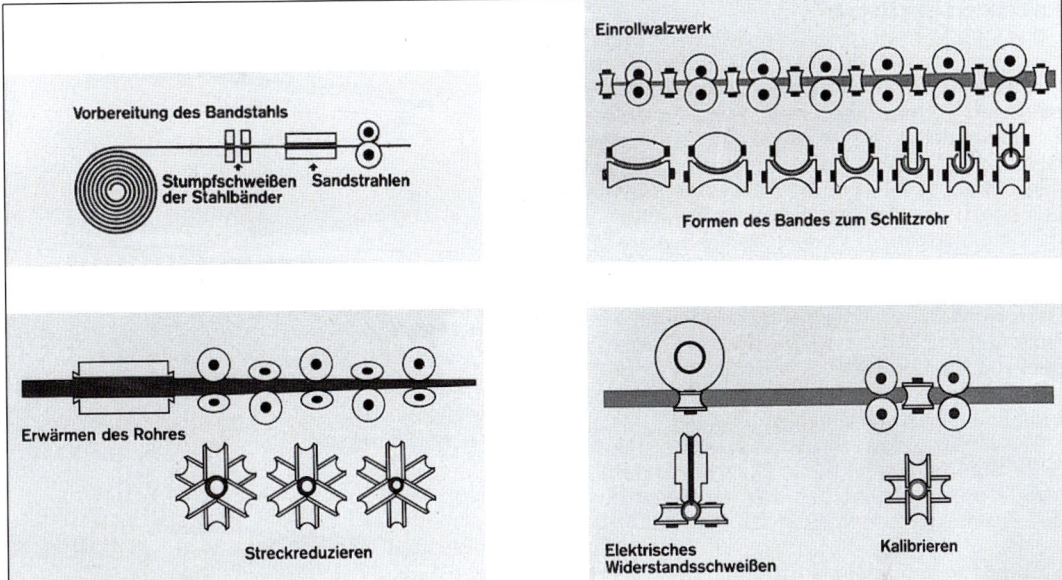

1 Rohrherstellung durch Rollen

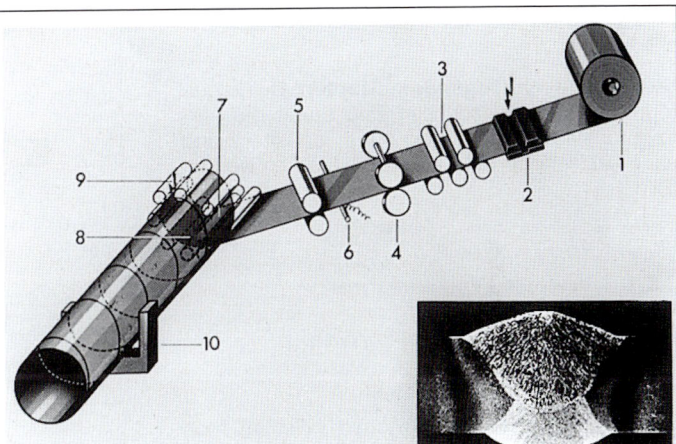

1 Als Ausgangshalbzeug dient aufgehaspelter Bandstahl (Coil).

2 Ende und Anfang der aufeinander folgenden Bänder werden durch hydraulische Spannvorrichtungen gehalten und mit einem Unterpulverschweißautomaten aneinander geschweißt. Auf diese Weise erhält man ein endloses Band für die kontinuierliche Fertigung.

3 Das Band wandert, von einer Treibwalze (5) gezogen, durch ein Vielrollenrichtwerk und

4 wird auf gleich bleibende Breite besäumt.

5 Treibwalze.

6 Nachgeschaltete Hobelstähle dienen der zusätzlichen Glättung und Profilierung der Schweißkanten.

7 Das Band wandert in die Verformungseinrichtung, wo es schraubenlinienförmig zum kreisrunden Rohr geformt wird.

8 Zunächst wird das Rohr innen unterpulvergeschweißt (zur UP-Schweißung s. Schliffbild).

9 Die bündigen Bandkanten des innen bereits geschweißten Rohres werden auf der Außenseite von einem Schweißautomaten, der um 180 Grad versetzt ist, etwa im oberen Scheitelpunkt verschweißt.

10 Steuerlünette.

2 Herstellung geschweißter Rohre mit Schraubenliniennaht

Gewickelte Rohre (Spiralnahtrohre)

In diesem Verfahren werden Blechbänder wendelförmig zu einem Rohr gewickelt und anschließend im Unterpulverschweißverfahren verschweißt (Bild 2). Hierbei kann mit einer geringen Anzahl von Bandabmessungen mit Blechstärken bis etwa 10 mm jede beliebige Rohrgröße hergestellt werden. Die Nahtbeanspruchung dieser gewickelten Rohre ist geringer als bei den übrigen längs geschweißten Rohren.

Kaltziehen von Rohren

Geschweißte oder nahtlose Rohrluppen werden nach dem Glühen entzundert und anschließend mit einer Phosphatschicht – sie dient als Schmiermittelträger – versehen. Das eingezogene Rohrende (Ziehangel) wird durch den Ziehstein geschoben, von der Ziehzange gefasst und durchgezogen. Die Ziehwerkzeuge bestehen aus hart verchromtem, poliertem Werkzeugstahl bzw. aus Hartmetall.

Beim **Hohlzug** wirkt nur der Ziehring auf die Veränderung ein, d. h., das Rohr wird im Durchmesser verkleinert und an der Außenfläche geglättet, während die Wandstärke bei diesem Verfahren nicht beeinflusst werden kann (Bild 1a).

Beim **Stangenzug** wird das Rohr am Ende über eine Dornstange gebördelt und mit dieser durch den Ziehstein gezogen. (Bild 1b).

Stopfenzug mit festem Stopfen: Der an einer dünnen, fest stehenden Dornstange befestigte Stopfen bewirkt die Verringerung der Wandstärke und die Innenglättung des Rohres beim Reduzierzug (Bild 1c).

Stopfenzug mit fliegendem Stopfen: Der kegelförmige Stopfen wird beim Zug durch die Verformungskräfte in seiner Lage gehalten und hauptsächlich bei sehr langen Rohren verwendet (Bild 1d).

3.2.1.3 Weitere Walzverfahren

Flach-Querwalzen von Vollkörpern:

- **Glattwalzen** (Prägepolieren):

  Besonders bei zylindrischen Werkstücken (Wellen, Bohrungen) wird die Oberflächenrauheit mittels polierter Stahlwalzen oder Kugeln herabgesetzt.

  Durch Prägepolieren (Bild 2) werden die Traganteile wesentlich erhöht und wird gleichzeitig der Werkstoff erheblich verfestigt, Rautiefen von 0,2 bis 0,5 μm sind erreichbar.

  Kugeln werden durch vorher geschliffene Bohrungen gedrückt. Walzen oder Rollen glätten große Bohrungen und Wellen durch Abrollen auf dem Umfang bei gleichzeitigem Längsvorschub. Mittels besonders geformter Rollen können die Oberflächen von Schweißnähten (auch Kehlnähten) geglättet und dadurch kerbunempfindlich gemacht werden.

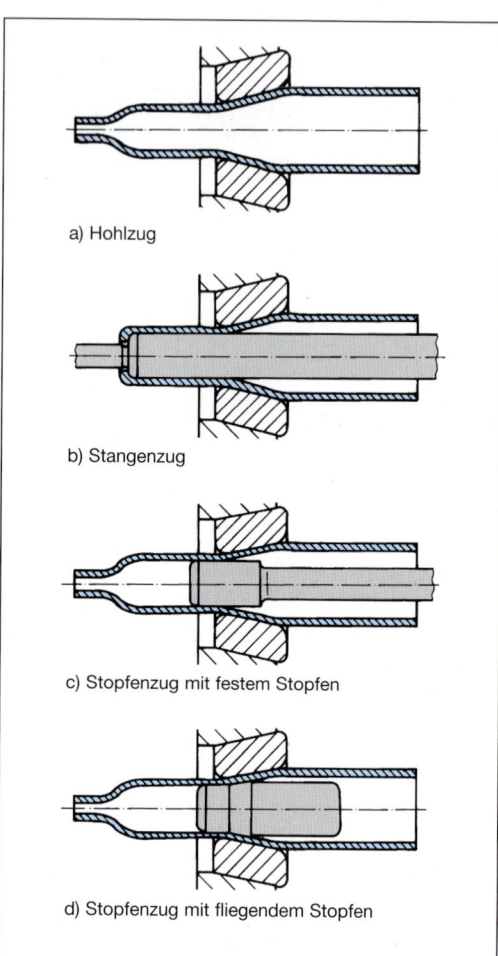

a) Hohlzug

b) Stangenzug

c) Stopfenzug mit festem Stopfen

d) Stopfenzug mit fliegendem Stopfen

1 Kaltziehen von Rohren

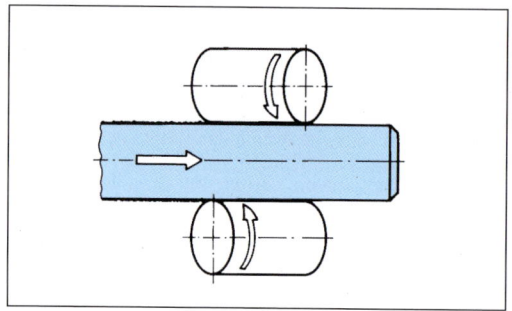

2 Prägepolieren

Auch ebene Flächen können glatt gewalzt werden.

Profil-Querwalzen von Vollkörpern:

● **Gewindewalzen:**

Auf Rundmaterial wird zwischen profilierten Walzenkörpern bzw. profilierten ebenen Platten ein Gewinde aufgewalzt.

Profil-Längswalzen von Vollkörpern:

● **Anspitzen durch Walzen:**

Stabartige Werkstücke werden zwischen den sich drehenden Walzen im Querschnitt ausgestreckt.

● **Reckwalzen** (Schmiedewalzen):

Auswalzen von Formteilen mit Walzen, deren Profile sich in Umfangsrichtung stetig oder sprunghaft ändern.
Anspitzen und Reckwalzen dienen oft als Vorstufe zum Gesenkformen.

● **Walzen von Vielnutwellen:**

Gegenüberliegendes profiliertes Walzenpaar formt nacheinander die Nuten von Keilwellen.

3.2.2 Schmieden

Schmieden ist das Druckumformen im warmen Zustand.

3.2.2.1 Grundlagen

Man unterscheidet Freiformen und Gesenkformen.

Die Grenzen der Vorformbarkeit liegen im Stahl selbst, da mit steigendem Kohlenstoffgehalt die Schmiedbarkeit abnimmt. Die Verunreinigungen an Phosphor und Schwefel dürfen insgesamt maximal 0,1 % betragen, da sie den Stahl kalt- bzw. rotbrüchig machen.

Bei der Erwärmung ist darauf zu achten, dass die Wärme auch bis in den Kern vordringt, da sonst Spannungen entstehen; jedoch führt allzu langes Halten bei Schmiedetemperatur (Bild 1) zu Grobkorn. Es kann durch Normalglühen umgewandelt werden.

Überhitzter (verbrannter) Stahl ist unbrauchbar.

Der erforderliche Kraft- und Arbeitsbedarf ist für die Auswahl einer geeigneten Maschine bei der Gesenkformung sehr wichtig. Die Umformkraft steigt gegen Ende der Umformung steil an. Der Formänderungswiderstand beträgt hierbei im Schnitt bis über das Zehnfache des Anfangswiderstandes.

Weiterhin beeinflussen die Werkstücktemperatur und die Umformgeschwindigkeit den Formänderungswiderstand. Auch die Form des herzustellenden Teiles (einschl. Gratbildung im Gesenk) wirkt sich auf die Umformmöglichkeiten, den Kraft- und Arbeitsbedarf aus.

Werkstoff	Temperatur °C		Glühfarben	
	t_{Anfang}	t_{Ende}	t_{Anfang}	t_{Ende}
Unlegierter Baustahl	1300	750	gelbweiß	dunkelkirschrot
Schnellarbeitsstahl z. B.: 1.3207 (HS10-4-3-10)	1150	900	gut hellgelb	gut hellrot
Vergütungsstahl z. B.: 1.0402 (C22)	1100	850	hellgelb	hellrot
Einsatzstahl z. B.: 1.7147 (20MnCr5) Nitrierstahl z. B.: 1.8515 (31CrMo12)	1050	850	gelb	hellrot

1 Schmiedetemperatur einiger Werkstoffe

3.2.2.2 Freiformen

Beim Freiformen wird ohne begrenzende Werkzeuge aus dem Rohling die gewünschte Fertigform durch Schlagwirkung erzielt, wobei der Werkstoff zwischen den Werkzeugen frei fließen kann. Die Fertigform entsteht durch geeignetes Führen des Werkstückes und des Werkzeuges.

Das Freiformen wird oftmals als Vorstufe für das Gesenkformen angewendet. Für gewisse Arbeiten der Einzelfertigung, Reparatur, ist es noch heute gebräuchlich, da allgemein neben der gewünschten Formänderung ein feineres Gefüge mit erhöhter Festigkeit gegenüber dem Ausgangswerkstoff erzielt wird.

Die Verformung geschieht meist zwischen Amboss und Handhammer bzw. mit verschiedenen Formhämmern und Vorschlaghämmern. Für gewisse Formen (z. B. Rundzapfen) sind einfache Teilgesenke, die in den Amboss eingesetzt werden, möglich. Zur Verwendung gelangen auch mechanische Schmiedemaschinen, wie Fallhämmer, Gegenschlaghämmer usw.

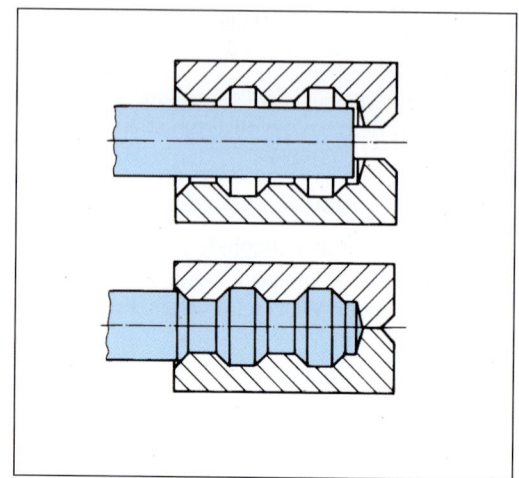

1 Offenes Gesenk

3.2.2.3 Gesenkformen

Beim Gesenkformen werden dem Werkstoff durch das Ober- und Untergesenk die Fließrichtung und die Form vorgeschrieben.

In der Industrie wird das Gesenkformen für Massenteile, wie auch für spezielle Teile, die einer höheren Belastung unterworfen sind, angewendet. Hierbei machen sich der günstige Faserverlauf, geringes Einsatzgewicht, bezogen auf das Fertiggewicht, Verbesserung der Festigkeitseigenschaften, geringe spanende Bearbeitung, geringe Gestehungskosten usw. positiv bemerkbar, während die Kosten für die Einrichtung, Gesenke, Wärmequellen relativ hoch sind.

Offene Gesenke werden zur Herstellung einfacher Stücke verwendet. In diesem Fall wird von der Stange geschmiedet und anschließend das fertige Stück abgeschrotet (Bild 1).

In **geschlossene Gesenke** wird ein glühender Rohling eingelegt und mit mehreren Schlägen, u. U. auch in mehreren Gesenken, zum Fertigteil verformt (Bild 2).

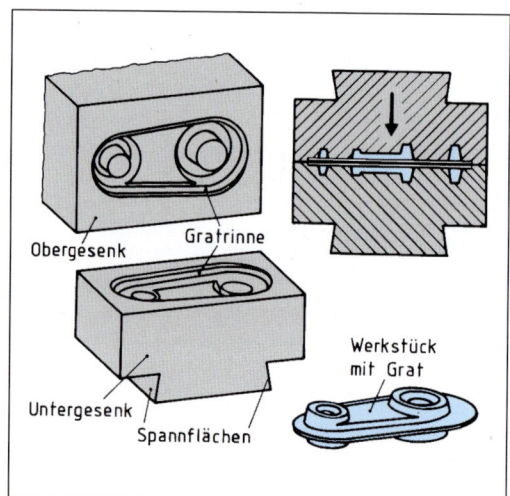

2 Geschlossenes Gesenk

Um eine sichere Füllung der Gesenkform (Gravur) zu gewährleisten, ist mit Werkstoffüberschuss zu arbeiten. Er fließt bei aufschlagenden Gesenken in einen vorbestimmten Spalt bzw. bei nicht aufschlagenden Gesenken in den verbleibenden Zwischenraum zwischen den Gesenkhälften. Der so entstandene Grat muss in einem besonderen Entgratwerkzeug entfernt werden.

Werkstoff	Warmformgebung bei	Härten bei	Abschrecken
1.6773 (36NiCrMo16)	1050 ... 850 °C	790 ... 850 °C	Öl/Luft
1.2713 (55NiCrMoV6)	1100 ... 850 °C	850 ... 900 °C	Öl/Luft
1.2826 (60MnSiCr4)	1100 ... 850 °C	800 ... 850 °C	Wasser/Öl

1 Warmarbeitsstähle (Gesenkstähle)

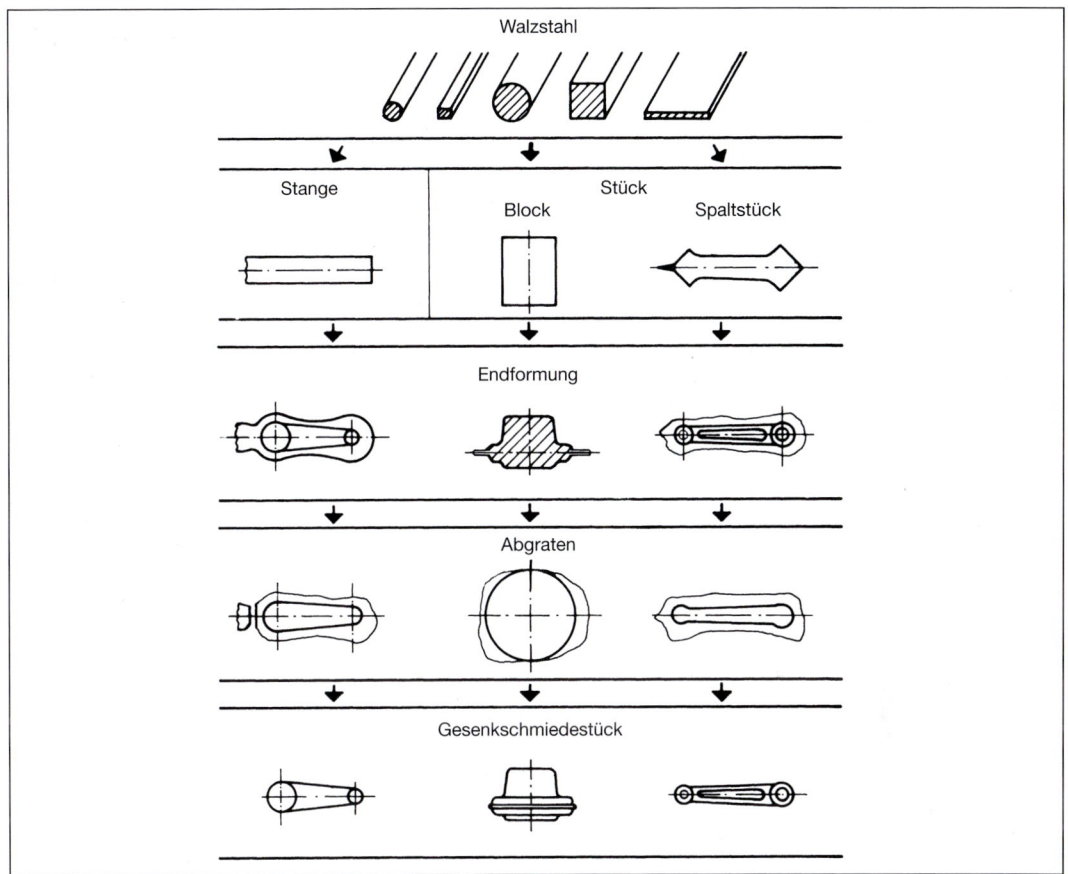

2 Weg einfacher Gesenkschmiedestücke

Gesenke werden meist aus legiertem Stahl (u. a. mit Ni, Cr, Mo, W) hergestellt, da sie sehr hohen Verschleißbeanspruchungen unterliegen (Bild 1). Weitere Stahlsorten siehe Stahl- und Eisenliste.

Bei der Herstellung der Gesenkform ist das Schwindmaß des zu schmiedenden Teiles zu berücksichtigen. Auch ist darauf zu achten, dass kein Versatz zwischen den Gesenkhälften möglich ist.

Da ein Werkstück vielfach nicht in **einem** Gesenk gefertigt wird, unterscheidet man Vorgesenke, Fertiggesenke und zum genauen Kalibrieren die Nachschmiedegesenke. In Mehrfachgesenken können mehrere Teile gleichzeitig geschmiedet werden. Diese Teile sind durch den Grat miteinander verbunden.

Schon bei der Konstruktion der Schmiedewerkstücke ist darauf zu achten, dass der zu verformende Werkstoff möglichst symmetrisch fließt. Scharfe Kanten, schmale und lange Stege bzw. Rippen sowie schroffer Richtungswechsel sind zu vermeiden. Wie beim Gießen sind auch hier die so genannten Aushebeschrägen anzubringen. Eine Gratnaht darf nicht mit einer Schmiedekante zusammenfallen, da sonst beim Entgraten das Schmiedestück beschädigt werden kann.

3.2.3 Stauchen

> Stauchen ist eine Warm- oder Kaltverformung relativ schlanker Teile durch axialen Druck.

Warmstauchen wird hauptsächlich zur Herstellung von Bundbolzen, Ventilen und ähnlichen Teilen angewendet, wogegen z. B. Schraubenköpfe wegen der Kaltverfestigung meist im Kaltstauchverfahren gefertigt werden.

Das Ausgangsmaterial wird in Klemmbacken gehalten und mittels Stauchstempel verformt (Bild 1). Dies geschieht auf Waagrechtstauchmaschinen (Kniehebelpressen) oder Senkrechtstauchmaschinen (Unterkolbenpressen).

Größere Stauchungen lassen sich besser im Elektrostauchverfahren bewerkstelligen, da das Material nur im Verformungsbereich erwärmt wird (Widerstandserwärmung), während der übrige Schaft kalt bleibt (Bild 2).

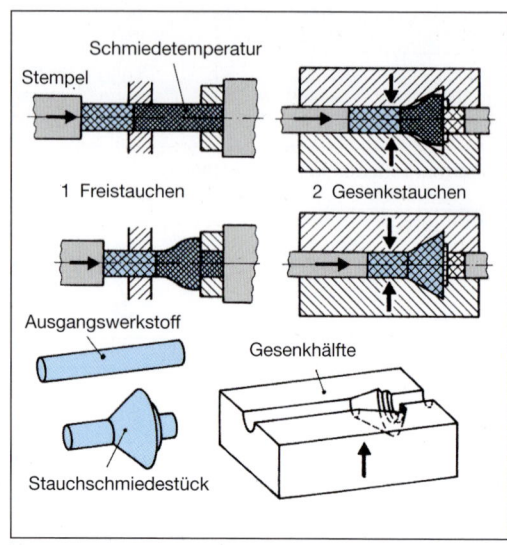

1 Schematische Darstellung von Frei- und Gesenkstauchen

3.2.4 Eindrücken

> Eindrücken ist Umformen der Oberfläche eines Vollkörpers mit einem Stempel bei kleinster Vorschubgeschwindigkeit und sehr hohen Drücken.

3.2.4.1 Kalteinsenken

In das weich geglühte kalte Werkstück wird der gehärtete und profilierte Stempel (Pfaffe) langsam eingedrückt (Bild 1, Seite 49). Der Stempel ist an der Oberfläche feinstbearbeitet und verkupfert, während das Werkstück z. B. mit Molybdändisulfid als Schmiermittel versehen wird. Die Einsenkgeschwindigkeit der dazu verwendeten ölhydraulischen Pressen ist fein regulierbar und liegt zwischen 2 µm/s und 200 µm/s; die Kräfte

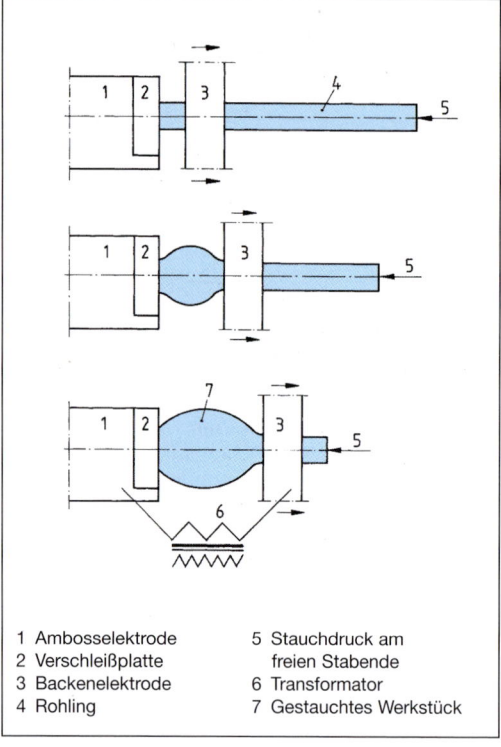

1 Ambosselektrode	5 Stauchdruck am
2 Verschleißplatte	freien Stabende
3 Backenelektrode	6 Transformator
4 Rohling	7 Gestauchtes Werkstück

2 Freiformstauchen auf einer Elektrostauchmaschine

können bis etwa 20 000 kN ansteigen. Da die Einsenktiefe begrenzt ist (ca. 25 mm), kann bei größerer Formtiefe eine spanende Vorbearbeitung erfolgen. – Beim Kalteinsenken tritt eine Kaltverfestigung des Werkstückes ein. Gegebenenfalls müssen die Werkstücke zwischendurch rekristallisierend geglüht werden, d. h., es sind mehrere Arbeitsgänge bis zur Fertigstellung erforderlich. – Nach diesem Verfahren werden vorwiegend Gesenke und Formen hergestellt.

3.2.4.2 Warmeinsenken

Um die Kräfte beim Einsenken zu verringern, kann das Werkstück auch im rotwarmen Zustand eingesetzt werden. Bei diesem Warmeinsenken werden – u. U. auch beim Kalteinsenken – oft neben der herzustellenden Gravur Aussparungen eingearbeitet, die das durch die Senkung verdrängte Material aufnehmen. Ein vollkommenes Einspannen des Werkstückes an den Außenseiten verhindert dessen Verformung, erhöht aber wiederum die Einsenkkraft.

3.2.4.3 Vollprägen (Massivprägen)

Bei der **Massivprägung** sind besonders genaue Werkzeuge (Ober- und Untergesenk) erforderlich, da deren Formen sich 100%ig auf das zu prägende Werkstück übertragen. Die %-Toleranzen bei der Herstellung der Werkstücke liegen bei IT 8 bzw. besser. – Da in diesem Verfahren eine besonders exakte Ausprägung der Form (Münzen, siehe Bild 2) erwünscht ist, müssen für die Gesenke hochlegierte Materialien Verwendung finden. Die bei der Prägung auftretenden Drücke erreichen über 3000 N/mm^2.

Bei der **Glattprägung** werden raue Oberflächen durch eine Kaltstauchung geglättet. Gewisse dabei auftretende Maßabweichungen sind unvermeidbar, da nur auf eine glatte, ebene Oberfläche Wert gelegt wird. Die Werkzeugoberflächen selbst müssen fein bearbeitet sein, da sich sonst deren Unebenheiten auf die Werkstücke übertragen. Diese Glattprägung ist z. T. wirtschaftlicher als eine Zerspanung.

Bei der **Hohlprägung** werden z. T. vorbearbeitete Teile an der Oberfläche verändert (z. B. Schalen aus Silber usw.), wobei die Blechdicke ziemlich konstant bleibt. Auch die Herstellung reliefartiger Bilder erfolgt durch die Hohlprägung.

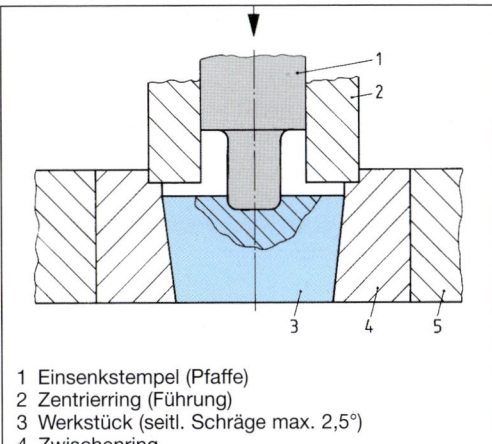

1 Einsenkstempel (Pfaffe)
2 Zentrierring (Führung)
3 Werkstück (seitl. Schräge max. 2,5°)
4 Zwischenring
5 Haltering (min. 2,5 × Matrizendurchmesser)

1 Kalteinsenken (schematisch)

2 Münzprägung

3.2.5 Durchdrücken

3.2.5.1 Strangpressen

> Beim Strangpressen wird plastischer Werkstoff durch eine profilierte Öffnung gedrückt. Es entstehen Halbzeuge (Bild 1).

Davon zu unterscheiden ist das Fließpressen, das nach demselben Prinzip (Verfahren) arbeitet, jedoch nur kurze Werkstücke als Fertigteil erzeugt. Das Rohmaterial wird beim Fließpressen meist im kalten Zustand eingelegt (vgl. Kap. 3.2.5.2).

Dieses Verfahren findet hauptsächlich bei NE-Metallen Anwendung. Ein in die Presse eingelegter, auf Knettemperatur erwärmter Block wird mit einem Stempel durch eine Matrizenöffnung gedrückt (Bilder 2, 3). Dabei ist es möglich, Profillängen bis 40 m zu erzielen. Gefertigt werden insbesondere solche Profile, die nicht oder nur sehr schwer durch Walzen herstellbar sind. Zudem ist die Einrichtung einer Strangpressanlage erheblich kostengünstiger als die einer Walzenstraße.

Nach dem **Ugine-Séjournet-Verfahren** ist es möglich, auch Stahl im Strangpressverfahren zu verarbeiten. Die bisherigen Schwierigkeiten, die durch die erhöhte Temperatur an der Pressringöffnung entstanden, sowie der starke Werkzeugverschleiß wurden durch die Anwendung von Glas als Schmiermittel beseitigt. Vor dem Einsetzen des glühenden Blockes wird er in Glaspulver gewälzt. Außerdem befindet sich vor der Pressringöffnung eine stärkere Glasschicht. Beim Pressen schmilzt dieses Glas und wird somit zum Schmiermittel für diesen Arbeitsgang.

Strangpressprofile erreichen bei der Fertigung mindestens die gleiche Maßgenauigkeit und Oberflächengüte wie Walzprofile. Werden Strangpressprofile im kalten Zustand nachgezogen, so genanntes „Blankziehen", so können Maßtoleranzen bis etwa ± 0,02 mm und besser erreicht werden, wobei gleichzeitig die Festigkeit und die Streckgrenze ansteigen, während die Dehnung absinkt.

Profile aus Kunststoff, die den Strangpressprofilen ähnlich sind, werden mittels des Extruders gefertigt (vgl. Seite 26).

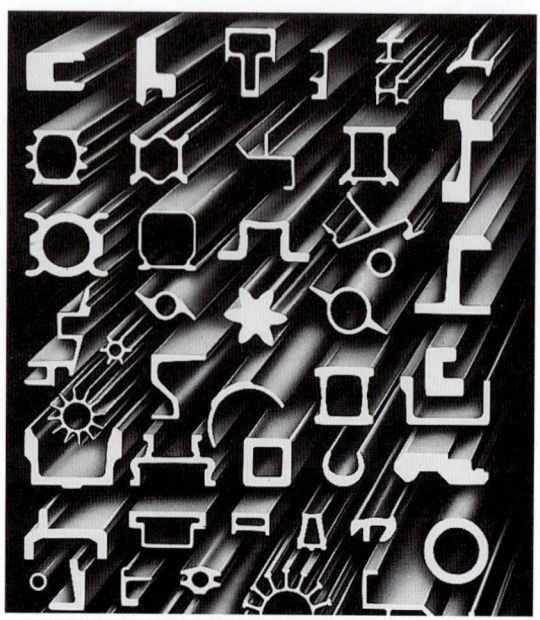

1 Verschiedene Strangpressprofile

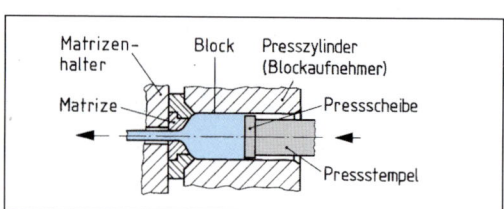

2 Vollprofilpressen

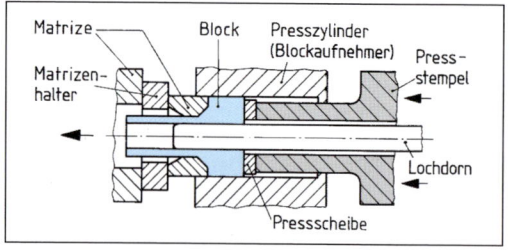

3 Hohlprofilpressen

3.2.5.2 Fließpressen

Fließpressen ist ein Druckumformverfahren ähnlich dem Strangpressen, bei dem Fertigteile kleinerer Abmessungen hergestellt werden. Nach der Fließrichtung des Werkstoffes in Bezug auf die Stempelbewegung unterscheidet man folgende Verfahren:

1. Rückwärtsfließpressen
2. Vorwärtsfließpressen
3. Mischfließpressen
4. Querfließpressen

1. Rückwärtsfließpressen

> Beim Rückwärtsfließpressen fließt der Werkstoff gegen die Stempelbewegung.

Dieses Verfahren wird zur Herstellung von Hülsen und Tuben angewendet. Der eingelegte Rohling (Platine) fließt durch den Stempeldruck entgegen der Stempelbewegung aus dem Ringspalt frei aus (Bild 1). – Bei der Herstellung von Stempel und Matrize ist darauf zu achten, dass eine einwandfreie riefenfreie und polierte Oberfläche entsteht und die Kanten in Fließrichtung gerundet sind. Zur Erleichterung des Fließvorganges ist der Stempel leicht ballig auszuführen bzw. mit einem stumpfen Kegel zu versehen. Die Wandstärke des herzustellenden Teiles ergibt sich aus der halben Differenz zwischen Matrizen- und Stempelmaß. Der Stempel selbst besitzt nur am vorderen Ende sein Sollmaß, während er nach hinten im Maß kleiner ist (Verringerung der Reibungskräfte). Beim Zurückziehen des Stempels wird durch einen Abstreifer die Hülse vom Stempel abgezogen. – Mit abnehmender Platinenstärke steigt die Stempelkraft steil an (Bild 2), sodass die Bodenwandstärke nicht zu gering werden darf.

2. Vorwärtsfließpressen

> Beim Vorwärtsfließpressen fließt der Werkstoff mit der Stempelbewegung.

Das Material fließt durch den Stempeldruck aus der unteren Matrizenöffnung aus (Bild 3). Falls ein Gegenstempel in diese Öffnung hineinragt, können Hohlkörper gefertigt werden.

3. Mischfließpressen

> Beim Mischfließpressen fließt der Werkstoff mit der Stempelbewegung und gegen sie.

Dieses Verfahren ist eine Kombination der beiden vorgehenden Verfahren und wird bei der Herstellung von doppelseitigen Hohlkörpern angewendet (Bild 4). Da der Werkstoff versucht, in jeder Richtung gleichmäßig zu fließen, müssen bei verschiedenen Wandhöhen je Seite entsprechende „Bremsstellen" (absichtliche Änderung des Formänderungswiderstandes k_w) eingebaut werden. Die Begrenzung des Fließens durch die Matrizenform selbst bzw. durch eingebaute Auswerfer ist ebenfalls möglich.

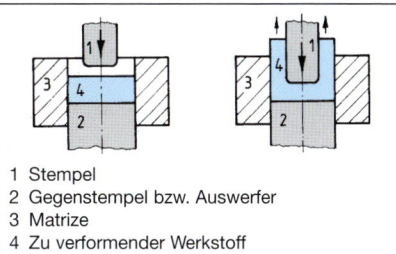

1 Stempel
2 Gegenstempel bzw. Auswerfer
3 Matrize
4 Zu verformender Werkstoff

1 Rückwärtsfließpressen

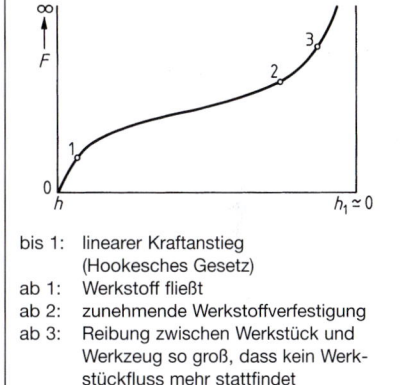

bis 1: linearer Kraftanstieg
        (Hookesches Gesetz)
ab 1:   Werkstoff fließt
ab 2:   zunehmende Werkstoffverfestigung
ab 3:   Reibung zwischen Werkstück und
        Werkzeug so groß, dass kein Werk-
        stückfluss mehr stattfindet

2 Kraftanstieg beim Rückwärtsfließpressen

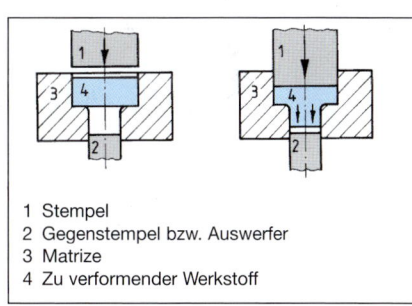

1 Stempel
2 Gegenstempel bzw. Auswerfer
3 Matrize
4 Zu verformender Werkstoff

3 Vorwärtsfließpressen

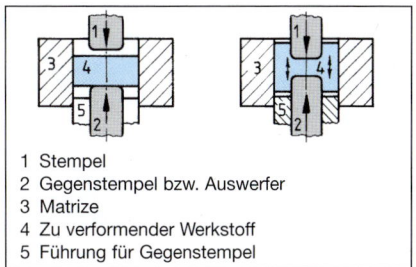

1 Stempel
2 Gegenstempel bzw. Auswerfer
3 Matrize
4 Zu verformender Werkstoff
5 Führung für Gegenstempel

4 Mischfließpressen

4. Querfließpressen

> Beim Querfließpressen fließt der Werkstoff hauptsächlich quer zur Stempelbewegung.

Dieses Verfahren wird vorwiegend in der Uhrenindustrie, Elektrotechnik und Feinmechanik zur Herstellung von Zahnrädern kleiner Abmessungen, Kontaktzapfen usw. angewendet. – Durch den Stempeldruck kommt die flache Platine zum seitlichen Fließen, wobei der Werkstoff den zur Verfügung stehenden Raum einnimmt, d. h., er fließt in die Zapfenbohrungen (Bild 1).

Für die vorgenannten Verfahren müssen für Stempel und Matrize legierte Stähle (Cr-Ni-Stähle) verwendet werden. Zur Verminderung der Reibung während des Fließens wird die Platine oft mit einer Phosphatschicht überzogen.

Herstellbar sind Tuben, Dosen, Bolzen, Kondensatorgehäuse, Lampenfassungen usw. (s. auch Bild 2). Die Abmessungen und Stückzahlen sind von der Form und dem Einsatzmaterial abhängig. So lassen sich z. B. Teile herstellen bis 1200 mm Länge, bis gegen 200 mm Durchmesser und Wandstärken zwischen 0,5 mm und 15 mm. Die Stückleistung reicht bis weit über 100 Stück/min. Bei Stahl sind die Abmessungen und Stückleistungen gegenüber NE-Metallen geringer. Wegen der Kaltverfestigung ist bei Stahlteilen u. U. mehrmaliges Weichglühen erforderlich. Die Stempellänge darf wegen der Knickgefahr im Verhältnis zum Durchmesser nicht zu groß sein ($l/d = 6 \ldots 8$). Zur Fertigung von Mehrschalenkondensatoren sind mehrteilige Stempel erforderlich.

Die spanende Bearbeitung ist an Fließpressteilen äußerst gering, da die Genauigkeit im Toleranzbereich von IT 7 … IT 9 liegt.

Die Rohlinge werden meist kalt in die Matrize eingelegt, bei Zink ist jedoch eine Vorwärmung der Platine auf ca. 100 °C angebracht.

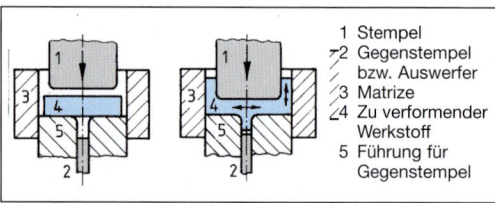

1 Stempel
2 Gegenstempel bzw. Auswerfer
3 Matrize
4 Zu verformender Werkstoff
5 Führung für Gegenstempel

1 Querfließpressen

Ventilfederteller
Masse: 29 g
Werkstoff: 1.7016 (17Cr3)
Rohteil: geschert $\varnothing$ 18 × 14,5
                      Setzen, Zentrieren, Napf-Rückwärts, Lochen
Umformstufen: Querfließpressen
Wärmebehandlung: weich geglüht
Umformgrad: $\varphi \approx 0{,}9$

Steckschlüsseleinsatz
Masse: 59 g
Werkstoff: 1.7218 (25CrMo4)
Rohteil: gesägt $\varnothing$ 23,7 × 16,5
Umformstufen: Napf-Vorwärts-Napf-Rückwärts

Kollektor
Masse: 4,4 g
Werkstoff: E-Cu
Rohteil: gesägt $\varnothing$ 18 × $\varnothing$ 10 × 2,7
Umformstufen: Querfließpressen, Formpressen, Beschneiden
Umformgrad: $\varphi \approx 0{,}55$

Doppelwandbecher
Masse: 4,7 g
Werkstoff: EN AW-1050 (Al 99,5)
Rohteil: geschnitten
Umformstufen: Napf-Rückwärts
Wärmebehandlung: geglüht
Umformgrad: $\varphi \approx 2{,}3$

2 Verschiedene Fließpressteile

Für Stahlteile mit großem Verformungsgrad ist das **Warmfließpressen** anzuwenden. In diesem Verfahren wird der Rohling im rotwarmen und spannungsfreien Zustand in die Matrize eingelegt. Ein über den Stempel geschobener, beweglicher Niederhalter bewirkt, dass das glühende Material gleichmäßiger aus dem Ringspalt austritt. – Dieses Verfahren ähnelt dem Strangpressen, jedoch werden hier nur kleine Werkstückgrößen gefertigt.

3.2.6 Rundkneten

Rundkneten (auch Rundhämmern genannt) ist sowohl ein Kalt- wie auch Warmformungsverfahren, wird jedoch meist als Kaltformungsverfahren (Kalthämmern) zur Herstellung von komplizierten Innenprofilen, von verschiedenartigen Außenformen und glatten Oberflächen angewendet (Bilder 1–4).

Die Formgebung wird durch umlaufende, auswechselbare Formstößel vorgenommen, die durch Rollen bewegt, radial und kurzhubig auf das eingelegte Werkstück treffen. Die Anzahl der Schläge ist durch die Rollenanzahl und die Drehzahl bestimmt.

Für Innenprofilierung ist dieses Verfahren der spanenden Bearbeitung in jeder Hinsicht überlegen, da die Fertigungsdauer relativ gering ist, keine Nacharbeit erfolgen muss (Toleranzen: IT 7 bis IT 11; Rautiefen: 1 … 2 µm) und eine Oberflächenverfestigung und größere Dauerfestigkeit erreicht werden.

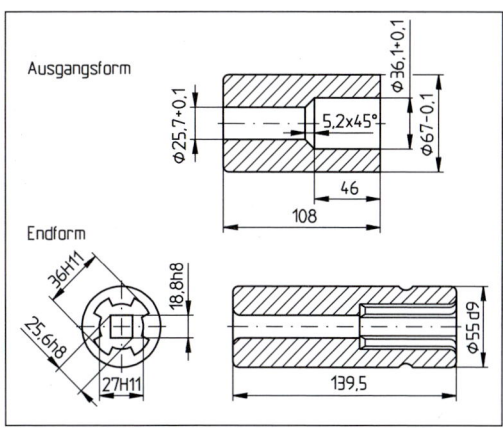

1 Umformung über Profildorn

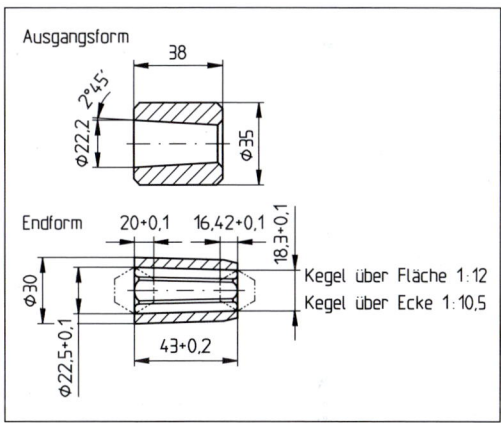

2 Rundkneten einer Sechskantbuchse mit konischem Innensechskant

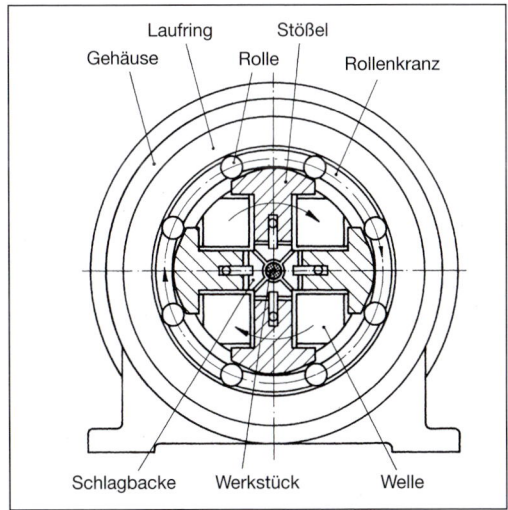

3 Rundknetmaschine mit Stößel

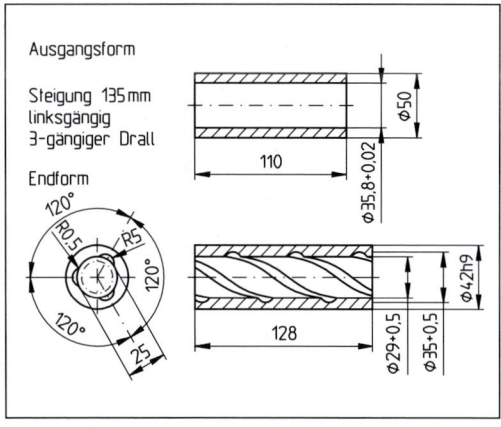

4 Rundkneten einer Laufbuchse

3.3 Stanztechnik

Umformen, Blechumformen
Zugdruckumformen

Beim Blechumformen (Stanzen) wird ein Blech mithilfe von gegeneinander wirkenden Werkzeugen oder durch Wirkmedien in seiner Form verändert. Im Allgemeinen verringert sich die Werkstoffdicke nicht.

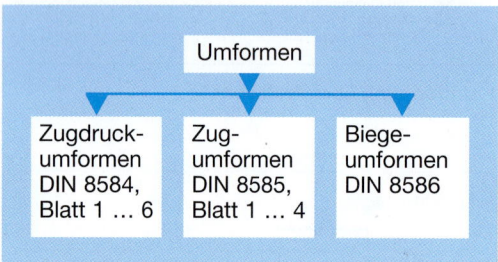

1 Fertigungsverfahren in der Stanztechnik

3.3.1 Durchziehen

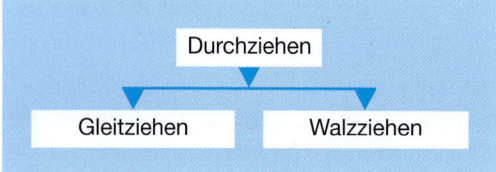

Durchziehen ist ein Zugdruckumformen, bei dem Rundstäbe, Profile, Rohre usw. gefertigt werden. Im Sinne der Blechumformung wird hier das Abstreckgleitziehen eingeordnet.

Das **Abstreckgleitziehen** ist ein Tiefziehen mit Weiterzug, wobei die Wandstärkenverringerung gewollt ist (Bilder 2, 3). Bei diesem Verfahren wird eine vorgefertigte Hülse oder ein tief gezogener Napf durch einen oder mehrere Abstreckringe gezogen, wobei eine Abstreckung über 50 % möglich ist.

Beim **Walzziehen** wird ein Halbzeug durch eine Innenform, die durch zwei oder mehrere Walzen gebildet wird, hindurchgezogen.

2 Einfachzug

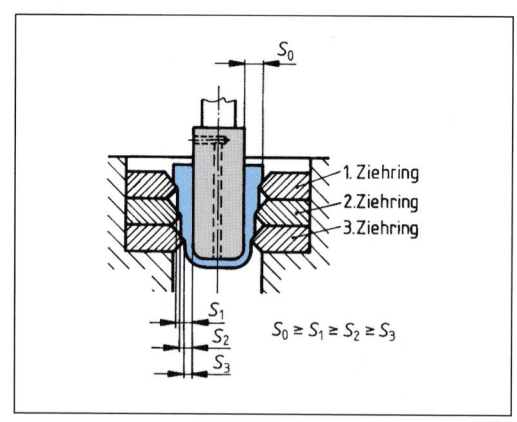

3 Mehrfachzug

3.3.2 Tiefziehen

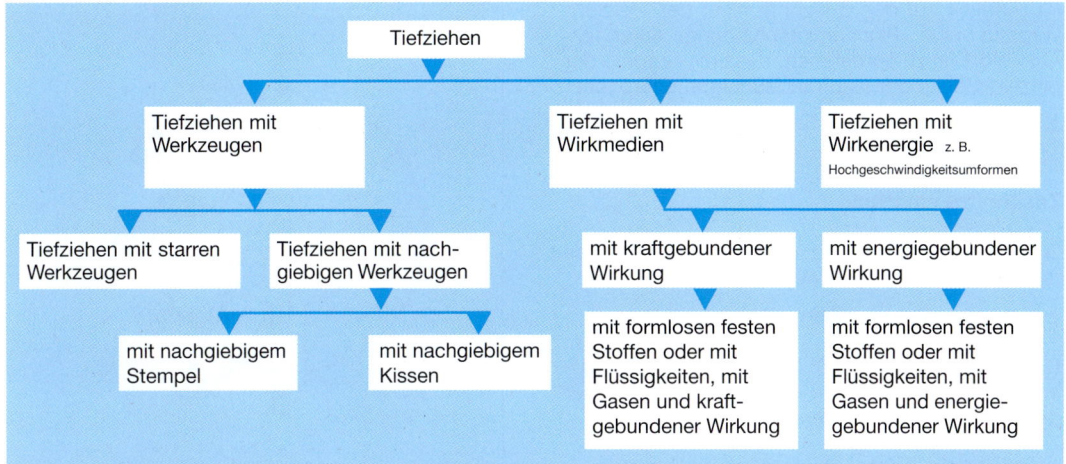

Tiefziehen ist das Umformen eines Blechzuschnittes unter Einwirkung von Zug und Druck. Dabei entstehen im Verhältnis zur Zuschnittsgröße tiefe Hohlkörper. Der Umformgrad ist hoch (Bild 1).

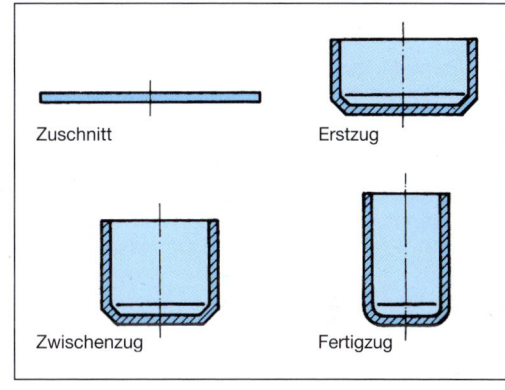

1 Ziehstufen

3.3.2.1 Tiefziehen mit starren Werkzeugen

Beim Tiefziehen wird das Ziehteil von seinem Mittelpunkt aus zugbeansprucht. Während der Werkstoff in den Ziehring (Matrize) hineingezogen wird, tritt eine radiale Reckung auf. Die Blechdicke kann sich an der Stempelkante verringern. Die Beanspruchungsverhältnisse verändern sich ständig. Das Ziehteil erfährt außer der radialen Zugspannung auch eine tangentiale Beanspruchung (Bild 2). Sie tritt im Teil, das zwischen Ziehring und Niederhalter eingespannt ist, sowohl als Druck- wie auch als Zugspannung auf. (Dieses Teil wird auch Ziehflansch genannt). Am Flanschrand sind diese Spannungen am größten. Sie bewirken ein Fließen des Werkstoffes (Veränderung der Kristallstruktur ohne Riss oder Bruch).

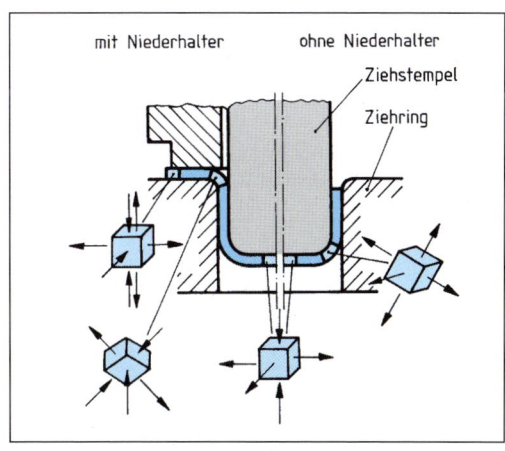

2 Spannung während des Ziehvorganges

Tiefziehvorgang

Im Hinblick auf den Zuschnitt lässt der Tiefziehvorgang eine Flächenverschiebung erkennen. Aus Bild 1 ist zu entnehmen, dass die Summe der Einzeldreiecke der Napfrandzunahme entspricht:

$$\Sigma A_D \triangleq \Sigma A_{\Delta h}$$

Zuschnittsermittlung

Die Zuschnittsermittlung geht davon aus, dass das Volumen erhalten bleibt:

Zuschnittsvolumen = Ziehteilvolumen

Dabei ist es bei großen Teilen zweckmäßig, die inneren Maße bzw. den mittleren Durchmesser des Fertigteiles zu wählen.

Da für die Praxis eine Vielzahl von verschiedenen Formen notwendig ist, gibt es für die Zuschnittsermittlung auch verschiedene rechnerische und zeichnerische Methoden.

Die Formeln zur Berechnung des Zuschnittes rotationssymmetrischer Körper sind in den verschiedenen Tabellenbüchern zu finden.

Hier sei besonders auf die Zuschnittsermittlung nach Pappus-Guldin und auf das Klappverfahren eingegangen. Außerdem sei auf das Gleitlinienverfahren (Prof. Dr. Lange und Dr. Hasek) hingewiesen.

Pappus-Guldinsche Regel

Mithilfe der Pappus-Guldinschen Regel lassen sich Zuschnittsermittlungen von rotationssymmetrischen Teilen durchführen.

$$D = \sqrt{8 \cdot x_0 \cdot L_0}$$

Die Lage des Linienschwerpunktes kann über das Seileckverfahren bestimmt werden (Bild 2):

$$x_0 = \frac{l_1 \cdot R_1 + l_2 \cdot R_2 + l_3 \cdot R_3 + l_4 \cdot R_4 + l_5 \cdot R_5}{L_0}$$

$$x_0 = \frac{162\,mm^2 + 180\,mm^2 + 150{,}5\,mm^2 + 492{,}5\,mm^2 + 1050\,mm^2}{80{,}7\,mm}$$

$$x_0 = 25{,}2\,mm$$

$$D = \sqrt{8 \cdot x_0 \cdot L_0}$$

$$D = \sqrt{8 \cdot 25{,}2\,mm \cdot 80{,}7\,mm}$$

$$D = 127{,}55\,mm$$

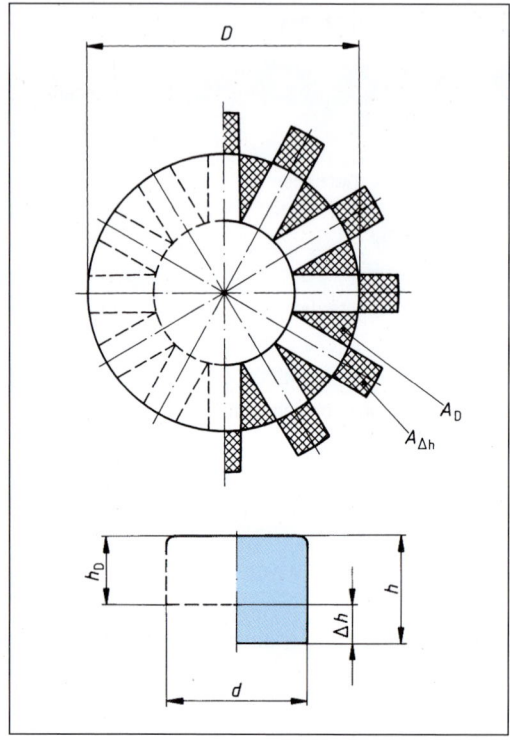

1 Höhe des Napfrandes

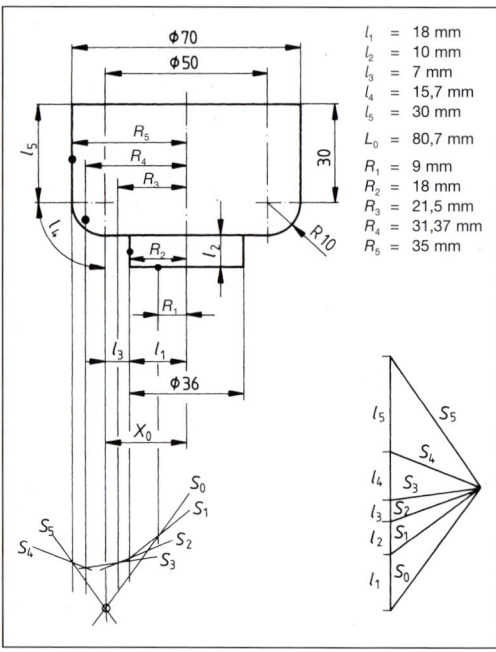

l_1	= 18 mm
l_2	= 10 mm
l_3	= 7 mm
l_4	= 15,7 mm
l_5	= 30 mm
L_0	= 80,7 mm
R_1	= 9 mm
R_2	= 18 mm
R_3	= 21,5 mm
R_4	= 31,37 mm
R_5	= 35 mm

2 Seileckverfahren zur Bestimmung der Lage des Linienschwerpunktes

Klappverfahren

Zur Ermittlung der Platinengröße von kastenförmigen Tiefziehteilen wird das Klappverfahren angewandt.

Bei unregelmäßigen Ziehteilen wird meist der Zuschnitt empirisch bestimmt. Dabei werden z. B. in Wachs getränkte Mullplatten oder mit einem Raster versehene Platinen umgeformt und anschließend beschnitten. Es werden immer mehr Rechnerprogramme zur Zuschnittsermittlung eingesetzt.

Platinenermittlung (vgl. Bild 1)

R_1 = 8 mm
R_2 = 10 mm
h = 21 mm
l_1 = 112 mm
l_2 = 72 mm
d = 2 · R_2

$R_{Z_1} \approx$ 24,54 mm
$x \approx$ 1,09
$R_{Z_2} \approx$ 26,71 mm
$y \approx$ 0,15
H_0 = 35,56 mm
$Z_1 \approx$ 0,09 mm
$Z_2 \approx$ 0,21 mm
H_1 = 35,47 mm
H_2 = 35,35 mm

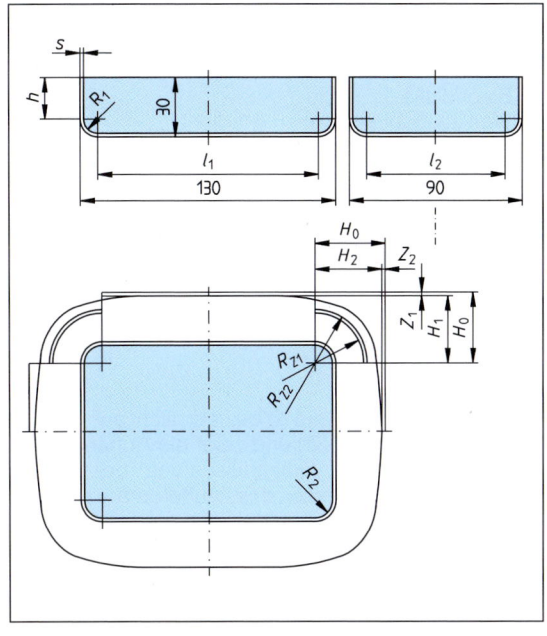

1 Platinenermittlung nach dem Klappverfahren

Ziehverhältnis

Eine wichtige Kenngröße beim Tiefziehen ist das Ziehverhältnis. Es gibt Auskunft über die Ziehfähigkeit (Umformgrad) eines Bleches. Es ist das Verhältnis vom Rondendurchmesser zum Durchmesser des Erstzuges bzw. vom Durchmesser des Erstzuges zu dem des Zweitzuges usw. Dies wird wie folgt ausgedrückt:

$$\beta_1 \text{ bis } \beta_n = \frac{D}{d_1} \text{ bis } \frac{d_{(n-1)}}{d_n}$$

Der reziproke Wert von β wird Ziehmodul m genannt.

Die Ziehverhältnisse können wiederum Tabellen entnommen werden wie z. B. Tabellenbuch für Metalltechnik, Verlag Handwerk und Technik. Zugabstufungen (Bild 1, Seite 58) werden allerdings nur dann durchgeführt, wenn der Umformvorgang nicht in einem Zuge geschehen kann.

Formeln

$$R_{Z_1} = \sqrt{0,253 \cdot d^2 + d(h + 0,506 \cdot R_1)}$$

$$R_2 = x \cdot R_{Z_1}$$

$$x = 0,074 \cdot \left(\frac{R_{Z_1}}{d}\right)^2 + 0,982$$

$$y = 0,785\,(x^2 - 1)$$

$$H_0 = 0,57 \cdot R_1 + h + R_2$$

$$Z_1 = y\left(\frac{R_1^2}{l_1}\right)$$

$$Z_2 = y\left(\frac{R_2^2}{l_2}\right)$$

$$H_1 = H_0 - Z_1$$

$$H_2 = H_0 - Z_2$$

Das Ziehverhältnis hängt von folgenden Faktoren ab:

1. Werkstofffestigkeit
2. Blechdicke
3. Werkzeugabmessungen (Radien)
4. Niederhalterdruck
5. Schmiermittel
6. Oberflächengüte des Werkzeuges
7. Oberflächengüte des Bleches
8. Umformungstemperatur

Eine Auswahl von Ziehverhältnissen metallischer Werkstoffe ist auf Bild 1, Seite 94 zu finden.

Gesamtziehverhältnis

$$\beta_{ges} = \beta_1 \cdot \beta_2 \cdot \ldots \beta_n$$

Das Diagramm von Bild 2 bezieht sich auf den Werkstoff DC04 (1.0338) und zeigt die Abhängigkeit des größten Ziehverhältnisses vom bezogenen Stempeldurchmesser $d : s$. Außerdem ist die Bedeutung des Schmiermittels für die Umformbarkeit des Werkstoffes zu erkennen.

Ziehspalt

Der Zwischenraum zwischen Ziehring und Ziehstempel ist der Ziehspalt (Bild 3).

Der erforderliche Ziehspalt wird ermittelt aus Blechstärke und einem Beiwert. Der Ziehspalt muss etwas größer als die Blechdicke sein, da beim Ziehen an der Ziehkante eine Werkstoffanhäufung auftritt. Wird dies nicht berücksichtigt, entsteht eine Abstreckwirkung. Diese Erscheinung wird beim Abstreckgleitziehen ausgenutzt.

Nach Oehler/Kaiser kann der Ziehspalt errechnet werden:

Stahlblech	$u_z = s + 0{,}07 \sqrt{10 \cdot s}$
Hochwarmfeste Legierungen	$u_z = s + 0{,}02 \sqrt{10 \cdot s}$
Aluminium	$u_z = s + 0{,}02 \sqrt{10 \cdot s}$
NE-Metalle	$u_z = s + 0{,}04 \sqrt{10 \cdot s}$

Abrundungsradius

Der Abrundungsradius am Ziehring soll so groß wie möglich sein, allerdings kleiner als der Stempelradius, da sonst die Gefahr besteht, dass der Stempel in das Material einschneidet.

Der Ziehkantenradius beeinflusst das Ziehergebnis wesentlich, vor allem die Ziehkraftgröße, die Faltenbildung und die Rissgefahr.

Kleine Abrundungsradien verursachen höhere Ziehkräfte. Größere Ziehkantenradien erleichtern die Ziehoperationen.

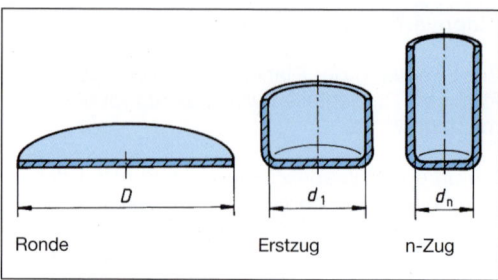

1 Zugabstufung

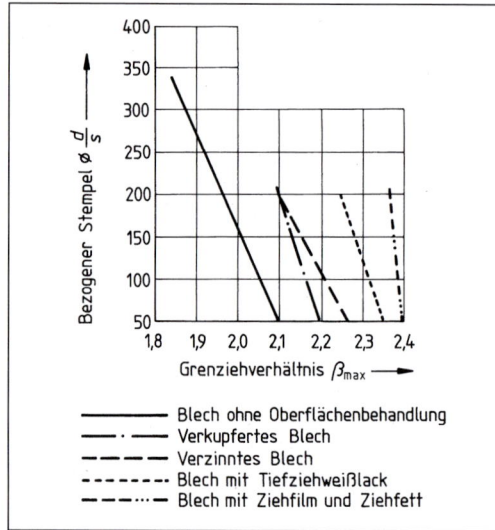

2 Grenzziehverhältnis des Werkstoffes DC04

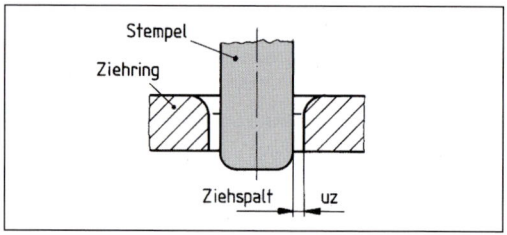

3 Ziehspalt

Weil bei großem Ziehkantenradius der Niederhalter auf eine kleine Zuschnittsfläche drückt, besteht die Gefahr, dass innerhalb dieser größeren Radien im Ziehteil Falten entstehen. Dies wird durch einen zusätzlichen Niederhalter verhindert (Bild 1).

Teile mit breiterem Flansch geben auch bei größerem Radius keine Falten.

Zweckmäßig ist folgende Formel zur Festlegung des Abrundungsradius:

$$R_{z1} = 0,6 \ldots 0,8 \sqrt{(D - d_1) \cdot s}$$

Der Index 1 ändert sich entsprechend der Durchmesser 2; 3 usf.

Für weniger gut tief ziehbare Bleche wird der Faktor 0,8 gewählt; sonst gilt:

Erstzug = 0,6; Weiterzug = 0,8

Der Stempelradius wird größer als die Blechstärke gewählt, empfehlenswert ist:

$$R_p = (3 \ldots 10) \cdot s$$

Ziehleisten, Ziehwulst

Ziehwulst und Ziehleiste, auch Ziehstab, bewirken eine optimale Möglichkeit, den Werkstofffluss zu beeinträchtigen (Bild 2). Das Werkstoffgefüge erfährt eine Auflockerung unter gleichzeitigem Bremsen des Materialflusses.

Der Ziehwulst, der an der Ziehkante angebracht ist, lenkt das Blech zweimal um, während die Ziehleiste in Verbindung mit dem Einlaufradius eine dreimalige Umlenkung verursacht.

Der Niederhalterdruck wird örtlich durch die Leiste bzw. den Wulst erhöht.

Es können mehrere Ziehleisten hintereinander angebracht werden.

Meist finden Ziehwulst und -leiste Anwendung bei komplizierten Tiefziehteilen.

Allgemein gilt:

Mit Zunahme der Ziehleistenbreite nehmen senkrechte und waagerechte Bremskräfte ab.

Oberflächengüte

Besondere Bedeutung kommt der Oberflächenrauigkeit der Radien zu.

Sie müssen höchste Güte haben; sie werden grundsätzlich poliert.

Dies gilt auch für die Biegeradien, insbesondere beim Fertigen von Kontaktfedern der Elektroindustrie.

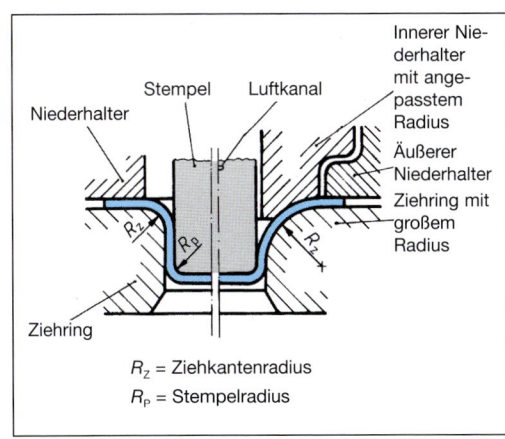

R_z = Ziehkantenradius
R_p = Stempelradius

1 Ziehen mit Zusatzniederhalter

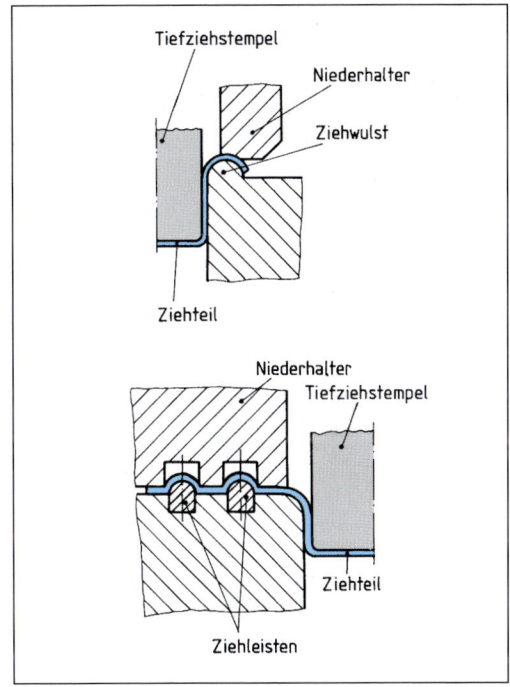

2 Ziehwulst und Ziehleisten

Ziehstößelgeschwindigkeit

Die Ziehstößelgeschwindigkeit ist im Wesentlichen von der Ziehteilform abhängig. Je komplizierter sie ist, desto geringer sollte die Geschwindigkeit sein. Außerdem hängt sie auch vom Material des Ziehteiles ab. So müssen Stahlblech und rostfreier Stahl mit niedrigerer Geschwindigkeit (von etwa 10 … 20 m/min) gezogen werden als Messing- und Aluminiumblech (von etwa 25 … 50 m/min).

Fließkurven geben Aufschluss über das Umformverhalten des jeweiligen Werkstoffes und über den erforderlichen Kraftbedarf bei der Umformung (siehe Fließkurvenatlas von Doege, Meyer-Nolkemper und Saeed; Carl Hanser Verlag München Wien).

Niederhalter

Zur Vermeidung von Faltenbildungen wird ein Niederhalter (Blechhalter) mit einer bestimmten Kraft auf den Flansch gedrückt. Die Neigung zur Faltenbildung ist bei dünnem Blech stärker als bei dickem.

In der Praxis wird die Niederhalterkraft meist empirisch festgestellt, indem die Kraft am Ziehteil, das oft modellmäßig verkleinert ist, so lange gesteigert wird, bis das Ergebnis für den Tiefziehvorgang optimal ist.

Tiefziehkraft

Die Tiefziehkraft F_Z ist vorrangig abhängig von
a) mittlerem Umformquerschnitt A_z
b) spezifischem Formänderungswiderstand

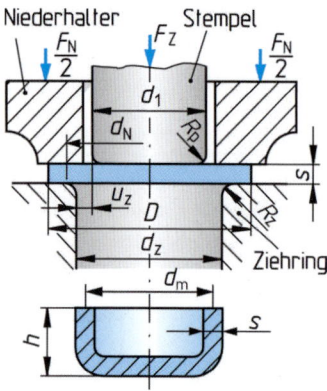

Es ist nur eine annähernde Bestimmung möglich, da der Formänderungswiderstand sich während des Ziehvorgangs ändert und verschiedenen Einflüssen unterliegt, wie z. B. Reibung, Kaltverfestigung, Ziehverhältnis.

Ausgehend von der Überlegung, dass die Ziehkraft kleiner sein muss als die **Bodenreißkraft F_B** und diese wie folgt berechnet werden kann

$$F_B \approx d_m \cdot \pi \cdot s \cdot R_m$$, wobei $d_m = d_1 + s$

gilt für die Ziehkraft

$$F_Z < F_B$$
$$F_Z < d_m \cdot \pi \cdot s \cdot R_m$$

Aus einer Reihe von Formeln für die Ermittlung der Ziehkraft ist hier die praxisnahe, vereinfachte Berechnung nach Romanowski gewählt.

$$F_Z \approx K \cdot d_m \cdot \pi \cdot s \cdot R_m$$

Der Korrekturfaktor K berücksichtigt die Ziehspannung im Verhältnis zur Zugfestigkeit und ist abhängig vom Werkstoff, dem Ziehverhältnis und der relativen Werkstoffdicke. Er soll den Wert 1 nicht übersteigen, da sonst die Gefahr besteht, dass das Ziehteil reißt.

Eine Auswahl von Werten ist im Anhang zu finden (S. 94).

Bei mehreren Ziehoperationen genügt die Ermittlung der Ziehkraft beim Erstzug, da die Ziehkräfte der Folgezüge wegen der erheblich niedrigeren Zugabstufung ($\beta_2 = d_1/d_2$) geringer sind.

Die **Gesamtziehkraft** bei Transfer- bzw. Folgewerkzeugen kann überschlägig ermittelt werden mit

$$F_{Zges} \approx n \cdot F_{Z1}$$

Bei einfachwirkender Presse erhöht sich die Ziehstößelkraft um den Betrag der Niederhalterkraft F_N, da diese während des gesamten Ziehvorgangs dem Ziehstößel entgegenwirkt.

Die Ziehkräfte von nicht rotationssymmetrischen Werkstücken, die elliptische, quadratische oder rechteckige Formen haben, lassen sich bei genügend großen Eckenradien entsprechend den Gesetzmäßigkeiten der zylindrischen Teile berechnen

$$d = 1,13 \cdot \sqrt{A_{St}} \ (mm) \quad \text{und} \ D = 1,13 \cdot \sqrt{A_Z} \ (mm)$$

wobei A_{St} der Stempelquerschnitt und A_Z die Zuschnittsfläche ist.

Niederhalterkraft

Die Niederhalterkraft F_N ist das Produkt aus Niederhalterfläche A_N und dem Niederhalterdruck p_N:

$$F_N = A_N \cdot p_N$$

Die Niederhalterfläche wird ermittelt mit
$$A_N = \frac{\pi}{4} \ (D^2 - d_N^2) \quad \text{dabei ist} \ d_N = d_1 + 2u_z + 2R_z$$

Da bei geringeren Ziehteilradien und Blechdicken der Ziehspalt und der Ziehkantenradius im Verhältnis zum Stempeldurchmesser vernachlässigt werden kann, darf näherungsweise gerechnet werden mit

$$F_N \approx \frac{\pi}{4}\,(D^2 - d_1^2) \cdot p_N$$

Die Höhe des spezifischen Niederhalterdrucks $\cdot p_N$ ist abhängig von

Werkstoff – Blechdicke – Ziehverhältnis – Reibung

Nach Siebel wird der Niederhalterdruck nach folgender Formel berechnet:

$$p_N = \left[(\beta - 1)^2 + \frac{d_1}{200 \cdot s} \right] \frac{R_m}{400}$$

Vereinfacht kann für p_N mit folgenden Werten gerechnet werden.

Werkstoff	p_N in N/mm²
Stahl	2,5
Cu-Leg.	2 … 2,4
Al-Leg.	1,2 … 1,5 .

Beispiel:

Für den in Bild 1 dargestellten Napf aus Tiefziehblech DC04 mit $R_m = 350$ N/mm² sind zu ermitteln:

Rondendurchmesser
Ziehstufen
Ziehkraft
Niederhalterkraft
Kraftaufwand der Presse, wenn mit einem Folgewerkzeug auf einer einfachwirkenden Ziehpresse gearbeitet wird.

Rondendurchmesser

$D = \sqrt{d^2 + 4dh}$, wobei $d = 36$ mm $- 2 \cdot 0,5\,s = 35$ mm
und $h = 70$ mm $- 0,5\,s = 69,5$ mm

$D = \sqrt{35^2 \text{ mm}^2 + 4 \cdot 35 \text{ mm} \cdot 69,5 \text{ mm}}$

$D = 104,6$ mm

Zur Ermittlung der Zugabstufung wird gewählt

$D = 105$ mm

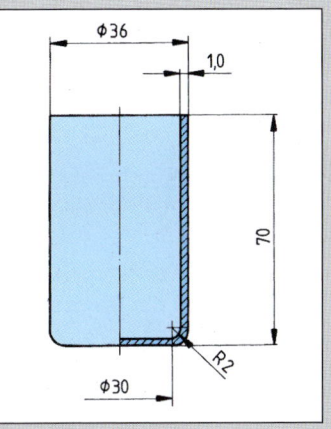

1 Napf

Zugabstufung:

Die Anzahl der Züge wird über das Ziehverhältnis ermittelt.

$\beta_{ges} = \dfrac{D}{d_1} = \dfrac{105\ mm}{35\ mm} = 3; \quad \rightarrow \beta_{ges} > \beta_{max}$

Da β_{ges} größer als das zulässige Grenzziehverhältnis ist, sind mehrere Züge erforderlich.
Für den Anschlagzug (Erstzug) wird nach Bild 1, Seite 94 $\beta_1 = 1,9$ gewählt, für die Folgezüge $\beta_{2,3} = 1,3$.

Ermittlung der Züge:

Anschlagzug: $\beta_1 = \dfrac{D}{d_1}$ $d_1 = \dfrac{D}{\beta_1} = \dfrac{105\ mm}{1,9} = 55,26$ mm

gewählt: $d_1 = 55$ mm

Folgezüge:

1. Weiterzug $\beta_2 = \dfrac{d_1}{d_2}$ $d_2 = \dfrac{d_1}{\beta_2} = \dfrac{55\ mm}{1,3} = 42,3$ mm

gewählt: $d_1 = 42$ mm

2. Weiterzug $\beta_3 = \dfrac{d_2}{d_3} = \dfrac{42\ mm}{34\ mm} = 1{,}23; \quad \beta_3 \ldots \beta_2 \rightarrow$ ok

Der Napf kann in 3 Zügen gefertigt werden.

Tiefziehkraft des Erstzuges

$F_Z \approx K \cdot d_m \cdot \pi \cdot s \cdot R_m$
$F_Z \approx 0{,}98 \cdot 56\ mm \cdot \pi \cdot 1\ mm \cdot 350\ N/mm^2$
$F_Z \approx 60\,343{,}7\ N$
$F_Z \approx 60\ kN$

Der Faktor K = 0,98 wurde über die relative Werkstoffdicke $\dfrac{s}{d_1} = \dfrac{1\ mm}{55\ mm} = 0{,}018 \approx 0{,}02$ bestimmt
und Bild 2, Seite 94 entnommen.

Niederhalterkraft

$F_N = A_N \cdot p_N$

$F_N \approx \left[(D^2 - d^2) \cdot \dfrac{\pi}{4} \right] \left[(\beta - 1)^2 + \dfrac{d_1}{200 \cdot s} \right] \dfrac{R_m}{400}$

$F_N \approx \left[(105^2 - 55^2)\ mm^2 \cdot \dfrac{\pi}{4} \right] \left[(1{,}9 - 1)^2 + \dfrac{55\ mm}{200 \cdot 1\ mm} \right] \dfrac{350\ N}{400\ mm^2}$

$F_N \approx 5965{,}1\ N$
$F_N \approx 6\ kN$

Kraftaufwand der Presse

Für die Fertigung des Ziehteils steht eine einfachwirkende Presse zur Verfügung. Deshalb muss
die Niederhalterkraft zur Ziehkraft addiert werden.

Bei drei Zügen gilt

$F_{Zges} \approx n \cdot (F_{Z1} + F_N)$
$F_{Zges} \approx 3 \cdot (60\ kN + 6\ kN)$
$F_{Zges} \approx 198\ kN$

Tiefzieharbeit

Die Tiefzieharbeit kann im Hinblick auf das
Arbeitsvermögen der Presse von Bedeutung sein:

Einfach wirkende Presse	$W = (x \cdot F_z + F_N) \cdot h$ in Nm
Doppelt wirkende Presse	$W = x \cdot F_z \cdot h$ in Nm

Der Korrekturwert x ist werkstoffabhängig und ist
nach folgender Zuordnung zu finden:

Harte Werkstoffe, Geringe Ziehtiefe	0,5
Übliche Werkstoffe	0,6 0,7
Weiche Werkstoffe Werkstücke mit bleibendem Flansch	0,8

Schmierstoffe

Dem Schmierstoff kommt bei den herkömmlichen Blechumformverfahren besondere Bedeutung zu. Ein guter Schmierstoff sollte die aufgeführten Kriterien erfüllen:

1. Schutz der Werkzeuge und des Umformgutes vor Verschleiß und Abrieb

2. Bestmögliche Ausnutzung der Umformbarkeit des Umformteiles

3. Aufrechterhaltung des Temperaturgleichgewichtes während des Umformens

4. Sicherung hoher Oberflächenqualität

5. Vermeidung von Korrosion, auch bei Teilen, die nach dem Umformen nicht sofort gereinigt werden

6. Gute und einfache Entfernung des Schmiermittels

7. Verträglichkeit mit den nachfolgenden Fertigungsverfahren

8. Haftfestigkeit bei hoher Flächenpressung

Eine Auswahl von Schmiermitteln sei hier angeführt:

Fehler an Ziehteilen

Fehlerursachen an Ziehteilen sind vielseitig und oft schwer festzustellen. Grundsätzlich muss bei der Beurteilung von Fehlern auf Folgendes geachtet werden:
Wie reißt das Werkstück?
Wo reißt das Werkstück?

Regelmäßig wiederkehrende Fehler haben meist auch bestimmte gleichartige Ursachen. So bedeuten z. B.:

Fehler	Ursachen
Risse in den Ecken	Übermäßige Ziehbeanspruchung
Risse am Rand	Mängel an den Werkzeugen
Risse am Boden	Hinweis auf Werkstofffehler Ziehspalt zu gering Blechhalterkraft zu groß
Ziehriefen	Werkzeugverschleiß
Vertikalrisse am oberen Rand	Ziehkantenrundung zu groß
Falten an der Zarge	Blechhalterkraft zu gering
Falten am Flansch	Blechhalterkraft zu gering

Die Fehler können in drei Hauptgruppen unterteilt werden:

1. Werkstofffehler

Damit sind schlechte Oberflächengüte, Einschlüsse, Alterungsversprödung, Überlagerungen (Walztextur) sowie Härteunterschiede gemeint. Sie können zu Querrissen und Zipfelbildungen führen.

2. Werkzeugfehler

Darunter versteht man falsche Werkzeugradien, ungleicher Ziehspalt, falsches Ziehverhältnis, schlechte Werkzeugoberfläche, schlechte Stempelführung. Diese Fehler können zu Bodenreißern oder Ziehriefen führen.

3. Verfahrensfehler

Diese Fehler können am Werkzeug oder an der Maschine gemacht werden, wie z. B. falsche Niederhalterkraft, zu hohe Stößelgeschwindigkeit, außermittige Lage von Stempel und Ziehring. Sie können zu Faltenbildung, zu Druckspuren und zu Wandwölbungen führen.

Gestaltung von Tiefziehteilen

Grundsätzlich sind für die Gestaltung von Tiefziehteilen folgende Gesichtspunkte wichtig:

1. Nach Möglichkeit soll nur der einstufige Zug angewendet werden
2. Die Abrundungsradien müssen so groß wie möglich sein
3. Keine scharfen Übergänge
4. Mehrteilige Fertigung bei schwierigen Formen
5. Keine unterschnittenen oder ausgebauchten Teile

Stülpziehen

Beim Stülpen wird ein bereits vorgezogenes Teil entgegengesetzt seiner ursprünglichen Ziehrichtung gezogen. Dabei kommen die zuvor innen liegenden Oberflächen nach außen. Der Umfang des Teiles wird kleiner.

Das Stülpziehen erfolgt mit und ohne Gegenhalter, es wird sowohl mechanisch (Bild 1) als auch hydromechanisch (Bild 2) stülpgezogen. Auch findet das Stülpziehen mit Gummikissen Anwendung. Hydromechanisches Stülpziehen mit Gummikissen liefern bessere Oberflächenqualität des Werkstückes als mechanisches Stülpziehen. Diesem Vorteil steht als Nachteil höhere Umformkraft entgegen.

Es wird ein wesentlich besseres Ziehverhältnis erreicht und Zwischenglühungen können entfallen. Es ist möglich, (aus dem Zuschnitt) **in einer Operation** stülpzuziehen. Die Fertigung wird hierdurch wirtschaftlicher.

3.3.2.2 Tiefziehen mit elastischen Werkzeugen

Tiefziehen mit Elastikkissen

Das Umformen mit elastischen Werkzeugen geschieht mithilfe eines formgebenden Stempels und eines Gummikissens (Kunststoffkissen). Beim Zufahren verformt sich das elastische Material und drückt dabei das Blech in die Vertiefungen oder über die Erhöhungen des Stempels (Bild 3).

Das Gummikissen (Elastikkissen) besteht aus mehreren aufeinander geschichteten Lagen (sie können verleimt sein), die Dicken reichen von 25 bis zu 100 mm (Bild 1, Seite 65). Das Gummi hat eine Härte bis zu 60 Shore. Durch Austausch der Lagen kann eine Lebensdauer bis zu rund 25 000 Presshüben erreicht werden.

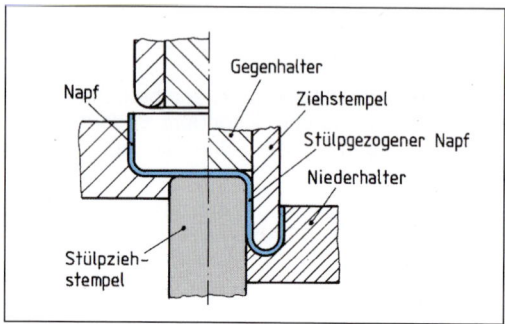

1 Mechanisches Verfahren

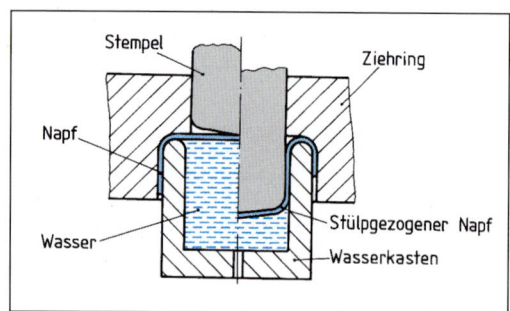

2 Hydromechanisches Verfahren

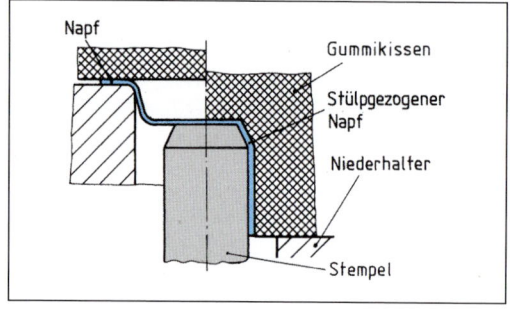

3 Elastikstülpziehen

An die Stelle von Gummi wird häufig ein Elastomer wie Vulkollan gesetzt. Seine hohe Verschleißfestigkeit sowie die gegenüber Gummi wesentlich höhere Härte (bis zu 96 Shore) und Einreißfestigkeit bieten erhebliche Vorteile.
Der Stempel unterliegt nur geringem Verschleiß und braucht für normale Stückzahlen nicht gehärtet zu werden. Auf polierten Blechen entstehen weder Kratzer noch Prägestellen.

Die Elastikkissen sind einbaufertige Bauelemente. Sie werden vorzugsweise auf hydraulischen Pressen eingesetzt; denn niedrige Schließgeschwindigkeiten begünstigen den Materialfluss sowohl des Werkstückes als auch des Gummis bzw. des Kunststoffes. Außerdem benötigt dieses Verfahren eine hohe Kraft.

Marformverfahren

Das Marformverfahren gehört zu den Varianten des Gummiziehens, es wird häufig angewendet.

Bei diesem Verfahren ist der Stempel auf einem Tisch befestigt. Während des Umformens wird er nicht bewegt. Der Stahlkoffer senkt sich, wobei das Blech an den Stempel geschmiegt wird (Bild 2).

Die Blechdickenminderung ist gering und das Ziehverhältnis höher als beim Tiefziehen mit Gummikissen.

3.3.2.3 Tiefziehen mit Wirkmedien Hydroformverfahren

Das Hydroformverfahren ist ein hydromechanisches Tiefziehen. Mit ihm werden ebene oder vorgeformte Bleche vorwiegend in Hohlkörper umgeformt (Bild 3).

Anstelle des Gummikissens wird eine Membran verwendet. Während des Umformvorganges wird die Membran unter Wasserdruck gesetzt.

Der Stempel bewegt sich gegen die Platine und formt sie durch den gegenwirkenden Wasserdruck um. Der Wasserdruck wird über Steuerventile ausgeglichen.

Hydro-Mec-Verfahren

Eine Variante des Hydroformverfahrens ist das Hydro-Mec-Verfahren.

Das umzuformende Blech wird durch den niedergehenden Ziehstempel in die Flüssigkeit gedrückt; eine Membran ist nicht vorhanden (Bild 4).

Vorteile des hydraulischen Umformens:

1. Sehr gute Oberflächenbeschaffenheit des Ziehteiles
2. Günstigere Ziehverhältnisse gegenüber den mechanischen Verfahren ($\beta = 2{,}8$)
3. Kugelige und parabolische Teile können mit einem Zug hergestellt werden
4. Genaue Druckmessung
5. Gute Einstellbarkeit
6. Keine Überlastung der Pressen
7. Unkomplizierter Werkzeugwechsel
8. Geringer Ausschuss bei hoher Menge
9. Keine zu hohe Beanspruchung der Presswerkzeuge, dadurch hohe Standmengen

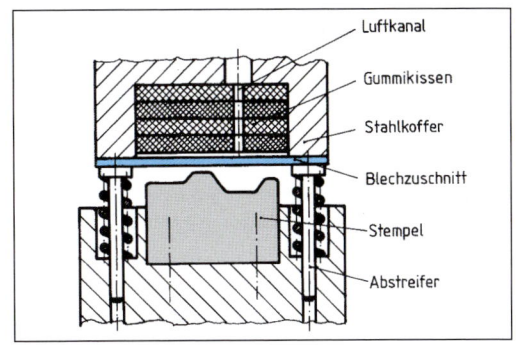

1 Tiefziehen mit Elastikkissen

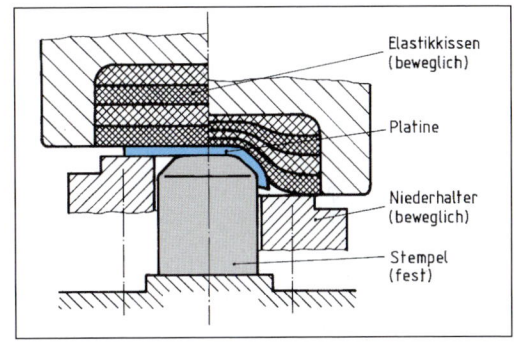

2 Marformverfahren

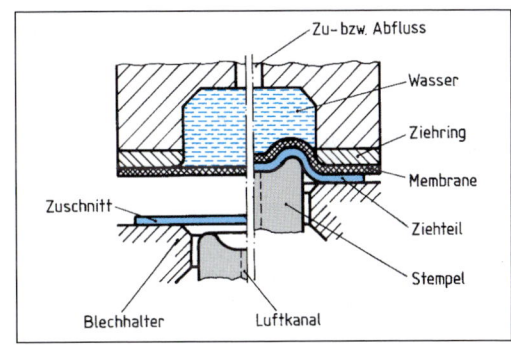

3 Hydroformen mit Membran

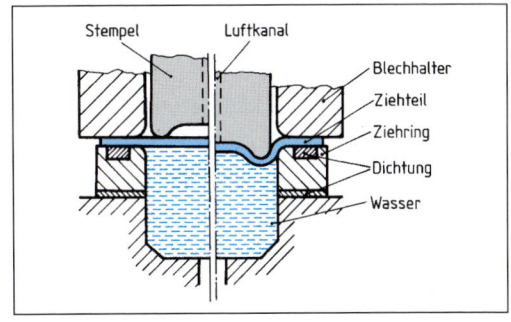

4 Hydromechanisches Verfahren (Hydro-Mec-Verfahren)

Diese Vorteile sind durch die gleichmäßige Verteilung des hydraulischen Druckes auf die Flächen zu erklären.

Das hydraulische Umformen wird auch beim Weiterziehen und Stülpziehen angewendet.

U. a. werden Kühlbehälter, Sektkübel, Filtergehäuse und Haushaltsgeräte hydraulisch gefertigt.

Aquadrawverfahren

Das Aquadrawverfahren beruht auf der Anwendung von Wasser als Schmiermittel.

Es bringt folgende Vorteile:

1. Kostenersparnis für Schmierung
2. Senkung der Zugabstufungen
3. Fertigung von Teilen mit schärferen Kanten
4. Bessere Oberflächenqualität
5. Größeres Ziehverhältnis (z.B. bei DC04 von 2,0 auf 2,60)

Jedoch steigt die Presskraft auf etwa das Dreifache der herkömmlichen Verfahren und es können nur Teile mit Flansch gefertigt werden.

Bei diesem Verfahren wird die umzuformende Platine durch einen Niederhalter auf die mit Wasser gefüllte Matrize gepresst. Hierbei ist die Niederhalterkraft so groß, dass das Wasser zwi-

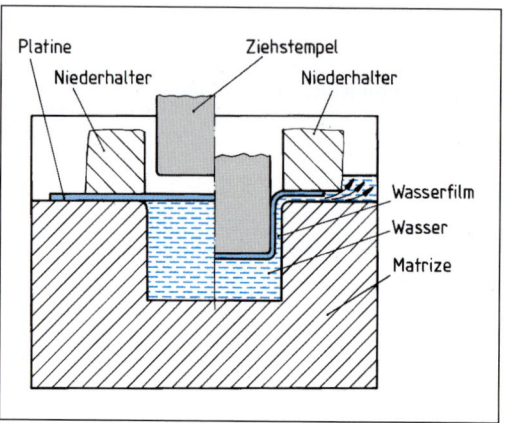

1 Aquadrawverfahren

schen Matrize und Platine hindurchfließen kann. Der Wasserfilm darf nicht abreißen.

Innenhochdruckumformung (IHU)

Die IHU ist ein Verfahren, bei dem Blechhohlkörper mit einfacher geometrischer Form (z. B. Zylinder) durch Flüssigkeitsdruck in einen Hohlkörper mit komplexer Gestalt verändert werden. Erzeugnisse dieses Verfahrens können durch geringes Gewicht, hohe Festigkeit und Steifigkeit wirtschaftlich gefertigt werden.

Verfahren	Darstellung	Anwendung	Verfahren	Darstellung	Anwendung
Ausbauchen von Formteilen mit sektorieller Umformung		Abgasrohre, Fahrradteile	Aufweiten von Formteilen mit vorgebogener Längsachse		Saugrohre, Tanksysteme
Aufweiten von Formteilen mit symmetrischer Formgebung		Armaturen, Getriebeteile	Fügen und Umformen		Sandwichbauteile, Verbindungen
Durchsetzen von Formteilen mit verlängerter Längsachse		Motorenteile, Fahrwerk	Formkombinationen		Armaturen, Karosserie
Kalibrieren enger Biegeradien		Karosserie, Fahrwerk	Lochstanzen		Karosserie, Fahrwerk
			Flanschrohrpressen		Getriebeteile, Antriebstechnik

2 Verfahren des Innenhochdruckumformens

3.3.2.4 Verfahren der Hochgeschwindigkeitsumformung

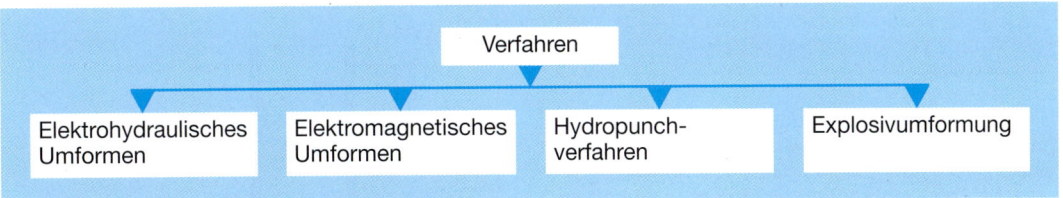

Verfahren			
Elektrohydraulisches Umformen	Elektromagnetisches Umformen	Hydropunch-verfahren	Explosivumformung

Die Hochgeschwindigkeitsumformung ist ein Umformen, bei dem geballte Energien mit großen Auftreffgeschwindigkeiten auch schwer verformbare Metalle umformen.

Verfahren	Erreichbare Geschwindigkeit in m/s	Impuls-dauer in s
Elektrohydraulisches Umformen	bis 5900	bis 10^{-3}
Elektromagnetisches Umformen		bis 10^{-5}
Hydropunchverfahren	bis 30	bis $5 \cdot 10^{-3}$
Explosivumformung	bis 8000	bis 10^{-6}

Bild 1: Werkzeugeinheit des elektrohydraulischen Umformens (Beschriftungen: Reflektor, Spannplatte, Rohling, Luftkanal, Werkzeugform, Wasser, Kondensator, gegeneinander stehende Elektroden)

1 Werkzeugeinheit des elektrohydraulischen Umformens

Diese Umformverfahren sind in rascher Entwicklung begriffen; denn die Kerntechnik, die chemische Industrie und die Luft- und Raumfahrt benötigen Bauteile, die aus hochfesten und temperaturbeständigen Materialien bestehen. Gerade diese Stoffe sind schwierig verformbar. Insbesondere erfordern sie hohe Ziehkräfte.

Bislang war es die Energie bewegter Massen, welche die spanlose Verformung hervorrief. Sollte eine höhere Leistung erzielt werden, mussten die Massen bzw. die Bewegungsgeschwindigkeiten vergrößert werden. Bei den Hochgeschwindigkeitsverfahren (Energiestoßverfahren) werden die Massen entweder verkleinert oder völlig ersetzt. Ziel dieser Verfahren sind geballte Energien mit großen Auftreffgeschwindigkeiten. Die Energien liegen etwa in der Größenordnung von 10 bis 10^4 kWs und konzentrieren sich in kurzer Zeit (bis etwa 10^{-6} s) auf Räume in der Größenordnung von einigen Metallgitterebenen. Das Kristallgefüge wird dadurch gelockert, was z. B. eine gute Verformung gestattet. Auch trifft eine Stoßwelle den zu verformenden Blechzuschnitt so, dass sich der Impuls gleichmäßig über die Oberfläche verteilt. Dies verhindert Spannungen im Werkstück.

Elektrohydraulisches Umformen

Beim elektrohydraulischen Umformen werden Kondensatorbänke blitzartig über Funkenstrecken im Wirkmedium Wasser entladen.

Die Funkenstrecke liegt zwischen zwei in das Wirkmedium reichenden Elektroden. Bei der Entladung entstehen Druckwellen, die die Formung des Teiles bewirken (Bild 1). Das Verfahren erfordert große Stromstoßanlagen, deren Kondensatorbänke von 10 bis 145 kWs reichen. Es ermöglicht die Umformung von Teilen mit einem Durchmesserbereich von 40 bis 1600 mm und von Banddicken bis zu 3 mm. Mit diesem Verfahren kann gezogen, ausgebaucht, hohl geprägt, kalibriert und verbunden werden.

Elektromagnetisches Umformen

> Das elektromagnetische Umformen beruht auf der Wirkung magnetischer Impulse.

Bei diesem Vorgang entsteht in der Spule ein primäres Magnetfeld, es induziert im Werkstück einen Stromstoß (Bild 1). Dieser Stromstoß verursacht ein entgegengerichtetes sekundäres Magnetfeld. Bei der Abstoßung dieser entgegengesetzten Polaritäten verformt sich das Werkstück entsprechend dem Feldformer. Die Verformungsdrücke liegen bei etwa 400 bis 3500 MPa (4 bis 35 kbar). Der Vorgang ist kontaktfrei und wird in der Hauptsache zum formschlüssigen Verbinden von Einzelteilen angewendet.

Die vorwiegend dünnwandigen Werkstücke sollen aus gut leitenden Werkstoffen bestehen. Schlecht leitende Werkstoffe werden vorübergehend mit einer dünnen Lage eines Metalles besserer Leitfähigkeit belegt oder plattiert. Dieses Verfahren wird eingesetzt, um Rohre druck- und vakuumfest auszubauchen, zum Zusammenstauchen oder Einziehen von Rohren; ferner zur Herstellung von Presspackungen aus vormontierten Teilen, wie Einkapseln von Kleinmotoren usw.

Hydropunchverfahren

> Beim Hydropunchverfahren wird der Rohling (Rohr) mithilfe von Wasser in einer druckfesten Kammer zum gewünschten Werkstück verformt.

Ein vertikal geführter Kolben (Hammer) wird durch Druckluft mit einem Druck von 0,5 bis 1,5 MPa (5 bis 15 bar) beaufschlagt. Dabei presst er das Wasser aus einer kleinen Kammer in das Werkzeug. Je nach Maschine können Wasserdrücke von 300 bis 900 MPa (3 bis 9 kbar) entstehen (Bild 2).

Neben einer hohen Maßgenauigkeit besitzen die Werkstücke eine einwandfreie Oberflächenqualität. Es werden rostbeständige Stähle, kohlenstofffreie und -arme Stähle, Aluminiumlegierungen, Kupfer und Kupferlegierungen umgeformt.

Explosivumformung

> Die Explosivumformung ist ein Umformen, das auf der beherrschten Anwendung der bei der Reaktion von Sprengstoff erzeugten Gasenergie beruht.

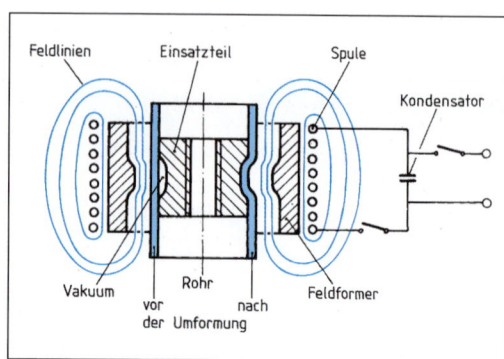

1 Werkzeugeinheit des Umformens mittels Magnetfeld

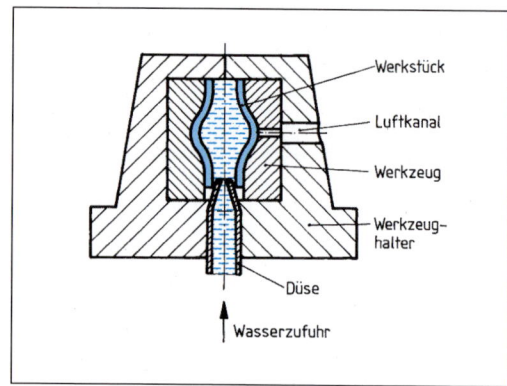

2 Werkzeugeinheit des Hydropunchverfahrens

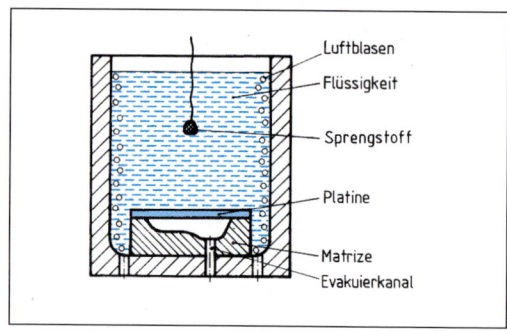

3 Umformen in offenen Werkzeugen

Man unterscheidet Umformen in offenen Werkzeugen (Bild 3) und Umformen in geschlossenen Werkzeugen (Bild 1, Seite 69).

Die entstehende Druckwelle trifft mit hoher Geschwindigkeit auf den umzuformenden Zuschnitt. Durch die hohen Drücke (bis etwa 20 000 MPa ≙ 200 kbar) nehmen Umformgeschwindigkeit, Fließvermögen, Zugfestigkeit, Streckgrenze und Brinellhärte zu.

3.3.2.5 Umformen von superplastischem Material

Die Umformtechniken des superplastischen Metalls weichen von denen der herkömmlichen ab. Sie ähneln den Techniken, die bei der Kunststoffformgebung wie das Vakuumumformen angewendet werden. Dies hat den Vorteil, dass die Werkzeuge wesentlich einfacher sind als die der herkömmlichen Umformungsarten (eine Ausnahme macht das Drücken). Bei diesem neuen Verfahren genügt entweder eine Matrize oder eine Patrize.

Es kommt dann zur Umformung, wenn die Platine (z. B. Supral eine AlCuZr-Legierung) ihre Umformtemperatur von etwa 450 °C erreicht hat. Dabei wird im Druckraum ein Luftdruck von 1 MPa (10 bar) auf eine Blechseite gebracht, hierdurch schmiegt sich das Blech an die Innenform der Matrize an (Bild 2). Es findet an verschiedenen Stellen eine Verringerung der Werkstoffdicke statt. Um diese negative Erscheinung in Grenzen zu halten, darf die Ziehtiefe nicht groß sein. Dieses Verfahren wird **Innenformen** genannt.

Beim Außenformen wird die Platine nach Erreichen der Fertigungstemperatur durch Luftdruck aufgewölbt, die Patrize (Stempel) fährt gegen den Blechzuschnitt und nun wird der Druck über die Platine aufgebaut; dadurch schmiegt sich das Blech an die Patrize (Bild 3).

Obwohl beim Aufwölben des Zuschnittes das Material erheblich dünner wird, findet bei der Formgebung keine Veränderung der Blechdicke statt. Die Ziehtiefe ist beim Außenformen höher. Im Gegensatz zum Innenformen ist das Fließen des Werkstoffes wesentlich geringer.

Besondere Vorteile des Umformens mit superplastischen Werkstoffen sind:

1. Wesentlich geringere Werkstoffkosten
2. Fertigung schwieriger Formen
3. Geringe Verformungskräfte
4. Sehr hohe Maß- und Formtoleranzen

Dem steht gegenüber, dass die Wandstärken eines Teiles je nach Fertigungsart unterschiedlich sind und dass die Wirtschaftlichkeit bei einer Stückzahl zwischen 50 und 10 000 Teilen gegeben ist. Dies ist nicht zuletzt von den Werkzeugkosten abhängig.

Anwendung findet dieses Verfahren z. B. bei der Fertigung von Baudekorationen, Radarreflektoren, Flugkörpernasen, Kopfstützen, Instrumentenkoffern, Videorekordergehäusen.

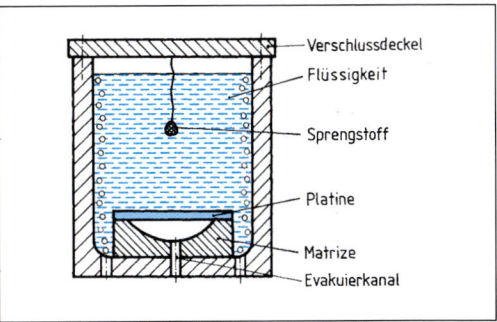

1 Umformen in geschlossenen Werkzeugen

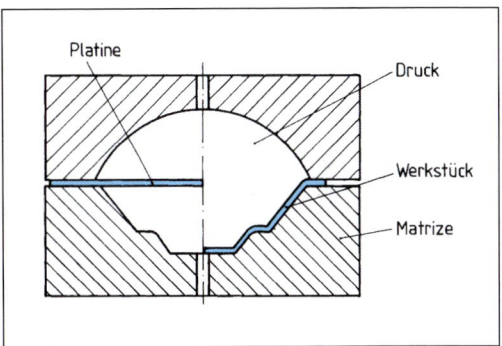

2 Innenformen über Matrize

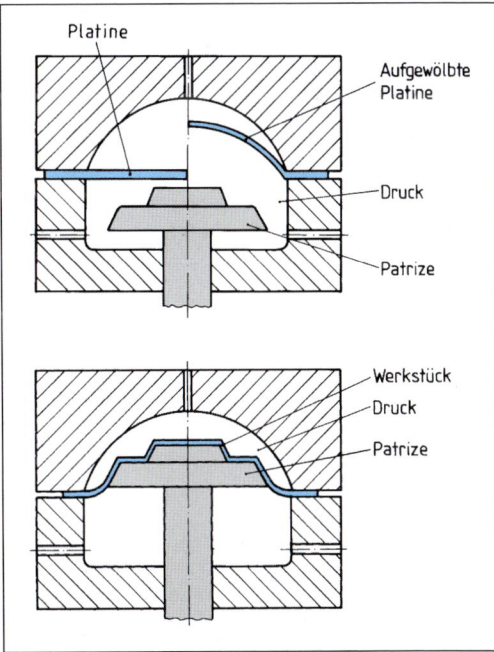

3 Außenformen über Patrize

3.3.3 Kombinierte Verfahren und Werkzeuge

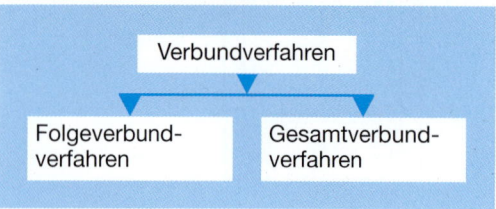

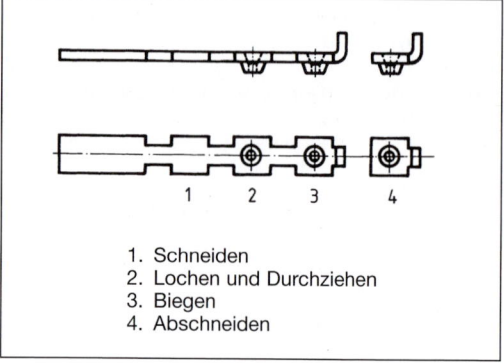

1. Schneiden
2. Lochen und Durchziehen
3. Biegen
4. Abschneiden

1 Arbeitsstufen beim Folgeverbundverfahren

Verfahren

Oft werden aus fertigungstechnischen und wirtschaftlichen Gründen mehrere Arbeitsgänge in einem Verfahren vereinigt.

Durch diese Kombination spart man Werkzeugkosten, Rüst- und Stückzeiten, nutzt die Pressen besser aus, vermindert Transport- und Kontrollkosten. Die Durchlaufzeit innerhalb des Betriebes verkürzt sich ebenfalls.

3.3.3.1 Verbundverfahren

Wird das Schneiden und das Umformen in einem Werkzeug vereinigt, dann ist das eine Verbundfertigung.

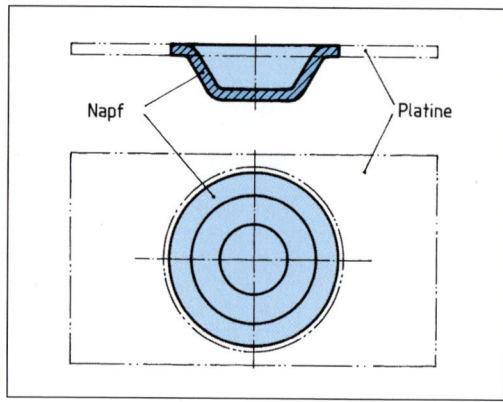

2 Teil, das geschnitten und formgestanzt wurde

3.3.3.2 Folgeverbundverfahren

Das Folgeverbundverfahren ist ein Verfahren, bei dem die Arbeitsstufen zeitlich und örtlich hintereinander liegen (Bild 1). Es benötigt **mehrere** Stößelhübe.

3.3.3.3 Gesamtverbundverfahren

Beim Gesamtverbundverfahren wird das Werkstück mit **einem** Hub in untereinander liegenden Arbeitsstufen **ohne Vorschub** geschnitten und umgeformt (Bild 2).

Die Werkzeuge für diese Verfahren sind entsprechend kostspielig. Sie haben oft Arbeits- und Ruhekontakte, die dann in Pressen mit elektrisch gesteuerten Kupplungen die Arbeitsbewegungen unterbrechen und die Werkzeuge vor Schäden bewahren.

3.3.3.4 Werkzeuge für Verbundverfahren

Werkzeuge für Verbundverfahren werden allgemein unterschieden in Folgeverbundwerkzeuge und in Gesamtverbundwerkzeuge.

Die **Folgeverbundwerkzeuge** sind solche Werkzeuge, die Teile in mehreren hintereinander liegenden Arbeitsstufen durch Schneiden und Umformen herstellen (Bild 1, Seite 72). Diese Werkzeuge werden in Stufenpressen eingesetzt. Die Maßhaltigkeit der Werkstücke wird durch die Streifenführung und die Vorschubbegrenzung dieser Werkzeuge bestimmt.

Die **Gesamtverbundwerkzeuge** sind solche Werkzeuge, bei denen ein Werkstück mit einem Stößelhub in mehreren untereinander liegenden Arbeitsstufen geschnitten und geformt wird (Bild 1). Meist findet man die Kombination Schnitt-Zug und auch Schnitt-Zug-Schnitt.

Aus fertigungstechnischen Gründen ist in der Praxis das Folgeverbundwerkzeug vorherrschend.

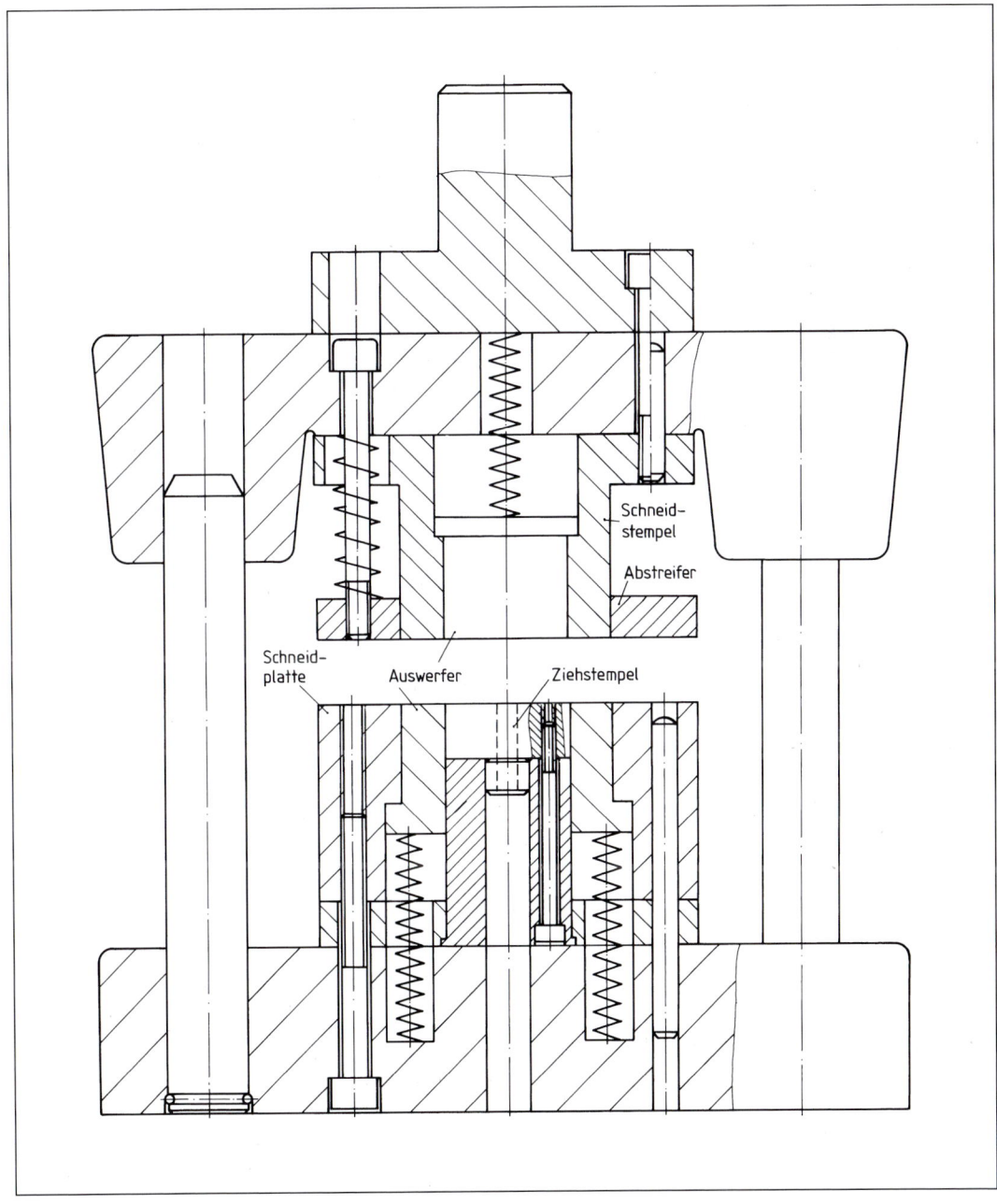

1 Gesamtverbundwerkzeug

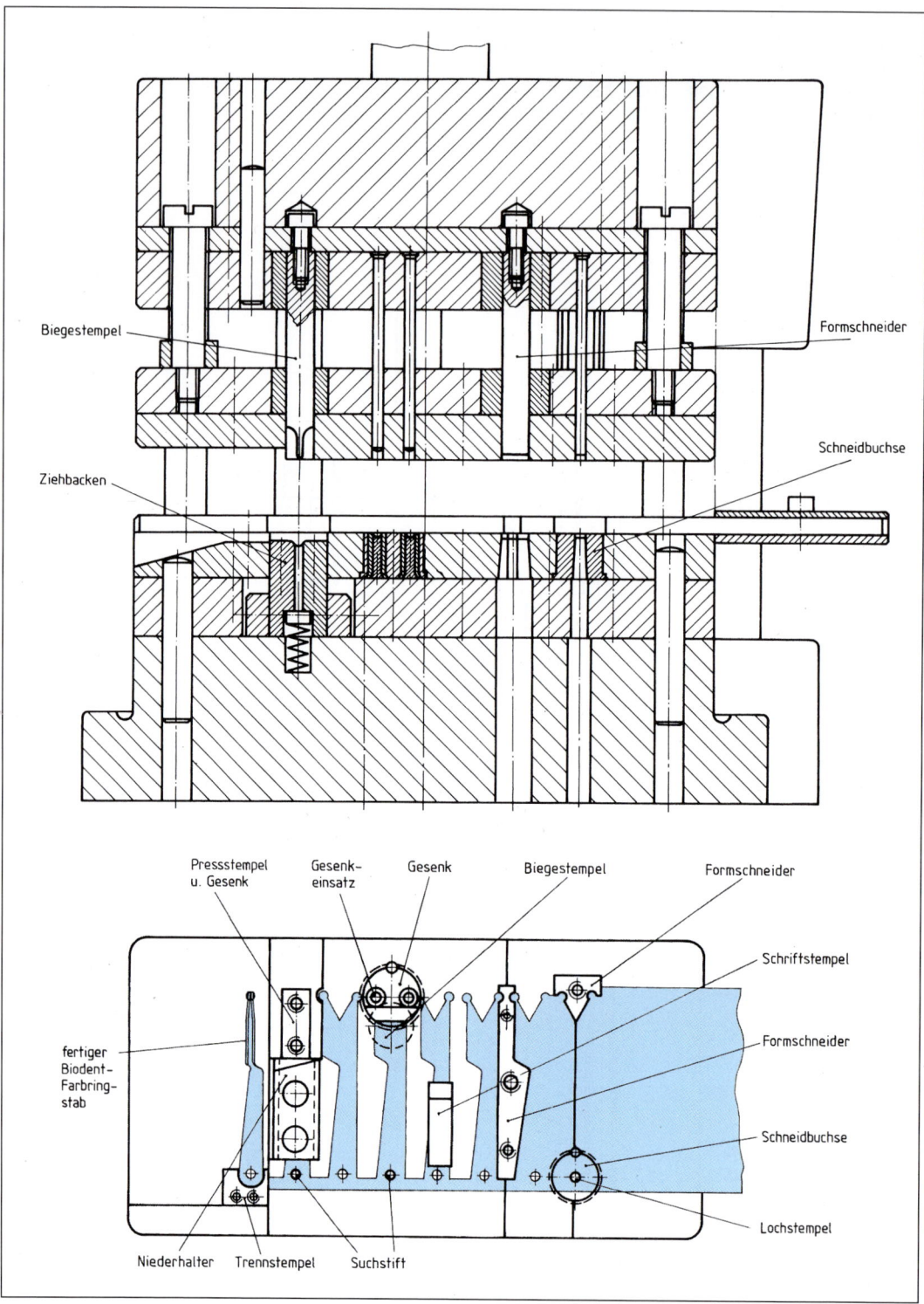

1 Folgeverbundwerkzeug

3.4 Drücken

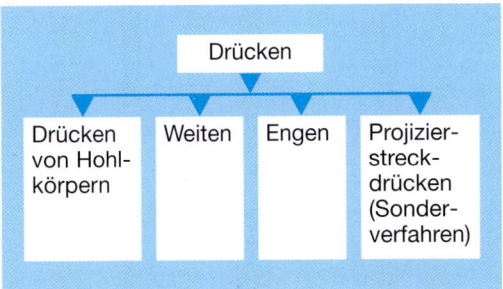

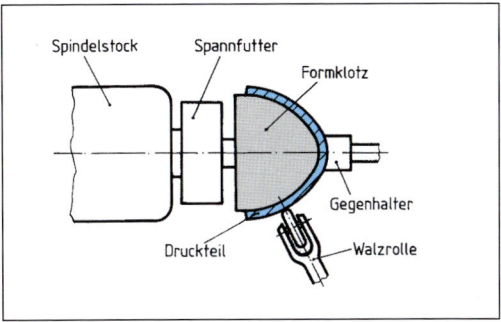

1 Drücken von Hohlkörpern

> Drücken ist das Umformen eines ebenen Blechteiles am rotierenden Formkörper. Dabei wird die Wandstärke im Allgemeinen nicht verändert (Bilder 1–3).

Drückverfahren eignen sich zum Fertigen von rotationssymmetrischen Teilen einfacher oder komplizierter Form. Gedrückt werden z. B. Hochdruckgasflaschen, Felgen, Bremstrommeln, Raketenmotoren, Pfannen, Hydraulikzylinder, Reflektoren, Kesselböden.

Mit wenigen Ausnahmen können alle Metalle mehr oder weniger gut gedrückt werden. Spröde Legierungen drückt man im erwärmten Zustand, gegebenenfalls wird zwischengeglüht oder man führt mehrere Drückoperationen durch.

Das Drückfutter aus Hartholz bzw. Grauguss besitzt in erhabener Form die Gestalt des hohlen Fertigteiles. Bei bauchigen Formen muss das Futter mehrteilig sein.

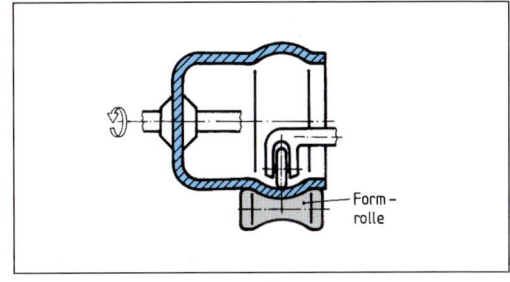

2 Weiten

Der Drückmeißel bzw. die Drückrolle bestehen aus poliertem Stahl, sie werden entweder von Hand oder maschinell geführt. Es sind jedoch auch CNC-gesteuerte Maschinen im Einsatz, die den Vorteil der wirtschaftlichen Serienfertigung haben. Ein Glättmeißel beseitigt Drückspuren. Die Drehzahl richtet sich nach dem Werkstoff und der Blechdicke.

Das Verhältnis von Zuschnittsdurchmesser und Fertigdurchmesser ist das Drückverhältnis.

Die großen Drücke erfordern vorzügliche Schmiermittel, die auch bei hohen Temperaturen ihre Schmier- und Kühlfähigkeit nicht verlieren. Außerdem dürfen sie nicht durch die entstehenden Kräfte weggedrückt werden. Dafür eignen sich dickflüssige Öle mit Schwefelblüte, ebenso Schmierseife.

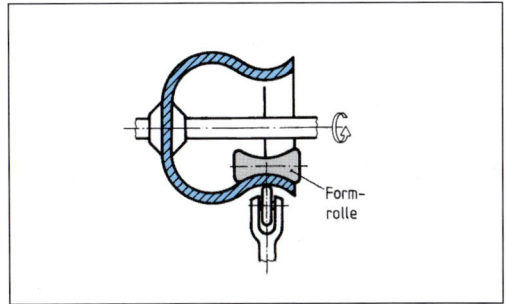

3 Engen

3.4.1 Projizierstreckdrücken

Das Projizierstreckdrücken ist eine Sonderform des Drückens, bei dem kegelige Teile unter Berücksichtigung des Abstreckwinkels α gefertigt werden (Bild 1). Die Gefäßwanddicke ist geringer als die Gefäßbodenstärke.

3.4.2 Kragenziehen

Das Kragenziehen ist ein Umformen, bei dem Borde oder Kragen entstehen (Bild 2). Es tritt in Verbindung mit anderen Fertigungsverfahren auf.

Die Borde bzw. Kragen entstehen an ausgeschnittenen Öffnungen des Bleches, sie können in ebenen oder gewölbten Flächen sein.
Die Kragen werden meist mit einem Innengewinde versehen, wodurch die Werkstücke aus Blech gefügt werden können.

3.4.3 Knickbauchen

Das Knickbauchen ist ein Stauchen, bei dem örtlich ein **Hohlkörper** erweitert oder verengt wird (Bild 3). Es entstehen Zug- und Druckkräfte.

Das Werkstück wird in Längsrichtung belastet; das Knicken des Werkstückes erfolgt in Querrichtung.
Auf diese Art können Rohrverbindungen hergestellt werden. Außerdem wird das Knickbauchen zur Fertigung von Kompensatorringen kleinerer Dimension aus austenitischem Stahl verwendet.

3.5 Zugumformen

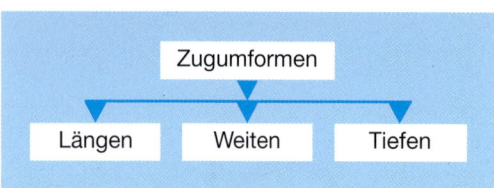

3.5.1 Längen

Beim Längen wird hauptsächlich ein Dehnen erzielt ohne eigentlichen Umformvorgang im Sinne der Blechumformung (Stanztechnik).

Längen wird unterteilt in Strecken und Streckrichten.

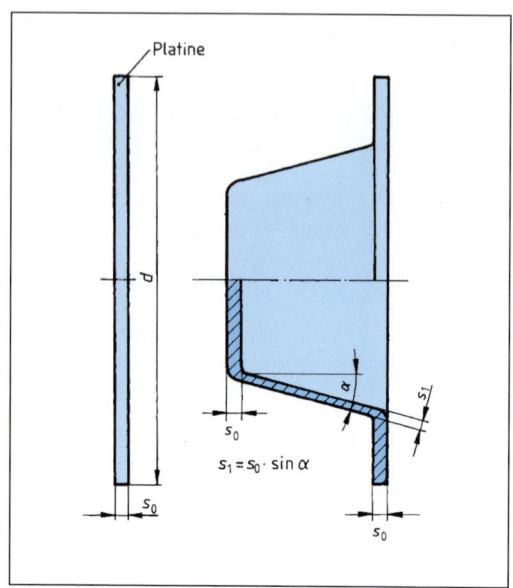

1 Projizierstreckgedrücktes Teil

$$s_1 = s_0 \cdot \sin \alpha$$

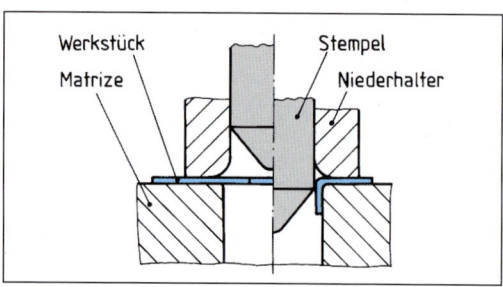

2 Kragenziehen

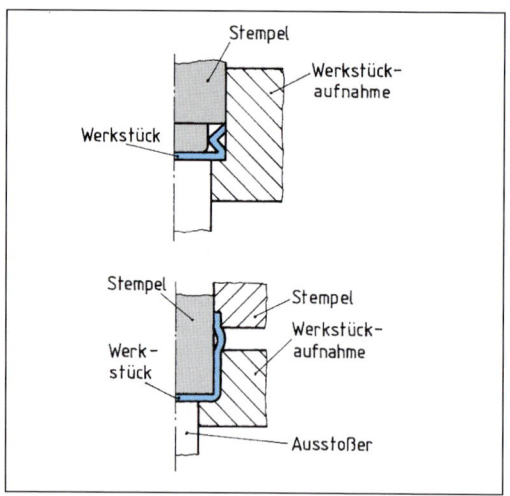

3 Knickbauchen

3.5.2 Weiten

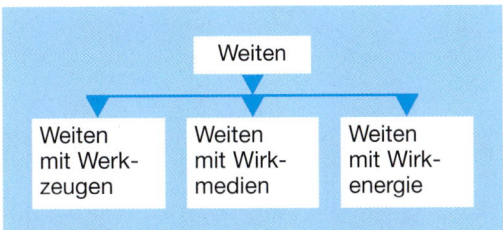

Das Weiten ist ein Vergrößern des Umfanges eines Hohlkörpers (Bilder 1, 2).

Wird ein Hohlkörper am Anfang oder Ende geweitet, so ist das ein **Aufweiten.** Wird er in der Mitte geweitet, so wird dies als **Ausbauchen** bezeichnet.

Beim Weiten wiederholen sich mit Ausnahme des mechanischen Weitens die Umformvorgänge des Tiefziehens.

3.5.3 Tiefen

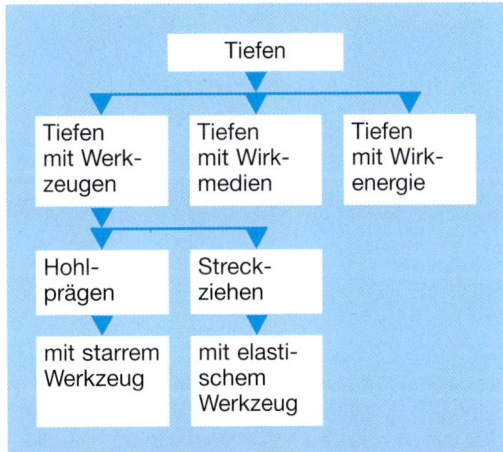

Unter Tiefen versteht man ein Umformen, das auf Zugbeanspruchung beruht. In der Stanztechnik werden hauptsächlich das Hohlprägen und das Streckziehen angewendet.

3.5.3.1 Hohlprägen

Das Hohlprägen entspricht dem Tiefziehen. Es unterscheidet sich jedoch dadurch, dass ohne

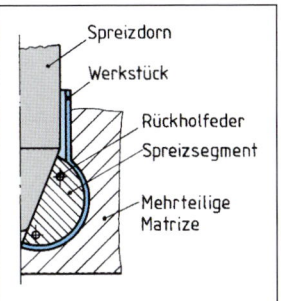

1 Weiten mit Spreizsegment

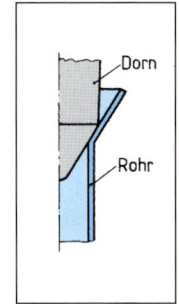

2 Weiten mit Dorn

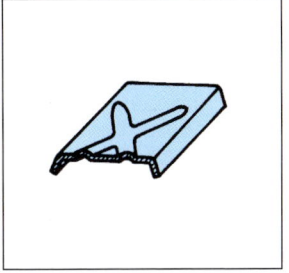

3 Versteifungsrippe

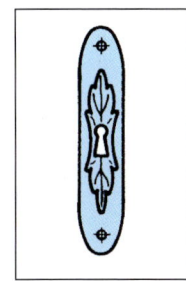

4 Verzierung

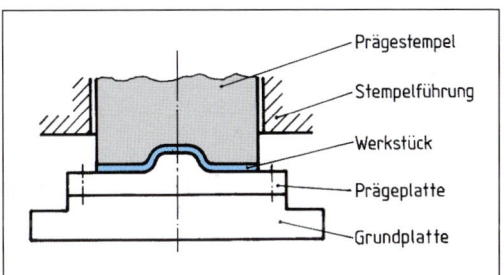

5 Hohlprägen mit starrem Werkzeug

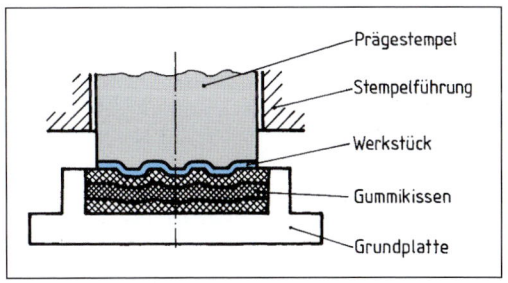

6 Hohlprägen mit elastischem Werkzeug

Niederhalter gearbeitet wird und dass die Umformtiefen geringer sind. Außerdem verändert das Formstanzen die Einzelteile örtlich. So werden hiermit z. B. Versteifungsrippen (Bild 3) und Verzierungen (Bild 4) an Beschlägen formgestanzt.

Das Formstanzen wird entweder mit starren (Bild 5, Seite 75) oder mit nachgiebigen Werkzeugen (Bild 6, Seite 75) durchgeführt.

Außer Gummi- und Kunststoffkissen können auch Treibkitt oder Blei verwendet werden.

3.5.3.2 Streckziehen

Das Streckziehen ist ein Verfahren, bei dem ein Druckstempel Blechbänder oder große Blechtafeln, die fest eingespannt sind, zugumformt.

Die Ziehteile haben meist eine gebogene Grundform. Auf diese Art werden Kotflügel, Motorhauben, Flugzeugtragflächen usw. hergestellt (Bild 1).

Die Stempel sind entsprechend dem zu verformenden Werkstoff aus Hartholz, Leichtmetall oder Grauguss. Die Holzstempel können mit Bandstahl verstärkt werden. Die Tische der Streckziehpressen und die Spannbacken sind verstellbar. Dadurch können Gestalt und Abmessungen des Ziehteiles wesentlich variiert werden.

Durch Erwärmen lassen sich titanlegierte Bleche z. B. der Flugzeugindustrie wesentlich besser umformen. Dieses Erwärmen kann geschehen, indem das Blech über die Spannbacken in einen Stromkreis eingeschlossen wird. Dabei bildet das Blech einen Widerstand und es entsteht Widerstandserwärmung. Daneben ist auch noch eine Flamm- oder Induktionserwärmung der Werkzeuge möglich. Die Temperaturbereiche liegen zwischen 470 und 580 °C.

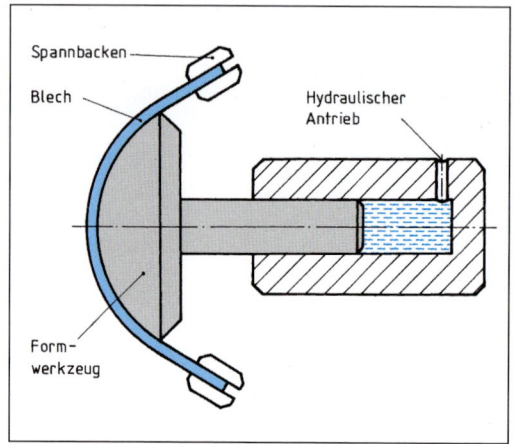

1 Streckziehwerkzeug

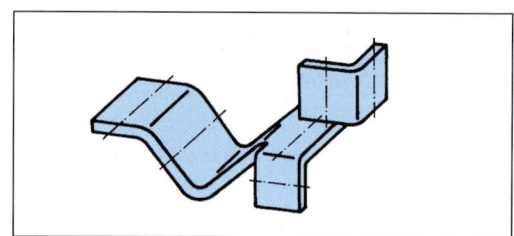

2 Biegeteil

3.6 Biegeumformen

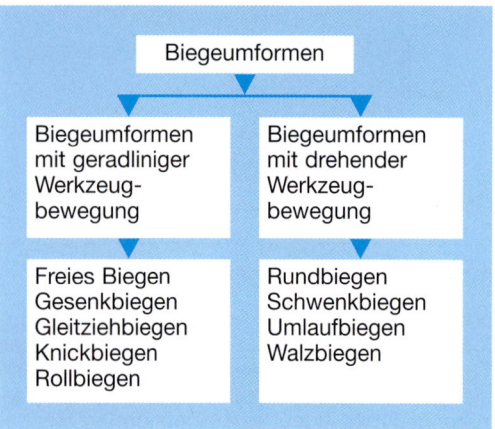

Das Biegeumformen ist eine plastische Formveränderung eines Werkstückes; dabei entstehen verschiedene Ebenen am Biegeteil (Bild 2).

Beim Biegen wird in Schenkelrichtung die innere Faser gestaucht und gleichzeitig erfährt sie quer zur Kraftrichtung eine Breitung. Dagegen nimmt die äußere Faser in der Breite ab und in Richtung der Schenkel wird sie gedehnt. Die spannungsfreie Faser liegt etwa in der Mitte von Zug- und Druckzone.

Ursprünglich rechteckige Querschnitte schmaler Streifen erhalten ein trapezförmiges Aussehen.

In den verschiedenen Querschnitten eines Biegeteiles tritt eine Werkstoffschwächung auf. Sie ist
in der Mitte der Biegestelle am größten. Diese
Erscheinung hängt ab vom E-Modul des Werkstoffes, vom Biegewinkel und vom Umformgrad.

Wird Rundmaterial gebogen, so tritt an der Biegestelle eine Querschnittsänderung (oval) auf,
wenn der Biegeradius kleiner als der Durchmesser des Biegeteiles ist (Bild 1).

Grundsätzlich können für das Biegeumformen
folgende Regeln aufgestellt werden:

1. Die Biegung soll möglichst quer zur Walzrichtung liegen.
2. Am Zuschnitt muss der Grat entfernt werden
   oder der Grat ist an die Innenseite des Biegeteiles zu legen.
3. Der Biegeradius soll eine untere Grenze nicht
   unterschreiten: Weiche Werkstückwerkstoffe
   $0,5 \cdot s$; harte Werkstückwerkstoffe $1 \cdot s$. Genauere Angaben sind auf der Seite 94 von
   Bild 1 zu entnehmen.

Gestreckte Länge

Folgende Faustformeln können zur Ermittlung der
gestreckten Länge bei Blechstärken unter 2 mm
und bei $r = s$ angewendet werden (vgl. Bild 2):

90°-Winkel $\qquad L = A + B + \dfrac{s}{3}$

20° ... 60° Innenwinkel $\qquad L = A + B + \dfrac{2\,s}{3}$

Umschlag $\qquad L = A + B + s$

Da die neutrale Faser nicht in der Querschnitts-
mitte liegt, muss bei größeren Blechstärken der
Faktor z berücksichtigt werden.

Somit wird folgende Formel angewendet:

$$L = A + B + \frac{\pi\,(180° - \beta)}{180°}\,(R + 0,5 \cdot s \cdot k)$$

β Öffnungswinkel
k Korrekturfaktor (siehe Bild 1 auf Seite 93)

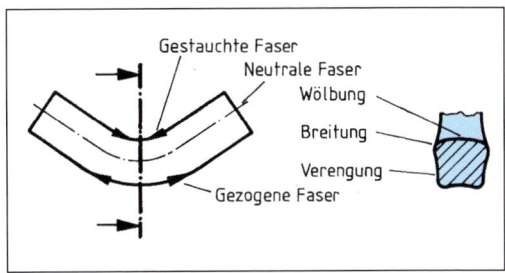

1 Querschnittsänderung eines Biegeteiles

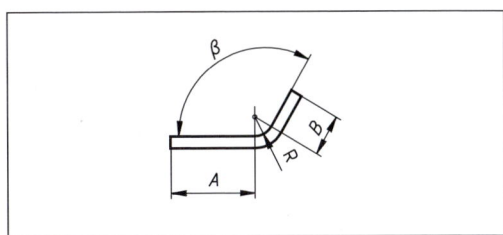

2 Geometrie des Biegeteiles

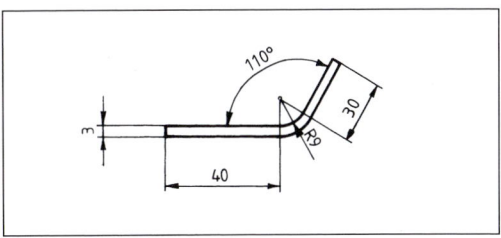

3 Gebogenes Teil

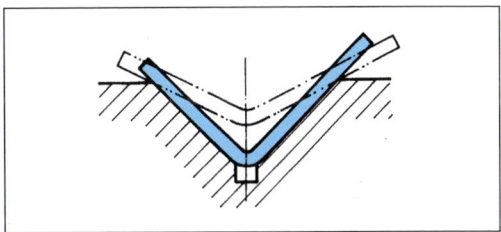

4 Rückfederung eines Biegeteiles

Beispiel:

Es ist die gestreckte Länge des skizzierten Teiles (Bild 3) zu
berechnen.

$$L = A + B + \frac{\pi\,(180° - \beta)}{180°}\,(R + 0,5\,s \cdot k)$$

$$L = 40\ \text{mm} + 30\ \text{mm} + \frac{\pi\,(180° - 110°)}{180°}\,(9\ \text{mm} + 1,5\ \text{mm} \cdot 0,9)$$

$$L = 82,62\ \text{mm}$$

Die plastische Umformung wird häufig
durch eine elastische überlagert. Dies
macht sich als Rückfederung (Bild 4)
bemerkbar. Um das gewünschte Maß
durch das Biegen zu erhalten, muss
das Biegeteil „überbogen" werden. Die
Rückfederung hängt von folgenden Faktoren ab: Werkstoffhärte, Werkstofffestigkeit, Verhältnis von Biegeradius zu
Blechdicke.

Zur Ermittlung der Rückfederung kann nach Prof. G. Oehler der Rückfederungsfaktor K dienlich sein (vgl. Bild 1).

$$K = \frac{R_s + 0.5 \cdot s}{R + 0.5 \cdot s} = \frac{\alpha_2}{\alpha_1}$$

Beispiel: Das skizzierte Winkelstück (Bild 2) besteht aus S235JR (1.0038).

Zu ermitteln sind:

1. Winkel des V-Gesenkes
2. Biegestempelradius

1. Öffnungswinkel

K nach Diagramm auf Seite 93 (Bild 2)

für $\dfrac{R}{s} = \dfrac{8\ \text{mm}}{0.8\ \text{mm}} = 10$, $K = 0.96$

$K = \dfrac{\alpha_2}{\alpha_1}$ $\quad \alpha_1 = \dfrac{90°}{0.96} = 93.75°$

$\alpha_1 = 93°\ 45\ \text{min}$

$\beta = 180° - 93°\ 45\ \text{min} = 86°\ 15\ \text{min}$

2. Biegestempelradius

$R_s = K\,(R + 0.5 \cdot s) - 0.5 \cdot s$
$R_s = 0.96\,(8\ \text{mm} + 0.4\ \text{mm}) - 0.4\ \text{mm}$
$R_s = 7.66\ \text{mm}$

Gewählt: 8 mm

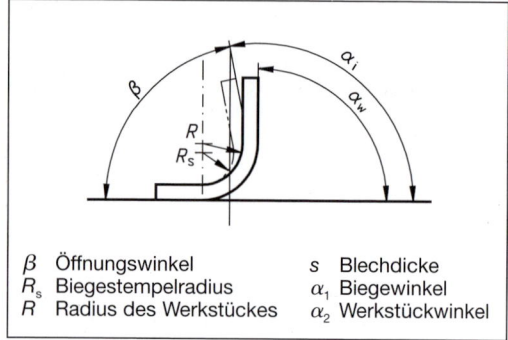

β Öffnungswinkel $\quad\quad\quad\quad$ s Blechdicke
R_s Biegestempelradius $\quad\quad$ α_1 Biegewinkel
R Radius des Werkstückes $\quad$ α_2 Werkstückwinkel

1 Rückfederung beim Biegeumformen

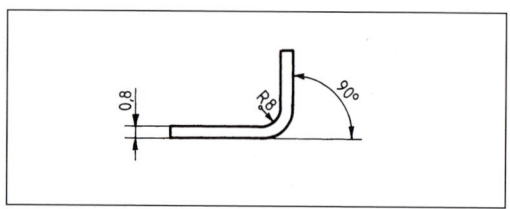

2 Winkelstück

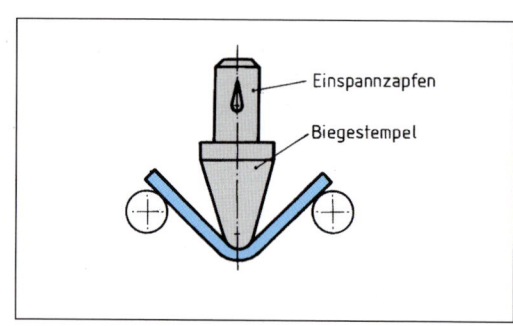

3 Freies Biegen

Die Biegeumformverfahren können wie folgt unterteilt werden:

3.6.1 Biegeumformverfahren mit geradliniger Werkzeugbewegung

Bei diesen Biegeumformverfahren wird ein ruhender Blechzuschnitt in die gewünschte Form gebogen (Bilder 3, 4). Beim freien Biegen und beim Gesenkbiegen drückt ein sich geradlinig bewegender Stempel das Blech an die Gesenkwand, oder Blechstreifen bzw. Bänder werden mittels Ziehen durch ein starres Formwerkzeug zu Profilen gebogen; dies wird Gleitziehbiegen genannt.

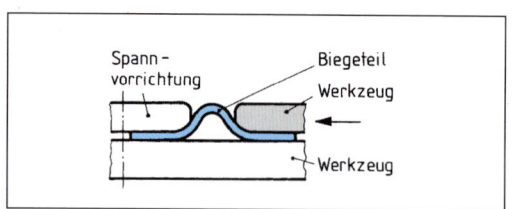

4 Knickbiegen

3.6.2 Biegeumformverfahren mit drehender Werkzeugbewegung

3.6.2.1 Rundbiegen

Im Gegensatz zum Biegeumformen mit geradliniger Werkzeugbewegung geschieht beim Biegeumformen mit drehender Werkzeugbewegung das Formgeben durch die Rotation des Werkzeuges (Bild 1). Dabei kann das Werkstück entweder teilweise fest eingespannt sein oder bewegt werden.

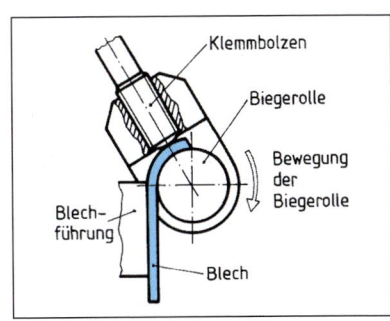

1 Rundbiegen

3.6.2.2 Schwenkbiegen

Das Schwenkbiegen eines Bleches geschieht mittels einer Biegewange, die das Blech an eine Auflagewange drückt (Bild 2).

Ein Sonderverfahren ist das Umlaufbiegen. Hier wird Draht in Biegeschenkelrichtung fortschreitend gebogen. Dabei rotiert die Biegeachse um den Draht. Dieses Verfahren dient dem Drahtrichten.

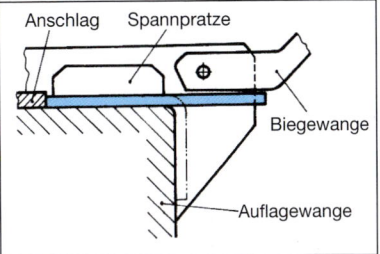

2 Schwenkbiegen

3.6.2.3 Walzbiegen

Walzbiegen ist ein Fertigungsverfahren, bei dem nach DIN 8586 das Biegemoment durch Walzen aufgebracht wird. Diesem Verfahren werden folgende Fertigungsarten zugeordnet: Walzrunden, Walzrichten, Walzprofilieren und Wellbiegen.
In Bild 3 ist ein Beispiel des Walzprofilierens dargestellt. Das Werkstück erhält seine endgültige Form durch mehrere hintereinander angeordnete Profilstufen.
Anwendung finden diese Verfahren zum Beispiel bei der Fertigung von Wellblech, von Blechprofilen wie Rollladenblättern, von Rohren oder zum Richten von Bänder vor dem nachfolgenden Stanzen.

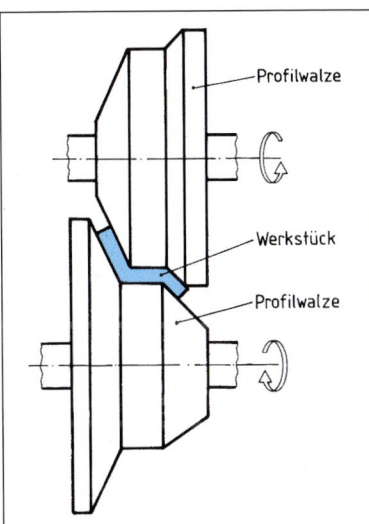

3 Walzbiegen

3.6.3 Biegekraft

Für die bestmögliche Maschinenauswahl kann es wichtig sein, diejenige Kraft zu ermitteln, die für den jeweiligen Biegevorgang aufgebracht werden muss.

Bezeichnungen

F_b	Biegekraft (nicht formschlüssig)	s_0	Materialstärke
F_f	Biegekraft (formschlüssig)	R_m	Zugfestigkeit
		w	Gesenkweite
c	Biegekraftbeiwert (Bild 1, S. 80)	h	Biegeweg
		y	Korrekturfaktor für Biegearbeit
b	Biegeteillänge	W_b	Biegearbeit

Die Gesenkweite w ist in Abhängigkeit vom Biegehalbmesser R_s und der Blechdicke s_0 aus dem Bild 3 im Anhang auf Seite 93 zu ersehen.

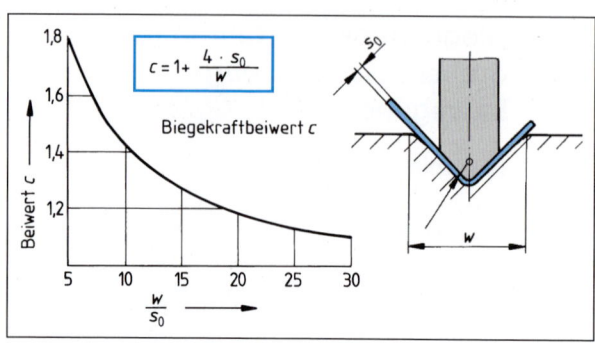

$$c = 1 + \frac{4 \cdot s_0}{w}$$

Biegekraftbeiwert c

1 Biegekraftbeiwert

V-Biegen (Bild 2)

$$F_b = \frac{c \cdot R_m \cdot b \cdot s_0^2}{w}$$

Bei formschlüssigem Biegeumformen gilt:

$$F_f = 2 \cdot F_b$$

U-Biegen (Bild 3)

Die allgemeine Berechnungsformel der Kraft für das U-Biegeumformen lautet:

$$F_b = 0,4 \cdot R_m \cdot b \cdot s_0$$

Sind die Biegekanten ungleich, wird die nachstehende Gleichung verwendet:

$$F_b = 0,2 \cdot R_m (b_1 + b_2)\, s_0$$

Zur Vermeidung der Stegdurchbiegung muss mit erhöhter Kraft, mit Prägedruck, gefertigt werden. Somit ist die benötigte Kraft das 2,5fache von F_b:

$$F = 2,5 \cdot F_b$$

Wird mit Gegenhalter die Durchbiegung vermieden, genügt das 1,3fache von F_b:

$$F = 1,3 \cdot F_b$$

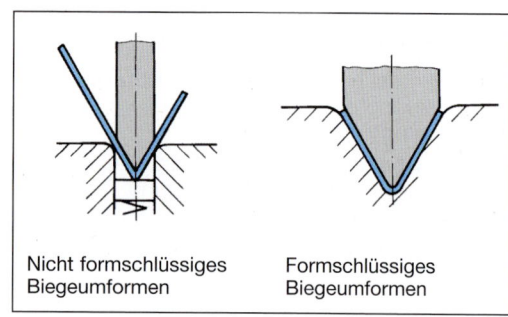

Nicht formschlüssiges Biegeumformen

Formschlüssiges Biegeumformen

2 V-Biegen

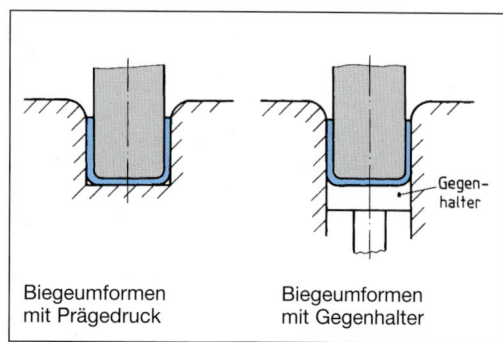

Gegen-halter

Biegeumformen mit Prägedruck

Biegeumformen mit Gegenhalter

3 U-Biegen

Biegearbeit W_b

Die Biegearbeit kann sowohl beim V- als auch beim U-Biegen nach folgender Formel ermittelt werden:

$$W_b = F \cdot y \cdot h$$

Der Biegeweg beträgt

$$h = 0,5 \cdot w - 0,35 \cdot s_0 - 0,4 \cdot R_s.$$

Der Korrekturfaktor y ist aus der Tabelle zu entnehmen.

y	Verfahren
0,63	V-Biegen (frei) U-Biegen (mit Gegenhalter)
0,32	V-Biegen (formschlüssig) U-Biegen (ohne Gegenhalter)

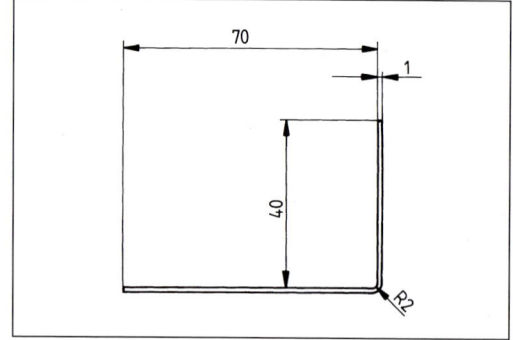

4 Biegeteil

Beispiel:

Das dargestellte Teil (Bild 4, S. 80) hat eine Breite von $b = 97$ mm. Es besteht aus DC04 (1.0338) mit $R_m = 380$ N/mm².

Zu ermitteln sind:

1. Biegekraft F_b bei freiem Umformen
2. Biegekraft F_f bei formschlüssigem Umformen
3. Biegeweg h
4. Biegearbeit W_b bei formschlüssigem Biegeumformen

1. Biegekraft F_b

$$F_b = \frac{c \cdot R_m \cdot b \cdot s_0^2}{w}$$

$$c = 1 + \frac{4 \cdot s_0}{w} = 1 + \frac{4 \cdot 1 \text{ mm}}{40 \text{ mm}} = 1,1$$

$$F_b = \frac{1,1 \cdot 380 \text{ N} \cdot 97 \text{ mm} (1 \text{ mm})^2}{\text{mm}^2 \cdot 40 \text{ mm}}$$

$$F_b = 1013,65 \text{ N}$$

$$F_b \approx 1014 \text{ N}$$

2. Biegekraft F_f

$$F_f = 2 \cdot F_b = 2 \cdot 1014 \text{ N}$$

$$F_f = 2028 \text{ N}$$

3. Biegeweg h

$$h = 0,5 \cdot w - 0,35 \cdot s_0 - 0,4 \, R_s$$

$$h = 0,5 \cdot 40 \text{ mm} - 0,35 \cdot 1 \text{ mm} - 0,4 \cdot 2 \text{ mm}$$

$$h = 18,85 \text{ mm}$$

4. Biegearbeit W_b (formschlüssig)

$$W_b = F_f \cdot y \cdot h$$

$$W_b = 2028 \text{ N} \cdot 0,32 \cdot 18,85 \text{ mm} = 12\,223 \text{ Nmm}$$

$$W_b \approx 12,3 \text{ Nm bzw. } 12,3 \text{ J}$$

3.7 Maschinen der Blechumformung

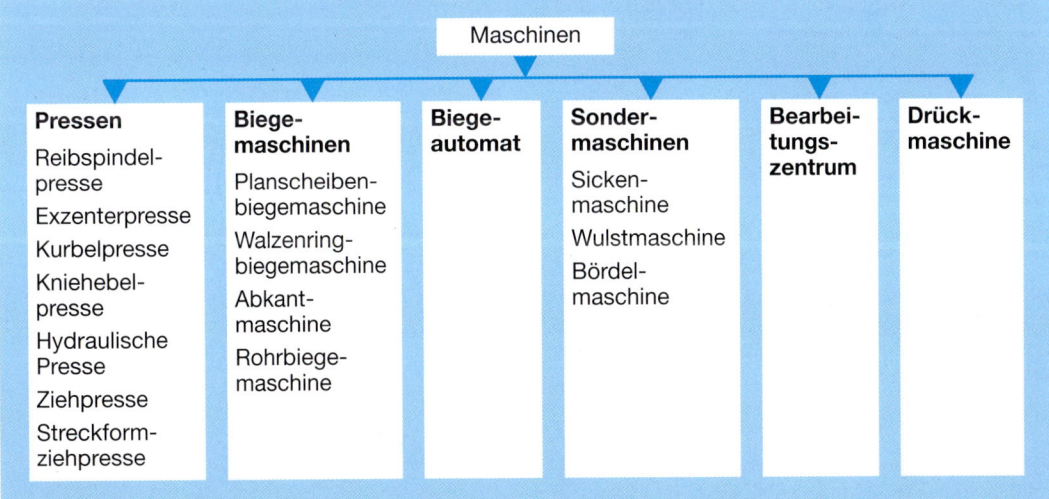

Im Kapitel 3.8 werden exemplarisch Ziehpresse, Streckformziehmaschine, Drückmaschine und Biegeautomat behandelt. Außerdem erfolgt ein Hinweis auf Schnellläufer und Bearbeitungszentrum.

3.7.1 Körperformen der Umform-maschinen

Die verschiedenen Körperformen der Umform-maschinen zeigt Bild 1.

3.7.2 Kenngrößen zur Maschinen-auswahl

Kenngrößen ▶
- Kraftkenngröße
- Zeitkenngröße
- Genauigkeitskenngröße
- Konstruktive Kenngröße

3.7.2.1 Kraftkenngröße

Bei den Blechumformmaschinen gilt die Kraft als Kenngröße. Sie wirkt über Stößel und Werkzeug auf das zu fertigende Teil.

Im Wesentlichen gilt die erreichbare Umformkraft als Kenngröße; sie wird auch als Nennpresskraft bezeichnet. Bei Exzenter-, Kniehebel- und Kurbelpressen wird die Nennpresskraft durch das Drehmoment begrenzt, für das Kupplung und Kurbelwelle gebaut sind.

Die Kurbelzapfenstellung wird in Winkelgraden ausgedrückt. Diese Winkelgrade beziehen sich auf den unteren Totpunkt u. T.

Die Nennpresskraft ist die größte zulässige Presskraft. Sie liegt im Bereich des Nutzhubes. Dagegen steht bei hydraulischen Pressen die Nennpresskraft über den ganzen Hub zur Verfügung.

Bild 2 stellt das Prinzip eines Kurbeltriebes dar. Aus dieser Skizze kann die Stößelstellung w' vor dem unteren Totpunkt folgendermaßen ausgedrückt werden:

$$w' \triangleq w = R\,(1 - \cos \alpha)$$

w' entspricht w; da der Kurbelradius r im Verhältnis zur Pleuellänge sehr klein ist, kann φ vernachlässigt werden.

Es gilt das Verhältnis $\dfrac{R}{l} \leq 0{,}1$

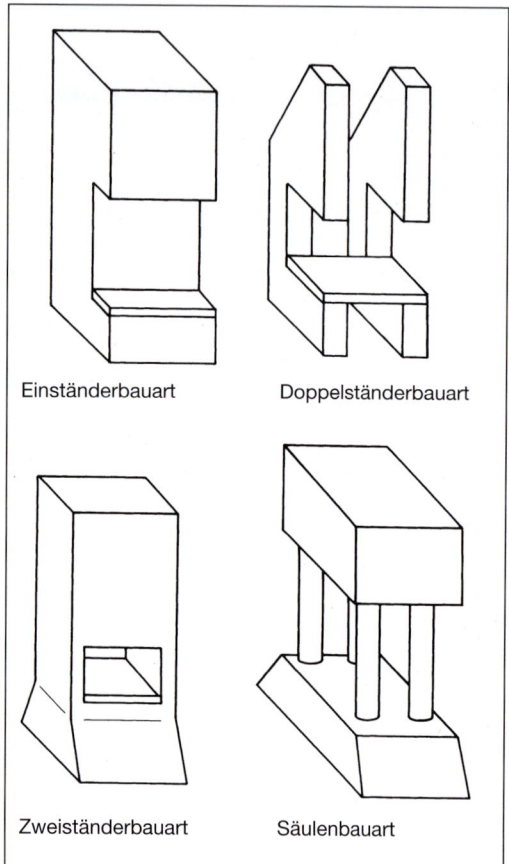

Einständerbauart   Doppelständerbauart

Zweiständerbauart   Säulenbauart

1 Körperformen

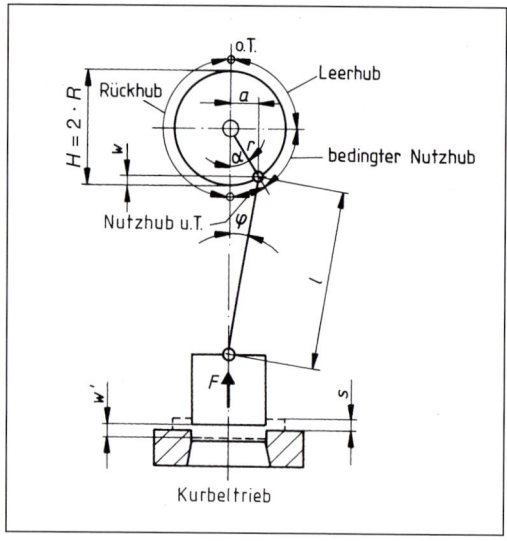

2 Wegbezeichnungen beim Kurbeltrieb

Bild 1 ermöglicht die Bestimmung des Kurbelwinkels α in Abhängigkeit von der Stößelstellung w vor dem u.T.

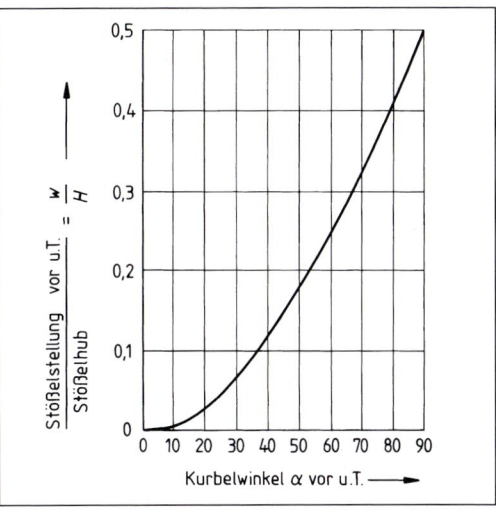

Beispiel:

Bei einem Stößelhub von 200 mm trifft der Stempel 45 mm vor u.T. auf den Zuschnitt.
Welcher Kurbelwinkel entspricht der Berührungsstellung des Stempels?

$$\frac{w}{H} = \frac{45 \text{ mm}}{200 \text{ mm}} = 0{,}225$$

Kurbelwinkel $\alpha = 57°$

Erforderliches Drehmoment

M	Drehmoment
H	Hubhöhe $H = 2 \cdot R$
a	Hebelarm $a = \sin \gamma \cdot R$
	Kurbelwinkel vor UT
F	Presskraft am Stößel

$$M \approx F \cdot a \approx F \cdot \sin \gamma \cdot R$$
$$M \approx F \cdot H/2 \cdot \sin \gamma$$

1 Stößelstellung vor unterem Totpunkt, Stößelhub und Kurbelwinkel

Bild 2 dient der Ermittlung von zulässigen Kräften bei einer Presse, deren Nennpresskraft bei 30° vor dem unteren Totpunkt liegt.

Beispiel:

Eine 500 kN-Presse hat einen Maximalhub von 180 mm. Der an der Presse eingestellte Arbeitshub soll 125 mm betragen.
Gesucht ist die zulässige Presskraft bei einer Stößelstellung von 40 mm vor dem unteren Totpunkt.

1. Stößelstellungsverhältnis x

$$x = \frac{w}{H} = \frac{40 \text{ mm}}{125 \text{ mm}} = 0{,}32$$

2. Hubverhältnis y

$$y = \frac{H_{max}}{H} = \frac{180 \text{ mm}}{125 \text{ mm}} = 1{,}44$$

3. Zulässige Presskraft F_{zul}

Aus Diagramm $z = 0{,}78$

$$F_{zul} = F_0 \cdot z = 500 \text{ kN} \cdot 0{,}78 = 390 \text{ kN}$$

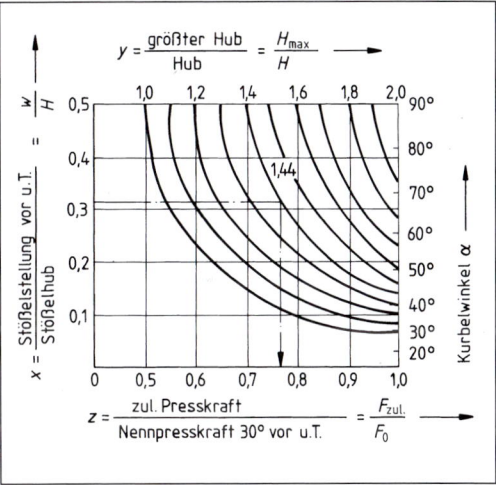

2 Diagramm zur Ermittlung der zulässigen Presskraft für Pressen mit einer Nennpresskraftangabe bei 30° u.T.

3.7.2.2 Arbeitsvermögen

Zur Pressenauswahl genügt nicht allein die Ermittlung der zulässigen Presskraft; es muss vor allem das Arbeitsvermögen einer Presse berücksichtigt werden.

Wichtig ist das Dauerarbeitsvermögen, das sich aus Nennpresskraft und Stößelhub errechnen lässt.

So gilt für $\alpha = 30°$ u.T.:

$$W_D = F_0 \cdot H$$

$$H = \frac{H_{max}}{15}$$

$$\boxed{W_D = F_0 \cdot \frac{H_{max}}{15}}$$

W_D	Dauerarbeitsvermögen
W_E	Arbeitsvermögen bei Einzelhub
H	Stößelhub
F_0	Nennpresskraft
H_{max}	Maximalhub

Das Arbeitsvermögen bei Einzelhub wird mit dem zweifachen Wert des Dauerarbeitsvermögens angenommen:

$$W_E = 2 \cdot W_D$$

Beispiel:

Es ist nachzuprüfen, ob das Dauerarbeitsvermögen der 500-kN-Presse mit Maximalhub von 180 mm für eine zulässige Presskraft von 390 kN und einem Stößelweg unter Last von 40 mm ausreicht.

Dauerarbeitsvermögen W_D

$$W_D = F_0 \cdot \frac{H_{max}}{15} = 500 \text{ kN} \cdot \frac{180 \text{ mm}}{15}$$

$$= 6000 \text{ kNmm}$$

$$W_D = 6000 \text{ Nm}$$

Arbeitsvermögen bei Einzelhub W_E

$$W_E = 2 \cdot W_D = 2 \cdot 6000 \text{ Nm} = 12\,000 \text{ Nm}$$

Umformarbeit W

$$W = F_{zul} \cdot H = 390 \text{ kN} \cdot 40 \text{ mm} = 15\,600 \text{ kNmm}$$

$$W = 15\,600 \text{ Nm}$$

Da das Dauerarbeitsvermögen der Presse geringer als die Umformarbeit ist, kann die Maschine für die vorgegebenen Werte nicht eingesetzt werden.

Unter Bezug auf $W_D = 6000$ Nm ist

$$F_{zul} = \frac{W_D}{H} = \frac{6000 \text{ Nm}}{0,04 \text{ m}} = 150 \text{ kN}$$

3.7.2.3 Kraft-Weg-Kennlinie

Bei der Pressenauswahl muss der Verlauf der Kraft-Weg-Kennlinie ebenfalls berücksichtigt werden. So darf die Kraft-Weg-Kennlinie der Presse nicht vom Kraft-Weg-Diagramm eines Umformvorganges überschnitten werden.

Bild 1 zeigt eine günstige Ausnutzung der Nennpresskraft.

Bild 2 vergleicht Kraft-Weg-Diagramm des Biegeumformens und des Tiefziehens.

3.7.2.4 Zeitkenngröße

Die Zeitkenngröße hängt ab von der Pressenart und von der Hubzahl. Diese beeinflusst die Werkzeugstandmenge und begrenzt die Auswahl der infrage kommenden Zuführ-, Abführ- und Sicherheitseinrichtungen.

Bild 3 zeigt die Zeitkenngrößen einiger Pressenarten.

Aus dem Bild 4 ist das zeitliche Zusammenwirken von Ziehstößel und Blechhalter zu ersehen.

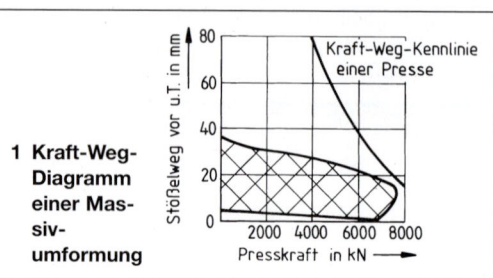

1 Kraft-Weg-Diagramm einer Massivumformung

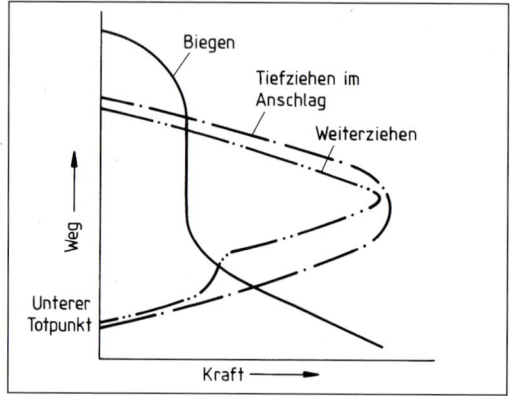

2 Kraft-Weg-Diagramm von Tiefziehen und Biegeumformen

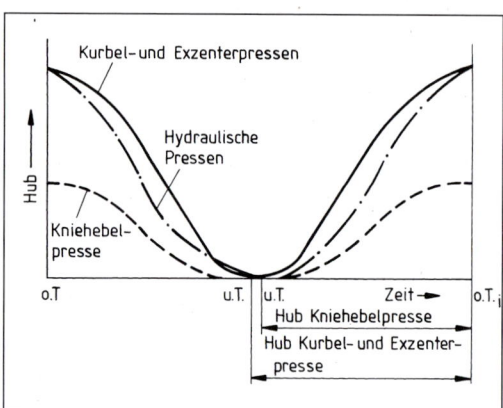

3 Weg-Zeit-Diagramm, Vergleich zwischen Kurbel-, Exzenter-, Kniehebel- und Hydraulikpressen

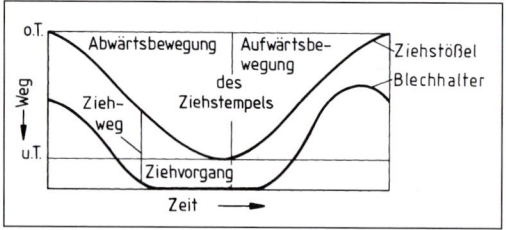

4 Weg-Zeit-Diagramm einer Kniehebelpresse

3.7.2.5 Genauigkeitskenngrößen

Zur Einhaltung von Toleranzen müssen folgende Größen beachtet werden:

1. Geometrische Genauigkeit

Während des Umformens weichen diejenigen Maschinenbauteile von ihrer geometrischen Sollform ab, die beansprucht werden.

Diese Änderung beeinflusst die geometrische Genauigkeit der Teile.

2. Führungs- und Lagerspiele

Nur diejenigen Spiele sind zu berücksichtigen, die auf die Arbeits- bzw. Werkstückgenauigkeit einen wichtigen Einfluss haben.

3. Kippen zwischen Tisch und Stößelfläche

Dieses Kippen, auch Winkelverschiebung genannt, hängt zusammen mit dem Führungsspiel und mit der Nachgiebigkeit der Stößelführung sowie der Art des Pressenkörpers.

4. Mittenversatz

Der Mittenversatz kommt durch einseitiges Führungsspiel zustande, er ist die Parallelverschiebung zwischen Tisch- und Stößelmitte.

5. Auffederung

Die Auffederung ist der elastische Anteil der Abstandsänderung zwischen Tisch und Stößelfläche, wobei Führungs- und Lagerspiele unberücksichtigt bleiben.

Die elastische Formänderung der Presse wird auf einen Wert – er wird zulässige Auffederung f_{zul} genannt – begrenzt.

Das Verhältnis von Presskraft F und Auffederung, auch Federweg f, wird als Maschinensteifigkeit bezeichnet. Sie wird ausgedrückt in:

$$C = \frac{F_{Stzul}}{f_{zul}}$$

F_{Stzul} größte zulässige Stößelkraft in kN

f_{zul} zulässige Auffederung in mm

C Maschinensteifigkeit bzw. Federsteife in kN/mm

F_N Nennkraft in kN

Die Maschinensteifigkeit ist abhängig von der Gestellfestigkeit und der Steife des Hauptantriebes.

Körper- formen:	C-Gestell Einständerbauart Doppelständer- bauart	O-Gestell Zweiständerbauart Säulenbauart
	$f_{zul} \approx 0{,}001 \cdot F_N$	$f_{zul} \approx 0{,}01 \cdot F_N$

3.7.2.6 Konstruktive Kenngrößen

Diese Kenngrößen sind individuell unterschiedlich. Sie beziehen sich z. B. auf Stößelführungsgestaltung, Stößelantrieb, Hubverstellung, Stößelverstellung, Gestaltung von Tisch- und Stößelflächen, Einbauraum sowie Zu- und Abführeinrichtungen.

3.8 Pressen

Pressen werden verwendet zum Schneiden, Biegeumformen, Tiefziehen, Fließpressen, Prägen, Planieren, Einsenken und Kalibrieren.

Nach Art der Kraftübertragung werden die Pressen in mechanische und in hydraulische eingeteilt.

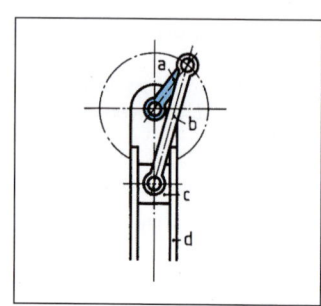

1 Schubkurbel-getriebe

3.8.1 Mechanische Pressen

Bei den mechanischen Pressen gibt es Exzenter-, Kniehebel-, Kurbel- und Spindelpressen.

3.8.1.1 Kniehebelpressen

Die **Kniehebelpresse** (Bild 3) besitzt ein Mehrkurbelgetriebe.

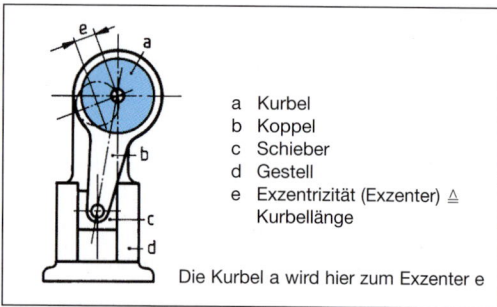

a Kurbel
b Koppel
c Schieber
d Gestell
e Exzentrizität (Exzenter) ≙ Kurbellänge

Die Kurbel a wird hier zum Exzenter e

2 Exzenterpresse

Wird ein Schubkurbelgetriebe durch eine Kurbelschwinge angetrieben, dann erhält man ein Kniehebelgetriebe.

Die im Gegensatz zur Exzenterpresse aufwendige Antriebsart der Kniehebelpresse wird durch die geringere Antriebskraft bei gleicher Presskraft ausgeglichen. Durch die zweifache Hebelübersetzung wird die Stößelgeschwindigkeit in der Nähe des unteren Totpunktes kleiner als bei Exzenterpressen mit der gleichen Hubzahl. Da dadurch die Presskraft nicht plötzlich, sondern allmählich zunimmt, sind diese Pressen besonders für Zieh-, Präge- und Planierarbeiten geeignet. Hierbei wirkt sich auch noch die geringe Elastizität des Kniehebelgetriebes positiv aus. Die zum unteren Totpunkt hin sich verlangsamende Stößelgeschwindigkeit der normalen Kniehebelpressen wird bei den so genannten Kaltformpressen noch verbessert, wobei gleichzeitig die maximale Presskraft früher erreicht wird.

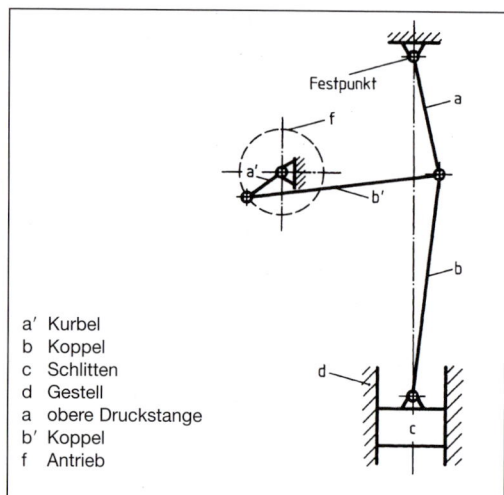

a′ Kurbel
b   Koppel
c   Schlitten
d   Gestell
a   obere Druckstange
b′ Koppel
f   Antrieb

3 Kniehebelgetriebe

3.8.1.2 Kurbelpressen

Kurbelpressen mit Unterantrieb wendet man bei der Kaltumformung dann an, wenn Teile, die einen langen Hub erfordern, hergestellt werden sollen.

Durch den Unterantrieb wird der Stößel in Richtung des Tisches gezogen. Dadurch wird einem etwaigen Kippmoment entgegengewirkt, gleichzeitig kann das Lager der Kurbelwelle die auftretenden Kräfte auffangen, wodurch ein geschlossenes Krafteck erreicht wird. Die Auftreffgeschwindigkeit des Stößels kann durch einen hydraulischen Stoßdämpfer reguliert werden, der nach erfolgter Dämpfung den Stempel wieder starr an die Stößelsohle anlegen muss.

3.8.1.3 Spindelpressen

Bei den **Spindelpressen** wird die ganze im Schwungrad gespeicherte Energie am Stößel aufgebraucht. Die Größe der dabei auftretenden Presskraft hängt von der Strecke ab, innerhalb der die Energie verbraucht wird.

Überlastungssicherungen schützen mechanische Pressen bei Überschreitung der Nennpresskraft bzw. des zulässigen Drehmoments. Sie wirken unmittelbar (Brechtopf, Ringfedern, hydraulische Sicherungen) oder mittelbar (elektrisch; Kontaktmessuhren, die bei zu großer Ständerdehnung die Kupplung ausschalten).

Die Scherkraft F kann berechnet werden nach der Formel

$$F = A \cdot \tau_{aB}$$
$$F = d \cdot \pi \cdot s \cdot \tau_{aB}$$

Brechtöpfe (Bild 1) werden in das Stößelgelenk unter der Kugelpfanne eingebaut.

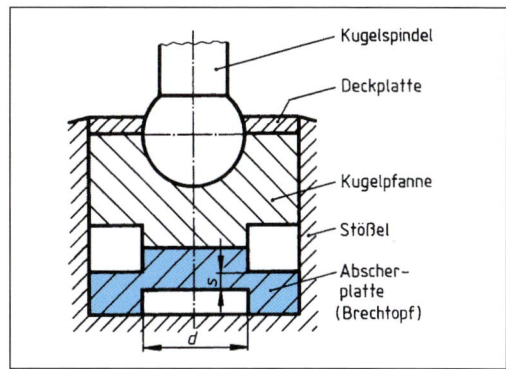

1 Brechtopf

3.8.2 Hydraulische Pressen

Hydraulische Pressen arbeiten nach dem hydrostatischen Prinzip, d.h., innerhalb einer Flüssigkeit pflanzt sich der Druck nach allen Richtungen gleichmäßig fort. Die hydraulische Presse gibt über den gesamten Stößelhub die gleiche Kraft ab.

Durch die – wenn auch sehr kleine – Komprimierbarkeit der Druckflüssigkeit (Öl) kann der untere Totpunkt nicht genau genug fixiert werden, das bedeutet, dass man keine sehr engen Toleranzen einhalten kann, es sei denn, es wird gegen Anschlag gearbeitet.

Durch ein Überdruckventil, das bei Überlastung das geförderte Öl freigibt, werden hydraulische Pressen vor Beschädigung gesichert.

3.8.3 Ziehpressen

Die Ziehpressen (Bild 2) können in drei Gruppen unterteilt werden: in die einfach wirkenden, die zweifach wirkenden und in die dreifach wirkenden.

2 Tiefziehpresse

Die **einfach wirkende Ziehpresse** führt nur die Stößelbewegung aus, während die Blechhaltung von einer zusätzlichen Vorrichtung übernommen wird. Daher können andere Pressen, die mit einer zusätzlichen Blechhaltung versehen sind, ebenfalls als einfach wirkende Ziehpressen eingesetzt werden.

Das Oberteil der **zweifach wirkenden Ziehpresse** kann zwei voneinander unabhängige Bewegungen ausführen, von denen die eine über den Blechhalter das Blech festhält und die andere durch den Ziehstempel den Ziehvorgang bewirkt.

Wirkt nun außer der Stempel- und Blechhalter-bewegung z. B. noch ein im Presstisch angeord-netes Ziehkissen (hydromechanisches Ziehen), so spricht man von einer **dreifach wirkenden Ziehpresse.**

Im Allgemeinen herrscht die Doppelständerbau-weise mit hydraulischem Antrieb vor. Pressen mittlerer Größe können etwa 14 Hübe/min bei 4000 kN Presskraft und 1500 kN Niederhalterkraft ausführen. Es gibt Hochdruckgummiziehpressen, die mit einer Kraft bis zu 200 000 kN arbeiten.

3.8.4 Vollautomatische Stanz-anlage

Die vollautomatische Stanzanlage (Bild 1) ist eine CNC-gesteuerte Presse, die mit den erforderli-chen Peripherieeinrichtungen verkettet ist. Diese Anlage wird im Dialog bedient und ist für den Maschinenführer durch die Integration der Peri-pheriegeräte sehr übersichtlich.

Sie besteht aus:
- Haspel
- Richtmaschine
- Bandschlaufe, die durch eine Infrarotlicht-schranke gesteuert wird
- Vorschub
- Presse
- Werkzeug
- Entsorgung
- Werkzeugwechselwagen bzw. Werkzeugspei-cher
- Steuerung
- Schallschutzkabine

3.8.5 Pressen mit vollautomatischem Werkzeugwechselsystem (Check-Lift-System)

Dieses System (Bild 1, Seite 89) ermöglicht den Werkzeugwechsel ohne unmittelbare Gegenwart des Maschinenführers.

So erhält ein Tandemportalwagen von der Steue-rung die Anweisung, ein Werkzeug, das mit 10 codiert ist, aus dem Werkzeugregal zu ent-nehmen und der Presse bereitzustellen, noch während das Werkzeug mit der Codierung 09 fertigt.

Folgende Abläufe geschehen automatisch:
- Entnahme des mit 10 codierten Werkzeuges aus dem Regal
- Bereitstellung an der Presse
- nach Fertigungsende wird die Schnellspann-einrichtung des Werkzeuges 09 entriegelt und auf dem oberen Teleskopschlitten des Portal-wagens deponiert
- Werkzeug 10 wird in Übergabeposition ge-bracht, indem der untere Teleskopschlitten und die Rollenbahn eine Ebene an der Presse bilden
- Werkzeug 10 fährt auf den Pressentisch, wo es eine Schnellspanneinrichtung verriegelt
- Werkzeug 09 wird im nächstliegenden freien Regalfach abgelegt

1 Vollautomatische Stanzanlage

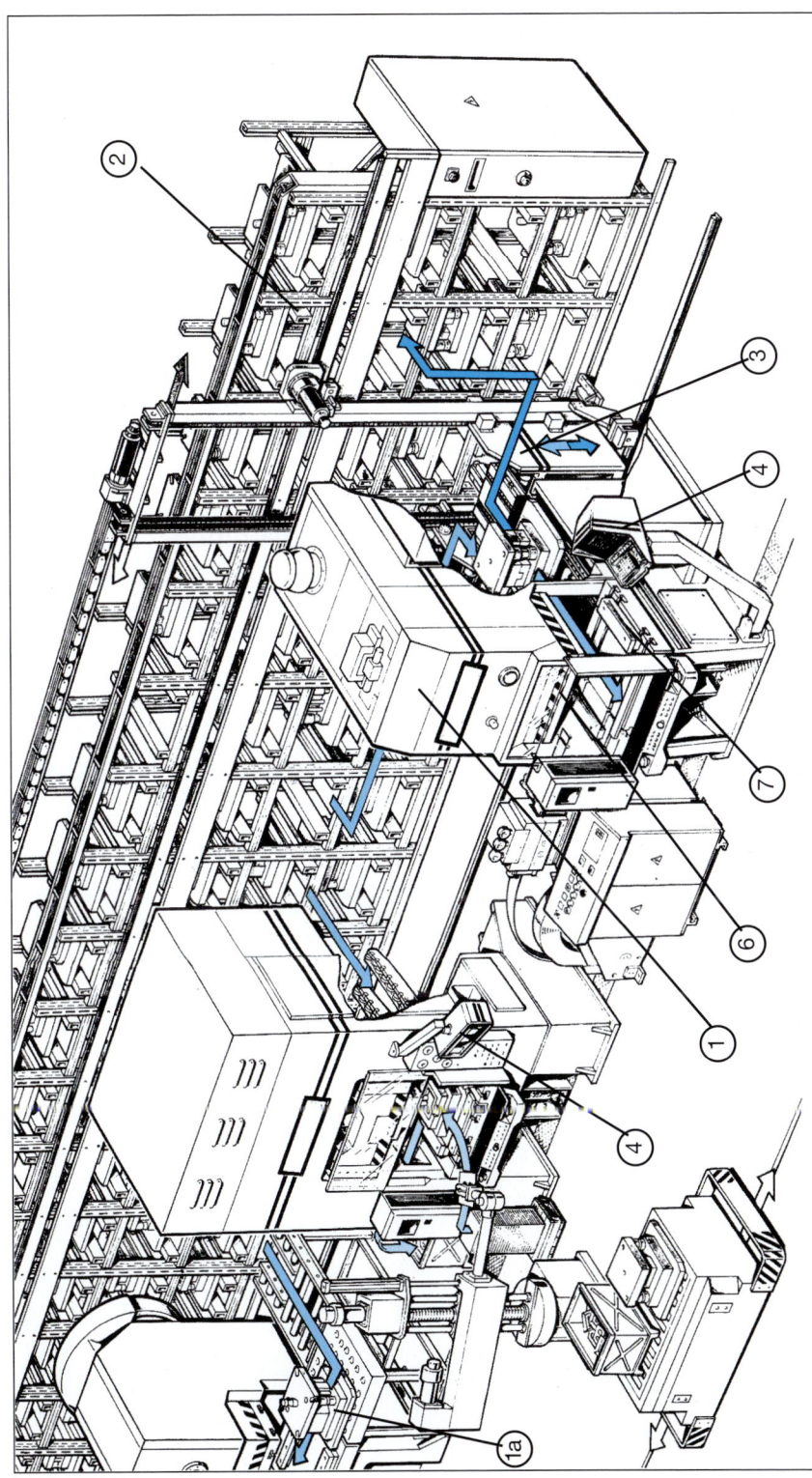

Dieses System besteht aus folgenden Komponenten, die verkettet sind:

1 Presse mit rückseitiger oder seitlicher **(1a)** Werkzeugzuführung Werkzeugentnahme
2 Werkzeugregal
3 NC-gesteuerter Tandemportalwagen
4 frei programmierbare CNC-Steuerung
5 Klassischer Codierträger, Zukaufteil, Werkzeugcodiersystem (nicht direkt sichtbar)
6 hydraulische Schnellspanneinrichtung am Stößel (nicht direkt sichtbar)
7 hydraulische Schnellspanneinrichtung am Pressentisch

Der Vorteil dieses Systems liegt eindeutig in der Herabsetzung der Maschinenstillstandszeiten und der Einsparung an Arbeitskräften.

1 Vollautomatisches Werkzeugwechselsystem

3.8.6 Schnellläufer

Es gibt Schnellläufer, die mit 2000 Hüben/min fertigen.

Im Dauerbetrieb sind bei diesen Maschinen Bandvorschubgeschwindigkeiten von 70 m/min möglich. Hierbei wird eine maximale Vorschubgenauigkeit von ± 0,025 mm erreicht.

3.8.7 Streckformziehmaschinen

Die Streckformziehmaschinen (Streckformziehpressen) werden in Vertikal- und Horizontalmaschinen unterteilt.

Bei einfachen Maschinen wird eine Blechbahn, die zwischen zwei mechanische oder hydraulische Backen eingespannt ist, über das Werkzeug gezogen. Dabei wird das formgebende Werkzeug hydraulisch betätigt. Maschinen dieser Art können Umformkräfte von 9000 kN haben und Bleche mit einer Länge von 9 m verformen. Diese Maschinenart arbeitet meist vertikal.

Außer dieser Art von Maschinen mit starren Spannleisten (Spannbacken) gibt es eine ganze Reihe von Maschinenarten, deren Spannbacken sowohl radial als auch axial bewegbar sind; Schwenktraversen ermöglichen sogar eine seitliche Ausladung.

Mit diesen Maschinen können Formteile mit mehreren Ebenen hergestellt werden.

Hier gibt es Maschinen, die Bleche in der Größenordnung von 2,5 m × 9,5 m bei Spannbackenkräften von 1300 kN und Umformkräften von 2500 kN formen können.

Darüber hinaus gibt es noch Zusatzvorrichtungen, die die Formgebungsmöglichkeiten bis hin zur Kombination Streckformziehen – Tiefziehen bieten.

3.8.8 Drückmaschinen

Die einfachen Drückmaschinen (Bild 1) bestehen in ihren wesentlichen Teilen aus Spindelstock, Drückfutter, Pinolenhalter und Gestell. Bei diesen

**1 Horizontal-
drückmaschine**

Maschinen ist der manuelle Drückvorgang vorherrschend. Hier sind die Umformmöglichkeiten in Bezug auf Materialstärke bald erschöpft, da bereits ein Blech von etwa 1 mm Stärke beim Drückvorgang eine große Kraftanstrengung bedeutet.

Da diese Maschinen keine enge Maßtolerierung zulassen, dem Automatisierungsprozess nicht dienlich sind und nur begrenzt eingesetzt werden können, treten an ihre Stelle immer mehr die hydraulisch-automatischen Maschinen. So gibt es Maschinen, mit denen gedrückt, projiziergedrückt und abstreckgedrückt werden kann.

Auf dem Markt werden u. a. Maschinen angeboten, die eine Spitzenbreite von 200 ... 1500 mm, eine Spitzenweite von 500 ... 2500 mm haben und eine Umformleistung von 30 mm (Stahl) und 50 mm (Aluminium) erbringen. Selbst Teile mit einem Rondendurchmesser von 6000 mm können gedrückt bzw. abstreckgedrückt werden.

3.8.9 Bearbeitungszentrum

Da heute Blech nicht mehr ausschließlich untergeordneten Zwecken der Technik dient, findet es einen immer größeren Anwendungsbereich. Die vom Markt gegebenen Umstände zwingen zur Entwicklung von CNC-gesteuerten Maschinen bzw. Bearbeitungszentren. Neben den Umformverfahren Biegen, Drücken und Tiefziehen, die durch Rechner gesteuert werden, stehen immer mehr Bearbeitungszentren zur Verfügung. Sie können Werkstücke durch Schneiden, Umformen und Spanen in einer Aufspannung, bei automatischem Werkzeugwechsel und bei automatischem Werkzeugfluss wirtschaftlich bearbeiten.

3.8.10 Biegeautomat

Der Biegeautomat (z. B. Bild 1) wird durch Zusatzaggregate zur Universalmaschine. Es können außer dem Biegen Operationen wie Schweißen, Gewindefertigen, Glühen, Nieten, Magazinieren und Zusammenbauen durchgeführt werden.

Die wesentlichsten Vorteile seien hier erwähnt: Stanzkraft bis 1000 kN, Trennung von Schneid- und Biegewerkzeug (Vereinfachung des Justierens und Nacharbeitens), 1000 Hübe/min, schnelle Werkzeugumrüstung, Zentralschmierung für sämtliche Aggregate, Durchführung von 600 Schweißungen in der Minute, maximale Einzugsgenauigkeit (Zuführung) von 0,005 mm.

1 Biegeautomat

Werkstoffart	Vorteil	Verwendung
Gusseisen	leicht gießbar, wenig Zerspanung, preisgünstig, gleitfähig	Werkzeugober- und -unterteil, einfache, aber großflächige Ziehwerkzeuge
Stahlguss	gießbar, höhere Zugfestigkeit und höhere Kantenfestigkeit als Gusseisen	Matrizeneinsatz, Niederhalter, Biege- und Ziehstempel
Baustahl	bedingt härtbar, hohe Festigkeit, zäh	Grund-, Halte- und Führungsplatten, Zapfen, Schrauben, Abstreifer, Leisten, Auswerfer, Anschläge usw.
Einsatzstahl	oberflächenhärtbar, verschleißfest, zäh	Führungssäulen, Kurven, Führungsplatten, Auswerfer
Werkzeugstahl	härtbar, verschleißfest, zäh	Biege-, Zieh- und Prägewerkzeuge, Sicken- und Bördelrollen
Hartmetall	sehr hart, verschleißfest	Ziehring, Biegestempel und Biegewangeneinsatz
Al-Cu-Legierung (AMPCO-Metall)	günstige Reibungseigenschaften: geringe Riefen-, Kratzer- und Faltenbildung	Ziehring, Ziehstempel
Zinklegierung	komplizierte Formen, schnell gießbar	Formstanzwerkzeuge
Holz	gut formbar, billig	Formklotz
Gummi	zäh, elastisch	Gummikissen, Polster, Membran, Pufferelement, Biege- und Ziehwerkzeug
Kunststoff		siehe Gummi
Elaste	zäh, elastisch, verschleißfester als Gummi	
Gießharze mit Füllstoffen	gießbar, senken Fertigungszeit und Masse eines Werkzeuges	Tiefziehwerkzeuge

1 Auswahl von Werkstoffen der Stanztechnik und ihre Verwendung

3.8.11 Werkzeugwerkstoff der Stanztechnik

Bild 1 zeigt eine Auswahl aus der Vielfalt der Stoffe der Stanztechnik. Die Eigenschaften der metallischen Werkstoffe können durch Wärmebehandlung, Hartverchromen und Nitrieren verändert werden.

3.9 Anhang

3.9.1 Unfallverhütung

Innerhalb der Stanztechnik hat die Unfallverhütung besondere Bedeutung, da sich hier die Unfälle mit den schlimmsten Folgen ereignen.

Unfälle werden verursacht! Die Ursachen sind zu erkennen und auch ausschaltbar!

Zu einem Unfall kommt es grundsätzlich durch **sicherheitswidriges Verhalten** und durch **sicherheitswidrige Zustände**.

Das Fehlverhalten des Menschen ist aus der Sicht des ganzen Betriebsablaufes zu betrachten, insbesondere unter folgenden Gesichtspunkten:

1. Konstruktionsseite

2. Arbeitsplanung und Arbeitseinteilung

3. Mitarbeiterführung und Mitarbeitereinsatz

Der Werkzeugkonstrukteur kann für die Sicherheit mehr beitragen, als gemeinhin angenommen wird. Die Schutzvorrichtungen müssen so angebracht sein, dass sie einfach **nicht umgangen** werden können.

Auf den unfallsicheren Bau eines Werkzeuges muss der Konstrukteur besonders bedacht sein, sodass auch bei mangelnder Aufmerksamkeit niemand verletzt wird. Pressen werden entweder durch Fußhebel oder durch zwei Hände (Zweihandeinrückung) in Betrieb gesetzt. Diese Zweihandeinrückung hat das Ziel, die Hände des Bedienenden zwangsläufig so lange von dem bewegten Werkzeugteil fern zu halten, bis der Pressenhub erfolgt ist. **Niemals darf die Zweihandbedienung einhändig bedient werden!** Entsprechend den Vorschriften der Berufsgenossenschaften muss die Zeit vom Einleiten des Stempelhubes bis zum erfolgten Stempelniedergang maximal 0,3 Sekunden betragen. Außerdem ist ein voreilendes Schutzgitter zu empfehlen.

Beim Einlegen von Teilen ereignen sich die meisten Unfälle. Zuführeinrichtungen und Einlegehilfswerkzeuge verhindern Unfälle.

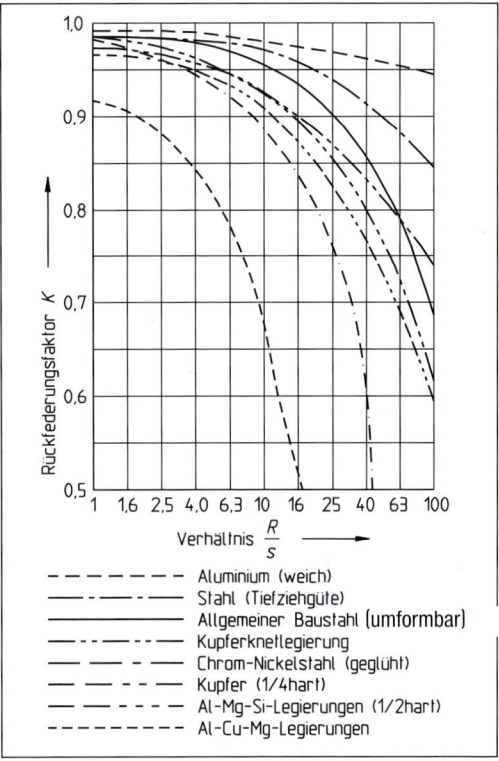

2 Rückfederungsfaktor K in Abhängigkeit von $\frac{R}{s}$ nach Oehler/Kaiser

3.9.2 Tabellen

Verhältnis $R : s$	Korrektur- faktor k	Verhältnis $R : s$	Korrektur- faktor k
0,25	0,3	2,75	0,87
0,5	0,48	3,0	0,9
0,75	0,57	3,25	0,92
1,0	0,64	3,5	0,93
1,25	0,7	3,75	0,94
1,5	0,73	4,0	0,96
1,75	0,77	4,25	0,97
2,0	0,8	4,5	0,98
2,25	0,83	4,75	1,0
2,5	0,85	5,0	1,1

1 Korrekturfaktor k zur Zuschnittslängenermittlung von Biegeteilen nach DIN 6935 : 2010

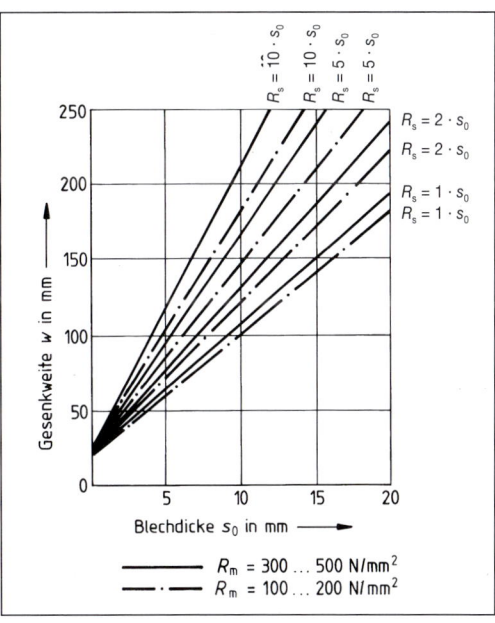

3 Gesenkweite in Abhängigkeit von Biegehalbmesser R_s und Blechdicke s_0

Werkstoff Kurzzeichen	Werkstoff-nummer	Erstzug	Weiterzug	Biegeradius quer zur Walzrichtung in mm	Biegeradius längs zur Walzrichtung in mm	Festigkeit R_m in N/mm²	Streck-grenze in N/mm²
DC01[1]	1.0330	1,7	1,2	$1 \cdot s$	$1,5 \cdot s$	270 410	R_e 280
DC03[1]	1.0347	1,8	1,2	$1 \cdot s$	$1,5 \cdot s$	270 370	R_e 240
DC04[1]	1.0338	1,9	1,3	$1 \cdot s$	$1,5 \cdot s$	270 350	R_e 210
X6Cr17[2]	1.4016	1,5		$2,5 \cdot s$	$3 \cdot s$	400 600	$R_{p0,2}$ 250 … 280
X5CrNiMo17-12-2[2]	1.4401	2,0	1,2	$2 \cdot s$	$2,5 \cdot s$	500 740	$R_{p0,2}$ 195 … 205
X10CrNi18-8[2]	1.4310	1,8	1,2	$2 \cdot s$	$2,5 \cdot s$	500 750	$R_{p0,2}$ 195
CuNi12Zn24[3]	2.0730.10 CW403J[3]	2,1	1,3	$1 \cdot s$	$1,5 \cdot s$	360 620	$R_{p0,2}$ 230 … 580
CuZn40[3]	2.0360 CW509L[3]	2,1	1,3	$1 \cdot s$	$1,5 \cdot s$	350 480	$R_{p0,2}$ 200 … 390
EN AW-5754[4] [AlMg3]	3.3535	1,9	1,4	$0,5 \cdot s$	$(0,5–2,5) \cdot s$	190 240	$R_{p0,2}$ 80 … 190
EN AW-6082[4] [AlSi1MgMn]	3.2315	2,1	1,4	$0,7 \cdot s$	$(1–5) \cdot s$	>310	$R_{p0,2}$ 110 … 360
Ti2[5]	3.7035	1,9	–	$1 \cdot s$	$(1,5–4) \cdot s$	392 540	R_e 250

1 Tiefziehverhältnisse und kleinster Biegeradius von Umformwerkstoffen

[1] DIN EN 10130 : 2007-02   [2] DIN EN 10088-2 : 2005-09   [3] DIN CEN/TS 13388 : 2013-05
[4] DIN EN 573-3: 2009-08 und DIN EN 485-2 : 2009-01 (mech. Eigenschaften)   [5] DIN 17860 : 2010-01

Gut tiefziehbare Werkstoffe								Tiefziehbare Werkstoffe							
Zieh-ver-hältnis β	Relative Werkstoffdicke $\frac{s}{d}$							Zieh-ver-hältnis β	Relative Werkstoffdicke $\frac{s}{d}$						
	0,05	0,02	0,01	0,005	0,003	0,0025	0,002		0,05	0,02	0,01	0,005	0,003	0,0025	0,002
1,2	0,21	0,22	0,23	0,25	0,29	0,34	0,38	1,2	0,2	0,22	0,23	0,25	0,3	0,37	0,45
1,3	0,27	0,34	0,35	0,37	0,44	0,49	0,56	1,3	0,25	0,32	0,34	0,38	0,45	0,54	0,67
1,4	0,33	0,44	0,46	0,5	0,57	0,65	0,75	1,4	0,31	0,42	0,45	0,52	0,6	0,72	0,89
1,5	0,41	0,55	0,57	0,64	0,72	0,81	0,93	1,5	0,4	0,54	0,56	0,65	0,75	0,9	1,1
1,6	0,47	0,65	0,68	0,75	0,86	0,97		1,6	0,46	0,64	0,67	0,76	0,89	1,03	
1,7	0,54	0,77	0,8	0,89	0,99			1,7	0,51	0,74	0,78	0,9	1,05		
1,8	0,6	0,87	0,92	1,01				1,8	0,58	0,85	0,89	1,03			
1,9	0,65	0,98	1,03					1,9	0,63	0,95	1,02				
2,0	0,85	1,08		Zerstörung des Werkstoffes				2,0	0,83	1,05		Zerstörung des Werkstoffes			
2,1	1,0							2,1	0,9						

2 Korrekturwerte zur Ermittlung der Tiefziehkraft

4 Trennen (Trennen durch Zerteilen)

Zerteilen ist mechanisches Trennen von Werkstoffen beliebiger Art und Form. Dabei entstehen keine Späne.

Dieses Verfahren wird hauptsächlich bei der Verarbeitung von Blech in der Stanztechnik angewandt, wo neben der Fertigungshauptgruppe 3, Trennen, in der Regel auch das Umformen, Hauptgruppe 2, und immer häufiger das Fügen, Hauptgruppe 4 nach DIN 8580, vertreten sind.

4.1 Grundlagen

Die Stanztechnik bietet eine Reihe von Vorteilen, die den derzeitigen verstärkten Rationalisierungsbestrebungen sehr entgegenkommen. So zum Beispiel lassen sich viele Arbeitsvorgänge ohne besondere technische Probleme leicht automatisieren. In modernen Stanzereien, insbesondere für Kleinteile, hat sich diesbezüglich das äußere Bild in den letzten Jahren grundlegend gewandelt: Es wird fast ausschließlich vom Band gearbeitet, d. h., aufgerollte Blechbänder werden von Haspeln automatisch abgewickelt und den Werkzeugen mittels Vorschubeinrichtungen zugeführt. Hinzu kommt, dass beim Einsatz schnell laufender Pressen sehr hohe Stückleistungen erzielt werden. Dies gilt vor allem für Zerteilwerkzeuge –

worunter hauptsächlich Schneidwerkzeuge zu verstehen sind – mit gewöhnlich kurzen und unkomplizierten Werkzeugbewegungen. Inzwischen sind zudem Werkzeuge entwickelt worden und auch verbreitet im Einsatz, die sehr hohen Ansprüchen in Bezug auf Form- und Maßgenauigkeit sowie Oberflächengüte der ausgeworfenen Teile gerecht werden, sodass sich ein Nacharbeiten der Werkstücke in zahlreichen Fällen erübrigt. Schließlich können in Schneidwerkzeugen nahezu alle Werkstoffe, darunter auch alle Arten von Kunststoffen einschließlich glasfaserverstärkter Duroplaste wie auch Thermoplaste mit Füllstoffen, verarbeitet werden.

Die allgemeinen Begriffsbestimmungen der stanztechnischen Arbeitsverfahren und Werkzeuge sind in den vom Fachnormenausschuss (FWS) „Werkzeuge und Spannzeuge" im Deutschen Normenausschuss (DNA) verfassten Normblättern DIN 9870 bzw. DIN 9869 zusammengestellt. In DIN 8588 wird das Zerteilen im Einzelnen dargelegt.

Zunächst unterscheidet man sechs Zerteilverfahren, wobei als differenzierende Merkmale die Zahl der Schneiden, ihre Relativbewegung bzw. die Bewegung der eigentlichen Werkzeugteile und die daraus sich ergebende Beanspruchungsart, die zum Trennbruch im Werkstück führt, angesehen werden können (Bild 1).

Das am häufigsten angewandte Verfahren ist das Scherschneiden mit in der Regel großen Keilwinkeln.

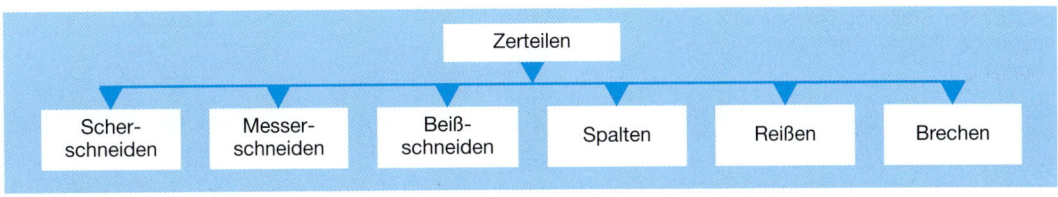

1 Zerteilverfahren

Scherschneiden ist Zerteilen zwischen zwei Schneiden, die sich aneinander vorbeibewegen (Bild 1a).

Beim Scherschneiden kann auch eine Schneide durch ein Wirkmedium ersetzt werden. Dies ist z. B. beim Innenhochdrucklochen der Fall (s. Bild 1b).

Messerschneiden ist Zerteilen mit **einer** meist keilförmigen Schneide (Bild 2).

Beißschneiden ist Zerteilen zwischen **zwei** keilförmigen Schneiden, die sich aufeinander zubewegen (Bild 3).

Messer- und Beißschneidwerkzeuge zum Trennen von weichen, insbesondere auch nichtmetallischen Werkstoffen haben Schneidelemente mit kleinen Keilwinkeln.

Spalten ist Zerteilen durch ein keilförmiges Werkzeug, das in das Werkstück hineingetrieben wird, bis das Werkstück entlang der vorgesehenen oder vorgegebenen Trennungslinie von selbst weiterreißt.

Die Anwendung beschränkt sich auf besonders spröde Werkstoffe oder solche mit (aufgrund ihres anisotropen Gefüges) bevorzugten Spaltebenen, wie zum Beispiel das Spalten von Kunststeinen, von Schieferplatten oder das Spalten von Holz in Faserrichtung.

Reißen ist Zerteilen durch eine an bestimmter Stelle die Bruchgrenze übersteigende Zugbeanspruchung. Eine häufig anzutreffende Art des Reißens ist das Stechen.

Stechen ist Einreißen eines Loches von beliebigem Querschnitt, wobei die Lochränder zu Kragen, Zacken o. Ä. umgeformt werden (Bild 4).

Die letzte Untergruppe des Zerteilens, das Brechen, wird selten angetroffen.

Brechen ist Zerteilen durch eine an bestimmter Stelle die Buchgrenze übersteigende Biege- oder Drehbeanspruchung.

Um sicherzustellen, dass die Trennung beim Reißen oder Brechen auch an der vorgesehenen Stelle erfolgt, wird z. B. durch Kerben der Querschnitt dort möglichst im Voraus geschwächt.

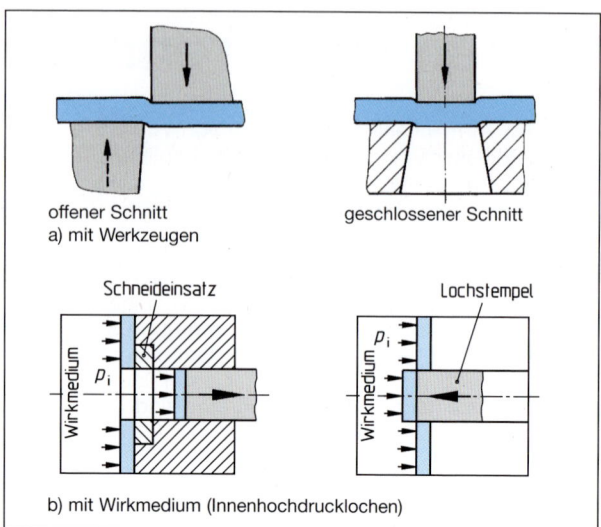

offener Schnitt
a) mit Werkzeugen

geschlossener Schnitt

Schneideinsatz

Lochstempel

p_i

p_i

Wirkmedium

Wirkmedium

b) mit Wirkmedium (Innenhochdrucklochen)

1 Scherschneiden

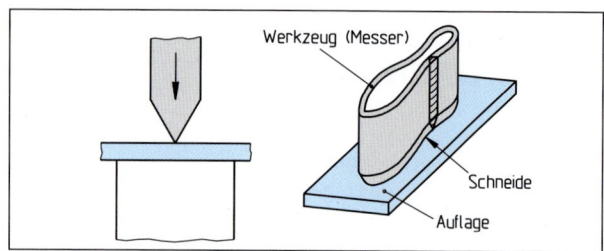

Werkzeug (Messer)

Schneide

Auflage

2 Messerschneiden

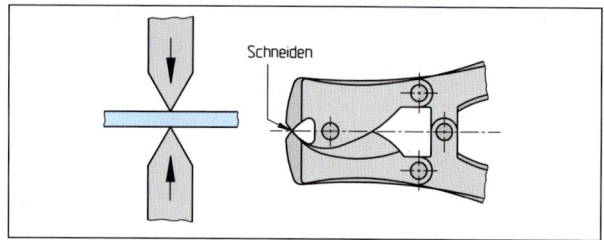

Schneiden

3 Beißschneiden

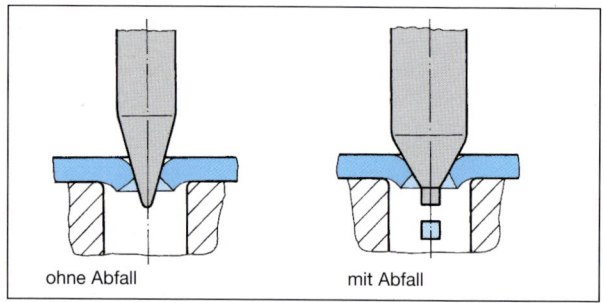

ohne Abfall

mit Abfall

4 Stechen

Die drei erstgenannten Zerteilverfahren, Scher-, Messer- und Beißschneiden, lassen sich nach Art der Durchführung nochmals unterteilen:

Einhubig ist Schneiden, bei dem der Schnitt entlang der gesamten Schnittlinie in einem Hub erfolgt.

Diese Art ist in den Stanzereien der Blech verarbeitenden Industriebetriebe vorherrschend.

Mehrhubig fortschreitend ist Schneiden in mehreren Hüben oder Schritten bzw. bei schrittweisem Vorschub.

Typisch hierfür ist das Knabberschneiden (Nibbeln) oder auch das Schneiden mit Blechscheren, deren Schneidbacken kürzer als die Gesamtschnittlinie im Werkstück sind (Bild 1).

Kontinuierlich ist Schneiden, bei dem das Zerteilen durch einen fortlaufenden Schnitt längs der vorgesehenen Schnittlinie erfolgt.

Das mit Abstand häufigste Anwendungsbeispiel hierfür ist Trennen mit rotierenden, kreisförmigen Schneidelementen (Rollenmessern) (Bild 2; 3).

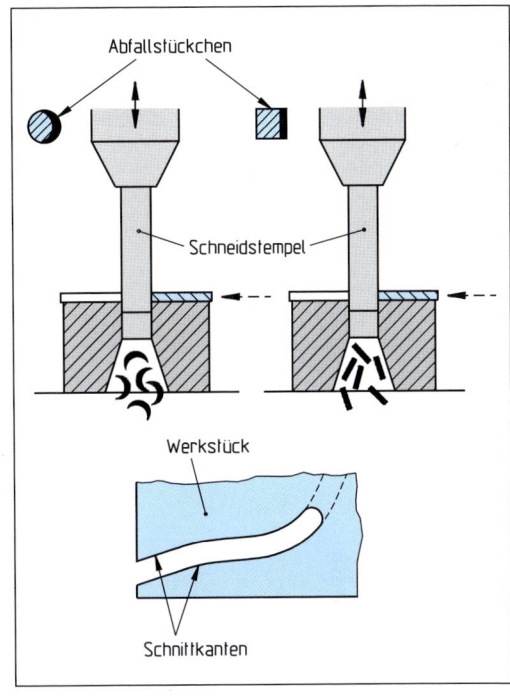

1 Knabberschneiden, Nibbeln

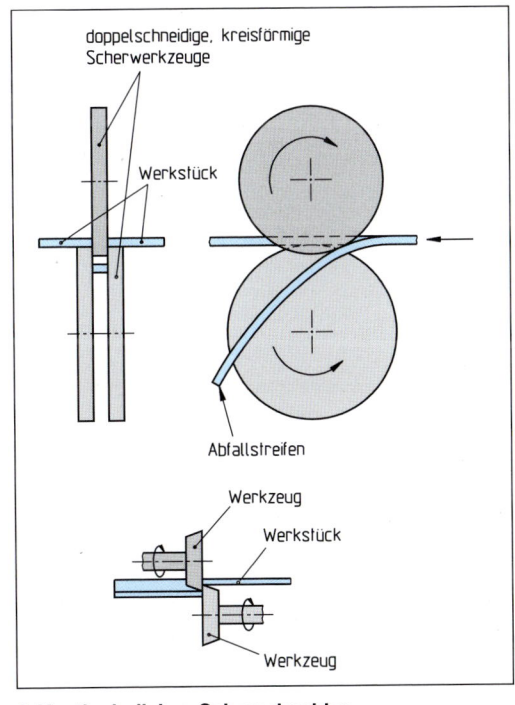

2 Kontinuierliches Scherschneiden

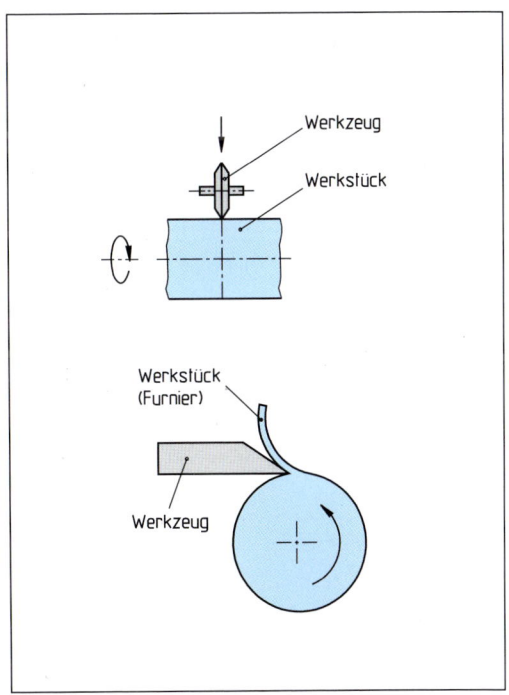

3 Kontinuierliches Messerschneiden

Hinsichtlich der Kinematik des Schneidvorganges, d.h. der Bewegung der Schneidelemente in Bezug zur vorgesehenen Schnittlinie am Werkstück, unterscheidet man bei den drei erstgenannten Verfahren des Weiteren drückend oder ziehend einerseits und vollkantig oder kreuzend Schneiden andererseits:

Drückend ist Schneiden, bei dem die Bewegung senkrecht zur Schneide verläuft.

Ziehend ist Schneiden, bei dem die Bewegung schräg zur Schneide verläuft.

Vollkantig ist Schneiden, wenn die Schneide von Beginn an in der vollen Länge der Schneidlinie wirkt.

Kreuzend ist Schneiden, wenn zwei in der Schneidebene sich kreuzende Schneiden das Werkstück nur allmählich entlang der Schnittlinie zerteilen.

In Bild 1 werden einige Beispiele hierfür schematisch aufgezeigt.

1 Merkmale der Schneidkinematik

4.2 Schneidverfahren

Im Folgenden werden die wichtigsten Schneidverfahren aufgezeigt (Bild 1 und Bild 1, Seite 100). Abweichend von DIN 9870-2, „Fertigungsverfahren und Werkzeuge zum Zerteilen", ist hierbei – in Anbetracht seiner zunehmenden Verbreitung – das Feinschneiden den normalen Schneidverfahren zugeordnet und nicht wie dort als ein „Verfahren mit Bindung an eine spezielle Werkzeugausführung" besonders herausgestellt oder wie in DIN 8588 zusammen mit dem Nachschneiden als „Spezielles Fertigungsverfahren" getrennt aufgeführt.

Ausschneiden	**Lochen**
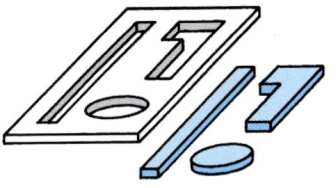	
Einhubiges Schneiden längs einer in sich geschlossenen Schnittlinie zur Herstellung einer Außenform am Werkstück	Einhubiges Schneiden längs einer in sich geschlossenen Schnittlinie zur Herstellung einer Innenform am Werkstück
Beschneiden	**Abgraten**
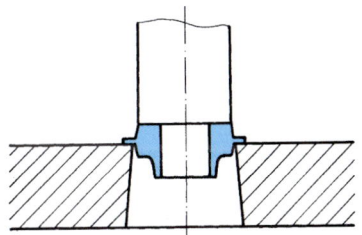	
Vollständiges Trennen von Rändern, Bearbeitungszugaben und dgl. von Werkstücken entlang einer offenen oder geschlossenen Schnittlinie	Beschneiden von Gesenkschmiedestücken
Ausklinken	**Einschneiden**
	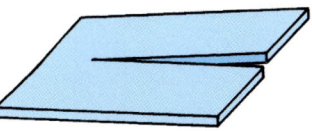
Einhubiges Herausschneiden von Flächenteilen an einer inneren oder äußeren Umgrenzung von Werkstücken längs einer an zwei Randstellen offenen Schnittlinie	Teilweises Trennen des Werkstückes i. Allg. in Verbindung mit Biegeumformen

1 Schneidverfahren

Abschneiden

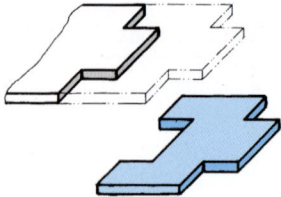

Vollständiges Trennen eines Halbfertigteiles oder Fertigteiles vom Rohteil oder Halbfertigteil längs einer offenen Schnittlinie

Zerschneiden

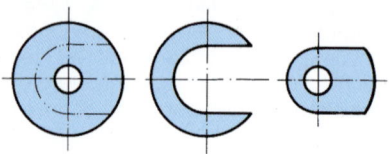

Vollständiges Trennen eines Roh- oder Halbfertigteiles in mehrere Werkstücke längs einer offenen oder in sich geschlossenen Schnittlinie

Feinschneiden

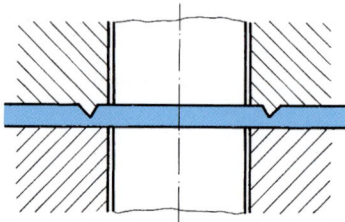

Einhubiges Scherschneiden mit Niederhalter und Gegenhalter zur Erzeugung von glatten, anrissfreien Schnittflächen

Nachschneiden

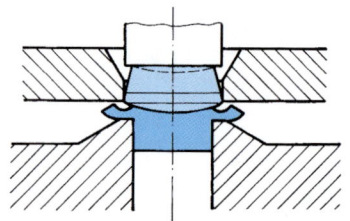

Abtrennen schmaler Ränder von vorgearbeiteten Flächen zum Herstellen sauberer und maßhaltiger Außen- und Innenformen

1 Weitere Schneidverfahren

4.3 Grundbegriffe

Eine Reihe von Grundbegriffen der Schneidtechnik beziehen sich auf das Werkzeug und erhalten dann die Vorsilbe „Schneid-". Beziehen sie sich auf das Werkstück, so wird stattdessen die Vorsilbe „Schnitt-" verwendet (Bild 2).

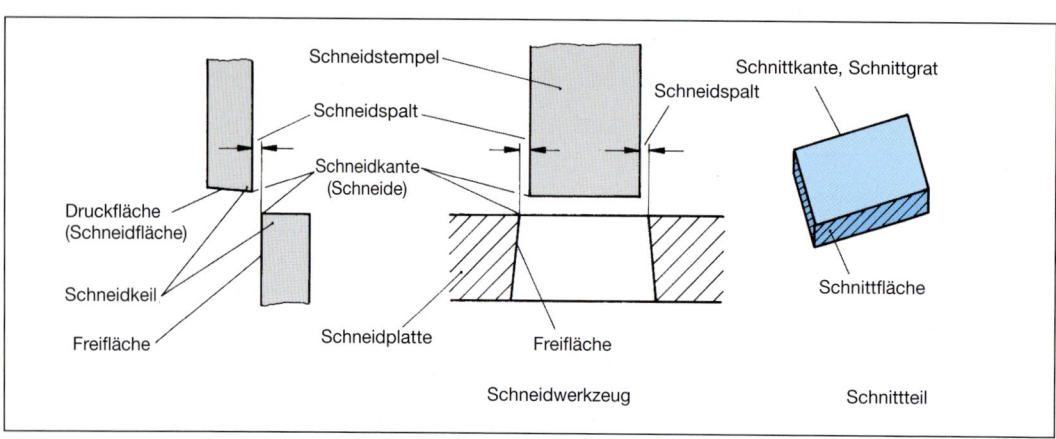

Schneidstempel — Schneidspalt — Schneidkante (Schneide) — Druckfläche (Schneidfläche) — Schneidkeil — Freifläche — Schneidplatte — Freifläche — Schneidwerkzeug — Schneidspalt — Schnittkante, Schnittgrat — Schnittfläche — Schnittteil

2 Grundbegriffe am Schneidwerkzeug

4.3.1 Schneidvorgang

Der Schneidvorgang vollzieht sich in vier Abschnitten:

- elastische Verformung mit Bildung des Kanteneinzugs und Verdrängung des Werkstoffes vorrangig in Schnittrichtung, aber auch rechtwinklig hierzu

- plastische Verformung und Fließen des Werkstoffes hauptsächlich in der Schnittrichtung

- Rissbildung, ausgehend von den Schneidkanten beider Schneidelemente

- Durchreißen

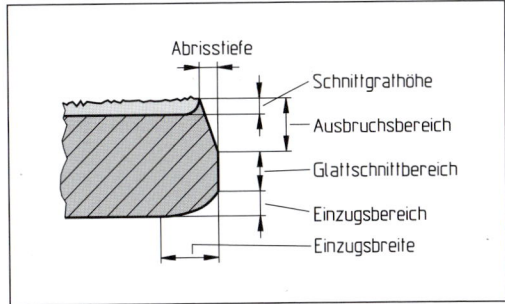

1 Vom Schneidspalt abhängige Größen am Schnittteil

Der verbleibende Anteil elastischer Verformung ist wesentliche Ursache für das Klemmen von Schnittteil und Abfall am Stempel bzw. in der Schneidplatte nach vollzogenem Schnitt beim Lochen und Ausschneiden.

Für die Innenform (Durchbruch) ist die Schneide des Stempels maßbestimmend, denn diese führt die Schnittbewegung aus. Für die Außenform (Ausschnitt) ist die Schneide der Schneidplatte maßgebend, denn nur zwischen diesen beiden findet eine Relativbewegung als Schnittbewegung statt. Um nach Überprüfen der ersten gefertigten Teile die Schneidelemente gegebenenfalls noch korrigieren zu können, müssen deren Istmaße zunächst an die entsprechenden Grenzen des Toleranzfeldes gelegt werden. Dieselben Überlegungen sind auch hinsichtlich des zu erwartenden Werkzeugverschleißes anzustellen.

Beachtenswert erscheint noch, dass beim Zurückdrücken des ausgeschnittenen Teiles in den Durchbruch der Ausgangsform die entstandenen Schnittflächen und Bruchflächen sich nicht mehr decken.

4.3.2 Schneidspalt

> Unter Schneidspalt versteht man den Abstand zwischen den Schneiden von Stempel und Schneidplatte, senkrecht zur Schneidebene gemessen.

Unter Stempelspiel versteht man den Maßunterschied zwischen Stempel und Schneidplattendurchbruch. Stempelspiel ist also gleich zweimal Schneidspalt.

Von der Breite des Schneidspaltes hängen folgende Größen ab (Bild 1):

- Oberflächengüte der Schnittflächen

- Gratbildung, Einzug und Konizität der Schnittflächen

- Verschleiß der Freiflächen an Stempel und Schneidplatte und damit die Standmenge[1] des Werkzeuges

- Schneidkraft

- Abstreifkraft

- Schneidarbeit

- Gefahr der Schneidplattenbeschädigung durch aufsetzenden Stempel

Im Normalfall wird zwar hinreichende Maßgenauigkeit, aber keine ausgesprochen hohe Schnittflächengüte gefordert (Bild 1a, Seite 102). In diesem Falle muss, um ein Optimum an Wirtschaftlichkeit zu erreichen, der Schneidspalt so ausgelegt werden, dass gegen Ende des eigentlichen Schneidvorganges die von den Schneiden ausgehenden Risse aufeinander zu- und nicht aneinander vorbeilaufen. Schneidkraft, Schneidarbeit, Werkzeugverschleiß und die Belastung aller Bauteile haben dann erfahrungsgemäß ihre niedrigsten Werte.

---

[1] Standmenge bei Schneidwerkzeugen = Anzahl der zwischen zwei Scharfschliffen gefertigten Teile
Standmenge bei Umformwerkzeugen = Anzahl der zwischen zwei Werkzeug-Generalüberholungen gefertigten Teile

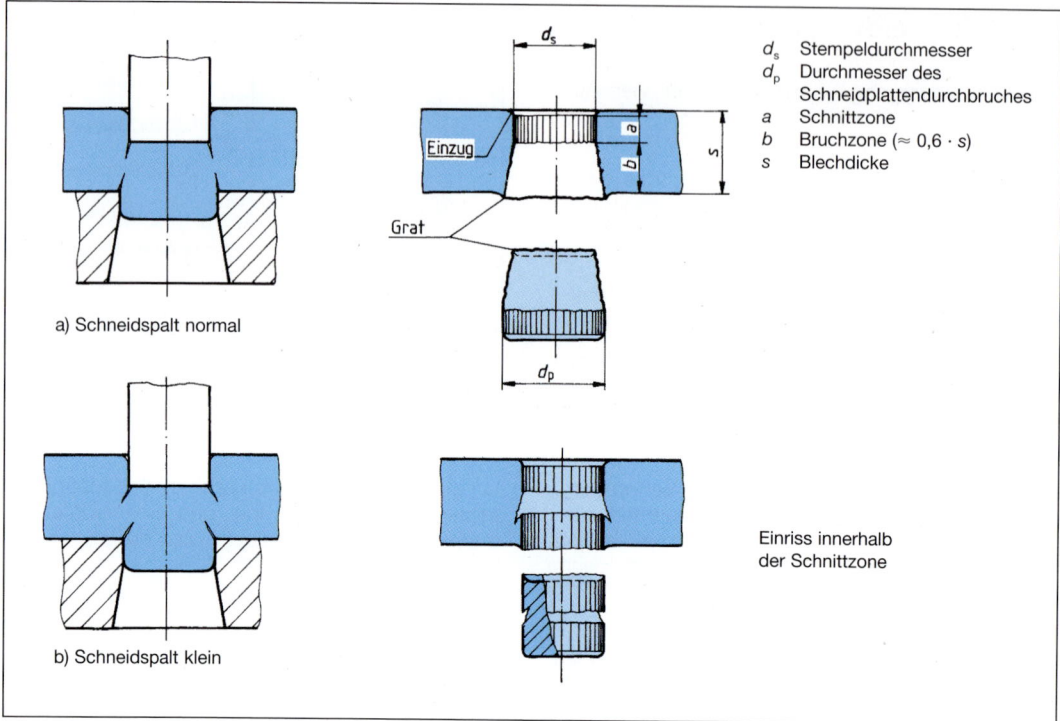

d_s Stempeldurchmesser
d_p Durchmesser des
          Schneidplattendurchbruches
a Schnittzone
b Bruchzone ($\approx 0{,}6 \cdot s$)
s Blechdicke

a) Schneidspalt normal

Einzug

Grat

d_s

d_p

b) Schneidspalt klein

Einriss innerhalb
der Schnittzone

1 Schneidvorgang

Kleinere Schneidspalte ergeben verbesserte Werkstückqualitäten, jedoch müssen damit erhebliche Nachteile in Bezug auf Werkzeugbeanspruchung und auch eine deutlich niedrigere Standmenge in Kauf genommen werden (Bild 1b, Seite 102).

Die Größe des erforderlichen Schneidspaltes wird bestimmt durch die

- Werkstückdicke

- Werkstückwerkstoffeigenschaften, insbesondere die Scherfestigkeit

- Werkzeugwerkstoffeigenschaften (Stahl oder Hartmetall)

- Gestaltung des Schneidplattendurchbruches (kegelig oder zylindrisch)

- Oberflächengüte der Freiflächen

Bei Verarbeitung von Stahlblech im Dickenbereich von 0,5 … 5 mm kann überschläglich mit einer erforderlichen Schneidspaltbreite von 2 bis 6 % der Werkstoffdicke gerechnet werden, zunehmend mit Blechdicke und Scherfestigkeit.

Höchste Ansprüche an die Schnittteile lassen sich aber nur dadurch befriedigen, dass man als Teil der Konstruktionsplanung auch den Schneidspalt und damit die Passtoleranz von Stempel und Schneidplatte entsprechend maßgenau und unter Berücksichtigung aller Einflussgrößen ermittelt.

Im Bereich der überhaupt dafür in Betracht kommenden Abmessungen sind vier Grenzwerte zu unterscheiden:

1. Mindestmaß (= Hälfte des kleinsten zulässigen Stempelspiels)
   Die Schnittflächen, die sich bei diesem Schneidspalt ergeben, sind noch durchgehend glatt, kleinere Spalte haben Einrisse (siehe Bild 1) zur Folge.

2. Höchstmaß für die Herstellung
   Dies ist Mindestmaß plus Maßtoleranz entsprechend der Herstellqualität (Toleranzreihe) der Schneidelemente. Ausgehend von der geforderten Werkstücktoleranz muss bei der Festlegung dieses Wertes die gegebenenfalls zu erwartende Maßänderung durch abrasiven Verschleiß an den Freiflächen oder plastische Verformung mit einberechnet werden.

3. Verschleißgrenzwert
   Hat sich der Schneidspalt auf dieses Maß erweitert, dann ist in der Regel damit die Grenze einer tolerierbaren Gratbildung erreicht.

4. Grenzwert für optimale Kraftverhältnisse
   Dieses Maß ergibt geringste Schneidkraft und Schneidarbeit, die Schnittflächen aber weisen raue Bruchzonen auf, die über 80 % der Blechdicke reichen können.

Die Berechnung erfolgt in der Praxis üblicherweise nach den folgenden Formeln, wobei u_1, für den Blechdickenbereich unter 3 mm und u_2 für den Bereich darüber maßgebend ist:

Schneidspalt

$$u_1 = c_n \cdot s \cdot \sqrt{0,1 \, \tau_B} \qquad \text{in mm}$$

$$u_2 = (1,5 \, c_n \cdot s - 0,015) \cdot \sqrt{0,1 \, \tau_B}$$

c_n Beiwert
s Blechdicke
τ_B Scherfestigkeit

Für den Beiwert c_n kann gesetzt werden:

$c_1 = 0,005$ kleinstzulässiger Spalt, glatte Schnittfläche, geringe Standmenge

$c_2 = 0,010$ Standardwert

$c_3 = 0,035$ geringste Schneidkraft, hohe Standmenge, große Bruchzone

$c_4 = 0,015$ Schneidelemente aus Hartmetall (Kleinstmaß)

$c_5 = 0,0005$ Feinschneidwerkzeuge

Davon abweichend sind für kleine Lochstempel die so errechneten Schneidspalte bei Verarbeitung von Werkstoff mit geringer Festigkeit oder bei Blechdicken über 2 mm bis auf das doppelte Maß zu vergrößern, bei Blechdicken unter 0,5 mm erfahrungsgemäß bis auf die Hälfte zu verkleinern.

Für durchgehend konisch gearbeitete Schneidplatten empfiehlt es sich, die Werte um etwa ein Drittel herabzusetzen.

4.3.3 Schneidkraft und Schneidarbeit

Bei Verwendung von Schneidelementen mit Schneiden, die in parallelen Ebenen liegen und sich lotrecht gegeneinander bewegen, ermittelt man die Schneidkraft rechnerisch aus Schnittfläche und Scherfestigkeit und erhält so einen ersten Richtwert:

Schneidkraft

$$F_s = l \cdot s \cdot \tau_B$$

l Schnittlinienlänge
s Blechdicke
τ_B Scherfestigkeit

Wenn die Scherfestigkeit nicht bekannt ist, kann dafür gesetzt werden:

$$\tau_B = 0,8 \cdot R_m \quad \text{für } d : s \geq 2$$
$$= 1,0 \cdot R_m \quad \text{für } d : s \approx 1 \text{ und besonders zähe Werkstoffe}$$
$$= 1,1 \cdot R_m \quad \text{für } d : s < 1$$

Die tatsächliche Schneidkraft liegt, wie ausgedehnte Versuche an Stahlblech ergeben haben, bei Blechdicken unter 3 mm und, unabhängig von der Blechdicke, bei kleinen Schneidspalten (unter 0,07 mm) über dem so errechneten Wert. Um außerdem den Schneidenverschleiß und auch evtl. Werkstoffdickentoleranzen zu berücksichtigen, hat man eine um etwa 20 %, bei kleinen Lochstempeln mit Durchmessern von $(0,8 \ldots 1) \cdot s$ erfahrungsgemäß eine um bis zu 40 % höhere Schneidkraft anzusetzen.

Andererseits gibt es verschiedene Möglichkeiten, die Schneidkraft zu mindern. So kann durch Schmieren, abhängig vom verwendeten Schmiermittel, eine Reduzierung um 10 … 30 % erreicht werden.

Auch eine thermochemische Oberflächenbehandlung der Schneidelemente, die den eigentlichen Zweck hat, höhere Verschleißfestigkeit und gegebenenfalls gleichzeitig geringere Kaltaufschweißneigung zu erreichen, kann als Nebeneffekt zu besseren Gleiteigenschaften und damit kleinerem Kraftbedarf führen.

In Werkzeugen mit mehreren Lochstempeln gibt man diesen etwas unterschiedliche Längen, sodass sich nicht nur die Gesamtschneidkraft verringert, sondern auch eine schlagartig hohe Belastung des ganzen Werkzeuges vermieden wird.

Eine Schneidkraftminderung um bis zu 70 % ist auch durch Schrägschleifen der Druckflächen an den Stempeln oder Schneidplatten möglich. Der Neigungswinkel sollte aber wegen der sich daraus ergebenden Seitenkräfte auf das Werkstück und die Werkzeugteile bei einseitigem Anschliff nicht mehr als 5°, bei dachförmigem Anschliff nicht mehr als 10° betragen.

Die Anschliffhöhe H richtet sich nach der Blechdicke s und kann im Bereich von

$$H = (0,6 \dots 2)\, s$$

gewählt werden, wobei für

Bleche $s > 3\,\text{mm}$ und $\tau_B > 500\,\text{N/mm}^2$ Anschliffhöhe $H \Rightarrow 0,6\,s$
Bleche $s > 3\,\text{mm}$ und $\tau_B < 500\,\text{N/mm}^2$ Anschliffhöhe $H \Rightarrow 2\,s$

Die Schneidkraft mit geneigten Schneiden (F_s') wird überschlägig ermittelt mit

$$F_s' \approx ls \cdot s \cdot \tau_B \cdot x_s$$

Die Schneidkraftminderung wird mit dem Minderungsfaktor x_s berücksichtigt, der zwischen 0,3 und 0,7 gewählt werden kann.

Ist die Anschräghöhe gering im Verhältnis zur Blechdicke, wird auch die Schneidkraftminderung geringer, also $x_s \Rightarrow 0,7$.

Im Gegensatz dazu kann für $H/s \Rightarrow 2$ ein Minderungsfaktor von $x_s \Rightarrow 0,3$ gewählt werden.

Durch die Neigung der Messerbalken an Tafelscheren ergeben sich sogar noch wesentlich größere Kräfteeinsparungen (Bild 2):

$$F_s = A_s \cdot \tau_B = \frac{l \cdot s}{2} \cdot \tau_B$$

$$l = s \cdot \cot \alpha$$

$$\boxed{F_s = \frac{s^2}{2} \cdot \tau_B \cdot \cot \alpha}$$

Für Energiehaushalt und ruhigen Lauf einer Exzenterpresse mit Schwungrad ist die **Schneidarbeit** von besonderer Bedeutung. Diese wird übrigens weit mehr als die Schneidkraft durch die Größe des Schneidspaltes beeinflusst (Bild 1, Seite 105).

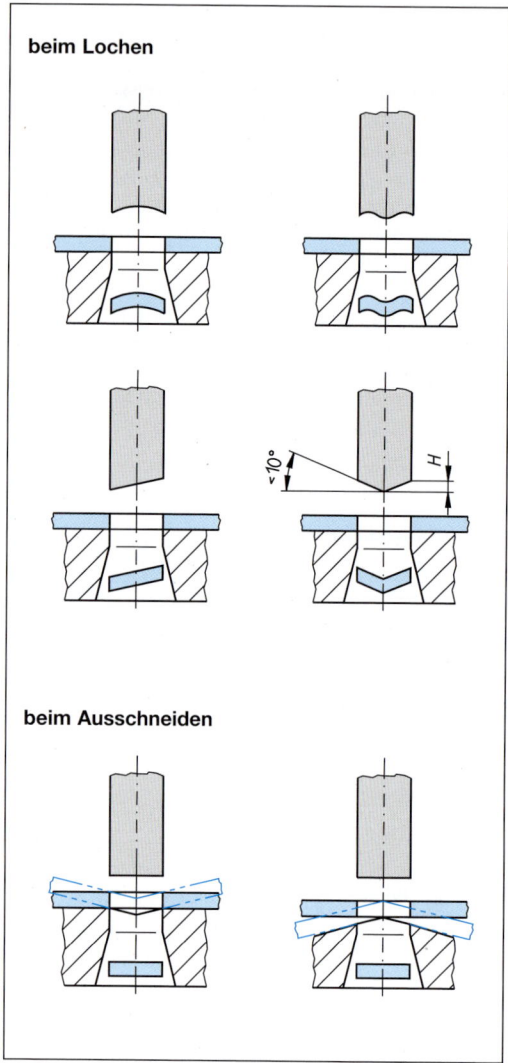

beim Lochen

beim Ausschneiden

1 Anschliff der Werkzeuge zur Schneidkraftverminderung

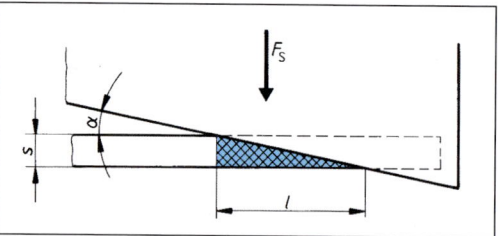

2 Schneidkraft bei geneigten Schneiden an Tafelscheren

Die Berechnung für parallele Schneiden (drückend) erfolgt nach folgender Formel:

Schneidarbeit

$$W_s = (0,3 \ldots 0,6) \, F_s \cdot h_s$$

F_s Schneidkraft

h_s Schneidweg, Blechdicke

Die höheren Werte gelten hierbei für kleine Schneidspalte (Bild 1).

Bei geneigten Schneiden (kreuzend, siehe Bild 2, Seite 104) ergibt sich nicht nur ein größerer Schneidweg, sondern insgesamt auch eine größere Schneidarbeit als beim drückend-vollkantigen Schneiden.

Die erforderliche Pressenkraft – und somit auch die Mindestgröße der für ein bestimmtes Werkzeug in Betracht kommenden Presse – ergibt sich erst aus der Summe aller während des Arbeitshubes gleichzeitig auftretenden Kräfte, es sei denn, man hätte mehrfach wirkende Pressen eingesetzt, wo gegebenenfalls Schneidkraft, Niederhaltekraft (Abstreifkraft) oder Gegenhaltekraft (Ausstoßkraft) durch jeweils unabhängig voneinander arbeitende Antriebseinheiten aufgebracht werden.

Auch die während des Rückhubes wirksamen Kräfte müssen Werkzeug- wie auch Pressenkonstrukteur gleichermaßen in ihre Überlegungen einbeziehen. Diese Kräfte dürfen keinesfalls unterschätzt werden. Bei Verarbeitung von dicken und dabei weichen Werkstoffen kann es vorkommen, dass dünne Stempel nicht beim Schneiden, sondern beim Abstreifen reißen. Infolge der elastischen Verformung und Rückfederung unmittelbar nach dem Durchreißen legt sich das Außenteil beim Lochen oder Ausschneiden fest um den Stempel. Während des Abstreifens durch Abstreiferplatte, besonderen Abstreifer oder an der Führungsplatte tritt u. U. nochmals eine plastisch-elastische Beanspruchung auf, welche die Klemmkräfte zusätzlich verstärkt.

4.3.4 Abstreifkraft

Beim Öffnen des Werkzeuges (Rückzug) treten infolge der Klemmreibung des Werkstoffes an den Freiflächen der Stempel oder der Schneidplatten, je nach Bauart des Werkzeuges, nicht zu vernachlässigende Kräfte auf, welche die Befestigungselemente belasten. Auch die Federn von federnden Abstreifern und Ausstoßern müssen nach diesen Kräften berechnet werden.

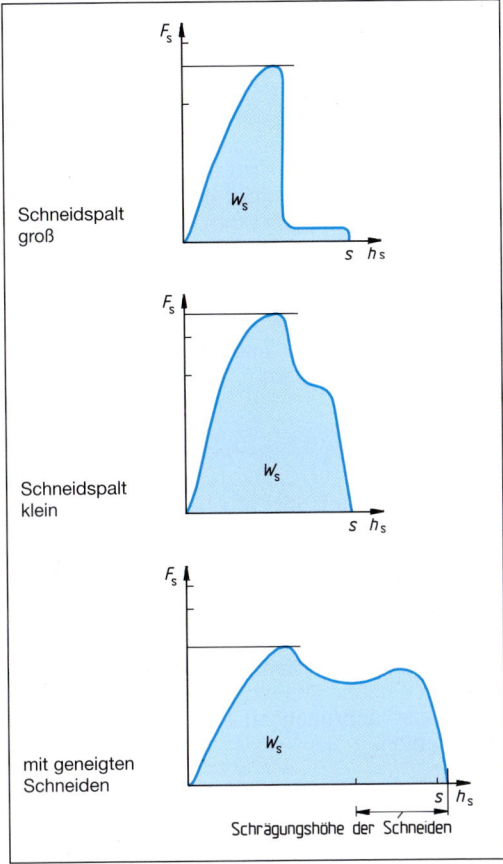

1 Schneidarbeit

Blechdicke	Ausschneiden	Lochen
< 2 mm	10	15
2 … 4 mm	15	20
> 4 mm	20	30

2 Abstreifkraft in % der Schneidkraft

Das Abstreifen vom Stempel ergibt für Ausschneiden und Lochen naturgemäß unterschiedliche Werte. Die Größe der Abstreifkraft wird gewöhnlich in % der Schneidkraft ermittelt. Dabei können die Richtwerte in Bild 2 zugrunde gelegt werden.

Für kleine Lochstempel mit $d < 2 \cdot s$, nicht runde Stempelformen, sehr glatte, z. B. geläppte Freiflächen, kleine Schneidspalte und für zähelastischen Werkstückwerkstoff erhöht sich die Abstreifkraft auf bis zu 50 % der Schneidkraft. Andererseits lässt sich durch Schmieren eine Verringerung um bis zu 40 % erreichen.

4.3.5 Schneidenverschleiß und Schnittgrat

Stempel wie Schneidplatte zeigen nach einiger Zeit abgestumpfte, d. h. gerundete Schneidkanten und in deren unmittelbarer Nähe außerdem einen deutlichen Verschleiß an den Druckflächen (Stirnflächen) und Freiflächen. Die Folge ist eine Erhöhung der Schneidkraft, deren Ausmaß aber, abhängig von den übrigen Bedingungen, von Fall zu Fall sehr unterschiedlich sein kann, jedoch immerhin bis 50 %. Demgegenüber ergeben sich kleinere Abstreifkräfte, außerdem vergrößert sich der Einzug am Schnittteil.

> Ein untrügliches Zeichen für zunehmenden Verschleiß ist der größer werdende Grat am Schnittteil. Bei einem erstmals eingesetzten Werkzeug muss nach ständiger Kontrolle des Grates die Standmenge festgesetzt werden.

In keinem Schneidwerkzeug können gratfreie Teile hergestellt werden; wenn man solche verlangt, so sind die Werkstücke im Anschluss entsprechend nachzubehandeln, etwa elektrolytisch zu entgraten.

Der Grat entsteht immer auf derjenigen Seite des Werkstückes, mit der dieses am Schneidelement anliegt. Beim Ausschneiden hat das Werkstück (Außenform) also den Grat auf der Stempelseite, beim Lochen (Innenform) auf der Schneidplattenseite (siehe Bild 1, Seite 102).

Es gibt verschiedene Ursachen für übermäßige Gratbildung und auch verschiedene Gratformen: Der **Abreißgrat** entsteht bei zu großem Stempelspiel. Kennzeichen ist eine größere Bruchzone an der Schnittfläche mit kräftigem, stark gezacktem Grat.

Der **Biegegrat** entsteht durch Biegen des Werkstoffes um die abgestumpften Schneiden von Stempel und Schneidplatte.

Der **Ziehgrat** bildet sich nach einiger Zeit in Werkzeugen mit kleinem Schneidspalt, wenn sich die Schneidplatte, so weit der Stempel eintaucht, etwas aufgeweitet hat. Beim Schneiden bildet sich dann zunächst ein Abreißgrat, der aber beim Hindurchpressen durch den engeren Spaltbereich „hochgezogen" wird. Kennzeichen sind eine große Schnittzone der Schnittfläche und ein dünner, verhältnismäßig hoher Grat.

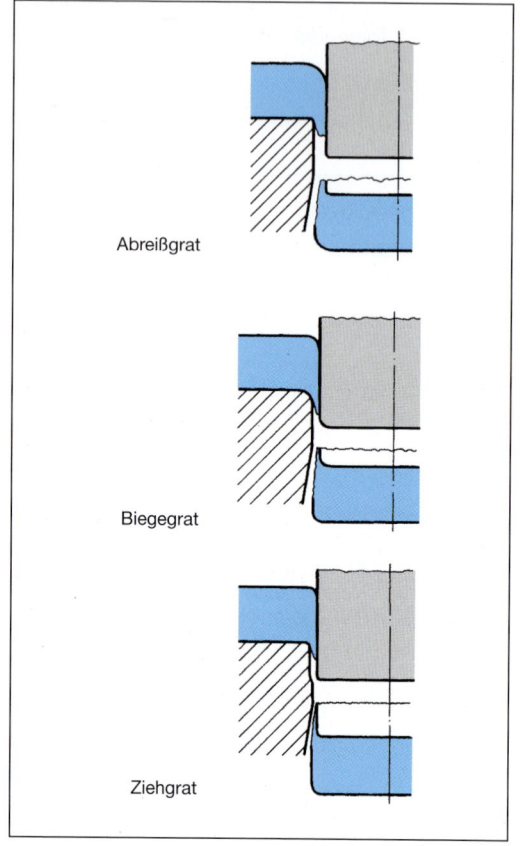

1 Gratformen

Es können auch mehrere Gratarten gleichzeitig auftreten oder bestimmte Formen nur an begrenzten Stellen. Letzteres ist ganz natürlich an vorspringenden Partien oder Ecken mit kleinem Eckenwinkel, wo der Verschleiß viel stärker in Erscheinung tritt als an weniger profilierten Schneiden. Einbaufehler, die einen ungleichmäßigen Schneidspalt hervorrufen, etwa durch exzentrische Lage oder mangelhafte Führung der Stempel, sind sofort an der unterschiedlichen Gratbildung zu erkennen. Schließlich kann auch das Auffedern einer für das betreffende Werkzeug zu schwachen, d. h. zu wenig biegesteifen Presse, Ursache sofortiger starker und einseitiger Gratbildung sein.

> Um unnötigen Verschleiß oder Werkzeugbruch zu vermeiden, ist es unerlässlich, die Gratbildung von Anfang an aufmerksam zu verfolgen.

Siehe hierzu auch DIN 9830 „Schnittgrathöhen"!

4.4 Werkzeugaufbau

Die Werkzeuge der Stanztechnik können nach verschiedenen Gesichtspunkten unterteilt werden; gewöhnlich erfolgt die Benennung nach den in ihnen angewandten Fertigungsverfahren. Hierbei hat man auf eine klare Unterscheidung zwischen den Verfahren zum Trennen und jenen zum Umformen von Werkstoffen zu achten.

Weitere Unterschiedsmerkmale finden sich bei Betrachtung des Fertigungsablaufes oder in maßgebenden Einzelheiten des konstruktiven Aufbaues, beispielsweise die Art der Führung oder die Anzahl der bei jedem Hub gefertigten Teile betreffend.

Die Werkzeuge werden überwiegend in mechanischen, hydraulischen bzw. pneumatischen Pressen oder im Prinzip ähnlich wirkenden Vorrichtungen eingesetzt. Zwischen Ober- und Unterwerkzeug, im Allgemeinen Stempel und Matrize (Schneidplatte), wird der Werkstoff getrennt bzw. umgeformt, wobei eine Reihe grundsätzlicher Einflussgrößen die Herstellungsgüte der gefertigten Teile bestimmen:

- Form-, Maßgenauigkeit und Oberflächengüte der einzelnen Werkzeugteile
- Genauigkeit beim Zusammenbau
- Bewegungsablauf und Kraftwirkungen im Werkzeug
- Schneidgeschwindigkeit
- Werkstoffführung und Vorschubbegrenzung
- Führungsspiel und Verformungswiderstand der Presse

4.4.1 Einteilung und Benennung der Werkzeuge

Die eindeutige Klassifizierung eines bestimmten Werkzeuges durch einen kurzen Begriff ist bei der Vielzahl wesentlicher Details, von denen nur die wichtigsten in Bild 1 aufgeführt sind, nicht möglich, zumal häufig Kombinationen insbesondere von Arbeitsverfahren, aber auch hinsichtlich der Bauelemente anzutreffen sind.

4.4.2 Einteilung nach Führungsart

Die Güte wie auch die Anzahl der mit einem Werkzeug insgesamt herstellbaren Werkstücke hängt hauptsächlich davon ab, mit welcher Genauigkeit bestimmte Werkzeugteile die vorgesehenen Arbeitsbewegungen ausführen. Ein hoher Aufwand bei der Werkzeugherstellung, beispielsweise durch Einhaltung kleinster Toleranzen oder

Einteilung nach	Benennung			
Arbeitsverfahren	Zerteilwerkzeuge (Schneidwerkzeuge)		Umformwerkzeuge	
	Untergruppe	Beispiele	Beispiele	
	(Scher-)Schneidwerkzeug Messerschneidwerkzeug Beißschneidwerkzeug	Auschneidwerkzeug Lochwerkzeug Abschneidwerkzeug	Prägewerkzeug (Prägestanze) Tiefziehwerkzeug Biegewerkzeug (Biegestanze)	
Fertigungsablauf	Folgewerkzeuge		Gesamtwerkzeuge	
Art der Führung	Werkzeuge ohne Führung	Schneidplattenführung	Plattenführung	Säulenführung
Anzahl der Arbeitsverfahren im Werkzeug	Einverfahrenwerkzeug		Mehrverfahrenwerkzeug	
Anzahl der in einem Arbeitshub gefertigten Werkstücke	Einfachwerkzeug		Mehrfachwerkzeug	

1 Einteilung und Benennung der Werkzeuge

Verwendung hochwertiger Werkstoffe, muss daher immer auch solche konstruktiven Elemente mit einschließen, die eine gleich bleibende präzise **Werkzeugbewegung** gewährleisten. Gerade bei der Herstellung von Schnittteilen steigt die Qualität der ausgeworfenen Werkstücke im selben Maße, wie durch Einbau zweckmäßiger Führungen die Auswirkungen einseitiger Schubkräfte innerhalb des Werkzeuges, der mitunter schädliche Einfluss des Führungsspieles am Pressenstößel oder auch Verlagerungen infolge der Auffederung des Pressengestells gemindert werden können. Welche der üblicherweise angewandten Führungstechniken im Einzelfall vorzuziehen ist, ergibt sich also aus den Güteanforderungen, die an das Werkstück gestellt werden, sowie aus der Gesamtstückleistung, die das betreffende Werkzeug bewältigen muss.

Aus diesem Grunde werden Schneidwerkzeuge häufig nach ihrer Führungsart benannt, womit dann auch gleichzeitig Anhaltswerte über deren wirtschaftlich-technische Einsatzmöglichkeiten gegeben sind.

4.4.2.1 Werkzeuge ohne Führung

Sollen nur einfache Werkstücke in geringer Stückzahl hergestellt werden, so baut man hierfür kostengünstige Werkzeuge, bei denen die Schneidstempel innerhalb des Werkzeuges **nicht** geführt sind. Die Führung übernimmt der Pressenstößel. Dies setzt einerseits ein entsprechend feines Führungsspiel am Stößel selbst voraus, andererseits dürfen derartige Werkzeuge wegen der Gestellauffederung nur auf Zweiständerpressen oder kräftigen Einständerpressen eingesetzt werden.

Am häufigsten verwendet man diese Bauart zum Ausschneiden von Ronden oder Platinen, also Halbfertigteilen, oder auch, wenn an sperrigen Werkstücken verhältnismäßig kleine Schnitte auszuführen sind, wo Werkzeuge mit Führungen zu groß bzw. zu teuer würden. Kennzeichnend für die genannten Werkzeuge ist die hohe Paarungsgenauigkeit. Diese Anforderungen treffen für Messerschneidwerkzeuge nicht zu. Es ist allerdings erforderlich, dass Messerschneidwerkzeuge möglichst gleichmäßig mit den Schneidkanten auf dem Werkstoff aufsetzen.

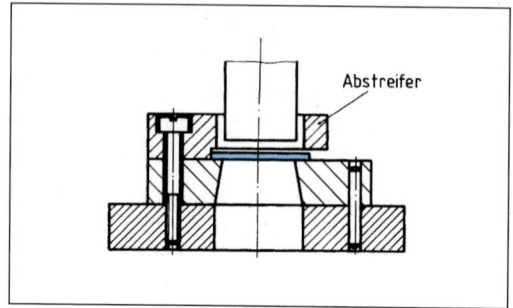

1 Freischneidwerkzeug

Freischneidwerkzeuge (Bild 1) eignen sich zur Verarbeitung von Stahllegierungen und NE-Metallen in allen Härtezuständen. Die Werkstückgenauigkeit liegt normalerweise innerhalb der Toleranzreihen IT 11 bis IT 13. Kleine Stempel fertigt man auch zusammen mit dem Einspannzapfen aus einem Stück, größere dagegen in geteilter Bauweise aus der Kopfplatte mit aufgeschraubten, gehärteten Stahleinsätzen.

Anstelle der mit dem Werkzeugunterteil verbundenen Abstreiferplatte kann auch eine am Pressengestell befestigte, verstellbare Abstreifvorrichtung verwendet werden. Der erhöhten Unfallgefahr wegen sind hier die Unfallschutzvorrichtungen besonders streng zu beachten. Sofern die Anbringung von Schutzkörben oder einer Zweihandeinrückung nicht möglich ist, darf der Stößelhub bei offenem, d.h. den Stempel nicht allseitig umschließendem Abstreifer höchstens 4 mm betragen.

Lochwerkzeuge sind ebenfalls Freischneidwerkzeuge, die jedoch sehr vielseitig eingesetzt werden können, da sich gewöhnlich Stempel und Schneidplatten für unterschiedliche Durchmesser einsetzen lassen. Sie werden zum Lochen von großflächigen Teilen benutzt, wenn Werkstücke geringerer Stückzahl zu lochen sind oder wenn die Teile verhältnismäßig viele Löcher erhalten sollen, insbesondere aber auch dann, wenn in Werkstücken mit mehreren Durchbrüchen einzelne Lochabstände zu klein sind und deswegen das entsprechende Folgewerkzeug unzweckmäßig viele Arbeitsstufen erhalten würde.

Messerschneidwerkzeuge (Bild 1): Diese Schneidwerkzeuge haben messerartige Schneiden mit Keilwinkeln von 8° ... 20°. Sie eignen sich zur Verarbeitung von Papier, Filz, Leder, Kork, Textilien, Kunststoffen, aber auch von weichen Metallen. Als Werkstoffunterlage dienen Hartgewebe-, Hartholz- oder Kunststoffplatten. Um an den Werkstücken senkrechte Schnittflächen zu erhalten, werden die Schneiden vielfach nur einseitig angeschrägt. Federnde oder Zwangsausstoßer entfernen die Teile aus den Messern.

4.4.2.2 Werkzeuge mit Plattenführung

Einfache Werkzeuge dieser Art (Bild 2) haben dicht über der Schneidplatte, und nur um die Höhe der für den Werkstoffdurchgang erforderlichen Zwischenlagen von dieser abgehoben, etwa 18 ... 35 mm dicke Platten mit genau den Stempelformen nachgearbeiteten Durchbrüchen. Sie sind mit der Schneidplatte verstiftet und verschraubt und stellen eine im Verhältnis zum Aufwand gute Führungsart dar. Zusätzlich übernehmen die Führungsplatten bei Rückhub das Abstreifen.

Die Bauhöhe ist im Vergleich zu säulengeführten Werkzeugen geringer und ein Unfallschutzgitter ist nicht unbedingt erforderlich wegen der geschlossenen Bauweise. Dies behindert aber auf der anderen Seite die Überwachung und gegebenenfalls auch den Werkstofftransport. Dass der Arbeitshub beschränkt bleiben muss, ist ein weiterer Nachteil. Auch eignet sich diese Führungsart nicht für den Einsatz in schnellhubigen Pressen. Der Hauptnachteil von Plattenführungen liegt in der Schwierigkeit, die Durchbrüche den oft sehr komplizierten und dabei nicht selten verhältnismäßig kleinen Stempelumrissen anzupassen, wobei glatte, in allen Punkten tragende Gleitflächen entstehen sollen. Allerdings kann, sofern keine allzu großen Seitenkräfte auftreten, durch Ausgießen mit einer Zinklegierung oder Gießharz (Epoxidharz) eine wesentliche Kosteneinsparung erzielt werden.

Man verwendet immer häufiger bewegliche Führungsplatten, die, abgestützt auf Federelemente und selbst geführt in Stiften oder Führungssäulen, mit vorbestimmter Kraft den Werkstoff gegen die Schneidplatte drücken und somit als Niederhalter eine dritte Aufgabe erfüllen. Die Schneidstempel werden dabei in idealer Weise bis an die Werkstückschnittkante geführt.

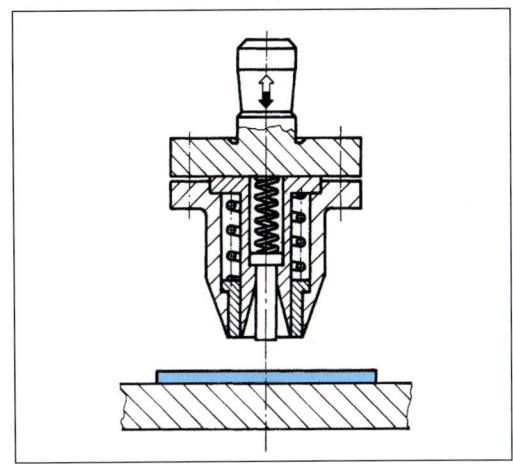

1 Messerschneidwerkzeug für Kreisring

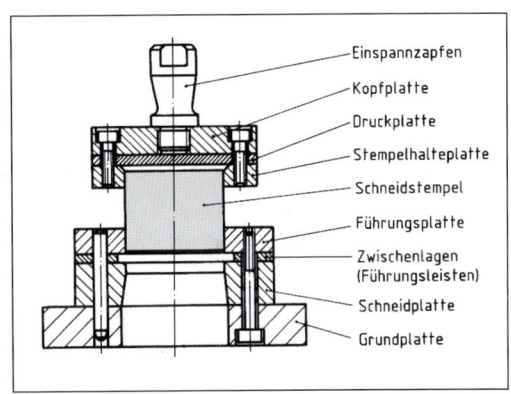

2 Plattenführungswerkzeug

Folgewerkzeuge mit kleinen Stempeln oder vielen Arbeitsstufen erhalten in der Regel eine Plattenführung (siehe Bild 1, Seite 113). Die Platte kann spielfrei mit Kugelführungsbuchsen an den Gestellsäulen geführt werden. Säulengeführte Folgeverbundwerkzeuge werden manchmal auch nur innerhalb der Schneidstufen mit Führungsplatten ausgerüstet, während die Umformstempel nur im Stempelkopf gehalten sind.

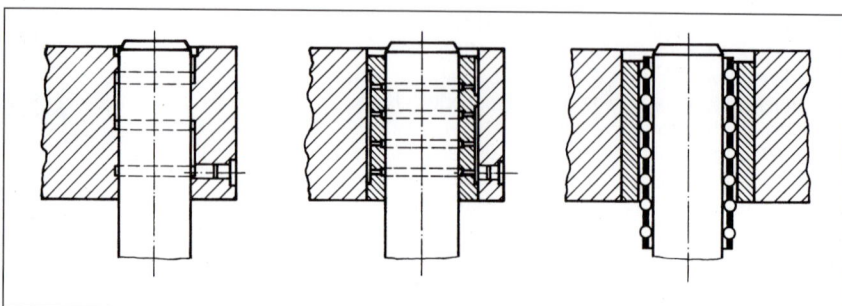

1 Säulenführungen

4.4.2.3 Werkzeuge mit Säulenführung

Eine Säulenführung (Bild 1) ist gegenüber der Plattenführung nicht nur einfacher und genauer zugleich herzustelllen, sondern sie zeigt wegen der längeren Gleitflächen und besseren Gleitwerkstoffe auch weit weniger Verschleißerscheinungen. Stempel, Schneidplatte, Abstreifer usw. derart geführter Werkzeuge sind – öfters sogar auswechselbar – auf den vorbereiteten Arbeitsflächen von Unter- und Oberteil des Säulengestells befestigt. Diese Gestelle mit zwei, bei schweren Werkzeugen auch vier, meist in das Unterteil eingepressten Säulen werden von den Herstellern nach DIN 9811 und DIN 9825 oder nach eigenen Werksnormen vorgefertigt und ab Lager geliefert (Bild 2).

Die randschichtgehärteten Führungssäulen erhalten das ISO-Passmaß h4 und durch Läppen einen Mittenrauwert (R_a) von nur etwa 0,05 μm. Das Gestelloberteil hat gehonte Bohrungen bzw. Führungsbuchsen aus Sonderbronze, einsatzgehärtetem Stahl oder Sintermetall, bei geringer Beanspruchung auch Gießharzführungen.

Für höchste Genauigkeitsansprüche verwendet man Wälzführungsbuchsen, die eingepresst, eingeklebt oder eingegossen werden können. Ein Übermaß von 3 ... 4 μm zwischen Säulendurchmesser und lichtem Buchsendurchmesser bewirkt absolut spielfreie Führung, eine wichtige Voraussetzung z.B. für Feinschneidwerkzeuge mit Schneidspalten von nur wenigen Mikrometern. Wegen der geringen Reibung (Erwärmung) eignen sich Wälzführungen außerdem für Schnellläuferpressen, Schwingschneidpressen (Repassierpressen) sowie für kurzhubige Arbeitsvorgänge, da hier nicht wie bei Gleitbuchsen gewisse Schmierrillenabstände überfahren werden müssen. Nach sachgemäßem Einfetten beim Zusammenbau bleiben sie während monatelangem ununterbrochenem Betrieb nahezu wartungsfrei. Als Nachteil muss die im Vergleich zu Gleitführungen geringere radiale Belastbarkeit gewertet werden (Bild 2, Seite 111) und ebenso

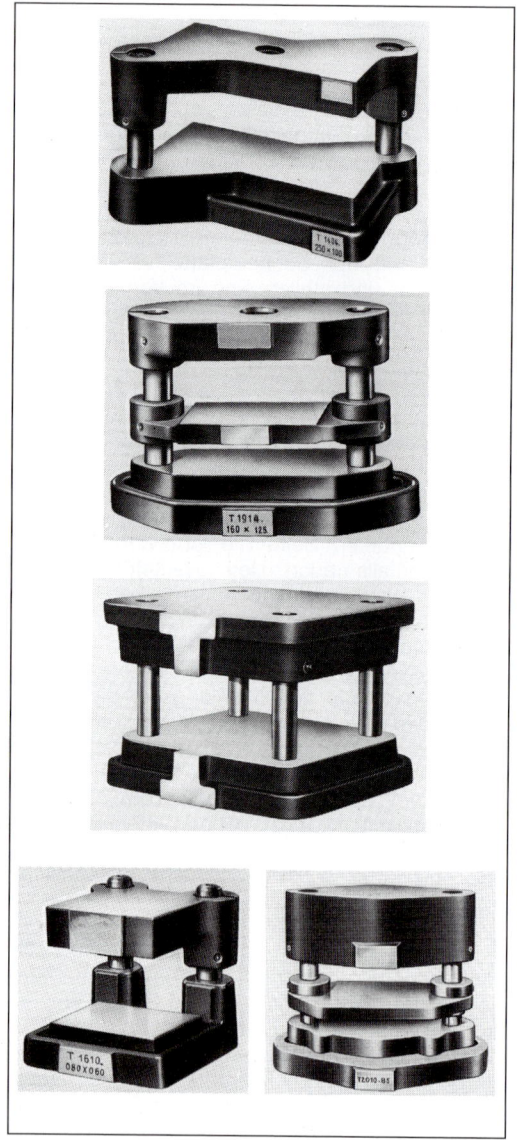

2 Säulengestelle

	Gleitführung Sondergrauguss	Sondergleitführung Stahl	Bronze	Wälzführung
Belastbarkeit Seitenkräfte, Vereckung	hoch	sehr hoch	hoch	mittel
Verschleißfestigkeit	mittel	sehr hoch	hoch	sehr hoch
Standzeit[1,2] praktisch verschleißfrei bis ca. Hübe	2 Mill.	6 Mill.	4 Mill.	10 Mill.
Reibungszahl μ ca.	0,03	0,03	0,03	0,00015
Notlaufeigenschaften	mittel	gering	gut	hervorragend
Wartungsaufwand	mittel	hoch	gering	praktisch wartungsfrei
Schmierstoffzufuhr bei Dauerbetrieb	täglich 2	täglich 4	täglich 1	wöchentlich 1
Arbeitstemperatur max.	80 °C[3]	80 °C[3]	80 °C[3]	120 °C Alu-Käfig 90 °C Kunststoff-Käfig
Eignung	Aufnahme großer Seitenkräfte und Kippmomente, rauer Betrieb			Leichtgängige Führung, kürzere Hübe, große Hubgeschwindigkeit, wartungsfreier Betrieb

[1] bei normaler Beanspruchung   [2] ausreichende Schmierung vorausgesetzt   [3] kritische Temperatur für Schmierung

1 Eigenschaften und Verwendung von Säulenführungen

die Tatsache, dass sich der Wälzkäfig gegenüber seinem Gehäuse um die halbe Hublänge verschiebt und zusätzlich unter seinem Eigengewicht zum Wandern neigt (siehe Bild 1, Seite 114).

Säulenführungen werden allgemein sowohl für Gesamtwerkzeuge wie für hochwertige Folgewerkzeuge verwendet. Werkzeuge mit vielen dünnen Stempeln baut man in Gestelle mit beweglicher Führungsplatte (DIN 9814) ein und vereinigt so die Vorzüge beider Führungsarten.

Etwas umständlich gestaltet sich das Nachschleifen dieser Werkzeuge. Aus diesem Grunde findet man auch die Säulen manchmal im Oberteil befestigt oder Schnellwechsel-Führungssäulen mit Kegelsitz im Unterteil, die zum Schleifen leicht ausgebaut werden können (Bild 3).

d	d_1	F'
12	16	30
16	22	50
18	24	60
24	30	70
30	38	100
40	48	130
50	58	160
60	70	200
80	92	250

d Säulendurchmesser
d_1 Führungsbuchsen-Innendurchmesser
F' Radialkraft in N pro mm tragende Führungslänge

2 Radiale Belastbarkeit von Kugelführungen (Richtwerte)

4.4.2.4 Werkzeuge mit Schneidplattenführung

Werkzeuge zum Ausklinken in der einfachen Bauart von Freischneidwerkzeugen erhalten Stempel, deren nicht schneidender Teil mit einer Verlängerung, der Rückenführung, ständig in den Schneidplattendurchbruch eingetaucht bleibt, wo er bei guter Schmierung an senkrechten Flächen geführt wird (Bilder 1, Seite 112 und 2, Seite 112). Damit können auch große Werkstücke aus dicken Blechen bearbeitet werden, ohne dass die hohen Seitenkräfte den Schneidstempel abzudrängen vermögen.

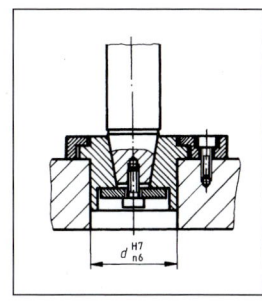

3 Schnellwechsel-Führungssäule mit Aufnahmebuchse und Sicherungsflansch

Verwendet man geteilte Stempel und dazu ein Unterteil mit auswechselbaren Schneideinsätzen, so lassen sich mit diesen Werkzeugen auch verschiedene Arbeiten durchführen. Die Seitenschneider in Folgewerkzeugen für dickere Werkstoffe werden oft ebenfalls mittels Rückenführung zusätzlich in der Schneidplatte abgestützt.

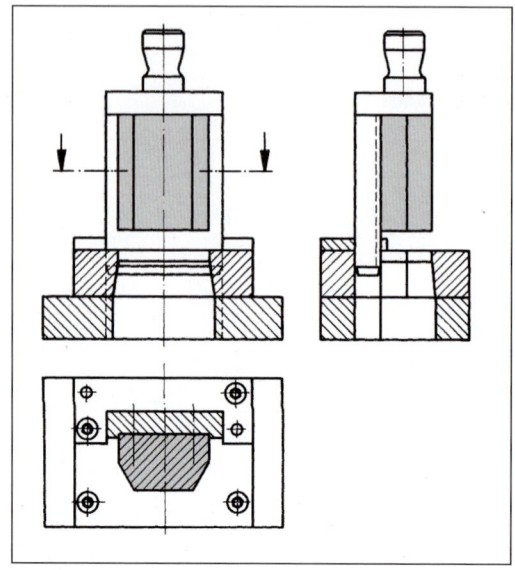

1 Schneidplattenführung (Ausklinkwerkzeug)

4.4.3 Einteilung nach Fertigungsablauf

4.4.3.1 Folgewerkzeuge

In einem Folgewerkzeug werden die Werkstücke in mehreren unmittelbar aufeinander folgenden Hüben unter Anwendung verschiedener Arbeitsverfahren gefertigt.

Der gesamte Herstellungsvorgang eines Werkstückes ist in mehrere Arbeitsstufen aufgeteilt, von denen jede einen Pressenhub erfordert. Die Anzahl der Arbeitsstufen stimmt mit der Anzahl von Teilungen überein (siehe Bild 1, Seite 113), auf die sich die angewandten Arbeitsverfahren im Werkstoffstreifen und somit im Werkzeug auch die dazu notwendigen Stempel verteilen. Art und Reihenfolge der Arbeitsverfahren werden nach Möglichkeit so gewählt, dass das Werkstück in einem einzigen Werkzeug gefertigt werden kann und dabei so lange im Streifenverband verbleibt, bis es in der letzten Arbeitsstufe aus- bzw. abgeschnitten und endgültig vom Abfall getrennt wird.

Um zu erreichen, dass alle Einzelheiten eines Werkstückes nicht nur für sich den Genauigkeitsanforderungen entsprechen, sondern auch hinsichtlich ihrer Lage zueinander, muss bei der Werkzeugherstellung dem Streifentransport mindestens die gleiche Aufmerksamkeit gewidmet werden wie den Stempeln und Schneidplatten oder Matrizen. Streifenführung und Vorschubbegrenzungseinrichtungen zählen daher mit zu den wichtigsten Bauelementen eines Folgewerkzeuges, denn im ungünstigsten Falle addieren sich die Vorschubfehler, während ein Werkstück die einzelnen Fertigungsstationen durchläuft.

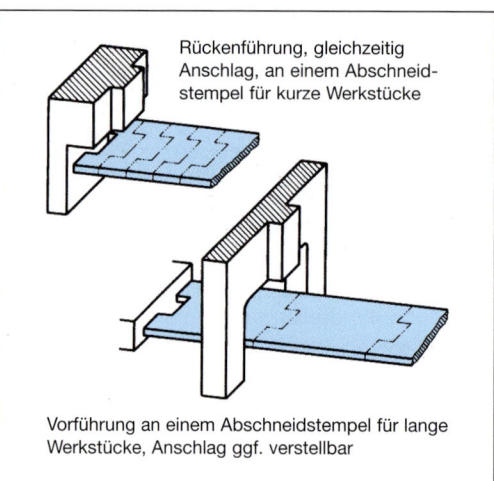

Rückenführung, gleichzeitig Anschlag, an einem Abschneidstempel für kurze Werkstücke

Vorführung an einem Abschneidstempel für lange Werkstücke, Anschlag ggf. verstellbar

2 Rückenführung und Vorführung an Abschneidstempeln

Die in einem Folgewerkzeug gefertigten Teile werden umso genauer und gleichmäßiger, je weniger Arbeitsstufen notwendig sind und je präziser der Vorschub erfolgt.

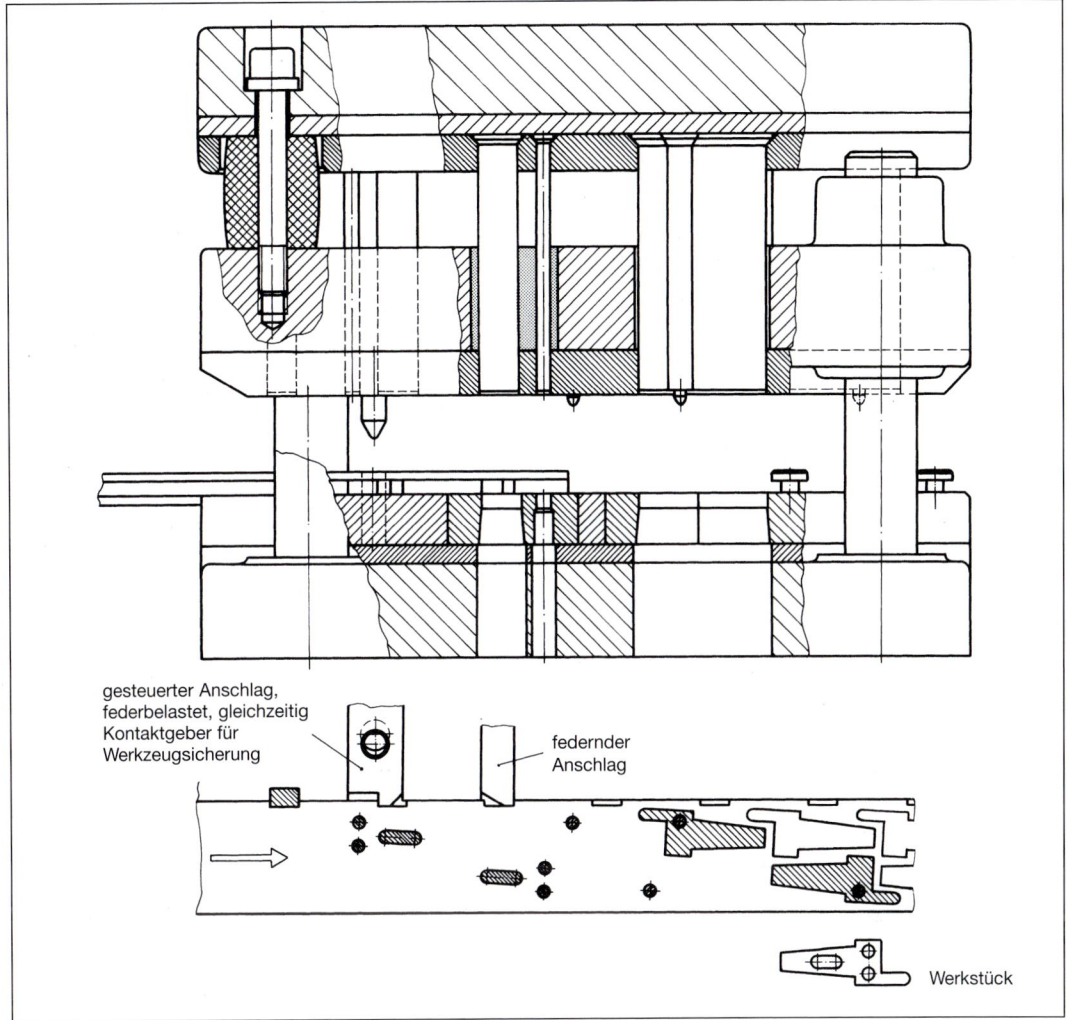

gesteuerter Anschlag, federbelastet, gleichzeitig Kontaktgeber für Werkzeugsicherung

federnder Anschlag

Werkstück

1 Folgeschneidwerkzeug

Die Vielzahl von Stempeln mit zum Teil kleinen Querschnitten und schwierigen Formen erfordert eine stabile Führung bis nahe an die Schneidkanten (siehe Abschnitt 4.4.2.2).

Es gibt eine ganze Reihe von Gründen, die das Folgewerkzeug zum meistgebauten Werkzeug gemacht haben:

1. In Folgewerkzeugen lassen sich mehr Arbeitsverfahren vereinigen als in Gesamtwerkzeugen.
2. Der Werkzeugaufbau ist einfacher.
3. Die erzielbare Werkstückgenauigkeit reicht für die meisten Fälle aus.
4. Durch Verlegen der Lochungen in verschiedene Arbeitsstufen können die Stege zwischen den Schneidplattendurchbrüchen ausreichend breit gemacht werden, unabhängig von der Lage der Durchbrüche im Werkstück.
5. Schwierige, d. h. für Stempel und Matrize gefährliche Arbeitsstufen können nochmals in vereinfachte Teiloperationen aufgegliedert werden.
   Beispiel: Ein komplizierter Durchbruch wird in mehreren Stufen durch Stempel mit einfacheren und somit standfesteren Formen gelocht (siehe Bild 2, Seite 129).
6. Lochabfälle und Werkstücke können nach unten durchfallen.
7. Das Werkzeug ist einfacher zu überwachen und ggf. zu reparieren. Letzteres gilt vor allem für Stempel und geteilte Schneidplatten.

Als Nachteile sind anzuführen:
1. Die Werkstücke werden bei Vorschubfehlern ungleichmäßig.
2. Die Gratseiten für Lochen und Ausschneiden sind verschieden.
3. Der Aufwand für die Vorschubbegrenzung ist höher, wenn die Teile sehr genau ausfallen sollen.
4. Die Werkzeuge sind größer.

4.4.3.2 Gesamtwerkzeuge

In einem Gesamtwerkzeug werden die Werkstücke in einem Hub unter gleichzeitiger Anwendung verschiedener Arbeitsverfahren gefertigt.

Die in Gesamtschneidwerkzeugen (Bild 1) zumeist und in einem Arbeitsgang angewandten Verfahren sind Lochen und Ausschneiden. Der Hauptvorteil dieser Werkzeuge liegt in der vollkommenen Deckungsgleichheit aller gefertigten Teile, insbesondere in Bezug auf die Abstände der Innenformen vom Werkstückumriss. Die Maßgenauigkeit ergibt sich unmittelbar aus der Herstellungsgenauigkeit des Werkzeuges, unabhängig davon, ob die Teile einzeln aus Platinen gefertigt oder ob Streifen bzw. Bänder verarbeitet werden. Bei Verarbeitung von Streifen bzw. Bändern ist die Vorschubgenauigkeit, die in Folgewerkzeugen eine entscheidende Rolle spielt, ohne jeden Einfluss auf die Werkstücktoleranzen; man kann daher auch auf Seitenschneider verzichten und spart damit den entsprechenden Randabfall ein. Da der Werkstoff innerhalb der Ausschnittlinie zwischen Stempel und Ausstoßer, außerhalb zwischen Schneid- und Abstreiferplatte eingespannt ist, lassen sich in solchen Werkzeugen auch

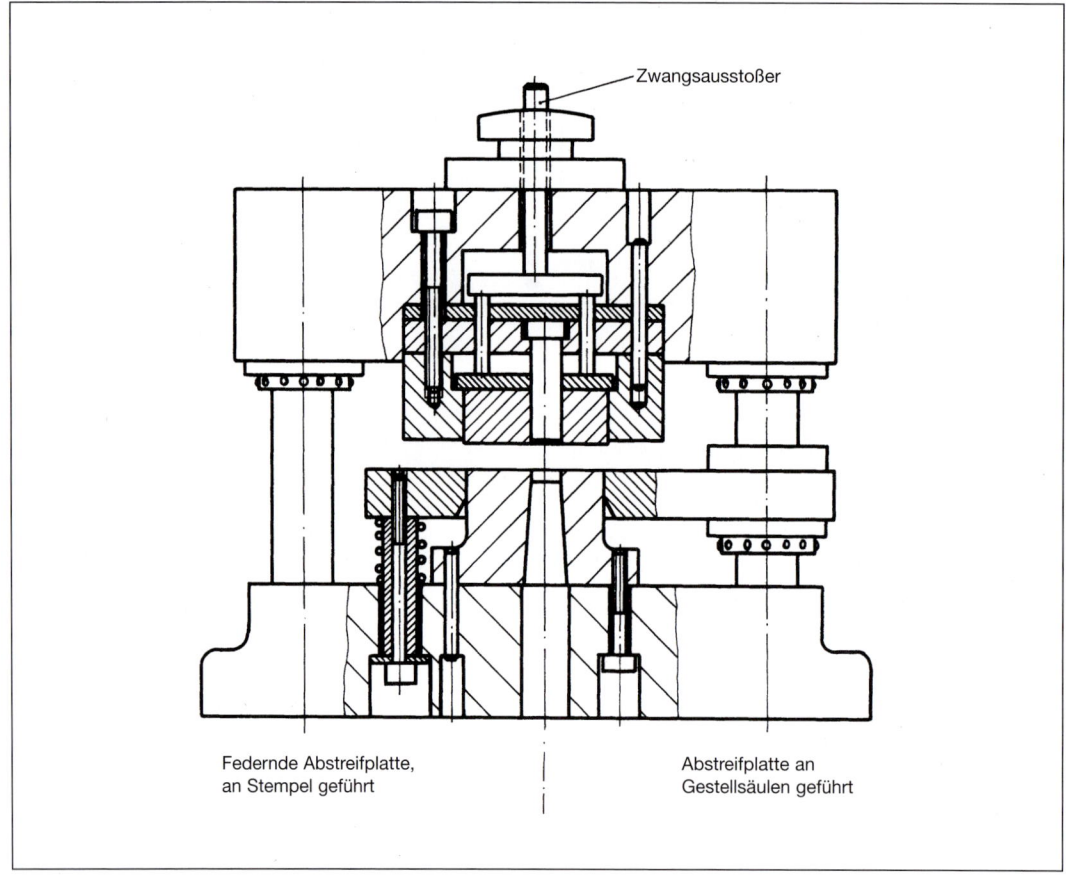

Zwangsausstoßer

Federnde Abstreifplatte, an Stempel geführt

Abstreifplatte an Gestellsäulen geführt

1 Gesamtschneidwerkzeug

dünne Bleche (unter 0,3 mm) zu feinsten Präzisionsteilchen verarbeiten, zumal eine Vorschubberichtigung durch Suchstifte, welche die Lochränder unzulässig verformen könnten, entfällt.

Die Steg- und Randbreiten dürfen allgemein kleiner gehalten werden als in Folgewerkzeugen. Schließlich kann es auch von Vorteil oder gefordert sein, dass der Grat an allen Schnittkanten, also bei Innen- wie Außenformen, auf der gleichen Seite des Werkstückes liegt.

Nachteilig sind die hohen Herstellungskosten der Gesamtwerkzeuge, die sich aus der typischen Bauweise mit ineinander liegenden und sich gegenseitig führenden Stempeln, Ausstoßern und Abstreifern ergeben. Ihr Einsatz ist deshalb oft nur wirtschaftlich, wenn sehr kleine Lagetoleranzen für die Durchbrüche, etwa 0,01 … 0,02 mm, verlangt werden.

Werkstücke, deren Durchbrüche zu eng beieinander oder zu nahe am Werkstückumriss liegen, lassen sich in Gesamtschneidwerkzeugen nicht herstellen.

Im Gegensatz zu anderen Schneidwerkzeugen ist bei Gesamtbauweise der Hauptstempel (Ausschneidstempel) ruhend im Unterteil eines Säulengestells befestigt und dient gleichzeitig als Schneidplatte für die im Werkzeugoberteil sitzenden Lochstempel. Diese werden durch einen Ausstoßer geführt, der sich seinerseits im zylindrischen Durchbruch der Schneidplatte für den Werkstückumriss bewegt. Das Abstreifen des Abfalles vom Hauptstempel übernimmt eine auf Federn abgestützte Abstreiferplatte, die gegebenenfalls in den Säulen des Gestells geführt ist.

Während des Schneidvorganges wirken Ausstoßer und Abstreifer zusätzlich als Gegenhalter und Pressplatte. Beim Stößelhochgang drückt ein federnder Ausstoßer die Werkstücke in das Abfallgitter zurück, aus dem sie u. U. außerhalb des Werkzeuges durch mechanische Klopfvorrichtungen gelöst werden müssen. Häufig werden allerdings Zwangsausstoßer bevorzugt, da sie die Werkstücke erst nach dem Abheben der Schneidplatte vom Werkstoffstreifen zu einem genau einstellbaren Zeitpunkt ausstoßen. Wenn inzwischen der Streifenvorschub erfolgte, fallen die Teile auf den ungelochten Streifen und können leicht ausgeworfen werden. Die dann offen bleibenden Durchbrüche im Abfallgitter ermöglichen die Vorschubbegrenzung durch Anlagestifte.

4.4.4 Weitere Werkzeugarten

In DIN 9869 wird noch unterschieden zwischen Werkzeugen, in denen nur ein einzelnes Fertigungsverfahren zur Anwendung kommt, und der Vielzahl jener Werkzeuge mit mehreren, wenn auch gleichartigen Verfahren:

In **Einverfahrenwerkzeugen** werden die Werkstücke unter Anwendung eines einzelnen Verfahrens und in einem Hub gefertigt.

In **Mehrverfahrenwerkzeugen** werden demzufolge bei der Herstellung eines Werkstückes mehrere Verfahren angewandt oder mehrere Hübe benötigt.

Im Hinblick auf die Anzahl der in einem Hub gefertigten Werkstücke kann ebenfalls eine Unterteilung in zwei Werkzeuggruppen vorgenommen werden:

In **Einfachwerkzeugen** wird bei jedem Hub ein Werkstück hergestellt.

In **Mehrfachwerkzeugen** werden bei jedem Hub mehrere Werkstücke hergestellt (siehe Bild 2, Seite 117).

> In einem **Verbundwerkzeug** kommen gleichzeitig Arbeitsverfahren verschiedener Fertigungshauptgruppen (nach DIN 8580) zur Anwendung.

Da viele Schnittteile noch zusätzlich umgeformt, Stanz- und Ziehteile ohnehin aus- oder abgeschnitten, beschnitten und vielfach auch gelocht werden müssen, verbindet man in diesen Fällen möglichst alle Arbeitsverfahren in einem Werkzeug. Erfolgt die Teilefertigung in mehreren Arbeitsstufen, also im Folgeverfahren, so spricht man von einem **Folgeverbundwerkzeug,** ist dagegen für den gesamten Arbeitsablauf nur ein einziger Pressenhub erforderlich, so handelt es sich um ein **Gesamtverbundwerkzeug.**

4.5 Streifeneinteilung, Werkstoffausnutzung, Vorschubbegrenzung

4.5.1 Streifeneinteilung (Streifenbild)

Die Wirtschaftlichkeit von Werkzeugen, in denen Streifen oder Bänder verarbeitet werden, hängt weitgehend von der Streifeneinteilung ab (Bild 1).

> Unter Streifeneinteilung versteht man die Lagebestimmung für die Ausschnitte im Streifen oder Band unter dem Gesichtspunkt bestmöglicher Werkstoffausnutzung bei gleichzeitig funktions- und kostengerechter Werkzeugkonstruktion.

Am Beispiel eines schmalen Rechteckes kann leicht nachgeprüft werden, dass die Anbringung länglicher Ausschnitte senkrecht zur Vorschubrichtung gegenüber der Längsanordnung eine Werkstoffersparnis einbringt. Außerdem erhält man ein kürzeres Werkzeug, kleineren Vorschub, eine höhere Stückzahl je Streifen und dementsprechend geringeren Zeitverlust für das Streifeneinlegen.

Auch die Walzrichtung der Bleche, gegebenenfalls das Format der Blechtafeln, die in Streifen geschnitten werden sollen, die Oberflächenbeschaffenheit und schließlich Forderungen hinsichtlich der Gratseite können für die Streifeneinteilung bzw. Werkzeugkonstruktion bestimmend sein.

Die Anordnung der Stempel im Werkzeug entspricht dem Streifenbild. Wegen der Bruchgefahr an schmalen Schneidplattenstegen müssen jedoch zwischen den verschiedenen Stempeln größere Abstände als die Stegbreite des Abfallgitters eingehalten werden. Man versetzt daher die Hauptstempel von Mehrfachschneidwerkzeugen um mindestens eine Teilung. Ähnliches gilt für die Vorlocher von Werkstücken mit mehreren Durchbrüchen, wenn diese zu nahe beieinander liegen. Auf diese Weise entstehen dann die so genannten Leerstufen.

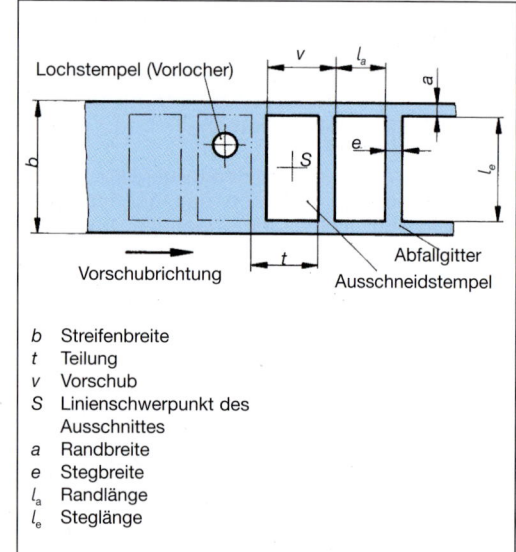

b Streifenbreite
t Teilung
v Vorschub
S Linienschwerpunkt des Ausschnittes
a Randbreite
e Stegbreite
l_a Randlänge
l_e Steglänge

1 Begriffe an Schnittstreifen

Steg- und Randbreiten. Um ein Verbiegen der Stege und Ränder und damit eine Beeinträchtigung des Schneidvorganges wie des Werkstofftransportes zu verhindern, dürfen bestimmte Mindestwerte für Steg- und Randbreite nicht unterschritten werden. Diese liegen für Blechdicken bis 1 mm bei etwa 1 ... 2 mm, abhängig von der Streifenbreite, für eine Blechdicke von 2 mm bei 1,5 ... 2,5 mm und für 3 mm dickes Blech bei 2 ... 3 mm. Die höheren Werte entsprechen dabei jeweils Steg- und Randlängen von über 100 mm. Spröde Werkstoffe oder Wendestreifen erfordern demgegenüber eine Verbreiterung der Stege und Ränder um etwa die Hälfte, faserige Werkstoffe, Hartgewebe und dergleichen auf das Doppelte. In besonders ungünstigen Fällen müssen Niederhalter eingesetzt werden.

Grundsätzlich gibt es drei Merkmale, nach denen die Schnittstreifen zu unterscheiden sind (Bild 1, Seite 117):

- die Anzahl der Ausschnittreihen
- die gefertigten Ausschnitte je Hub
- die Anzahl der Werkzeugdurchgänge

Anzahl der Ausschnittreihen	einreihig	Die Schnittlinienschwerpunkte sämtlicher Ausschnitte liegen auf einer Geraden, der Reihenachse. Alle Ausschnitte einer Reihe haben die gleiche Lage.	
	mehrreihig	Der Schnittstreifen hat mindestens zwei Reihenachsen. Die Ausschnitte verschiedener Reihen sind parallel versetzt oder polsymmetrisch zueinander angeordnet.	
Anzahl gefertigter Ausschnitte je Hub	einfach	Bei jedem Hub wird nur ein Werkstück aus- oder abgeschnitten.	
	mehrfach	Je Hub werden mindestens zwei Werkstücke gefertigt.	
Anzahl der Werkzeugdurchgänge	zwei Durchgänge: Wendestreifen	Ausschnittform: symmetrisch	Nach dem ersten Durchgang kann der Streifen umgeklappt werden: gleicher Streifenanfang für beide Durchgänge
		unsymmetrisch	Das Streifenende des ersten Durchganges wird Streifenanfang für den zweiten Durchgang.

1 Unterscheidungsmerkmale an Schnittstreifen

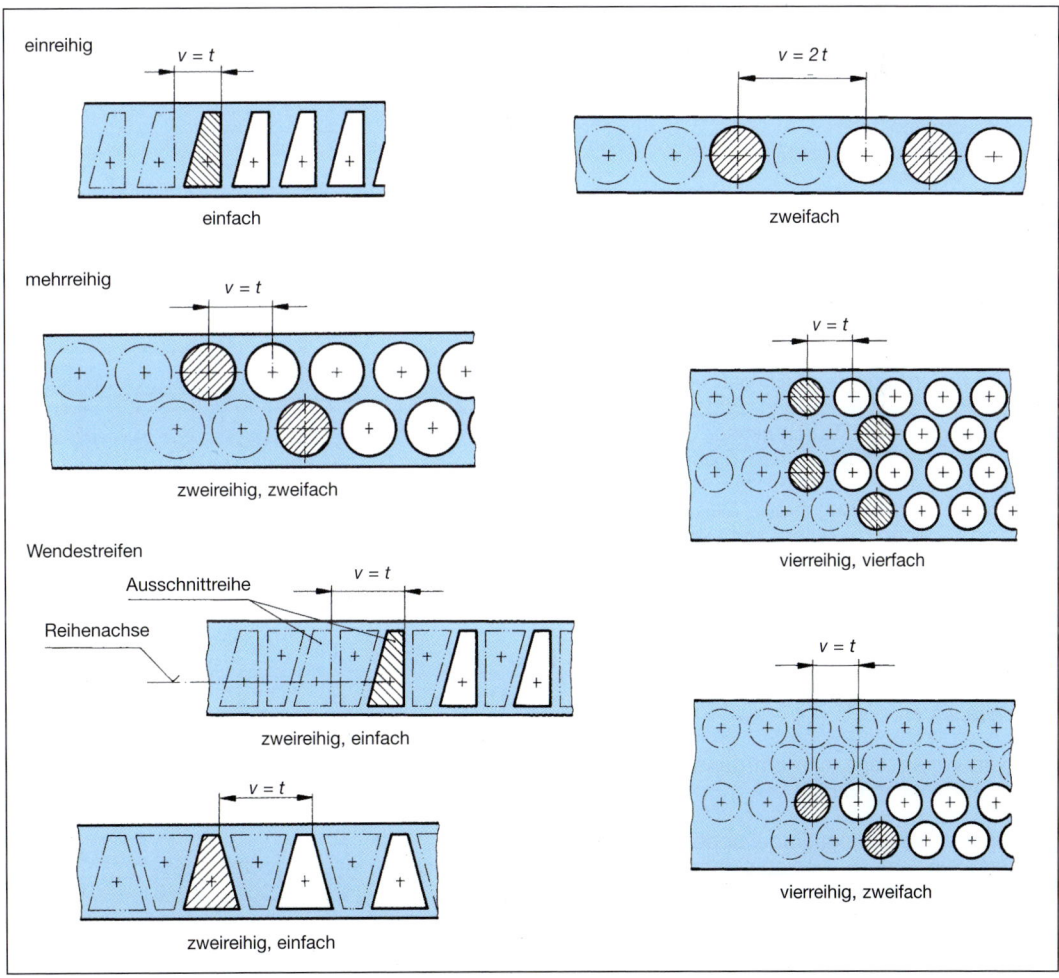

2 Beispiele von Schnittstreifen

4.5.2 Werkstoffausnutzung

Eine Beurteilung der Streifeneinteilung nach dem Werkstoffverbrauch ermöglicht der Ausnutzungsgrad η. Da gewöhnlich an Anfang und Ende der Streifen zusätzliche Abfallflächen unvermeidbar sind, diese bei Verarbeitung von Blechband jedoch das Ergebnis kaum beeinflussen, erfolgt die Berechnung nach verschiedenen Formeln:

Ausnutzungsgrad

für Streifen
$$\eta = \frac{z_1 \cdot A}{l \cdot b} \cdot 100 \quad \text{in \%}$$

für Band
$$\eta = \frac{z_2 \cdot A}{v \cdot b} \cdot 100 \quad \text{in \%}$$

z_1 Anzahl der Ausschnitte je Streifen
z_2 Anzahl der Ausschnitte je Vorschub
A Fläche eines Ausschnitts
l Streifenlänge
b Streifenbreite
v Vorschub

Geht es nur um die Festlegung des Streifenbildes, so werden Werkstückdurchbrüche und Seitenschneiderabfall – ausgenommen bei Überlegungen bezüglich der Verwendung von Formseitenschneidern – nicht berücksichtigt.

Kreisrunde Ausschnitte stellt man vorteilhaft aus mehrreihigen Streifen her (vgl. Bild 2, Seite 117). Je größer dabei der Durchmesser und je höher die Anzahl der Reihen, umso größer ist der in beiderlei Hinsicht allerdings nur degressiv zunehmende Ausnutzungsgrad. Der konstruktive Aufwand rechtfertigt selten mehr als vierreihige Anordnung. Dies bestätigt ein bestimmtes Beispiel (Ausschnitt-Durchmesser d = 20 mm), wo, ausgehend von η = 68 % bei einreihiger Anordnung, eine Verbesserung um 6,3 % mit der zweiten Reihe, um 2,5 % mit der dritten und schließlich nur noch um 1,3 % mit einer vierten Reihe zu erreichen wäre.

Schmale Winkel legt man am günstigsten übereck in den Streifen (Bild 1).

Die besten Ausnutzungsgrade ergeben sich beim Abschneiden, sofern Werkstückform, Schnittflächengüte am Streifenrand oder die Tatsache, dass der Schnittgrat der Außenform gegebenenfalls abschnittsweise auf verschiedene Seiten zu liegen kommt, dieses Verfahren überhaupt zulassen (Bild 2 und Bild 1, Seite 119).

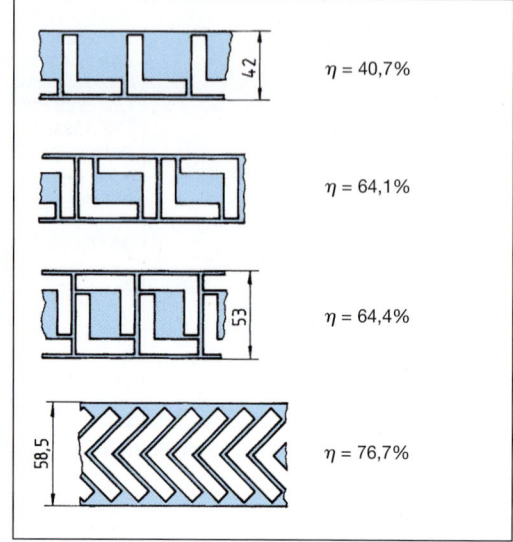

1 Streifeneinteilung bei schmalen Winkelausschnitten

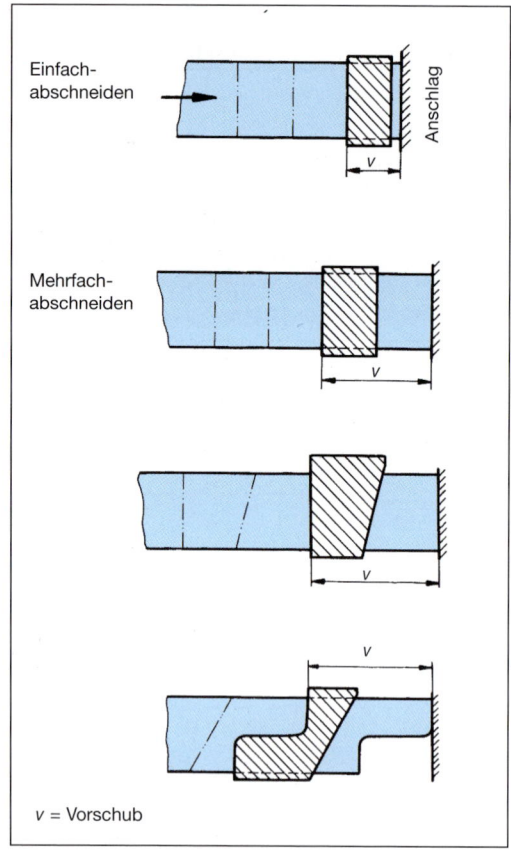

2 Streifenbild beim Abschneiden (ohne Abfall)

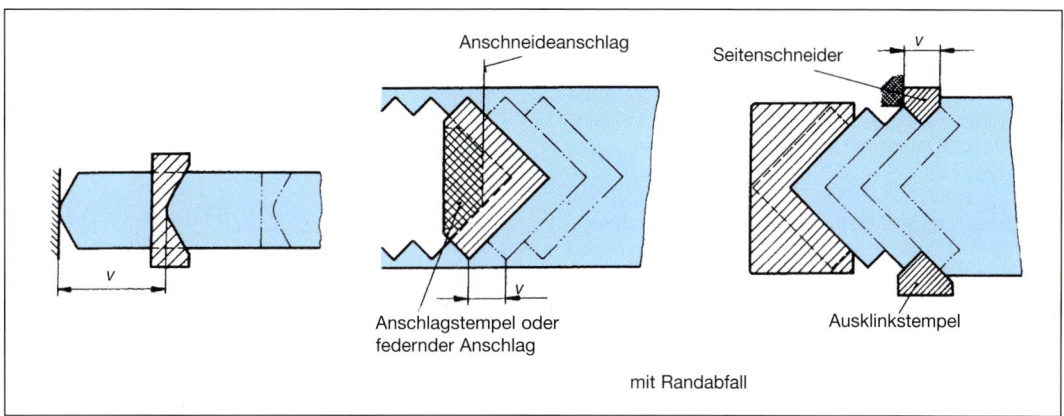

Anschneideanschlag

Seitenschneider

Anschlagstempel oder
federnder Anschlag

Ausklinkstempel

mit Randabfall

1 Streifenbild beim Abschneiden (mit Stegabfall)

4.5.3 Vorschubbegrenzung

Vorschubbegrenzungseinrichtungen haben allgemein den Zweck, bei Verarbeitung von Streifen oder Bandwerkstoff den Abfall auf ein Mindestmaß zu beschränken, im Besonderen aber in Folgewerkzeugen einen genauen Taktvorschub und damit ausreichende Werkstücktoleranzen zu gewährleisten.

Bei Verarbeitung einzelner, vorgeschnittener Rohteile dienen Platten oder Stifte, die der Rohteilform angepasst bzw. entsprechend angeordnet sind, als so genannte Werkstückaufnahme. Die Teile werden meist von Hand eingelegt und von Hand oder selbsttätig, z. B. durch Pressluft wieder aus dem Werkzeug entfernt. Man spricht daher von Einlegearbeit. Anders als hier muss bei Streifen- oder Bandarbeit durch an richtiger Stelle eingebaute Anschläge zunächst einmal verhindert werden, dass am Streifenanfang unnötig viel Werkstoff zerschnitten wird. Im Weiteren sollen die Stege zwischen den einzelnen Ausschnitten gleichmäßig und möglichst schmal sein, dürfen aber ein Mindestmaß nicht unterschreiten, damit sich der Werkstoff nicht zu sehr verformt und damit den Schneidvorgang oder den Streifentransport beeinträchtigt. In mehrstufige Werkzeuge (Folgewerkzeuge) müssen besonders genaue Vorschubeinrichtungen eingebaut werden, da hier bestimmte Werkstückmaße unmittelbar von der Vorschubgenauigkeit abhängen und nicht nur von der Präzision, mit welcher Stempel und

Schneidplatte hergestellt und eingesetzt sind. Schließlich erfordern Werkzeuge für Wendestreifen noch zusätzliche Anschläge, um so auch für den zweiten Streifendurchgang die richtige Lage der Ausschnittreihe sicherzustellen.

Vorschubbegrenzungselemente unterscheiden sich jedoch nicht nur hinsichtlich ihrer Aufgaben, die praktische Gestaltung wird auch bestimmt durch Form und Dicke der Werkstücke, deren Maßgenauigkeit und Stückzahl.

Es gibt folgende Ausführungen:
- Anschneideanschläge
- Anlagestifte, -platten, -winkel
- Suchstifte
- Seitenschneider
- Abschneideanschläge
- Pendelanschläge (Hakenanschläge)
- automatische Vorschubeinrichtungen

Anschneideanschläge (Voranschläge)

Der Streifenanfang muss unmittelbar hinter der ersten Arbeitsstufe und, sofern keine Seitenschneider verwendet werden, hinter jeder folgenden Stufe einen Anschneideanschlag (Voranschlag) erhalten, bis sich schließlich eine Schnittfläche am eigentlichen Vorschubbegrenzungsanschlag anlegen lässt, andernfalls würde das erste Teil ausgeschnitten, ohne die vorhergehenden Arbeitsstufen durchlaufen zu haben. Anschneideanschläge dieser Art werden nicht benötigt, wenn die Vorderkanten von Anlageplatten zum Anschneiden benutzt oder Seitenschneider an die richtige Stelle gesetzt werden.

In anderen Fällen verwendet man federnde Anschläge (Bild 1), wobei in Werkzeugen mit starren
Suchstiften die Federn den Anschlag ständig
nach innen drücken. Die Gefahr, dass die Betäti-
gung beim Anschneiden vergessen und als Folge
das Werkzeug beschädigt wird, ist damit nicht
gegeben.

Das Anschneiden in einfachen Ausschneidwerkzeugen mit Vorlochern erfolgt entweder so, dass
der Ausschneidstempel ein genügend breites
Flächenstück am Streifenanfang ausklinkt, wodurch eine genaue Anlage am Anlagestift erreicht wird, oder der Streifen wird nur bis nahe
an die Schneidkante des Hauptstempels heran-
geschoben. Dies hat, wenn keine Suchstifte im
Stempel unterzubringen sind, zwar eine gewisse
Vorschubungenauigkeit zur Folge, es treten aber
keine Seitenkräfte beim Anschneiden auf.

Zweistufige Folgewerkzeuge für einreihige Streifen oder Mehrfachstreifen mit einem Durchgang
benötigen nur einen Anschneideanschlag (Bild 2).
Jede weitere Stufe würde auch einen weiteren
Anschneideanschlag erfordern. Da viele Werkzeuge zwischen zehn und zwanzig Arbeitsstufen
haben, müssen dort schon deshalb Seitenschneider eingesetzt werden.

Zweistufige Folgewerkzeuge für Wendestreifen
müssen für jeden Durchgang einen besonderen
Anschneideanschlag erhalten, es sei denn, man
hängt den Streifen zu Beginn des zweiten Durch-
gangs in feste, der Ausschnittform teilweise angepasste Aufnahmeplatten oder an festen bzw.
federnden Stiften ein, bis wieder am Normalan-
schlag angelegt werden kann.

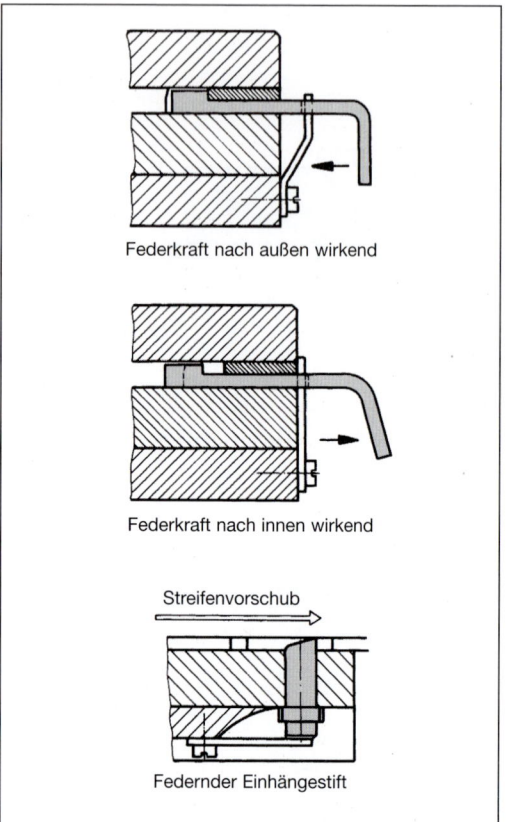

Federkraft nach außen wirkend

Federkraft nach innen wirkend

Streifenvorschub

Federnder Einhängestift

1 Anschneideanschläge

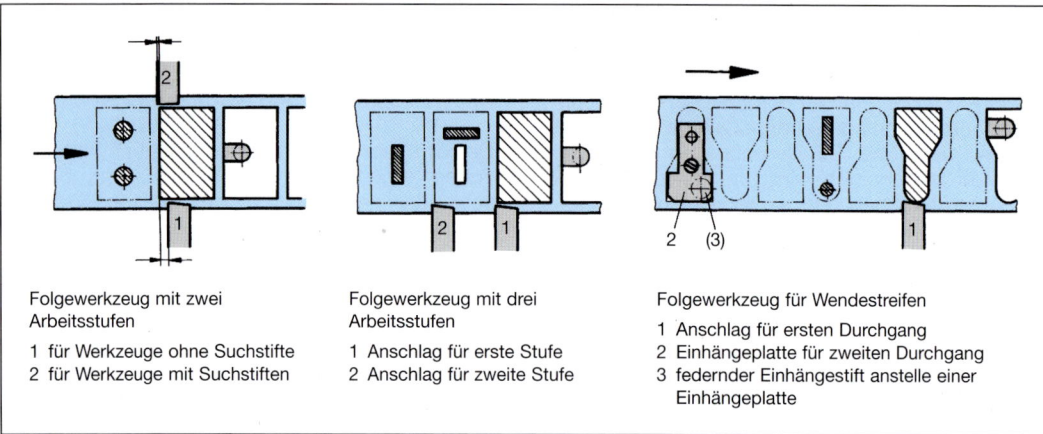

Folgewerkzeug mit zwei
Arbeitsstufen

1 für Werkzeuge ohne Suchstifte
2 für Werkzeuge mit Suchstiften

Folgewerkzeug mit drei
Arbeitsstufen

1 Anschlag für erste Stufe
2 Anschlag für zweite Stufe

Folgewerkzeug für Wendestreifen

1 Anschlag für ersten Durchgang
2 Einhängeplatte für zweiten Durchgang
3 federnder Einhängestift anstelle einer
   Einhängeplatte

2 Anordnung der Anschneideanschläge

Anlagestifte, Anlageplatten, Anlagewinkel

Anlagestifte sind einfache und billige Vorschub-begrenzungsanschläge (Bild 1). Um Bruchgefahr für die Schneidplatte zu vermeiden, erhalten die Anlagestifte einen Kopf oder werden abgewinkelt, sodass die zugehörige Aufnahmebohrung etwas weiter vom Schneidplattendurchbruch entfernt ist. Verlegt man den Anschlag um eine Teilung oder hängt das Abfallgitter entgegen der Vor-schubrichtung am Stift ein (Rückanschlag), dann kann auch ein glatter Zylinderstift verwendet wer-den. Das Versetzen der Anlagestifte empfiehlt sich auch dann, wenn dicke Werkstoffe verarbei-tet werden und zu befürchten ist, dass der Stift durch die in unmittelbarer Nähe des Schneid-stempels entstehenden Druckkräfte seitlichen im Werkstoff abgeschert werden könnte. Ange-flächte Anschläge sind weniger verschleißemp-findlich und für dünne Werkstoffe zu bevorzugen, müssen aber genau und verdrehsicher einge-passt werden.

Bei breiten Ausschnitten in über 100 mm breiten Streifen kann durch Anordnung von zwei nicht angeflächten Anlagestiften möglichst nahe am Streifenrand zusätzlich die Lage des Streifens zwischen der Streifenführung verbessert werden, wie man dies u. a. auch bei der paarweisen Ver-wendung von Seitenschneidern bezweckt.

Nach Möglichkeit sollte der Anlagestift bei schräg im Streifen liegenden Ausschnitten bzw. schrägen Anschlagkanten so gesetzt werden, dass der auf-tretende Querschub zur festen Führungsleiste gerichtet ist. Dies gilt ebenso für Anlageplatten. Bei der Festlegung des Streifenbildes muss also auch an den Streifenvorschub gedacht werden.

In Verbindung mit Suchstiften verwendete An-lagestifte dürfen vor allem die Lagekorrektur durch die Sucher nicht behindern. Sie müssen also um einige Zehntelmillimeter in Vorschubrich-tung, bei Rückanschlag entgegen der Vorschub-richtung versetzt angebracht werden.

Da der Streifen nach jedem Arbeitshub über sie hinweg gehoben werden muss und die Höhe des Streifendurchlasses im Wesentlichen von der Werkstoffdicke und der Höhe der Anschlagele-mente abhängt, sollen die Anlagestifte möglichst niedrig gehalten werden, etwa 0,8-mal Werkstoff-dicke im zylindrischen Teil.

Anlageplatten werden für große Ausschnitte verwendet. Sie sind im Anschlagbereich der Werkstückform angepasst und können dabei u. U. gleichzeitig als Anschneideanschlag dienen (Bild 2).

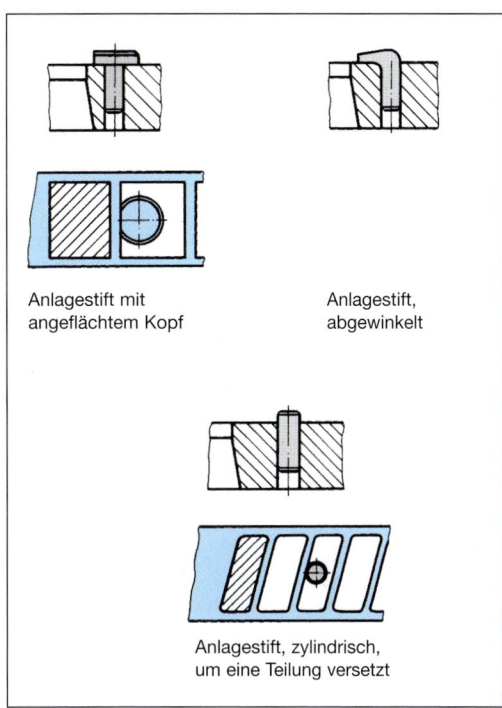

Anlagestift mit angeflächtem Kopf

Anlagestift, abgewinkelt

Anlagestift, zylindrisch, um eine Teilung versetzt

1 Anlagestifte

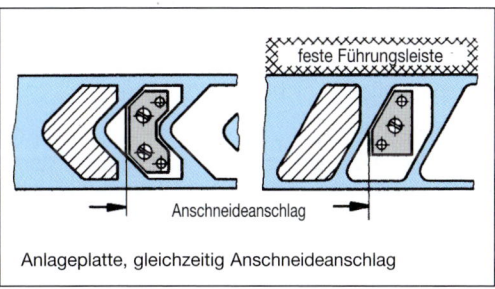

feste Führungsleiste

Anschneideanschlag

Anlageplatte, gleichzeitig Anschneideanschlag

2 Anlageplatten

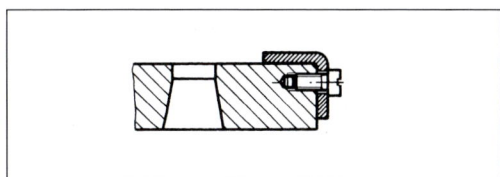

3 Anlagewinkel

Anlagewinkel brauchen nicht an der Schneid-platte befestigt und können beispielsweise an der Führungsplatte von außen verschraubt werden (Bild 3). Vor allem muss man sie zum Nachschlei-fen der Schneidplatte nicht ausbauen.

Suchstifte

Suchstifte dienen zur Vorschub- und Lageberichtigung nach bereits abgeschlossenem Taktvorschub (Bild 1). Sie werden also nur in Verbindung mit den oben angeführten Anschlägen bzw. mit Seitenschneidern (Bild 2), Pendelanschlägen oder automatischen Vorschubeinrichtungen, wie Zangenvorschüben, eingesetzt. Kreisrunde Suchstifte ergeben dabei naturgemäß feinere Vorschubtoleranzen als solche, die bestimmten Werkstückdurchbrüchen angepasst wurden (Suchstempel). In den meisten Fällen greifen sie in bereits vorgelochte Werkstückdurchbrüche ein, zum Ausschneiden ungelochter Werkstücke oder von Werkstücken mit komplizierten Durchbrüchen setzt man besondere Vorlocher in den Bereich zwischen den Ausschnitten im Abfallgitter und entsprechend die zugehörigen Suchstifte. Notfalls muss die Teilung im Streifen vergrößert oder der Streifen verbreitert werden, um Platz für diese zusätzlichen Lochungen zu schaffen.

Besitzt ein Werkstück keine geeigneten Durchbrüche oder lässt die Werkstückform eine Unterbringung der Suchstifte innerhalb des Hauptstempels bzw. innerhalb der Ausschneidstufe nicht zu, so müssen diese in vorhergehende Arbeitsstufen versetzt, gegebenenfalls sogar in reinen Sucherstufen angeordnet werden (Bild 3).

Für Stahlblech unter 0,3 mm und weichere Werkstoffe schon ab größeren Dicken sollten Suchstifte nicht mehr verwendet werden, da sich die Lochränder verformen und demzufolge eine Lageberichtigung nicht mehr gesichert ist.

Seitenschneider

Seitenschneider sind zusätzliche Stempel, deren Länge genau dem erforderlichen Vorschub entspricht. Sie klinken fortlaufend schmale Randstücke am Streifen aus, worauf sich dieser jeweils um die Länge einer solchen Ausklinkung weitertransportieren lässt.

Die Seitenschneider ordnet man so an, dass ihr Anschlag gleichzeitig als Anschneideanschlag benutzt werden kann. Wegen der geringen Anschlagbreite fügt man gehärtete Stahl- oder Hartmetallstücke ein. Paarweise eingesetzte Seitenschneider verbessern die Streifenführung. Um auch das Streifenende restlos ausnutzen zu können, muss man den zweiten Seitenschneider hinter die letzte Arbeitsstufe setzen, bei Verarbeitung von Bandwerkstoff allerdings könnte darauf verzichtet werden.

Die erforderliche Seitenschneiderlänge ist Werkstücklänge plus Stegbreite, gemessen in der Reihenachse. Dieses Maß ist um 0,1 … 0,2 mm größer, wenn mit Suchstiften gearbeitet wird. Den erhöhten Werkzeugkosten – und wegen der größeren Streifenbreite auch Werkstoffkosten –

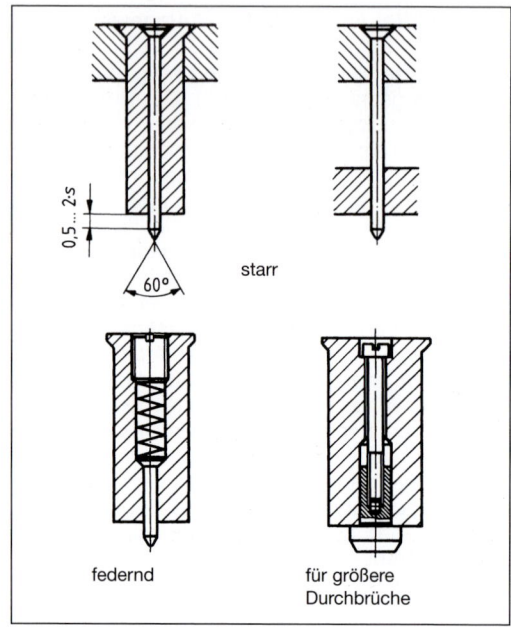

1 Suchstife

starr

federnd

für größere Durchbrüche

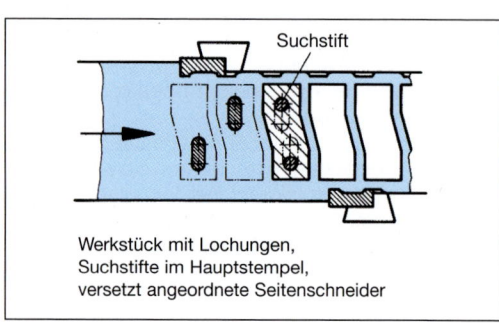

Suchstift

Werkstück mit Lochungen, Suchstifte im Hauptstempel, versetzt angeordnete Seitenschneider

2 Schnittstreifen mit Seitenschneidern und Suchstiften

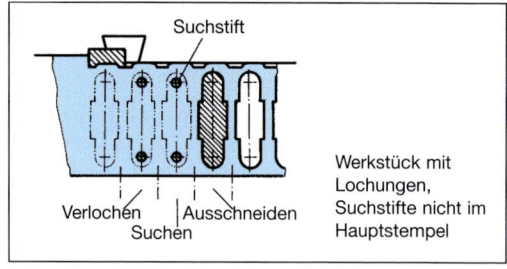

Suchstift

Werkstück mit Lochungen, Suchstifte nicht im Hauptstempel

Verlochen   Ausschneiden
Suchen

3 Schnittstreifen mit Sucherstufe

steht neben der verbesserten Maßgenauigkeit eine um 15 … 20 % höhere Stückleistung gegenüber, da der Streifendurchlauf weit schneller vor sich geht als bei Anlagestiften.

Damit der an den Stoßstellen entstehende Grat nicht den Vorschub behindert oder zu Verletzungen führt, erhalten die meisten Seitenschneider eine Aussparung oder auch – in vereinfachter Form – einen kleinen Vorsprung.

Große Vorschübe und dicke Werkstoffe bedeuten für die Seitenschneider hohe Seitenkräfte, die jedoch durch eine Rückenführung aufgefangen werden können.

Formseitenschneider vereinfachen das Werkzeug und gestatten eine günstigere Werkstoffausnutzung, indem sie zusätzllich einen Teil der Werkstückform freischneiden (siehe Bild 1, Seite 119).

Abschneideanschläge

Einfach-Abschneidwerkzeuge, in denen je Hub ein Werkstück ausfällt, erhalten gelegentlich einstellbare Anschläge, womit die Werkstücklänge verändert werden kann, unabhängig davon, ob mit oder ohne Stegabfall gearbeitet wird. Werkstücke mit Durchbrüchen lassen sich auf diese Weise aber nur dann in verschiedenen Längen herstellen, wenn der Abstand der Löcher von einer der beiden Schnittkanten gleich bleiben soll.

Abschneidestempel für kurze Werkstücke gestaltet man so, dass die Rückenführung oder ähnlich geformte Anschlagstempel den Vorschub begrenzen. Die Rückenführung in Ausklinkwerkzeugen ist demgegenüber nicht als Anschlag verwendbar, sofern nicht geteilte Stempel verwendet werden.

Pendelanschläge (Hakenanschläge)

Diese Anschläge sind in zwei Ebenen beweglich. Sie können nur für Blechdicken über 0,5 mm verwendet werden, bieten aber einige zu beachtende Vorteile:

- genaue, sichere Vorschubbegrenzung
- keine Anlagestifte und damit kein Anheben des Streifens während des Vorschubes erforderlich
- kein Randabfall wie bei Seitenschneidern

Man unterscheidet:
1. Horizontal-Pendelanschläge, die in Ausklinkungen am Streifenrand eingreifen
2. Vertikal-Pendelanschläge, die von oben oder unten in Streifendurchbrüche eingreifen

Bild 2 zeigt einen von oben wirkenden Vertikal-Pendelanschlag. Der durch eine Feder sowohl abwärts als auch in Richtung der Streifeneinlaufseite gedrückte Hebel greift am Anfang der Vor-

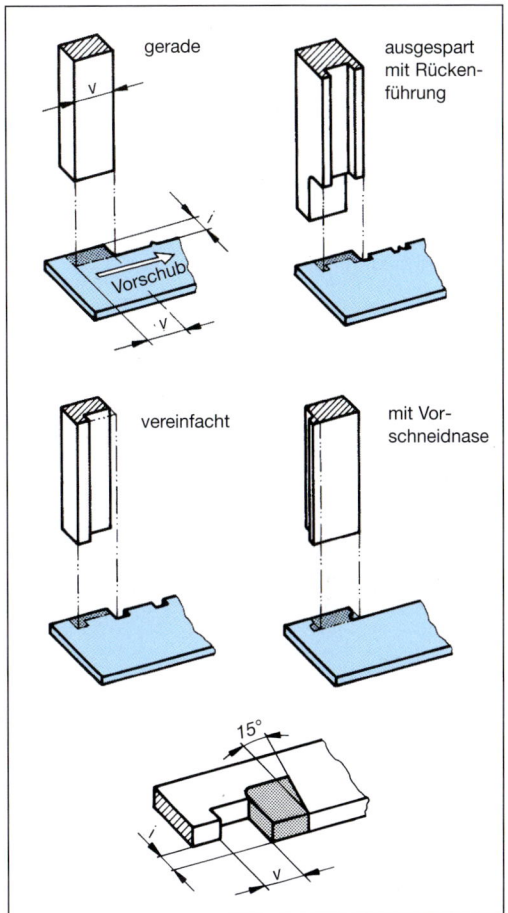

1 Seitenschneider

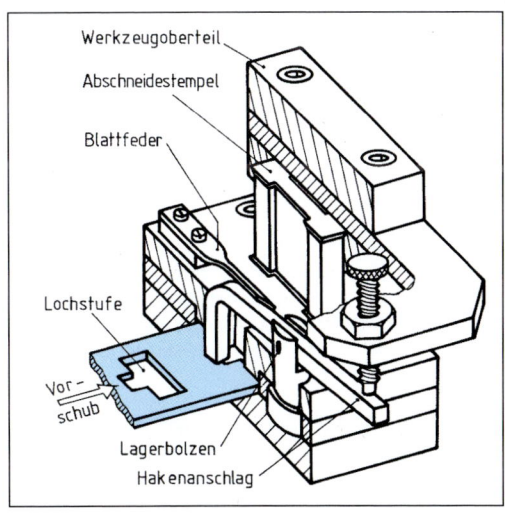

2 Vertikal-Pendelanschlag

schubbewegung in den zuvor erzeugten Streifendurchbruch ein und wird bis zur festen Anlage an der Plattenaussparung mitgenommen. Ein am Werkzeugoberteil verstellbar und zur Sicherheit gegebenenfalls federnd angebauter Stift drückt ihn während des nächsten Schneidvorganges aus dem Streifen heraus. Die Federkraft bewirkt, dass er dabei entgegen der Vorschubrichtung auspendelt und dann so lange auf dem Streifen aufliegt, bis er zu Beginn des nächsten Vorschubes wieder in das Streifengitter zurückfedert.

Automatische Vorschubeinrichtungen

Die Automatisierung des gesamten Fertigungsablaufes in Stanzbetrieben erfordert einen erheblichen Aufwand an Zusatzgeräten für den Werkstofftransport. So benötigt man unter anderem Haspeln oder Abrollvorrichtungen mit gesteuertem eigenen Antrieb, um breites Band von einer u. U. tonnenschweren Rolle (Coil) abzuwickeln. Auf der anderen Seite muss das Abfallgitter wieder aufgewickelt oder zertrennt werden. Richtapparat und Bandschmiergerät sorgen für den richtigen Ausgangszustand des Werkstoffes. Walzen- oder Zangenvorschubapparate übernehmen den Vorschub in bzw. durch das Werkzeug, bei Verarbeitung von einzelnen Halbfertigteilen sind es Greifer- oder Schiebervorrichtungen. Das Hauptaugenmerk ist – außer bei Arbeiten mit Gesamtwerkzeugen – immer auf die Genauigkeit des Vorschubes gerichtet, gleichwohl, ob man dabei einfache, mechanische Mittel, z. B. feste Anschläge, oder aber elektrische, induktive, optische oder auch akustische Steuerimpulse benutzt. Der eigentliche Antrieb solcher Baueinheiten erfolgt zumeist pneumatisch oder elektromotorisch. Da Stanzteile heute sehr häufig in Großserien gefertigt werden, sind derartige Vorschubeinrichtungen weit verbreitet im Einsatz.

4.6 Gestaltung der Einzelelemente

4.6.1 Stempel, Stempelbefestigung, Stempelführung

Die Gesamtform der Schneidstempel wird bestimmt durch Form und Größe des Schnittteiles, den Stempelwerkstoff, das Herstellungsverfahren und die Art der Führung. Der Schaft ist zylindrisch, der Freiwinkel an der Schneide also gleich null. Die Rautiefenwerte der Oberfläche im Schneidenbereich sollten nicht extrem niedrig liegen, um mangelnde Schmiermittelhaftung und erhöhte Kaltverschweißneigung zu vermeiden.

Mit der Befestigung der Stempel muss erstens eine genaue, auf Dauer unverrückbare Position und zweitens die Aufnahme der Schneid- und Rückzugskräfte ohne plastische Verformung der Bauteile oder Bruch der Befestigungselemente gewährleistet sein.

Die am häufigsten angewandten Ausführungen sind Stempel mit angestauchtem bzw. konischem oder zylindrischem Kopf und Stempel mit Schrauben- oder Gewindelöchern für direkte Schraubenbefestigung. Seltener anzutreffen sind Querstift- oder Flanschverbindungen, reine, d. h. nicht mit anderen Techniken kombinierte Pressverbindungen, Löt- und Klebeverbindungen oder Gießharzkonstruktionen (siehe Bild 1, Seite 125 und Bild 1, Seite 126).

Für Stempel mit Durchmessern im Größenbereich der Werkstoffdicke besteht erhöhte Knickgefahr, denn die Druckspannung im Stempelschaft verhält sich umgekehrt proportional zum Stempeldurchmesser. Bei den üblichen Stempellängen von 60 bis 70 mm wäre die Knicksicherheit für glatte Stempel oft längst nicht mehr gegeben, was sich mit folgender Formel nachprüfen lässt:

Knicksicherheit von Rundstempeln

$$\nu = 32385 \cdot \frac{d^3}{l^2 \cdot s \cdot \tau_\mathrm{B}}$$

l Stempellänge
s Werkstoffdicke

Außerdem kann aus dieser Beziehung nach Umstellung ($l \rightarrow l_\mathrm{k}$) die Knicklänge l_k ermittelt werden. Bezüglich der Einspannverhältnisse sind weder

Stempelhalte- noch Führungsplatte als völlig starr anzunehmen, doch genügt es, bei geführten Stempeln mit einfacher Sicherheit ($\nu = 1$) zu rechnen.

Die Erfahrung hat gezeigt, dass man bei Verhältnissen $d/s \leq 1$ abgesetzte Stempel verwenden sollte. Normstempel dieser Art weisen eine mindestens zwei- bis fünfzehnfache Knicksicherheit gegenüber Stempeln mit durchgehendem Schaft auf.

Eine andere Möglichkeit ist es, glatte Lochstempel in Buchsen zu führen, die dann nicht allein das

Ausknicken verhindern, sondern gleichzeitig als Niederhalter dienen können, wenn sie unmittelbar vor Beginn des Schneidvorganges auf dem Werkstoff aufsetzen.

Beide Ausführungen erfordern eine zuverlässige, genaue Hubbegrenzung, die durch feste Anschläge am sichersten gewährleistet ist.

Runde Schneidstempel sind genormt
- mit kegeligem Kopf nach DIN 9861
- mit zylindrischem Kopf nach DIN ISO 8020
- Schnellwechsel-Schneidstempel nach DIN ISO 10071

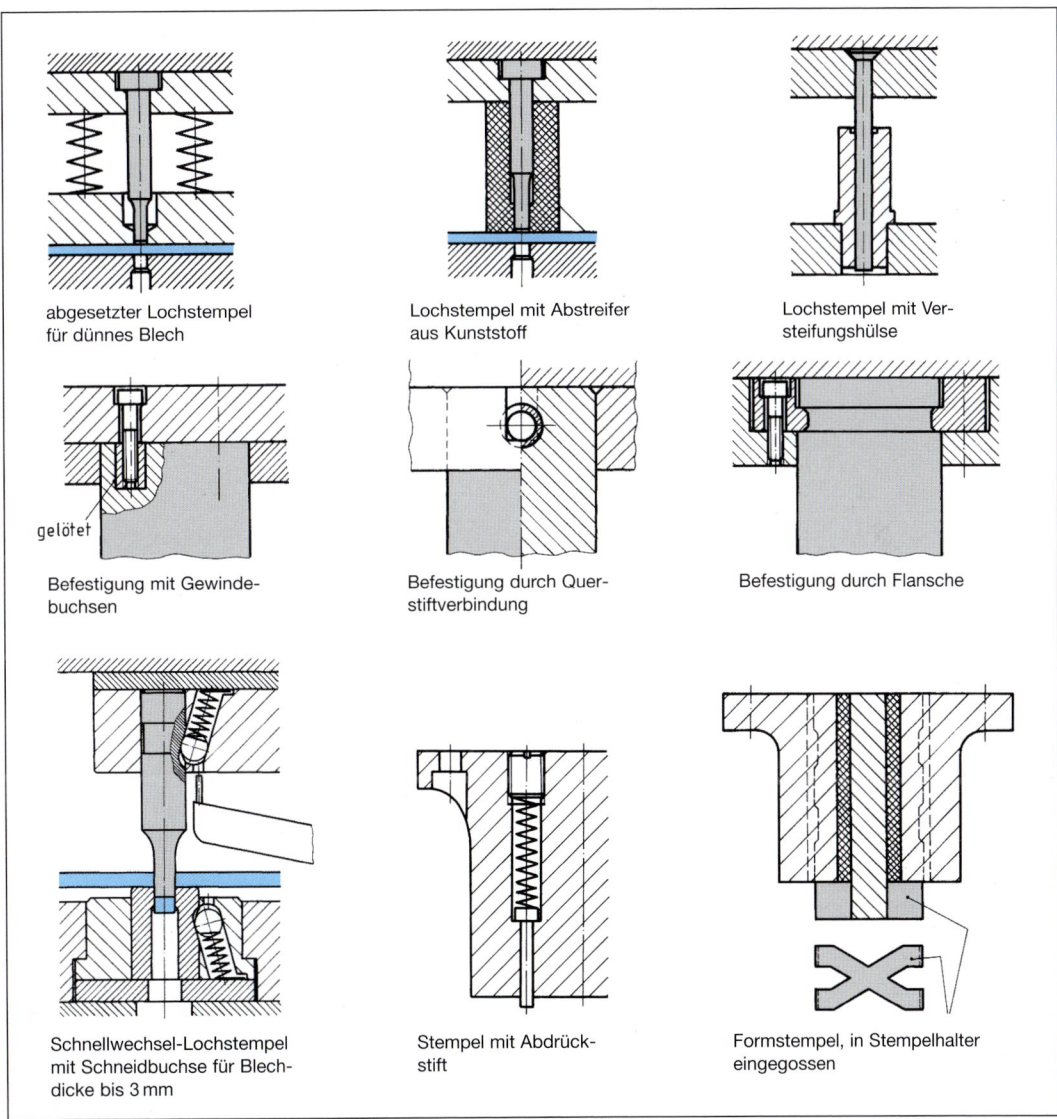

abgesetzter Lochstempel für dünnes Blech

Lochstempel mit Abstreifer aus Kunststoff

Lochstempel mit Versteifungshülse

gelötet

Befestigung mit Gewindebuchsen

Befestigung durch Querstiftverbindung

Befestigung durch Flansche

Schnellwechsel-Lochstempel mit Schneidbuchse für Blechdicke bis 3 mm

Stempel mit Abdrückstift

Formstempel, in Stempelhalter eingegossen

1 Stempelformen

Die steigenden Pressenhubzahlen in der modernen Fertigung mit im Mittel etwa 120, aber auch bis zu 800 Hüben/min (bei Schnellhubpressen bis 2000 1/min) rücken eine weitere mögliche Bruchursache in den Vordergrund: dynamische Belastungsverhältnisse, Schwingungen. Hierdurch sind vor allem dünne Lochstempel gefährdet. Aber auch alle anderen belasteten Bauteile müssen auf Dauerfestigkeit überprüft werden. Im Besonderen müssen die Befestigungsschrauben als Dehnschrauben mit mindestens 10 % Restvorspannkraft berechnet werden.

Starre Abstreiferplatten mit entsprechend hohem Streifendurchlass bedeuten eine weitere Gefahr für dünne Stempel, denn beim Rückzug kann der Werkstoff verkanten und Biegebruch verursachen. Bewegliche Führungs- und Abstreifplatten sind demgegenüber aber auch deswegen vorzuziehen, weil die elastische Verformung des Werkstoffes in Schnittliniennähe damit spürbar eingedämmt, die Rückfederungswirkung reduziert und so die Abstreifkraft in für die Bruchsicherheit des Stempels zulässigen Grenzen gehalten wird.

Wegen der hohen Druckspannung auch auf die Kopfplatte besteht die Gefahr, dass sich der Kopf eines Lochstempels hier plastisch eindrückt. Man baut deshalb zwischen Kopf- und Stempelhalteplatte gehärtete Druckplatten mit Dicken von 4 ... 10 mm ein. Ab welchem Lochdurchmesser dies zu empfehlen ist, hängt in der Hauptsache von der Schneidkraft und dem Verhältnis Lochdurchmesser zu Kopfdurchmesser des Stempels ab und kann, geht man von einer für die Kopfplatte höchstzulässigen Druckspannung 100 N/mm² aus, mit der folgenden Beziehung ermittelt werden:

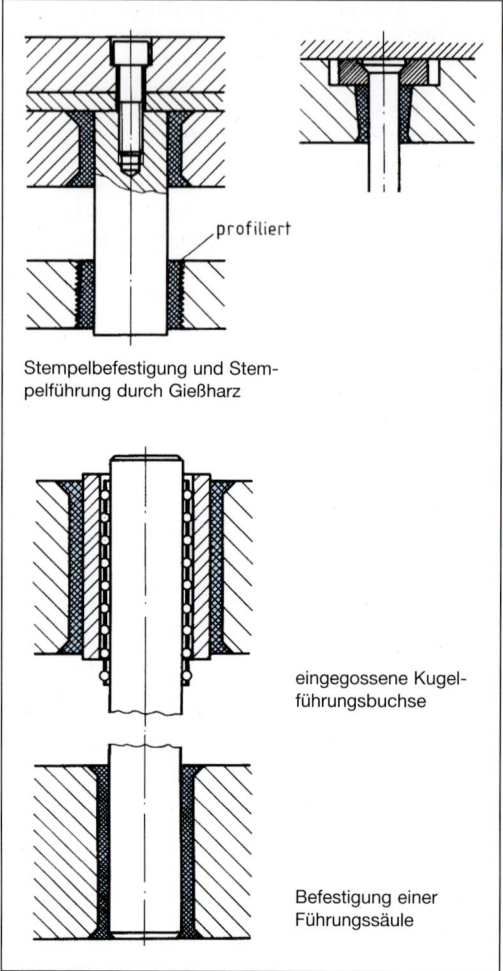

profiliert

Stempelbefestigung und Stempelführung durch Gießharz

eingegossene Kugelführungsbuchse

Befestigung einer Führungssäule

1 Anwendungsbeispiele von Gießharz

$$\frac{d}{s} \le 0{,}04 \; \tau_B \cdot k^2$$

d Lochdurchmesser
s Werkstoffdicke
τ_B Scherfestigkeit des Werkstückwerkstoffes in N/mm²
k Verhältnis Lochdurchmesser zu Kopfdurchmesser des Stempels

Anstelle des Faktors 0,04 ist bei anderen zulässigen Druckspannungen der Wert $1{:}0{,}25 \cdot \sigma_{dzul}$ zu verwenden.

Durch Verwendung von **Gießharzen** (Duroplasten) vereinfachen sich verschiedene, bislang sehr teure Arbeiten nicht unwesentlich. So erhält man einerseits durch Ausgießen sehr genaue Führungen und langwierige Einpassarbeiten erübrigen sich. Andererseits erleichtert die Anwendung des Ausgießverfahrens die präzise Lagebestimmung bei der Befestigung von Stempeln, Führungssäulen und auch Schneidplatten (Bild 1).

4.6.2 Schneidplatte

Schneidplatten erhalten durchgehend angeschrägte Durchbrüche, wenn dünne Bleche verarbeitet oder nur geringe Stückzahlen verlangt werden, andernfalls lässt man den Durchbruch auf einer Höhe von 2 … 5 mal Blechdicke zylindrisch. Schneidplatten in Gesamtwerkzeugen oder Feinschneidwerkzeugen haben zur besseren Führung der Ausstoßer bzw. Gegenhalter meist durchgehend zylindrische Aussparungen (Bild 1).

Richtwerte für die äußeren Abmessungen ergeben sich aus folgenden Beziehungen:

Plattendicke	$H = \sqrt[3]{0,1 \cdot F_s}$	(Zahlenwertgleichung!) in mm
Gesamtlänge	$L = (n + 2) \cdot t$	
Breite	$B = b + 2 \cdot H$	

F_s　　Schneidkraft in N
n　　　Zahl der Arbeitsstufen
t　　　Teilung
b　　　Breite des Streifendurchlasses

Die Schneidplatten werden entweder mit dem Werkzeug-Unterbau verschraubt und verstiftet oder, wenn sie geteilt sind, durch Schrumpfringe zusammengehalten bzw. in ein Futter eingepresst, das, besonders bei Werkzeugen mit sehr engem Schneidspalt, seinerseits in $0,5° … 3°$ konisch gearbeitete Aussparungen des Werkzeuges eingesetzt wird. Durch eine stabile Unterkonstruktion verhindert man eine zu hohe Biegebeanspruchung der gehärteten Teile. Zur optimalen Lagesicherung bei Verwendung von Passstiften sind diese immer mit größtmöglichem Abstand voneinander (diagonal versetzt) einzubauen.

Um dem Risiko längerer Ausfallzeiten von vielstufigen Folgewerkzeugen, verursacht durch Bruchschäden oder auch nur durch natürlichen, aber stark unterschiedlichen Verschleiß der Einzelteile, zu entgehen, baut man häufig für jede Arbeitsstufe ein eigenes Werkzeug in der Art einer leicht auswechselbaren Schubeinheit und setzt alle Werkzeuge in eine gemeinsame Unterkonstruktion ein.

Stempel- und Schneidplatten zur Herstellung besonders schwieriger Formen werden, wenn keine Drahterodiermaschine zur Verfügung steht, geteilt ausgeführt oder erhalten an den kritischen Stellen besondere Einsätze (Bild 2).

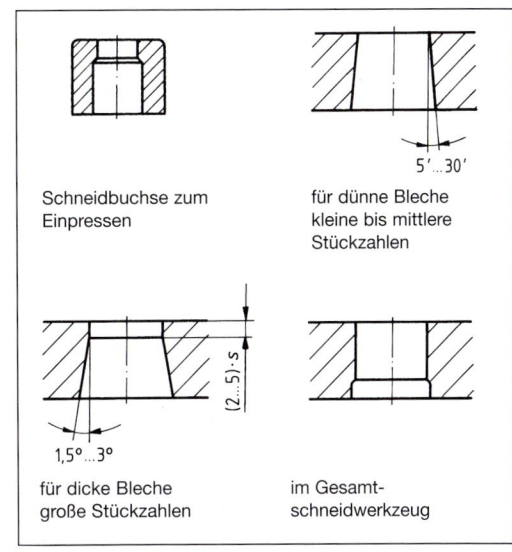

Schneidbuchse zum Einpressen

für dünne Bleche kleine bis mittlere Stückzahlen

$5' … 30'$

$(2 … 5) \cdot s$

$1,5° … 3°$

für dicke Bleche große Stückzahlen

im Gesamtschneidwerkzeug

1 Schneidplattendurchbrüche

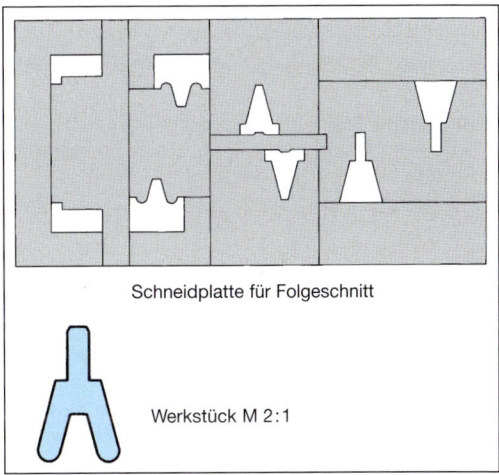

Schneidplatte für Folgeschnitt

Werkstück M 2:1

2 Geteilte Schneidelemente

Geteilte Schneidelemente bieten mehrere Vorteile:
1. Die einzelnen Segmente können profilgeschliffen werden.
2. Stempel- und Schneidplatteneinsätze sind bruchfester.
3. Härtespannungen und Härteverzug treten kaum mehr auf.
4. Reparaturen sind kostengünstiger; Ersatzstücke werden bei der Werkzeugherstellung schon mitgefertigt.
5. Besonders verschleißgefährdete Teilformen können aus besserem Schneidstoff gefertigt werden.

Stempel und Schneidplatten für sehr große, einfache Ausschnitte teilt man aus Kostengründen und setzt an den Schneidkanten gehärtete Leisten ein, während die Grundkörper aus Baustahl oder Grauguss gefertigt werden (Bild 1).

Elektroerosive Herstellung

Die Vervollkommnung elektroerosiver Verfahren, insbesondere des Drahterodierens zusammen mit den Möglichkeiten, die eine moderne CNC-Steuerung bietet, führten dazu, dass das Profilschleifen geteilter Schneidelemente in den letzten Jahren stark verdrängt wurde. Stattdessen fertigt man Schneidplatten auch von Folgewerkzeugen und mit schwierigsten Durchbrüchen wie auch die zugehörigen Stempel aus einem Stück und, da Maßgenauigkeit und Oberflächenrauhheit dies zulassen, jeweils in einem Arbeitsgang, d. h. ohne Nacharbeit (Bild 1, Seite 129).

Vorteile des Drahterodierens:

- Die Wärmebehandlung findet vor der elektroerosiven Bearbeitung statt, daher kein Härteverzug.

- Ungeteilte Schneidplatten lassen mehr Durchbrüche zu und benötigen keine besondere Aufnahme bzw. Schrumpfringe.

- Die Werkzeugabmessungen werden daher kleiner.

- Die Herstellung der Werkzeugteile erfordert weniger Zeit.

- Ersatzteile sind schnell und in absolut gleicher Qualität durch archivierte Programme herzustellen.

- Alle üblichen Werkzeug-Werkstoffe, auch Hartmetall, lassen sich, wenn auch bei veränderten Abtragraten, ohne Schwierigkeit verarbeiten.

Da Drahterodiermaschinen meist mit einer NC-bzw. CNC-Steuerung ausgerüstet sind, ergeben sich weitere Vorteile:

- Die Steuerung gewährleistet hohe Maß- und Formgenauigkeit bezüglich der Passtoleranzen zwischen Stempel- und zugehörigem Schneidplattendurchbruch.

- Durch Eingabe entsprechender Korrekturfaktoren in das NC-Programm wird die Drahtmittelpunktsbahn parallel zum Hauptprofil verschoben, sodass mit einem einzigen Programm Stempel, Schneidplattendurchbruch, Führungsplatte und Stempelhalteplatte hergestellt werden können.

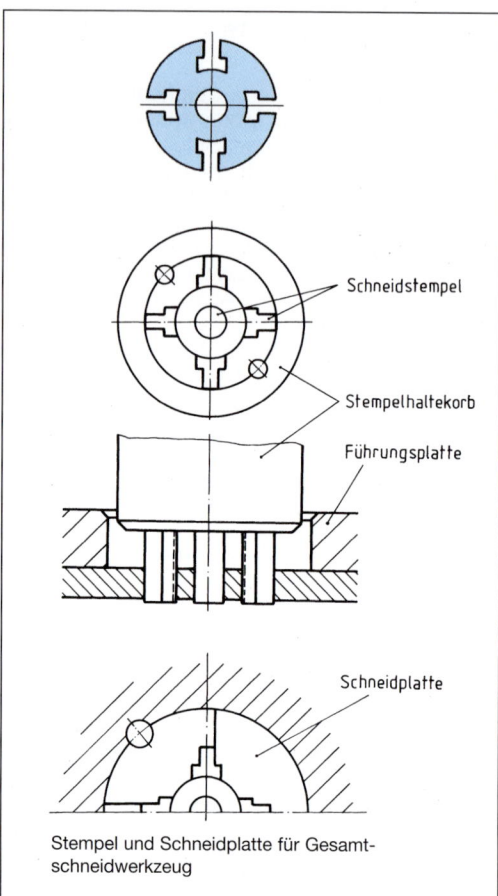

Schneidstempel

Stempelhaltekorb

Führungsplatte

Schneidplatte

Stempel und Schneidplatte für Gesamtschneidwerkzeug

1 Geteilte Schneidelemente

- Für die programmierten Werkstückabmessungen kann der NC-Rechner auch Umfang, Fläche, Linien- und Flächenschwerpunkt sowie das Trägheitsmoment berechnen. Manche Rechner ermöglichen die Programmierung eines Evolventenzahn- oder Zahnradprofils nach Eingabe von Modul, Eingriffswinkel, Zähnezahl und erforderlichenfalls auch Profilverschiebungsfaktor.

- Eine an den Rechner angeschlossene Zeichenmaschine (Plotter) zeichnet das Profil auf und gestattet damit eine erste Kontrolle.

Die Drahtdurchmesser betragen üblicherweise 0,25 bis 0,07 mm, in Sonderfällen auch bis 0,03 mm. Damit ist es möglich, Stempel und Schneidplatte für dicke Teile (ohne besondere Qualitätsansprüche) aus demselben Stück und im gleichen Arbeitsgang herzustellen.

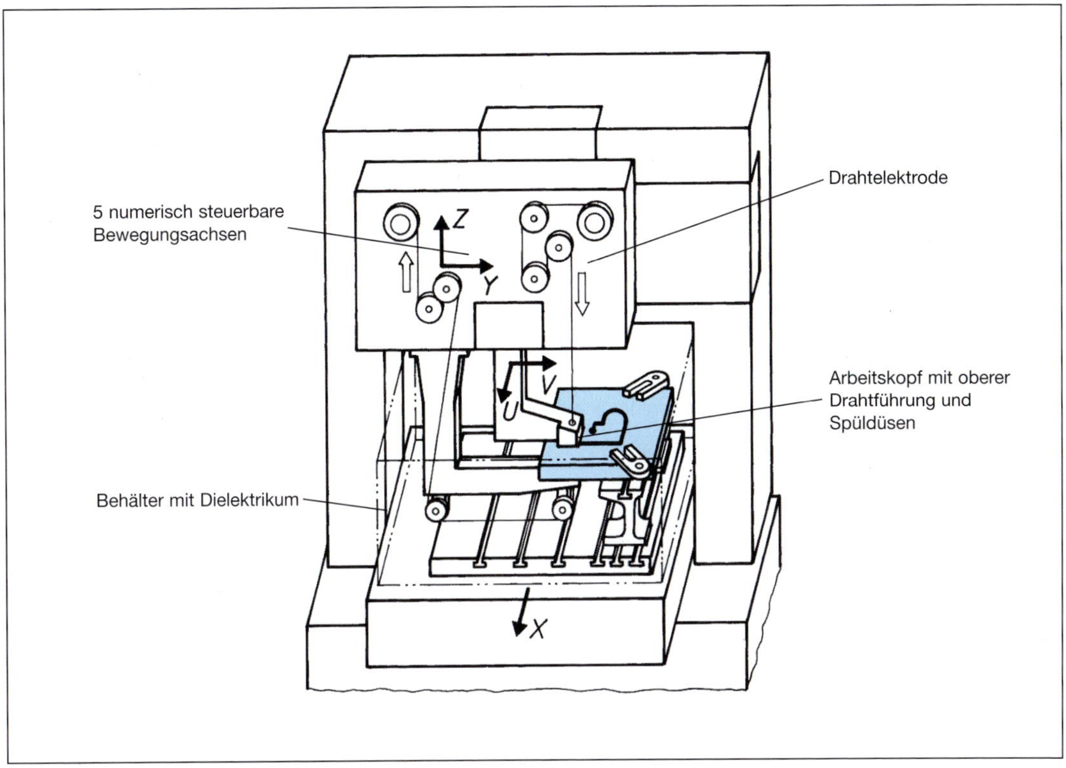

5 numerisch steuerbare
Bewegungsachsen

Drahtelektrode

Arbeitskopf mit oberer
Drahtführung und
Spüldüsen

Behälter mit Dielektrikum

1 Prinzipdarstellung einer Drahterodiermaschine

Die Oberflächengüte entspricht einem Mittenrauwert von etwa $Ra = 0,4$ μm, sodass eine Nacharbeit meistens nicht erforderlich ist, ausgenommen bei Hartmetall, dessen Randschicht beim Erodieren geschädigt wird.

In Folgewerkzeugen können Ausschnittformen und Durchbrüche in einfacher Weise auch fortschreitend erzeugt werden, indem man die Teilstempel über mehrere Arbeitsstufen verteilt (Bild 2). Allerdings ergeben sich damit zusätzliche Schnittlinien und entsprechende Schneidkräfte.

In Folgeverbundwerkzeugen muss das Verfahren, den Werkstoff zwischen den Teilen im Streifen stückweise herauszuschneiden, auch deshalb angewandt werden, weil die Umformoperationen einerseits nur ausgeführt werden können, wenn die zu verformenden Werkstückpartien zuvor „freigeschnitten" worden sind, andererseits aber meist abgeschlossen sein müssen, ehe das Teil vollends vom Abfall getrennt wird.

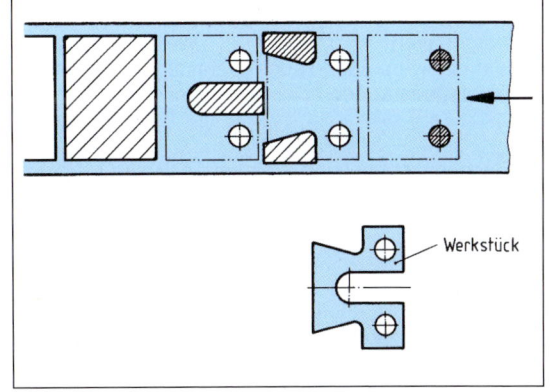

Werkstück

2 Herstellung schwieriger Ausschnitte im Folgeverfahren

4.6.3 Stempel- und Schneidplattenmaße

Allgemein gilt als Regel, dass die Stempel das Maß der vorgegebenen Werkstückinnenform erhalten müssen und die Schneidplattendurchbrüche das Maß der Außenform. Wie die Erfahrung jedoch lehrt, hängen die sich tatsächlich ergebenden Werkstückabmessungen zu sehr auch von den jeweiligen Festigkeitseigenschaften des Werkstoffes ab, um bei Werkzeugneukonstruktionen oder Verwendung neuer Werkstückwerkstoffe von vornherein sichere Werte angeben zu können, wenn es um Maßtoleranzen im Bereich von 1/100 mm geht.

Unter Berücksichtigung der Auswirkungen des Werkzeugverschleißes auf die Maßgenauigkeit der Teile wie auch im Hinblick auf gegebenenfalls noch erforderliche Korrekturen nach dem ersten Probeschnitt gibt man den Schneidelementen Abmessungen nach Bild 1.

	Stempel	Schneidplatte
beim Lochen	Werkstückhöchstmaß, ggf. plus Werkstoffrückfederungszuschlag[1]	Stempelmaß plus zwei mal Mindestspaltbreite
beim Ausschneiden	Schneidplattenmaß minus zwei mal Mindestspaltbreite	Werkstückmindestmaß, ggf. minus Rückfederungszuschlag[1]

[1] Rückfederung ist die Abweichung der Lochabmessungen im Werkstück vom Schneidstempelmaß bzw. die Abweichung der Werkstückaußenmaße vom Schneidplattenmaß.

1 Stempel- und Schneidplattenmaße

4.6.4 Einspannzapfen

Zur Befestigung des Werkzeugoberteiles am Pressenstößel haben kleinere und mittlere Werkzeuge einen Einspannzapfen, säulengeführte Werkzeuge unter bestimmten Voraussetzungen einen Kupplungszapfen, der in einer entsprechenden Stößelbohrung durch Klemmschrauben festgehalten wird (Bild 2). Werkzeugunterteil und schwere Werkzeuge befestigt man mittels T-Nutenschrauben bzw. Spanneisen.

Einspannzapfen sind genormt (DIN ISO 10242) und zur Haltesicherung mit einer kegeligen Eindrehung versehen. Nach Art ihrer Befestigung im Werkzeug unterscheidet man Einspannzapfen mit

• Nietschaft

• Gewindeschaft

• Hals und Bund (zum Einpressen)

• Kopfplatte (für Schraubenbefestigung)

• Gewindeschaft und Bund

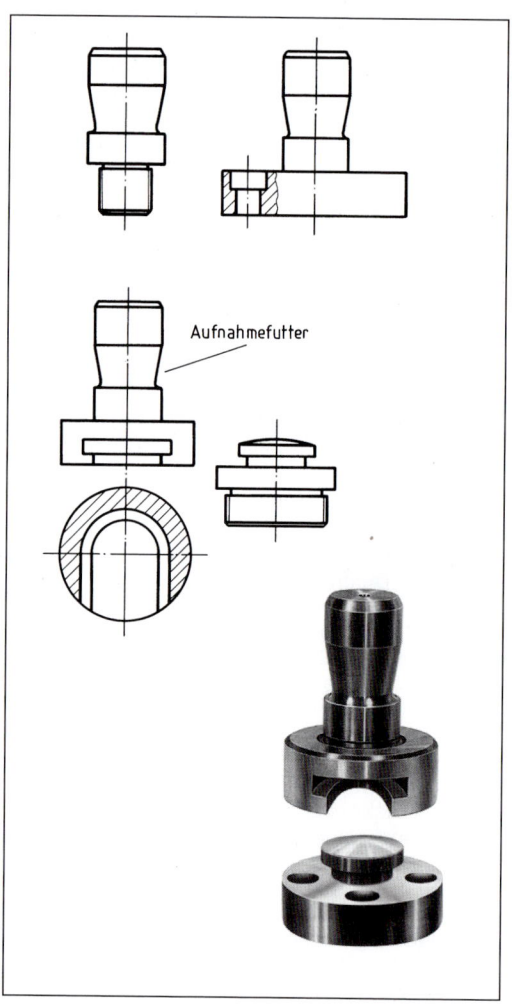

2 Einspann- und Kupplungszapfen

Kupplungszapfen bilden zusammen mit ihrem Aufnahmefutter eine bewegliche Verbindung zwischen Pressenstößel und Werkzeug, die verhindert, dass eine präzise Führung innerhalb des Werkzeuges und ein genaues Stempelspiel durch die Stößelführung an der Presse beeinträchtigt werden. Sie sind in den Normblättern nicht aufgeführt. Sie haben sich aber durchaus in einfachen Werkzeugen für Maschinen ohne zentrische Zwangsauswerfer bewährt.

Einspann- wie Kupplungszapfen haben zwei gleich wichtige Aufgaben zu erfüllen. Erstens müssen sie die Rückzugskräfte übertragen, zweitens sollen sie die richtige Einbaulage des Werkzeuges in Bezug auf die Stößelmitte sicherstellen. Liegt die Resultierende aller Schneidkräfte nicht in der Mittenachse des Pressenstößels, so treten Kippmomente auf, die sowohl an der Pressenführung als auch an den Werkzeugführungen zu vorzeitigem Verschleiß führen. Außerdem wird der Schneidspalt ungleichmäßig, die Schneidkanten nützen sich schneller ab, Standmenge und infolge einseitiger Gratbildung auch die Qualität der gefertigten Teile verringern sich beträchtlich. Um derartigen Schäden vorzubeugen, setzt man die Einspannzapfen in den Kraftmittelpunkt und nicht in die geometrische Mitte des Werkzeuges oder baut die Werkzeuge entsprechend versetzt in die Säulengestelle ein.

Lage des Einspannzapfens

Bei Schneidwerkzeugen ermittelt man die Lage der Zapfenbohrung aus den einzelnen Stempelkräften, die auch bei untereinander abgesetzten Stempeln immer gleichzeitig wirkend angenommen werden. Mithilfe des Momentensatzes kann der gesuchte Punkt errechnet, durch das Seileckverfahren aber auch zeichnerisch gefunden werden (Bild 1). Da die Kräfte den Stempelumfängen verhältnisgleich sind, genügt es, anstelle der Kräftemaßzahlen die Schnittlinienlängen zu verwenden. Dies erleichtert vor allem die Schwerpunktsbestimmung unregelmäßig geformter Stempel, wo der Stempelumfang in einzelne, geometrisch bedingte Abschnitte unterteilt und aus den jeweiligen Linienschwerpunkten dann der Gesamtschwerpunkt erhalten wird. Man hat also drei Möglichkeiten, den Kräfteschwerpunkt eines Schneidwerkzeuges festzulegen:

1. Lageberechnung aus den einzelnen Stempelkräften (Momentensatz)
2. Lageberechnung aus den Schnittlinien-Teillängen und deren Linienschwerpunkten (Momentensatz)
3. Zeichnerische Ermittlung (Seileckverfahren)

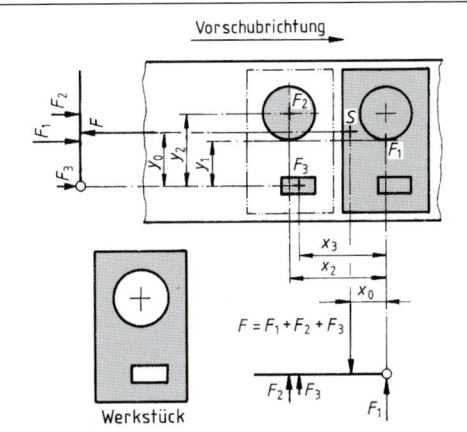

Schwerpunktabstände aus den Schneidkräften

$$x_0 = \frac{F_1 \cdot x_1 + F_2 \cdot x_2 + F_3 \cdot x_3 + \dots}{F_1 + F_2 + F_3 + \dots}$$

$$y_0 = \frac{F_1 \cdot y_1 + F_2 \cdot y_2 + F_3 \cdot y_3 + \dots}{F_1 + F_2 + F_3 + \dots}$$

a) Bei regelmäßiger Stempelform

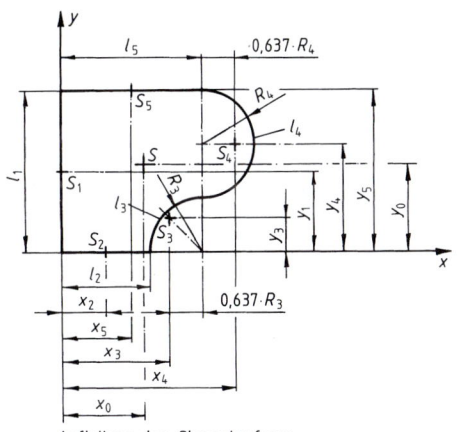

Aufteilung des Stempelumfangs

Schwerpunktabstände aus den Schnittlinien

$$x_0 = \frac{l_1 \cdot x_1 + l_2 \cdot x_2 + l_3 \cdot x_3 + \dots}{l_1 + l_2 + l_3 + \dots}$$

$$y_0 = \frac{l_1 \cdot y_1 + l_2 \cdot y_2 + l_3 \cdot y_3 + \dots}{l_1 + l_2 + l_3 + \dots}$$

b) Bei unregelmäßiger Stempelform

1 Rechnerische Ermittlung der Lage des Einspannzapfens

Die genaue Lage des Kräfteschwerpunktes am geraden Seitenschneider errechnet man aus den Beziehungen in Bild 1.

Bei Umformwerkzeugen sind Biegelinien, Umrisse von Ziehteilen, Flächenschwerpunkte von Prägestempeln und auch Federkräfte maßgebend für den jeweiligen Kräftemittelpunkt (Bilder 2, 3). Ein Schneid-Ziehwerkzeug („Schnitt-Zug") erhält den Einspannzapfen im Mittelpunkt der Schneid- und nicht der Ziehkräfte, da die ersteren wesentlich größer sind. In Folgeverbundwerkzeugen verlagert sich gewöhnlich der Kräfteschwerpunkt innerhalb eines Arbeitsganges derart, dass auch bei Säulenführung häufig Einspann- statt Kupplungszapfen verwendet werden, um so die Werkzeugführung wenigstens teilweise zu entlasten.

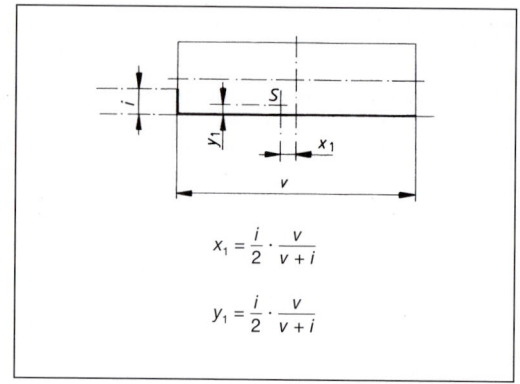

$$x_1 = \frac{i}{2} \cdot \frac{v}{v + i}$$

$$y_1 = \frac{i}{2} \cdot \frac{v}{v + i}$$

1 Lage des Kräfteschwerpunktes am geraden Seitenschneider

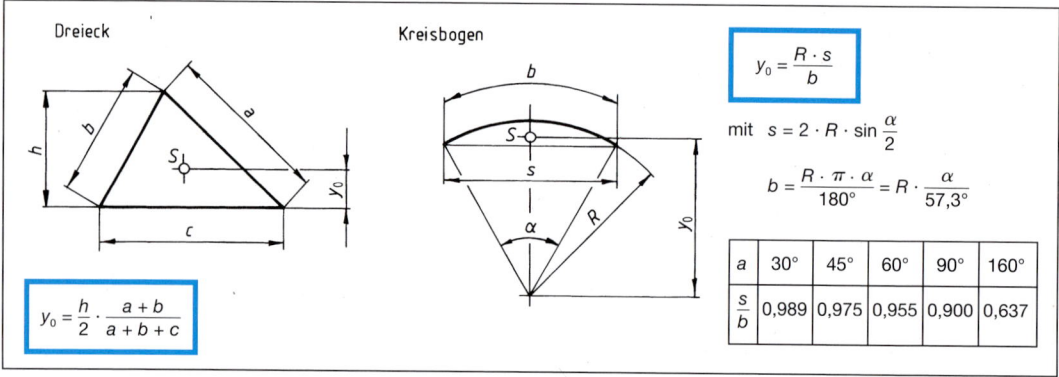

$$y_0 = \frac{R \cdot s}{b}$$

mit $\quad s = 2 \cdot R \cdot \sin\frac{\alpha}{2}$

$$b = \frac{R \cdot \pi \cdot \alpha}{180°} = R \cdot \frac{\alpha}{57,3°}$$

a	30°	45°	60°	90°	160°
$\frac{s}{b}$	0,989	0,975	0,955	0,900	0,637

$$y_0 = \frac{h}{2} \cdot \frac{a + b}{a + b + c}$$

2 Linienschwerpunkte

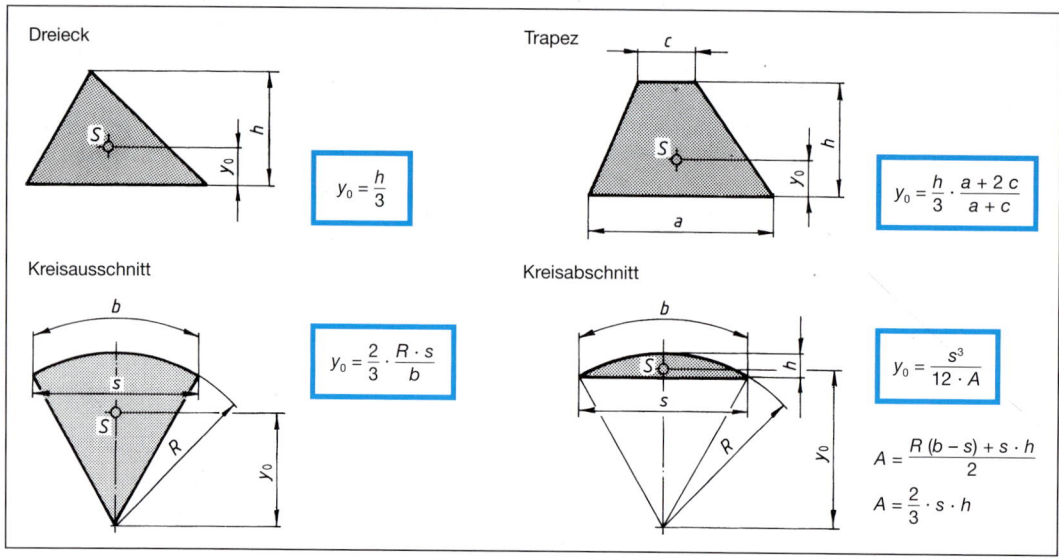

$$y_0 = \frac{h}{3}$$

$$y_0 = \frac{h}{3} \cdot \frac{a + 2c}{a + c}$$

$$y_0 = \frac{2}{3} \cdot \frac{R \cdot s}{b}$$

$$y_0 = \frac{s^3}{12 \cdot A}$$

$$A = \frac{R(b - s) + s \cdot h}{2}$$

$$A = \frac{2}{3} \cdot s \cdot h$$

3 Flächenschwerpunkte

4.6.5 Streifenführung

Die Streifenführung soll eine Verschiebung des Streifens aus der Vorschubrichtung verhindern. In Folgewerkzeugen kommt ihr dieselbe Bedeutung zu wie der Vorschubbegrenzung.

Man unterscheidet feste oder federnde Streifenführungen und federnde Streifenzentrierungen.

In einfachen Ausschneidwerkzeugen mit festen Führungs- oder Abstreiferplatten übernehmen die Zwischenlagen diese Aufgabe. Sie werden in der oberen Hälfte der Innenflächen etwa um 3° nach außen angeschrägt, um den Vorschub zu erleichtern und ein Verklemmen beim Abstreifen zu vermeiden.

Bei Verarbeitung von Streifen unterschiedlicher Breite kann, in Werkzeugen mit Seitenschneidern und Wendestreifen muss eine verstellbare Keilleiste eingebaut sein (Bild 1).

In Folgewerkzeugen setzt man gewöhnlich hinten federnde Bügel oder Rollenhebel ein, die den Streifen gegen die feste Führungsleiste drücken, sodass sich allenfalls Formfehler der Streifenkanten noch auf das Werkstück auswirken können. Seitenschneiderwerkzeuge erhalten die federnden Führungen auf der Einlaufseite.

Eine Streifenzentrierung (Bild 2) kann notwendig werden, wenn Werkstoffe mit nicht beschnittenen Rändern zu verarbeiten sind. In derartigen Fällen spannt man die Streifen entweder zwischen verschiebbaren und über federnde Zwischenglieder durch Keilstempel bewegten Führungsleisten oder aber direkt durch prismenartige, abgefederte Stempel ein.

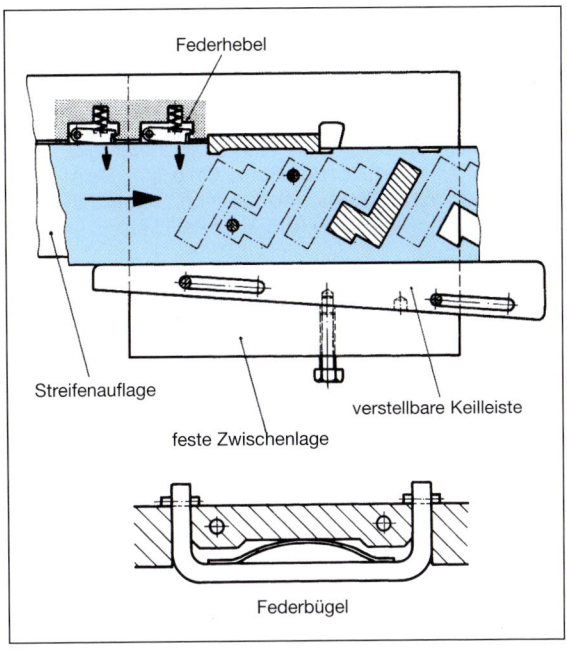

1 Werkzeug mit Keilleiste und federnder Streifenführung

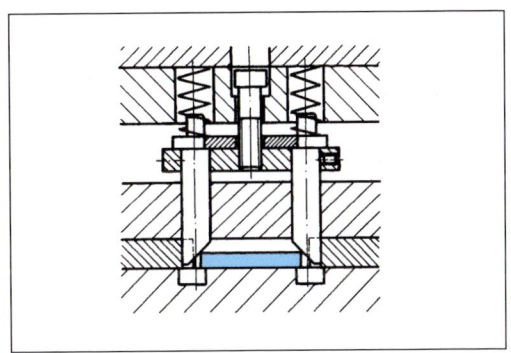

2 Streifenzentrierung

4.6.6 Werkstoffeinspannung und Entfernen des Werkstückes aus dem Werkzeug

In DIN 9869-1, wird noch eine Unterteilung der Werkzeuge nach der Art des Haltens und Entfernens des Halbzeuges und des Werkstückes vorgenommen. Niederhalter, Gegenhalter, Abstreifer, Ausstoßer und Auswerfer sind dabei die kennzeichnenden Merkmale.

Niederhalter sind federnd abgestützte (Bild 1, Seite 134) oder durch eigenen, meist hydraulischen Antrieb bewegte Platten, die den Werkstoff während des Schneidvorganges gegen die Schneidplatte drücken, um eine Verformung oder Verschiebung zu verhindern.

In Werkzeugen ohne Suchstifte können auch bewegliche Führungsplatten diese Funktion übernehmen. Beim Öffnen des Werkzeuges übernehmen Niederhalter das Abstreifen.

Gegenhalter haben dieselbe Aufgabe wie Niederhalter. Im Unterschied zu diesen drücken sie den Werkstoff gegen die Stirnflächen (Druckflächen) der Stempel.

Niederhalter spannen den Werkstoff außerhalb, Gegenhalter innerhalb der Schnittlinie ein. Beim Öffnen des Werkzeuges übernehmen Gegenhalter das Ausstoßen (siehe Bild 1, Seite 114).

Abstreifer entfernen das Werkstück (beim Lochen) oder den Abfall (beim Ausschneiden) vom Stempel.

Ausstoßer entfernen das Werkstück (beim Ausschneiden) oder den Abfall (beim Lochen) aus der Schneidplatte. Federnd abgestützte Ausstoßer und Abstreifer drücken beim Öffnen des Werkzeuges Werkstück und Abfall sofort ineinander, gesteuerte Ausstoßer und Abstreifer gestatten, Werkstück und Abfall getrennt auszuwerfen.

Auswerfer entfernen Werkstück und/oder Abfall aus dem Werkzeug. Dies geschieht vielfach durch Druckluft, federnde Auswerfer oder so genannte Ausräumvorrichtungen.

4.6.7 Keiltriebe

Sollen Stanz- oder Ziehteile **an den Seitenflächen,** also waagerecht bzw. **in einem** bestimmten **Winkel zur Hauptstempelbewegung** gelocht, beschnitten oder nochmals umgeformt werden, so kann dies als zusätzliche Arbeitsstufe im selben Werkzeug geschehen, wenn sich ein Keiltrieb darin unterbringen lässt (Bild 2).

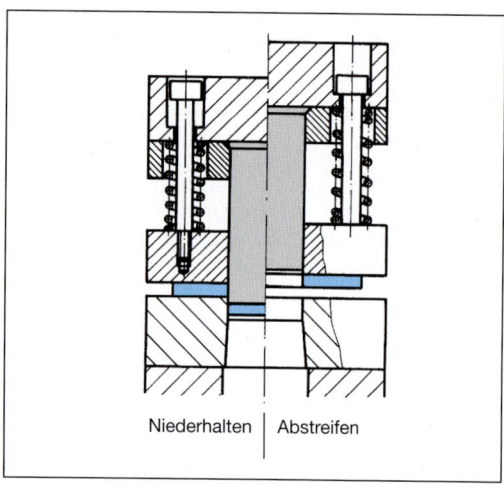

Niederhalten | Abstreifen

1 Federnder Niederhalter (Abstreifer)

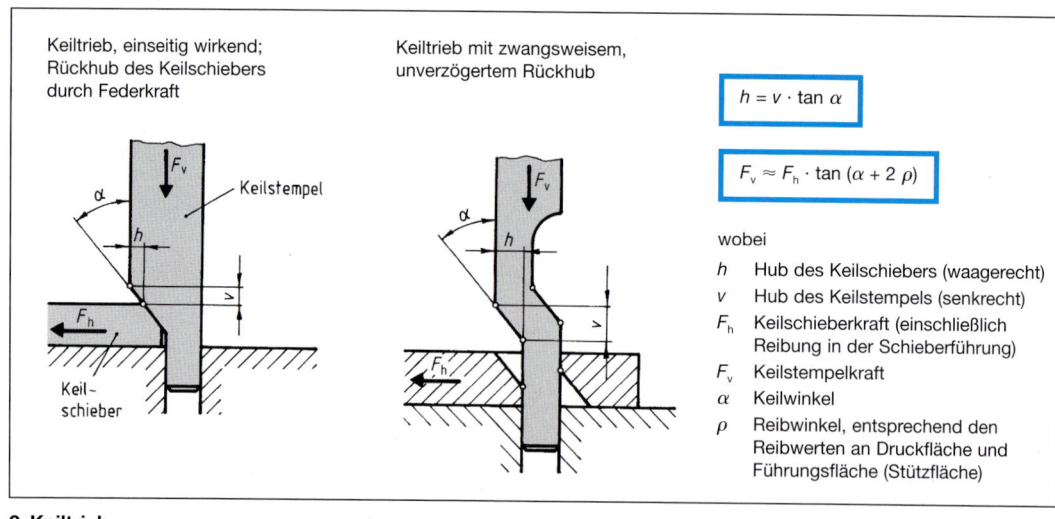

Keiltrieb, einseitig wirkend; Rückhub des Keilschiebers durch Federkraft

Keiltrieb mit zwangsweisem, unverzögertem Rückhub

$$h = v \cdot \tan \alpha$$

$$F_\text{v} \approx F_\text{h} \cdot \tan (\alpha + 2\rho)$$

wobei

h	Hub des Keilschiebers (waagerecht)
v	Hub des Keilstempels (senkrecht)
F_h	Keilschieberkraft (einschließlich Reibung in der Schieberführung)
F_v	Keilstempelkraft
α	Keilwinkel
ρ	Reibwinkel, entsprechend den Reibwerten an Druckfläche und Führungsfläche (Stützfläche)

Keilstempel

Keilschieber

2 Keiltriebe

Der Keiltrieb besteht aus Keilstempel und Keil-schieber. Der Keilstempel ist im Werkzeugoberteil befestigt und überträgt dessen Vertikalbewegung über eine um den Winkel α zur Senkrechten geneigten Druckfläche auf den Keilschieber. Der Arbeitshub des Schiebers setzt in dem Moment ein, wo sich die Keilflächen berühren, und ist bestimmt durch Stempelbewegung, Keilwinkel und gegebenenfalls Schräglage des Schiebers (Bild 1).

Der Rücklauf wird entweder durch Federkraft (Bild 2) oder, wie beim zwangsgesteuerten Keil-trieb, durch eine zweite Druckfläche bewirkt. Die gegenseitige Lage der beiden Druckflächen am Keilstempel ist maßgebend für den Beginn von Vor- und Rückbewegung des Schiebers und die Ruhezeiten dazwischen.

Schräg abwärts gerichtete Keilschieber haben gegenüber den waagerecht liegenden kleinere Hübe, ergeben jedoch höhere Schieberkräfte und, je nach Neigungswinkel, wesentlich niedri-gere Reibung an der Schieberauflage.

Der Keilwinkel α sollte nicht mehr als 45° betra-gen und der Neigungswinkel β nicht größer als der Keilwinkel gemacht werden, da der Keilstem-pel andernfalls den Schieber von seiner Auflage wegdrückt.

Zur Berechnung von Keiltrieben in Großwerkzeu-gen siehe auch VDI-Richtlinie 3386!

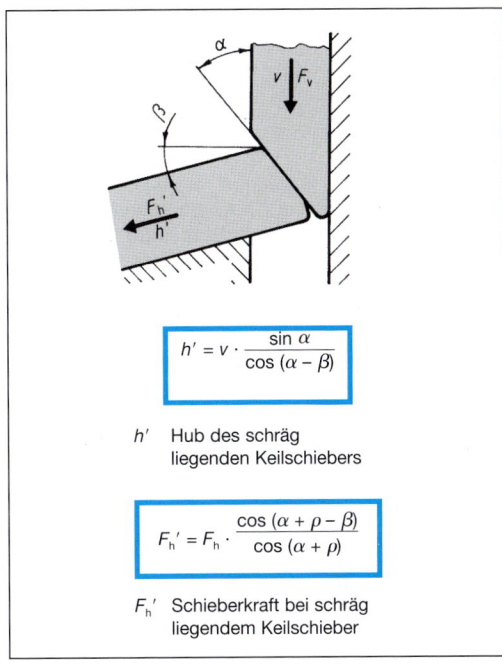

$$h' = v \cdot \frac{\sin \alpha}{\cos (\alpha - \beta)}$$

h' Hub des schräg liegenden Keilschiebers

$$F_h' = F_h \cdot \frac{\cos (\alpha + \rho - \beta)}{\cos (\alpha + \rho)}$$

F_h' Schieberkraft bei schräg liegendem Keilschieber

1 Keiltrieb mit abwärts gerichtetem Keilschieber

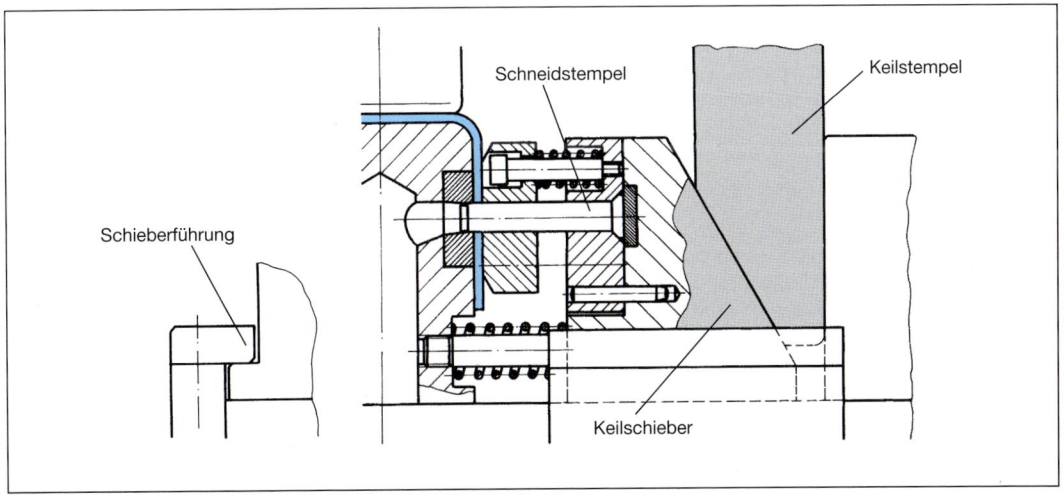

2 Werkzeug mit Keiltrieb

4.6.8 Werkstoffe für Schneidwerkzeuge

Durch Form und Werkstoff eines Schnittteiles, die benötigte Stückzahl sowie die verlangte Genauigkeit und Oberflächengüte sind das Fertigungsverfahren und der Werkzeugtyp i. Allg. schon vorgegeben. Die einfacheren Aufbauteile eines Werkzeuges können verhältnismäßig schnell dimensioniert werden. Hierbei werden die zuvor ermittelten Kraftwirkungen zugrunde gelegt. Die Berechnung erfolgt entweder unter Inanspruchnahme von Erfahrungswerten oder mithilfe der allgemein angewandten Lösungsmethoden der technischen Mechanik bzw. der Konstruktionslehre. Ebenso unproblematisch verläuft die Bestimmung der verschiedenen Normteile: Schrauben, Stifte, spezielle Werkzeug-Normalien, Suchstifte, Druckfedern, Führungselemente.

Demgegenüber muss bei den eigentlichen Schneidelementen im Rahmen einer genauen Kostenanalyse in jedem Einzelfalle neu entschieden werden, welcher Werkstoff am besten geeignet ist. In die Überlegungen sind die Einflussgrößen abrasiver Verschleiß und Neigung zu Kaltaufschweißung (Adhäsionsverschleiß) einzubeziehen. Es ist zu berücksichtigen, welche technischen Mittel im eigenen Betrieb beispielsweise zur Wärmebehandlung zur Verfügung stehen.

Der Anteil der Werkstoffkosten an den Herstellkosten eines Werkzeuges liegt gewöhnlich unter 10 %, ausgenommen bei Verwendung von Hartstoffen. Hartmetallen mit bis zu 35 %, während die Kosten für die Formgebung, d. h. Zerspanung, ggf. elektroerosive Arbeiten und Schleifen, zusammen etwa 60 % ausmachen. Der Rest verteilt sich auf Wärmebehandlung und Zusammenbau.

Ausschlaggebend sind die Kosten pro hergestelltes Teil und damit auch die während der Produktion anfallenden zusätzlichen Kosten. Der Einsatz hochwertiger Werkstoffe und die Nutzung neu entwickelter Veredlungsverfahren, beispielsweise der Oberflächentechnik, erbringen in der Großserienfertigung trotz drei- bis fünffacher Werkstoffkosten sichere wirtschaftliche Vorteile. Als Folge eines verbesserten Verhältnisses zwischen Druckfestigkeit, Zähigkeit und Verschleißfestigkeit kann einerseits die Gefahr eines Gewaltbru-

ches so gut wie ausgeschlossen werden. Andererseits kann die Standmenge bzw. Standzeit erheblich verbessert werden. Größere Standzeiten bedeuten weniger Produktionsstillstand.

Dem **abrasiven** Verschleiß der Schneiden – der häufigsten Ursache für unumgängliche Reparaturarbeiten – begegnet man daher durch den Einsatz von Werkstoffen mit größtmöglicher Härte bzw. mit hohem Anteil an besonders harten Bestandteilen, hauptsächlich Carbiden, Nitriden oder in Sonderfällen auch Boriden (kubisches Bornitrid ist härter als Diamant).

Mit **Adhäsionsverschleiß** bezeichnet man einen Vorgang, bei dem Werkstoff des Schnittflächenbereichs mit den Schneidflächen am Werkzeug unter dem hohen Druck während der Relativbewegung verschweißt und sich vom Werkstück löst. Die unmittelbaren Folgen sind Verschlechterung der Oberflächen beider Teile sowie Verkleinerung des Schneidspaltes. Im weiteren Verlaufe werden die gefertigten Teile unbrauchbar und auch Stempelbruch infolge überhöhter Rückzugkräfte ist nicht auszuschließen.

Diese Verschleißart tritt umso eher auf, je ähnlicher die beiden beteiligten Werkstoffe in ihrer Gitterstruktur und je einfacher in ihrer Zusammensetzung, d. h., je reiner sie sind.

Im Zusammenhang mit der Wärmebehandlung, oberflächenmetallurgische Verfahren inbegriffen, müssen die unterschiedlichen Verarbeitungs- und Gebrauchseigenschaften der für Schneidelemente und andere Verschleißteile zur Wahl stehenden Werkstoffe sorgfältig gegeneinander abgewogen werden. Dabei sind folgende Punkte besonders zu beachten:

● **Einhärtungstiefe,** Durchhärtung, Anlasshärte. Unlegierte, über 15 mm dicke Stähle härten nicht durch, während hochlegierte Stähle mit Zusätzen von Chrom, Mangan, Molybdän, Nickel u. a. auch bei Dicken über 200 mm noch eine Kernhärte von mehr als 60 HRC erreichen können. Zusätzlich mit Wolfram oder Vanadium legierte Stähle scheiden bei Anlasstemperaturen um 500 °C besonders feine, sehr harte Sondercarbide aus, wodurch die sogenannte Sekundärhärte entsteht, beim Stahl HS6-5-2C (1.3343) beispielsweise über 65 HRC.

- **Volumenänderungen** beim Härten und Anlassen. Abhängig von Martensitanteil, Restaustenitgehalt und Carbidausscheidung ergeben sich wegen der unterschiedlichen Gitterstrukturen veränderte Dichtewerte. Die Parameter für die daraus resultierenden Maßänderungen sind Härtetemperatur, Abkühlgeschwindigkeit und Anlasstemperatur, auch die Werkstückabmessungen und natürlich der Werkstoff. So zeigt ein unlegierter, durchgehärteter Stahl eine Volumenzunahme von etwa 1 %, ein hochlegierter Chromstahl von nur etwa 0,1 %, wobei die Maßvergrößerungen beim Härten vorteilhafterweise durch Maßverkleinerungen bei bestimmten Anlasstemperaturen zumindest annähernd wieder ausgeglichen werden können.

- **Anisotropes Maßänderungsverhalten.** Die prozentualen Maßänderungen sind in den einzelnen Richtungen ungleich groß und haben oft auch unterschiedliche Vorzeichen. Die genauen Werte müssen in die Fertigmaßberechnung für die letzte spanende Bearbeitung einbezogen werden, vor allem dann, wenn nach Abschluss der Wärmebehandlung bzw. Beschichtung eine Bearbeitung nicht mehr beabsichtigt oder möglich ist. Außerdem empfiehlt es sich, bei der Herstellung der Schneidelemente deren Hauptquerschnitt in die Ebene geringster Maßänderungen zu legen.

- **Maßänderungen durch Oberflächenbehandlung.** Die Erzeugung besonders verschleißfester Oberflächen ist nicht nur bei den ausgesprochenen Auftragsverfahren mit einer Maßvergrößerung verbunden, sondern auch bei einigen thermochemischen Verfahren, falls die zugeführten Stoffe und deren Reaktionsprodukte mehr aufwachsende als eindiffundierende Schichten bilden. Dies gilt z. B. für das Borieren, wo die Dickenzunahme mehrere Zehntelmillimeter betragen kann. Demgegenüber ist beim Nitrieren nur mit einem Zuwachs von wenigen Mikrometern zu rechnen. Auch beim CVD-Plattieren[1], das in der Stanztechnik verbreitet Anwendung findet, entstehen nur 3 bis 8 μm dicke Auftragsschichten.

- **Formänderungen.** Wird die erforderliche Abkühlgeschwindigkeit nicht in allen Bereichen eines Werkstückes erreicht, dann bilden sich unterschiedliche Gefüge und dies führt zu erheblichen inneren Spannungen. Besonders bei unlegierten Stählen und ungünstigen Querschnitten treten daher Formänderungen auf.

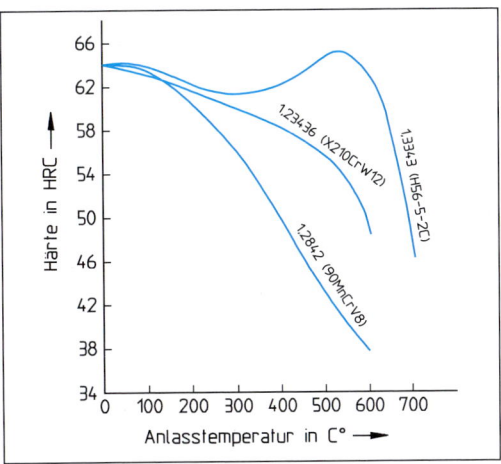

1 Härte-Anlasstemperatur-Kurven

Sie zwingen im Anschluss an den Härtevorgang zur entsprechenden Nachbearbeitung. Den gleichen Ursachen sind Verformungen oder gar Härterisse zuzurechnen, die erst nachträglich, z. B. beim funkenerosiven Schneiden bereits gehärteter Teile, wie etwa zur Herstellung der Durchbrüche von Schneidplatten, entstehen können.

- **Temperaturen für Beschichtungsverfahren.** Eine Oberflächenbehandlung zur Steigerung der Verschleißfestigkeit bereits gehärteter Werkzeugteile ist nur möglich, wenn die Verfahrenstemperatur nicht die Anlasstemperatur des Trägerwerkstoffes (Bild 1) übersteigt, denn nur dann bleibt die Anlasshärte erhalten und auch Maßänderungen finden nicht mehr statt. Dies trifft z. B. für das Nitrieren und das CVD-Plattieren mit Titannitrid bei Temperaturen zwischen 500 und 600 °C zu. Höhere Verfahrenstemperaturen verlangen eine geänderte Reihenfolge, das Härten muss also nach dem Beschichten erfolgen und dabei muss ein möglichst maßstabiler Grundwerkstoff verwendet werden. Ein Beispiel hierfür ist das Borieren mit Temperaturen von 800 bis 1000 °C.

Das Härten hochprozentiger Chromstähle bzw. von Schnellarbeitsstählen erfordert teure Einrichtungen, wie Elektrokammeröfen, Schutzgasöfen, Salzbäder und genaue Beachtung der vorgeschriebenen Temperaturen und Haltezeiten. Mehrstufiges Vorwärmen und mehrfaches, oft über Stunden dauerndes Anlassen sind dabei unter anderem Voraussetzungen für optimalen Erfolg bezüglich Maßänderungsverhalten, Verschleiß- und Druckfestigkeit sowie Zähigkeit.

---

[1] CVD: Chemical Vapour Deposition (chemische Abschneidung in der Gasphase)

Die Standzeit kann wesentlich gesteigert werden durch Aufbringen von Oberflächenschichten als Gleit- bzw. Trennschichten zwischen Werkzeug- und Werkstückflächen, so z. B. durch Nitrieren, Phosphatieren, Verkupfern oder Auftragen von Carbidschichten (TiC, TiN, WC), oder auch nur durch gleichmäßiges, nicht zu starkes Einfetten. Damit erreicht man folgende Verbesserungen:

- weniger Verschleiß

- geringere Kaltverschweißneigung

- kleinere Reibwerte

Für sehr hohe Stückzahlen und wo besonders starker Verschleiß zu erwarten ist, bestückt man die Werkzeuge mit Schneiden aus Sinterwerkstoff, hauptsächlich Hartmetall, z. B. bei Verarbeitung von korrosionsbeständigem oder federhartem Stahl, Transformatoren- und Dynamoblechen, bei Verarbeitung von bestimmten Messingsorten, Hartpapier und glasfaserverstärkten Duroplasten oder Thermoplasten mit Füllstoffen („Stanzmehl", Faser- und Harzmehlbildung!).

Hartmetallwerkzeuge müssen eine starre Werkzeugkonstruktion mit sehr genauen Führungen erhalten; die Schneidspalte und Mindesteeckenradien der Schneiden sind etwas größer, die Schneidkanten werden nach dem Schleifen mit Diamantfeile bis zu einem Radius von 0,05 mm gebrochen. Zur Bearbeitung sind Funkenerodier- und Diamant-Profilschleifmaschinen erforderlich. Die Herstellungskosten betragen etwa das Einundeinhalbfache einer Normalkonstruktion mit Werkzeugstahl, dem stehen aber geringere Verteilzeiten durch zehnfache Standmengen und eine über fünfzehnfache Lebensdauer gegenüber.

Die VDI-Richtlinie 3388 bietet auch eine Aufstellung von Werkstoffen für alle Werkzeugbauteile und Bild 1 zeigt eine Auswahl. Werkzeugstähle sind genormt nach DIN EN ISO 4957.

Der Bezug vorbearbeiteter Werkstoffe, z. B. kalt verformt (blank), sowie die Verwendung von Normteilen für unterschiedliche Zwecke ist häufig wirtschaftlicher als die Eigenfertigung. Einfache Beispiele sind gehärtete „Zylinderstifte" als Führungssäulen in Kleinwerkzeugen oder als Druckstifte und gehärtete „Schneidstempel" als Auswerfer.

Kurzname	Werkstoffnummer	Verwendung
S235JR S355J0+N	1.0038 1.0553	**Aufbauteile:** Kopfplatte, Stempelhalteplatte, Abstreifplatte, Grundplatte, Zwischenleisten, Einspannzapfen
C45U 90 MnCrV8	1.0503 1.2842	Führungsplatte Druckplatte, Ringzackenplatte
EN-GJL-200	EN-JL1030	Grundplatte für Großwerkzeuge
C15 115CrV3 20MnCr5	1.0401 1.2210 1.7147	**Verschleißteile:** Druckstifte (Abweiser, Ausstoßer), Suchstifte, Anschläge, Keilstempel, Führungssäulen, Gleitbuchsen
X153CrVMo12 X210CrW12 HS6-5-2C	1.2379 1.2436 1.3343	**Schneidelemente:** Schneidstempel, Schneidplatte, Schneidbuchsen, Seitenschneider Schneidplatte
CVD-beschichteter HWS oder HSS (TiN)		Schneidstempel: mind. 4-fache Standmenge gegenüber unbeschichtetem Stahl, kein Kaltverschweißen
Sinterwerkstoffe CPM-Stahl[1]		dreifache Standmenge gegenüber HWS, höhere Verschleißfestigkeit und Zähigkeit als HSS
Ferro-TIC		achtfache Standmenge, zehnfache Gesamtstückzahl gegenüber HWS, spanend und elektroerosiv bearbeitbar, härtbar, sehr verzugsarm
Hartmetall		zehnfache Standmenge gegenüber HWS, höchste Stückzahlen, bis $45 \cdot 10^6$, für hohe Verschleißbeanspruchung, z. B. bei korrosionsbeständigen, federharten Stählen, Hartpapier
[1] CPM: Crucible Particle Metallurgy (Pulvermetallurgie-Verfahren)		

1 Werkstoffauswahl für Schneidwerkzeuge

4.7 Sonderwerkzeuge

4.7.1 Nachschneiden und Nachschneidwerkzeuge

Durch Nachschneiden vorgeschnittener Teile erhält man Werkstücke hoher Maßgenauigkeit mit glatten, rissfreien und rechtwinkligen oder in einem anderen vorbestimmten Winkel zur Werkstückoberfläche stehenden Schnittflächen.

Sollen die normalerweise konischen und in der Bruchzone rauen Schnittflächen als Pass- oder Gleitflächen später wichtige Funktionen erfüllen, so müssen sie nochmals nachgearbeitet werden. Zumindest ab einer gewissen Stückzahl, aber auch bei schwierigen Formen ist das Nachschneiden dann wirtschaftlicher als Fräsen, Reiben oder Schleifen.

Bei diesem Verfahren werden die mit entsprechender Bearbeitungszugabe vorgefertigten Werkstücke in einem Nachschneidwerkzeug oder in der Nachschneidstufe eines Folgewerkzeuges zwischen Stempel und Schneidplatte nachgeschabt (Bild 1).

Die Mindestdicke des Schabespanes hängt von der Konizität der Schnittteile und damit vom Schneidspalt des Loch- oder Ausschneidwerkzeuges bzw. von der Werkstückdicke ab; umgekehrt ist dadurch auch die erforderliche **Bearbeitungszugabe** bestimmt. Im Allgemeinen genügt eine Zugabe je Seite von 8 … 10 % der Werkstückdicke. Bei Blechdicken über 4 mm muss jedoch gegebenenfalls zweimal nachgeschnitten und daher etwa der doppelte Wert vorgesehen werden. Wegen der Spanstauchung beim Nachschneiden von Innenformen sucht man hier mit möglichst kleinen Zugaben auszukommen, während beim Schwingschneiden (Repassieren) die größten Zugaben gewählt werden können.

Die **Nachschneidrichtung** in Bezug auf den beim Ausschneiden entstehenden Grat hat einen gewissen Einfluss auf die Schnittfläche, vor allem bei spröden Werkstoffen und dicken Teilen. Wenn nämlich mit dem Nachschneiden an der Einzugkante, also gegenüber der Gratseite begonnen und der Span somit allmählich dünner wird, dann bricht er nicht vorzeitig aus und die Schnittfläche bleibt auf ihrer ganzen Höhe glatt. Schneidende Kante ist für Außenformen die Schneidplatte, für Innenformen der Nachschneidstempel.

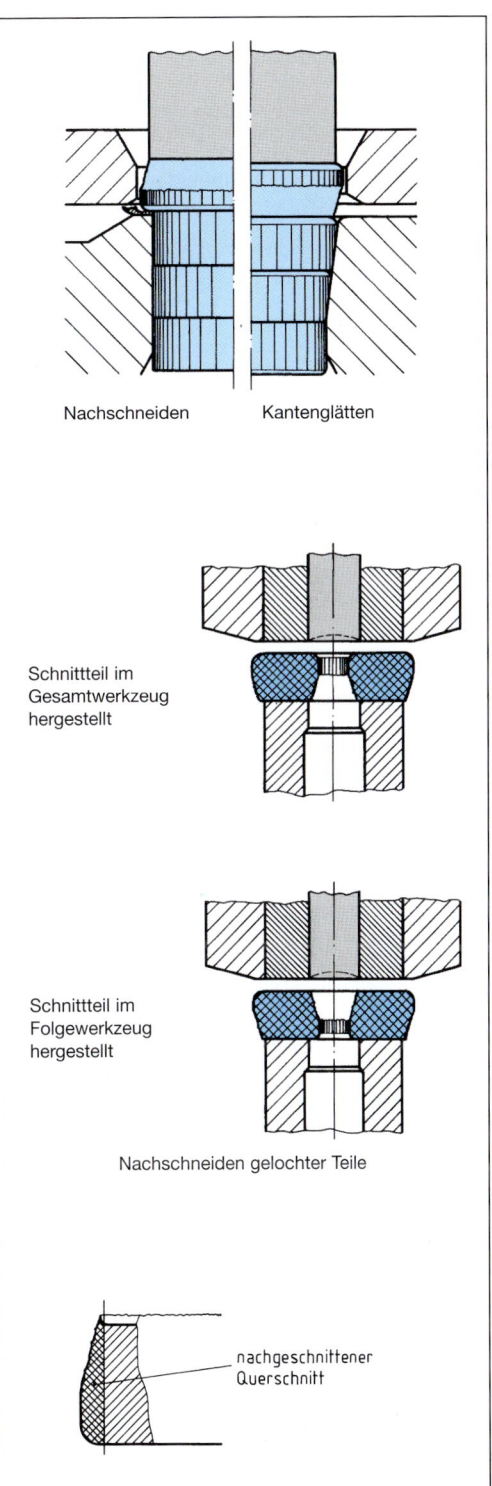

Nachschneiden   Kantenglätten

Schnittteil im Gesamtwerkzeug hergestellt

Schnittteil im Folgewerkzeug hergestellt

Nachschneiden gelochter Teile

nachgeschnittener Querschnitt

1 Nachschneiden und Kantenglätten

Die Werkstücke sollten daher so eingelegt werden, dass beim Außennachschneiden die Gratseite am Stempel und beim Innennachschneiden an der Schneidplatte anliegt. Für gelochte Teile, die im Gesamtwerkzeug hergestellt wurden, lässt sich diese Forderung auch bei gleichzeitigem Innen- und Außennachschneiden erfüllen, nicht jedoch bei Teilen, die im Folgeverfahren vorgeschnitten wurden.

Nachschneidwerkzeuge erhalten über eine Höhe von 2- bis 4-mal Werkstückdicke zylindrische, polierte Schneidplattendurchbrüche. Beim Nachschneiden von Außenformen tauchen die Stempel nicht in die Schneidplatte ein, haben ein beidseitiges Übermaß von 0,1 … 0,3 mm und werden durch feste Anschläge etwa 0,3 … 0,5 mm über der Schneidplatte in ihrem Hub begrenzt. Jedes Teil muss durch das nachfolgende in die Schneidplatte und durch diese hindurchgedrückt werden.

Um zu verhindern, dass Spanteilchen zwischen die Werkstücke und in die Schneidplatte geraten, baut man den Stempel gern in das Werkzeugunterteil ein. Die Schneidplatte im Werkzeugoberteil erhält dann einen Ausstoßer (Federboden). Da in diesem Falle jedes Teil einzeln nachgeschnitten wird, muss der Stempel in die Schneidplatte eintauchen. Der Schneidspalt beträgt dabei nur 0,01 … 0,02 mm bzw. 0,8 % der Blechdicke. Ähnliches gilt für das gleichzeitige Nachschneiden von Außen- und Innenformen, während Innenformen grundsätzlich nur mit eintauchendem Stempel nachgeschnitten werden.

Das Nachschneiden kann auch als zusätzliche Arbeitsstufe in Folge- oder Folgeverbundwerkzeugen vorgenommen werden, wobei Innenformen oder partielle Außenformen einfach zu bearbeiten sind. Demgegenüber ist vollständiges Nachschneiden von Außenformen nur möglich, wenn die Werkstücke nach dem Ausschneiden durch Ausstoßer in den Streifen zurückgedrückt und mit diesem unter den Nachschneidstempel geschoben werden. Loch- und Ausschneidstempel dieser Werkzeuge müssen mindestens um die Werkstückdicke länger als die Nachschneidstempel sein, damit der Schabvorgang nicht durch die Schneidvorgänge beeinträchtigt wird. Umformstempel, die satt aufsitzen müssen, erhalten eine federnde Abstützung oder werden in der beweglichen Führungsplatte befestigt.

> Beim **Fließlochen** erfolgt das Lochen und Nachschneiden durch einen einzigen, abgesetzten Stempel mit zwei übereinander liegen-

Zunächst locht die stirnseitige Schneide mit großem Scheidspalt vor, danach schneidet die um $0,7 … 0,8 \cdot s$ höher liegende Schneide mit kleinstem Stempelspiel auf genaues Maß. Der kurze Stempelschaft zwischen beiden Schneiden erweitert sich nach oben mit einer Neigung von $3° … 6°$, wodurch eine starke Stauchung des Werkstoffes über die Fließgrenze hinaus und eine Verfestigung der Lochwandung erreicht werden.

Dasselbe Prinzip wendet man auch zum „Ausräumen" dicker Schnittteile mit Stempeln an, die ähnlich den Räumnadeln mehrere übereinander liegende Schneiden haben.

Mit gewöhnlichen Nachschneidwerkzeugen lassen sich Bleche von 0,5 … 8 mm Dicke bearbeiten, im Repassierverfahren auch noch wesentlich dickere, wenn mehrmalig nachgeschnitten wird. Die Standmengen liegen bei mindestens 10 000, die Gesamtstückzahlen bei mehreren 100 000, Hartmetallwerkzeuge erbringen im Vergleich dazu eine mehr als zehnfache Stückleistung. Die Maßgenauigkeit der Teile, jeweils über die ganze Standzeit verfolgt, beträgt 0,01 … 0,003 mm, wobei Rautiefen von R_z 1 … 0,3 μm erreicht werden. Die unteren Werte gelten dabei für repassierte Werkstücke.

> Unter **Schwingschneiden** (Repassieren) versteht man Nachschneiden auf Schwingschneidpressen, deren Stößel während des Arbeitshubes Schwingungen in Schneidrichtung ausführt.

Der Hauptstößel einer solchen Presse hat eine Arbeitsgeschwindigkeit von 60 … 80 mm/min, der Innenstößel mit dem Werkzeugoberteil schwingt gleichzeitig mit einer Frequenz von 600 … 1500 1/min bei Amplituden von 0,5 bis 4 mm. Der Stempel dringt somit stufenweise um 0,005 … 0,1 mm/Schwingung in das Werkstück ein bzw. drückt dieses in die Schneidplatte. Im Übrigen gilt auch hier, dass der Stempel zum Nachschneiden von Innenformen in die Schneidplatte eintauchen muss, bei der Bearbeitung von Außenformen jedoch nicht eintaucht und um einige Zehntelmillimeter größer als der Schneidplattendurchbruch gemacht wird, wenn die Teile übereinander liegend durch diesen hindurchgedrückt werden. Werkstücke über 8 mm Dicke müssen mehrmals repassiert werden. Die Werkzeuge zum Schwingschneiden erhalten spielfreie Wälzführungen, weil in Gleitführungen eine ausreichende Schmierung nicht gewährleistet ist. Die Stückleistung liegt bei 10 ... 35 Werkstücken je Minute.

> Beim **Kantenglätten** hat die Schneidplatte gerundete Schneiden und einen hochglanzpolierten, zylindrischen oder sich verengenden Durchbruch. Es erfolgt kein Schneiden, sondern nur ein Quetschen des Werkstoffes.

Die Werkstücke legt man bei diesem Verfahren am günstigsten mit der Gratseite zur Schneidplatte ein. Wie beim Nachschneiden drückt sie der Stempel in den Durchbruch und taucht dabei etwa 0,1 mm ein, was jedoch in diesem Falle keine besondere Bedeutung hat, da die Schneidenrundung im Mittel 0,2 mm beträgt. Meistens fallen die Teile nach unten durch, manchmal aber auch drückt sie ein Ausstoßer wieder aus der Schneidplatte. Das Kalibrieren durch Kantenglätten wendet man häufig auch dort als zweiten Arbeitsgang an, wo ohnedies ein zweimaliges Nachschneiden erforderlich wäre. Nachteilig dabei ist, dass gerundete Schneiden immer einen verstärkten Kanteneinzug am Werkstück hervorrufen.

Auch nachgeschnittene Teile haben noch einen kleinen Grat, der durch Gleitschleifen (Scheuertrommeln), elektrochemisch oder durch Ultraschall beseitigt werden muss.

Bei richtiger Auswahl des Schleifmittels und der Trommeldrehzahl kann durch Gleitschleifen zusätzlich noch die Oberflächengüte der geschabten Flächen verbessert werden.

Es ist von besonderem Vorteil, dass für das normale Nachschneiden keine speziellen Pressen benötigt werden. Der geringe Kraftbedarf von nur etwa 25 % der Ausschneidkraft wirkt sich dabei günstig aus, und zwar hinsichtlich der Forderung nach möglichst geringer Gestellauffederung und erschütterungsfreiem Betrieb. Die Wirtschaftlichkeit von Sonderverfahren, wie das Schwingschneiden und das Feinschneiden, ist erst dann gegeben, wenn die hierfür erforderlichen Sondermaschinen in einem Betrieb auch ausgenützt werden können.

4.7.2 Feinschneiden und Feinschneidwerkzeuge

Dieselben Güteeigenschaften der Schnittteile, wie sie beim Nachschneiden nur in einem besonderen Arbeitsgang erreichbar sind, nämlich glatte Schnittflächen, scharfe Schnittkanten und enge Maßtoleranzen, ergeben sich beim Feinschneiden sofort während des Lochens oder Ausschneidens. Dazu benötigt man jedoch spezielle Werkzeuge und Pressen.

> Feinschneiden ist Schneiden mit sehr engem Schneidspalt, mit kleiner Schnittgeschwindigkeit und unter allseitiger Einspannung des Werkstoffes. Hauptmerkmal ist die Ringzacke. Werkzeug und Presse haben spielfreie Wälzführungen. Feinschneidpressen sind dreifach wirkend.

Aufbau der Werkzeuge

Feinschneidwerkzeuge haben denselben grundsätzlichen Aufbau wie Gesamtwerkzeuge, unterscheiden sich aber in einigen wesentlichen Dingen sowohl von diesen wie überhaupt von gewöhnlichen Schneidwerkzeugen:

Das Gegenhalten innerhalb der Schnittlinien, das Niederhalten außerhalb sowie das Ausstoßen und Abstreifen erfolgen immer zwangsläufig durch besondere, meist hydraulische Antriebsaggregate. Auf diese Weise können die Kräfte in weitem Bereiche eingestellt, konstant gehalten und gegebenenfalls auch hub- oder zeitabhängig programmgesteuert werden. Am wichtigsten ist dabei, dass sich der Zeitpunkt des Ausstoßens und Abstreifens genau den Erfordernissen entsprechend verzögern lässt.

Auf der Pressplatte, bei bestimmten Werkzeugbauarten gemäß ihrer dortigen Funktion auch Führungsplatte genannt, ist in geringem Abstand vom Stempeldurchbruch eine **Ringzacke** angebracht (Bild 1, Seite 142), die ein Abfließen des Werkstoffes aus der Scherzone während des Schneidvorganges und damit die Bildung von Bruchzonen verhindern soll. Werden hochfeste Werkstoffe oder solche über 5 mm Dicke verarbeitet, dann erhält auch die Schneidplatte in genau gleicher Entfernung von der Schnittlinie eine Ringzacke und ebenso der Gegenhalter, wenn größere Innenformen zu lochen sind.

Der **Schneidspalt** beträgt in der Regel maximal 0,5 % der Werkstoffdicke, für Bleche unter 1 mm nur etwa 5 μm. Damit ist der Tatsache Rechnung getragen, dass die Schnittzone mit kleiner werdendem Schneidspalt zunimmt, während die negativen Auswirkungen – größere Schneid- und Abstreifkräfte, höhere Werkzeugbeanspruchung und vorzeitiger Verschleiß – entfallen, da beim Feinschneiden der Stempel nicht in die Schneidplatte eintaucht oder eben nur so weit, wie die Schneidenrundung dies notwendig macht. Das erinnert an die Verhältnisse beim Nachschneiden bzw. Kantenglätten.

Erfahrungen, die man vom Kantenglätten übernommen hat, werden dadurch verwertet, dass man der Schneidplatte eine Fase gibt, die 15° … 30° zur Waagerechten geneigt ist, eine Breite von etwa 10 % der Werkstoffdicke erhält und in einem Radius von 0,05 … 0,6 mm an der Schneidkante ausläuft.

Auch bei unten stehenden Stempeln werden die Lochabfälle nach oben ausgestoßen, da die Gegenhalter ein Durchfallen nicht zulassen.

Hinsichtlich Abstützung und Antrieb von Stempel und Pressplatte unterscheidet man zwei Werkzeugtypen:

• Werkzeuge mit beweglichem Stempel und fester Pressplatte (Bild 2)
• Werkzeuge mit festem Stempel und beweglicher Pressplatte

Für kleine bis mittlere Werkstücke bevorzugt man die erstgenannte Bauart, denn hier sind Schneidplatte und Pressplatte fest im Werkzeuggestell verankert und der Schneidstempel wird durch die Pressplatte (Führungsplatte) geführt. Der Pressentisch hat die Ringzackenpresskraft und die Gegenhalterkraft für die Innenformen aufzubringen.

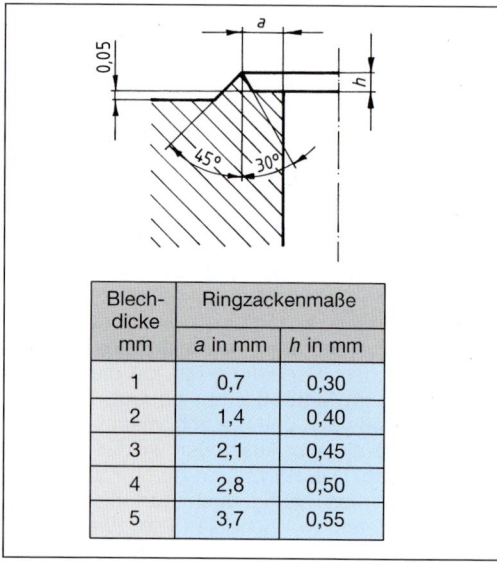

Blech-dicke mm	Ringzackenmaße	
	a in mm	h in mm
1	0,7	0,30
2	1,4	0,40
3	2,1	0,45
4	2,8	0,50
5	3,7	0,55

1 Ringzackenmaße

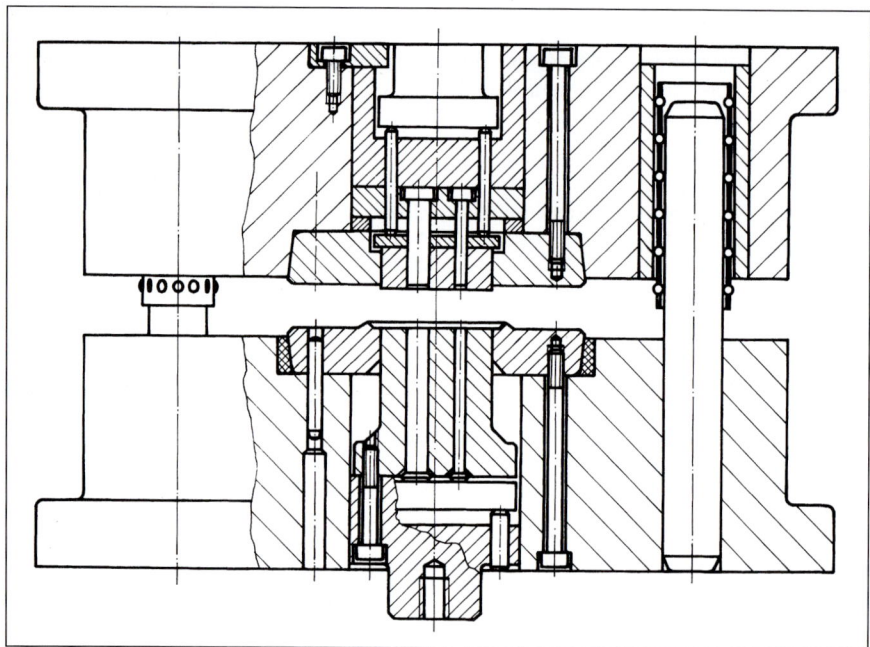

2 Feinschneidwerkzeug mit beweglichem Stempel

In Werkzeugen für große Teile, d. h., wenn der Stempel breiter ist als hoch, führt sich die bewegliche Pressplatte am fest mit dem Gestell verschraubten und verstifteten Hauptstempel (siehe Bild 1, Seite 146). Der Pressentisch bringt hier die Schneidkräfte und die Gegenhalterkraft für das Werkstück auf.

Abgesehen von den Problemen, die sich mit dem Werkstofftransport und dem Auswerfen der Teile

ergeben, macht es keinen Unterschied, ob dabei die Stempel unten oder oben angeordnet sind. Dies hängt allein vom Antrieb der zur Verfügung stehenden Feinschneidpresse ab.

Die Säulengestelle der Feinschneidwerkzeuge haben der feinen Herstellungstoleranzen wegen und auch um überhaupt Stempel und Ausstoßer mit Stiften und Ausstoßerbrücken unterzubringen, besonders kräftige Unter- und Oberteile.

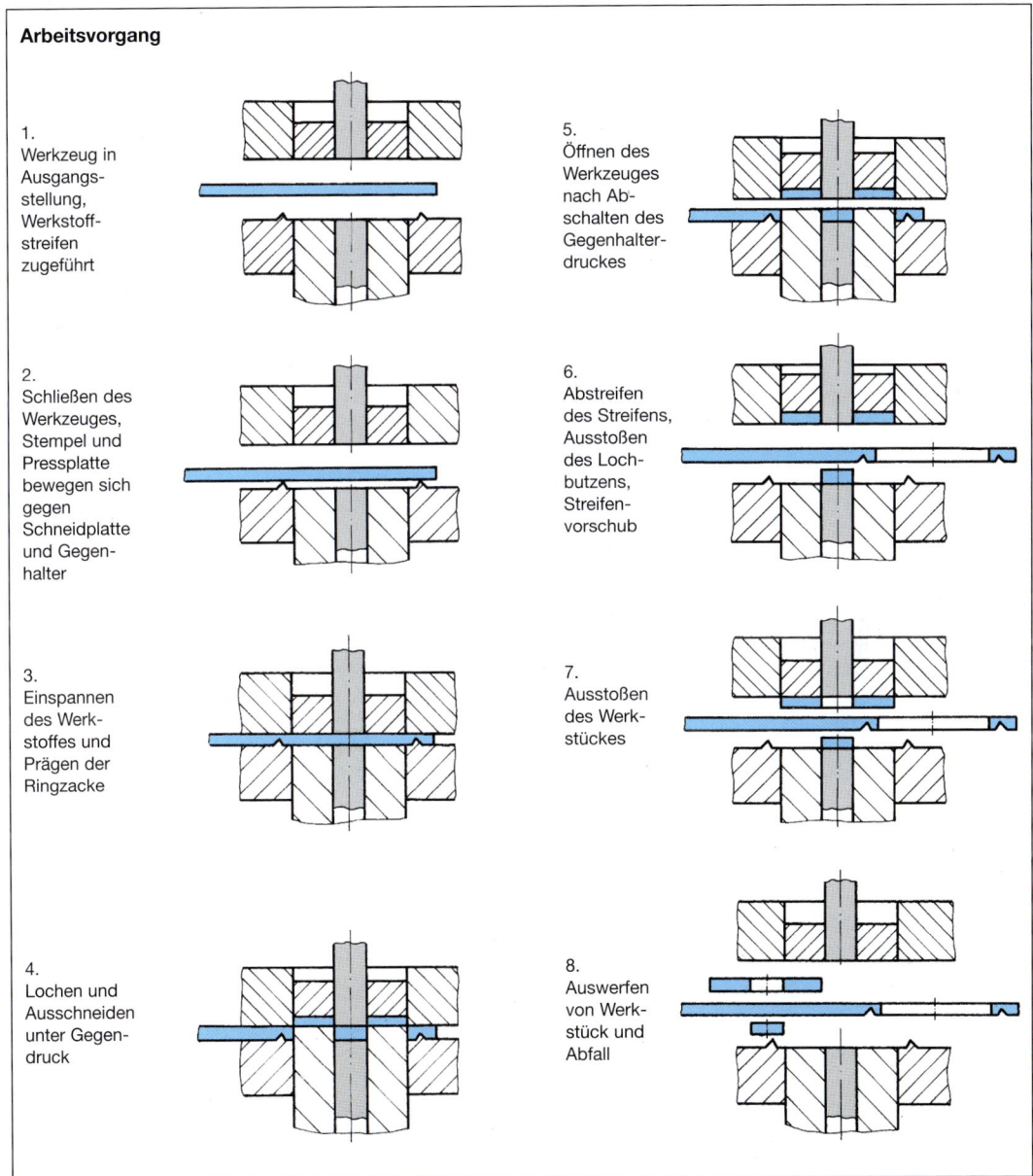

Arbeitsvorgang

1. Werkzeug in Ausgangsstellung, Werkstoffstreifen zugeführt

2. Schließen des Werkzeuges, Stempel und Pressplatte bewegen sich gegen Schneidplatte und Gegenhalter

3. Einspannen des Werkstoffes und Prägen der Ringzacke

4. Lochen und Ausschneiden unter Gegendruck

5. Öffnen des Werkzeuges nach Abschalten des Gegenhalterdruckes

6. Abstreifen des Streifens, Ausstoßen des Lochbutzens, Streifenvorschub

7. Ausstoßen des Werkstückes

8. Auswerfen von Werkstück und Abfall

1 Arbeitsstufen beim Feinschneiden

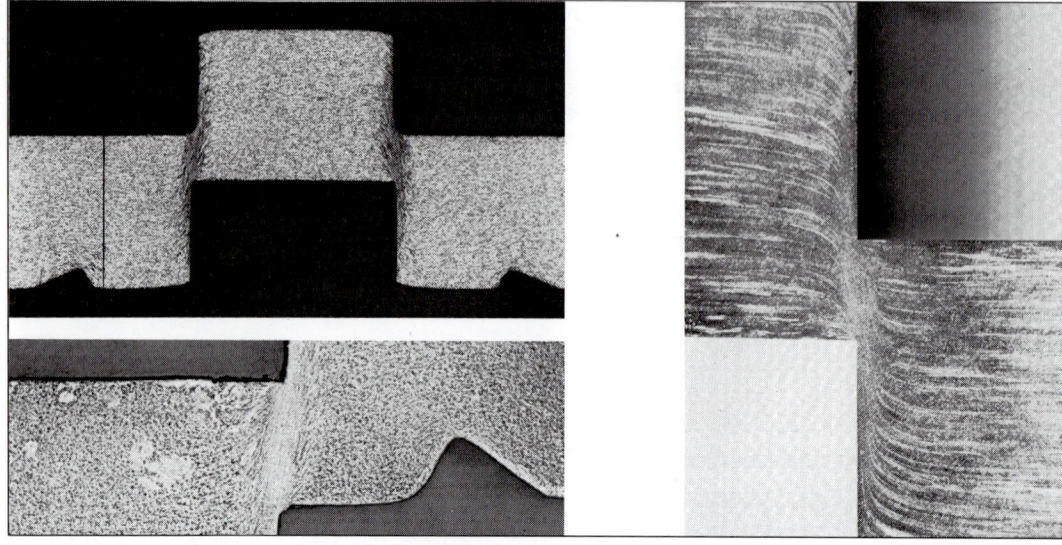

1 Schliffbilder verschieden tief ausgeschnittener Werkstücke

Den Ablauf des gesamten Arbeitsvorganges zeigt Bild 1, Seite 143, und zwar am Beispiel eines Werkzeuges mit beweglichem unten stehenden Stempel. Der Hauptantrieb ist in diesem Falle im Unterteil der Presse untergebracht, sodass sich das Werkzeugunterteil mit dem Pressentisch gegen das ruhende Oberteil bewegt. Beim Öffnen des Werkzeuges streift die Pressplatte als Erstes den Streifen vom Stempel, danach erfolgt sofort der nächste Streifenvorschub und erst jetzt stoßen die Gegenhalter (Ausstoßer) Werkstück und Lochabfall aus Schneidplatte und Stempel.

Der Schneidvorgang selbst verläuft ohne jede Rissbildung, wie aus Bild 1 deutlich ersichtlich ist. Allerdings setzt dies gute Kaltverformbarkeit voraus, wie sie beispielsweise bei Stahl bis zu einem Kohlenstoffgehalt von 0,35 % und einer Zugfestigkeit von 300 … 600 N/mm² gegeben ist.

Pressenkräfte

Bei der Ermittlung der für ein bestimmtes Werkstück erforderlichen Pressengröße ist zu berücksichtigen, dass der Hauptstempelantrieb nicht nur die gesamten Schneidkräfte, sondern auch die Gegenhaltekraft aufbringen muss und die Kraft zum Einpressen der Ringzacke in derselben Richtung wirkt. Der Antrieb aus der Gegenrichtung betätigt nur den Gegenhalter in der Schneidplatte. Die Leistungsdaten sind deswegen immer in Schneidkraft, Presskraft (Ringzackenkraft) und Gegenkraft aufgeschlüsselt.

Die Kräfte sind im Einzelnen aus folgenden Beziehungen zu errechnen:

Schneidkraft $$F_s = l_s \cdot s \cdot \tau_B$$

Presskraft $$F_p = l_r \cdot p_r$$

Gegenkraft $$F_g = A_s \cdot p_g$$

wobei
l_s Schnittlänge (mm)
l_r Ringzackenlänge (mm)
s Blechdicke (mm)
τ_B Scherfestigkeit (N/mm²)
p_r spezifische Presskraft zum Einpressen einer Ringzacke von 1 mm Länge (N/mm)
p_g spezifische Gegenkraft (N/mm²)
A_s Fläche des Schnittteiles, Querschnittfläche des Stempels (mm²)

Je nach Werkstoff und Dicke der Teile beträgt die spezifische Presskraft $1 \cdot 10^3 … 7 \cdot 10^3$ N/mm, der Gegendruck 20 … 70 N/mm². Genaue Werte müssen jeweils im Versuch ermittelt werden.

Die erforderliche Presskraft liegt erfahrungsgemäß bei 40 … 50 % der Schneidkraft, kann aber auch bis auf 100 % ansteigen. Die Feinschneidpressen sind so ausgelegt, dass die maximale Ringzackenpresskraft etwa 50 … 75 % der maximalen Schneidkraft beträgt.

Eine beträchtliche Verminderung der Presskraft erreicht man, ohne den Erfolg zu schmälern, wenn anstelle einer einzelnen großen Ringzacke zwei kleine, die zweite auf der Schneidplatte, vorgesehen werden. Der Grund hierfür ist einleuchtend:

Eine kleinere Ringzacke hat sowohl eine kleinere spezifische Presskraft als auch, da sie näher an der Schnittlinie liegt, eine kleinere Länge. In der Hauptsache aber geht nur eine von beiden, bei unterschiedlichen Abmessungen die größere, in die Presskraftberechnung ein.

Feinschnittteile

Im Allgemeinen lassen sich auch schwierige Formen fein schneiden, an den Ecken sind jedoch Mindestradien von 10 … 20 % der Werkstückdicke vorzusehen. Ein geringer Einzug an den Schnittkanten und auf der Gegenseite ein kleiner Grat, der durch Trommeln oder Bandschleifen zu entfernen ist, müssen auch bei diesen Teilen in Kauf genommen werden.

Die normalen Maßtoleranzen entsprechen den ISO-Toleranzreihen IT6 bis IT8, abhängig von Werkstoffdicke und Zugfestigkeit. Die Rautiefenwerte R_z liegen bei 0,45 … 1 μm. In Ausnahmefällen können aber auch Abmaße von ± 5 μm und Rautiefen von 0,1 μm erreicht werden.
Siehe hierzu auch VDI 2906 Blatt 5!

Die Gesamtstückzahl von Feinschneidwerkzeugen beträgt bei mittlerem Schwierigkeitsgrad in der Regel 1 Million und mehr. Die Werkzeugkosten liegen um 40 … 70 % über denjenigen für ein Gesamtwerkzeug vergleichbarer Qualität, je schwieriger jedoch das Teil, umso niedriger wird der Unterschied. Betrachtet man demgegenüber den Werkstückpreis, so ergeben sich Kostenvorteile bis zu 80 %.

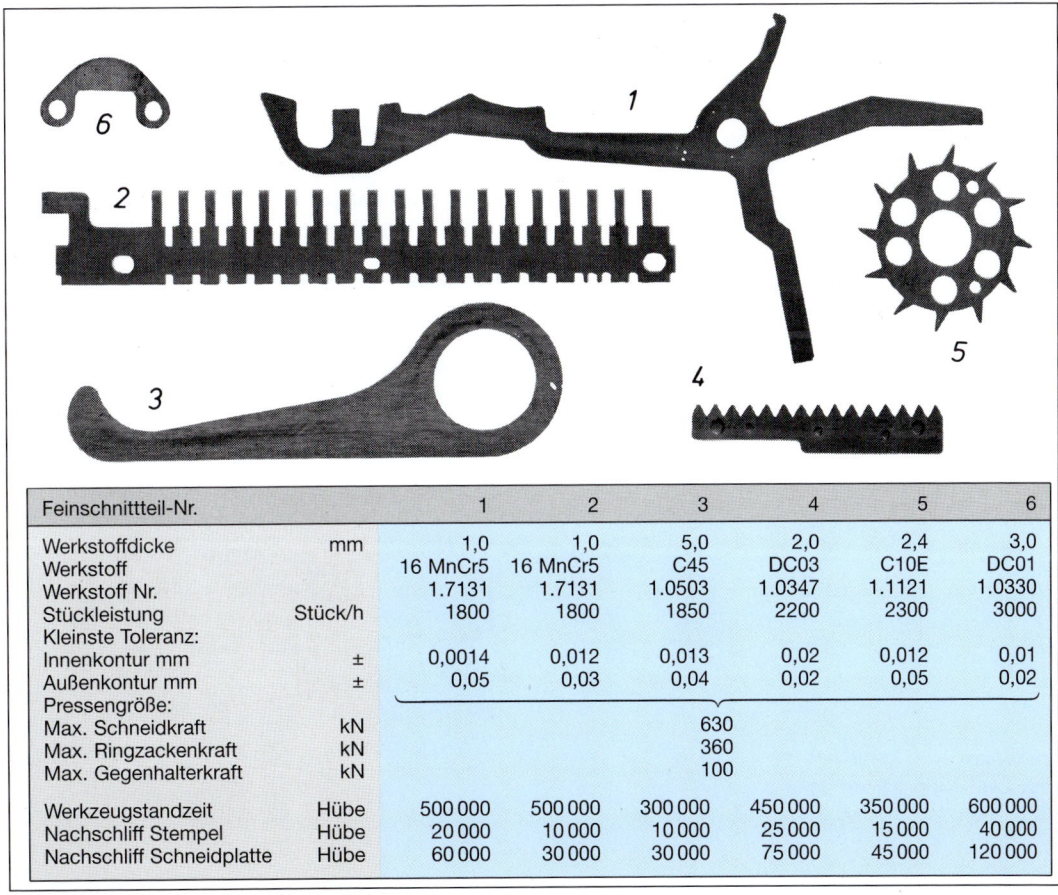

Feinschnittteil-Nr.		1	2	3	4	5	6
Werkstoffdicke	mm	1,0	1,0	5,0	2,0	2,4	3,0
Werkstoff		16 MnCr5	16 MnCr5	C45	DC03	C10E	DC01
Werkstoff Nr.		1.7131	1.7131	1.0503	1.0347	1.1121	1.0330
Stückleistung	Stück/h	1800	1800	1850	2200	2300	3000
Kleinste Toleranz:							
Innenkontur mm	±	0,0014	0,012	0,013	0,02	0,012	0,01
Außenkontur mm	±	0,05	0,03	0,04	0,02	0,05	0,02
Pressengröße:							
Max. Schneidkraft	kN			630			
Max. Ringzackenkraft	kN			360			
Max. Gegenhalterkraft	kN			100			
Werkzeugstandzeit	Hübe	500 000	500 000	300 000	450 000	350 000	600 000
Nachschliff Stempel	Hübe	20 000	10 000	10 000	25 000	15 000	40 000
Nachschliff Schneidplatte	Hübe	60 000	30 000	30 000	75 000	45 000	120 000

1 Feinschnittteile mit Herstellungsdaten

4.7.3 Feinschneidpressen

Feinschneidwerkzeuge können nur auf dreifach wirkenden Feinschneidpressen eingesetzt werden (Bild 1).

> Feinschneidpressen haben drei unabhängig voneinander arbeitende Antriebseinheiten für Schneidkraft, Ringzackenkraft und Gegenhaltekraft. Die Stößelführung ist spielfrei und das Pressengestell besonders biegesteif.

Der Hauptantrieb erfolgt bei Pressen bis etwa $2,5 \cdot 10^3$ kN Gesamtkraft mechanisch über Doppelkniehebel, bei schwereren Pressen rein hydraulisch. Ringzackenpresskraft und Gegenhaltekraft werden auch bei mechanischen Pressen hydraulisch aufgebracht. Die Schnittgeschwindigkeit beträgt 5 … 15 mm/s. Stufenlos einstellbare, harte Anschläge ermöglichen eine sehr genaue Hubbegrenzung.

Die meisten Feinschneidpressen haben heute ihren Hauptantrieb im Maschinenunterteil und nur der Gegenhalterzylinder ist im Oberteil untergebracht. Dadurch ergibt sich zwangsläufig, dass der Stößel von unten nach oben arbeitet.

Da diese Pressen erheblich teurer als Normalausführungen sind und außerdem ein wesentlich höherer Werkstoffverbrauch einkalkuliert werden muss, bleibt das Feinschneiden für manchen Betrieb ein unwirtschaftliches Verfahren.

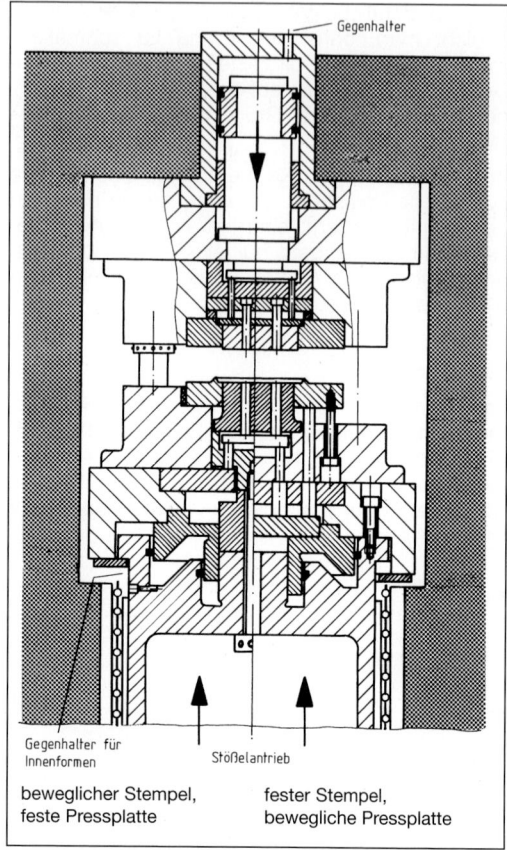

beweglicher Stempel, feste Pressplatte

fester Stempel, bewegliche Pressplatte

1 Funktionsschema einer Feinschneidpresse

Schneidkraft	$3,8 \cdot 10^3$ kN
Ringzackenkraft	$2,3 \cdot 10^3$ kN
Gegenhalterkraft	$1,2 \cdot 10^3$ kN

2 Hydraulische Feinschneidpresse mit Bandzuführgerät

4.7.4 Schneidwerkzeuge mit elastischem Kissen

Schneidwerkzeuge mit elastischem Kissen haben unten stehende Stempel und anstelle einer Schneidplatte ein Paket aus Gummi oder elastischem Kunststoff, das in einem so genannten Koffer als Werkzeugoberteil eingepresst ist (Bild 1).

Das elastische Kissen presst das Rohteil gegen die Stempelplatte und schert den Werkstoff an deren scharfen Kanten ab. Diese Platte darf dabei nur 6 … 10 mm stark sein, während das Kissen eine Dicke von 25 … 100 mm haben muss. Je nach zu verarbeitendem Werkstoff kann die Stempelplatte aus Stahl mit einer Zugfestigkeit von 600 … 700 N/mm², aus gehärtetem Werkzeugstahl oder auch aus einer Zinklegierung gefertigt sein.

Dieses Verfahren wird zwar seltener angewandt als die bekannten Gummi-Umformtechniken, ist jedoch wirtschaftlich einzusetzen bei kleinen Stückzahlen und einfach geformten Werkstücken unter 1 mm Dicke, für verhältnismäßig spröde Werkstoffe und auch dann, wenn die Werkstücke schnell zur Verfügung stehen müssen. Wird das Kissen aus mehreren austauschbaren Schichten zusammengesetzt, so können Gesamtstückzahlen von mehreren Zehntausend erreicht werden. Großwerkzeuge dieser Art lassen sich auch zur Herstellung von Kleinteilen verwenden und arbeiten besonders rationell, wenn gleichzeitig mit mehreren verschiedenen Stempeleinsätzen geschnitten wird. Einen weiteren Vorteil bieten Verbundwerkzeuge zur Herstellung flacher Formstanzteile, die auf einfache Weise im gleichen Arbeitsgang lochen und beschneiden.

Als wesentliche Nachteile sind anzuführen die starke Schnittkantenrundung, der große Randabfall von wenigstens 20 mm Breite, die verhältnismäßig großen Mindestlochabmessungen und Mindestradien – für Blechdicke 1 mm ist der Mindestdurchmesser 30 mm – und schließlich die starke Verformung des Abfalles, der zudem nicht nach unten durchfallen kann. Um ihn leichter auswerfen zu können, müssen gegebenenfalls zwei oder mehr Abfalltrenner (Keilschneiden) unter den Abfällrändern angebracht, bei Lochabfällen be-

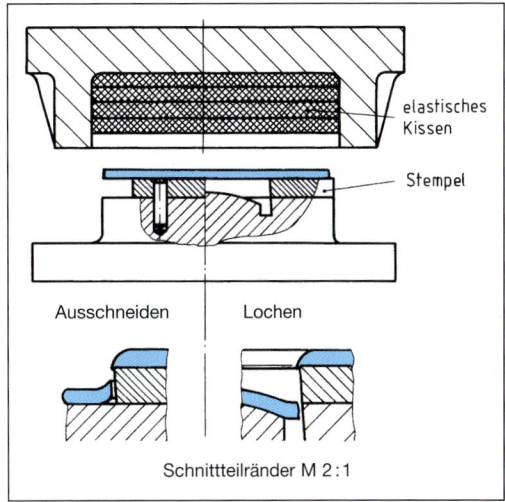

1 Schneidwerkzeug mit elastischem Kissen

sondere Formstücke untergelegt werden. Letzteres auch deswegen, weil der Werkstoff andernfalls u. U. nur auf Teilstücken der Schnittlinie tatsächlich abgeschert und auf der Restlänge lediglich nach unten abgebogen werden könnte.

Hinzu kommt der hohe Kraftaufwand, der bei Stahlblech das Sieben- bis Zehnfache der sonst erforderlichen Schneidkraft beträgt. Dies hat seinen Grund in der hohen, über die gesamte Stempelfläche wirksamen Flächenpressung. Man errechnet die notwendige Stößelkraft nach folgender Näherungsformel:

$$F = 10 \cdot A \,(s + 0{,}5) \qquad \text{in N}$$

A Rohteilfläche in mm²
s Blechdicke in mm

Der große Einzug an den Werkstückrändern lässt sich etwas verkleinern, indem man über dem Rohteil eine der Werkstückform bzw. der Stempelplatte angepasste Stahlschablone befestigt. Um das elastische Kissen heute meist aus elastischem Kunststoff – wie Polyurethan – zu schonen, rundet man die Oberkanten dieser Schneidschablone stark ab.

5 Fügen

Fügen ist nach DIN 8580 eine Verfahrenshauptgruppe, die zum Ziel hat:
1. das auf Dauer angelegte Zusammenbringen von zwei oder mehr Werkstücken geometrisch bestimmter Form

oder

2. das auf Dauer angelegte Zusammenbringen von Werkstücken geometrisch bestimmter Form mit **formlosem Stoff**.

Siehe Übersicht: Gliederung der gebräuchlichsten Fügeverfahren, Seite 148.

Aus der Vielzahl der Fügeverfahren sollen hier nur einige wichtige Verfahren besprochen werden.

5.1 Fügen durch An- und Einpressen

Bei den Verfahren dieser Gruppe werden die Fügeteile sowie etwaige Hilfsfügeteile, z. B. Schrauben, Stifte, Keile etc., im Wesentlichen nur elastisch verformt und ein ungewolltes Lösen der Verbindung wird durch Kraftschluss verhindert.

Die Unterteilung dieser Verfahrensgruppe ist aus der Zusammenstellung der Fügeverfahren ersichtlich (Seite 149).

Aus der Gruppe An- und Einpressen wird in diesem Buch nur das Fügen durch Pressverbindung exemplarisch dargestellt.

5.1.1 Fügen durch Pressverbindung

Pressverbindungen sind kraftschlüssige bzw. kraftschlüssige und formschlüssige Verbindungen, deren Fügeteile aus Innenteil und Außenteil bestehen. Das Innenteil hat gegenüber dem Außenteil ein Übermaß.

Die wichtigsten Verbindungsformen sind in Bild 1 schematisch dargestellt.

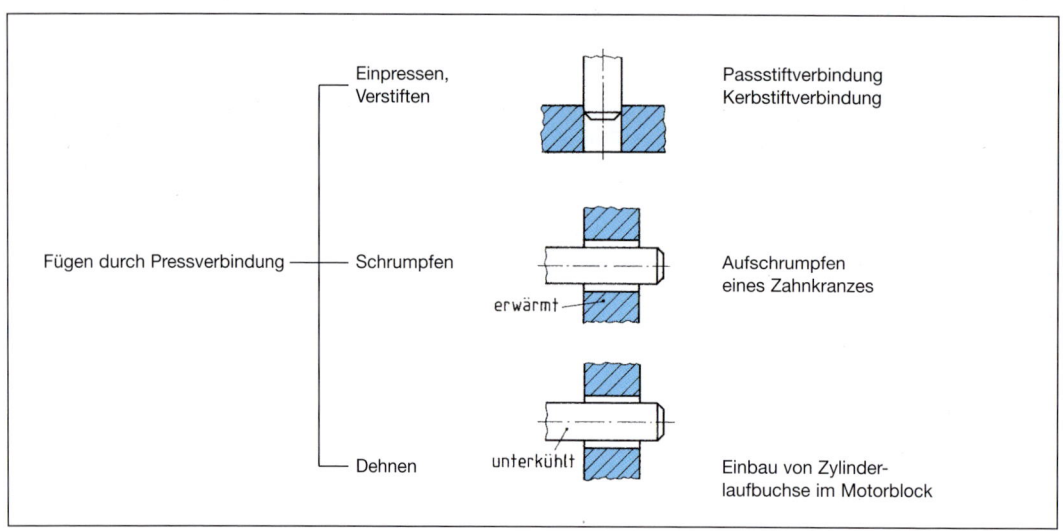

1 Beispiele für das Fügen durch Pressverbindung

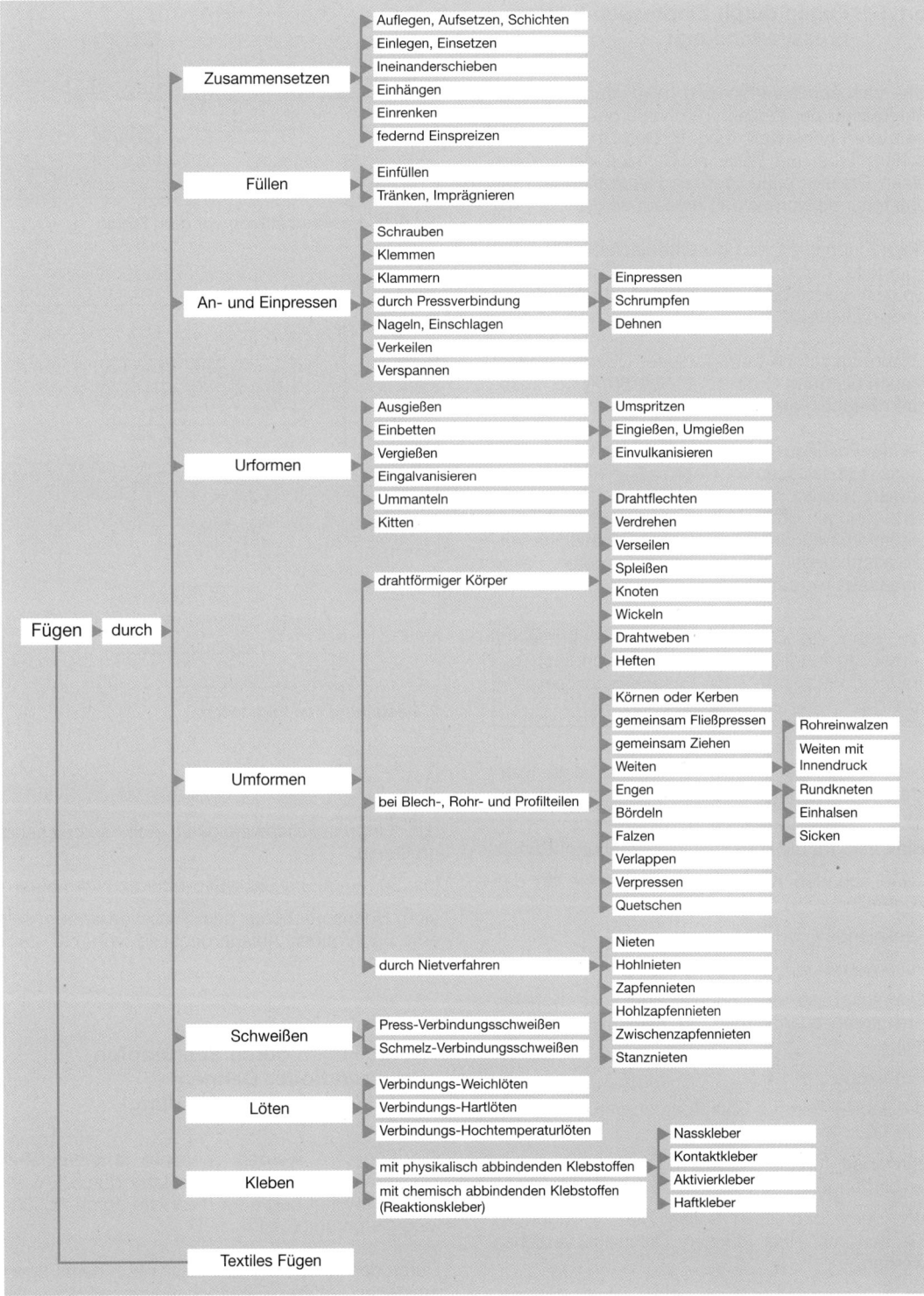

1 Gliederung der gebräuchlichsten Fügeverfahren

5.1.1.1 Fügen durch Einpressen (Längspressverbindung)

Die Längspressverbindung wird durch axiales Einpressen der Welle in die Nabe bei Raumtemperaturen hergestellt (Bild 1). Das Übermaß zwischen Nabe und Welle ergibt nach dem Fügen einen Pressverband, dessen Haftkraft durch die entstehende Normalkraft erzeugt wird.

Beim Einpressen wird die Oberflächenrauheit der Fügeteile durch Abtrennen und Einebnen der Spitzen vermindert und es entsteht somit ein Übermaßverlust.

Erfahrungsgemäß beträgt dieser Übermaßverlust – auch Glättung G genannt – ca. 80 % der absoluten Rauheit, also $G \approx 0{,}8 \cdot R_{z\,\text{Welle}} + R_{z\,\text{Bohrung}}$.

Bei der Festlegung des erforderlichen Übermaßes muss zum wirksamen Übermaß Z die Glättung addiert werden. Die Festigkeit der Längspressverbindungen ist deshalb unterschiedlich. Längspressverbindungen können ohne zusätzliche Verdrehsicherungen nur in untergeordneten Fällen eingesetzt werden.

> Je höher die Oberflächengüte der Fügeteile, umso kleiner die Deformation der Oberflächenrauheit, umso höher die Festigkeit der Verbindung.

Bei mehrmaligem Lösen ergibt sich eine Haftkraftverminderung von ca. 25 %.

Hinweise für die konstruktive Gestaltung (Bild 2):

keine scharfen Kanten und Übergänge an den Fügeteilen,

Fasenlänge $l_e \approx \sqrt[3]{D_F}$,

Fasenwinkel $\alpha_{max} \approx 5°$,

Einpressphase am Fügeteil mit der höheren Streckgrenze anbringen (im Allgemeinen Innenteil),

Fügelänge $l_F \approx 1{,}6\,D_F$,

bei Sacklöchern für Entlüftung sorgen.

Hinweise für die Herstellung von Längspressverbindungen:

Vor dem Einpressen sollen die zu fügenden Flächen mit einer dünnen Ölschicht versehen werden,

beim Einpressen darauf achten, dass ein Verkanten der Fügeteile ausgeschlossen wird,

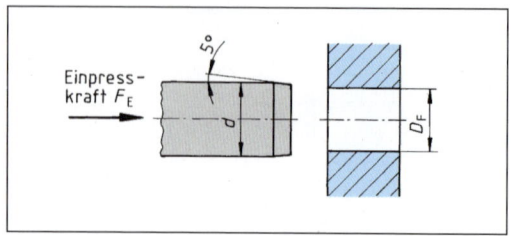

1 Längspressverbindung vor dem Fügen

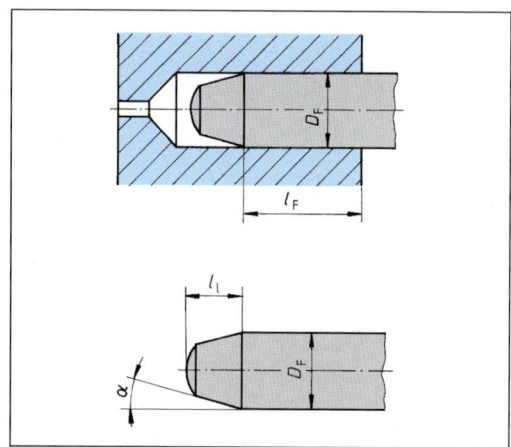

2 Gestaltung von Fügeteilen

die Einpressgeschwindigkeit soll ausreichend groß sein,

(ca. 50 mm/s) um Stick-Slip-Effekt zu vermeiden,

eine Beanspruchung des Pressverbandes soll erst nach einer Ablagerungszeit von ca. 24 h erfolgen.

5.1.1.2 Fügen durch Schrumpfen und/oder Dehnen (Querpressverbindung)

Die Fügeteile werden zunächst spannungsfrei zusammengefügt, wobei die Nabe durch Erwärmung geweitet und/oder die Welle durch Abkühlung geschrumpft ist.

Durch den Temperaturausgleich nach dem Fügen entstehen auf den Fügeflächen Normalkräfte und die daraus resultierenden Haftkräfte.

Der Fügevorgang kann erfolgen durch (Bild 1):

- Schrumpfen des **Außenteils**
  (Außenteil wird erwärmt: Warmschrumpfen)
- Dehnen des **Innenteils**
  (Innenteil wird unterkühlt: Kaltschrumpfen)
- Dehnen des **Innenteils** und Schrumpfen des **Außenteils**
  (Außenteil wird erwärmt und Innenteil unterkühlt: Warm-Kaltschrumpfen)

Alle drei Fügeverfahren werden in der Praxis angewandt.

Vorteile des Warmschrumpfens:

1. Wärmeerzeugung bedeutend billiger als Kälteerzeugung
2. Erzielung hoher Temperaturen, dadurch hohe Fugenpressung möglich

Vorteile des Kaltschrumpfens:

1. bei großen Außenteilen und kleinen Innenteilen
2. keine nachteilige Gefügeänderung; die Wirkung vorangegangener Wärmebehandlung bleibt erhalten
3. keine Oberflächenoxidation; die Oberfläche kann vor dem Unterkühlen endbearbeitet sein

Vorteile des Warm-Kaltschrumpfens:

Erzeugung größter Schrumpfübermaße und somit höchster Fugenpressungen ohne übermäßige Belastung der Werkstoffe durch die Erwärmung bzw. Abkühlung.

Hinweise für die Herstellung von Querpressverbindungen

Durch Temperaturausgleich verringert sich das Fügespiel, deshalb zügig arbeiten und alle erforderlichen Hilfsmittel wie z. B. Handschuhe, Hebezeuge, Zangen usw. **vor** Beginn der Fügearbeit bereitstellen und überprüfen (Arbeitsablaufplanung).

Möglichst in einem zugluftfreien Raum arbeiten, dessen Temperatur der üblichen Raumtemperatur entspricht.

Darauf achten, dass das zu erwärmende bzw. abzukühlende Fügeteil seine Fügetemperatur möglichst vollkommen und gleichmäßig erreicht hat.

Erwärmungs- und Unterkühlungsmöglichkeiten (Erwärmung des Außenteils) (Bild 1, Seite 152)

Eine Temperatur, bei der Gefügeveränderungen auftreten können, darf nicht überschritten werden (z. B. maximal 400 °C).

Bei Erwärmung im Ofen oder in der offenen Flamme tritt über 250 ... 300 °C ein Verzundern der Oberfläche ein, das für lösbare Verbindungen unerwünscht, für unlösbare günstig ist, da sich dadurch die Haftkraft erhöht.

Örtliche Überhitzung ist zu vermeiden. Die Abkühlung des Pressverbandes sollte möglichst langsam und gleichmäßig durch Abdecken oder Verwendung einer wärmedämmenden Unterlage erfolgen.

Unterkühlung des Innenteils (Bild 2)

Diese Fügeart wird bei bereits fertig bearbeiteten Teilen (Serienteilen) angewandt.

Auf möglichst kurze Transportwege ist zu achten!

Von der Verwendung von verflüssigtem Sauerstoff oder verflüssigter Luft ist wegen der großen Explosionsgefahr abzuraten.

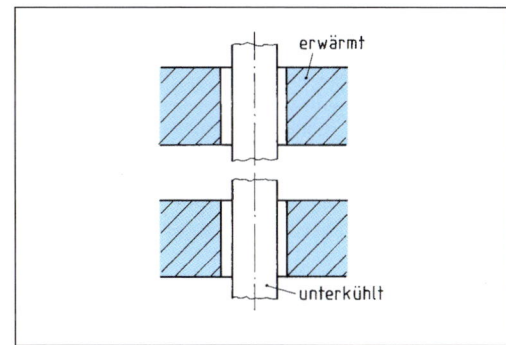

1 Schrumpfen oder Dehnen

Kühlmittel	Erreichbare Werkstücktemperatur	Hinweise
Tiefkühlschrank	–20 °C	für Kleinteile
Kohlensäureschnee, Trockeneis	–70 °C	Fügeteil kühlt langsam ab; durch Beigabe von Trichlorethylen Vereisung auf der Fügeteiloberfläche vermeiden
verflüssigter Stickstoff	–190 °C	für ausreichende Belüftung sorgen; Kühlmittel in ausreichender Menge bereitstellen, damit die Werkstücke voll getaucht werden können

2 Unterkühlungsmöglichkeiten

Mittel	Erreichbare Werkstücktemperatur	Anwendung	Hinweise
Heißluftöfen Heißluftkammern	bis 400 °C	für Teile, deren Fügeflächen trocken und frei von Oxidschicht sein müssen	
Elektrowärme-platten	> 400 °C	kleine Serienteile	unvollkommene Erwärmung; Gefahr örtlicher Überhitzung
Elektroheizkerne	ca. 50 °C	Hülsen und Naben geringer Wanddicke	gleichmäßige Erwärmung
Ölbad	bei organischen Ölen ca. 300 °C bei siliconhaltigen Ölen ca. 400 °C	für Teile, auf deren Fügeflächen Öl sein darf	gleichmäßige Erwärmung, zunderfrei
Schweißbrenner	> 400 °C	einzeln herzustellender Press-verband	Gefahr örtlicher Überhitzung; Verzug, Zunderbildung
Ringbrenner	> 400 °C	meist sperrige Außenteile	mehrere Brenner erforderlich (Flächenerhitzer)
elektrisch beheizte oder gasbeheizte Öfen	> 400 °C	für Teile, deren Fügeflächen trocken sein müssen und bei denen Oxidschichten gewollt oder ohne Bedeutung sind	gleichmäßige und vollkommene Erwärmung (Gasschleusen ver-hindern starke Oxidschichten)

1 Erwärmungsmöglichkeiten

5.1.2 Berechnung von Pressverbänden

Die exakte Berechnung von Pressverbänden ist sehr kompliziert und zeitaufwendig.

In der Norm DIN 7190 ist ein Rechenverfahren mit Rechenschaubild für die Berechnung von Pressverbänden ausgearbeitet, das erlaubt, die wichtigsten Kenngrößen wie
- übertragbare Kraft F eines Pressverbandes,
- erforderliches wirksames Übermaß Z
relativ einfach und hinreichend genau zu bestimmen.

Des Weiteren enthält diese Norm Diagramme zur Festlegung der erforderlichen Passmaße für die Fügeteile und ein Schaubild zur Ermittlung der erforderlichen Erwärmungstemperatur.

5.1.3 Anwendung von Pressverbänden

Pressverbände bieten erhebliche wirtschaftliche Vorteile, da sie besonders gut zum Übertragen großer Kräfte und Momente geeignet sind. Bei den Fügeteilen erfolgt keine Querschnittsschwächung durch zusätzliche Verbindungselemente (z. B. Keile), der Kraftfluss ist gleichmäßig. Pressverbände werden häufig im Getriebebau,

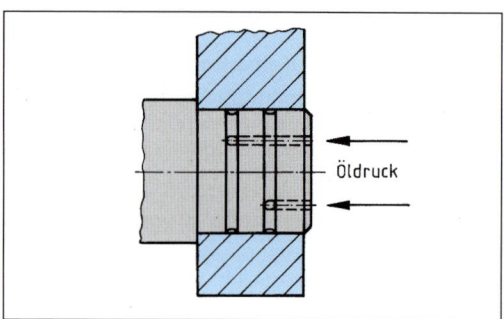

2 Lösen einer Schrumpfverbindung durch Öldruck

im Großmaschinenbau, im Kranbau und in der Feinwerktechnik angewendet.

Beispiele:
Aufschrumpfung von Zahnkränzen,
Aufziehen von Kupplungen und Scheiben,
Einbau von Wälzlagern (die Belastungsart Punkt-last-Umfangslast beachten).

5.1.4 Lösen von Pressverbänden

Das **Lösen von Pressverbänden** erfolgt durch Auspressen (Beschädigung der Fügeflächen, Haftkraftverlust), durch gleichzeitige Erwärmung der Nabe und Abkühlung der Welle (kompliziertes Verfahren) oder durch Aufweiten der Nabe mittels Öldruck (konstruktive Vorkehrungen) (Bild 2).

5.2 Fügen durch Schweißen

5.2.1 Allgemeines

Die Begriffe für die Metallschweißprozesse sind in DIN EN 14610 in dreisprachiger Fassung für den europäischen Raum veröffentlicht. In DIN 8593 sind die Fertigungsverfahren **Fügen durch Schweißen**, mit Einteilung der Verfahren, Unterteilung und Begriffe festgelegt. DIN 1910–3 beschränkt sich auf die Verfahren **Schweißen von Kunststoffen**, DIN 1910–11 auf werkstoffbedingte Begriffe für das Metallschweißen. Die **Ordnungsnummern für Schweißen und verwandte Verfahren** sind in DIN EN ISO 4063 angegeben.

> Schweißen ist das Vereinigen von Werkstoffen in der Schweißzone unter Anwendung von Wärme, unter Anwendung von Kraft oder unter Anwendung von Kraft und Wärme, mit oder ohne Schweißzusatz.

Das Schweißen kann durch Schweißhilfsstoffe, z. B. Schutzgase, Schweißpulver oder Pasten ermöglicht oder erleichtert werden. Die zum Schweißen notwendige Energie wird von außen zugeführt.

Das Vereinigen von Werkstoffen erfolgt vorzugsweise im plastischen oder flüssigen Zustand in der Schweißzone. Bei gleichartigen Grundstoffen sind die Eigenschaften des Schweißnahtwerkstoffes denen der Grundwerkstoffe ähnlich. Innerhalb der Bindezone findet eine innige Vermischung der zu fügenden Werkstoffe untereinander bzw. mit dem Schweißzusatz statt.

Die Verbindung ist unlösbar: Sie ist eine **stoffschlüssige Verbindung**, die nur durch Beschädigung oder Zerstörung der Fügeteile wieder gelöst werden kann.

Für die einzelnen Verfahren, bei denen Grundwerkstoffe vereinigt oder Grundwerkstoffe mit einem anderen Werkstoff beschichtet werden, sind oft abgestimmte Zusatzwerkstoffe notwendig, wie Schweißstäbe, Schweißdrähte, Draht- oder Stabelektroden. Der Werkstoff in der Schweißzone durchläuft flüssige und teigige (plastische) Zustände; die Erwärmung und Abkühlung verursacht besonders bei Metallen Gefügeänderungen der Werkstoffe.

Vorgänge wie Oxidation, Kristallisation, Gefügeumwandlung, Ausscheiden oxidischer und sulfidischer Verbindungen treten auf. Der Zusatzwerkstoff wie auch der Grundwerkstoff können ihre chemische Zusammensetzung ändern.

Daneben treten bei schneller Wärmeableitung, insbesondere bei legierten Stählen und bei Stählen mit mehr als 0,25 % Kohlenstoff, oft „Kaltrisse" auf, da sich Martensit bildet.

Durch eine schweißgerechte Konstruktion und einen Schweißfolgeplan kann der Werkstückverzug verringert werden. Die beim Schweißen entstehenden mehrachsigen Spannungszustände wie auch ungünstige Gefügeänderungen im Nahtgrundwerkstoff können durch Spannungsarmglühen oder Normalglühen verringert werden.

5.2.2 Technische und wirtschaftliche Bedeutung der Schweißtechnik

Das Schweißen zählt heute zu den wichtigsten Fertigungsverfahren in der Metall verarbeitenden Industrie.

Die modernen Verfahren der Schweißtechnik ermöglichen das Verschweißen nahezu aller metallischen sowie vieler nichtmetallischer Werkstoffe, z. B. von Plastomeren. In vielen Fällen gestattet das Schweißen eine technisch und wirtschaftlich günstige Formgebung.

Die erhöhte Anwendung von Rostfreien Stahl führte zum verstärkten Einsatz der Schutzgasschweißverfahren. Kein Elektrodenwechsel, Rationalisierungsdruck, wie auch leichtere Handhabung als beim Elektroden-Handschweißen, hat den Einsatz der Drahtelektrode im Stahlsektor in vielen Bereichen der Fertigung und Reparatur gefördert.

Waren es zu Beginn des Jahrhunderts noch ca. zehn Verfahren in der Schweißtechnik, so werden heute über hundert Verfahren angewandt, von denen jedoch nur sieben Verfahrensgruppen (Widerstandsschweißen hierbei nicht berücksichtigt) für 95 % aller Schweißteile zum Einsatz kommen.

Das Widerstandspressschweißen mit seinen vielfältigen Varianten wird vorwiegend im Automobilbau, der Haushaltgerätefertigung, Blechverarbeitung und der Elektroindustrie angewandt und hat dort eine herausragende Bedeutung. Die spanlose Formgebung der Pressteile ermöglicht gemeinsam mit dem Widerstandspressschweißen den Leichtbau.

Das Handhaben und Zuführen von Teilen und Baugruppen mit Industrieroboter wie auch der Einsatz moderner Schweißtechnik ist die Basisvoraussetzung für die Realisierung fertigungstechnischer Rationalisierungsvorhaben.

Die Schweißverfahren werden zunehmend in übergeordnete automatisierte Fertigungsabläufe integriert. Der Einsatz von Schweißrobotern und Laserbearbeitungszentren im Verbund mit Roboter-Handhabungstechnik nimmt zu.

Einen anhaltenden Innovationsschub verzeichnet die Lasertechnik. Das Laser-Hybridschweißen hat neue Möglichkeiten in der Spalt-Überbrückung beim Verbindungsschweißen eröffnet. Die kombinierten Schweißverfahren, Laser mit Einkoppeln zusätzlicher Energie eines Plasma- oder WIG-Lichtbogens, oder Laser mit MSG-Verfahren unterstützt, ermöglichen wesentlich günstigere Fertigungsbedingungen bei höherer Schweißsicherheit. Für das Aluminiumdünnblechschweißen ist die Koppelung eines Diodenlasers mit dem Nd:YAG-Lasersystem sehr erfolgreich.

Als Entwicklung mit großem Zukunftspotential wird der diodengepumpte Scheibenlaser angesehen. Es sind kleinere, leistungsstarke Lasereinheiten (≤ 4 kW) mit exzellenter Strahlqualität. Für filigrane Punktschweißaufgaben in der Telekommunikation ist dieses Verfahren bereits eingesetzt. Mit der Entwicklung und Einführung des Hoch-leistungsdiodenlasers, kurz **HDL** genannt, ist ein sehr wirtschaftliches und kompaktes Strahl-

system für den Bereich Materialbearbeitung verfügbar. Nicht nur für den Bereich der Löt- und Schweißtechnik ist der HDL interessant. Anwendung findet er auch z. B. im lasergestützten Drehen von Keramik sowie im Spanen und Härten.

5.2.3 Einteilung der Schweißverfahren

Die zahlreichen Schweißverfahren werden nach DIN 8593-6 in Bild 2 eingeteilt.

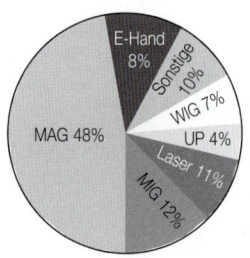

1 Anwendung von Schweißverfahren

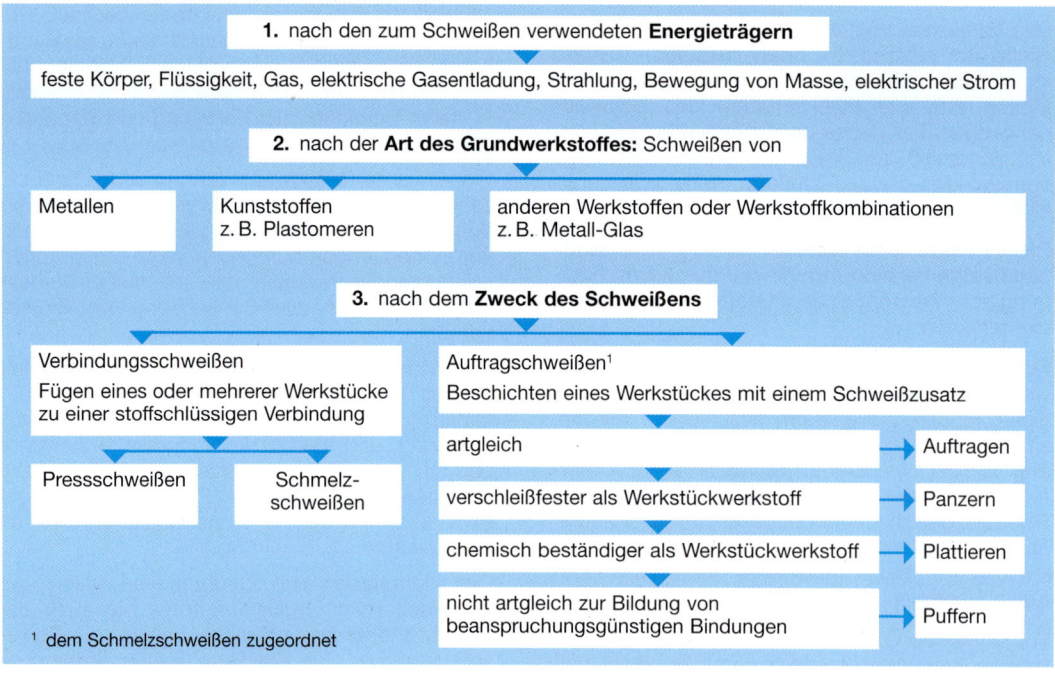

2 Einteilung der Schweißverfahren

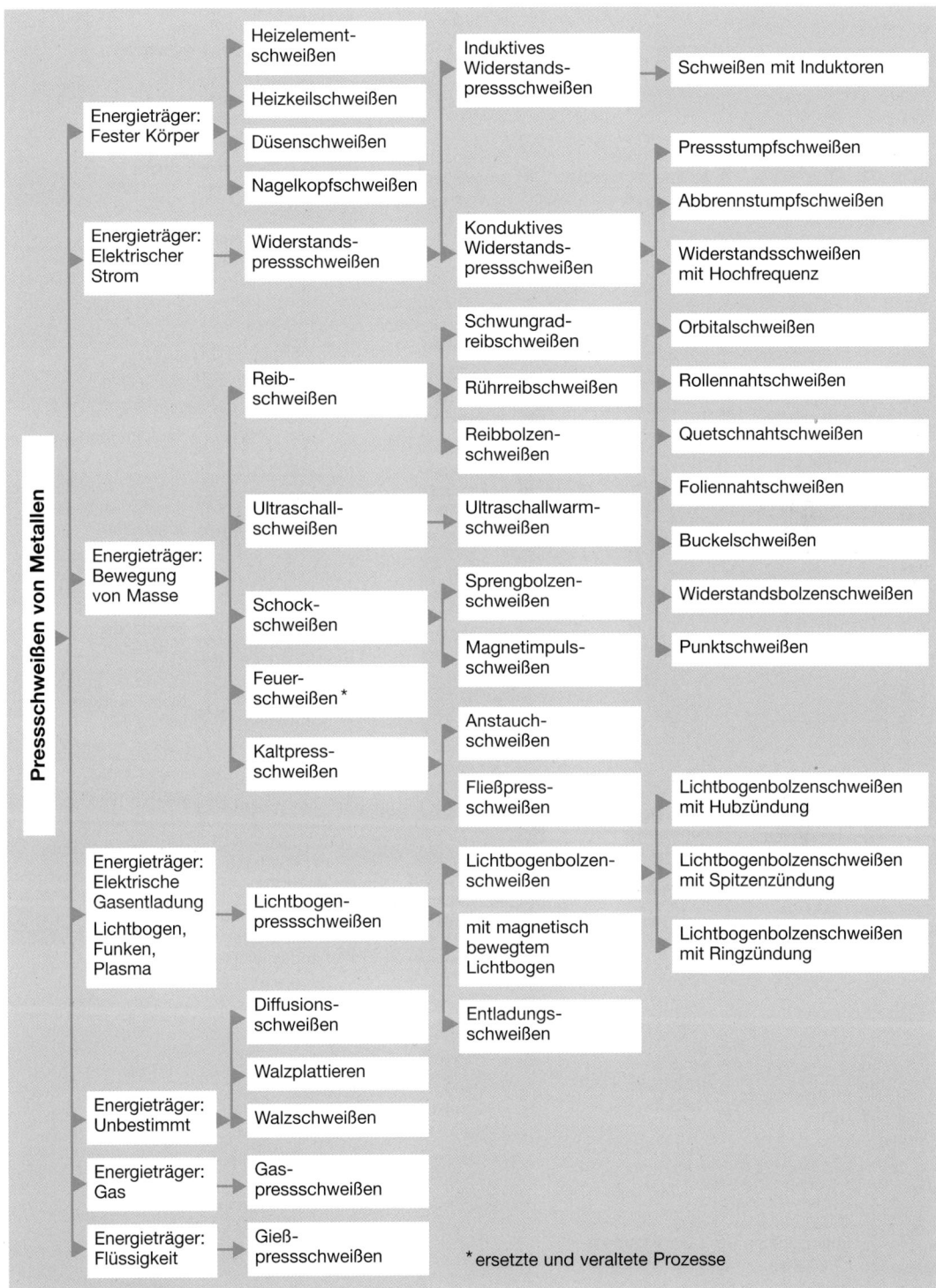

1 Verfahrensübersicht Pressschweißen

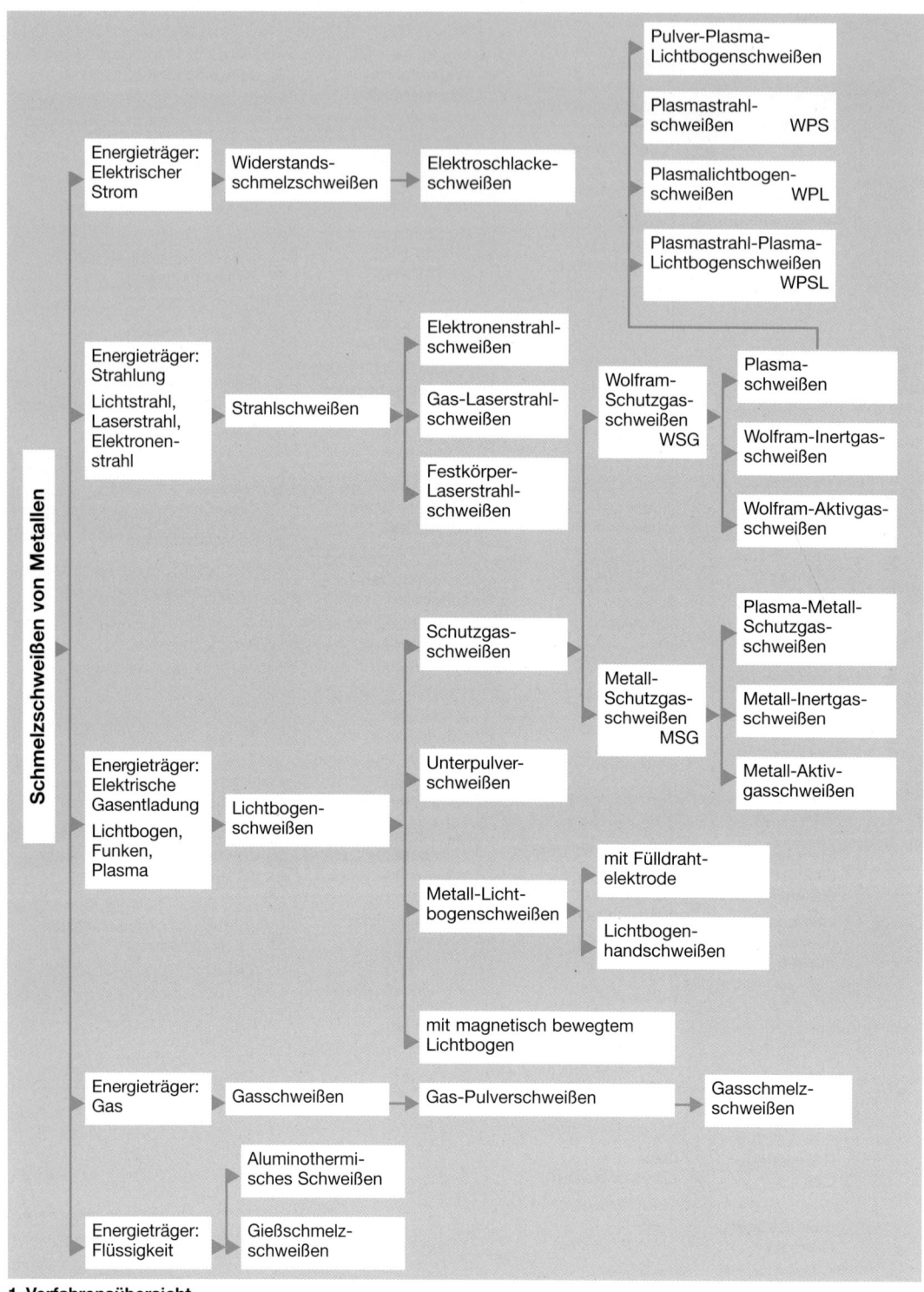

1 Verfahrensübersicht Schmelzschweißen

Für Fertigungsangaben in technischen Zeichnungen oder in Fertigungsunterlagen wurden Ordnungsnummern festgelegt für Schweißen, verwandte Verfahren und Löten in DIN EN ISO 4063 und auch von den europäischen Staaten gleichlautend übernommen.

Sie umfasst die Hauptgruppe der Prozesse (eine Ziffer), Gruppen (zwei Ziffern) und Untergruppen (drei Ziffern). Die Ordnungsnummern für Lötprozesse sind in 5.3 Löten angegeben.

Ordnungs-nummern	Schweißverfahren (DIN EN ISO 4063: 2011-03)
1	Lichtbogenschweißen (Lichtbogenschmelzschweißen)
101	Metall-Lichtbogenschweißen
111	Lichtbogenhandschweißen
114	Metall-Lichtbogenschweißen mit Fülldrahtelektrode ohne Schutzgas
12	Unterpulverschweißen
121	Unterpulverschweißen (UP-Schweißen) mit Massivdrahtelektrode
122	Unterpulverschweißen mit Massivbandelektrode
13	Metall-Schutzgasschweißen
131	Metall-Inertgasschweißen mit Massivdrahtelektrode
135	Metall-Aktivgasschweißen (MAG-Schweißen) mit Massivdrahtelektrode
136	MAG-Schweißen mit schweißpulvergefüllter Drahtelektrode
14	Wolfram-Schutzgasschweißen (WIG-Schweißen)
141	Wolfram-Inertgasschweißen mit Massivdraht- oder Massivdrahtzusatz
15	Plasmaschweißen
151	Plasma-Metall-Inertgasschweißen
185	Lichtbogenschweißen mit magnetisch bewegtem Lichtbogen
21	Widerstandspunktschweißen
22	Rollennahtschweißen
226	Folien-Überlappnahtschweißen
23	Buckelschweißen
24	Abbrennstumpfschweißen
25	Pressstumpfschweißen
311	Gasschweißen mit Sauerstoff-Acetylen-Flamme
312	G mit Sauerstoff-Propan-Flamme
313	G mit Sauerstoff-Wasserstoff-Flamme
41	Ultraschallschweißen
42	Reibschweißen
45	Diffusionsschweißen
48	Kaltpressschweißen
51	Elektronenstrahlschweißen
52	Laserstrahlschweißen
521	Festkörper-Laserstrahlschweißen
522	Gas-Laserstrahlschweißen
71	Aluminothermisches Schweißen
72	Elektroschlackeschweißen
75	Lichtstrahlschweißen
78	Bolzenschweißen
784	Kurzzeit-Bolzenschweißen mit Hubzündung
785	Kondensatorentladungs-Bolzenschweißen mit Hubzündung
786	Kondensatorentladungs-Bolzenschweißen mit Spitzenzündung

1 Ordnungsnummern für Schweißen und verwandte Verfahren (Auszug DIN EN ISO 4063)

4. nach dem **physikalischen Ablauf des Schweißens**

Pressschweißen

Die Verbindung erfolgt unter Anwendung von Kraft ohne oder mit Schweißzusatz.
Ein örtlich begrenztes Erwärmen (u. U. bis zum Schmelzfluss) erleichtert oder ermöglicht das Schweißen.

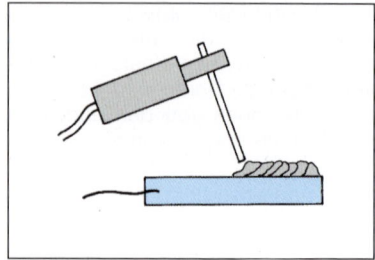

Schmelzschweißen

Die Verbindung erfolgt bei örtlich begrenztem Schmelzfluss ohne Anwendung von Kraft mit oder ohne Schweißzusatz.
Die schmelzflüssigen Kanten der zu verbindenden Werkstücke und der häufig verwendete Zusatzwerkstoff fließen ineinander und erstarren anschließend.

1 Elektrodenschweißung

5. nach dem **Grad der Mechanisierung**

Handschweißen (manuelles Schweißen)

Kurzzeichen: m

Alle Bewegungsvorgänge und Nebentätigkeiten, die den Ablauf des Schweißens kennzeichnen, werden von Hand ausgeführt, z. B. Führen der Elektrode, Werkstückwechsel (siehe Bild 1).

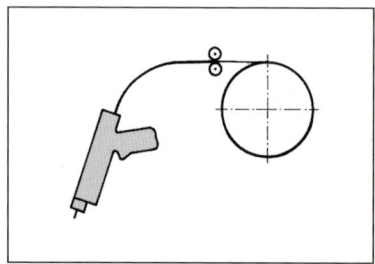

2 Handschweißgerät

Teilmechanisches Schweißen

Kurzzeichen: t

Ein Teil der Bewegungsvorgänge, die den Ablauf des Schweißens kennzeichnen, läuft mechanisch ab, z. B. Vorschub der Drahtelektrode (siehe Bild 2).

Vollmechanisches Schweißen

Kurzzeichen: v

Alle Bewegungsvorgänge, die den Ablauf des Schweißens kennzeichnen, sind mechanisiert. Der Werkstückwechsel erfolgt von Hand (siehe Bild 3).

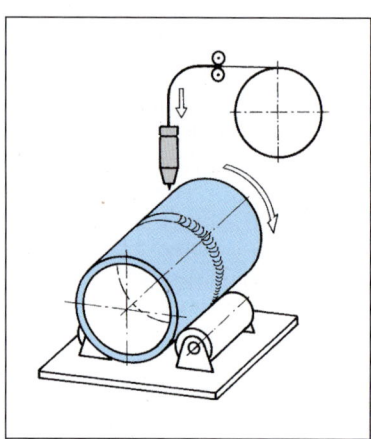

Automatisches Schweißen

Kurzzeichen: a

Alle den Ablauf des Schweißens kennzeichnenden Funktionen einschließlich aller Nebentätigkeiten, wie z. B. Werkstückwechsel, laufen selbsttätig nach einem Programm ab (siehe Bild 4).

3 Metallschutzgas-Schweißgerät zum Schweißen von Rohren (vMSG)

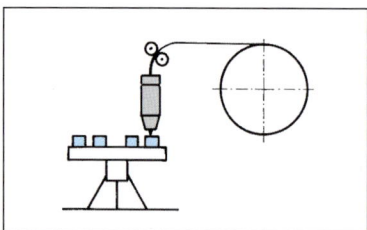

4 Maschinenschweißgerät mit Indextisch und automatischer Entladung (aMSG)

5.2.4 Press-Verbindungs- schweißen

Das Press-Verbindungsschweißen ist ein Schweiß- verfahren, bei dem die Arbeitstemperatur meist unterhalb des Schmelzpunktes liegt.

> Press-Verbindungsschweißen geschieht unter Anwendung von Kraft ohne oder mit Schweiß- zusatz. Eine örtlich begrenzte Erwärmung (u. U. bis zum Schmelzen) ermöglicht oder erleichtert den Schweißvorgang.

Die Einteilung von geometrischen Unregelmäßig- keiten in metallischen Werkstoffen an Press- schweißverbindungen ist in DIN EN ISO 6520-1 und -2 festgelegt.

5.2.4.1 Kaltpressschweißen

Beim Kaltpressschweißen erfolgt die Verbin- dung der Teile unter Druck ohne Wärmezufuhr. Schweißzusatzwerkstoffe werden im Allgemeinen nicht verwendet. Die Verbindung entsteht durch Kohäsionskräfte bzw. Adhäsionskräfte.

Man verbindet bei diesem Verfahren Folien und Bleche durch Überlappnähte oder man verbindet Drähte bzw. Formteile durch Stumpfnähte mitei- nander. An der Schweißstelle treten ähnlich starke Verformungen wie z. B. beim Ziehen von Rohren oder beim Fließpressen auf. Man versucht des- halb heute, beide Verfahren in einem Arbeitsgang zu kombinieren, und erhält so durch gleichzeitige Anwendung von Massivumformung und Kalt- pressschweißung Rundkörper großer Festigkeit und hoher Maßgenauigkeit. Diese spezielle Ferti- gungsmethode verlangt als Vorbedingung für eine wirtschaftliche Herstellung vorläufig noch kleine Werkstückabmessungen und hohe Stückzahlen.

5.2.4.2 Schockschweißen

Die Werkstücke verbinden sich an den Stoß- flächen ohne Wärmezufuhr unter Anwendung schlagartiger Kraft. Die durch die auftretende Prallenergie erzeugte Wärme erleichtert die Bil- dung molekularer Bindungen. Werkstücke wer- den an den Stoßflächen meist ohne Schweißzu- satz verbunden.

Sprengschweißen

Erzeugen der Energie durch Detonation von Sprengstoff (Bild 1)

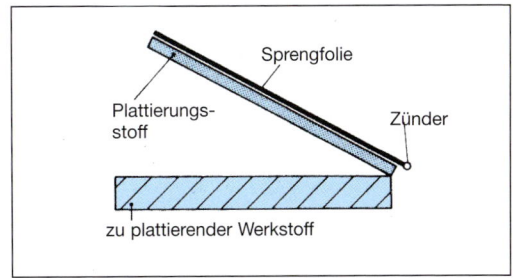

1 Sprengschweißen

Der Vorteil des Verfahrens liegt darin, dass Werk- stoffe unterschiedlicher Schmelztemperatur und Metalle verschiedener Art miteinander in kürzes- ter Einwirkzeit verbunden werden können, und darin, dass auch profilierte Teile ohne besondere Werkzeuge plattiert werden können. So können z. B. Werkstoffe aus Tantal (2990 °C) mit Kupfer (1083 °C) miteinander verbunden werden.

5.2.4.3 Ultraschallschweißen

Das Ultraschallschweißen ist eine Kombination zwischen Ultraschallreinigen und Kaltpress- schweißen. Es beruht auf dem Prinzip, dass die Berührungsflächen überlappt angeordneter Teile mit hoher Frequenz (1 … 100 kHz) und unter gleichzeitiger Anwendung von Kraft aufeinander reiben und dadurch verschweißen. Ein Zusatz- werkstoff ist nicht erforderlich.

Man verschweißt damit Folien bis minimal 0,004 mm Dicke, dünne Bleche sowie Drähte und Rohre kleiner Wanddicke. Die Dicke des zweiten Werkstückes einer Verbindung spielt kaum eine Rolle, also lässt sich z. B. ein 0,12 mm dickes Stahlblech auf ein 20 mm dickes Blech schwei- ßen (Bild 1, Seite 160).

Der Vorgang ähnelt dem „Fressen", die beider- seitigen Kristallgitter berühren sich nach Beseiti- gung der Unebenheiten so nahe, dass atomare Kräfte wirksam werden. Dieses Wirksamwerden atomarer Kräfte ist wesentliche Voraussetzung für ein Verschweißen. Eine Temperaturerhöhung ist für den Prozess nicht von Bedeutung, deshalb lassen sich auch Metalle mit sehr hoher Wärme- leitfähigkeit, wie Kupfer, Silber, Aluminium, sehr leicht mit Ultraschall verschweißen (Bild 2, S. 160).

Auch andere Gebrauchsmetalle und Kunststoffe sind mit sich selbst und in verschiedenen Kombinationen untereinander verschweißbar. In der **Elektronik** und **Feinwerktechnik** wird das Verfahren viel benutzt, weil es sich zur Verbindung sehr kleiner und dünner Werkstücke (Bleche und Drähte) besonders eignet.

Der Vorteil dieses Verfahrens liegt speziell dort, wo kein Reinigungsaufwand gewünscht wird. Es lässt sich in einen kontinuierlichen Fertigungsablauf eingliedern, und da es wärmearm arbeitet, ist es auch von dieser Seite für das Bedienungspersonal ungefährlich.

Die Grenzen liegen in der schweißbaren Werkstückdicke, die maximal 1 mm nicht überschreiten soll. Spröde Metalle und Kerben geben Anlass zu Ermüdungsbrüchen.

5.2.4.4 Reibschweißen

Reibschweißen von metallischen Werkstoffen

Das Reibschweißen beruht darauf, dass zwei Werkstückstoßflächen unter Anpressdruck so lange gegeneinander bewegt werden, bis die dabei entstehende Reibungswärme das Verschweißen ermöglicht.

Die beim Reibschweißen auftretende sehr starke Erwärmung bleibt auf eine schmale Zone beiderseits der Reibflächen beschränkt. Der Vorgang dauert 0,8 … 100 s. Das Verfahren eignet sich besonders zur Verbindung rotationssymmetrischer Teile. An der Schweißnaht bildet sich ein starker Wulst, den man jedoch durch Profilieren der Stoßflächen weitgehend beeinflussen kann.

Die Reibleistung ergibt sich aus dem Produkt Drehmoment mal Drehfrequenz. Die maximal erforderliche Temperatur wird durch die plastischen Eigenschaften der Werkstoffe bestimmt.

Reibschweißen mit kontinuierlichem Antrieb

Das Verfahren läuft in vier Phasen ab (Bild 3):
1. Rotation des einen Werkstückes bei Stillstand des anderen.
2. Das stillstehende Teil wird mit 20 bis 100 N/mm² gegen das rotierende Werkstück gedrückt.
3. Die sich berührenden Stoßflächen erwärmen sich am Schweißstoß fast auf Schmelzpunkttemperatur.

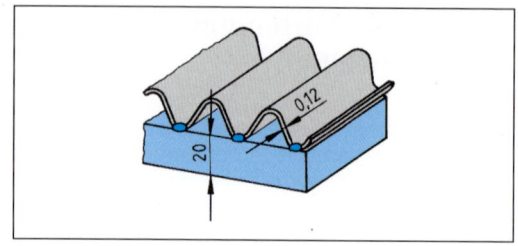

1 Aufschweißen eines dünnen Bleches durch Ultraschallschweißen

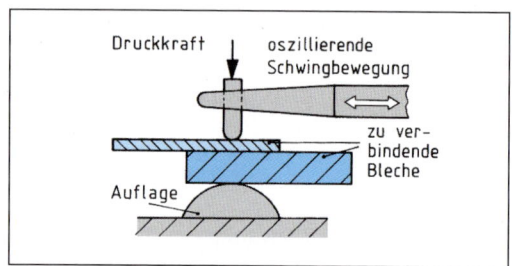

2 Ultraschallschweißen

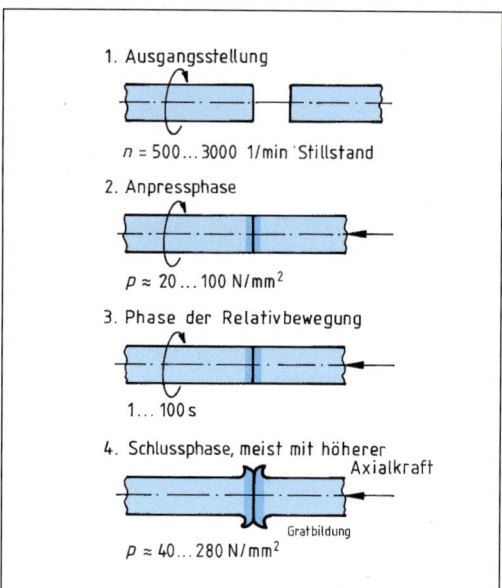

3 Reibschweißen mit kontinuierlichem Antrieb

4. Nach Freigabe des stillstehenden Teiles oder nach schlagartigem Abbremsen des rotierenden Teiles wird die Axialkraft erhöht, dabei ergibt sich ein dichtes Gefüge in der Schweißzone (siehe Bild 1, Seite 161).

Schwungrad-Reibschweißen
(Bild 2)

Das rasche Abbremsen des drehenden Teiles erfolgt bei diesem Verfahren nur durch Reibkräfte in der Fügeebene. Die Reibzeit von 0,1 … 20 s ist abhängig von Werkstoff, Axialdruck, Drehzahl und Drehmasse des Schwungrades. Der Axialdruck von 40 bis 280 N/mm² Werkstückfläche wird vom Beginn des Andrückens bis zum völligen Stillstand gehalten, danach der Axialdruck um 200 bis 300 % für die Stauchzeit erhöht. Als mittlere Reibgeschwindigkeit sind 0,9 … 1 m/s ausreichend.

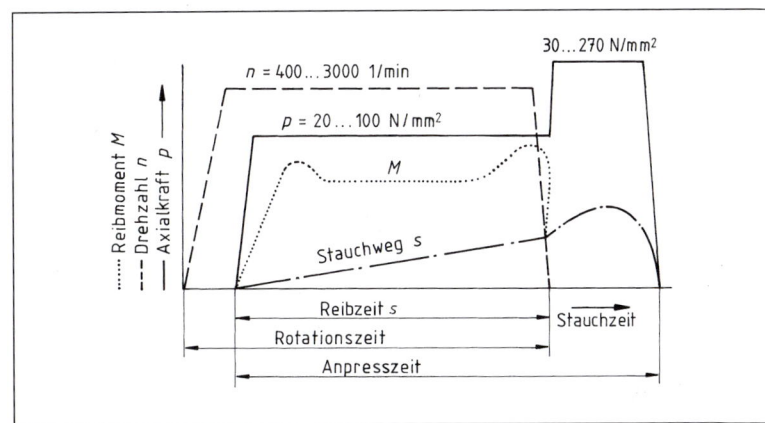

1 Beim Reibschweißen mit kontinuierlichem Antrieb wird das rotierende Teil bei Erreichen der Fügetemperatur schlagartig gebremst und die Axialkraft

Reibschweißen mit prozessintegrierter Induktionserwärmung

Die zusätzliche Induktionserwärmung unterstützt den Schweißvorgang. Diese kann beidseitig, aber auch gezielt am großen Querschnitt zugeführt werden, ohne dabei den kleinen Querschnitt beim Reibungsvorgang zu überhitzen.

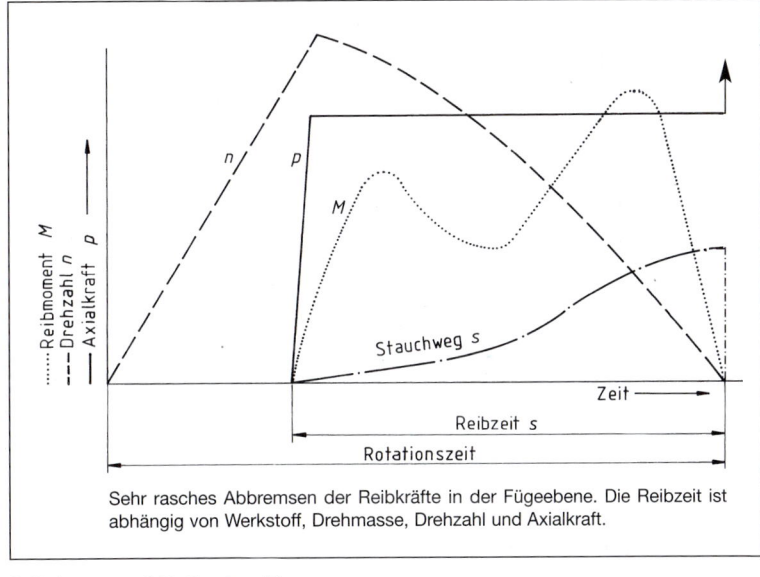

Sehr rasches Abbremsen der Reibkräfte in der Fügeebene. Die Reibzeit ist abhängig von Werkstoff, Drehmasse, Drehzahl und Axialkraft.

2 Schwungrad-Reibschweißen

Die Nahtausbildung wird verbessert und die Entstehung von Zwischenschichten (Sekundärwulst) gemindert. Erfolgreich eingesetzt u. a. bei Werkstoffkombinationen Hartmetall-Stahl, C45 artgleich, Stahl-Vergütungsstahl 42CrMo4. Bei Hartmetall-Stahlverbindungen konnte die Biegefestigkeit um 35 % gesteigert werden.

Rührreibschweißen

Die Drehachsen beider Werkstücke sind zueinander versetzt und rotieren drehzahlgleich im gleichen Drehsinn. Durch Anpressdruck, Rotation und der Rührbewegung wird die Schweißtemperatur erreicht und abgebremst.

Das Verfahren bewährt sich in der Automobilfertigung beim Schweißen an Aluminiumblechen und Aluminiumschaumteilen.

Bremszeitpunkt und Stauchzeitpunkt können frei bestimmt werden. Durch die Regelung der Bremseinleitung ist eine Verbesserung in der Verbindungszone möglich. Nichtrotationssymmetrische Werkstücke können durch den Einsatz eines Winkelcodierers positionsgenau zum fest stehenden Fügeteil abgebremst werden. Die fertigen Werkstücke sind maßgenau, sowohl in der Länge als auch in der Exzentrizität.

Verschweißbare Werkstoffe

Kohlenstoffarme Stähle verschweißen durch Reibschweißen sehr gut, härtbare Stähle verspröden, außerdem lassen sich artgleiche Werkstoffe wie Aluminium, Kupfer, hochfeste titanlegierte und korrosionsbeständige Stähle sowie Kunststoffe (Thermoplaste) miteinander verschweißen. Vereinzelt führen verschiedenartige Werkstoffpaarungen zu vollwertigen Schweißverbindungen.

Titan muss unter Argon als abschirmendem Schutzgas geschweißt werden, da Sauerstoff und Stickstoff die Stauchzone verspröden.

Die erreichbaren Festigkeitswerte entsprechen meist denen der Grundwerkstoffe. Die verschweißbaren Vollquerschnitte liegen – abhängig vom Maschinentyp – zwischen 1 … 31 500 mm².

5.2.4.5 Feuerschweißen

Das Feuerschweißen (Hammerschweißen) ist das älteste Schweißverfahren, von dem sich auch die Bezeichnung Schweißen herleitet, weil man nach diesem Verfahren die Werkstoffoberflächen zum „Schwitzen" brachte und so die Werkstücke miteinander „schweißte". Bei diesem Verfahren werden die zu verbindenden Teile im offenen Schmiedefeuer (Kohle oder Holzkohle) auf eine Temperatur von rund 1200 bis 1300 °C gebracht. Die Oberflächen werden leicht angeschmolzen und dann mit Hammerschlägen ineinander getrieben. Auf die überhitzten Stellen wird Quarzsand gestreut, der aufschmilzt und zu starken Abbrand verhindert. Das Feuerschweißen wird nur noch für fachgetreue Kunstschmiedearbeiten aus unlegiertem Baustahl angewendet.

5.2.4.6 Diffusionsschweißen

Das Diffusionsschweißen ist ein dem Pressschweißen ähnliches Verfahren, bei dem die Schweißzone bis unterhalb der Soliduslinie erwärmt und unter geringem Druck bei einem Minimum an makroskopischer Verformung entweder im Vakuum oder in einem Schutzgas so lange zusammengedrückt wird, bis die Teile durch Diffusion im festen Zustand vereinigt sind. Das Verfahren wird speziell in der Reaktor- und Luftfahrtindustrie angewendet, wo die benötigten Bauteile möglichst leicht – Leichtbauweise aus Titanlegierungen –, aber sehr fest sein und unter extremen Bedingungen eingesetzt werden müssen.

Die entstehende „Verbindungsnaht" bei diesem Fügeverfahren weist gegenüber dem ursprünglichen Gefüge des Grundwerkstoffs kaum eine Änderung auf.

Verfahrensvorgang:
Um den Einfluss der Atmosphäre auszuschalten, ist eine hochevakuierte Kammer erforderlich. Die zu verbindenden Teile werden durch Krafteinwirkung in innigen Kontakt gebracht, das anschließende induktive (induktive Hoch- oder Mittelfrequenzen) – bei kleinen Werkstückquerschnitten auch konduktive – Erwärmen bis unterhalb der Soliduslinie bewirkt Diffusion. Durch Anwendung von Druck und Wärme erfolgt die Diffusion. Dabei wandern die Atome, von den Rauigkeitserhöhungen beginnend, wechselseitig von einem Werkstück in das andere: Es werden zwischenmolekulare Kräfte aufgebaut.

5.2.4.7 Gießpressschweißen

Bei diesem Verfahren wird die eingeformte Schweißstelle durch Übergießen mit dem gesondert (z. B. aluminothermisch) geschmolzenen Wärmeträger ausreichend erwärmt und unter Druck geschweißt. Meist wird Thermit angewendet, ein Reaktionsgemisch aus ca. 75 % Eisenoxid und 25 % Aluminiumgrieß.

Die Reduktion findet wie folgt statt:

$$3 \, Fe_3O_4 + 8 \, Al \rightleftarrows 4 \, Al_2O_3 + 9 \, Fe + 3,4 \, MJ$$

Das schmelzflüssige Eisen (mit Legierungselementen) umgibt die Fügeflächen, das leichtere Aluminiumoxid steigt auf und schützt die Fügezone vor Luftzutritt.

5.2.4.8 Widerstandspressschweißen

Beim Widerstandsschweißen entsteht die Wärme durch einen elektrischen Strom und durch die Übergangswiderstände an den Berührungsstellen sowie durch den ohmschen Widerstand der zu verbindenden Werkstoffe (Widerstandserwärmung, Joule'sche Wärme). Geschweißt wird ohne oder – meist – mit Kraft und mit oder – meist – ohne Zusatzwerkstoff.

Der Strom wird konduktiv über Elektroden zugeführt oder induktiv durch Hochfrequenzspulen oder Mittelfrequenzspulen übertragen.

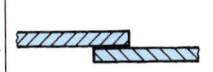

1 Überlappstöße

2 Stumpfstöße

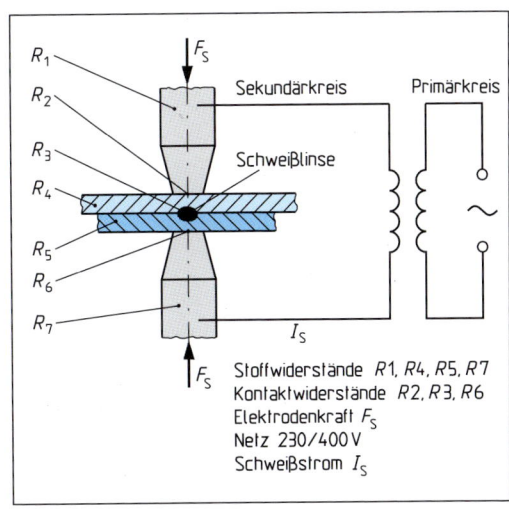

3 Elektrische Widerstände beim Widerstandsschweißen

Die erwärmten Teile werden unter Druck geschweißt. Der erforderliche Schweißstrom (600 A bis 100 000 A) wird von leistungsstarken Transformatoren (Wechselstrom) über Stufenschaltungen abgegeben. Die Schweißspannungen liegen zwischen 0,5 ... 20 V.

Die Verfahren werden zur Herstellung von Überlappstößen (Bild 1) und Stumpfstößen (Bild 2) angewandt.

Verfahrenstechnische Grundlagen

Die Widerstandsschweißverfahren – ausgenommen Widerstandsstumpfschweißen – beruhen auf gleichem Verfahrensprinzip, das wie folgt an Hand des **Punktschweißens** erklärt wird.

Der ohmsche Widerstand R eines Körpers erzeugt bei bestimmter Durchflussdauer t **einer bestimmten Stromstärke I** eine bestimmte Wärmemenge Q.

$$\text{Joule'sche Wärme } Q = I^2 \cdot R \cdot t$$

Bei Erreichen des teigigen teils schmelzflüssigen Werkstoffzustandes an den Berührungsflächen der Werkstücke wird durch Druck (z. B. Elektrodenkraft) eine **stoffschlüssige Verbindung** hergestellt.

Die Wärmebildung ist abhängig vom Gesamtwiderstand, der sich beim Punktschweißen aus mehreren Einzelwiderständen, 4 Kontaktwiderständen bzw. Stoffwiderständen, bildet. Diese Einzelwiderstände sind bestimmend für die Wahl der Maschinenparameter **Stromstärke** (Schaltstufe und Phasenanschnitt), **Schweißstromzeit** und **Elektrodenkraft.**

Die Elektrodenwiderstände sollen möglichst klein sein, damit der Strom verlustfrei zur Schweißstelle gebracht wird. Dabei sollen die Elektroden genügend warmfest sein, meist sind sie zudem wassergekühlt. Auch die beiden Kontaktwiderstände an den Elektroden sollen klein bleiben, um die Erwärmung der Punktelektroden gering zu halten. Die Werkstoffwiderstände sind stoffabhängig. Der Kontaktwiderstand zwischen den zu verbindenden Werkstücken soll primär die notwendige Schweißwärme erzeugen. Ist er jedoch infolge eines Luftspaltes oder durch schlechten Kontakt bzw. durch Oxide zu groß, dann tritt ein „Spritzen" auf, weil sich die Flächen kurzzeitig bis über den Siedepunkt des Werkstoffs erwärmen (Bild 3).

Die Wärmebildung ist zudem abhängig von der **Sekundärfensteröffnung.** Dies ist die Fläche, die sich durch die Ausladung der Elektroden von der Maschine und durch den Abstand der Elektrodenhalterarme ergibt. Tauchen in diese Fläche magnetisierbare Werkstoffe (Metalle) ein, so entstehen durch induktiven Widerstand induktive Schweißstromverluste: Der wirksame Schweißstrom verringert sich. **Fensteröffnungen sind daher klein zu halten, Einstellwerte bei Vergrößern des Fensters zu erhöhen.** Bei kleinen Punktabständen kommt es zu Stromnebenschluss, d. h., ein Teil des Schweißstromes fließt über die benachbarte Kontaktstelle. Er kann auch durch Berührung des Werkstückes mit dem Elektrodenhalter entstehen, z. B. an Zentrierstiften oder Falzblechen. Die dadurch verringerte Stromstärke ergibt einen kleineren Schweißpunkt. Die Mindestpunktabstände sind im Merkblatt DVS 2902-1 bis -4 für Stahl festgelegt (siehe Bild 1, Seite 164).

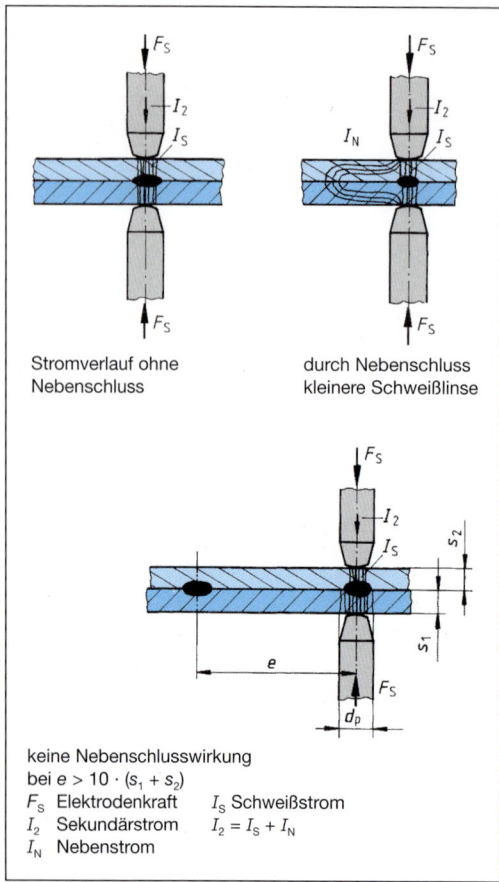

1 Nebenschluss

Folgende Faktoren bestimmen Güte und Linsengröße des Schweißpunktes bzw. der Schweißnaht:

1. Die **Elektrodenkontaktfläche,** die sich nach dem gewünschten Linsendurchmesser und der Werkstückdicke richtet. Die Schweißlinse soll je zur Hälfte in den zu verbindenden Teilen liegen. Die Bindezone muss bis zu einer gewissen Tiefe erschmolzen werden, damit eine innige Verbindung zustande kommt.

Flache Elektroden sind nur für blanke Werkstückoberflächen geeignet. Bevorzugt wird die ballige Elektrode.

Die Punktberührung ergibt anfangs hohe Stromdichte und konzentrierte Elektrodenkraft. Dünne Oxid- oder Ölschichten am Werkstück

werden besser überbrückt. Der anwachsende Staucheindruck an den Werkstückflächen verringert während der Schweißdauer Stromdichte und Elektrodenkraft pro mm². Der Staucheindruck läuft flach aus.

2. Die **Elektrodenkraft,** die durch Veränderung des Übergangswiderstandes die Wärmeerzeugung beeinflusst. Sie richtet sich nach der Dicke der zu verbindenden Werkstücke. Dickere Bleche oder unzureichend aufeinander liegende Teile müssen mit größerer Kraft zusammengepresst werden. Bei weichen, gut leitenden Werkstoffen ist die Elektrodenkraft zu verringern.

3. Der **Schweißstrom,** der sich proportional zur Dicke der Werkstücke und zur Elektrodenkraft verhält.

4. Die **Schweißzeit (Stromzeit),** die sich proportional zur Dicke der Werkstücke, zur Elektrodenkraft und umgekehrt proportional zur Schweißstromstärke zu richten hat. Durch Veränderung der genannten Einflussgrößen kann die Schweißpunktgröße fast beliebig beeinflusst werden.

Beim Schweißen mit Programmsteuerungen wirken innerhalb eines Schweißspieles Elektrodenkraft und/oder Strom während ihres zeitlichen Ablaufes je in mindestens zwei verschiedenen Werten. Bei dickeren Blechen (s ≥ 3 mm) ist Mehrimpulsschweißung empfehlenswert.

Je länger die Stromzeit, desto größer die Wärmeeinflusszone und der Wärmeverlust.

Es ist möglichst hohe Stromstärke bei kurzer Stromzeit anzustreben.

Abhängig von der Ausführung einer Punktschweißmaschine bzw. eines -gerätetyps kann der Schweißstrom eingesetzt werden als (Bild 1 und Bild 2, Seite 165):

- Einphasen-Wechselstrom
- Einphasen-Gleichstrom in Mittelpunktschaltung
- Dreiphasen-Gleichstrom in Doppelsternschaltung

Der Dreiphasen-Gleichstrom in Doppelsternschaltung bringt dabei überzeugende Vorteile: niedriger Energieverbrauch, symmetrische Netzbelastung auf allen drei Phasen, Wegfall der induktiven Verluste an der Fensteröffnung, gute Punktschweißergebnisse bei Al und Al-Legierungen und Schweißen von Materialdicken ≥ 5 mm.

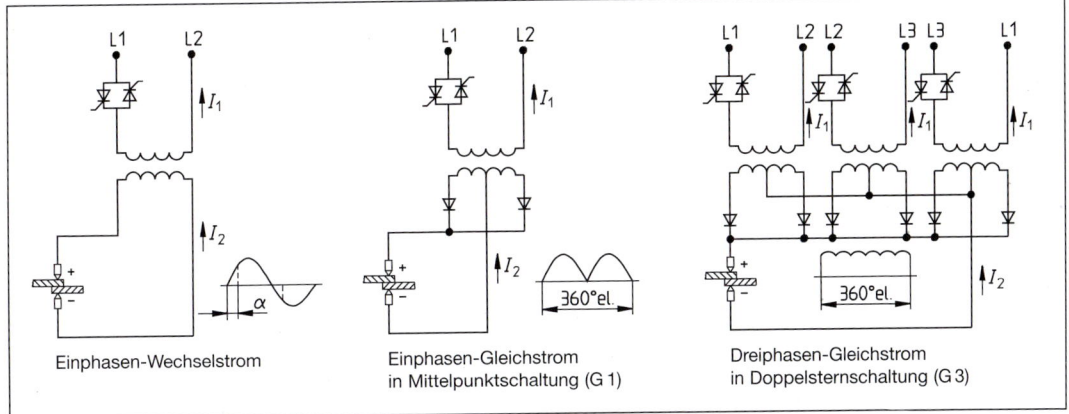

Einphasen-Wechselstrom

Einphasen-Gleichstrom
in Mittelpunktschaltung (G 1)

Dreiphasen-Gleichstrom
in Doppelsternschaltung (G 3)

1 Vergleich der unterschiedlichen Netzanschlüsse von Punkt-, Buckel- und Rollennahtschweißmaschinen

Ausführung	Schweiß-strom in kA	Primär-strom in A	Leerlauf-spannung	Anschluss-querschnitt in mm²	Absicherung in A	Erforderlicher Netztransformator
Einphasen-Wechselstrom	35	770	8,3 V AC	35	160	400 kVA ≙ 100%
Einphasen-Gleichstrom	35	400	4,5 V DC	16	80	200 kVA ≙ 50%
Dreiphasen-Gleichstrom	35	200	4,7 V DC	6	50	125 kVA ≙ 31%
Anmerkung: der Schweißstrom von 35 kA ist z. B. für die Punktschweißung von Aluminium mit einer Blechdicke von 2 + 2 mm, bei einer Ausladung von 350 mm erforderlich.						

2 Vergleich der Netzbelastung bei Punktschweißmaschinen

Strom – Kraft – Weg-programm

Der Einsatz moderner Steuergeräte ergibt einen günstigen, d. h. lokal eng begrenzten wärmedynamischen Schweißablauf. Die Höhe des Schweiß-stromes, die Dauer der Schweißzeit, die Anzahl der notwendigen Schweißimpulse, der Elektrodendruck, die Größe und Form der zu bildenden Schweiß-linse können über Pro-grammsteuerungen auf optimale Werte gebracht werden (Bild 3).

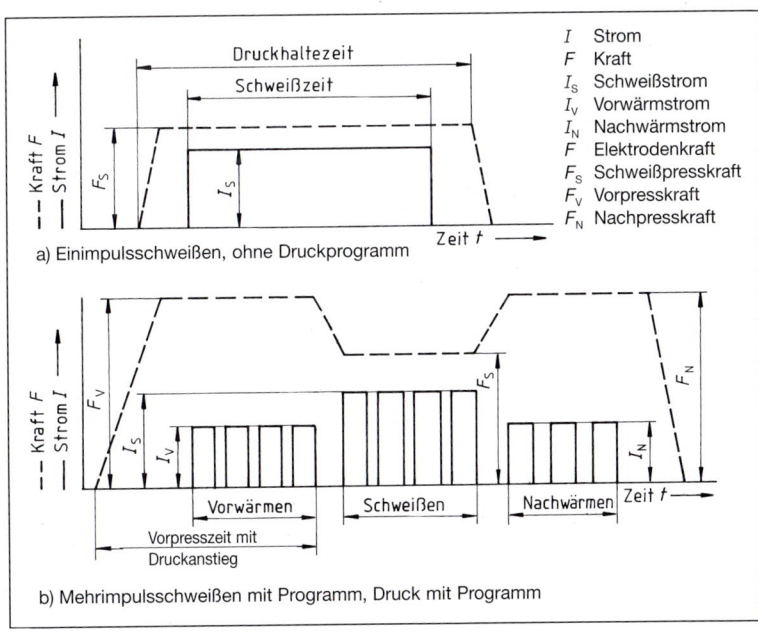

a) Einimpulsschweißen, ohne Druckprogramm

I	Strom
F	Kraft
I_S	Schweißstrom
I_V	Vorwärmstrom
I_N	Nachwärmstrom
F	Elektrodenkraft
F_S	Schweißpresskraft
F_V	Vorpresskraft
F_N	Nachpresskraft

b) Mehrimpulsschweißen mit Programm, Druck mit Programm

3 Verlauf von Druck – Strom – Zeit beim Punktschweißen

Punktschweißen

Beim Punktschweißen werden Strom und Elektrodenkraft mit stiftförmigen Punktschweißelektroden auf das Werkstück übertragen (Bild 1). Die flächig aufeinander gepressten Teile werden nach ausreichender Erwärmung an der Fügestelle linsenförmig verschweißt.

Verfahrensvarianten sind die Sonderformen des direkten Punktschweißens, Dreiblechschweißen und Doppelpunktschweißen und das indirekte Punktschweißen.

1. Sonderformen des direkten Punktschweißens

Sonderformen des direkten Punktschweißens sind das Dreiblechschweißen (Bild 2) und das Doppelpunktschweißen (Bild 3).

2. Indirektes Punktschweißen

Aufgrund von konstruktiven, werkstofflichen und fertigungstechnischen Gegebenheiten wird auch indirektes Punktschweißen angewendet. Nur auf **einer** Werkstückseite sind Elektroden angebracht (Stoßpunkten) (Bild 1 Seite 167).

Verschweißbare Werkstoffe und Abmessungen

> Der Werkstoff Stahl ist für die Punktschweißung dann gut geeignet, wenn weder der Stahl eine Aufhärtung über 30 HB erfährt noch sich nach der Schweißung einstellen: Härterisse, innere Fehler oder eine schlechte Punktoberfläche.

Nur wenige Metalle sind nicht punktschweißbar: Wolfram, Gusseisen, Zink und Molybdän. Elektrisch gut leitende Werkstoffe wie Kupfer und Aluminium sind schwierig zu verschweißen. Kupfer und Kupferzink-Legierungen sind mit niedriger Elektrodenkraft, Aluminium mit Kupfersilber-Elektroden, Kupfer mit legierten Elektroden auf Molybdän-, Wolfram- oder Wolframsilber-Basis zu schweißen. Die Kupferblei-Legierungen sind ungenügend oder nicht schweißbar. Die gut leitenden Werkstoffe erfordern besonders hohe Stromstärken bei kurzen Stromzeiten ($T \leq 5$ Perioden).

Auch verschiedene Werkstoffpaarungen oder Werkstückdicken sind möglich. Die zulässigen Werkstückeinzeldicken betragen bei Stahl $s =$ 0,05 … 20 mm. 1 mm dickes Blech kann auch auf 100 mm Werkstücke aufgepunktet werden. Entscheidend sind immer die genau reproduzier-

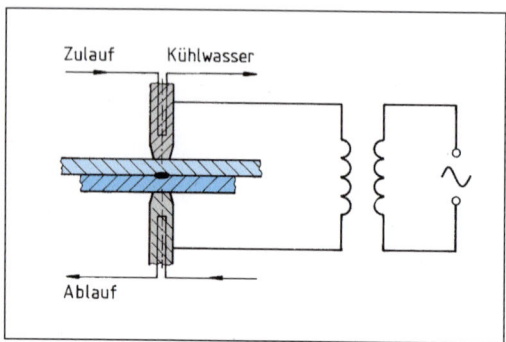

1 Direktes Punktschweißen:
übliches Zweiblechverfahren – zweiseitiges einschnittiges Einpunktschweißen

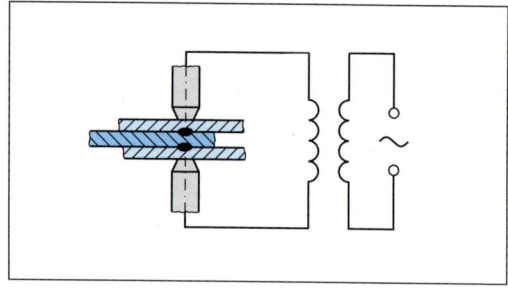

2 Dreiblechschweißen –
zweiseitiges, zweischnittiges Punktschweißen

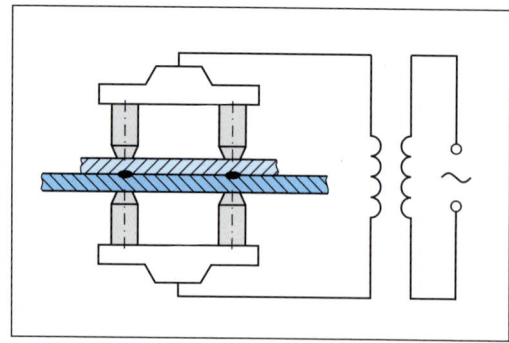

3 Doppelpunktschweißen –
zweiseitiges, einschnittiges Doppelpunktschweißen

baren Werte von Stromstärke, Stromzeit und Elektrodenkraft. Vorwiegend angewendet werden die Werkstückdicken zwischen 0,1 mm und 3 mm. Dies ist auch der Dickenbereich der Stanzteile.

Richtungsweisende Angaben zum Widerstandspunktschweißen an Stählen bis 3 mm Einzeldicke in DVS 2902-1 bis -4.

Oxidierte Oberflächen setzen dem Schweißstrom einen erheblichen Widerstand entgegen, u. U. wird der Stromfluss sogar verhindert.

So bildet Aluminium besonders stabile Oxidschichten (Al₂O₃), die die Schweißpunktbildung erschweren. Gute Schweißpunkte sind nur möglich, wenn die Al-Oxidschichten entfernt werden, z. B. durch Beizen.

Werkstückvorbereitung:

Reinaluminium und schweißbare Al-Legierungen müssen vorher entfettet, getrocknet und 1 min gebeizt werden (z. B. Gemisch 40 %ige Flusssäure, 65 %ige Salpetersäure, Wasser; Mischverhältnis 1:2:3). Danach spülen und bürsten unter fließendem Wasser, mit Alkohol spülen und trocknen (DVS 2929 – Messen des Übergangswiderstandes).

Für **Festigkeitsberechnungen** im Stahlleichtbau darf der Schweißpunkt nur $\leq 5 \sqrt{s}$ eingesetzt werden (s = kleinste Blechdicke der zu verbindenden Teile). Die Gesamtdicke solcher Punktschweißungen darf maximal 15 mm betragen, wobei keines der außen liegenden Teile dicker als 5 mm sein darf. Nicht mehr als drei Teile dürfen übereinander gepunktet werden. Für davon abweichende, abnahmepflichtige Bauteile muss eine Verfahrensprüfung vom TÜV erstellt werden. Punktschweißen von Stählen bis 3 mm Einzeldicke – Hinweise zur Konstruktion und Berechnung in DVS 2902-3.

Punktschweißeignung von Al und Al-Legierungen von 0,35 … 3,5 mm Einzeldicke in DVS 2932-1.

Vorbereitung und Durchführung des Schweißens in DVS 2932-3.

Elektrodenwerkstoffe und Formen der Elektroden

Elektrodenwerkstoffe sollen aufweisen:

1. gute elektrische und thermische Leitfähigkeit,

2. hohe Warmhärte und Erweichungstemperatur,

3. geringe Anlegierungsneigung zum Werkstück.

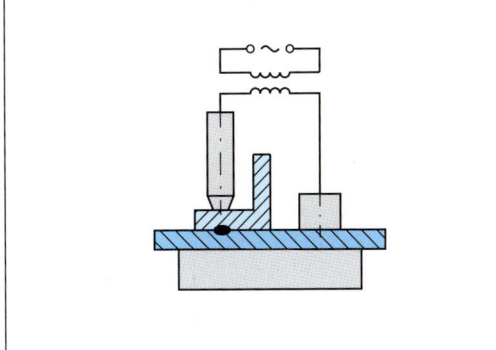

Das einseitige Punktschweißen kann, abhängig vom Punktabstand (Nebenschluss), nur bis zu einer maximalen Oberblechdicke von 1,5 mm durchgeführt werden.

1 Einseitiges Einpunktschweißen mit Blindelektrode

Die Werkstoffe für Elektroden (Bild 1, Seite 168) und Hilfseinrichtungen sind in DIN EN ISO 5182 genormt. In 2 Gruppen eingeteilt, gliedern sie sich nach ihrer Zusammensetzung in:

Gruppe A

aus Kupfer und Kupferlegierungen

Typ 1 – nicht aushärtbar, für Aluminium und beschichteten Stahl

Typ 2 – mit höherer Erweichungstemperatur, für unlegierten Stahl

Typ 3 – ausgehärtet, für nicht rostende und hitzebeständige Stähle

Typ 4 – für Rollenelektroden u. Ä.

Gruppe B

aus Sintermetallen auf der Basis W/Cu; WC/Cu; Mo; W; W/Ag mit hohen Erweichungstemperaturen, vorwiegend für Elektroden zum Schweißen von Kupferbasiswerkstoffen und für verschleißfeste Werkstückaufnahmen.

Elektroden können gerade, gewinkelte oder gekröpfte Formen aufweisen. Die Elektrodenspitze kann zylindrisch oder kegelig auslaufen, zentrisch oder versetzt angreifen, ballig oder flach oder ausgespart am Werkstück aufsetzen. Bei geraden Punktschweißelektroden oder Elektrodenkappen wird die Kontaktfläche in Typ A, B, D, E und F ballig, in Typ C flach ausgeführt (DIN EN ISO 5821).

Bezeich-nung	Werkstoff	Zusammensetzung in %	Härte HV	Minimale elektr. Leit-fähigkeit MS/m	Erweichungs-temperatur °C	bevorzugte Anwendung
A 1/3	CuAg0,1P	Cu Ag 0,08–0,15	90	55	150	beschichteter Stahl
A 2/1	CuCr1	Cu Cr 0,3 ... 1,2	100/140	43	475	unleg. Stahl
A 2/2	CuCr1Zr	CU Cr 0,5 ... 1,4 Zr 0,02 ... 0,2	130/140	43	500	beschichteter und unleg. Stahl
A 3/1	CuCo2Be	Cu Co 2,0 ... 2,8	180/190	23	475	Edelstähle, hitze-beständige Stähle
A 3/3	CuNi2Be	Cu Ni 1,4 ... 2,4 Be 0,2 ... 0,6	240	24	450	beschichteter Stahl
B 12	CuWC70	WC 70 Cu 30	300	12	1000	Buckelschweißen, Einsätze für Edel-stähle
B 13	MoCu	Mo 99,5 Cu Rest	150	17	1000	Cu Basiswerkstoffe mit hoher Leitfähig-keit
B 14	W	W 99,5 Cu Rest	420	17	1000	Cu Basiswerkstoffe mit hoher Leitfähig-keit

1 Elektrodenwerkstoffe (Auswahl DIN EN ISO 5182)

Ballige Elektroden übertragen die Elektrodenkraft punktförmig, sodass neben dem konzentrierten Druck auch die hohe Stromdichte guten Stromfluss einleitet. Während des Schweißvorganges wird bei zunehmender Werkstückerwärmung und der einsetzenden Schweißpunktbildung die Kontaktfläche größer (Staucheindruck) und die Stromdichte/mm^2 geringer. Ballige Elektroden werden auch bevorzugt, weil der Staucheindruck an der Oberfläche flach ausläuft und scharfe Eindruckvertiefungen vermieden werden.

Die Arbeitsfläche der Punktschweißelektrode ist besonders starker Wärmebelastung ausgesetzt. Der Verschleiß kann durch intensive Kühlung verringert werden. Ist bei einer Widerstands-Schweißmaschine eine direkte Elektrodenkühlung möglich, so kann durch den Einsatz eines Wasser-Rückkühlgerätes mit Wasser-Vorlauftemperatur bei +4 °C (beschränkt auf die Elektroden!!) eine ca. 8fache Standzeit der Elektroden erreicht werden (Bild 2).

Reinkupfer-Elektroden werden wegen der geringen Festigkeit selten verwendet. Kupferlegierungen wie Kupfersilber, Kupfercadmium, Kupferchromzirconium, Kupfercobaltberyllium und Kupferwolframcarbid mit einem geringen Verlust der elektrischen Leitfähigkeit oder Sintermetalle auf Molybdänbasis oder Wolframbasis mit einem starken Verlust der elektrischen Leitfähigkeit werden bevorzugt.

Die höhere Erweichungstemperatur und die geringe Anlegierungsneigung gewährleisten längere Standzeiten der Elektrodenkontaktfläche. Durch Kühlung der Elektroden – meist mit Wasser – wird zudem der Übergangswiderstand verringert.

Bei Blechen mit ungleichen Dicken muss für das dünnere Blech ein kleinerer Elektrodendurchmesser gewählt werden. Das erleichtert durch die erzwungene höhere Stromdichte die Bildung des Schmelzbades im dünneren Blech. Ebenso erfordert die Verschweißung zweier Werkstoffarten mit verschiedener Wärmeleitfähigkeit eine Verschiebung des Schmelzbades zu dem Blech hin, das

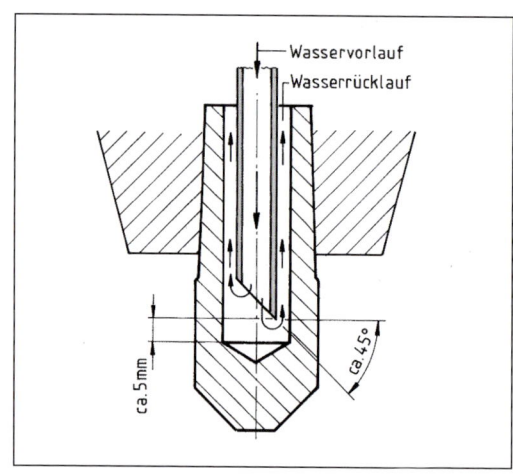

2 Direkte Elektrodenkühlung

Fehlerart	Stromzeit	Schweißstrom	Elektrodenkraft	Elektrodenkontaktfläche
ungenügende Festigkeit	zu kurz	zu niedrig	zu groß	unsauber, Nebenschluss
Poren und Risse	zu lang	zu hoch	zu niedrig	unsauber
Spritzer und Hohlräume	zu lang	zu hoch	zu niedrig	Elektroden unsauber und Werkstückoberfläche unsauber
Elektrodeneindruck zu groß	zu lang	zu hoch	zu niedrig oder zu groß	zu klein
Schweißlinsen-Durchmesser zu klein	zu kurz	zu niedrig	zu groß	zu klein
Schweißlinsen-Durchmesser zu groß	zu lang	zu hoch	zu niedrig	zu groß

1 Fehlerursachen an den Schweißpunkten

die geringere Wärmeleitfähigkeit hat. Deshalb muss für das Blech mit der höheren Leitfähigkeit eine Elektrode mit kleinerem Durchmesser gewählt werden.

Soll an einer der beiden in Betracht kommenden Werkstückoberflächen ein Staucheindruck vermieden werden, dann kann dies durch eine großflächige, dieser Werkstückoberflächenform angepassten Elektrode erreicht werden (Bild 2). Der Staucheindruck entsteht in diesem Fall – selbst bei dickeren Blechen – nur auf der gegenüberliegenden Werkstückseite. Das Punktschweißen von mehr als zwei Teilen im Paket ist möglich. (Das dünnere Blech ist außen liegend anzuordnen.)

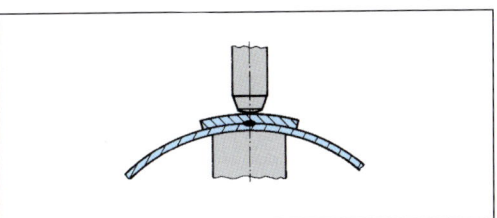

2 Elektrodenform großflächig angepasst, wenn Staucheindrücke an einer Werkstückoberfläche vermieden werden müssen: z. B. Kochtopf, Karosserieteile

Vorteile:

Alle Widerstandsschweißverfahren sind kostengünstige Verfahren. Im Kraftfahrzeugbereich, in der Haushaltgerätefertigung und im Flugzeugbau werden Teile aus Stahl und Al-Legierungen vielfach punktgeschweißt.

Es wird mit sehr kurzen Fügezeiten ohne Schweißzusatz gearbeitet. Durch kurze Stromzeiten ergeben sich geringe Wärmeeinbringung und Ausbleiben von Verzug. Es können voll- oder teilmechanische Anlagen eingesetzt werden. Die Anlagen können auch durch Hilfskräfte bedient werden. Es können auch Werkstücke mit schwach öliger Oberfläche verarbeitet werden. Punktschweißroboter lassen sich durch numerische Steuerungen rasch wechselnden Aufgaben anpassen. Die Arbeitsgeschwindigkeit der Roboter ist hierbei im Hinblick auf niedrige Produktionskosten ein wichtiger Faktor. Die Bewegungszeit

des Roboters beträgt bei 40 mm Punktabstand 0,4 s vom Starten bis zum Anhalten. Daraus ergibt sich eine Gesamtablaufzeit von 0,9 … 1,3 s je Punktschweißung. Von ca. 5200 Schweißpunkten eines Personenkraftwagens werden nur noch ca. 50 Punkte über von Hand betätigte Schweißpunktzangen gefertigt.

Nachteile:

Es ist eine hohe Oberflächengüte der Werkstücke erforderlich. Die Schweißparameter verändern sich durch Elektrodenverschleiß. Stoßartige Stromnetzbelastung kann zu verringerter Transformator- bzw. Gleichrichterleistung für benachbarte Maschinen führen. Nur zerstörende Prüfverfahren sind möglich, wie Schälversuch, Abrollversuch, Meißelversuch oder Scherzugversuch, Kopfzugversuch oder Torsionsversuch. Im Automobilbau werden zunehmend Prüfungen durch schlagartige Beanspruchung und Dauerschwingversuch angewandt.

Buckelschweißen

Verfahrensprinzip (Bild 1):

An einem der zu fügenden Werkstücke werden vor dem Schweißen ein oder mehrere Buckel angebracht. Meist erhält nur ein Fügeteil die zur Schweißpunktbildung erforderlichen Erhöhungen in Form von **Rundbuckeln, Ringbuckeln oder Langbuckeln** (Bild 2). Auch T-förmige Verbindungen, z. B. Bremsbacken und Rohrverbindungen, sind möglich. Die Buckel können bei der spanlosen Formgebung, durch Prägen oder Stanzen mitgefertigt werden. Bei Muttern oder Schrauben können sie durch Fließpressen oder Feinschneiden entstehen. Buckel können auch durch spanende Formgebung hergestellt werden. Runde Teile ergeben **natürliche Buckel**, z. B. die Drähte von geschweißten Stahlmatten (Buckel zum Widerstandsschweißen DIN EN 28167 und DIN 8519).

Vorteile:

Beim Buckelschweißen berühren sich die aufeinander gepressten Teile an Buckeln oder Kanten, sodass mehrere Buckel gleichzeitig geschweißt werden können und die Buckel beim Schweißvorgang ganz oder teilweise eingeebnet werden. Bis zu 20 Buckel sind gleichzeitig für großflächige Verbindungen möglich. Die Werkstücke können galvanisch vorbehandelt werden. Die Elektroden benötigen nahezu keine Wartung.

Nachteile:

Die Einhaltung gleichmäßiger Buckelabmessung und enger Toleranzen ($\pm$ 5 %) der Buckelhöhen ist erforderlich. Unterschiedlich lange Stromwege erschweren die gleichmäßige Stromverteilung und die gleichmäßige Schweißpunktbildung.

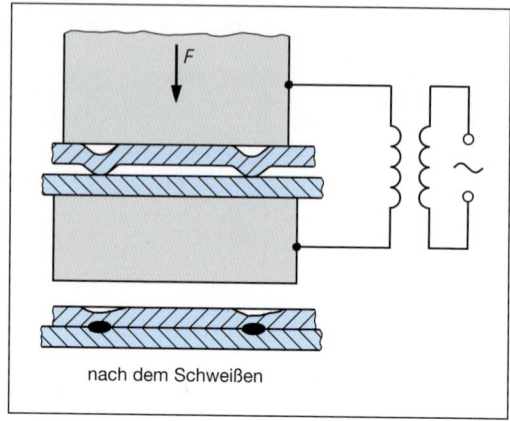

nach dem Schweißen

1 Verfahrensprinzip der Buckelschweißung

Rollennahtschweißen

Verfahrensprinzip (Bild 1, Seite 171):

Für Dichtnähte sind stiftförmige Elektroden ungeeignet. Der Einsatz von Rollenelektroden ermöglicht die Herstellung von **Dicht- und Rollenpunktnähten** (Bild 2, Seite 171). Die Rollenelektroden werden dabei nicht abgehoben. Bei gleich bleibender Elektrodenkraft erfolgt meist der Vorschub der Werkstücke über die kontinuierliche oder schrittweise Elektrodendrehbewegung. Es können also Einzelpunktnähte bei Strompausen oder Dichtnähte – mindestens vier Schweißpunkte je cm Nahtlänge – mit Dauerstrom oder Stromimpuls gefertigt werden. Ein zwischenliegender Draht des gleichen Werkstoffs wirkt bei der Fertigung einer Dichtnaht unterstützend. Rollennahtschweißen mittels Drahtzwischenelektrode, Hinweise in DVS 2906-3.

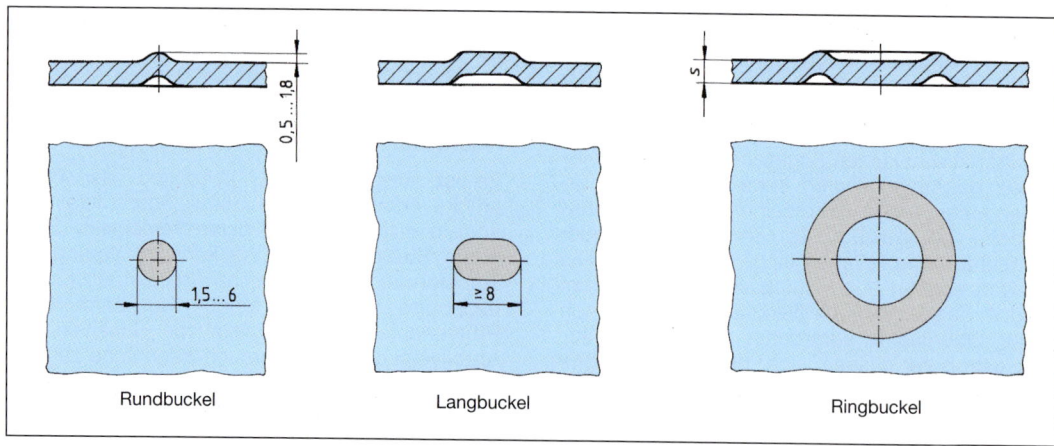

Rundbuckel Langbuckel Ringbuckel

2 Buckelformen an Blechen ($s \leq 3{,}2$ mm) s. DIN EN 28167 und DIN 8519.

Am häufigsten wird die **Überlappnaht** ange-wendet. Bei geringer Überlappung ($\ddot{U} \leq s$) kann ein nahezu völliges Einebnen der Überlappung erreicht werden: **Quetschnaht.** Beim **Folien-nahtschweißen** liegt eine Metallfolie einseitig oder beidseitig zwischen Werkstück und Elek-trode. Einseitig beschichtete, dünne Bleche – $s \leq 0,8$ mm – werden vorzugsweise nach diesem Verfahren geschweißt, da die Blechoberfläche vollständig glatt wird (Beispiel: Konservendosen, Ölfässer).

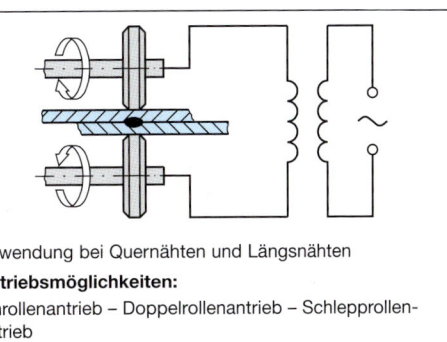

Anwendung bei Quernähten und Längsnähten

Antriebsmöglichkeiten:

Einrollenantrieb – Doppelrollenantrieb – Schlepprollen-antrieb

1 Rollennahtschweißen

Vorteile:

Leichtes Herstellen von Rollenpunktnähten und Dichtnähten in der Blechverarbeitung aller Indus-triezweige. Mit Rollennaht schweißbar sind alle punktschweißbaren Metalle.

Im Automobilbau werden unterschiedlich dicke Stahlbleche **quetschnahtgeschweißt,** die stär-keren an Stellen, wo früher Verstärkungen er-forderlich waren. Erst nach dem Verschweißen erfolgen die Umformprozesse. Wechsellastunter-suchungen an diesen Formteilen ergaben hier-bei um 35 % höhere Werte als bei Lasernaht-schweißungen.

Nachteile:

Durch die starke Nebenschlusswirkung der benachbarten Schweißpunkte ist die maximal verschweißbare Werkstückdicke relativ klein: bei Stahl maximal 5 + 5 mm und bei gut leitenden Werkstoffen wie bei Aluminium oder bei Kupfer-zink-Legierungen 3 + 3 mm. Blanke, glatte Blech-oberflächen und riefenfreie Rollenelektroden sind Voraussetzung für gute Nahtbildung.

Einsatzmöglichkeiten

Punkt-, Buckel- und Rollennahtschweißverfahren werden bei Einzel- wie Serienfertigungen einge-setzt. Leichtbau-Konstruktionen sind möglich, da durch Profilierung hohe Steifigkeit sowie Mate-rial- und Gewichtseinsparungen entstehen. Die Verfahren werden in der gesamten Blech verar-beitenden Industrie eingesetzt.

DIN EN ISO 14373 – Verfahren zum Punktschwei-ßen von niedriglegierten Stählen mit und ohne me-tallischem Überzug, mit Richtwerten zu Schweiß-bedingungen.

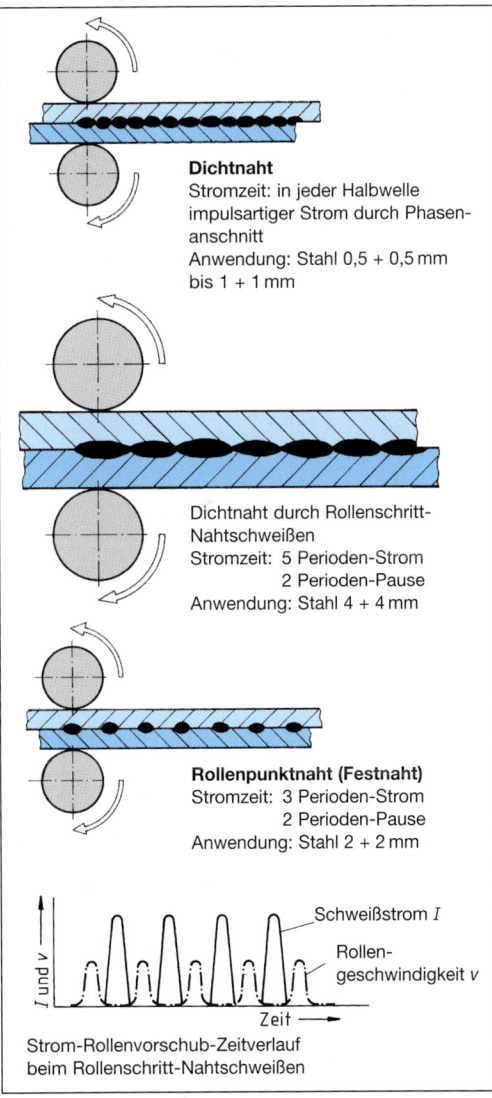

Dichtnaht
Stromzeit: in jeder Halbwelle impulsartiger Strom durch Phasen-anschnitt
Anwendung: Stahl 0,5 + 0,5 mm bis 1 + 1 mm

Dichtnaht durch Rollenschritt-Nahtschweißen
Stromzeit: 5 Perioden-Strom
2 Perioden-Pause
Anwendung: Stahl 4 + 4 mm

Rollenpunktnaht (Festnaht)
Stromzeit: 3 Perioden-Strom
2 Perioden-Pause
Anwendung: Stahl 2 + 2 mm

Schweißstrom I

Rollen-geschwindigkeit v

Zeit ⟶

I und v ⟶

Strom-Rollenvorschub-Zeitverlauf beim Rollenschritt-Nahtschweißen

2 Herstellung verschiedener Rollennahtformen

Anwendungen und Bedingungen für das Quetschnahtschweißen sind in DVS 2906-2 und -3 aufgeführt, für das Foliennahtschweißen in DVS 2906-4.

Weitere Hinweise für das Widerstandspunktschweißen:

Zerstörende Prüfung von Widerstandspunkt- und Buckelschweißverbindungen – DIN EN ISO 14323

DIN EN ISO 14324
Schwingfestigkeitsprüfung von Punktschweißverbindungen
DIN EN ISO 14327
Schweißbereichsdiagramme für Punkt-, Buckel- und Nahtschweißen
DIN EN ISO 14329
Brucharten und geometrische Messgrößen für Punkt-, Buckel- und Nahtschweißen.
DIN EN ISO 6520-2
Geometrische Unregelmäßigkeiten an Pressschweißungen.

Umfassende bzw. elementare Qualitätsanforderungen für das Widerstandsschweißen in DIN EN ISO 14554-1 und -2.

5.2.4.9 Widerstandsstumpfschweißen

Vorwiegend wird das **Pressstumpfschweißen** und das **Abbrennstumpfschweißen** eingesetzt. Die zu verbindenden Werkstücke werden von Spannbacken gehalten, die auch den Schweißstrom zuführen. Die Spannbacken eines Fügeteiles sind beweglich und übertragen die Presskraft auf das Fügeteil. Die Fügeflächen sind meist gleichartig geformt, die Längenzugabe der Fügeteile muss den beim Stauchen entstehenden Längenverlust ausgleichen. Die Spannbacken müssen genügend Kontaktfläche bilden, um den Schweißstrom überleiten zu können.

Abbrennstumpfschweißen

Bei diesem Verfahren werden Strom und Kraft durch Spannbacken übertragen (Bild 1). Die stromdurchflossenen Teile werden unter leichtem Berühren erwärmt, wobei schmelzflüssiger Werkstoff herausgeschleudert wird (Abbrennen).

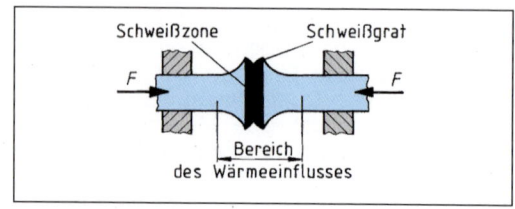

1 Abbrennstumpfschweißen

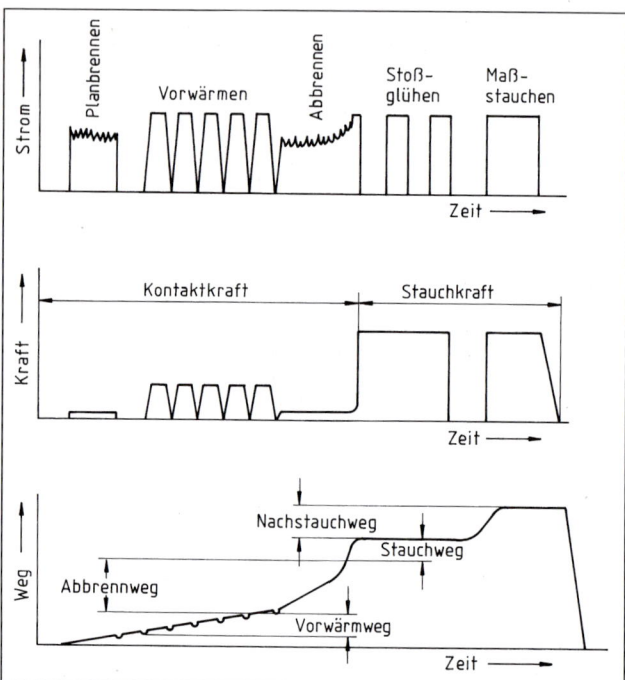

2 Zeitlicher Verlauf von Strom, Kraft und Weg beim Abbrennstumpfschweißen

Verfahren	Abmessungen		Vergleichsparameter		
	Durchmesser in mm	Wandstärke in mm	Schweißstrom in A	Schweißzeit in s	Stauchkraft in kN
Lichtbogenstumpfschweißen			320	0,5	1,8
Widerstands-Rollennahtschweißen	35	1,25	8000	3,0	Elektrodenkraft 7,0
Abbrennstumpfschweißen			2000	5,0	10,0
Reibschweißen			6 kW Antriebsleistung	5,0	10,0

3 Vergleich verschiedener Stumpfschweißverfahren

Nach ausreichendem Erwärmen werden die Teile durch schlagartiges Stauchen geschweißt: **Abbrennstumpfschweißen aus dem Kalten-Direktabbrennschweißen.** Erfolgt vor dem Abbrennen eine Erwärmung durch einzelne Stromstöße oder durch Fremderwärmung, dann spricht man von einem **Abbrennstumpfschweißen mit Vorwärmen** (Bild 2, Seite 172). Die Kontaktfläche bedarf keiner besonderen Vorbereitung. Das Planbrennen erfolgt durch Schmelzen und Verdampfen der sich berührenden Werkstückflächen.

Kleine Kontaktflächen erfahren durch große Stromdichte sofort hohe Erwärmung. Örtliches Verdampfen von Werkstoff tritt auf. Durch den geringen Anpressdruck werden ständig neue Kontakte gebildet, bis die Fügefläche vollständig plan gebrannt ist. Die entstehenden Metalldämpfe führen auch zum Spritzen (Funkenregen) und verdrängen die Luft im Schweißstoß.

Einsatzmöglichkeiten

Das Abbrennstumpfschweißen wird zur Herstellung maßgenauer Werkstücke durch „Maßstauchen" nach dem Stoßglühen z. B. bei Autofelgen angewandt. Schweißgeeignet sind alle unlegierten und niedrig legierten Stähle, höher legierte und hochwarmfeste Stähle. Auch Teile aus Magnesium können durch Abbrennstumpfschweißen miteinander verbunden werden.

Sehr hohe Festigkeit der Schweißverbindung. Unterschiedliche Werkstoffe sind gut schweißbar, wie z. B. Aluminium mit Kupfer oder HSS mit Vergütungsstahl (Einspannschaft der Spiralbohrer), auch Aluminiumlegierungen miteinander. Das Abbrennstumpfschweißen ist universell für beliebige Fügeformen mit Querschnitten bis 100 000 mm^2 geeignet, unter anderem für Eisenbahnschienen.

Pressstumpfschweißen

Beim Pressstumpfschweißen werden Strom und Kraft von Spannbacken übertragen (Bild 1). Die Stirnflächen der Teile werden nach ausreichendem Erwärmen unter Druck geschweißt. Die Kontaktflächen müssen hierbei planparallel und metallisch blank sein.

Verschweißbare Werkstoffe und Abmessungen

Das Pressstumpfschweißen wird heute nur noch für runde Werkstücke – auch Drähte – bis max. 200 mm^2 angewendet, vorwiegend für Eisenwerkstoffe, Kupfer und Aluminium. Anwendungsbeispiele für das Abbrennstumpf- und Pressstumpfschweißen sind erläutert in DVS 2901-1 bis -3.

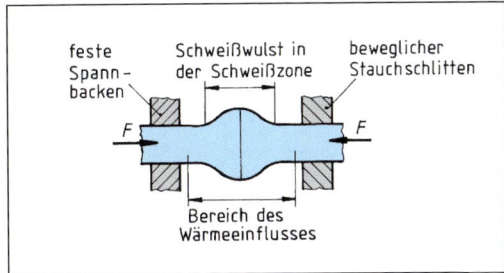

1 Pressstumpfschweißen

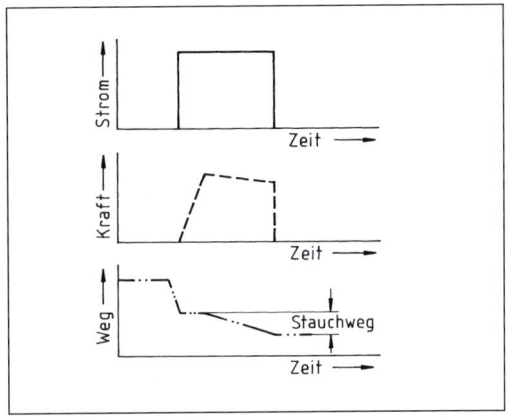

2 Zeitlicher Verlauf von Strom – Kraft – Weg beim Pressstumpfschweißen

Widerstandsimpulsschweißen

Ähnlich dem Lichtbogenbolzenschweißen mit Spitzenzündung wird hierbei ein extrem hoher Schweißstrom eingesetzt. Die zur Energiespeicherung dienende Kondensatorbatterie mit einigen hunderttausend Ampere Spitzenstrom verkürzt die Schweißzeit auf 4 … 12 ms. Die gesamte Berührungsfläche der Werkstücke wird vom Schweißstrom durchflossen und auf Schweißtemperatur (850 … 1250 °C) gebracht. Die Kontaktquerschnittsfläche liegt bei maximal 200 mm^2. Beim Stauchvorgang bildet sich ein schwacher Stauchwulst.

Günstig wirkt sich aus, dass die Fügefläche nicht entfettet werden muss. Oberflächenbeschichtete Bauteile, z. B. verzinkt, vernickelt, verchromt, verzinnt oder aluminiert, lassen sich schweißen, ohne dass hierbei die Beschichtung neben dem Schweißwulst zerstört wird. Stark unterschiedliche Querschnitte sind schweißbar, auch bei Dickenunterschieden von 1 : 500.

5.2.4.10 Lichtbogenbolzenschweißen

Verfahrensbeschreibung (Bild 1):

Die Wärme wird durch einen Lichtbogen erzeugt, der kurzzeitig zwischen den Stoßflächen der Teile brennt und sie anschmilzt. Die Teile werden unter Druck geschweißt.

Je nach Ausbildung der Fügeflächen am Bolzen und je nach Verfahrensablauf sind zu unterscheiden: Bolzenschweißen mit Hubzündung, Bolzenschweißen mit Spitzenzündung und Bolzenschweißen mit Ringzündung (ISO 14555).

Hubzündungs-Bolzenschweißen

Es werden Bolzen mit kegeligen Stirnflächen ≈ 120° ... 140° verwendet, bei Stahl mit dünner Aluminiumbeschichtung zur besseren Lichtbogenbildung und Entgasen der Schmelze. Gleichrichter mit flacher Kennlinie liefern kurzzeitig 250 ... 2600 A Schweißstrom. Nach dem Kurzschluss des Bolzens erfolgt durch Abheben des Bolzens vom Werkstück die Lichtbogenbildung für 0,1 ... 1,25 s Dauer. Betonankern, ⌀ 20 mm, wird an ebener Stirnfläche zentrisch eine Al-Kugel eingepresst. Zur Abschirmung der Schweißzone wird Schutzgas eingesetzt.

Bolzen am Minuspol. Mit dem Unterbrechen des Schweißstromes wird gleichzeitig der Bolzen auf das Werkstück gedrückt. Das Verhältnis Bolzendicke zu Blechdicke liegt bei ≤ 4:1.

Hubzündungs-Bolzenschweißen mit Keramikring

Wird ähnlich der Hubzündung mit einem auf den Bolzen aufgesetzten Ring ausgeführt. Der freigegebene Schweißstrom zündet den Lichtbogen, erfasst Stirnseite des Bolzens und Werkstückfläche und die Federkraft der Schweißpistole drückt den Bolzen in die entstandene Schmelzfläche. Der Keramikring formt dabei den Schweißwulst.

Kondensatorentladungsschweißen mit Spitzenzündung

Beim Bolzenschweißen mit Spitzenzündung sind die Bolzen mit einer ca. 1 mm langen Zündspitze (⌀ 0,2 ... 0,4 mm) versehen, die Stirnfläche hat 136° ... 180° Spitzenwinkel. Der Bolzen wird kontinuierlich durch Federkraft auf das Werkstück

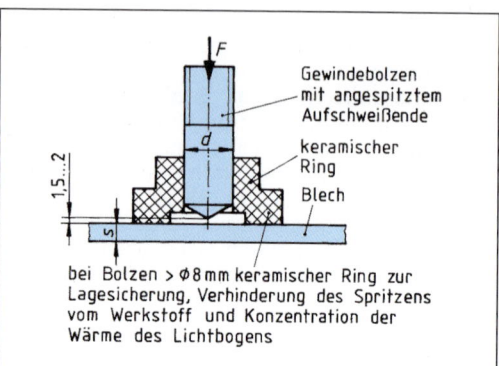

1 Hubzündungs-Bolzenschweißen mit Keramikring

zubewegt. Bei Kontakt der Zündspitze wird die gespeicherte Kondensatorleistung im Millisekundenbereich freigegeben. Der Lichtbogen entsteht. Die gespeicherte Energie ist bereits verbraucht, wenn die inzwischen aufgeschmolzenen Flächen von Bolzen und Werkstück aufeinander treffen. Die äußerst hohen Entladungsstromstärken bis 8000 A ermöglichen auch das Bolzenschweißen rückseitig beschichteter Bleche, ohne die Beschichtung zu zerstören. Das Verhältnis von Bolzendicke zu Blechdicke beträgt ≤ 10:1.

Verschweißbare Bolzenwerkstoffe und Bolzenabmessungen

Vorwiegend werden für die Festigkeitsklasse 4,8 geeignete Schraubenstähle, Aluminium EN AW-A199, 5F10 oder EN AW-AlMg3F23, aber auch Kupfer und CuZn-Legierungen oder Chromnickelstahllegierungen eingesetzt. Hierbei sind beliebige Werkstoffkombinationen möglich. Im Bolzenquerschnitt entstehen Aufschmelztiefen von 0,1 ... 0,3 mm. Die Fügeflächen sind bei Spitzenzündung meist Kreisflächen mit Durchmessern von ≤ 15 mm bei Stahl und ≤ 10 mm bei Aluminium. Für Stahl wird ein Spitzenkegel von 136° gewählt. Die Spitze wird bei ⌀ > 12 mm mit einer Al-Beschichtung versehen. Bei flachem Bolzenende wird als Spitze für die Erstkontaktzündung eine Al-Kugel angepresst.

Bei Hubzündung können die Fügeflächen sowohl kreisförmige als auch rechteckige Umrissformen haben. Die verschweißbaren Bolzendurchmesser liegen im Bereich von 2 ... 25 mm. Die größte Fügefläche erreicht 500 mm². Die Bolzen werden frei verschweißt oder bei Hubzündung zum Schutz vor der Atmosphäre mit Keramikring eingesetzt, der das Schmelzbad begrenzt und den Schweißwulst formt.

Einsatzmöglichkeit:

Überall dort, wo ein Aufschweißen von Stiften, Bolzen, Haken mit oder ohne Gewinde erforderlich ist, z. B. im Automobilbau, Schiffbau, Flugzeugbau und Stahlbau.

Bolzen und Keramikringe für Bolzenschweißen sind in DIN EN ISO 13918 genormt,

Qualitätsanforderungen für das Bolzenschweißen in DIN EN ISO 14555.

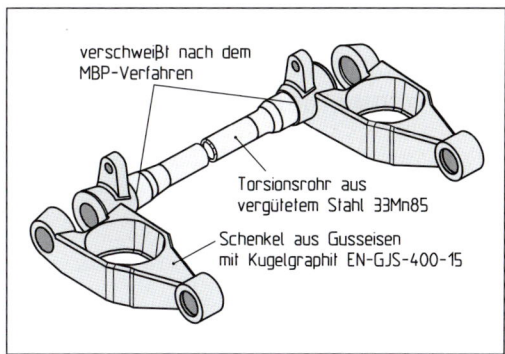

1 Typisches Anwendungsbeispiel (Fahrzeugachse) für eine Stahl-Sphäroguss-Verbindung

Vorteile:

Im Brückenbau verbinden Betonanker den Fahrbahnbelag mit den Stahl-Trägerplatten. Bolzen am Heizkessel oder an Heizkesselrohren verstärken die Wärmeausnutzung. Nach innen gewölbte Karosserieverformungen können durch Verwendung bolzengeschweißter Gewindestifte wieder herausgezogen werden. Die geringe Wärmeeinbringung ermöglicht Befestigungen an dünnen Blechen. Die Anlagen sind leicht transportabel und vielseitig einsetzbar. Teilmechanisierte und vollmechanisierte Anlagen sind möglich.

Durch prozessorgesteuerte Dialog-Elektronik genügt bei modernen Anlagen die Eingabe des Bolzendurchmessers und des Bolzenwerkstoffs, damit die günstigsten Einstellparameter ausgewählt und optimale Schweißungen entstehen können. Bolzenschweißgeräte mit digitalen Wertanzeigen ermöglichen durch stufenlose Einstellung von Schweißstrom und Schweißzeit gute Ergebnisse.

Nachteile:

Fügeflächen müssen metallisch blank sein. Die Schweißpistole muss rechtwinklig aufgesetzt werden, weil sonst dünnere Bleche durchschmelzen. Die Geräteparameter sind sorgfältig auf die Fügeflächendicke abzustimmen, guter Einspannkontakt der Bolzen ist erforderlich.

5.2.4.11 Pressschweißen mit magnetisch bewegtem Lichtbogen

Verfahrensbeschreibung:

Durch einen kleinen Luftspalt getrennt stehen sich die Werkstücke gegenüber. Sie sind jeweils an einem Pol der Schweißstromquelle angeschlossen. Im Bereich der Stoßstelle befindet sich ein inneres oder äußeres Magnetspulensystem, das die Werkstücke jedoch nicht berührt. Nach dem Zünden des Lichtbogens im Luftspalt beginnt dieser, sich im Schweißquerschnitt radial zu bewegen. Nach rascher Erwärmung bis zum Schmelzen des Metalls wird durch Stauchung eine homogene Verbindung hergestellt.

Zwei Verfahrensarten sind möglich:

1. das Schweißen mit einem sich bewegenden Lichtbogen zwischen einer nicht abschmelzenden Hilfselektrode und dem Werkstück,

2. das Schweißen mit einem sich bewegenden Lichtbogen zwischen den zu verbindenden Werkstücken (wird häufiger angewendet). **Magnetarc-Schweißverfahren (Bild 1).**

Vorteile des Verfahrens:

Geringer Energiebedarf (5 … 10 % des Energiebedarfes anderer Lichtbogenverfahren), sehr kurze Schweißzeit (0,35 … 2,05 s), keine Spritzerbildung, geringe Längenverluste (0,4 … 2 mm). Schweißgrat gleichmäßig: kann bei konstruktiv günstiger Anordnung bleiben oder wird in noch warmem Zustand abgedreht. Maßgenaues Fügen auch von Massivteilen mit Rohransätzen. Hochwertige, homogene Fügeverbindungen entstehen durch Abschirmen der Schweißstelle mit Schutzgas. Schweißquerschnitte bis 2000 mm² sind möglich. Geschweißt werden unlegierte und niedriglegierte Stähle bis zu 4 mm Wanddicke bei Durchmessern von 4 bis 320 mm. Haupteinsatzfeld ist die Rohrverarbeitung und die Herstellung von Automobilachsen, Gelenkwellen, Stoßdämpfern u. Ä. **Die Werkstücke müssen rohrförmig sein oder mindestens einen rohrförmigen Ansatz aufweisen.**

5.2.5 Schmelzschweißen (Schmelzverbindungsschweißen)

> Das Schmelzschweißen ist ein Schweißen durch einen örtlich begrenzten Schmelzfluss ohne Anwendung von Kraft, mit oder ohne Schweißzusatz.

5.2.5.1 Gießschmelzschweißen

Verfahrensbeschreibung:

Die zum Schweißen erforderliche Wärme wird beim Gießschmelzschweißen durch flüssigen Schweißzusatzwerkstoff in die eingeformte Fuge zwischen den kalten oder vorgewärmten Teilen eingebracht, sodass die Teile anschmelzen. Der Schweißzusatz wird meist durch eine aluminothermische Reaktion erschmolzen:

Aluminothermisches Schmelzschweißen

Reaktionsablauf bei Stahl:
$$Fe_2O_3 + 2\,Al \rightleftarrows 2\,Fe + Al_2O_3 + 760\ kJ$$

1000 g Eisenthermit ergeben 530 g Eisen und Aluminiumoxid.

Kupfer wird bei Kabelschweißungen an Schienen für Stromleistungs- und Erdungszwecke eingesetzt.

Reaktionsablauf bei Kupfer: 1000 g Kupfer(II)-oxid-Thermitpulver ergeben hierbei 790 g Kupfer und 2170 kJ als Aufschmelzenergie für 0,5 bis 1,5 mm Aufschmelztiefe.

Schweißanlage

Der Anlagenaufwand ist gering: ein Schmelztiegel für die erforderliche Thermitmischung und eine Gießform. Die Form umfasst den Gießraum, in den die Werkstückenden hineinragen und in dem z. B. Schienenenden auf 1000 °C vorgewärmt werden. Der im Schmelztiegel erschmolzene Thermitstahl fließt mit 2500 … 3000 °C in die Gießform, schmilzt die Werkstückenden vollends auf und bildet eine hochwertige Schweißzone.

Verschweißbare Werkstoffe und Abmessungen

Beim Thermitschweißen wird vorwiegend Stahl verwendet. Legierungsbestandteile können dem Thermitpulver beigemischt werden. Langschienen für Eisenbahnen über mehrere km Länge sind dadurch möglich, aber auch Schienen für Straßenbahnen, Muffenstöße bei naturhartem Betonrippenstahl und Maschinenteile bis ⌀ 600 mm.

Vorteile:

Hervorragendes, zuverlässiges Schienenschweißverfahren, meist vor Ort. Reine Schweißzeit ca. 6 min pro Schienenstoß. Durch Legierungszusätze im Thermit sind verschleißfeste Verbindungen möglich.

Nachteil:

Gute Ergebnisse sind nur bei vorgewärmten Schweißstößen erreichbar.

5.2.5.2 Gasschweißen

> Das Schweißbad bildet sich durch unmittelbares, örtlich begrenztes Einwirken einer Brenngas-Sauerstoff-Flamme. Wärme- und Schweißzusatzwerkstoff werden getrennt zugeführt.

Verfahrensbeschreibung:

Das Gasschweißen ist ein Verfahren der Autogentechnik. Das Brenngas Acetylen C_2H_2 und der Sauerstoff O_2 werden getrennt einem Schweißbrenner zugeführt, im Mischrohr eines Brennereinsatzes vermischt und außerhalb der Brennerspitze verbrannt. Hierbei muss die Gasaustrittsgeschwindigkeit größer als die Zündgeschwindigkeit sein. Die freigesetzte Wärme wird dem Werkstück zugeführt. Durch die Wahl der Brennergröße und des Schweißzusatzes kann die Wärmeleistung der Werkstückdicke angepasst werden.

Die Schweißgüte ist weitgehend von der Flammeneinstellung abhängig.

Die Acetylen-Sauerstoff-Flamme

Das Acetylen-Sauerstoff-Gemisch verbrennt in zwei Stufen mit einer Flammentemperatur von ca. 3200 °C (Bild 1, Seite 177). Die höchste Energiedichte ist 2 … 5 mm vor der ersten Verbrennungsstufe.
Folgende Acetylen-Sauerstoff-Flammen können eingesetzt werden: neutrale Flamme, Flamme mit Sauerstoffüberschuss und Flamme mit Acetylenüberschuss.

1. Neutrale Flamme

Bei einem Mischungsverhältnis $C_2H_2 : O_2$ von 1:1 bis 1:1,1. In der kalten Zone des Flammenkerns

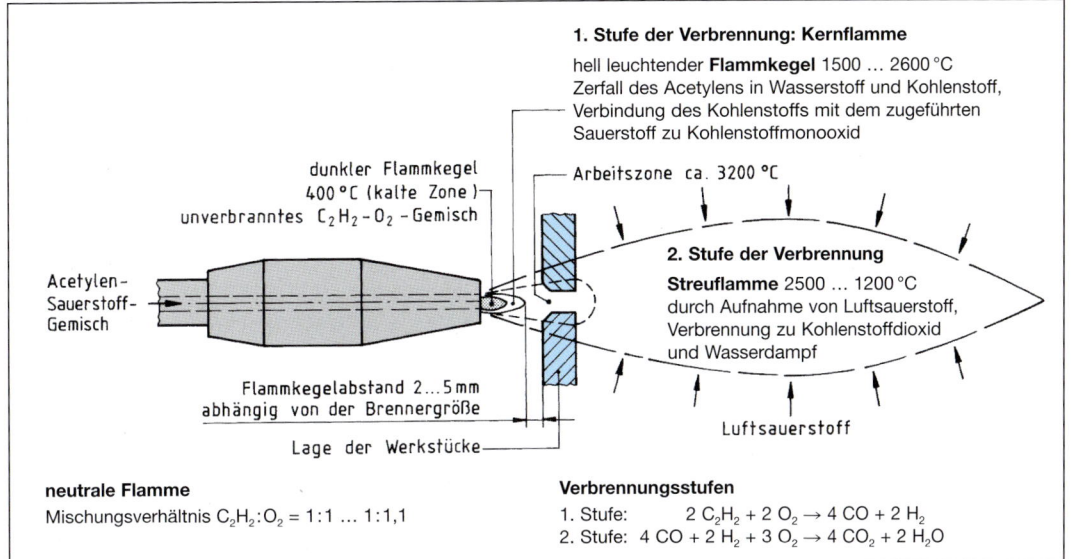

1. Stufe der Verbrennung: Kernflamme

hell leuchtender **Flammkegel** 1500 … 2600 °C
Zerfall des Acetylens in Wasserstoff und Kohlenstoff,
Verbindung des Kohlenstoffs mit dem zugeführten
Sauerstoff zu Kohlenstoffmonooxid

Arbeitszone ca. 3200 °C

dunkler Flammkegel
400 °C (kalte Zone)
unverbranntes $C_2H_2 - O_2$ - Gemisch

2. Stufe der Verbrennung

Streuflamme 2500 … 1200 °C
durch Aufnahme von Luftsauerstoff,
Verbrennung zu Kohlenstoffdioxid
und Wasserdampf

Acetylen-
Sauerstoff-
Gemisch

Flammkegelabstand 2…5 mm
abhängig von der Brennergröße

Lage der Werkstücke

Luftsauerstoff

neutrale Flamme
Mischungsverhältnis $C_2H_2 : O_2 = 1:1 … 1:1,1$

Verbrennungsstufen
1. Stufe: $2\,C_2H_2 + 2\,O_2 \rightarrow 4\,CO + 2\,H_2$
2. Stufe: $4\,CO + 2\,H_2 + 3\,O_2 \rightarrow 4\,CO_2 + 2\,H_2O$

1 Acetylen-Sauerstoff-Flamme

bei 600 K beginnt der C_2H_2-Zerfall, er führt zur ersten Verbrennungsstufe:

$2\,C_2H_2 + 2\,O_2 \rightarrow 4\,CO + 2\,H_2 + Q$ (Wärme der Kernflamme)

Die zweite Reaktionsstufe erfolgt mit **Luftsauerstoff.**

Zweite Verbrennungsstufe:

$4\,CO + 2\,H_2 + 3\,O_2 \rightarrow 4\,CO_2 + 2\,H_2O + Q$ (Wärme der Streuflamme)

Der Luftsauerstoff wird der Flamme in der Randzone zugeführt.

Bei günstiger Brennerhaltung wirkt die Flamme im Schweißbereich (2 … 5 mm vor der Kernflamme) schwach reduzierend.

Eine neutrale Flammeneinstellung ist für Vorwärmen, Löten und Schweißen von Eisenwerkstoffen günstig.

Zudem kann durch harte oder weiche Flammeneinstellung der Strömungsdruck der Flamme am Arbeitspunkt beeinflusst werden (Bild 2).

2. Flamme mit Sauerstoffüberschuss

Das Mischungsverhältnis mit $O_2 > 1$ führt bei Eisenwerkstoffen zu verstärkter Oxidation und verhindert die Zinkverdampfung beim Schweißen von Kupferzinklegierungen.

3. Flamme mit Acetylenüberschuss

Bei einem Mischungsverhältnis $C_2H_2 > 1$ führt überschüssiger Kohlenstoff zur Aufkohlung von Eisenwerkstoffen und somit zur Bildung harter, spröder, bruchgefährdeter Schweißverbindungen. Anwendbar für Hartlöten bzw. Schweißen von Aluminiumlegierungen und Magnesiumlegierungen sowie Grauguss.

Arbeitstechnik beim Gasschweißen

Wichtig für die Schweißgüte ist das vollständige Aufschmelzen der Fugenflanken. Schweißrich-

Flammen-einstellung	Gasaustritts-geschwindig-keit in m/s	Sauerstoff-druck bar (MPa)	Einsatz-bereich
hart	130 … 160	$\geq 2,5$ ($\geq 0,25$)	Schweißen bei engem Schweiß-spalt, vor-wärmen
Norm-flamme	100 … 130	2 … 2,5 (0,2 … 0,25)	NL- und NR-Schweißen, bei Stumpf-nähten und bei Kehl-nähten
weich	80 … 100	≤ 2 ($\leq 0,2$)	Schweißen dünner Werkstücke; Hartlöten

2 Einsatzbereiche und Flammeneinstellungen bei gleich bleibendem Mischungsverhältnis von ca. 1:1

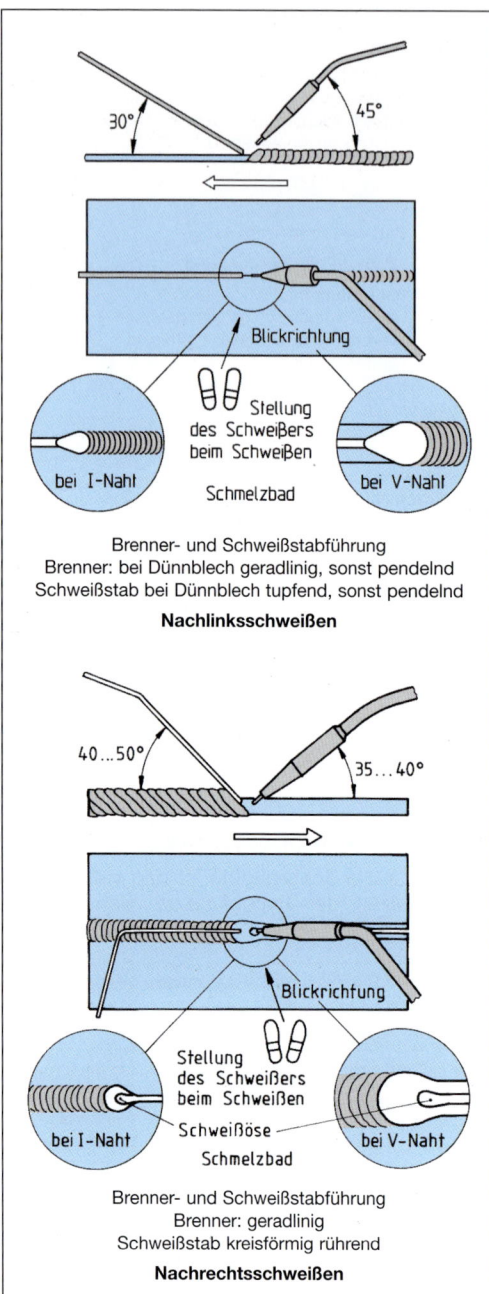

1 Brennerhaltung und Schweißstabführung

tung, Brennerhaltung und Schweißstabführung beeinflussen dieses Aufschmelzen. Es wird unterschieden zwischen **Nachlinksschweißen** (NL) und **Nachrechtsschweißen** (NR).

1. **Nachlinksschweißung** (Bild 1a), bei Dünnblechen bis 3 mm wegen der geringen Wärmeabgabe an den Werkstoff.

Reihenfolge für Gerät und Werkstoff in Schweißrichtung: geschweißte Naht – Brenner – Schweißzusatzwerkstoff.

2. **Nachrechtsschweißung** (Bild 1b) ab 3 mm Blechdicke, ergibt besseren Schutz des Schweißbades vor Luftzutritt und zu schneller Abkühlung.

Reihenfolge für Gerät und Werkstoff in Schweißrichtung: geschweißte Naht – Schweißzusatzwerkstoff – Brenner.

Verschweißbare Werkstoffe

Unlegierte und niedrig legierte Stähle sind gut schweißbar, hochlegierte Stähle, Aluminiumlegierungen und Gusseisen jedoch nur bedingt mit Flussmitteln schweißbar. Schweißzusatz zum Schmelzschweißen von Gusseisen in DIN EN ISO 1071.

Schweißstäbe als Schweißzusatz bei unlegierten und warmfesten Stählen sind in DIN EN 12536 festgelegt. Fugenformen und Symbole der Schweißnahtvorbereitung in DIN EN ISO 9692.

Die Schweißstäbe sind in sechs Klassen eingeteilt, die sich in der chemischen Zusammensetzung und daher im Schweißverhalten und in der Schweißeignung unterscheiden. Kurzzeichen der Schweißstäbe OI … OVI. Zu bevorzugen sind die zähfließenden Schweißstabklassen OIII bis OVI ohne Spritzer- und Porenneigung. Die Schweißstäbe sind genormt in den Durchmessern 2 mm, 2,5 mm, 3 mm, 4 mm, 5 mm und 6 mm in Längen von 1 m.

Kurzzeichen des Stabes		Fließverhalten	Spritzer	Poren-neigung
OI		dünnfließend	viel	ja
OII		weniger dünn-fließend	wenig	ja
OIII	3			
OIV	4	zähfließend	keine	nein
OV	2			
OVI	1			

2 Schweißzusatz für unlegierte und warmfeste Stähle (Auszug DIN EN 12536), Schweißverhalten

Brenngas	Heizwert H_i in $\frac{kJ}{m^3}$	Verbrennungs-geschwindigkeit in $\frac{m}{s}$	Flammen-leistung in $\frac{kJ}{s \cdot cm^2}$	Flammen-temperatur in °C	Selbstzünd-temperatur in °C min.	
					mit O_2	mit Luft
Acetylen C_2H_2	57 000	13,5	42,74	3180	295	335
Erdgas H	ca. 36 000	3,2	8,4	2050	590	640
Propan C_3H_8	93 000	4,5	10,8	2850	490	510
Wasserstoff H_2	10 800	8,9	14	2525	450	510

1 Eigenschaften von Brenngasen und Verbrennungswerte mit reinem Sauerstoff

Vorteile und Grenzen der Anwendbarkeit:

Die Reduktionswirkung, die gute Schweißbadführung, die geringen Anschaffungskosten und die stromunabhängige Energiequelle sind Vorteile, die den Einsatz z.B. im Heizungs- und Rohrleitungsbau auch weiterhin sichern. Die geringe Energiedichte der Flamme setzt wirtschaftliche Anwendungsgrenzen in der Werkstückdicke. Bei Werkstücken aus Stahl besteht eine Anwendungsgrenze bei einer Dicke von etwa 4 mm oder geringfügig darüber. Von allen Brenngasen erzeugt die Acetylen-Sauerstoff-Flamme die höchste Flammentemperatur mit kurzem Hochtemperaturbereich (Bild 1).

5.2.5.3 Lichtbogenschweißen

> Der Schmelzfluss entsteht durch Einwirken eines oder mehrerer Lichtbögen zwischen einer oder mehreren Elektroden und dem Werkstück. Bei Verwendung abschmelzender Elektroden sind diese gleichzeitig Schweißzusatz.

Als Variante: (Lichtbogen-)Schmelzschweißen mit magnetisch bewegtem Lichtbogen. Hierbei wird der Lichtbogen durch ein ablenkendes Magnetfeld entlang dem Schweißstoß geführt.

Die für einen Lichtbogen notwendige Energie wird von Schweißstromquellen erzeugt. Angewendet wird Gleichstrom oder Wechselstrom.

Der Werkstoffübergang der Elektrode erfolgt im Lichtbogen je nach Art der Umhüllungstype und der Umhüllungsdicke in Tropfenform, feintropfig bis grobtropfig mit teilweisem Tropfenkurzschluss zum Werkstück. Die abschmelzende Elektrodenumhüllung schützt dabei Lichtbogen und Schmelzbad vor Luftzutritt.

Metalllichtbogenschweißen

Lichtbogenhandschweißen (E)

Verfahrensbeschreibung:

Der Lichtbogen entsteht durch kurzzeitiges Berühren der Elektrode mit dem Werkstück (Bild 2). Bei Anwendung von Gleichstrom: Der hohe Kurzschlussstrom lässt an der Elektrode bei negativer Polung (Kathode) Elektronen austreten, die zum Werkstück, dem positiven Pol (Anode), wandern.

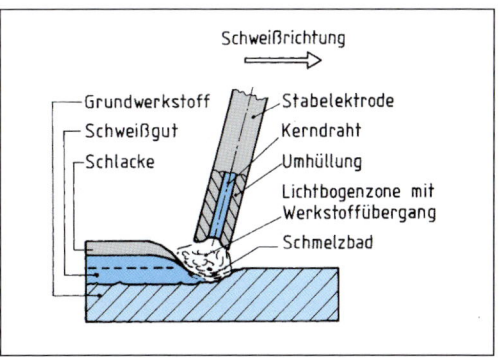

2 Lichtbogenzone

Die kinetische Energie der Elektronen lässt an der Anode eine ca. 600 °C höhere Temperatur entstehen als an der Kathode, der durch die Elektronenabgabe Energie entzogen wird.

> Die Polung von Elektrode und Werkstück beeinflusst die Energieeinbringung und die Aufschmelztiefe am Werkstück sowie die Abschmelzgeschwindigkeit der Elektrode.

An den Ansatzpunkten des Lichtbogens entstehen an der Kathode Temperaturen von 3200 °C, an der Anode bis 3800 °C. Die Energiedichte ist wesentlich größer als die der Acetylen-Sauerstoff-Flamme. Die Abschirmung des Schmelzbades gegen Luft wird durch abschmelzende Umhüllungsstoffe erreicht.

Bei Anwendung von Wechselstrom (Schweißtransformator) ist der Lichtbogen instabil (Bild 1). Die Netzfrequenz (50 Hz) lässt den Lichtbogen bei jedem Umkehrpunkt der Elektronenbewegung zusammenbrechen und in entgegengesetzter Richtung neu entstehen, wenn genügend Ladungsträger durch abschmelzende Umhüllungsstoffe der Elektrode gebildet werden.

Bei Anwendung von Gleichstrom ist die Elektronenbewegung kontinuierlich.

Nackte Stabelektroden werden nicht mehr angewendet.

Die meisten Elektroden können mit Wechselstrom oder bei negativer bzw. positiver Polung der Elektrode mit Gleichstrom verschweißt werden.

Schweißstromquellen

Für die Erzeugung der Schweißenergie werden verschiedene Schweißstromquellen eingesetzt. **Schweißtransformatoren** liefern Wechselstrom, **Schweißgleichrichter** und **Schweißumformer** (Generatoren) Gleichstrom. Schweißstromquellen werden heute fast ausschließlich als **Inverter** gebaut. Diese sind leistungsfähiger und vielfältiger im Leistungsverhalten bei niedrigeren Maschinenmassen. Der Inverter-Schweißstrom wird als Gleichstrom abgegeben oder ist umschaltbar an der Schweißstromquelle durch Überbrückung des Gleichrichters von Gleichstrom (DC) auf Wechselstrom (AC). Elektronisch geregelte Stromquellen (Inverter) ermöglichen einen rechteckförmigen Wechselstrom (square wave) mit sehr schnellem Nulldurchgang, der ein sicheres Wiederzünden des Lichtbogens nach dem Nulldurchgang gewährleistet (Bild 2).

Die dynamischen und statischen Eigenschaften der Schweißstromquellen bestimmen die Schweißeigenschaften.

Schweißstromquellen und -komponenten müssen den Anforderungen nach DIN EN 60974-1 (VDE 0544-1 und 2) entsprechen. Das Symbol $\boxed{S}$ gewährleistet die Erfüllung der Anforderungen zum Schweißen unter erhöhter elektrischer Gefährdung. Das **CE** Zeichen bestätigt die elektrischen Sicherheitskriterien. Die Schutzklasse **IP 23** ist ausgelegt für den Einsatz im Freien, d. h., diese Schweißstromquelle ist geschützt gegen das Eindringen von Fremdkörpern von > 12,5 mm und gegen Sprühwasser bis zu einem Fallwinkel von 60°.

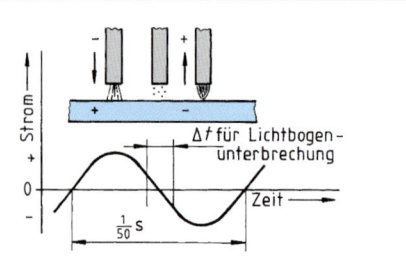

Während der Dauer der Lichtbogenunterbrechung wird der Elektrodenabstand durch vorhandene Ladungsträger und – durch Restwärme aus der Umhüllungsmasse – entstehende Ladungsträger elektrisch leitfähig gehalten. An der Kathode bildet sich ein eng begrenzter Elektronenaustritt, der Kathodenfleck.

1 Einfluss des Wechselstromes auf Lichtbogenbildung und Elektronenbewegung

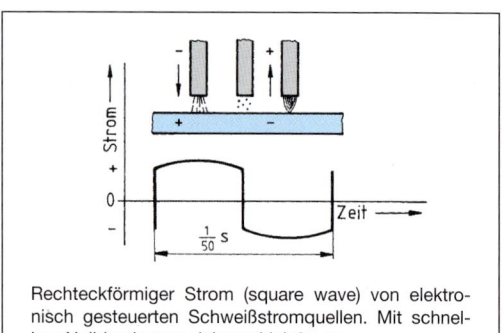

Rechteckförmiger Strom (square wave) von elektronisch gesteuerten Schweißstromquellen. Mit schnellem Nulldurchgang sicherer Lichtbogen.

2 Lichtbogenbildung bei rechteckförmigem Wechselstrom

Mit Spannungs- und Strommessgeräten können diese Werte – **statische Kennlinien** – ermittelt werden. Für jede Schweißstromstärkeneinstellung ergibt sich in Abhängigkeit von der Lichtbogenlänge eine statische Kennlinie (Bild 1). Für den Stromeinstellbereich ergeben sich viele Kennlinien. Es entsteht damit ein lückenloses Kennlinienfeld.

Der Arbeitspunkt A ist der ideale Schnittpunkt der Lichtbogenkennlinie mit einer statischen Kennlinie der Schweißstromquelle. Bei längerem oder kürzerem Lichtbogen ergeben sich die möglichen Arbeitspunkte A_2 ... A_1.

Fallende Kennlinien der Stromquelle bewirken, dass sich nur geringe Stromstärkenänderungen einstellen. Die Wärmeeinbringung am Werkstück ist fast gleichmäßig.

Schweißstromquellen mit fallender (steiler) Kennlinie werden für Lichtbogenhandschweißverfahren mit Stabelektroden eingesetzt, ferner bei WIG-Verfahren (TIG) und teilweise auch bei UP-Verfahren.

Schweißtransformatoren

Netzanschluss 230 V oder 400 V. Wirkungsgrad 75 ... 85 %. Die Stromcharakteristik bleibt unverändert mit 50 Hz Netzfrequenz.

Vorteile:

Einfach im Aufbau, verschleißfrei und geräuscharm, fast keine magnetische Blaswirkung am Lichtbogen.

Nachteile:

Nicht alle Elektroden verschweißbar, übliche Leerlaufspannung maximal 80 V, sehr gefährlich. Zündeigenschaft nur befriedigend.

Nach VDE dürfen nur maximal 4 kVA Belastung an das 230-V-Netz angeschlossen werden (Sicherung 16 A träge).

Mögliche Bauart: Montageschweißtrafo, Geräte meist thermisch abgesichert, um Wicklungsüberhitzung (Durchbrennen) zu vermeiden. Leerlaufspannung oft auf 50 V (42 V) begrenzt. Bei höherem Leistungsbedarf als 4 kVA ist deshalb Dreiphasenstrom 400 V erforderlich, bis 350 A, Leerlaufspannung 80 V. Industrie-Schweißtrans-

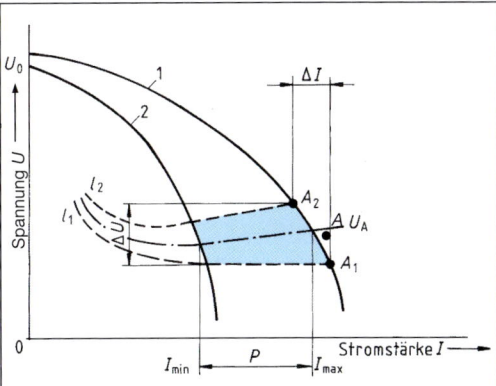

U_A Lichtbogenspannung

Für die VDE-Prüfkennlinie ist gültig bis 600 A festgelegt:

$$U_A = 20\,V + 0,04 \cdot I\,\frac{V}{A}$$

P   Leistungsbereich der Schweißstromquelle
1   bei maximaler Stromstärke entstehende Kennlinie
2   bei minimaler Stromstärke entstehende Kennlinie
A_1 bei kurzem Lichtbogen entstehende Arbeitspunkte
A_2 bei langem Lichtbogen entstehende Arbeitspunkte

U_0 Leerlaufspannung
l_1 Lichtbogenkennlinie (kurzer Bogen)
l_2 Lichtbogenkennlinie (langer Bogen)

1 Fallende (steile) statische Kennlinien von Schweißstromquellen

formatoren: Strom bis 600 A. Leerlaufspannung maximal 80 V, für Arbeiten in engen Räumen auf maximal 42 V begrenzt. Ältere Geräte mit dem Zeichen ⟨42V⟩, jetzt üblich mit Kennzeichen $\boxed{\text{S}}$ und CE.

Inverter sind getaktete Energiequellen und ausgerüstet für stufenlose elektronische Regelung der Strom- und Spannungseinstellung im Gleich- und Wechselstrombereich.

Für das WIG/TIG-Schweißen wie auch bei Anlagen für das Metallschutzgasschweißen (MSG-Schweißen) sind eingebaute Steuerungen für Stromanstieg/Stromabfall (Upslope/Downslope), die Pulseinheit und die Punktzeiteinstellung zu erwähnen. Über einen HF-Impulsgenerator erfolgt die Lichtbogenzündung berührungslos.

Inverter arbeiten sehr wirtschaftlich bei nur geringen Leerlaufverlusten mit einem Leistungsfaktor von 0,9 … 1,0 und einem Wirkungsgrad von 85 % … 91 %. Für das automatisierte Schweißen ist die Netzspannungskompensation dieser Anlagen eine wichtige Ergänzung, die bei Spannungstoleranzen von +20 % … −40 % gleich bleibende Einstellparameter sichert.

Die Regelung der Schweißstromstärke bei Schweißtransformatoren

Die Regelung der Schweißstromstärke ist in 3 Varianten möglich. Als die technisch einfachste und mit dem geringsten Aufwand herzustellende Regelung gilt die Stufenschaltung.

a) bei Anzapfregelung – **Stufenschaltung** – erfolgt die Stromstärkenänderung, indem eine bestimmte Zahl von Sekundärwicklungen weg- oder zugeschaltet werden. Die Stromstärkenschaltstufe lässt sich nur im Leerlauf verändern. Geringe Leerlaufverluste, aber **Stromstärkensprünge.**

b) Bei Regelung durch **Streufeldveränderung** ist stufenlose Stromstärkenregelung im Sekundärkreis möglich. Sie wird bevorzugt, um eine gute Abstimmung der erforderlichen Stromstärke zu erhalten. Der höhere Blindstrom bewirkt höhere Energieverluste. Der Leistungsfaktor beträgt 0,7.

c) stufenlose Regelung, siehe Inverter

Schweißgleichrichter

Wird einem Transformator (Dreiphasentransformator) ein Gleichrichtersatz nachgeschaltet, so wird Gleichstrom mit geringer Restwelligkeit abgegeben. Die Leerlaufspannungen können max. 106 V erreichen.

Als Gleichrichter werden unter anderem Siliciumdioden oder drei Thyristoren in Halbbrückenschaltung eingesetzt. Die an den Gleichrichtern entstehende Wärme wird durch den Luftstrom eines Kühlventilators abgeleitet.

a) Die Stromstärkeregelung erfolgt meist stufenlos oder in Grob- und Feinstufen bei guten Zündeigenschaften. Die Schweißgeräte sind zunehmend netzspannungsstabilisiert, sodass nur geringe (1 %) Schweißstromschwankungen auftreten.

b) Schweißgleichrichter mit Transduktoren (Magnetverstärker) arbeiten mit stufenloser Einstellung des Schweißstromes bis 1600 A, auch für Automatenschweißung geeignet.

Leistungstransistoren werden zunehmend bei modernen Energiequellen eingesetzt. Bei Analog-Energiequellen sind sie als stufenlose Regler, bei getakteten Energiequellen als Schalter mit hoher Schaltfrequenz von 20 kHz wirksam (Bild 1).

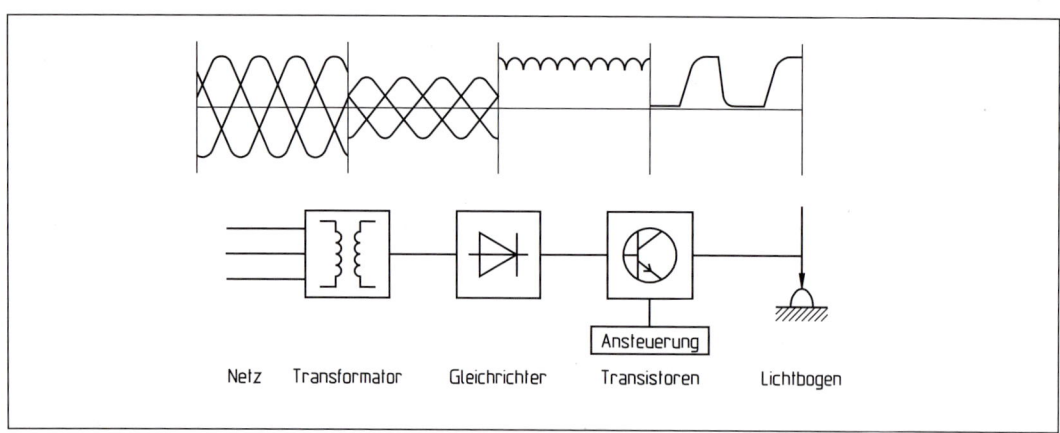

Netz   Transformator   Gleichrichter   Transistoren   Lichtbogen

Ansteuerung

1 Schaltbild einer transistorisierten Analog-Energiequelle

Transistorisierte Analog-Energiequelle

In der Funktionsfolge Netzstrom-Transformator-Drossel und nachgeschalteter Brückengleichrichter wird über die Transistoren der Schweißstrom abgegeben. Die stufenlose Regelung der Stromstärke erfolgt über die Ansteuerung der Transistoren (Bild 1).

Schweißgeräte dieser Bauart sind als superleichte Montagegeräte (≥ 3,8 kg) im Leistungsbereich DC 5A … 150A bis hin zu robusten Energiequellen im Leistungsbereich bis DC 850A eingesetzt.

Bei Überbrückung des nachgeschalteten Gleichrichters wird Wechselspannung abgegeben. Primär getakteter Inverter (Bild 1).

Getaktete Energiequellen – Inverter (mit digitalem System geregelte A-/V-Einstellung)

Zu unterscheiden ist zwischen primär getakteten und sekundär getakteten Invertern.

Bei **primär getakteten Anlagen** liegt die Aussteuerung der Transistoren vor der Transformatorstufe auf der Netzstromseite. Die Schaltfrequenz ist bei 20 kHz, vereinzelt auch bei 50 kHz, und ist erreichbar mithilfe schneller Transistoren. Bei Überbrückung des nachgeschalteten Gleichrichters ist es möglich, Wechselstrom abzugeben. Durch den schnellen Wechsel im Stromdurchgang erfolgt dieses in Form der square wave.

Die Frequenz des Wechselstroms kann stufenlos von 50 Hz … 200 (300) Hz angewählt werden.

Besonders die dünnen Bleche können mit niedriger Stromstärke bei erhöhter Frequenz optimal verschweißt werden. Eine Wechselstrom-Balance unterstützt durch die stärkere Auslegung der positiven oder negativen Halbwelle im Schmelzbad die Reinigungswirkung und beeinflusst die Einbrandtiefe, besonders wichtig bei Al-Schweißungen. Sehr gute Schweißeigenschaften an Al-Werkstoffen sind mit einer Frequenz von 200 Hz zu erreichen, auch bei eloxierten Al-Werkstoffen.

Diese Anlagen sind meist umschaltbar ausgelegt für das Elektrodenschweißen auf WIG/TIG-Schweißen.

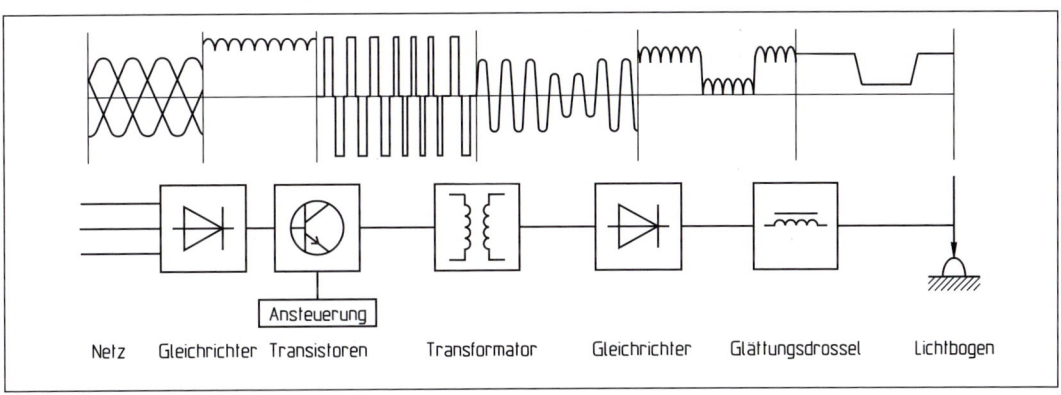

1 Schaltbild einer primär getakteten transistorisierten Energiequelle

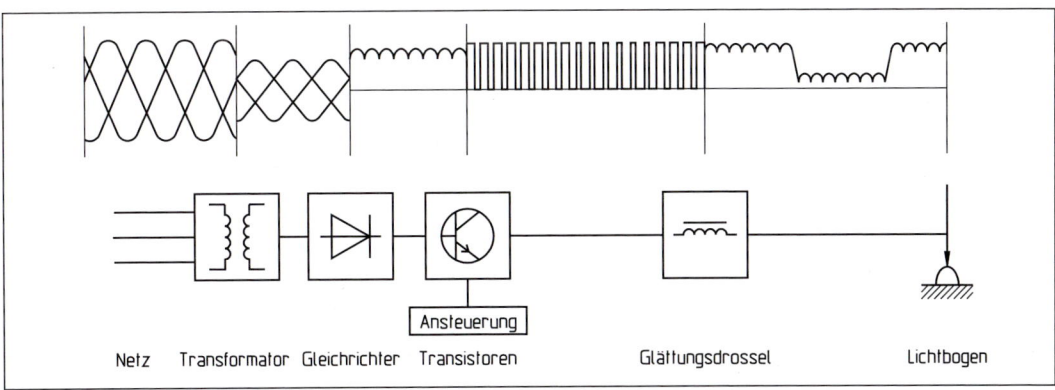

2 Schaltbild einer sekundär getakteten transistorisierten Energiequelle. Sekundär getakteter Inverter

Bei **sekundär getakteten Anlagen** (siehe S. 183 Bild 2) ist die Transistorstufe (Schaltfrequenz ebenfalls bei 20 kHz, vereinzelt bei 50 kHz) der Transformator- und Gleichrichterstufe nachgeordnet. Transformator und Gleichrichter müssen jetzt stärker ausgelegt werden, daher entsteht eine höhere Leistungsmasse als bei primär getakteten Anlagen. Der Vorteil der sekundär getakteten Anlage zeigt sich in der geringeren Empfindlichkeit gegenüber Spannungsschwankungen.

Schweißumformer (Schweißaggregate)

Gleichstrom kann auch durch einen Generator erzeugt werden. Wird als Antrieb des Schweißgenerators – auf gemeinsamer Welle – ein Elektromotor verwendet, dann wird der Generator Schweißumformer genannt, bei Antrieb durch netzunabhängigen Verbrennungsmotor Schweißaggregat.

Vorwiegend sind im Einsatz
- Streufeldgeneratoren. Eigenerregter Generator mit hohem Gewicht.
- Doppelschlussgeneratoren (Compoundgenerator) mit Ankerrückwirkung. Fremderregter Generator. Durch Gegencompoundschaltung der Reihenschlusswicklung wird erreicht, dass bei Belastung der Magnetismus der Nebenschlusswicklung geschwächt wird. Die Schweißspannung sinkt dadurch stark ab und ergibt die gewünschte fallende Kennlinie. Hohe Leistung bei leichterer Bauart.

Vorteile:

Sehr gute Schweißeigenschaften, alle Elektroden verschweißbar, hohe Leerlaufspannung, maximal 100 V, unbeschränkt einsetzbar, sehr gute Zündeigenschaft, stufenlose Stromstärkenregelung.

Nachteile:

Starke Geräuschentwicklung, großer Wartungsaufwand, hohe Leerlaufverluste (18 %), starke Blaswirkung (Bild 1).

Metalllichtbogenschweißen mit Fülldrahtelektrode (MF)

Fülldrahtelektroden können ohne Schutzgas abgeschmolzen werden. Anders als bei der Stabelektrode sind die Umhüllungsstoffe innen und vom Elektrodenmantel umschlossen.

Verfahrensbeschreibung

Die Schweißanlage ist wie für das Metallschutzgasschweißen aufgebaut. Die Drahtelektrode, die aus einem Röhrchendraht oder einem gefalzten Draht besteht, hat eine Pulverfüllung. Über das Pulver können dem Schmelzbad Legierungselemente zugeführt werden, die Lichtbogenstabilität wird verbessert, bei größerem Durchmesser kann

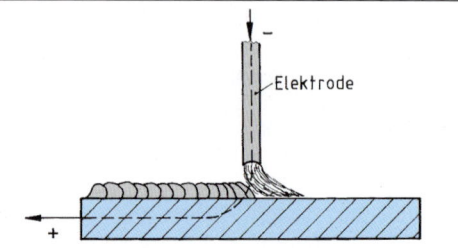

a) **Einfacher** Anschluss des Massekabels. Der Lichtbogen wird von der Anschlussstelle weg abgelenkt.

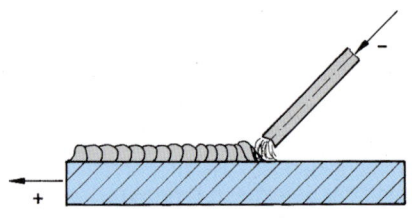

b) Der Lichtbogen hat immer das Bestreben, in Richtung der Elektrodenachse zu brennen. Durch Schräghalten der Elektrode kann die Ablenkung von a) gemildert werden.

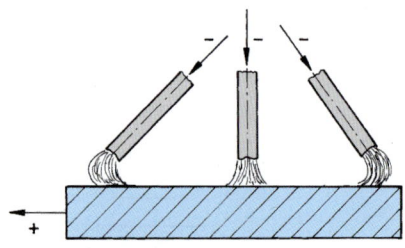

c) Beim Schweißen in der Nähe der Werkstückkanten wird der Lichtbogen von der Kante weg zum Werkstück hin abgelenkt. Die Elektrodenhaltung muss sich im Verlauf der Naht ändern.

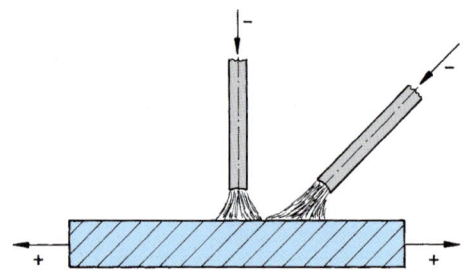

d) **Zweifacher** Anschluss des Massekabels. Die magnetischen Kraftfelder heben sich gegenseitig auf. Der Lichtbogen brennt genau in Richtung der Elektrodenachse.

1 Blaswirkung elektrischer Lichtbögen

mit höheren Stromstärken – bis 500 A – geschweißt werden. Durch Schutzgasbildung und durch Schlacke auf dem Schmelzbad ist der Schutz der Schweißnaht vor Zugluft so gut, dass auch im Freien bei mäßiger Zugluft geschweißt werden kann. Falls erforderlich, kann auch zusätzlich mit dem Schutzgas Kohlenstoffdioxid oder mit Mischgasen gearbeitet werden.

Verschweißbare Werkstoffe:
Je nach Zusammensetzung der Elektrode mit den Legierungsbestandteilen Kohlenstoff, Silicium, Mangan, Nickel, Chrom, Molybdän oder Wolfram ergeben sich Anwendbarkeiten beim Verbindungsschweißen von Baustahl, Schiffsbaustahl und Feinkornbaustahl und beim Herstellen von zähharten und abriebfesten Auftragschweißungen. Unbehandeltes Schweißgut oder kalt verfestigte Auftragungen können Härtewerte bis HV 700 bzw. HRC 60 aufweisen.

Die Normung der Fülldrahtelektroden erfolgt in:

DIN EN ISO 17632
 zum Metalllichtbogenschweißen mit und ohne Schutzgas von unlegierten Stählen und Feinkornstählen
DIN EN ISO 17633
 zum Metalllichtbogenschweißen mit oder ohne Gasschutz von nicht rostenden und hitzebeständigen Stählen

Schweißzusätze
Als Schweißzusatzwerkstoffe werden für das Gasschweißen Schweißstäbe und für die Lichtbogenverfahren Schweißstäbe, Stabelektroden, Massivdrähte oder Fülldrähte eingesetzt.

Die Auswahl des Zusatzwerkstoffes erfolgt in Abstimmung zum Grundwerkstoff und der erforderlichen Güte und Belastung der Schweißverbindung. Wichtige Gesichtspunkte sind die Festigkeitswerte und die Zähigkeit bei Werkstück-Betriebstemperaturen, Hitze- bzw. Zunderbeständigkeit, Warmfestigkeit sowie Korrosions- und Verschleißverhalten.

Schweißstäbe
Die Schweißstäbe sind weitgehend für die verschiedenen Werkstoffgruppen genormt. Bei Regellänge von 1000 mm sind die Durchmesser von 1,2 … 6 mm abgestuft. Die Verpackungseinheiten müssen deutliche Kennzeichnung aufweisen, Schweißstäbe einzeln dauerhafte Kennzeichen, z. B. durch eingeprägte Güteklasse, Zusammensetzung oder Werkstoffnummer.

Stabelektroden
Stabelektroden dienen als Schweißzusatz.
In den Normblättern werden umhüllte Stabelektroden bzw. Schweißzusätze zum Lichtbogenschweißen nach Werkstoffbereichen zusammengefasst.

Umhüllte Stabelektroden zum Lichtbogenschweißen sind genormt in:

DIN EN ISO 2560	für unlegierte Stähle und Feinkornstähle
DIN EN ISO 18275	hochfeste Stähle
DIN EN 14700	zum Hartauftragen
DIN EN ISO 3581	nicht rostende und hitzebeständige Stähle
DIN EN ISO 3580	warmfeste Stähle
DIN EN ISO 1071	unlegierte und legierte Gusseisenwerkstoffe
DIN EN ISO 18273	Aluminium und Aluminiumlegierungen
DIN EN ISO 24373	Kupfer und Kupferlegierungen
DIN EN ISO 14172	Nickel und Nickellegierungen
DIN EN ISO 24034	Titan und Titan-Palladium-Legierungen

Die Kennzeichnung der Schweißzusätze, Art des Produkts, Grenzabmaße und die Technischen Lieferbedingungen sind in DIN EN ISO 544 festgehalten.

Die hohen Gütewerte der Schweißverbindungen erfordern **umhüllte** Stabelektroden, um durch Schutzgasbildung Sauerstoff und Stickstoff vom Schmelzbad fern zu halten sowie um leichtes Zünden und einen stabilen Lichtbogen zu ermöglichen.
Die Elektrode besteht aus dem metallischen Kerndraht und einer umpressten Umhüllungsmasse. Der Kerndraht, in der Durchmesserabstufung 1,5; 2,0; 2,5; 3,2; 4,0; 5,0; 6,0 mm, ist 250 … 450 mm lang.

Lagerung: trocken bei mindestens 18 °C.

Die Feuchtigkeit in der Elektrodenumhüllung, z. B. durch Wasseraufnahme aus der Luft, ist ein erhebliches Problem. Es geht hierbei hauptsächlich um die Verhinderung von Wasserstoffrissen im Schweißmaterial.

Die Anforderungen an den Restwasserstoffgehalt, insbesondere für basische Elektroden, sind ständig gestiegen.
Die kontrollierte Lagerung aller Elektroden und die Rücktrocknungsbedingungen für basische Elektroden sind daher zu beachten.

Vakuumverpackte Elektroden mit geringem Wasserstoffgehalt können durch eine mehrschichtige Alu-Polyethylen-Folie so hervorragend geschützt werden, dass weder Feuchtigkeit noch Gase eindringen. Kosteneinsparungen durch vereinfachtes Lagerverfahren. Abweichend von der üblichen Hersteller-Mindestgarantie von 6 Monaten wird die Lagerung vakuumverpackter Elektroden –

auch unter extrem ungünstigen Bedingungen – verlängert, im Prinzip ist sie sogar unbegrenzt möglich.

Die mögliche Schweißstromstärke der Elektrode ist abhängig vom Kerndrahtdurchmesser (Nenndurchmesser) und der Umhüllungszusammensetzung. Stabelektroden lassen sich innerhalb des vom Hersteller empfohlenen Stromstärkenbereiches gut verschweißen bei **Lichtbogenlängen** von

0,5 × Elektrodenkerndrahtdurchmesser bei basischen Elektroden,
1 × Elektrodenkerndrahtdurchmesser bei allen anderen Elektrodentypen.

Als Stromrichtwerte gelten für Stabelektroden:

$d \leq 2,5$ mm Stromstärke $I = 25$ A … 35 A × Elektrodenkerndraht $\varnothing$
$d \geq 3,2$ mm Stromstärke $I = 30$ A … 50 A × Elektrodenkerndraht $\varnothing$.

Die abschmelzende **Umhüllungsmasse**

bildet	**Gase,** die die Ionisierung unterstützen, zur Stabilisierung des Lichtbogens beitragen und die Schmelze vor Luftzutritt schützen;
bildet	**Schlacke,** die die Reinigung und Entgasung der Schmelze fördert, die Naht abdeckt und somit die Abkühlgeschwindigkeit verringert (Vermeidung von Härtespitzen);
enthält	**Legierungselemente,** die der Schmelze zugeführt werden und dadurch die mechanischen Gütewerte beeinflussen; außerdem kann durch Zugabe von Eisenpulver die Abschmelzleistung vergrößert werden;
beeinflusst	die **Elektrodenführung:** basische Elektroden erfordern eine Lichtbogenlänge von $0,5 \cdot d$, andere Elektrodentypen eine Lichtbogenlänge von $1 \cdot d$;
beeinflusst	die **Schweißposition** in Abhängigkeit von Umhüllungsdicke und Umhüllungszusammensetzung.

Die Umhüllungszusammensetzung und die Umhüllungsdicke beeinflussen durch die Art der Schlackenbildner die Schweißeigenschaften und Gütewerte der Schweißnaht erheblich.

Umhüllungstypen der Stabelektroden

Die Elektrodentypen können grob in zwei Gruppen unterteilt werden:

in **nicht basisch** umhüllte und in **basisch** umhüllte Stabelektroden.

Die Anwendung basischer Stabelektroden nimmt zu, da die Nahtgüte dieser Elektroden von keinem anderen Elektrodentyp und von keiner Drahtelektrode erreicht wird.

Kurzzeichen und Schweißeigenschaften

A – **sauer-umhüllte Stabelektroden.** Die Umhüllung aus Eisenoxidanteilen und Ferromangan ergibt eine saure Schlacke und bei sehr feinem Werkstoffübergang flache, glatte Schweißnähte. Nur begrenzt für Zwangslagen anwendbar. Empfindlicher beim Erstarrungsprozess, Warmrisse möglich.

C – **Cellulose-umhüllte Stabelektroden.** Enthalten große Anteile verbrennbarer organischer Substanzen. Durch intensiven Lichtbogen und geringe Schlackenbildung besonders günstig für Schweißen in Fallposition (Pipelinebau). Die starke Rauchentwicklung erfordert Absaugung oder gute Lüftung.

R, RR – **Rutil-umhüllte Stabelektroden.** Die Umhüllung besteht aus ca. 50 … 55 % Rutil (TiO_2), 20 % Silikate, 10 … 15 % basischen Anteilen, 10 % Ferromangan (FeMn) und organischen Stoffen (Cellulose). Der am häufigsten angewendete Elektrodentyp, mit bester Zündeigenschaft auch bei 50 V Leerlaufspannung. Dick umhüllte **RR** ergeben bei feintropfigem Werkstoffübergang feinschuppigglatte und schwach überhöhte Nähte.

Mischumhüllungen verändern die Schweißeigenschaften.

RC – für Wurzellagen und für angerostete, verzunderte und verzinkte Werkstoffe. Geeignet für Fallposition.

RB – bessere mechanische Eigenschaften als andere R-Typen, zäh fließend, nicht für Fallposition.

RA – sind mit sauer umhüllten Elektroden vergleichbar. Bei verringerter Erstarrungsrissgefahr ergeben sich glatte, feinschuppige Nähte. Die poröse Schlacke lässt sich auch aus Wurzellagen (V-, K-Naht) leicht entfernen. Nicht für Fallposition.

B – **basisch-umhüllte Stabelektroden** sind dick umhüllt, in der Zusammensetzung von ca. 30 % Calciumkarbonat ($CaCO_3$), 20 % Flussspat (CaF_2), 5 % Ferromangan und Ferrosilicium als Desoxidationsmittel, 30 … 35 % Eisenpulver (Fe). Der Schweißprozess mit der an Gleichstrom-Pluspol eingesetzten Elektrode und die entstehende Schlacke ergeben hervorragende Nahteigenschaften, wie höhere Erstarrungs- und Kaltrisssicherheit und hohe Kerbschlagarbeit, besonders bei tiefen Temperaturen.

Die Rissneigung ist niedriger als bei allen anderen Umhüllungstypen.

Das Kaltrissrisiko wird durch Verringerung des Wasserstoffgehalts im Schweißgut herabgesetzt. Dieser soll bei schweißgerechter Verarbeitung – rückgetrocknete Elektroden vorausgesetzt – als Obergrenze $H = 15$ ml/100 g Schweißgut nicht überschreiten.

Werkstoffbedingte Schweißvorgaben können auch einen geringeren Wasserstoffgehalt des Schweißgutes wie als Obergrenze H10 oder H5 erfordern. Wasserstoffgehaltmessungen erfolgen nach DIN EN ISO 3690.

Die mechanischen Eigenschaften des Schweißgutes und der Nahtzone sind abhängig von den Schweißbedingungen, u. a. von Nahtaufbau, Ein-lagen- oder Mehrlagenschweißung, Werkstoffzusammensetzung usw. Die eingebrachte Wärme durch den Lichtbogen wie auch die Abkühlungsgeschwindigkeit können die mechanischen Gütewerte nachteilig beeinflussen. So müssen bei schweißgeeigneten Feinkornstählen, warmfesten Stählen, kaltzähen Nickel- und austenitischen Stählen die im Stahl-Eisen-Werkstoffblatt SEW 088 zweckmäßigen Schweißbedingungen eingehalten werden. Zu beachten sind u. a. hierbei Arbeitstemperatur (Vorwärm- und Zwischenlagentemperatur) und eine Streckenenergie, die eine genügend rasche Abkühlzeit ermöglicht.

> Als Streckenenergie bezeichnen wir die Wärmeeinbringung durch Lichtbogen und Schweißzusatz je Zentimeter Schweißnaht während der Abschmelzzeit der Elektrode. Siehe Bild 1 Seite 191.

Die Anleitung zum Messen der Vorwärm-, Zwischenlagen- und Haltetemperatur ist in DIN EN ISO 13916 festgelegt.

Für Feinkornstähle gilt als zweckmäßig eine Streckenergie von 10 kJ/cm … 20 kJ/cm, eine Arbeitstemperatur von 150 °C … 200 °C und eine Abkühlzeit der Temperatur von 850 °C auf 500 °C in 10 … 20 s. Bei Mehrlagenschweißungen darf die Zwischenlagentemperatur in der Nahtzone 250 °C nicht überschreiten.

Für das Schweißen von hochfesten Feinkornstählen haben basisch umhüllte Stabelektroden eine übergeordnete Bedeutung. Diese Elektroden sind vorgeschrieben, wenn die Mindeststreckgrenze Re $\geq$ 355 N/mm^2 beträgt. Umhüllte Stabelektroden für hochfeste Stähle sind mit Festigkeitseigenschaften von 610 bis 1180 N/mm^2 Zugfestigkeit und 550 bis 890 N/mm^2 Mindestzugfestigkeit in DIN EN ISO 18275 genormt.

Bei Verbindungen von unlegiertem Stahl/höherfestem Stahl (zum Beispiel S355J0 mit S460N) wird ein Schweißzusatz auf den weicheren Grundwerkstoff abgestimmt. Unterscheiden sich die Festigkeitseigenschaften der zu verbindenden Werkstoffe jedoch stark (S235JR mit S690Q), wird ein Schweißzusatz empfohlen, dessen Festigkeitswerte zwischen denen der Grundwerkstoffe liegt.

Zum Schweißen von hochfesten Feinkornstählen werden auch basisch umhüllte Stabelektroden in Doppelmantelausführung als Elektroden des Umhüllungstyps „S" eingesetzt. Diese Stabelektroden zeigen hohe Lichtbogenstabilität auch bei niedriger Stromstärke. Die dadurch mögliche geringere Wärmeeinbringung mit niedrigerer Streckenenergie verringert Kaltrissgefahr, Verzug und Schweißrestspannungen.

Die Einführung von wasservergüteten Feinkornstählen mit Streckgrenzen von 1100 N/mm^2 (S1100QL) ist erfolgt. Für diesen Feinkornstahl hat sich eine basisch umhüllte Stabelektrode mit der Bezeichnung E10018-M in den Test-Schweißströmen 140A, 160A und 185A bewährt und erfüllt die Normwerte der Schweißverbindung. Die schweißgeeigneten Feinkornstähle sind genormt in DIN EN 10025-3.

Elektroden – Normung

Die umhüllten Stabelektroden zum Lichtbogenschweißen unlegierter Stähle und Feinkornstähle mit Mindeststreckgrenze $\geq$ 500 N/mm^2 sind in **DIN EN ISO 2560** genormt.

Die **Normbezeichnung** ist in 2 Teile gegliedert:

a) **verbindlicher Teil** – für die konstruktiven Eigenschaften –: Kennzeichnung für Schweißprozess, Festigkeits-, Dehnungs- und Zähigkeitseigenschaften, die chemische Zusammensetzung und den Umhüllungstyp.

b) **nicht verbindlicher Teil** – für die schweißtechnischen Eigenschaften –: Kennziffer für die Ausbringung, Stromart / Polung, die für die Elektrode geeignete Schweißposition, Kennzeichen für den maximalen Wasserstoffanteil.

Stabelektrode in mm	⌀ 2,5 × 350	⌀ 3,2 × 350	⌀ 4 × 350	⌀ 5 × 450
Stromstärkenbereich in A	75 … 100	110 … 140	150 … 190	190 … 240

1 Schweißstrombereich bei Stabelektroden, basisch umhüllt

Die volle Normbezeichnung der Stabelektroden besteht aus 8 Angaben:

1) Kurzzeichen für den Schweißprozess ist die Kennzahl 111 bzw. das Kurzzeichen „E"
2) Kennziffer für Zugfestigkeit, Mindeststreckgrenze und Mindestbruchdehnung (Bild 1)
3) Kennzeichnung der Kerbschlageigenschaften (Bild 2): bezeichnet die Temperatur, bei der eine Kerbschlagarbeit von 47 Joule erreicht wird
4) Das Legierungskurzzeichen (Bild 3) erläutert die chemische Zusammensetzung in %.
   Ohne Legierungsangaben gelten folgende Maximalwerte in %:
   Mo < 0,2
   Ni < 0,3
   Cr < 0,2
   V < 0,08
   Nb < 0,05
   Cu < 0,3
5) Kurzzeichen für die Umhüllung (Bild 4).
   Eine dicke Umhüllung bedeutet ein Verhältnis von ≥ 1,6 zwischen Umhüllung und Kerndraht

Kennziffer	Mindeststreck-grenze N/mm^2	Zugfestigkeit N/mm^2	Mindestbruch-dehnung % (bei $L_o = 5\,d$)
35	355	440 … 570	22
38	380	470 … 600	20
42	420	500 … 640	20
46	460	530 … 680	20
50	500	560 … 720	18

1 Kennziffer für Festigkeit und Dehnung der Stabelektroden

Kennbuchstabe/Kennziffer	Mindestkerbschlagarbeit 47 J bei °C
Z	keine Anforderungen
A	+ 20
0	0
2	− 20
3	− 30
4	− 40
5	− 50
6	− 60

2 Kennzeichnung der Kerbschlageigenschaften der Stabelektroden

Legierungs-kurzzeichen	Chemische Zusammensetzung %		
	Mn	Mo	Ni
ohne	2	–	
Mo	1,4	0,3 … 0,6	–
MnMo	1,4 … 2,0		
1 Ni		–	0,6 … 1,2
2 Ni	1,4		1,8 … 2,6
3 Ni			2,6 … 3,8
Mn1Ni	1,4 … 2,0		0,6 … 1,2
1NiMo	1,4	0,3 … 0,6	
Z	Jede andere vereinbarte Zusammensetzung		

3 Kurzzeichen für die chemische Zusammensetzung des reinen Schweiß-gutes bei einer Kerbschlagarbeit von 47 J

Kurzzeichen	Bedeutung (engl.)	Erklärung
A	acid covering	sauer umhüllt
C	cellulosic covering	Cellulose-umhüllt
R	rutile covering	Rutil-umhüllt
RR	rutile thick covering	Rutil-umhüllt (dick)
RC	rutile cellulosic covering	Rutil-Cellulose-umhüllt
RA	rutile acid covering	Rutil-sauer-umhüllt
RB	rutile basic covering	Rutil-basisch-umhüllt
B	basic covering	basisch umhüllt (dick)
S	special covering	spezielle Umhüllung

4 Kurzzeichen für die Umhüllung der Stabelektroden

6) Kennziffern für Ausbringung und Stromart (Bild 1):

für Gleichstrom erfolgen die Prüfungen mit einer Leerlaufspannung von max. 65 V.

7) Kennziffer für die Schweißposition (Bild 2).

8) Kennzeichen für wasserstoffkontrollierte Stabelektroden sollen in die Bezeichnung eingesetzt werden, wenn die schweißtechnischen Qualitätsanforderungen nach DIN EN ISO 3834-1 bis -4 erfüllt werden müssen.

Die Kennzeichen H 5, H 10, H 15 sind gleichbedeutend mit dem max. Anteil von diffusiblem Wasserstoffgehalt in ml/100 g Schweißgut.

Informationen des Elektroden-Herstellers über empfohlene Stromart und die Trocknungsbedingungen müssen vorliegen, um den Wasserstoffgehalt einhalten zu können.

Wasser dissoziiert im Lichtbogen und erzeugt atomaren Wasserstoff, der in das Schweißgut übergeht.

Risse in Schweißverbindungen können durch Wasserstoff verursacht bzw. ausgelöst werden. Diese Rissgefahr steigt mit steigenden Legierungsanteilen und zunehmenden Spannungen.

Zusätzliche Kennziffer	Ausbringung %	Stromart
1		Wechsel- u. Gleichstrom
2	≤ 105	Gleichstrom
3		Wechsel- u. Gleichstrom
4	> 105 … 125	Gleichstrom
5		Wechsel- u. Gleichstrom
6	> 125 … 160	Gleichstrom
7		Wechsel- u. Gleichstrom
8	> 160	Gleichstrom

1 Kennziffern für Ausbringung und Stromart

Kennziffer	Schweißposition
1	alle Positionen
2	alle Positionen außer Fallposition
3	Stumpfnaht Wannenposition, Kehlnaht Wannen-, Horizontalposition
4	Stumpfnaht und Kehlnaht in Wannenposition
5	wie 3 – und für Fallposition empfohlen

2 Kennziffern für die Schweißposition

Bezeichnungsbeispiele

1) Bezeichnung einer basisch-umhüllten Stabelektrode (B) für das Lichtbogenhandschweißen (E), deren Schweißgut eine Mindeststreckgrenze von 460 N/mm^2 (46) aufweist und für das eine Mindestkerbschlagarbeit von 47 J bei – 30 °C (3) erreicht wird und mit einer chemischen Zusammensetzung von 1,1 % Mn und 0,7 % Ni (1 Ni). Die basisch-umhüllte Stabelektrode (B) ist dick umhüllt mit einer Ausbringung von > 125 % (5) und kann an Wechselstrom und Gleichstrom verschweißt werden. Sie ist für Stumpfnähte und Kehlnähte in Wannenposition geeignet (4). Der Wasserstoff wird nach DIN EN ISO 3690 bestimmt und darf 5 ml/100 g Schweißgut (H5) nicht überschreiten.

Die Normbezeichnung lautet:

DIN EN ISO 2560-46 3 1 Ni B 54 H5

Der verbindliche Teil der Normbezeichnung ist:

DIN EN ISO 2560-46 3 1 Ni B

2) Bezeichnung einer dick Rutil-umhüllten Stabelektrode für das Lichtbogenhandschweißen (E), deren Schweißgut eine Mindeststreckgrenze von 460 N/mm^2 (46) aufweist und für das eine Mindestkerbschlagarbeit von 47 J bei 0 °C (0) erreicht wird und mit einer chemischen Zusammensetzung von 1,4 % Mn und 0,4 % Mo (Mo). Die Rutil-umhüllte Stabelektrode (RR) ist dick umhüllt mit einer Ausbringung von > 105 % (3) und kann an Wechselstrom und Gleichstrom verschweißt werden. Sie ist für alle Positionen, außer Fallposition (2), geeignet.

Die Normbezeichnung lautet:

DIN EN ISO 2560-46 0 Mo RR 32

Der verbindliche Teil der Normbezeichnung ist:

DIN EN ISO 2560-46 0 Mo RR

Durchführung der Schweißung

Um eine möglichst fehlerfreie Schweißverbindung zu fertigen, ist neben der Auswahl der Elektrode eine zweckmäßige[1] **Nahtvorbereitung** – in Abhängigkeit von der Werkstückdicke – wie auch die richtige Führung der Elektrode von Bedeutung.

Bei der Führung der Elektrode sind mehrere Bewegungen zu koordinieren:

1. kurzes Antippen des Werkstücks, um den Lichtbogen zu zünden, Abheben auf Lichtbogenlänge, danach kontinuierliche Bewegung zum Werkstück, um die Lichtbogenlänge konstant zu halten, entsprechend der Abschmelzgeschwindigkeit der Elektrode
2. Elektrode im Anstellwinkel führen – in Abhängigkeit von Elektrodentype und Schweißposition
3. Elektrodenbewegung in Schweißrichtung, wie durch Abschmelzleistung und Nahtbildung erforderlich ist
4. Bewegungen quer zur Schweißrichtung, wie z. B. Pendeln zur Nahtbreitenbildung

Als Richtwerte für die **Lichtbogenlänge** gelten:

$0,5 \times$ Kerndraht-$\varnothing$ (mm) bei basischen Elektroden

$1,0 \times$ Kerndraht-$\varnothing$ (mm) bei nicht basischen Elektrodentypen

Die abschmelzenden Umhüllungsstoffe der Elektrode werden bei günstigem Anstellwinkel die Abschirmung des Schmelzbades durch Gase und Schlacke sichern, zugleich jedoch den Schlackenvorlauf begrenzen.

Bei relativ geradliniger Führung der Elektrode in Nahtrichtung entsteht eine um ca. 3 … 4 mm breitere Naht, eine **Strichraupe.**

Durch Bewegung quer zur Schweißrichtung um etwa das 2fache des Elektroden-$\varnothing$ verbreitert sich die Schmelzzone (z. B. um die Fugenflanken einer V-Naht zu erfassen) zu einer **Pendelraupe.**

Je nach Schweißposition und Nahtart wird dieses Pendeln unterschiedlich geführt (Bild 1, Seite 191).

An Konstruktionsteilen sollten größere Dickenunterschiede vermieden werden, wenn diese zum späteren Verzinken vorgesehen sind. Die Dauer der Einwirkung der Verzinkungstemperatur von ca. 450 °C am schwächeren Bauteil kann bei hohen Schweißeigenspannungen zum Verzug des Bauteils führen. An starren Bauteilen erfolgt der Spannungsabbau oft mit Rissbildung an Korngrenzen. Dieses wird im Zinkbad zum Eindringen flüssigen Zinks entlang den Korngrenzen in den Werkstoff führen (liquid metal penetration) und die Bruchgefahr erheblich steigern.

Die **Schweißpositionen** sind durch Buchstaben als Kurzbezeichnung nach DIN EN ISO 6947 festgelegt (Bild 1).

Zwischenpositionen H sind durch Nahtdreh- und Nahtneigungswinkel zu beschreiben, z. B. gegen die Horizontale um Winkel 45° geneigt, H-L 045.

Kurzzeichen DIN EN ISO 6947	Position	Schweißlage	
PA	Pos. **A:** Wannenposition	waagerechtes Schweißen von Kehlnähten, Stumpfnähten	
PB	Pos. **B:** Horizontal-/ Vertikalposition	horizontales Schweißen von Kehlnähten	
PC	Pos. **C:** Querposition	waagerechtes Schweißen an senkrechter Wand	
PD	Pos. **D:** Horizontal-/ Überkopfposition	horizontales Überkopfschweißen	
PE	Pos. **E:** Überkopfposition	Überkopfschweißen, Decklage nach unten	
PF	Pos. **F:** Steigposition	Schweißen von unten nach oben	
PG	Pos. **G:** Fallposition	Schweißen von oben nach unten	
H-L …	Pos. **H:** Zwischenposition **L …**	Schweißen in Schräglage	

1 Schweißpositionen

[1] Empfehlungen zur Schweißnahtvorbereitung in DIN EN ISO 9692

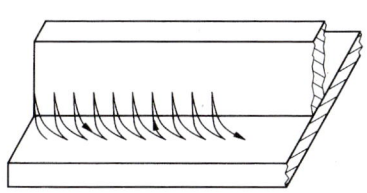

a) Kehlnaht in 1 Lage, Schweißposition PB, Pendelraupe

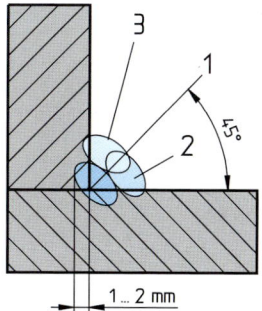

b) Kehlnaht in 3 Lagen.
1. Wurzel mit Elektrodenstellung 1 in 45°.
2. Untere Deckraupe mit El. Anstell $\sphericalangle \approx 65°$.
3. Obere Deckraupe mit El. Anstell $\sphericalangle \approx 30°$ in Strichraupen. Schweißposition PB.

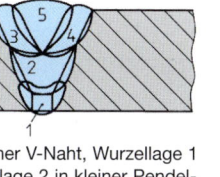

c) Lagenfolge einer V-Naht, Wurzellage 1 und Zwischenlage 2 in kleiner Pendelraupe, Decklage 3, 4 und 5 in Strichraupen. Schweißposition PA

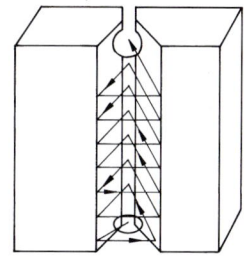

d) V-Naht in 1 Lage, Schweißposition PF, Pendelraupe.

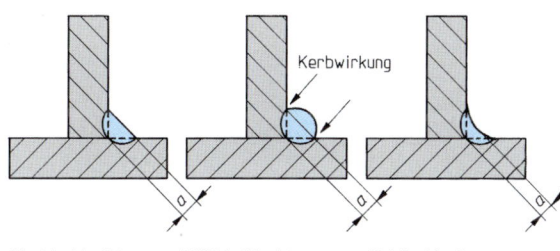

Flachkehlnaht   Wölbkehlnaht   Hohlkehlnaht

e) Grundarten von Kehlnähten

1. Die Flachkehlnaht ist die wirtschaftlichste Form der Kehlnaht.
2. Die Wölbkehlnaht sollte vermieden werden. Kerben wirken bruchfördernd.
3. Die Hohlkehlnaht ergibt – wie die Flachkehlnaht – einen günstigen Kraftlinienverlauf. Erfordert mehr Schweißzusatz bei gleichem a-Maß.

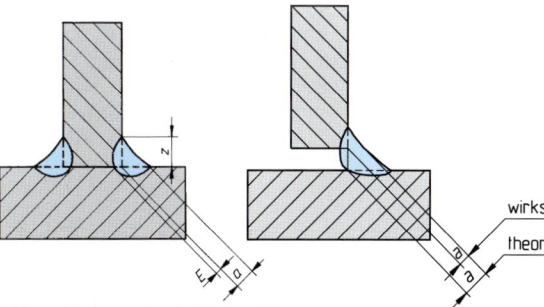

T-Stöße beim Zusammenbau möglichst eng fügen. Bei spaltfreier Anpassung kann durch Wurzeleinbrand das a-Maß günstiger ausfallen.

a ≙ Soll-Kehlnahtdicke
E ≙ Wurzeleinbrand
z ≙ Schenkellänge der Kehlnaht

f) Auswirkungen durch falsches Anpassen

wirksames a-Maß

theoretisches a-Maß

Die Nahtarten sind zu unterscheiden in:

BW – Stumpfnähte
FW – Kehlnähte

1 Elektrodenbewegungen zur Nahtbildung

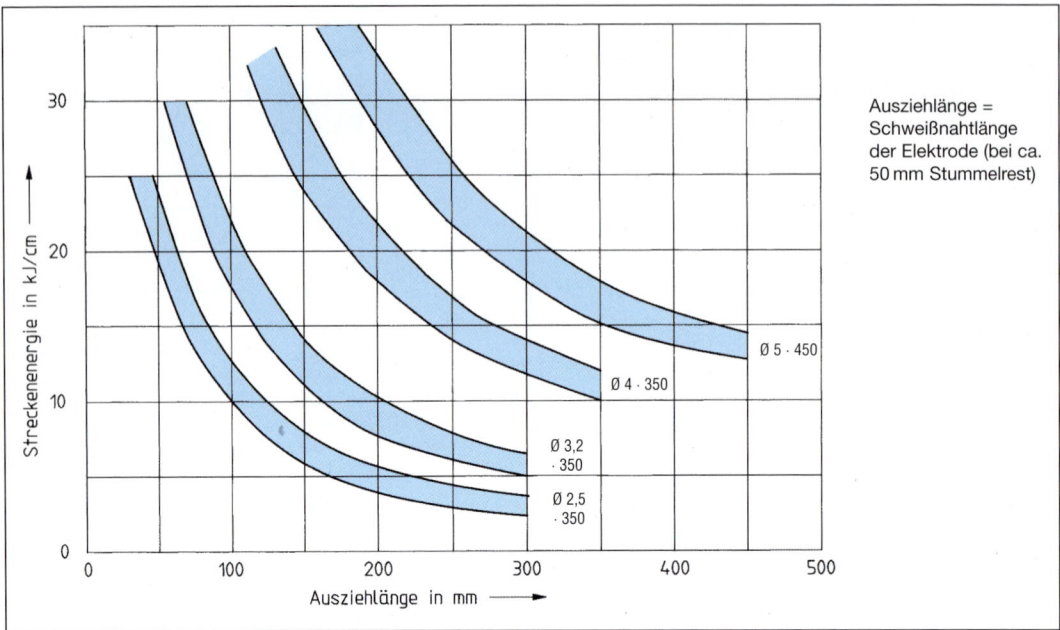

1 Streckenenergie in Abhängigkeit von der Ausziehlänge (geschweißte Nahtlänge) bei + gepolten Elektroden

Elektrode in mm	Schweißstrom	Ausziehlänge in mm	Streckenenergie in kJ/cm
∅ 2,5 × 350	als Mittelwert der Einstellung gilt: max. *A* – 10 %	200	6
∅ 3,2 × 350		240	8
∅ 4 × 350		260	12
∅ 4 × 450		340	12
∅ 5 × 450		400	15

2 Schweißdaten für Stabelektroden, basisch umhüllt für unlegierte Stähle und Feinkornstähle (DIN EN ISO 2560), wie auch für hochfeste Stähle (DIN EN ISO 18275)

Schutzgasschweißen (SG)

Das Schutzgasschweißen ist eine Untergruppe des Lichtbogenschmelzschweißens, bei der Elektrode, Lichtbogen und Schmelzbad gegen Einflüsse der Atmosphäre durch ein inertes oder aktives Schutzgas abgeschirmt sind. Die Schweißverfahren unterscheiden sich nach der Art von Elektrode und Schutzgas (Bild 1, Seite 193) sowie zusätzlich nach der Art des Lichtbogens (Bild 2, Seite 193).

Inerte Schutzgase sind Argon (Ar) oder Helium (He) oder deren Gemische.

Aktive Schutzgase sind durchweg sauerstoffhaltige Gase, wie 100 % Kohlenstoffdioxid oder Argon mit geringer Beimischung von Sauerstoff oder mit geringer Beimischung von Kohlenstoffdioxid. Kohlenstoffdioxid ist ein thermisch instabiles Schutzgas, es zerfällt im Lichtbogenbereich und setzt Sauerstoff frei.

Reduzierende Schutzgase enthalten Wasserstoff.

Reaktionsträge Schutzgase enthalten Stickstoff. Sie werden mit 1 bis 30 % Wasserstoffanteil als Wurzelschutz eingesetzt.

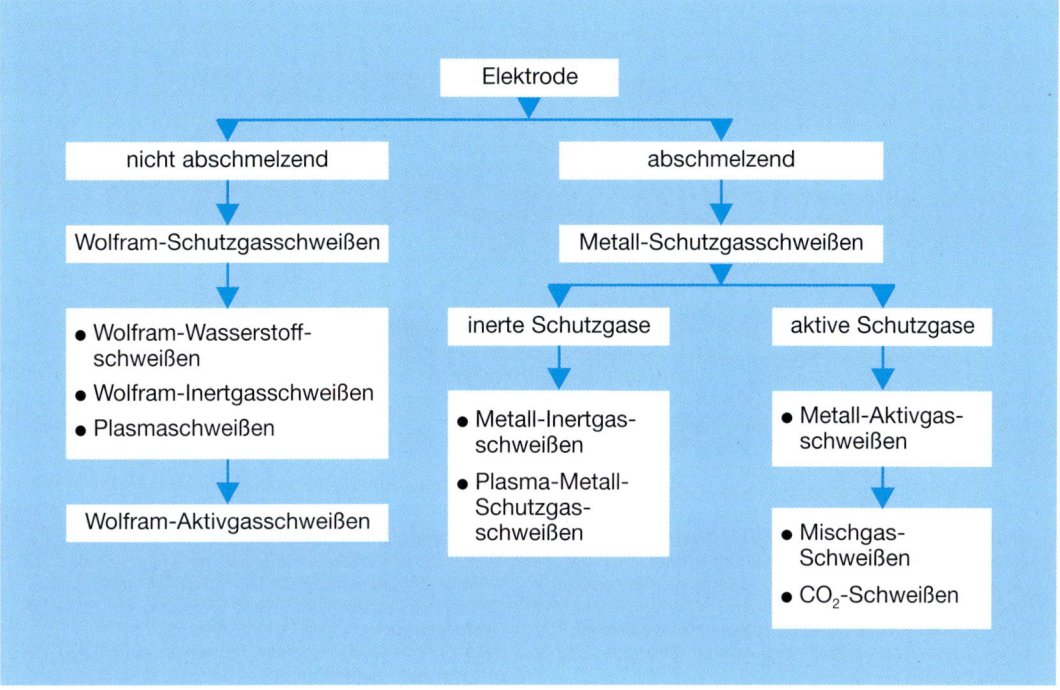

1 Einteilung nach der Art von Elektrode und Schutzgas

Lichtbogenbereich	Kurzzeichen	Werkstoffübergang
Sprühlichtbogen	s	kurzschlussfrei, feinsttropfig
Langlichtbogen	l	nicht kurzschlussfrei, grobtropfig
Übergangslichtbogen	ü	teils im Kurzschluss, teils kurzschlussfrei, grob- bis feintropfig
Kurzlichtbogen	k	im Kurzschluss, feintropfig
Impulslichtbogen	p	kurzschlussfrei bei MSG Tropfengröße und Tropfenfrequenz, bei WIG Grund- und Impulsstrom sowie Impulszeiten einstellbar
Rotierender Lichtbogen		kurzschlussfrei, sehr feintropfig, wenig Spritzer, mit hoher Abschmelzleistung, geringer Werkstückverzug

2 Unterscheidung nach der Art des Lichtbogens

Wolfram-Aktivgasschweißen (WAG-Schweißen)

Bei diesem Schutzgasschweißverfahren wird der Lichtbogen und das Schmelzbad durch eine Hüllzone aus aktiven Gasen abgeschirmt. Die Hüllzone kann in ihrer Wirkung durch ein weiteres Gas unterstützt werden. Anwendung bei CrNi-Stählen mit Schweißzusatz. Die nichtabschmelzende Elektrode besteht aus legiertem oder reinem Wolfram.

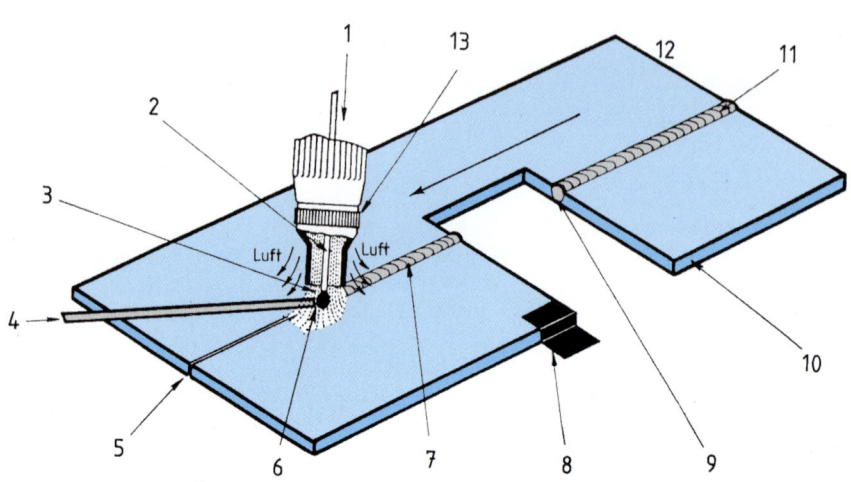

1. Die elektrische Energie kann hochfrequenzstabilisierter Wechselstrom oder Wechselstrom mit Hochspannungsüberlagerung, Impulsstrom oder Gleichstrom mit negativer oder positiver Polung sein.
2. Die Wolframelektrode wird nicht wesentlich verbraucht.
3. Das inerte Gas umhüllt und schützt Elektrode und Schmelzbad.
4. Die Schweißverbindungen können mit oder ohne Schweißzusatz hergestellt werden.
5. Stumpfnähte sind leicht zu schweißen. Ebenso können andere Nahtformen, wie überlappte Nähte, Kehl-, Eck- und Kantennähte, in allen Lagen einschließlich vertikal und über Kopf verschweißt werden.
6. Der Lichtbogen erzeugt hochkonzentrierte Wärme.
7. Kein Flussmittel erforderlich. Die Gefahr einer Flussmittelkorrosion ist daher nicht vorhanden.
8. Stromzuführung zum Werkstück.
9. Die Schweißverbindung besitzt gute Eigenschaften. Es entsteht nur wenig oder kein Verlust an Legierungselementen, sodass die Zusammensetzung der Schweißnaht ähnlich der des Grundmetalls ist.
10. Werkstücke bis zu 6 mm können in einer Lage geschweißt werden, dickere Werkstücke durch Mehrlagenschweißung.
11. Die Oberfläche der Schweißnaht ist glatt und sauber. Da kein Flussmittel benutzt wird und Spritzer fast völlig fehlen, entfällt die Nachreinigung.
12. Schweißbar sind fast alle in der Technik gebräuchlichen Metalle.
13. Keramische oder wassergekühlte metallische Gasdüse.

1 Wolfram-Inertgasschweißen

Wolfram-Inertgasschweißen

Wolfram-Schutzgasschweißen ist ein Schweißverfahren mit nicht abschmelzender Elektrode (Dauerelektrode) aus Wolfram (Bild 1). Als Schweißenergie wird Wechselstrom oder Gleichstrom mit negativer Polung der Elektrode eingesetzt. Der Lichtbogen brennt im Allgemeinen zwischen Werkstück und Elektrode, nicht jedoch bei einer bestimmten Form des Plasmaschweißens. Der Schweißzusatz wird stromlos dem Schweißbad zugeführt.

Schutzgase

Als Schutzgas werden vorwiegend Argon (Schweißargon Ar 99,95), Argonwasserstoffgemische, Argonheliumgemische oder reines Helium eingesetzt; Argon mit 25 % bis 75 % Heliumanteil, wenn tieferer Einbrand und hohe Schweißgeschwindigkeit gefordert werden, Wasserstoffgase vorwiegend für das Plasma- und Wolfram-Wasserstoffschweißen (Schutzgase S. 208, Bild 1).

Schweißstromquellen

Es werden transistorisierte Analog-Energiequellen, Inverter, Wechselstromquellen und Gleichstromquellen mit fallender Kennlinie eingesetzt.

Um das Wiederzünden des Lichtbogens bei Wechselstrom nach dem Nulldurchgang zu ermöglichen, wird durch Hochfrequenz (300 kHz bis 520 kHz) oder zunehmend durch Impulsgeneratoren der Schweißstrom überlagert. Die

Impulsgeneratoren geben bei Nulldurchgang die gespeicherte Kondensatorladung (1500 V bis 3500 V) als Funkenstrecke frei, die bei Wechselstrom den erneuten Elektronenübergang einleitet. Zusätzlich wird hier ein Siebkondensator eingesetzt, der die positive Halbwelle stabilisiert und so die Reinigungswirkung an der Werkstückoberfläche der Leichtmetalle Aluminium und Magnesium verstärkt.

Je nach Anwendungsziel gibt es drei Formen von **Stromsteuerungen** (Bild 1):

Bei **Dauerstrom** wird gleich bleibende Stromstärke angestrebt.

Bei **geregeltem Schweißstrom** ist die Stromstärke einstellbar, also veränderlich.

Impulsstrom ist durch pulsierende Stromstärke gekennzeichnet.

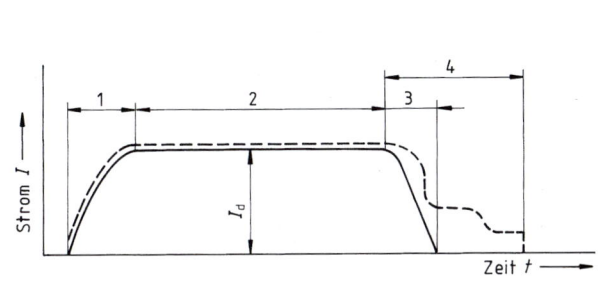

1   Stromanstiegszeit
    Weichstart

1a Startstromzeit
    mit Startstrom I_o

2   Schweißstromzeit
    mit Dauerstrom

3   kontinuierliche oder

4   stufenweise Stromabsenkung
    zur Schweiß-Endkraterfüllung

a) WIG-Schweißen, konventionell mit Dauerstrom (I_o), Stromanstieg und Stromabsenkung

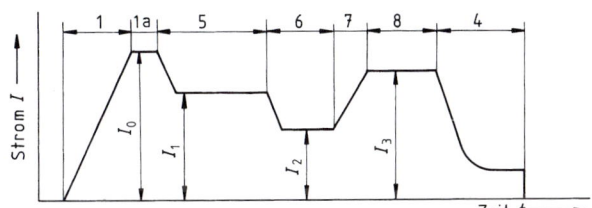

5   Schweißstromzeit für I_1

6   Schweißstromzeit für I_2

7   Stromanstiegszeit

8   Schweißstromzeit für I_3

b) WIG-Schweißen mit regelbarer Schweißstromstärke durch Hand- oder Fußregler

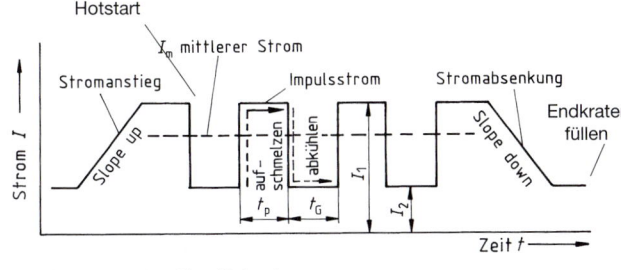

I_o Startstrom

$$I_m = \frac{I_G \cdot t_G + I_p \cdot t_p}{t_G + t_p}$$

I_1 Impulsstrom
       (Hochstromphase)

I_2 Grundstrom $\geq$ 10 A
       (Niedrigstromphase)

t_G Grundzeit = Fließzeit
       des Grundstromes

t_p Impulszeit = Fließzeit des
       Impulsstromes

c) WIG-Impulsschweißen (Pulsen)
   – schematisch –

1 Schweißstrom-Verlauf beim WIG-Schweißen

Stromart	Wechselstrom oder Gleichstrom mit Elektrode am Pluspol		Gleichstrom mit Elektrode am Minuspol		
Form der Elektrodenspitze				Schleifrichtung	
	durch Strombelastung gebildete Schmelzkuppe		Kegel ≈ 1 : 6	Kegel ≈ 1 : 3	Kegel ≈ 1 : 1 bis 1 : 2
Stromstärke	zulässig	zu hoch	nur für niedrige Stromstärke	$I \leq 200\,A$	$I \geq 200\,A$
Bemerkungen		Elektroden-durchmesser erhöhen	durch Probe-schweißung prüfen	Spitze abrunden $R < 0,5\,mm$ auf Cu rundschmelzen	

1 Vorbereitung der Elektrodenspitze beim Wolfram-Inertgas-Schweißen

Wolfram-Inertgasschweißen

Verfahrensprinzip

Der Lichtbogen brennt zwischen einer nicht ab-schmelzenden Wolframelektrode und dem Werk-stück unter Inertgas-Abschirmung. Der Schweiß-zusatz wird maschinell als Kaltdraht oder von Hand als Schweißstab stromlos im Wärmebereich des Lichtbogens zugeführt.

Anwendung und praktische Hinweise

Die Wolframelektrode, meist mit 1 % bis 2 % Tho-rium legiert, wird im WIG-Brenner durch eine Spannhülse geführt. Bei Anwendung von Gleich-strom und negativer Elektrodenpolung ist die Elektrode (Kegel ≈ 1 : 3) zur zentrischen Licht-bogenbildung im Schutzgasbereich angespitzt (Bild 1). Bei Wechselstrom oder Gleichstrom in Verbindung mit positiver Elektrodenpolung (nur bei niedrigen Stromstärken möglich) wird die Elektrodenspitze durch kurzzeitiges Über-schreiten der Wolfram-Schmelztemperatur ange-schmolzen. Diese „Schmelzkuppe" darf nicht zum Schmelztropfen anwachsen und in das Schmelzbad übergehen. Bei höherer Strombe-lastung ist in diesem Fall eine dickere Elektrode zu wählen. Die Elektrodenspitze soll 3 ... 5 mm aus der Gasdüse herausstehen. Gezündet wird der Lichtbogen zum Warmbrennen der Elektrode auf einer Kupferplatte. Danach ist das berüh-rungsfreie Zünden am Werkstück möglich, ohne durch Werkstückkontakt unerwünschtes Auf-legieren der Elektrodenspitze zu erhalten.

> Mit Hochfrequenz-Impulsgenerator ist berüh-rungsloses Zünden auch ohne Warmbrennen möglich.

Bei geeigneter konstruktiver Lösung der Schweiß-stöße, z. B. als Stirnnahtverbindung oder Eck-nahtverbindung, kann auf Schweißzusatz ver-zichtet werden.

Das Schutzgas schützt das Schweißbad vor Luft-zutritt. Die Schweißzone muss von Verunreinigun-gen wie Fett, Farbe und Rost gesäubert werden. Der Schweißzusatz muss auf den Grundwerkstoff abgestimmt werden, um hochwertige Nähte zu erzielen. Die Nahtgüte ist weitgehend abhängig von der Handfertigkeit des Schweißers, der den Schweißzusatz nach dem sichtbaren Aufschmel-zen der Nahtflanken einbringt. So werden vielfach die Wurzellage mit WIG, die folgenden Lagen aber mit E oder MSG geschweißt.

Bis 200 A Schweißstromstärke sind die Schweiß-brenner nur schutzgasgekühlt, bei Stromstärken von mehr als 200 A umlaufwassergekühlt (Bild 1, Seite 197). Über die Steuerleitung wird erstens das Schutzgasventil geöffnet und zweitens der Schweißstrom freigegeben. Bei Nahtende wird erstens durch Steuerimpuls der Schweißstrom abgesenkt und unterbrochen und zweitens nach einigen Sekunden das Schutzgasventil geschlos-sen. Das Schweißbad bleibt während der Er-starrungsphase dadurch unter Schutzgasabschir-mung.

Bei Schweißgeräten mit einstellbarem **Dauerstrom** kann die Schmelzbadbildung nur durch die Schweißgeschwindigkeit beeinflusst werden. Mit Fußregler sind **regelbare Schweißstromstärken** von 0 A bis zum vorgewählten Hochstrom während der gesamten Schweißzeit möglich. Für gleichmäßige Nahtbildung kann so stets die Stromstärke den veränderten Schweißbedingungen, wie Schweißspalt, Werkstückdicke und Schweißposition, angepasst werden.

Zunehmend wird das **Schweißen mit Impulsstrom** angewendet. Kurzzeitig hoher Impulsstrom (I_1) schmilzt Grundwerkstoff und Schweißzusatz rasch auf. Im nachfolgenden Grundstrom (I_2) kann das Schweißbad „abkühlen" bzw. sich verfestigen. Die Gefahr des Durchbrechens, z. B. bei Dünnblech, wird dadurch verringert und die Wärmeeinflusszone am Werkstück wird verkleinert. Impulsstrom und Grundstrom können in der Stromstärke wie in der Impulszeit bzw. Grundzeit auf die Werkstoff- und Schweißnahtbedingungen abgestimmt werden. Die verringerte Wärmeeinbringung erleichtert das Schweißen von Dünnblech sowie die Zwangslagenschweißung und Wurzelschweißung (siehe Bild 1, Seite 195 und Bedienungsfeld einer hochwertigen WIG-Schweißanlage Bild 1, Seite 198).

Das Schweißen von Aluminium ist nicht einfach. Das Schmelzbad neigt in Steigposition wie auch in Überkopfposition dazu, abzutropfen.

Die Ursache liegt in der Polarität des Wechselstroms, der in der Plushalbwelle eine stärkere Wärmebildung an der Elektrode bedeutet, die dadurch stumpfer ausgebildet wird. Zugleich führt dies am Minuspol, dem Werkstück, zu einem breiteren Schmelzbad, da der Kathodenfußpunkt sehr instationär ist und auf dem Werkstoff wandert. Dabei schmilzt ein größeres Umfeld. Zwar wechselt die Polarität, aber das breitere Schmelzbad bleibt erhalten. Es gilt also die Plushalbwelle zu verkleinern. Dieses ist möglich bei Inverterstromquellen, die einen rechteckförmigen Wechselstrom liefern und über eine Halbwellenbalance-Einstellung verfügen.

Damit kann der zeitliche Anteil der Plushalbwelle bis auf 20 oder 30 % der Periodenzeit verkürzt werden. Dieses genügt für eine ausreichende Reinigung am Aluminiumschmelzbad. Der Einbrand wird schmaler und auch die Elektrode kann weniger stumpf angeschliffen werden.

Eine moderne Inverterstromquelle gestattet zudem die Veränderung der Frequenz im Bereich von 30 bis 300 Hz. Mit zunehmender Frequenz schnürt sich der Lichtbogen ein. Dieses führt nun durch die schmalere Aufschmelzzone zu einer

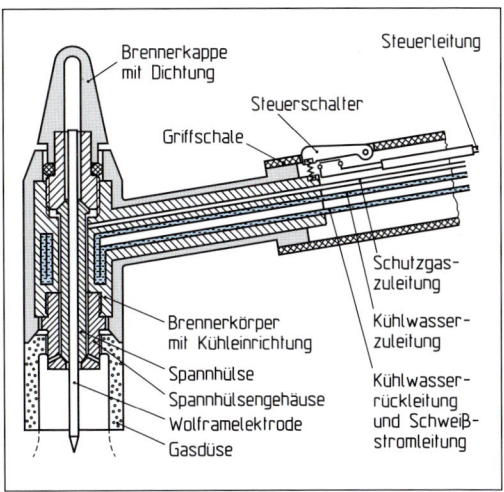

1 Schema eines wassergekühlten WIG-Brenners

verbesserten Zwangslagenschweißbarkeit und zusätzlich zur Verringerung der thermischen Belastung an Elektrode und Schweißteil.

Elektroden-durch-messer	Schweißstrom in A	
	Gleichstrom Elektrode am Minuspol	Wechselstrom mit Filterkondensator
1,0	10 ... 90	10 ... 60
1,6	35 ... 160	40 ... 95
2,4	60 ... 220	60 ... 160
3,2	100 ... 240	130 ... 200
4,0	100 ... 320	180 ... 250
4,8	–	200 ... 300
6,4	–	280 ... 360

2 Auswahl der Wolframelektrodendurchmesser abhängig vom Schweißstrom

Schweißbar sind alle Metalle. Besonders geeignet ist WIG aber für das Schweißen von Leichtmetallen, Chromstählen und Chromnickelstählen. Stirnnähte an 0,1 mm dicke Chromnickelstähle (Faltenbälge) werden ebenso geschweißt wie auch hochwertige Wurzellagen an 12 mm dicken Werkstücken. Werkstücke mit ≥ 5 mm Dicke sind auf 130 ... 250 °C vorzuwärmen. Dies erhöht die Schweißgeschwindigkeit und verringert die Gefahr von Bindefehlern (siehe auch unter **Wolfram-Plasmaschweißen** auf Seite 217).

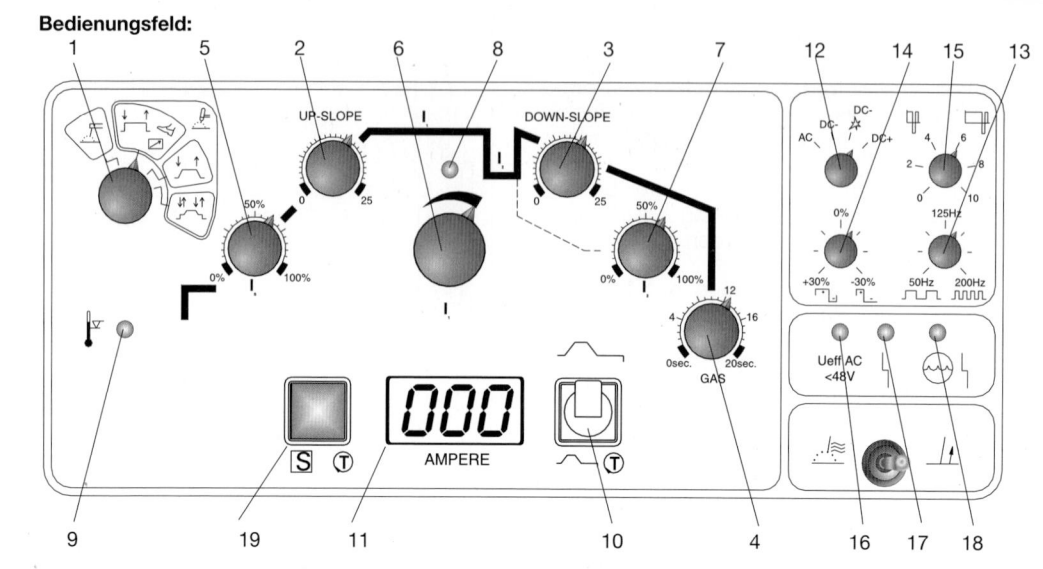

Bedienungsfeld:

Grundausstattung WIG DC und AC-Geräte:
1 Programmwahlschalter
2 UP-SLOPE (Stromanstieg)
3 DOWN-SLOPE (Stromabfall)
4 Einstellbare Gasnachströmzeit
5 Einstellbarer Suchlichtbogen I_S
6 Einstellbarer Hauptstrom I_1
7 Einstellbarer Absenkstrom I_2
8 LED „Schweißen Ein"
9 LED „Übertemperatur"

weitere Funktionen der fahrbaren Serie und ^{inverter}TIG 250AC/DC tragbar:
10 Stromvoreinstellung (stromloser Test)
11 Digitalamperemeter
17 LED „Sammelstörung"
18 LED „Wassermangel"

zusätzliche Funktionen bei AC/DC-Anlagen:
12 Stromartenwahlschalter
13 Einstellbare Wechselstromfrequenz
14 Einstellbare Wechselstrom-Balance
15 Einstellbare Dauer der Zündhalbwelle
16 Überspannungsanzeige
19 Testschalter für Gefahren-minderungseinrichtung

1 Bedienungsfeld einer hochwertigen WIG-Schweißanlage

Metall-Schutzgasschweißen (MSG)

> Die MSG-Verfahren gehören zu den Lichtbogenschweißverfahren mit abschmelzender Drahtelektrode. Der Lichtbogen brennt zwischen einer kontinuierlich zugeführten Drahtelektrode und dem Werkstück. Er wird ebenso wie das Schweißbad durch Schutzgas gegen Luftzutritt abgeschirmt.

Die MSG-Verfahren lassen sich in Verfahren nach der Art des Schutzgases und in Verfahren nach der Art des Lichtbogens einteilen.

Nach der Art des Schutzgases sind zu unterscheiden:

1. **Metall-Inertgasschweißen** (MIG) mit Anwendung der inerten Schutzgase Argon oder Helium oder von Argon-Helium-Gemischen

2. **Metall-Aktivgasschweißen** (MAG) mit Anwendung von sauerstoffhaltigen Gasen wie **MAGC** mit 100 % CO_2 als Schutzgas oder

MAGM mit Mischgasen aus Argon und Sauerstoff, Argon und Kohlendioxid oder Argon mit Sauerstoff und Kohlendioxid.

3. Fülldrahtelektroden bilden abschirmende Gase, die bei einigen Fülldrahttypen eine zusätzliche Gasabschirmung erübrigen.

Schweißstromquellen

Beim normalen MIG/MAG-Schweißen wird eine Stromquelle mit Konstantspannungscharakteristik eingesetzt und mit konstanter Drahtvorschubgeschwindigkeit geschweißt. Das Zusammenspiel von Stromquellenkennlinie und Lichtbogenbrennphase führt dabei zur Selbststabilisierung der Lichtbogenlänge infolge eines Ausgleichs (innere Regelung) (Bild 1, Seite 199).

Bei günstigen Schweißparametern stellt sich durch die gewählte Lichtbogencharakteristik ein Gleichgewichtszustand zwischen zugeführten und abgeschmolzenem Drahtvolumen ein.

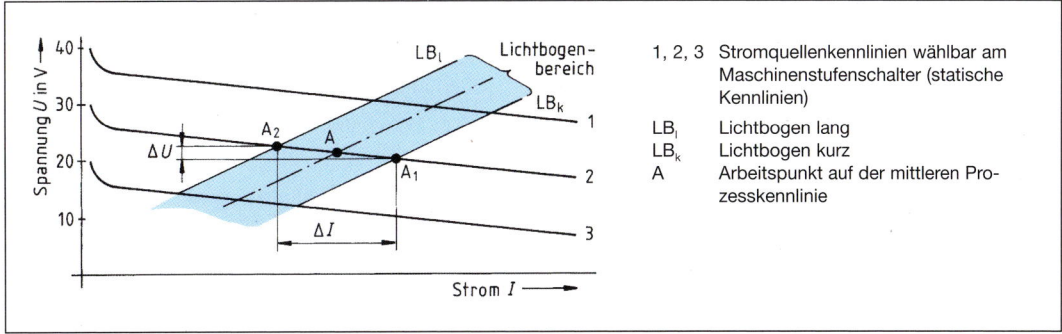

1 Statische Kennlinien und Prozesskennlinie eines Konstantspannungsgleichrichters

Wird der Lichtbogen kürzer, so verringert sich – durch geringeren ohmschen Widerstand – die Schweißspannung. Dadurch steigt die Stromstärke von A_2 nach A_1 stark an und die Abschmelzleistung an der Drahtelektrode nimmt zu. Die Elektrode brennt jetzt rascher ab, bis die ursprüngliche Lichtbogenlänge (Arbeitspunkt A) hergestellt ist. Wird der Schweißbrennerabstand plötzlich größer, so wird der Lichtbogen länger, die Spannung steigt an und die Stromstärke (von A_1 nach A_2) verringert sich, somit auch die Drahtabschmelzgeschwindigkeit. Die freie Drahtlänge wird größer, bis der ursprüngliche Arbeitspunkt A erreicht wird. Diesen Vorgang bezeichnet man als **innere Regelung** beim Metall-Schutzgas-Schweißen.

Die richtige Lichtbogeneinstellung ist am gleichmäßigen Abschmelzgeräusch zu erkennen. Der Schweißer muss gegebenenfalls die Stromquellenkennlinie, vereinfachend Schweißspannung genannt, **oder** die Drahtvorschubgeschwindigkeit so verändern, dass er im gewünschten Arbeitspunkt bleibt. Eine Erhöhung der Drahtvorschubgeschwindigkeit ergibt zwangsläufig eine Vergrößerung der Stromstärke. Ohne Korrektur der Schweißspannung wandert der Arbeitspunkt aus dem Lichtbogen-Kennlinienbereich heraus: Die Drahtelektrode stößt u. U. auf, knatternder und unregelmäßiger Lichtbogen ist die Folge.

Es sind beim MSG-Schweißen also immer zwei Einstellungen vorzunehmen:

1. die **Einstellung der Stromquellenkennlinie (Schweißspannung)** für den Lichtbogenbereich Kurzlichtbogen, Langlichtbogen, Sprühlichtbogen, Rotationslichtbogen.

2. die **Einstellung der Drahtvorschubgeschwindigkeit,** abgestimmt auf den Arbeitspunkt der Kennlinie und damit abgestimmt auf die Stromstärke.

Die ideale Paarung von Stromstärke und Schweißspannung führte zu Konstruktionen von Schweißanlagen mit Einknopf-Regelungen. Diese arbeiten mit programmierten MIG/MAG-Erfahrungswerten über Mikroprozessoren. Es werden nur eingegeben: Material- und Gasart, Materialdicke als Zuordnung zum Leistungsbereich und Drahtelektroden-∅. Die daraus angewählten Parameter sind noch einer Feinabstimmung zugänglich. Eine automatische Fehleinstellungsmeldung ergänzt die Bediensicherheit. Vielfach sind voreingestellte MIG/MAG-Schweißprogramme für gängige oder kundenspezifische Schweißaufgaben abrufbar.

Konventionelle Schweißanlagen bestehen aus einer Konstantstromquelle als Leistungsteil. Durch Potentiometer oder durch Stufenschalter lassen sich die statischen Kennlinien annähernd parallel verschieben und der Drahtvorschubgeschwindigkeit anpassen.

Moderne elektronische Stromquellen (siehe Inverter) besitzen Vorteile in der Art der Steuerung eines schnell reagierenden Leistungsteils. Im Wesentlichen bestehen sie aus Konstantstromquelle als Leistungsteil, aus Dynamikmodul und aus Statikmodul. Durch Mikroprozessor oder Potentiometer kann hier dynamisches und statisches Verhalten der Stromquelle zur Schweißprozessoptimierung geregelt werden oder es können optimale Kombinationen aus Speichern abgerufen werden. Je rascher das Leistungsteil die vom Dynamikmodul (Prozesskennlinie) gelieferten Steuerungswerte in Schweißstromwerte umsetzt (Reaktionszeit), desto besser sind die Schweißeigenschaften.

Angewendet werden thyristorisierte Schweißstromquellen und transistorisierte Schweißstromquellen, in primär getakteter oder sekundär getakteter Bauart.

Thyristorisierte Stromquellen arbeiten mit stufenloser Einstellbarkeit und Fernregelung der Leerlaufspannung, Inverter meist verbunden mit einem Pulsvorsatz für die Anwendung der Impulslichtbogentechnik.

Als Weiterentwicklung können transistorisierte Stromquellen, z. B. primär getaktete Inverter, angesehen werden. Infolge ihrer hohen Reaktionsgeschwindigkeit ergeben sich Schweißprozesseingriffe in Schweißstrom- und Lichtbogenregelung, in Tropfenbildung und Tropfenübergang. Die stufenlose Einstellung von Pulsfrequenz, Stromanstieg und Stromabfall, Grundstrom- sowie Pulsspannung führt zu einer Optimierung des Schweißprozesses, wie sie auch für die Roboterschweißung erforderlich ist.

Zunehmend wird über digitale Speicher der Schweißablauf mit vorgegebenen Schweißdatenprogrammen die Optimierung des Schweißprozesses wiederholbar und kostengünstig gesteuert.

Der **Werkstoffübergang** kann im Sprühlichtbogen, Langlichtbogen, Übergangslichtbogen, Kurzlichtbogen oder Impulslichtbogen erfolgen.

Nicht in den Schweißtechnischen Normen enthalten ist das MAG-Hochstromschweißen. Der Abschmelzprozess (TIME-Prozess)[1] erfolgt bei $I \geq 400$ A in einem Rotationslichtbogen.

1. Der **Sprühlichtbogen** ermöglicht einen kurzschlussfreien, feintropfigen Werkstoffübergang. Die Schweißspannung beträgt ca. 25 bis 40 V, die Stromstärke ca. 125 … 350 A. Die Naht ist meist glatt und flach auslaufend mit geringen Spritzverlusten. Der Einbrand ist tief. Vorlaufendes Schweißgut kann jedoch auch hier „Kaltstellen" in der Bindezone entstehen lassen, die bei Sichtprüfung nicht erkannt werden.

   Schweißspannung und Drahtvorschubgeschwindigkeit (bis 25 m/min) sind beim Sprühlichtbogenschweißen besonders hoch, sodass hohe Schweißgeschwindigkeiten erzielt werden. Die hohe Abschmelzgeschwindigkeit ergibt großes Nahtvolumen. Der Sprühlichtbogenbereich wird für das Verbindungsschweißen – auch durch Schweißroboter – bevorzugt eingesetzt. Er eignet sich bei Anwendung des Impulslichtbogens auch für Zwangslagen und Wurzelschweißungen.

2. Der **Langlichtbogen** arbeitet jedenfalls im höheren Schweißspannungsbereich. Der Werkstoffübergang ist grobtropfig. Es kommt hier-

bei öfter zu Kurzschlüssen, sodass sich durch den hohen Kurzschlussstrom Spritzer bilden. Der Langlichtbogen ist nicht für das Schweißen in Zwangslage geeignet.

Das Schweißen mit Impulslichtbögen ist dem Langlichtbogenschweißen vorzuziehen.

3. Der **Übergangslichtbogen** liegt in seinem Schweißverhalten zwischen Lang- und Kurzlichtbogen. Im Schweißspannungsbereich von 20 … 30 V entsteht bei Stromstärken bis 200 A ein meist grobtropfiger Werkstoffübergang mit mäßigem Einbrand.

4. Der **Kurzlichtbogen** setzt niedrige Schweißspannung und geringere Stromstärken voraus. Die Schweißspannung beträgt ca. 14 … 25 V, die Stromstärke bis 125 A. Der Werkstoffübergang findet feintropfig im Kurzschluss statt. Er ist abhängig vom angewendeten Schutzgas, von der Schweißspannung und von der Stromstärke. Durch im Stromkreis eingebaute Drosseln wird der Stromanstieg in der Kurzschlussphase verlangsamt, sodass das Schweißbad verhältnismäßig zähflüssig bleibt.

   Das Kurzlichtbogenschweißen eignet sich daher besonders für dünne Werkstücke, für das Schweißen in Zwangslage und Wurzelschweißungen.

5. Der **Impulslichtbogen** nimmt eine Sonderstellung ein (Bild 1, Seite 201). Während die bereits genannten Verfahren mit kontinuierlichem Gleichstrom arbeiten, werden bei Impulsbetrieb ein **niedriger Grundstrom** und ein **hoher Impulsstrom** in einem zeitlich gesteuerten Verlauf eingesetzt (Bild 2, Seite 201). Dieses Verfahren wird bevorzugt für fast alle Materialdicken angewendet.

   Während der Impulszeit führt die Hochstromphase zum kurzzeitigen, intensiven Aufschmelzen des Grundwerkstoffes, während in der Grundstromphase eine „Abkühlzeit" wirkt. Die Wärmeeinflusszone kann dadurch besonders schmal gehalten werden.

   Ein weiterer Vorteil des Impulslichtbogenschweißens ist der mögliche Einsatz dickerer Drahtelektroden. So können beim MAG-Schweißen von 2 mm Stahlblechen – statt sonst üblichen $\varnothing$ 1,0 mm – Drahtelektroden mit $\varnothing$ 1,2 oder $\varnothing$ 1,6 mm eingesetzt werden. Das Gleiche gilt für die „weichen" Drahtelektroden Al und Al-Legierungen. Der Drahtvorschub wird so weniger störanfällig.

   In der Praxis werden beispielsweise bei einem Drahtelektroden-$\varnothing$ von 1,2 mm Impulsstromwerte von 500 A bei einer Impulsdauer von

---

[1] T.I.M.E. (Transferred-Jonized-Molten-Energy-)Process

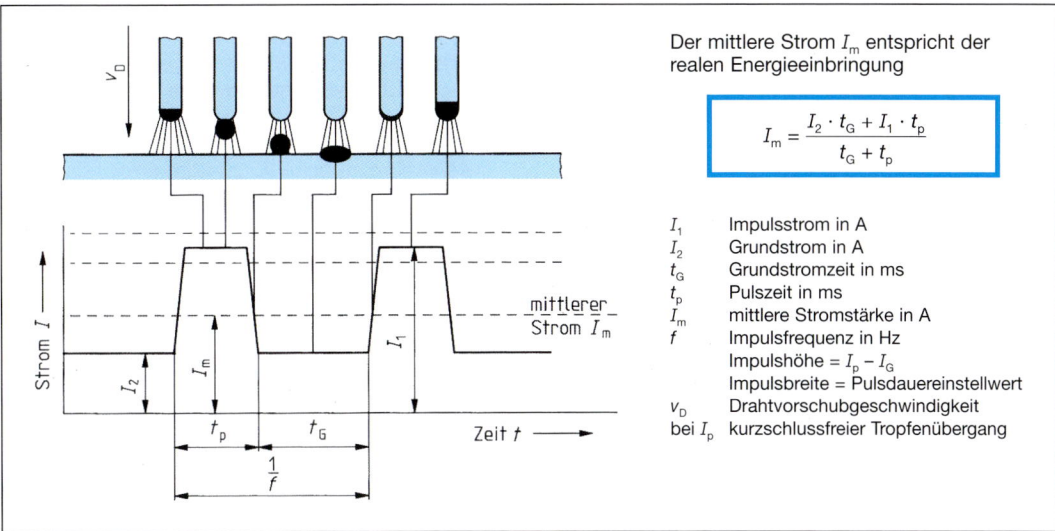

Der mittlere Strom I_m entspricht der realen Energieeinbringung

$$I_m = \frac{I_2 \cdot t_G + I_1 \cdot t_p}{t_G + t_p}$$

I_1 Impulsstrom in A
I_2 Grundstrom in A
t_G Grundstromzeit in ms
t_p Pulszeit in ms
I_m mittlere Stromstärke in A
f Impulsfrequenz in Hz
    Impulshöhe = $I_p - I_G$
    Impulsbreite = Pulsdauereinstellwert
v_D Drahtvorschubgeschwindigkeit
bei I_p kurzschlussfreier Tropfenübergang

1 Schematischer Verlauf des Tropfenübergangs bei Impulslichtbogen-Schweißverfahren

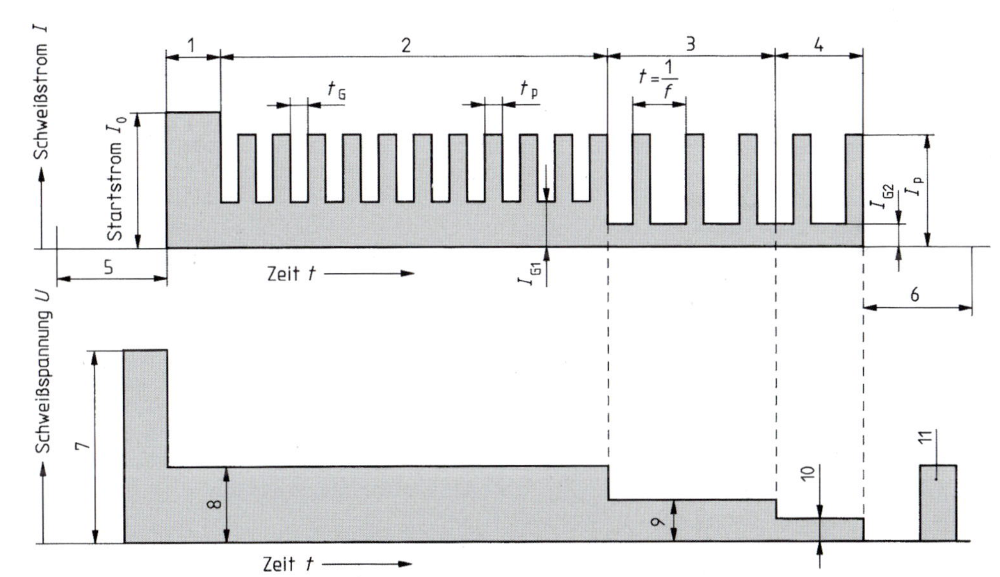

t_G	Grundstromzeit	I_{G1}	Grundstrom 1	4	Freibrenn-Stromzeit	9	Kraterfüll-Spannung
t_p	Pulszeit	I_{G2}	Grundstrom 2	5	Gas-Vorströmen	10	Freibrenn-Spannung
f	Pulsfrequenz	1	Startstromzeit	6	Gas-Nachströmen	11	Freibrand-Kontrolle [Automatikbetrieb]
I_o	Startstrom	2	Schweißstromzeit	7	Leerlaufspannung		
I_p	Impulsstrom	3	Kraterfüll-Stromzeit	8	Schweißspannung		

2 Schematische Darstellung des Schweißablaufs einer Inverter-Schweißstromquelle beim Impulslichtbogen-schweißen (Pulsed Arc) mit abschmelzender Drahtelektrode

nur 1,2 ms gewählt. In der Niedrigstromphase fließt nur so viel Strom, wie zur Aufrechterhaltung des Lichtbogens benötigt wird. Es genügt bei einer Al-Drahtelektrode von 1,2 mm ∅ ein Grundstrom von 30 A.

Die verminderte Wärmeeinbringung führt zu geringeren Verformungen und niedrigeren Schweißrestspannungen der geschweißten Konstruktion.

> Die Anwendung der Impulstechnik verringert Legierungsverluste durch Abbrand bzw. Verdampfung. Gefordert wird bei Al-Legierungen, Cu-, Ni- und CrNi-Legierungen, das Impulsschweißen bevorzugt einzusetzen.

Das Abschmelzen eines Tropfens von der Elektrode erfolgt in der Hochstromphase, wenn der Impulsstrom auf den Drahtdurchmesser und auf den Drahtelektrodenwerkstoff abgestimmt wurde. Die Impulsfrequenz f in Hz wird aus der Impulszeit t_p in ms und der Grundzeit t_G in ms errechnet:

$$f = \frac{10\,000}{t_p + t_G} \text{ in Hz}$$

Je höher die Impulsfrequenz ist, desto kleiner wird der mittlere Tropfendurchmesser D bei gleichbleibender Drahtvorschubgeschwindigkeit v_D in m/min. (d = Drahtelektrodendurchmesser in mm)

$$D = \sqrt[3]{v_D\, 25\, d^2} \text{ in mm}$$

Der Impulslichtbogen kann im Kurzlichtbogenbereich und im Sprühlichtbogenbereich eingesetzt werden. Der gleichmäßige Tropfenübergang erfolgt kurzschlussfrei, im Vergleich zu anderen Verfahren mit den geringsten Spritzverlusten. Der erzwungene feintropfige Werkstoffübergang führt zu einem dünnflüssigen Schmelzbad, sodass Bindefehler seltener entstehen. Die Naht wird flacher.

6. Rotationslichtbogen

Bei Stromstärken von 400 A/42 V bis 760 A/ 60 V wird im ionisierten Schutzgas infolge der magnetischen Kräfte der Lichtbogen mit dem gesamten Tropfenübergang in Rotation versetzt. TIME-Prozess. Der Schweißzusatz bildet im Rotationsbereich ein begrenztes Schmelzbad.

Konventionelle MSG-Schweißanlagen sind hierfür nicht einsetzbar. Die Steigerung der Abschmelzleistung ist nur durch genaue und rasche Abstimmung der Parameter möglich. Es sind programmierbare Stromquellen und digital gespeicherte Schweißprogramme er-

forderlich, um den schnellen Prozess bei Schweißbeginn und Schweißende mit dem Zusammenspiel zwischen Stromstärke, Drahtvorschubgeschwindigkeit wie auch Vorschub und Bewegung des Brenners zu ermöglichen.

Während beim MAG-Schweißen von Stahl Abschmelzleistungen von 7 kg/h erreichbar sind, kann durch den TIME-Prozess die Leistung bis zu 20 kg/h gesteigert werden.

Durch den Wegfall der Pulverabdeckung ist das Rotationslichtbogenschweißen eine Alternative zum UP-Schweißen. Es ist zudem in allen Positionen (außer Überkopfposition) einsetzbar.

Anwendungsbeispiele: Mit Prozessgas M21 (nach DIN EN ISO 14175 mit 82 % Ar und 18 % CO_2) und einem Schweißzusatz von 1,0 mm Drahtdurchmesser wird ab 25 m/min Drahtvorschubgeschwindigkeit stabil und zuverlässig im Bereich des rotierenden Lichtbogens gearbeitet. Blechteile von 4 mm Dicke und Halbzeuge aus Feinkornstahl (Stahlbezeichnung S340MC und S460MC) werden mit Schmiedeteilen aus S355J2 zu Kfz-Hinterachsen mit Kehl-, Überlapp- bzw. HV-Nähten verschweißt. Bei Schweißgeschwindigkeiten von durchschnittlich 1,5 m/min ergibt sich eine Taktzeitverkürzung von 20 % … 30 % gegenüber dem MSG-Schweißen. Im zweiten Anwendungsbeispiel werden 20 mm dicke Flachprofile mit Kastenprofilen von 10 mm Dicke verschweißt. Der zu schweißende Werkstoff ist S355J2. Schweißzusatz ist die Drahtelektrode DIN EN ISO 14341 – G2Ti mit ∅ 1,2 mm, die mit einem Drahtvorschub von 26 m/min unter Schutzgas M22 aus 96 % Ar und 4 % O_2 die Bauteile verschweißt.

Vorteile: Bei relativ schmaler Wärmeeinflusszone ist gute Einbrandtiefe gegeben. Durch die hohe Schweißgeschwindigkeit ist bei der Streckenenergie von 2 … 4 kJ/cm die Wärmebelastung der Grundwerkstoffe niedrig und damit der Verzug des Bauteils gering.

MAG-Intervallschweißen

Für das Schweißen dünner Werkstoffe ist mit der Entwicklung der Inverter-Energiequellen das Intervallschweißen durchführbar. Bei diesem Verfahren wird der Schweißstrom – und somit der Lichtbogen – zugleich mit dem Drahtvorschub intervallmäßig unterbrochen. So kann ein engbegrenztes Schmelzbad erzeugt werden, dessen rasches Erstarren unter Schutzgas ein Durchfallen der Naht wie auch ungünstige Gefügestrukturen verhindert. Die stufenlos wählbaren Strom- und Pausenzeiten, meist im Bereich von 0,2 … 5 s, erleichtern die optimale Wärmeabstimmung für den Aufschmelz-Erstarrungsprozess.

MAG-Punktschweißen

Es ist möglich, überlappt angeordnete Bleche auch punktförmig zu verbinden. Das setzt voraus, dass der Lichtbogen das Oberblech durchschmilzt und das Schmelzbad der abgeschmelzenden Drahtelektrode das Unterblech voll erfasst. Die Schutzgasdüse ist für den Schweißprozess gestaltet: etwas länger und mit größerer Öffnung, Aussparungen an der Anpressseite verhindern den Stau von Schutzgas und Metalldämpfen.

Der Schweißstrom sollte 140 … 200 A/mm² betragen, damit das Oberblech unter Vermeidung eines großen Schmelzbades rasch durchschmelzen kann. Bei Blechdicken $\geq$ 1 mm erleichtert ein vorgebohrtes Loch (bei s $\leq$ 1,5 mm Loch-$\varnothing$ 5 mm) die sichere Verbindung.

Der Schweißprozess wird nach der ermittelten Schweißzeit (0,2 … 6 s) durch die Zeitschaltung beendet oder bei einiger Schweißerfahrung nach „Zeitgefühl". Die Freibrennautomatik der Stromquelle verhindert, wie auch beim Intervallschweißen, ein Vorschieben des Drahtes in das erstarrende Schmelzbad.

Schweißanlage (Bild 1)

Für MIG-Schweißen und MAG-Schweißen kann die gleiche **Konstantspannungsstromquelle** eingesetzt werden. Angewendet wird Gleichstrom, die Drahtelektrode erhält Pluspolung, bei Fülldrahtelektroden zum Teil auch Minuspolung. Das **Schlauchpaket** (3 m bis 5 m lang) verbindet Stromquelle mit Schweißbrenner. Das Kontaktrohr (Kontaktdüse) überträgt den Schweißstrom an die Drahtelektrode. Im Schlauchpaket sind zusammengefasst: **Schutzgasschlauch, Steuerleitung** (für Start-Stopp von Drahtvorschub, Schweißstrom und Schutzgas), **Schweiß-**

stromkabel und **Drahtführungsseele** für die Drahtelektrode. Für Leichtmetalle wird als Drahtführungsseele eine Teflon- oder Polypropylenseele, für härtere Werkstoffe wie Stahl und Nickel eine Drahtspirale eingesetzt. Die Drahtelektroden werden mit Durchmessern von 0,6 mm, 0,8 mm, 1,0 mm, 1,2 mm und 1,6 mm geliefert, die Fülldrahtelektroden mit Durchmessern zwischen 0,8 … 2,8 mm. Die Drahtelektroden für unlegierten und niedrig legierten Stahl sind verkupfert. Dies begünstigt den Stromübergang im Kontaktrohr und verhindern Rostbildung an offener Drahtspule.

Die Drahtvorschubeinheit übernimmt die gleichmäßige Drahtförderung durch 2 oder 4 Drahtvorschubrollen. Der Anpressdruck der Rollen ist einstellbar zur Vermeidung von Drahtverformungen. Der Vorschub ist stufenlos regelbar oder bei Einknopfsteuerung der Arbeitsspannung automatisch angepasst. Die Drahtvorschubrollen richten sich nach Drahtdurchmesser und Werkstoff. Für weiche Werkstoffe wird eine dem Rundungsradius der Drahtelektrode angepasste gerundete Rille benötigt.

Schweißzusatz Massivdrähte – Fülldrähte

Für die SG-Schweißverfahren und das UP-Schweißen werden vorwiegend **Massivdrähte** (Drahtelektroden) DIN EN ISO 14341 verwendet.

Das Schweißbad muss durch gesondert zugeführtes Schutzgas ausreichend vor Luftzutritt abgeschirmt werden.

Zunehmend sind **Fülldrahtelektroden** zum Metall-Lichtbogenschweißen **mit** und **ohne Schutzgas** von unlegierten Stählen und Feinkornstählen eingesetzt. **Fülldrahtelektroden** DIN EN ISO 17632.

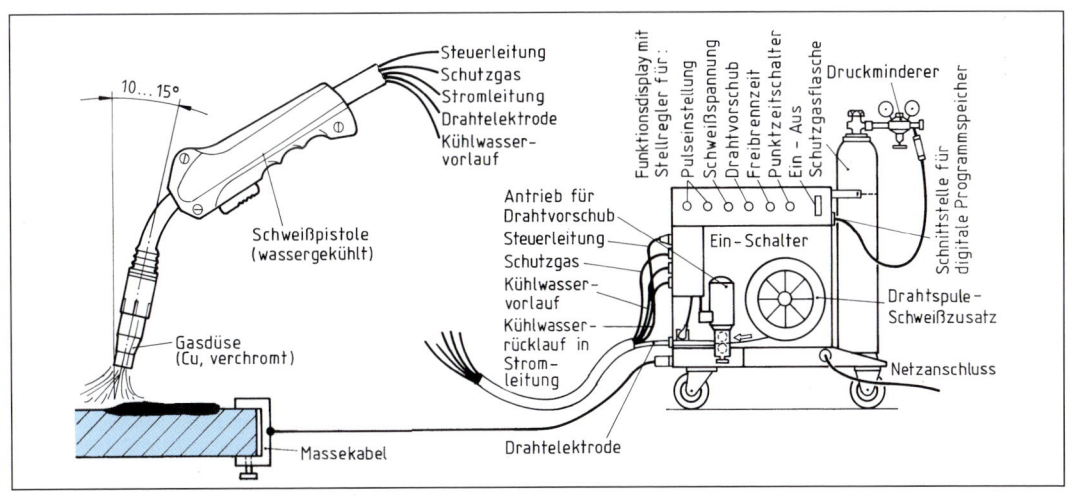

1 MSG-Schweißanlage (schematisch)

Fülldrahtelektroden – DIN EN ISO 17632 bilden abschirmende Gase und eine Schlackenschicht, die das Schweißgut schützen. Diese Drähte sind daher dem Metalllichtbogenschweißen zugeordnet.

Anders als bei Stabelektroden sind bei Fülldrahtelektroden lichtbogenstabilisierende und Schlacke bildende Komponenten vom Elektrodenmantel des Fülldrahtes umschlossen. Nach der Formgebung werden sie unterschieden in voll geschlossene, also **nahtlose Fülldrähte** – Röhrchendrähte – und formgeschlossene **Falzdrähte** (Bild 1, Seite 207).

Röhrchendrähte werden durch Ziehvorgänge, mit Zwischenglühen aus einem größeren, mit Füllstoffkomponenten versehenen Rohr bis auf den Drahtdurchmesser ≥ 0,8 mm gezogen.

Falzdrähte sind durch Walzen aus dünnem Bandstahl vom Coil formgeschlossen. Die Pulverfüllung wird dabei während des Falzvorgangs eingebracht. Weitere Ziehvorgänge kalibrieren den Falzdraht bis auf ≥ 1,2 mm.

Das Verhältnis von Mantel- zu Füllgewicht wird als Füllgrad oder Füllfaktor angegeben. Der Füllgrad kann 6 ... 40 % betragen.

Als Fülldrahttypen sind verfügbar

1. rutilgefüllte und basisch gefüllte, als **schlackengefüllte Drähte** bilden sie die Gruppe der **selbstschützenden Fülldrahtelektroden.**

   Rutilgefüllte Drähte erhöhen die Porensicherheit und ergeben glatte, feinschuppige Nähte. Durch die Stützwirkung der zähen Schlacke sehr gut in Zwangslage zu verschweißen. **Basisch gefüllte Drähte** zeigen eine stärkere metallurgische Reinigungswirkung, die sich positiv auf Heißrisssicherheit und höhere mechanische Gütewerte auswirkt. Die Naht ist eher mittel- bis grobschuppig und leicht überhöht.

   Bei der Fülldrahtelektrode DIN EN ISO 17632-B-T35ZZV1, lieferbar in den Durchmessern 0,8 mm, 0,9 mm und 1,0 mm, ist das bevorzugte Einsatzgebiet die Karosserieschweißung. Die vereinfachte Handhabung der Elektrode durch den schutzgaslosen Einsatz ist auch günstig für den Reparaturbereich.

2. **Metallpulverfülldrähte** enthalten nur Metallpulver oder Pulver aus Metalllegierungen. Da die Schlackenbildung entfällt, ist hier der Einsatz von zusätzlichem Schutzgas erforderlich. Die Zuordnung der Schutzgastype empfehlen die Drahthersteller. Als Stromeignung wird abweichend bei einigen Fülldrahtelektroden auch Gleichstrom-Minuspolung empfohlen.

nicht eingeschaltet

eingeschaltet

Die Wirkung einer integrierten Rauchabsaugung durch Rauchabsaugbrenner für WIG und MSG erfüllt die Forderung nach einer verbesserten Arbeitsplatzatmosphäre

1 Schweißpistole und Schweißbrenner mit integrierter Rauchabsaugung – Rauchabsaugbrenner

Unter Schutzgas brennt der Lichtbogen „weich", d. h., er wirkt nicht so stark konzentriert und ermöglicht dadurch eine bessere Flankenerfassung mit flachem Nahtübergang. Die höhere Stromdichte im Mantelquerschnitt führt zu rascherem Abschmelzen und dadurch zu höheren Abschmelzleistungen.

Sehr gute Eignung im Zwangslagenbereich wie auch für begrenzte Wärmeeinbringung mit MIG/MAG-Impulsschweißen. Zudem können bei hohem Füllgrad mit Metallpulver bzw. Metallpulverlegierungen gezielt Legierungselemente eingebracht werden.

Das Schmelzbad wird nicht von Schlacke abgedeckt, somit vorteilhaft für Roboter- und Mehrlagenschweißung.

Metallpulvergefüllte Drähte, als voll geschlossene Fülldrähte, werden zunehmend in Roboter-Schweißanlagen eingesetzt.

Für beide Fülldrahtgruppen werden MSG-Schweißanlagen eingesetzt.

Die mit Fülldrähten erreichbare Abschmelzleistung liegt bei gleicher Schweißstromstärke um 20 % ... 30 % höher als bei gleich dicken Massivdrähten.

Die Fülldrahtelektroden zum Metalllichtbogenschweißen mit Angabe der mechanischen Gütewerte und der Schweißbedingungen für unlegierte Stähle und Feinkornstähle sind in DIN EN ISO 17632, für hochfeste Stähle in DIN EN ISO 18276 und für warmfeste Stähle in DIN EN ISO 17634 festgelegt.

Aus der Gruppe der Fülldrahtelektroden (Bild 1) ist der Typ V hervorzuheben, der bevorzugt geeignet ist für die Einlagenschweißung von verzinkten, aluminierten oder anders beschichteten Blechen (Blechdicke ≤ 5 mm).

Drahtelektroden zum Schutzgasschweißen:

DIN EN ISO 14341 – unlegierte Stähle und Feinkornstähle

DIN EN ISO 21952 – warmfeste Stähle

DIN EN ISO 14343 – hitzebeständige und nichtrostende Stähle

DIN EN ISO 16834 – hochfeste Stähle

DIN EN ISO 18273 – Aluminium und Aluminiumlegierungen

DIN EN ISO 18274 – Nickel und Nickellegierungen

Die Kennzeichnung einer Drahtelektrode nach DIN EN ISO 14341 besteht aus:

1. Kurzzeichen für das Produkt/Schweißprozess (G-Metallschutzgasschweißen)
2. Kennziffer für Streckgrenze, Zugfestigkeit, Bruchdehnung des reinen Schweißgutes (Bild 2)

Fülldrahtelektrode	Schutzgas
Typ R – Rutilbasisch, langsam erstarrende Schlacke P – Rutilbasisch, schnell erstarrende Schlacke B – Basische Schlacke M – Metallpulverfüllung	C oder M2
V – Rutil oder Basisch/Fluorid W – Basisch/Fluorid, langsam erstarrende Schlacke Y – Basisch/Fluorid, schnell erstarrende Schlacke	ohne
Z – andere Füllungstypen, gesondert zu vereinbaren	

1 Füllungstypen von Fülldrahtelektroden (DIN EN ISO 17632)

Kennziffer	Mindeststreckgrenze[1]	Zugfestigkeit	Mindestbruchdehnung[2]
	Mpa	Mpa	%
35	355	440 ... 570	22
38	380	470 ... 600	20
42	420	500 ... 640	20
46	460	530 ... 680	20
50	500	560 ... 720	18

[1] untere Streckgrenze (R_{el}) bzw. $R_{p\,0,2}$
[2] Anfangslänge $L_o = 5 \cdot d_o$

2 Kennziffer für Festigkeits- und Dehnungseigenschaften (DIN EN ISO 14341, DIN EN ISO 17632)

Kennzeichen	Temperatur für Mindestkerbschlagarbeit 47 J in °C
Z	keine Anforderungen
A	+20
0	0
2	–20
3	–30
4	–40
5	–50
6	–60
7	–70
8	–80
9	–90
10	–100

3 Kennzeichen der Kerbschlagarbeit (DIN EN ISO 14341, DIN EN ISO 17632)

3. Kennzeichen für die Kerbschlagarbeit des reinen Schweißgutes (Bild 3)
4. Kennbuchstaben der anzuwendenden Schutzgase (Schutzgase DIN EN ISO 14175, Seite 208)
5. Kurzzeichen der chemischen Zusammensetzung (Bild 1, Seite 206)

Kurz-zeichen	Chemische Zusammensetzung (in % Massenanteil)[1]											
	C	Si	Mn	P	S	Ni	Cr	Mo	V	Cu	Al	Ti und Zr
2 Si	0,06 ... 0,14	0,5 ... 0,8	0,9 ... 1,3	0,025	0,025	0,15	0,15	0,15	0,03	0,35	0,02	0,15
3 Si1		0,7 ... 1,0	1,3 ... 1,6									
3 Si2		1,0 ... 1,3										
4 Si1		0,8 ... 1,2	1,6 ... 1,9									
2 Ti	0,04 ... 0,14	0,4 ... 0,8	0,9 ... 1,4								0,05 ... 0,2	0,05 ... 0,25
2 A1	0,08 ... 0,14	0,3 ... 0,5	0,9 ... 1,3								0,35 ... 0,75	0,15
3 Ni1	0,06 ... 0,14	0,5 ... 0,9	1,0 ... 1,6	0,02	0,02	0,8 ... 1,5					0,02	
2 Ni2		0,4 ... 0,8	0,8 ... 1,4			2,1 ... 2,7						
2 Mo	0,08 ... 0,12	0,3 ... 0,7	0,9 ... 1,3			0,15		0,4 ... 0,6				
4 Mo	0,06 ... 0,14	0,5 ... 0,8	1,7 ... 2,1	0,025	0,025							
Z	Jede andere vereinbarte Zusammensetzung											

[1] Einzelwerte in der Tabelle sind Höchstwerte

1 Drahtelektroden (DIN EN ISO 14341) und Schweißgut zum Metall-Schutzgasschweißen von unlegierten Stählen und Feinkornstählen (Einteilung nach Streckgrenze und Kerbschlagarbeit von 47 J)

Anmerkung: weitere 38 Drahtelektrodentypen bei verringerten Werten von 27 Joule sind eingesetzt.

Allgemeine Regel:

> Dem Grundwerkstoff entsprechende, d. h. artgleiche oder artähnliche Drahtelektroden wählen.
> Abbrandverhalten berücksichtigen.

Beim Einsatz der Drahtelektroden muss das Abbrandverhalten der verwendeten Schutzgase beachtet werden. Mit ansteigender Aktivität der Schutzgasanteile O_2/CO_2 wird der Abbrandverlust der mit Sauerstoff reagierenden Legierungselemente Mn, Cr, Al, V, Ti größer. Durch Erhöhen der Legierungsanteile wie auch der Desoxidationsmittel (Si und Mn) diesen Abbrand ausgleichen.

In Anwendung sind – in abgestuften Durchmessern –

Drahtelektroden mit ∅ 0,6 ... 4,0 mm für MAG
∅ 0,6 ... 6,0 mm für UP

Fülldrahtelektroden ∅ 0,8 ... 6,0 mm für MAG- und Metalllichtbogenschweißen, mit und ohne Schutzgas

Die Drähte werden mit verschiedenen Außen ∅ auf Dornspulen, Korb- und Haspelspulen, auch als Ringe drallfrei gewickelt. Für Schweißroboter und automatische Schweißstationen sind u. a.

Fassspulen für die Aufnahme von 200/280 kg bzw. 400/800 kg Drahtmasse eingesetzt. Dabei dürfen die Drähte keine Knicke, Wellen oder sonstige Unregelmäßigkeiten aufweisen, die den kontinuierlichen Schweißablauf beeinträchtigen.

Drähte und Stäbe zum WIG-Schweißen von unlegierten Stählen und Feinkornstählen (nach DIN EN ISO 636) tragen die Bezeichnungen WSG1, WSG2 oder WSG3.

Aktivierte Drähte

In Weiterentwicklung der aufwendig herzustellenden Fülldrahtelektroden sind einfacher zu fertigende Drahttypen entwickelt worden (Bild 1, Seite 207).

Massivdrähten – mit der Legierungszusammensetzung ähnlich DIN EN ISO 14341 – werden in gewalzten Längsnuten aktivierende Schweißzusätze eingebracht, die bei weiteren Ziehvorgängen des Drahtes nahezu vollständig umschlossen werden. Als aktivierende Zusätze sind K_2O und Na_2O ionisierend und oberflächenaktiv, TiO_2 Schlacke bildend und CaF_2 im Schmelzbad Wasserstoff bindend wirksam. Der geringe Füllgrad von 3 ... 6 % ermöglicht schubstabile, sicher gleitende Drähte. Der Vorteil dieser Drähte liegt besonders im feintropfigen Werkstoffübergang, der auch bei horizontalen Kehlnähten Einbrandkerben vermeidet, bei sehr guter Lichtbogenstabilität und geringer Spritzerbildung. Fest haftende Spritzer im Nahtbereich entstehen nicht, der dünne Schlackenüberzug wirkt bei Doppellagenschweißung nicht störend.

Diese Fülldrahtelektroden sind in DIN EN ISO 17632 genormt und werden als selbstschützender Drahttyp T35ZZV1 oder als Drahttyp T464MM3H5 mit Anwendung von Schutzgas M21 vielfach eingesetzt. Für das teilautomatische und mechanisierte Schweißen sind gespulte Drahtmassen bis 250 kg in der Automobilfertigung im Einsatz.

Fülldrahtelektrode zum Metall-Schutzgasschweißen von warmfesten Stählen: DIN EN ISO 17634.

Die Elektrodenhersteller sollen für Schweißempfehlungen um Rat gefragt werden.

Schutzgase und Anwendungshinweise (Bild 1, Seite 208)

Das MIG-Schweißen wird mit inerten Schutzgasen durchgeführt. Die Verfahren MAGM und MAGC arbeiten mit Aktivgasen. Die aktive Gaskomponente ist Sauerstoff, weil Sauerstoff den Schweißvorgang aktiv unterstützt.

Kohlenstoffdioxid (CO_2) ist bei Raumtemperatur ein inertes Gas. Im Lichtbogen wird es dissoziiert und gibt den im CO_2-Molekül gebundenen Sauerstoff frei, es wird aktiv.

$$2\,CO_2 \rightleftarrows 2\,CO + O_2$$

Der im Mischgas vorhandene oder vom Kohlenstoffdioxid freigesetzte Sauerstoff beeinflusst Lichtbogenbildung, Werkstoffverhalten und Schweißnahtbildung. Sauerstoff wirkt durch Abbrand von Legierungsbestandteilen im Schmelzbad temperaturerhöhend. Die Legierungszusätze Mangan und Silicium wirken als Desoxidationsmittel und verbessern die Entgasung der Schmelze und erhöhen die Festigkeit des reinen Schweißgutes bei geringem C-Gehalt der Drahtelektrode.

Schmelzbadreaktion:

$$Si + O_2 \rightarrow SiO_2$$

(als braunglasige Schlacke ausgeschieden)

$$2\,Mn + O_2 \rightarrow 2\,MnO$$

(vorwiegend im Schweißgut eingelagert)

Bezogen auf die mechanischen Gütewerte des reinen Schweißgutes erhalten wir bei Kohlenstoff-

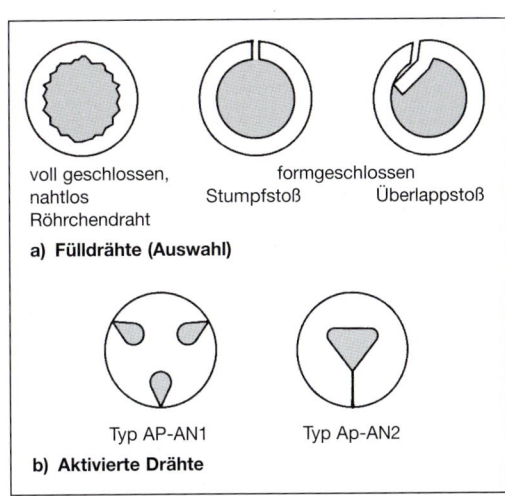

voll geschlossen, nahtlos Röhrchendraht

formgeschlossen
Stumpfstoß   Überlappstoß

a) Fülldrähte (Auswahl)

Typ AP-AN1   Typ Ap-AN2

b) Aktivierte Drähte

1 Querschnittsformen von Fülldrahtelektroden und aktivierten Drähten (DIN EN ISO 17632)

dioxid insgesamt etwas geringere Gütewerte als bei Mischgasen.

Bezeichnungsbeispiel für ein Schutzgas M21 mit 15 … 25 % CO_2 und Rest Ar oder He:

Schutzgas DIN EN ISO 14175 M21

Spezialgase werden durch ein vorgesetztes **S** und der Angabe des Zusatzgases in Vol. % bezeichnet.

Bezeichnungsbeispiel für ein Spezialgas mit 8 % CO_2, 4 % O_2 und 2,5 % Neon, Rest-Ar:

Schutzgas DIN EN ISO 14175 M24 + 2,5 Ne

Reines CO_2 wird nur bei unlegierten und niedrig legierten Stählen bzw. Stahlgusslegierungen eingesetzt – **MAGC-Schweißen.** Die stark oxidierende Reaktion des Schutzgases und der meist im Kurzschluss erfolgende Werkstoffübergang fördert die Spritzerbildung im Bereich der Schweißnaht wie auch in der Schutzgasdüse des Schweißbrenners. Der Werkstoffübergang ist bei niedrigen Schweißspannungen/Stromstärken feintropfig, wechselt aber zu grobtropfig bei höheren Werten, wie sie für Draht $\varnothing \geq 1,2$ mm erforderlich sind (Bild 2, Seite 208). Die erhöhte Schweißspannung führt zu diesem grobtropfigen Übergang. Für das Impulslichtbogenschweißen mit der Tropfenablösung je Hochstromimpuls ist 100 % CO_2 daher nicht geeignet. Auch für das Schweißen der hoch legierten Stähle kann es nicht eingesetzt werden. Entkohlung ist möglich, wie auch Aufkohlung, z. B. bei hoch legierten CrNi-Stählen mit niedrigem Kohlenstoffgehalt.

Symbol		Gaskomponenten in Volumen %						Wirkungsweise
Hauptgruppe	Untergruppe	oxidierend		inert		reduzierend	reaktionsträge	
		CO_2	O_2	Argon	Helium	H_2	N_2	
I	1			100				inert
	2				100			
	3			Rest	0,5 He 95			
M1	1	0,5 ... 5		Rest[1]		0,5 ... 5		schwach oxidierend
	2	0,5 ... 5		Rest[1]				
	3		0,5 ... 3	Rest[1]				
	4	0,5 ... 5	0,5 ... 3	Rest[1]				
M2	1	15 ... 25		Rest[1]				
	2		3 ... 10	Rest[1]				
	3	0,5 ... 5	3 ... 10	Rest[1]				
	4	5 ... 15	0,5 ... 3	Rest[1]				
M3	1	25 ... 50		Rest[1]				
	2		10 ... 15	Rest[1]				
	3	25 ... 50	2 ... 10	Rest[1]				
C	1	100						stark oxidierend
	2	Rest	0,5 ... 30					
N	1						100	reaktionsträge
	2			Rest[1]			0,5 ... 5	
	3			Rest[1]			5 ... 50	

[1] Argon darf teilweise oder vollständig durch Helium ersetzt werden

1 Schutzgase (Prozessgase) zum Verbindungsschweißen und für verwandte Prozesse: Auszug aus DIN EN ISO 14175

Die inerten Gase **Argon** und **Helium** sind den NE-Metallen vorbehalten. Diese Gase haben vorwiegend abschirmende Funktion, sodass keine chemischen Veränderungen stattfinden – **MIG-Schweißen.**

Bei reinem Argon ergeben sich hohe Oberflächenspannungen des Schmelzbades und das schlechte Fließverhalten führt leicht zu Bindefehlern und überhöhten Schweißraupen.

Eine erhöhte Wärmewirkung, verbunden mit geringerer Porenneigung, wird durch **Zumischen von Helium** (25 ... 80 %) erreicht. Für NE-Metalle $\geq$ 6 mm, evtl. verbunden mit hoher Wärmeleitfähigkeit des Werkstoffs, sind Ar-He-Mischungen dem reinen Argon überlegen.

Gas	Aufteilung der Gasanteile in %				
Ar	–	40	82	92	90
O_2	–	–	–	8	5
CO_2	100	60	18	–	5
zugehörige effektive Schweißspannungen					
U_{eff} =	34 V	33 V	30 V	28 V	28 V

Drahtdurchmesser 1,2 mm;
Drahtvorschubgeschwindigkeit 9 m/min;
Schweißgeschwindigkeit 0,3 m/min;
geschweißt an S235JR (früher St 37-2);
Kennlinie mit ca. 28 ... 34 V Schweißspannung

2 Schmelzlinien bei verschiedenen Schutzgasen

Für das **MAGM-Schweißen** von ferritischen und austenitischen CrNi-Stählen genügen Zugaben von 0,5 ... 3 % O_2 zum Argon, um das Fließverhalten entscheidend zu verbessern. Die Oberflächenspannung wird verringert und flache, kerbfreie Nähte sind möglich. Die geringen Abbrandverluste bleiben durch den etwas höher legierten Schweißzusatz in zulässigen Grenzen.

Für die unlegierten und niedrig legierten Stähle sind 3 ... 8 % O_2, Rest Argon üblich. Als besonders spritzerarm hat sich der Schutzgastyp M 21 mit 18 % CO_2 für das manuelle Schweißen durchgesetzt.

Bei höheren Stromstärken kann der Anteil des CO_2 verringert werden. So wird beim **MAGM-Impulsschweißen** Schutzgastyp M 13 mit 8 % CO_2 und 92 % Ar eingesetzt. Die Spritzerbildung ist minimal, besonders günstig für die Roboter- und Automatenschweißung. Bei hohen Schweißgeschwindigkeiten ist es möglich, mit Pulsstrom ≥ 400 A bei einer Pulsfrequenz ≥ 30 Hz mit feintropfigem Werkstoffübergang eine fast spritzerfreie Naht herzustellen.

Begrenzt kommen auch **reduzierend wirkende Schutzgasmischungen** zur Anwendung. So werden Reinnickel und Nickelbasislegierungen mit Mischgasen aus 12 % H_2, Rest Argon geschweißt. Der Wasserstoffzusatz vermittelt ein verbessertes Fließverhalten mit größerem Schutz gegen Lufteinflüsse.

Bei Kupfer bzw. Kupferlegierungen – üblich 100 % Argon – wird durch Anteile von 10 bis 15 % N_2 die Reinigung des Schmelzbades unterstützt. Als vorteilhaft wird ferner das Impulsschweißen mit positiver Polung der Drahtelektrode empfohlen.

Der Einsatz von Wechselstrom bei WIG-Schweißungen unterstützt allgemein den Reinigungseffekt im Schmelzbad.

Durchführung des MSG-Schweißens

Optimale Ergebnisse können nur erreicht werden, wenn die Einflussgrößen bekannt sind und aufeinander abgestimmt werden.

Für die Durchführung der Schweißung sind die wichtigsten Einstellungen:

- Schweißstromstärke I_A

  einstellbar über die Drahtvorschubgeschwindigkeit v_D
- Drahtelektroden $\varnothing$
- Lichtbogenspannung U in V
- Schutzgas und Schutzgasmenge in l/min

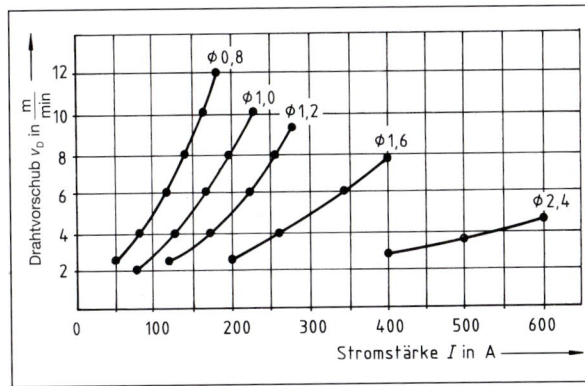

1 Drahtvorschubgeschwindigkeit und Zuordnung der Schweißstromstärke im Leistungsbereich der Drahtelektroden

Dazu gehören weiterhin beim Schweißvorgang:

- Schweißgeschwindigkeit v_S
  freie Drahtlänge L
- Brennerbewegung
- Anstellwinkel

Die Einstellung der Drahtvorschubgeschwindigkeit bestimmt die Schweißstromstärke (Bild 1) und gleichzeitig – bei Berücksichtigung des Draht $\varnothing$ – die Abschmelzleistung. Über die Schweißstromstärke/Schweißspannung – in geringerem Maße auch über die Schweißgeschwindigkeit – ist die Einbrandtiefe zu beeinflussen.

Die Wahl des Draht $\varnothing$ richtet sich hauptsächlich nach der Höhe der Schweißstromstärke, die ein wirtschaftliches Schweißen der Werkstückdicke bei dieser Nahtform und Schweißposition gestattet.

Die Drahtelektrode kann nur innerhalb eines bestimmten Stromstärkenbereichs eingesetzt werden. Allgemein kann der kleinere Draht $\varnothing$ gewählt werden, wenn er die gleiche Abschmelzleistung bringt. Der Einbrand wird bei dünnerem Draht etwas größer ausfallen. Für jede Schweißstromstärke gibt es nur eine optimale Schweißspannung (Bild 1, Seite 210).

Höhere Schweißspannung als optimal ergibt geringere Einbrandtiefe, breitere und flachere Naht, auch höhere Spritzverluste.

Bei zu niedriger Schweißspannung wird die Naht schmal, höher aufbauend und rauer, der Draht „stottert".

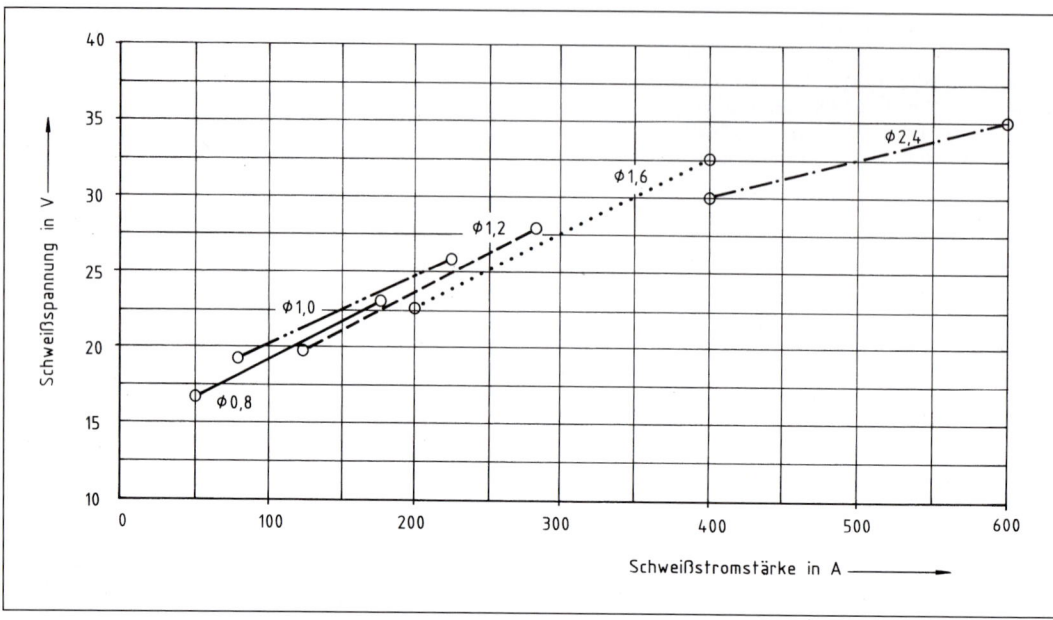

1 Mittlere Strom-Schweißspannungs-Kennwerte der Drahtelektroden (Schutzgas CO$_2$)

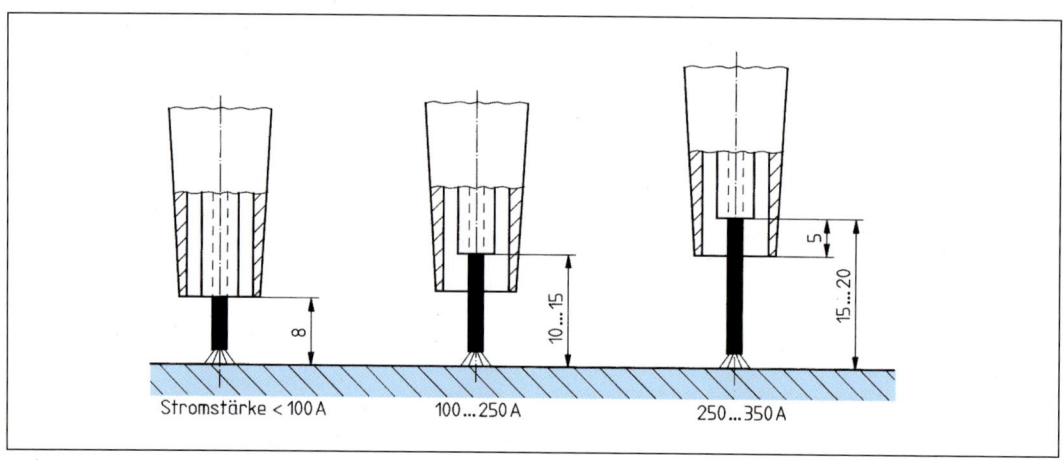

2 Günstige freie Drahtlänge bei verschiedenen Schweißstromstärken

In der Praxis gilt als günstig ein Abschmelzgeräusch wie das „Summen der Wespen im Hochsommer".

Von Einfluss sind zudem der Schutzgastyp und der Abstand der Stromkontaktdüse zum Werkstück (Widerstand im freien Drahtende).

Bei hoch argonhaltigen Mischgasen – z.B. bei Anteilen von 75 ... 90 % Ar, Rest CO$_2$ – sind gegenüber 100 % CO$_2$ die Schweißspannungen um etwa 3 V niedriger einzustellen.

Eine zu geringe **freie Drahtlänge** erhöht die Gefahr des Zurückbrennens in die Kontaktdüse.

Der Abstand der Gasdüse vom Werkstück sollte zwar so gering wie möglich sein, um den Gasschutz zu gewährleisten, jedoch ausreichende Sicht auf das Schmelzbad ermöglichen und die Schmelzspritzer in der Gasdüse nur begrenzt festbrennen (Bild 2).

Einfluss der Schweißrichtung

Nahtform und Einbrand werden durch Neigung des Schweißbrenners in oder gegen die Schweißrichtung stark beeinflusst; es kann **stechend geschweißt** (Bild 1) oder **schleppend geschweißt** (Bild 2) werden.

Industrieroboter-Technik

Industrieroboter, primär ausgelegt zum Punkt-, MIG/MAG- und WIG-Schweißen, finden weite Einsatzbereiche bei der Plasma- und Lasertechnik, für autogenes Brennschneiden, Wasserstrahlschneiden, Plasmaspritzen und in der Handhabungstechnik.

Laserroboter sind in der Blechbearbeitung und in der Bauteilfertigung zunehmend für Schweißen, Schneiden und Oberflächenbehandeln vertreten.

Sinnvoll sind Roboter im Verbund mit peripheren Komponenten, wie einfache Dreh-/Kipptische, vielseitige Werkstückpositioniereinrichtungen (mit bis zu 5 Achsen), Portalträger oder Roboterdrehstände. Diese Peripherkomponenten sind mit ihren Bewegungen steuerungsintegriert und dadurch im Arbeitsablauf eingebunden. Systeme zur Schweißdaten-Überwachung garantieren zudem optimalen Qualitätsstandard.

Linearroboter sind im Standard mit 3 Achsen – bis zu 12 Achsen möglich – ausgerüstet.

Roboter zum **Bahnschweißen** haben in Drehgelenkbauweise mindestens 5, meist jedoch 6, seltener 8 interne Achsen und verfügen dadurch über erheblich ausgeweitete Bewegungsmöglichkeiten, z. B. die Schweißpistole am Roboterflansch. Die Schwenkbereiche der Achsen sind einzeln frei programmierbar.

Für die Achsenbewegungen werden permanent erregte Gleichstrommotoren mit Tachogenerator (Istwerterfassung im Geschwindigkeitsregelkreis), Inkrementalgeber (Istwerterfassung im Lageregelkreis) und Bremse (Arretierung bei Stillstand oder Energieausfall) eingesetzt.

Der Arbeitsraum ist hierbei halbkugelförmig mit z. B. einem Grundschwenkbereich von 340° für Achse 1. Die weiteren Achsen mit 220°, 270°, 360°, 200° und am Roboterflansch für die Schweißpistole 600° Schwenkbereich verdeutlichen die Beweglichkeit zur günstigen Positionierung.

Die Hauptachsen 1, 2 und 3 steuern die Positionierung zur Werkstücklage, während die Nebenachsen 4, 5 und 6 den Anstellwinkel und Bewegungsablauf der Schweißpistole – einschließlich der frei programmierbaren Pendelfiguren – übernehmen. Interessant ist, dass die maximale Geschwindigkeit der Achsen, die zwischen 148 … 310 °/s liegt, eine Zeit sparende Neuposi-

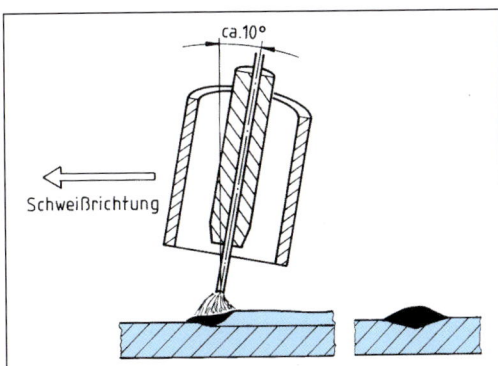

Schmelzbad läuft vor, Bindefehler und Porenbildung möglich, breites Schmelzbad und geringer Einbrand. Anwendung bei Feinblechen und Wurzellagen. Günstig für Zwangslagen in Strichraupen, für Kehlnähte $a \leq 4\,\text{mm}$.

1 Stechend schweißen

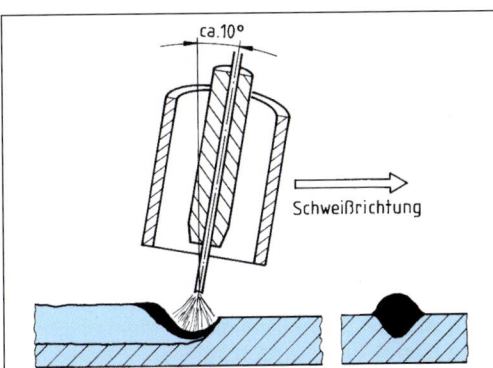

Durch den Lichtbogendruck wird das flüssige Schweißbad zurückgedrängt. Dadurch kann der Lichtbogen den Grundwerkstoff tiefer aufschmelzen, der Einbrand wird größer, es bildet sich eine höhere und schmalere Naht. Anwendung bei Füll- und Decklagen. Günstig bei Kehlnähten $a \geq 4\,\text{mm}$.

2 Schleppend schweißen (ziehend schweißen)

tionierung der Schweißpistole bedeutet. Die Wiederholungsgenauigkeit des Roboters, ausreichend genau mit $\Delta s \pm 0,1$ mm, wird für den Schweißablauf durch Sensoren unterstützt, die die Nahtposition und Schweißpistolenlage optimieren, sobald Abweichungen am Werkstück auftreten.

Knickarmroboter, bestückt mit einem diodengepumpten Festkörperlaser (Stablaser) mit bis zu 6 kW Ausgangsleistung, bieten eine Lösung für eine Vielzahl von Aufgabenstellungen. Es sind 3D-Laser mit einer steuerbaren Optik in 5 Achsen. Gepulste oder kontinuierlich emittierende Nd:YAG-Laser und eine Strahlführung über bis zu sechs flexiblen Laserlichtkabeln ermöglichen – in

Abhängigkeit von eingesetzten Optiken – Arbeitsabstände zum Werkstück bis zu 20 mm.

Die kapazitive Abstandsregelung garantiert – zusammen mit einer Bifokaloptik – gute Bearbeitungsergebnisse. Eine CCD-Kamera könnte zudem den Bearbeitungsvorgang überwachen und festhalten.

Als Sensoren werden angewendet:
• Berührungssensoren
• induktive Sensoren
• Lichtbogensensoren
• licht- und laseroptische Sensoren

Berührungssensoren werden zur Überprüfung des Nahtanfangs eingesetzt. Die Schutzgasdüse, die Drahtelektrode oder Kontaktstifte werden in mehreren Positionen in Kontakt zum Werkstück gebracht und die Düsenpositionierung wird nach der erforderlichen gegenüber der vorgegebenen Position korrigiert. **Induktive Sensoren** arbeiten über Spulensysteme, die ein oder mehrere Magnetfelder zur Wirkung bringen und mit vorgegebenen Werten vergleichen. Die ermittelte Wertverschiebung wird zur Lageoptimierung der Schweißpistole umgerechnet. Die Steuerung erfolgt während des Schweißvorgangs, vorwiegend bei Stumpfnähten I-, V-, Bördelnaht wie auch bei Überlappungen.

Für Kehlnähte wird meist ein **Lichtbogensensor** eingesetzt, der beim pendelnden Abschmelzen der Drahtelektrode die Widerstandsänderungen im freien Drahtende feststellt und ferner die Ist-Stromstärke zur vorgegebenen Soll-Stromstärke vergleicht. Nach Rechnerauswertung wird Höhen- und Lageanpassung der Schweißpistole zur Schweißfuge vorgenommen. Als optische Sensoren bieten **Licht-** und **Laser-Distanzsensoren** eine erhebliche Steigerung von Überwachungs- und Steuerungsmöglichkeiten.

Ausführliche Angaben für den Einsatz sind festgehalten in:

DVS 0924 Anforderungen an MIG/MAG-Schweißgeräte zum vollmechanischen bzw. automatischen Schweißen

DVS 0927-1 Sensoren für das vollmechanische Lichtbogenschweißen

DVS 0927-2 Einfluss der Werkstückgeometrie auf die Einsatzmöglichkeiten

DVS 0929 Konstruktionshinweise zur Werkstückgeometrie für das MIG/MAG-Schweißen mit Industrierobotern

Die Erweiterung im Erkennen von Spalt- und Nahtbreite durch Wärmeverzug oder Maßabweichung, verbesserte Möglichkeit in der Nahtverfolgung bei Stumpf- und Eckstößen, Kantenverfolgung, sowie u. a. Erkennen von Nahtanfang und

Nahtende steigern die optimale Ausführung einer Schweißung erheblich.

Als **Schweißstromquellen** werden vollelektronische Stromquellen wie primär oder sekundär **getaktete Inverter** oder **Stromquellen mit integrierter Mikroprozessorsteuerung** eingesetzt. Allen Stromquellen ist gemeinsam ihre hohe Reaktionsgeschwindigkeit, die gesteuerte Eingriffe in die Abschmelzteilprozesse ermöglicht, wie Lichtbogenzünden, Tropfenbildung und Tropfenübergang. Dabei ist für das Impulslichtbogenschweißen die stufenlose Einstellung von Grund- und Impulsstrom, Pulsfrequenz und Schweißspannung mit entscheidend für einen spritzerarmen Schweißprozess.

Die Reinigung der Schweißpistole erfolgt während des Werkstückwechsels auf mechanischem Wege. Ein rotierendes Messersystem oder eine Drahtbürste und Ausblasen mit Druckluft entfernen nach jedem Schweißzyklus die Schweißrückstände (Spritzer) aus der Schutzgasdüse. Zusätzlich eingesprühtes Trennmittel soll die erneute Spritzerhaftung an Kontaktdüse und Gasdüse reduzieren.

Die **Robotersteuerung** ist als Multiprozessorsteuerung aufgebaut, frei programmierbar für alle Bewegungsabläufe. Gegliedert ist die Steuerung in Zentralrechner, Achsrechner je Achse (auch für externe periphere Achsen), analoge und digitale Eingangs- und Ausgangsgruppen. Ein Anwenderspeicher übernimmt die Datenarchivierung und Datenaktivierung; Schnittstelle für Druckeranschluss sowie Programmier-Tastatur und integriertes Datensichtgerät sind üblich.

Die Programmierung erfolgt entweder über menügeführte Online-Erstellung oder offline über Tastatur und Bildschirm mithilfe eines Texteditors.

Eine Zustimmtaste sorgt während des Probelaufs für die erforderliche Sicherheit.

Das konventionelle „Teachen" (Teach-in), also das manuelle oder tastende Heranfahren an die Arbeitsposition, gilt als überholt, da zwingend eine zeitaufwendige Programmoptimierung folgen muss.

Die Ansteuerung des Roboters erfolgt in zwei Funktionsebenen:

In der Anwender-Ebene sind die Grundfunktionen für etwa 95 % aller möglichen Aufgaben integriert. In der Experten-Ebene stehen lediglich 5 % für spezielle Programmieraufgaben zur freien Verfügung. Basisfunktionen der Schweißprozesse, Anlagen-, Werkstück- und Bearbeitungsparameter sind abgespeichert und für die gezielte Verknüpfung in den Bearbeitungsprozess verfügbar, jedoch offen für Optimierungen während des Betriebs.

Die Akzeptanz hängt mit der einfachen Beherrschung der Steuerungstechnik zusammen. Das Schweißpersonal zum Bedienen und Einrichten von Schweißanlagen zum vollmechanischen und automatischen Schweißen von metallischen Werkstoffen muss die Prüfung nach DIN EN 1418 ablegen und vorweisen können.

Alle Schweißer und Bediener müssen durch eine geeignete Prüfung nach den entsprechenden Normen wie: DIN EN ISO 9606

-1 für Stähle
-2 für Al und Al-Legierungen
-3 für Cu und Cu-Legierungen
-4 für Ni und Ni-Legierungen
-5 für Ti und Ti-Legierungen, Zirkonium und Zirkonium-Legierungen

anerkannt sein und eine gültige Prüfbescheinigung vorweisen können.

Aufgaben und Verantwortung der Schweißaufsicht sind in DIN EN ISO 14731 festgelegt.

Qualitätssicherung

Schweißtechnische Qualitätsanforderungen eignen sich zur Prüfung und als Nachweis eines Herstellers, geschweißte Konstruktionen zu fertigen und die entsprechenden Qualitätsanforderungen zu erfüllen.

Zerstörungsfreie Prüfung von Schweißverbindungen. Allgemeine Regeln: DIN EN ISO 17635.

Die Sicherung der Güte beginnt bereits mit der Beachtung allgemeiner Anleitungen und Empfehlungen zum Schweißen metallischer Werkstoffe.

Diese sind aufgeführt in:

DIN EN 1011-1 Allgemeine Anleitungen zum Lichtbogenschweißen

DIN EN 1011-2 Empfehlungen zum Lichtbogenschweißen von ferritischen Stählen

DIN EN 1011-3 für das Lichtbogenschweißen von nichtrostenden Stählen

DIN EN 1011-4 für das Lichtbogenschweißen von Aluminium und Al-Legierungen

DIN EN 1011-5 Empfehlungen zum Schweißen von plattierten Stählen

DIN EN 1011-6 Empfehlungen zum Laserstrahlschweißen

DIN EN 1011-7 Empfehlungen zum Elektronenstrahlschweißen

DIN EN 1011-8 Empfehlungen zum Schweißen von Gusseisen

Eine Grundlage zur Beurteilung von Schweißverbindungen ist aufgeführt in:

DIN EN ISO 13920 Allgemeintoleranzen für Schweißkonstruktionen, Längen- und Winkelmaße, Form und Lage

DIN EN ISO 6520-1 Einteilung von Unregelmäßigkeiten beim Schmelzschweißen

DIN EN ISO 5817 Bewertungsgruppen für Unregelmäßigkeiten an Stahl, Nickel, Titan und deren Legierungen (Bild 1, Seite 214)

DIN EN ISO 10042 Bewertungsgruppen für Unregelmäßigkeiten an Aluminium und seinen schweißgeeigneten Legierungen
Bestimmung der Porosität und Grenzen der Unregelmäßigkeit

Weitere normative Anweisungen in

DIN EN ISO 15614-2 Anforderung und Qualifizierung von Schweißverfahren für metallische Werkstoffe – Teil 2. Lichtbogenschweißen von Aluminium und seinen Verbindungen.

DIN EN ISO 3834-1 … 4 Schweißtechnische Qualitätsanforderungen für das Schmelzschweißen metallischer Werkstoffe; Richtlinien zur Auswahl und Verwendung,

-2 umfassende Qualitätsanforderungen,
-3 Standard-Qualitätsanforderungen,
-4 Elementar-Qualitätsanforderungen.

Diese Normen gliedern sich in:

1. **Anforderungen an die Eigenschaften,** z. B. basierend auf Festlegungen nach DIN EN ISO 5817, sind zwischen Kunde und Hersteller zu vereinbaren und sollten vollständig aufgezeichnet werden. Hier werden u. a. die für die Schweißverbindung geforderten mechanischen Gütewerte der Elektrode, die Ausziehlänge der Elektroden für die Festlegung der Wärmeeinbringung und die evtl. erforderliche Nahtvorwärmung mit Zwischenlagen- und Haltetemperatur wie auch die Wärmenachbehandlung des Schweißteils festgelegt.

Die Werte von Allgemeintoleranzen von Schweißkonstruktionen (DIN EN ISO 13 920) sind im Schweißplan anzuweisen.

Ein Erzeugnis ist für den beabsichtigten Zweck gebrauchstauglich, wenn es während der vorgesehenen Nutzungsdauer zufriedenstellend funktioniert. Vorausgesetzt, dass die tatsächlichen Gebrauchsbedingungen mit den vorgesehenen, einschließlich der statischen/dynamischen Betriebsanspruchungen, übereinstimmen.

Für die Gebrauchstauglichkeit sind die Konstruktionsvorgaben wie auch Oberflächenbehandlung, Beanspruchungsarten (z. B. dynamisch/statisch), die Betriebsbedingungen (z. B. Temperatur Umgebung) und die Fehlerfolgen (Personen-, Umweltschaden) zu beachten.

Benennung	Ordnungs-Nr. nach DIN EN ISO 6520	Darstellung	Bewertungsgruppen		
			Niedrig D	mittel C	hoch B
ungenügende Durch-schweißung	402	Solleinbrand / tatsächlicher Einbrand / h / s / h / s / t / Solleinbrand / tatsächlicher Einbrand	lange Unregelmäßigkeit nicht zulässig		nicht zulässig
			kurze Unregelmäßigkeiten $h \leq 0{,}2 \cdot s$ max. 2 mm	$h \leq 0{,}1 \cdot s$ max. 1,5 mm	
zu große Naht-überhöhung	502	weicher Übergang wird verlangt b / h	$h \leq 1$ mm + 0,25 b max. 10 mm	$h \leq 1$ mm + 0,15 b max. 7 mm	$h \leq 1$ mm + 0,1 b max. 5 mm

1 Beispiel einer Unregelmäßigkeit (gültig im Dickenbereich von 3 bis 63 mm) DIN EN ISO 5817 (Auszug)

2. **Anforderungen** an die **Ausführung,** wie äußerer und innerer Befund der Schweißnähte, Kantenversatz, Winkelabweichung, Nahtüberhöhungen und -übergänge, Zündstellen u. Ä.

So ist es wesentlich, welche Unregelmäßigkeiten zulässig sind, abhängig von Lage, Art, Größe und Häufigkeit.

Bezogen auf die Fertigungsqualität sind festgelegt:

Bewertungsgruppe: D = niedrig **C** = mittel **B** = hoch

Nur für hoch belastete Nähte, wie sie an dynamisch beanspruchten Bauteilen auftreten, wird die Bewertungsgruppe **B** gefordert. Meist genügt bei vorwiegend statisch beanspruchten Nähten die Gruppe **C.** Bei allgemeinen Nähten ist Gruppe **D** zulässig.

Die Bewertungsgruppen müssen bereits im Lieferauftrag vereinbart werden, damit für die Bauteilabnahme gemeinsame Qualitätsvereinbarungen über Fehler und Abweichungen der Sollwerte bestehen.

Häufig wird ein Nachweis der verwendeten Schweißzusatzwerkstoffe gefordert. Als Nachweis gelten Bescheinigungen, die unter Beachtung geltender Richtlinien vom Hersteller (z. B. über Zulassungen TÜV, DB, GL, Controlas u. a.) oder einem amtlich anerkannten Sachverständigen ausgestellt worden sind. Durch eine schweißtechnische Prüfung vor Fertigungsbeginn kann ebenfalls eine Anerkennung erfolgen.

Für die Bemessung und Konstruktion von Stahlbauten gilt DIN EN 1993 (Eurocode 3).

Die **Sichtprüfung** nach DIN EN ISO 17637 stellt eine aussagefähige Beurteilung der zerstörungsfreien Prüfung einer Schweißnaht dar.

Als **Merkmale für äußeren Befund** gelten: Einbrand- und Randkerben, sichtbare Poren und Schlackeneinschlüsse. Nahtüberhöhung oder -unterschreitung, Decklagen-Unterwölbung, Kantenversatz, Ungleichschenkligkeit bei Kehlnähten, Zündstellen oder festgebrannte Schweißspritzer, Wurzelüberhöhung oder -rückfall oder Wurzelkerbe.

Merkmale für inneren Befund sind: Schlacken- oder Gaseinschlüsse (Poren), Bindefehler, Risse, ungenügende Durchschweißung.

Verborgene, innere Nahtfehler können durch verschiedene Prüfverfahren aufgespürt werden.

Als zerstörende Prüfungen von Schweißverbindungen an metallischen Werkstoffen sind zu nennen:

DIN EN ISO 14329	zerstörende Prüfung von Schweißverbindungen
DIN EN ISO 9016	Kerbschlagbiegeversuch
DIN EN ISO 4136	Querzugversuch
DIN EN ISO 5178	Längszugversuch
DIN EN ISO 5173	Biegeprüfung
DIN EN 1320	Bruchprüfung

Diese Prüfungen dienen zur Bestimmung kritischer Grenzwerte durch Zug-/Druckbelastungen und des Steilabfalls der Streckgrenze bei Einsatz des Schweißteils im tieferen oder höheren Temperaturbereich.

Zu den zerstörenden Prüfverfahren zählen auch metallographische **Gefügeuntersuchungen** nach DIN EN 1321 an Nahtschnitten, die aus Naht- und Übergangswerkstoff bestehen. Um eine Gefügeveränderung durch den Trennvorgang zu vermeiden, muss das Prüfstück ohne Wärmeeinwirkung quer zur Schweißnaht entnommen werden. Wärmeeinwirkung verursacht Gefügeveränderungen! Die geschliffenen und geätzten Proben können als **Makroschliffe** bei geringer Vergrößerung den Aufbau der Naht, die Schweißlagen und die von der Schweißwärme beeinflusste Zone sichtbar machen. **Mikroschliffe,** mit höherer Vergrößerung (50 … 800fach) betrachtet, geben Aufschluss über den Gefügeaufbau mit Korngrenzen. Gefügeumwandlungen und Werkstoff-Mischzonen. Digitale Bilderfassung ist möglich. Durch die Beurteilung der Mikroschliffe können die Auswirkungen der Schweißverfahren und Schweißbedingungen auf das Verhalten der Grundstoffe und Schweißzusatzwerkstoffe überprüft und eingeschätzt werden.

An Lichtbogenschweißverbindungen wird die **Härteprüfung** nach DIN EN ISO 9015-1 durchgeführt.

Die **Mikrohärteprüfung** an Schweißverbindungen nach DIN EN ISO 9015-2 gibt Aufschluss über Aufhärtungen bzw. Härteverlauf durch Einwirkung der Schweißtemperatur.

Durchführung der **Mikrohärteprüfung:**
Das Prüfstück wird ohne Wärmeeinwirkung quer zur Schweißnaht entnommen. Wärmeeinwirkung

kann bereits eine Gefügeveränderung auslösen. Nach dem Härteprüfverfahren Vickers wird der Härteverlauf in kleinen Messabständen über die Nahtzone bis in den Werkstoff hinein erfasst. Härtesteigerungen in der wärmebeeinflussten Zone erhöhen die Bruchgefahr erheblich.

Fehler und Erklärungen an Schweißverbindungen werden in DIN EN ISO 6520-1 genannt. Für **Widerstandsschweißverbindungen** an Punkt-, Rollennaht- und Buckelschweißungen wird die Schwingfestigkeitsprüfung nach DIN EN ISO 14324 durchgeführt.

In DIN EN ISO 14329 sind Brucharten und geometrische Messgrößen festgehalten.

In DIN EN ISO 17635 sind für die zerstörungsfreie Prüfung von Schweißverbindungen allgemeine Regeln für metallische Werkstoffe zusammengefasst.

Eine einfache Möglichkeit der zerstörungsfreien Nahtprüfung ist das **Farbeindringverfahren** nach DIN EN ISO 23277, das einen Rissverlauf bis an die Nahtoberfläche aufzeigen kann. Dabei wird die im Riss eingedrungene Farbe nach Säuberung der Nahtzone in einem dritten Arbeitsgang mit weißer Farbe übersprüht, die die im Riss verbliebene rote Farbe als rote Farblinie am Riss erscheinen lässt.

Die **Magnetpulverprüfung** von Schweißverbindungen ist in DIN EN ISO 17638 festgelegt. Bei diesem Prüfverfahren wird bei Stromdurchflutung ein magnetisches Feld am Werkstück erzeugt. An Fehlerstellen, die in oder unmittelbar unter der Oberfläche liegen, häuft das hier gestörte Magnetfeld das Fe-Pulver an und kennzeichnet die Fehlerlage. Fehlerstellen werden mithilfe von fluoreszierendem Magnetpulverschlamm verstärkt durch UV-Licht hervorgehoben.

Bei dem **Wirbelstromverfahren** zur Prüfung von Schweißnähten nach DIN EN 1711 werden Bindefehler an Schweißnähten durch die Phasenauswertung des Stromdurchflusses messbar ermittelt.

Die **Ultraschallprüfung** von Schweißverbindungen ist in ihren Zulässigkeitsgrenzen in DIN EN ISO 11666 und die Charakterisierung von Anzeigen in Schweißnähten in DIN EN ISO 23279 festgelegt. Die Möglichkeiten einer Ultraschallprüfung wird in DIN EN ISO 17640 vorgeschrieben. Bei den Verfahren werden durch einen Schallkopf (Schwingkopf) jeweils Ultraschallimpulse auf die Naht oder direkt neben der Naht in die Werkstückoberfläche eingekoppelt.

Die reflektierten Schallimpulse werden als Echo empfangen und am Bildschirm sichtbar dargestellt. Es sind zwei Verfahren möglich:

Das **Durchschallungsverfahren** registriert nur die Rückmeldung einer Fehlerstelle an der Schweißnaht über den Schallkopf.

Das **Impuls-Echo-Verfahren** wird häufiger eingesetzt und kann das Fehlerecho und zusätzlich das länger laufende Rückwandecho des Werkstücks am Schallkopf aufnehmen und am Bildschirm darstellen. Durch den Unterschied der Echolaufzeit beider Werte können die Fehlerlage und die Fehlergröße präzise bestimmt werden.

Die **Durchstrahlungsprüfung** von Schweißverbindungen ist in DIN EN 12517 festgelegt. Die Prüfung erfolgt durch Röntgenstrahlen oder Gammastrahlen, die als kurzwellige Strahlung das Werkstück durchdringen. Die zu prüfende Schweißverbindung liegt dabei zwischen der Strahlungsquelle – radioaktives Iridium 192 bzw. Cobalt 60 – und einem hochempfindlichen Röntgenfilm. Fehlerstellen lassen den Film an diesen Stellen stärker belichten = schwärzen. Durch den verringerten Werkstoffwiderstand kann hier die Strahlungsintensität verstärkt einwirken. Ein genormtes Drahtgitter auf der Filmseite dokumentiert durch die Deutlichkeit der unterschiedlichen Drahtstege die Strahlungsgüte, Fehlerlage und Fehlergröße. Eine Registrier-Nummer am Werkstück kennzeichnet die Position der Aufnahme, lokalisiert damit Fehlerstellen, die dann gezielt nachgebessert werden können. Das Filmnegativ gibt Auskunft über Poren, Schlackeneinschlüsse, Nahtbefund und Risse, soweit Risse senkrecht zur Werkstückoberfläche liegen. Die aussagestarke Aufnahme wird vielfach als Beweis einer fehlerfreien bzw. fehlerarmen Schweißung an hoch belastbaren Schweißverbindungen archiviert.

Die **Wasserdruckprobe** ist eine Prüfung der handwerklichen Praxis von Schweiß- wie auch von Lötverbindungen an Behältern und Rohrleitungen. Beim „Abdrücken" mit Wasser – selten Öl – und einem inneren Überdruck tritt an Bindefehlern, Rissen oder durchgehenden Poren Flüssigkeit aus. Eine Dichtprüfung an Rohrleitungen ist auch mit Druckluft oder CO_2 mit Überdruck $\leq$ 10 bar möglich. Schaummittel über den Fügestellen lokalisieren Fehler.

Schweißspannungen – Verzug – Schweißfolgeplan

Alle Metalle dehnen sich bei Temperaturerhöhungen und ziehen sich beim Erkalten zusammen. Dieses geschieht auch in der Schweißnaht während der Erwärmungs- und Abkühlungsphase. Am Schweißteil entstehen dadurch Schrumpfkräfte, die in ihren Auswirkungen berücksichtigt

werden müssen. Frei bewegliche Schweißteile können sich bei der Nahtbildung verziehen bzw. verwerfen. Sind sie jedoch fest eingespannt, entstehen im Schweißbereich Schrumpfspannungen (Wärmespannungen). In Abhängigkeit von der Schweißnaht können als Folge der Schrumpfspannungen Verzug und Verwerfungen auftreten. Schweißnähte zeigen ein räumliches Schrumpfen in drei Richtungen: **Längsschrumpfung, Querschrumpfung und Dickenschrumpfung.**

Ist der Nahtquerschnitt an der Oberseite breiter, schrumpft die Naht oben stärker als unten, es entsteht durch die Querschrumpfung eine **Winkelschrumpfung.**

Dieses ist an Y-, V- und Kehlnähten zu beobachten, aber auch an I-Nähten mit einer verstärkten Decklage.

Je breiter – bei eingespannten Schweißteilen – die Erwärmungszone im Nahtbereich bzw. das Schmelzbad ist, desto größer sind die **Querschrumpfungen.** Bei schmalen Erwärmungszonen überwiegt dagegen die **Längsschrumpfung.**

Die Schrumpfspannungen können bei Stählen mit höherem Kohlenstoffgehalt bei der Abkühlung bis zur Bildung von Querrissen neben der Naht führen. Die **Dickenschrumpfung** verringert geringfügig den Nahtquerschnitt.

Schrumpfspannungen verursachen durch Längs-, Quer- und Winkelschrumpfung Schweißteilverzug. Durch Schrumpfen nicht abgebaute Spannungen bleiben als **Schweißrestspannungen** (Schweißeigenspannungen) im Schweißteil erhalten.

> Eine Schweißnaht erhöht die Schrumpfspannungen umso mehr, je größer der Nahtquerschnitt ist.

Verwerfungen können auch durch verstärktes Abheften, Spannvorrichtungen und/oder einen Schweißfolgeplan begrenzt werden.

Der maximale Heftabstand sollte 100 mm bei 30 mm … 40 mm Heftnahtlänge nicht überschreiten.

Praktische Anregungen:

Eine Schweißkonstruktion sollte aus möglichst wenigen Einzelteilen zusammengesetzt werden.

Größere Bauteile in Baugruppen aufteilen und gesondert schweißen. Zum maßhaltigen Schweißen eines Bauteils muss das Schrumpfen durch Längenzugabe bereits in der Konstruktion der Baugruppe berücksichtigt werden.

Die Schweißnahtquerschnitte sind möglichst gering zu halten. Die Anzahl der Nähte ist auf das unbedingt nötige Maß zu beschränken. Schweiß-nähte sind besonders dort zu vermeiden, wo bei Belastung des Bauteils Spannungen umgeleitet oder verdichtet werden.

Bei Schweißstößen an großen Blechdicken sind Doppel-V-Nähte den V-Nähten vorzuziehen. Wenn möglich symmetrisch, d. h. gegenseitig gleichzeitig schweißen. Bei Bauteilen mit hohen Güteanforderungen kann das symmetrische Schweißen zwingend erforderlich sein.

Kehlnähte sollten mit möglichst wenigen Lagen eingebracht werden. Querverbindungen sind stets vor durchlaufenden Längsnähten zu schwei-ßen.

Zuerst werden die Stumpfnähte geschweißt, dann die Kehlnähte. Seitliche Schweißnähte immer von innen nach außen schweißen.

An Schweißteilen mit sehr langen Schweißnähten im Pilgerschritt arbeiten. Dazu die Nahtlänge in kurze, gleichmäßige Abschnitte einteilen. Man beginnt die einzelnen Schweißungen an den gut vorbereiteten Stößen immer am Ende der Ab-schnitte und schweißt dann zurück Richtung Anfang.

Ein Heften ohne Spalt ist vorzuziehen, wenn ein Durchschweißen ohne Spalt möglich ist.

Ein Heften mit ungleichmäßigem Spalt kann u. U. vorteilhaft sein, wenn sich dieser in Richtung des Nahtendes öffnet und während der Nahtbildung durch Querschrumpfung verkleinert.

Zu erwartende Formänderungen bereits im Vo-raus berücksichtigen, indem vor dem Schweißen das Schweißteil im Bereich der Schweißnaht einer entgegen gesetzten Formänderung unter-zogen wird. Dazu gehören das Vorknicken, das Vorspannen und das keilförmige Zulegen.

Geringer Verzug am Schweißteil setzt einen **Schweißfolgeplan** voraus mit definierten Schweißnahtlängen bzw. Ausziehlängen bei Elek-trodenschweißungen, nach dem die Reihenfolge der zu schweißenden Nähte bzw. Nahtabschnitte zentimetergenau auf das Schweißteil übertragen wird.

Allgemein gilt:
- Von innen nach außen schweißen
- Strichraupen und kurze Nähte bevorzugen
- bei MSG- und WIG-Verfahren Impulsstrom anwenden
- im unteren Strombereich des Schweißzusat-zes arbeiten
- Vorwärmung, Zwischenlagentemperatur und Wärmenachbehandlung nach Angaben der Stahl-/ Schweißzusatzhersteller beachten

- Schweißnahtvorbereitung DIN EN ISO 9692-1 … 3
- Fugenformen entsprechend Blechdicke und Schweißverfahren auswählen, bei Kehlnäh-ten a-Maß berechnen und festlegen
- Spannvorrichtungen nutzen, da im Abkühl-prozess ein großer Teil der Schrumpfspan-nungen durch die plastische Verformung vom Schweißzusatz (Dehnung A bis 30 %) abgebaut wird

Im Schweißfolgeplan sollen Erfahrungen früherer Konstruktionen berücksichtigt werden.

Für dynamisch beanspruchte Bauteile wie z. B. Wellen empfiehlt sich das **Spannungsarm-glühen.** Für Schweißteile im Werkzeug-/Vorrich-tungsbau ist dieses Voraussetzung für verzug-freies Bearbeiten, da sonst durch Verändern der Formgeometrie Schweißeigenspannungen freige-setzt werden.

Die niedrig legierten Stähle wie Feinkorn-, warm-feste ferritische Stähle und hoch legierte Stähle müssen entsprechend den Schweißweisungen der Schweißzusatzhersteller verarbeitet werden, um eine Aufhärtung in der wärmebeeinflussten Zone beim Abkühlen aus der Schweißwärme zu vermeiden.

Die Aufhärtung stellt im Zusammenhang mit den Schweißeigenspannungen, eventuell erforderli-chen Richtarbeiten und der Betriebsbelastung eine Rissgefahr dar.

An Bauteilen aus unlegierten Stählen kann **Flammrichten** durch punkt-, keil- oder ovalför-mige Wärmezonen erfolgen.

Der Erfolg des Flammrichtens beruht darauf, dass durch rasches örtliches Erwärmen die Ausdeh-nung an der erwärmten Stelle behindert und der Werkstoff dadurch gestaucht wird. Bei rascher Abkühlung zieht sich diese Stelle zusammen. Vorspannungen kann die Stauchung fördern.

Der günstige Temperaturbereich liegt bei 950 °C bis 850 °C (Glühfarbe: hellrot). Kalt verformte Stähle bilden bei 650 °C … 850 °C Grobkorn aus = Versprödungsgefahr.

Richt- und Verformungsarbeiten dürfen an Stäh-len im Blaubruchbereich von 400 °C … 240 °C nicht erfolgen.

Plasmaschweißen
(Wolfram-Plasmaschweißen = WP)

Das Plasmaschweißen ist ein Schmelzschweiß-verfahren, bei dem ein eingeschnürter Lichtbo-gen durch Ionisation bzw. Dissoziation eines zugeführten Gases einen Plasmastrahl erzeugt, der als Wärmequelle dient.

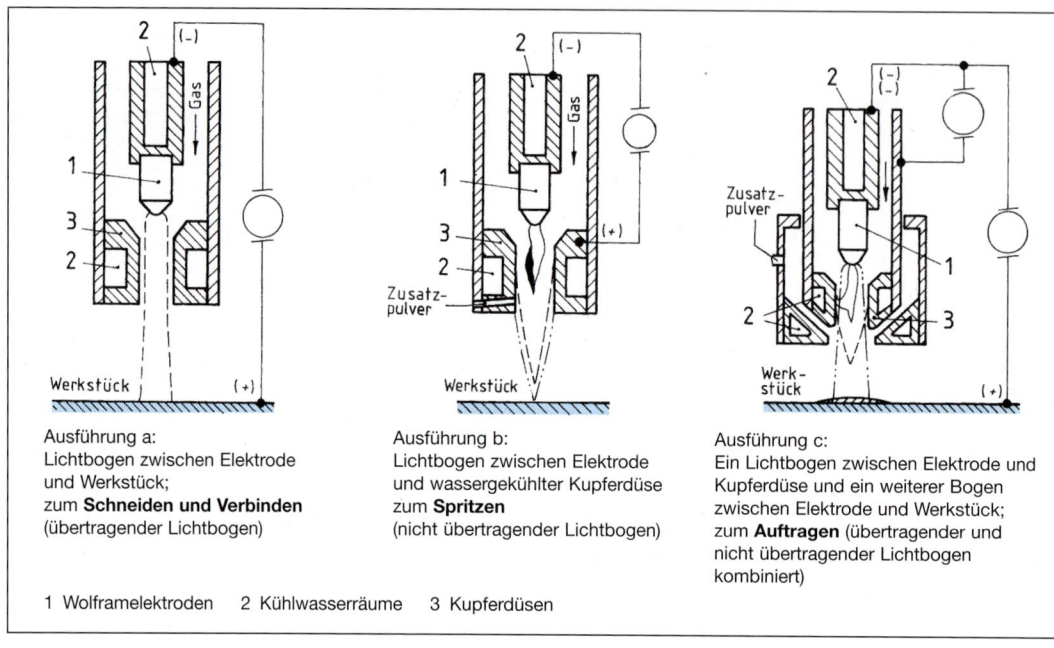

Ausführung a:
Lichtbogen zwischen Elektrode und Werkstück;
zum **Schneiden und Verbinden**
(übertragender Lichtbogen)

Ausführung b:
Lichtbogen zwischen Elektrode und wassergekühlter Kupferdüse
zum **Spritzen**
(nicht übertragender Lichtbogen)

Ausführung c:
Ein Lichtbogen zwischen Elektrode und Kupferdüse und ein weiterer Bogen zwischen Elektrode und Werkstück;
zum **Auftragen** (übertragender und nicht übertragender Lichtbogen kombiniert)

1 Wolframelektroden   2 Kühlwasserräume   3 Kupferdüsen

1 Arten von Plasmabrennern

Es stellt damit eine Verbesserung des WIG-Schweißverfahrens dar. Als Trägergase werden Edelgase (Argon und Helium) oder mehratomige Gase (Wasserstoff, Stickstoff u. a.) sowie ihre Gemische verwendet.

Bringt man ein Gas auf Temperaturen von mindestens 2500 °C, so ist es merklich ionisiert und dissoziiert, es befindet sich in einem Plasmazustand. Das Gas enthält also positive und negative Ladungsträger; die Gasatome sind in Ionen und Elektronen gespalten. (In der Physik versteht man heute unter einem Plasmazustand den vierten Aggregatzustand der Materie.) Der Plasmabrenner konzentriert die durch die hohe Temperatur des Lichtbogens entstandene Wärme auf einen kleinen Raum und erzeugt einen räumlich begrenzten Plasmastrahl mit Temperaturen von 5000 bis 30 000 K.

Die „Wandstabilisierung" geschieht meist in einer wassergekühlten Kupferröhre, durch die, als Düse ausgebildet, das heiße Plasma austritt. Im Wesentlichen kennt man heute drei konstruktive Lösungen von Plasmabrennern (Bild 1).

Beim Plasmaschweißen sind besondere Sicherheitsvorkehrungen zu treffen, weil im Plasmastrahl Geschwindigkeiten bis zu 4000 m/s erreicht werden.

Ergänzende Hinweise zum Wolfram-Plasmalichtbogenschweißen sind in DVS 0919 festgelegt, die Wolframelektroden für den Einsatz in Plasmabrennern sind in DIN EN ISO 6848 genormt.

Es sind wegen der auftretenden Strahlung im Spektralbereich von Infrarot bis Ultraviolett Sonderbrillen und Schutzanstriche in den Kabinen erforderlich. Die hohen Strahlgeschwindigkeiten verursachen ein außerordentlich starkes Geräusch bis zu 115 dB in 1 m Entfernung vom Brenner.

Plasmastrahlen eignen sich zum Schneiden, Verbindungs- und Auftragsschweißen von hochschmelzenden Werkstoffen. Bei konventionellen Werkstoffen erreicht man mit dem Plasmastrahl hohe Schneid- und Schweißgeschwindigkeiten. Die starke Wandlungsmöglichkeit des Plasmastrahles – je nach Anforderung sehr eng fokussiert oder sehr breit gezogen – gestattet gegenüber dem WIG-Verfahren ein wirtschaftlicheres Verbinden von Metallen.

Das **Plasma-Verbindungsschweißen** eignet sich für kleine und kleinste Wanddicken. Das Schweißen von rostfreien Stählen geschieht mit einem Argonplasmastrahl. Gewöhnlich wird kein Zusatzwerkstoff verwendet (Bild 1, Seite 219).

Im Dickenbereich von mehr als 3 mm bis ca. 10 mm wird nach dem Stichlocheffekt ge-

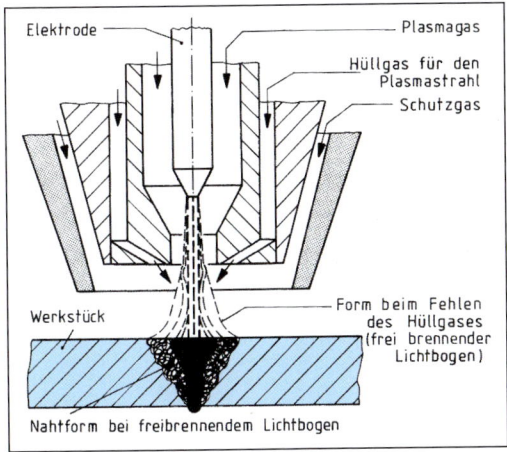

1 Plasma-Verbindungsschweißen

schweißt. Der Plasmastrahl durchdringt infolge seiner hohen kinetischen Energie die Berührungsfläche der beiden flächig aneinander liegenden Werkstoffe und schmilzt sie auf (Ösen- oder Schlüssellocheffekt). Bei günstiger Schweißgeschwindigkeit fließt der flüssige Werkstoff zusammen und erstarrt. Ein leichtes Vertiefen der Nahtoberfläche ist nicht zu vermeiden.

Zum Plasmaschweißen wird als Schweißzusatz auch Pulver eingesetzt, das die störanfällige Kaltdrahtzufuhr ersetzt. Möglich wird dadurch auch das Überkopfschweißen an Stahl- und Edelstahlblechen sowie verzinkten Blechen. Schweißbar sind Bleche mit einer Dicke von 0,8 … 5 mm.

Beim **Plasma-Auftragschweißen** (siehe auch Seite 238) wird der aufzuspritzende Werkstoff in den Plasmastrahl als feines Pulver mit einer Korngröße von 5 bis 100 µm eingeführt, schmilzt während der Verweilzeit im Plasma und wird bis zu dem zu überziehenden Werkstück mitgerissen, wo er sich absetzt. Der Spritzabstand beträgt 80 bis 130 mm (Bild 1, Seite 218).

Man kann mit diesem Verfahren nicht nur Überzüge, sondern auch ganze Werkstücke aus Werkstoffen herstellen, die sich nach herkömmlichen Fertigungstechniken nur schwer bearbeiten lassen. Als Gase für die Metallisierung werden verwendet: Argon, Wasserstoff, Stickstoff, Helium, und zwar allein oder mit Zusätzen. Aufzuspritzende Werkstoffe sind: Molybdän, Wolfram, Niob, Tantal, die Boride und die Carbide auf Wolfram- und Chrombasis sowie die Oxide von Aluminium und Zirconium. Das Aufspritzen erfolgt in normaler Atmosphäre oder im Schutzgas, wobei die vorgeschriebenen Schutzmaßnahmen zu beachten sind.

Die Entwicklung der Plasmatechnik führte zu verbesserten, neuartigen Schweißzusatzstoffen. Hervorzuheben ist die Zweipulver-Auftragschweißung, welche die Einlagerung oxidkeramischer Partikel in eine metallische Matrixschicht gestattet. Als Matrixwerkstoffe kommen die Nickelbasislegierungen NiBSi und NiMo16Cr16Ti zum Einsatz, die zur Erhöhung des Verschleißwiderstandes mit pulvermetallurgisch hergestellten Sinterpellets aus Al_2O_3, ZrO und NiBSi unterschiedlicher Zusammensetzung verstärkt sind. Bei Lagendicken von 3 mm auf den Grundwerkstoff S235JO ist eine 8fach … 10fach höhere Verschleißreserve gegenüber metallischen Spritzschichten zu verzeichnen.

Mit **Plasma-Mikroschweißanlagen** verschweißt man Bleche ab 0,1 mm Dicke im Chemie- und Feinapparatebau, im Reaktor- und Laborgerätebau, z.B. Herstellung von Thermoelementen für den Flugzeugbau usw. Das Verfahren gestattet eine optische Überwachungsmöglichkeit zur Erzielung einer guten Naht. Die Wärmeeinflusszone ist wesentlich kleiner. Die hohe Wärmeenergie des Lichtbogens ermöglicht eine sehr hohe Schweißgeschwindigkeit bei guter Regelbarkeit der Breite und Höhe der Schweißraupe. Man erhält sehr kleine Einbrandtiefen, aber eine gute Vermischung. Mit kleinen Plasmaenergien kann man Schweißverbindungen herstellen, wie sie für automatische Schweißverfahren kennzeichnend sind, bei großen Plasmaenergien gleichen die Schweißergebnisse denen des Elektronenstrahlschweißens.

Unterpulverschweißen (UP)

Beim UP- oder Ellira-Verfahren brennen ein oder mehrere Lichtbogen zwischen einer bzw. mehreren nackten abschmelzbaren Draht- oder Bandelektroden und dem Werkstück. Sie werden durch eine Pulverschicht abgedeckt (Bild 1, Seite 220).

Die aus dem Pulver gebildete Schlacke schützt das Schmelzbad gegen die Atmosphäre.

> Die UP-Schweißung ermöglicht das Abschmelzen großer Schweißgutmengen.

Je nach Anzahl und Anordnung der Schweißdrähte sowie dem Stromverlauf kennt man mehrere Varianten, z.B. UP-Eindrahtschweißen (Standardverfahren), UP-Tandemschweißung, UP-Doppeldrahtschweißung, UP-Serienlichtbogenschweißen, UP-Schweißen mit Bandelektroden (Bandschweißen) usw. Spritzer entstehen nicht, die Nahtoberfläche ist sehr glatt, es kann mit

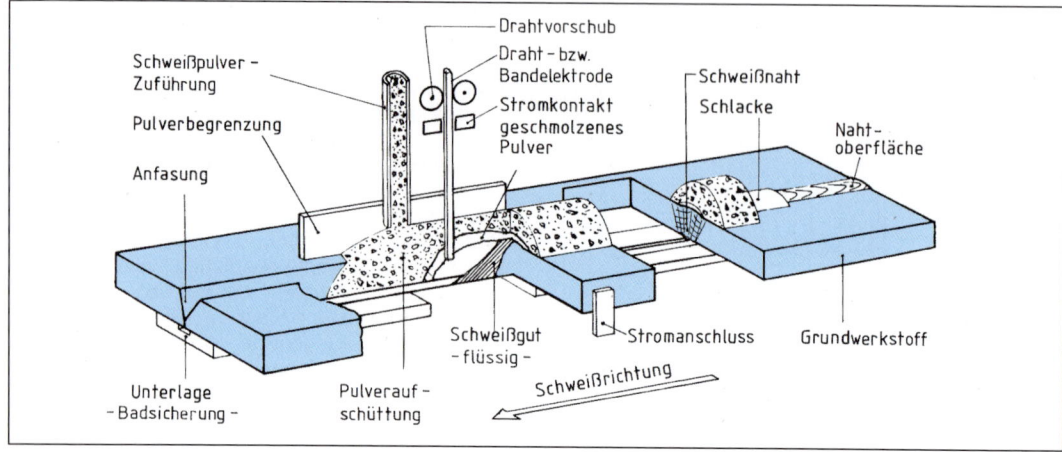

1 UP-Schweißung

Gleich- oder Wechselstrom gearbeitet werden. Das Nahtbild kann durch Ändern der Schweißdaten stark beeinflusst werden. Das Verfahren arbeitet wirtschaftlich und ist für die Auftragsschweißung gut geeignet. UP-Mehrdrahtschweißen ist in DVS 0915, UP mit Bandelektrode in DVS 0940 aufgeführt.

Anwendung und praktische Hinweise:

Mit dem UP-Verfahren erreicht man bei guter Wirtschaftlichkeit technologisch hochwertige, rissfreie Schweißnähte mit glatten Oberflächen, die kaum nachgearbeitet werden müssen. Es ist damit besonders für die Schweißung wie auch für das Plattieren und Panzern von Serien geeignet, z. B. im Behälter- und Apparatebau unter Verwendung von automatischen Schweißmaschinen.

Nachteilig bei diesem Verfahren ist seine Spaltempfindlichkeit, die im Rohrleitungsbau und Apparatebau Schwierigkeiten bereiten kann. Ist der Luftspalt nicht gleichmäßig, dann stellt man oft ungenügendes Durchschweißen fest, die Schweißkennwerte müssen deshalb der engeren Spaltbreite angepasst werden. Bei Spaltbreiten über 1 mm hat das meist ein Durchsacken des Schweißbades zur Folge. Die Verbindung mit dem Kurzlichtbogen (short arc) behebt weitgehend diesen Mangel, damit können Spalte bis 5 mm von Hand und bis 4 mm in mechanisierten Anlagen überbrückt werden. Kupferunterlagen an der Wurzelseite dienen dabei zur Schmelzbadsicherung.

Engspaltschweißen wird nach DVS 0936 durchgeführt, Verfahrensvarianten sind in DVS 0948 enthalten.

Fugenformen an Stahl für das UP-Schweißen sind in DIN EN ISO 9692-2 aufgeführt.

UP-Drähte mit Durchmessern bis 6 mm und Bandelektroden mit Querschnittsmaßen bis 120 · 0,5 mm sind in Anwendung. DIN EN ISO 14171 enthält die für das Verfahren notwendigen Drähte und Draht-Pulverkombinationen zum Schweißen von unlegierten Stählen und Feinkornstählen.

Für hochfeste Stähle finden sich Angaben in DIN EN ISO 26304.

Durch besondere Schweißnahtfugen an den zu verschweißenden Werkstücken ist der Schweißdrahtverbrauch niedrig, der Einbrand gut und die Schweißnahtzusammensetzung fast gleich der des Grundwerkstoffes.

Die Schweißpulver DIN EN ISO 14174 müssen auf den Schweißzusatz und die Strombelastbarkeit abgestimmt werden. Ihre Zusammensetzung hat starken Einfluss auf die metallurgische Reaktion. Unverschlacktes, gesäubertes Pulver kann dem Schweißprozess wieder zugeführt werden. Die Pulver sind hygroskopisch und müssen vor Anwendung rückgetrocknet werden.

Lichtbogenschmelzschweißen mit magnetisch bewegtem Lichtbogen (MBS)

Beim Schmelzschweißen werden in Abweichung vom Pressschweißen mit magnetisch bewegtem Lichtbogen die Werkstücke nicht mit Presskraft verschweißt.

Die Werkstücke werden nach Erzeugen des Magnetfeldes auf einen definierten Spalt auseinander gefahren. Der Lichtbogen wird unter Schutzgasabschirmung gezündet. Der Schweißvorgang führt jetzt zum Aufschmelzen der Schweißflanken. Die Werkstücke werden sodann zusammengefahren, Schweißstrom, Magnetstrom und Schutzgas werden abgeschaltet.

Anwendung:

Bei unlegiertem und niedrig legiertem Stahl und bei Stahlguss. Typische Werkstücke haben runde, ovale, rechteckige oder quadratische Querschnitte und keine Massivteile an der Fügestelle. Das Verfahren ist für Wanddicken von 0,8 bis 5 mm und für Durchmesser von 5 bis 130 mm (oder vergleichbare Nahtlängen) geeignet. Die extrem kurzen Schweißzeiten erfordern Stromstärken zwischen 50 A und 1000 A. Es bildet sich nur eine sehr schmale Wärmeeinflusszone. Das Verfahren ist nur bei großen Stückzahlen wirtschaftlich.

5.2.5.4 Strahlschweißen

> Die Wärme entsteht durch Umwandlung gebündelter, energiereicher Strahlung beim Auftreffen der Strahlung oder beim Eindringen in das Werkstück. Vorzugsweise wird ohne Schweißzusatz geschweißt: im Vakuum, unter Schutzgas oder begrenzt in freier Atmosphäre.

Lasertechnik

Neben den Schutzgasschweißverfahren sind es besonders die Laserstrahl-Verfahren, die der Schweiß- und Schneidtechnik neue Impulse

geben und in der industriellen Anwendung an Gewicht zugenommen haben.

Die Anwendung der Lasersysteme erfassen außer der Materialbearbeitung (Schneiden, Schweißen, Abtragen, Bohren, Härten, Umschmelzen, Beschichten, Legieren) auch die Bereiche Medizin, Messtechnik, Informationstechnik und Kommunikationstechnik sowie die Konsumelektronik (Strichcodeleser, CD-Player u. Ä.).

Mit einem CO_2-Laser werden auch polymere Faserstoffe, Folien und Membranen in der Textilindustrie verschweißt. Auf die Kleidungsteile wirkt kaum nennenswerte Kraft (Andrücken), dadurch bleiben Oberflächenstrukturen und -eigenschaften des textilen Grundmaterials erhalten.

Laserstrahlschweißen (LA)

Der Aufbau eines Lasers und seine Wirkung

Der Laser (**L**ight **A**mplification by **S**timulated **E**mission of **R**adiation) entsteht nach dem Prinzip der Lichtverstärkung durch elektromagnetisch stimulierte Emission von Strahlung, d. h., Energie wird in ein laseraktives Medium eingekoppelt. Dabei werden Moleküle/Atome des laseraktiven Materials in eine höhere Ebene, das obere Laserniveau, angeregt. Das Einkoppeln der Energie, genannt „Pumpen", wird so lange am Resonator fortgesetzt, bis eine Sättigung, die Besetzungsinversion, erreicht ist. Das laseraktive Medium kann jetzt die zugeführte Energie als **Laserlicht** einer ganz bestimmten Wellenlänge und einer ganz bestimmten Richtung in Form von kohärentem, gebündelten Licht wieder abgeben. Dieses geschieht durch den teildurchlässigen Spiegel, den Auskoppelspiegel, der einen bestimmten Prozentsatz des Lichts austreten lässt.

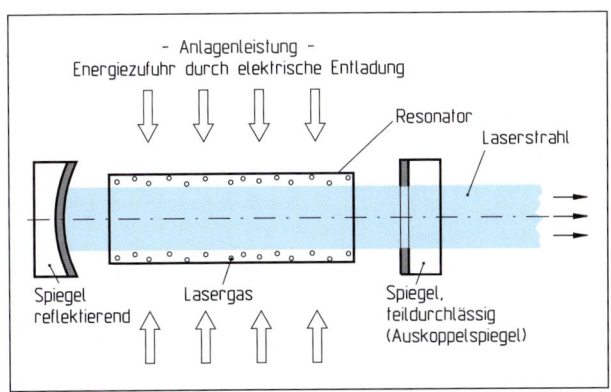

1 Schematischer Aufbau eines CO_2-Gaslasers

Der Resonator besteht in seiner einfachsten Form aus einem Entladungsrohr, dessen Begrenzung aus zwei nahezu parallelen Spiegeln besteht, zwischen denen sich das laseraktive Medium (z. B. Gas, Festkörper oder Farbstofflösungen) befindet. Die Energiedichte des den Resonator verlassenden Strahlenbündels (je nach Leistung mit Strahldurchmesser von 10 bis 45 mm) ist zur Materialbearbeitung noch nicht ausreichend. Der Laserstrahl wird außerhalb des Resonators über gekühlte Spiegel umgelenkt und rechtwinklig mithilfe einer optischen Linse oder eines Spiegels aus Kupfer oder beschichtetem Silicium auf das zu bearbeitende Werkstück fokussiert (gebündelt). Im Brennfleck mit dem Durchmesser von 0,1 mm … 0,6 mm erreicht man dadurch am Werkstück Leistungsdichten von $5 \cdot 10^4$ W/mm² … $10 \cdot 10^4$ W/mm² mit Temperaturen bis zu 20 000 Kelvin.

Der Resonatoraufbau wird bezüglich der Strahlführung nach den Gesetzen der Optik ausgelegt. Dabei müssen in Abhängigkeit von der Arbeitsaufgabe Spiegel mit unterschiedlichen Oberflächen- und Spiegelstrukturen berücksichtigt werden.

Gute Fokussierbarkeit des Laserlichts ermöglicht am Schweiß-/Schneidkopf der Laseranlage einen kleinen Fokus und als Folge daraus resultiert große Schärfentiefe wie auch größerer Arbeitsabstand der Arbeitsoptik zum Werkstück.

Die Intensitätsverteilung im Querschnitt des Laserstrahls entscheidet über seine Anwendung. Ein scharf gebündelter, punktsymmetrischer Strahl mit **TEM_{00}-Mode-Struktur** ist für Schweißen, Schneiden, Bohren, während die **TEM_{01}-Mode-Struktur** des Strahls durch die flächige Strahlwirkung für Erwärmungsaufgaben, z. B. Härten, Anlassen, Löten, bevorzugt eingesetzt wird (siehe Laserstrahlqualität Seite 224).

Für eine konstante Intensitätsverteilung in CO_2-Laseranlagen werden auch $TEM_{00-/01}$-Moden mit überwiegendem Grundmode-Anteil ($_{00}$) eingesetzt (Bild 1).

Die Leistung des Laserstrahls muss zur Plasmabildung im Werkstoff über der kritischen Schwelle von etwa 10^6 W/cm² liegen.

Das verdampfende Metall im Plasmazustand absorbiert Laserenergie, die an den Grenzflächen zum Werkstoff, mehrfach reflektiert, weitere Laserenergie in den Werkstoff überträgt. Die Energie des Laserstrahls kann mit der Bildung des Plasmas bei Stahl beinahe vollständig zur Schmelzbadbildung eingebracht werden.

Das ringförmige Schmelzbad bildet sich um den Laserstrahl-Dampfkanal, folgt der Vorschubbewegung des Schweißkopfes und erstarrt in

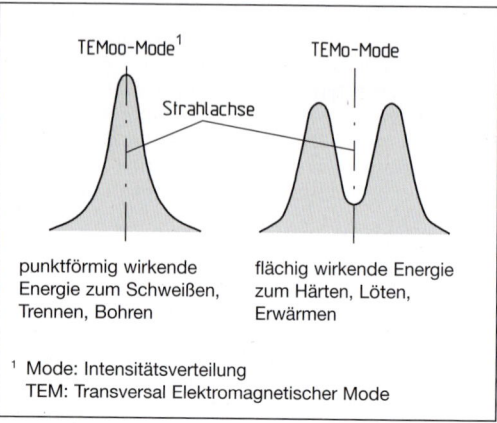

1 **Laserstrukturen des CO_2-Gaslasers**

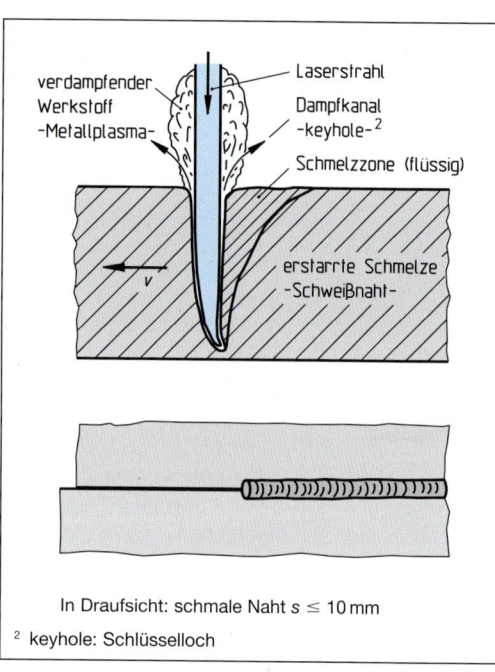

2 **Prinzip des Laserstrahlschweißens – Laser-Tiefschweißen –**

kurzem Abstand hinter dem Laserstrahl. Die Ausbildung des Dampfkanals wird als Tiefschweißeffekt bezeichnet (Bild 2).

Beispiel: Mit einem 20-kW-CO_2-Laser werden bei 0,5 m/min Vorschub in Baustahl S355J2 Einschweißtiefen von 26 mm erreicht. Der Energieverbrauch (bei 100 % Leistung) beträgt 340 kW für die Laseranlage (ohne Kühlaggregat). Der Leistungsbereich einer 20-kW-Anlage ist z. B. von 1000 W bis 20 000 W regelbar.

Hohe Leistungsdichten ermöglichen auch das Laserstrahlschweißen sehr unterschiedlicher Werkstoffpaarungen wie Aluminium mit Stahl. Die gebündelte Strahlung eines 1400-W-Diodenlasers bzw. eines 2000-W-Nd:YAG-Lasers begrenzt durch die schroffen Erwärmungs- und Abkühlvorgänge die Bildung von intermetallischen Phasen auf Dicken unter 10 μm und stellt ein geeignetes Verfahren zur Verbindung dieser Werkstoffpaarung dar.

Bei geringer Leistungsdichte des Laserstrahls, insbesondere bei Laserstrukturen im Lasermodus TEM_{01}, oder beim Einsatz eines Hochleistungs-Diodenlasers wird es nicht zum Verdampfen des Werkstoffs und zur Bildung von Metallplasma kommen. Die Laserleistung wird nur zum Schmelzen der Werkstoffe führen = **Wärmeleitungsschweißen.**

Die Schweißtiefe wird dabei nur bis ca. 1,0 mm betragen.

**Längs geströmte CO_2-Laser –
Quer geströmte CO_2-Laser**

Diese zwei Varianten unterscheiden sich beträchtlich in Aufbau der Laseranlage, Gasverbrauch und Laserleistung. In der Lasertechnik geht die Entwicklung zu immer leistungsfähigeren längs geströmten Lasern mit über 40 kW Dauerstrichbetrieb.

Quer geströmte Laser arbeiten ohne Pumpe für die Gasumwälzung als **langsam geströmte Laser.** Das Gas fließt quer zur Strahlachse. Die Strömungsgeschwindigkeit ist bestimmt durch den eingestellten Gasdruck (ca. 100 mbar) und dem Gasverbrauch im Resonator. Die Elektroden – mit hoher Gleichspannung zur Anregung – sind innerhalb des Resonators angeordnet.

Rückspiegel und Auskoppelspiegel verringern ihre Leistung durch Metallstaub vom Abbrand der Elektroden. Elektroden müssen erneuert werden.

Längs geströmte Laser sind schnell geströmte Laser und führen das Lasergas längs der Strahlachse. Durch die mehrfache Umlenkung des Strahls im quadratisch aufgebauten, gefalteten Resonator ist ein kompakter Aufbau des Lasergeräts möglich. Auf einen Meter Resonatorstrecke kann etwa 1 kW CO_2-Laserausgangsleistung erzeugt werden. Eine Gas-Umwälzpumpe steuert die Strömungsgeschwindigkeit. Höhere Laserleistung ist mit höherem gesteuertem Gasdurchfluss möglich. Die kürzere Verweilzeit der Gase im Resonator führt zu geringerer Gasaufheizung und als Folge daraus zu leichterer Gasabkühlung. Die Elektroden sind außen am Resonator aufgesetzt und werden durch hochfrequente Wechselspannung angeregt, z. B. in Höhe von 13,56 MHz.

Laser-medium	Laser-typ	Laserstrahl-Wellenlänge μm	vorwiegender Anwendungs-bereich
CO_2-Laser	Gas	10,6	Schneiden, Schweißen
Nd:YAG-Stablaser	Festkörper	1,06	Schneiden, Schweißen
Yb-YAG-Scheibenlaser	Festkörper	1,03	Schweißen, Erwärmen
Rubin-Laser	Festkörper	0,694	Mikroschweißen
Kupfer-dampf-Laser	Dampf	0,578 und 0,511	Feinstschneiden und Feinstbohren
Argon-Laser	Gas	0,52 … 0,46	Feinschweißen und -löten
Stickstoff-Laser	Gas	0,337	Feinbearbeitung
Excimer-Laser Argonfluorid-Laser	Gas	0,19	Oberflächen-strukturierung, Oberflächen-behandlung, Messtechnik
Hoch-leistungs-Dioden-laser, HDL	Halb-leiter	0,790 und 0,980	Material-bearbeitung

1 Laser für thermische Materialbearbeitung

Vorteile: homogene Gasentladung mit guter Konstanz des Lasers, geringere Anregungsspannung bei Einkoppeln der Energie als bei Gleichstrom erforderlich, außen liegende Elektroden sind fast verschleißfrei, keine Verschmutzung des Resonators (Spiegel, Glasrohre), geringerer Lasergasverbrauch, erheblich gesteigerte Laserlichtleistung gegenüber quer geströmten Lasern.

Betriebsarten eines Lasers

CO_2-Laser wie auch andere Laser können mit Wechsel der Fokussieroptik (Schweißoptik zu Schneidoptik) für Laserschweißen oder Laserschneiden eingesetzt werden.

Neuere Entwicklungen ermöglichen Strahlverteilung und Strahlungsmode innerhalb von Sekunden umzuschalten. Dadurch kann neben Schweißen oder Schneiden auch eine Oberflächenbehandlung eingetaktet erfolgen.

Die Laserleistung wird den Schweiß- oder Schneidanforderungen entsprechend angepasst.

Möglich sind **Dauerstrichbetrieb (cw-Betrieb[1]),** sowie über Pulseinrichtungen **gepulste Leistung**

---

[1] cw: continuous wave

(Pulsbetrieb) oder zunächst ansteigende, später abfallende Leistung **(Rampe).**

Die wirksame Leistung des Lasers wird über den **Tastbetrieb** gesteuert. Es werden kontinuierlich Pulse mit der Maximalleistung der Laseranlage abgegeben, die mit leistungsfreien Pulsen wechseln. Das Verhältnis von Pulsdauer zu Pausendauer regelt die wirksame Ausgangsleistung des Lasers.

Beispiel:

Die Schweißnaht an einem austenitischen CrNi-Stahl wird im Pulsbetrieb geschweißt.
Die Laseranlage verfügt über eine Ausgangsleistung von 6000 W.
Der Laser erzeugt 1000 Pulse in der Sekunde von jeweils 0,0005 s Dauer, die mit Maximalleistung abgegeben werden.
Während der Pausendauer von jeweils 0,0005 s wird kein Laserlicht abgegeben.

Die wirksame Ausgangsleistung (mittlere Ausgangsleistung) beträgt dann 3000 W. Damit kann an einer Werkstückdicke von 3 mm mit einer Schweißgeschwindigkeit von ca. 3,5 m/min gearbeitet werden. Ein programmierter Rampezyklus erleichtert dabei den Einstechvorgang und beendet die Schweißnaht mit einem kraterfreien Auslauf (Nahtende).

Die **Laserstrahlqualität** ist entscheidend für seinen Einsatz in der Materialbearbeitung.

Für den CO_2-Laser wird dieses ausgedrückt durch den Strahlpropagationsfaktor K, für einen Nd:YAG-Laser durch das Strahlparameterprodukt q (Kenngrößen zur Berechnung der Strahlqualität erklärt DIN EN ISO 11145).

Für eine unabhängige Bearbeitungsrichtung muss das Laserlicht nahezu parallel (unpolarisiertes Licht) sein oder eine geringe Divergenz aufweisen (zirkular polarisiertes Licht).

Schwingt das elektrische Feld der elektromagnetischen Wellen nur in einer Ebene, entsteht linear polarisiertes Licht. Beschreibt die Spitze des Feldleitstrahls, durch die Feldstärke angeregt, einen Kreis um die Ausbreitungsrichtung, so wird zirkular polarisiertes Licht wirksam.

Die Abweichung von der Parallelität wird als Divergenz bezeichnet, der Öffnungswinkel beschreibt dabei die Größe der Abweichung. Mithilfe eines Phasenschiebers (Zirkularpolarisator) kann linear polarisiertes Licht in zirkular polarisiertes Licht gewandelt werden.

> Zirkular polarisiertes Licht ist geeignet für eine unabhängige Bearbeitungsrichtung in 2-D- oder in 3-D-Laseranlagen.

Wird linear polarisiertes Licht angewendet, ist die Wirksamkeit des Lasers richtungsabhängig. Es ist geeignet für geradlinige Bearbeitungsrichtungen, z. B. Rohrschweißungen längs in 1-D-Laseranlagen.

Die **Intensitätsverteilung** im Querschnit eines Laserstrahls wird im **Modeschuss** erkennbar. Dabei wirkt der unfokussierte Laserstrahl auf die Oberfläche eines Plexiglaskörpers und bildet eine charakteristische Vertiefung. Diese entspricht der Intensitätsverteilung der Laserstrahlung.

Die **Strahlqualität** bei Gaslasern wird durch die **Strahlkennzahl K (Strahlpropagationsfaktor)** ausgedrückt, die für den **eingesetzten Laser** charakteristisch ist. K kann zwischen 0 und 1 liegen. Der Wert $K = 1$ benennt die beste Strahlqualität. Errechnet wird er aus der Wellenlänge des Lasers, dem $\varnothing$ der Strahltaille und dem Divergenzwinkel.

CO_2-Laser ereichen K-Werte von ca. 0,7 bei einer Laserausgangsleistung von 1 kW und $K \geq 0,2$ bei Ausgangsleistungen von 25 kW.

Die **Strahlqualität** eines **Nd:YAG-Lasers** wird ausgedrückt durch das **Strahlparameterprodukt q**. Dieser wird aus den optischen Werten Divergenzwinkel und Strahlradius an der Strahltaille (= Fokus $\varnothing$ am Strahlerzeuger) berechnet. Dieser bleibt konstant, auch wenn er über Spiegel und durch Linse geführt wird.

Je kleiner das Strahlparameterprodukt q eines Laserstrahls ist, umso höher ist die Strahlqualität und umso besser lässt sich der Laserstrahl fokussieren.

Nd:YAG-Laser im Leistungsbereich von 100 W erreichen Strahlqualitäten von $q \sim 4$ mm mrad. Bei höheren Laserquellenleistungen wird der Einfluss der thermischen Nebenwirkungen größer und damit die Strahlqualität geringer.

Strahlquerschnitt – Fokusdurchmesser – Divergenz

Der CO_2-Laserstrahl wird am Auskoppelspiegel je nach Laseranlage mit einem Strahldurchmesser $d = 10 \ldots 45$ mm austreten. Konvexe und konkave Spiegel im Strahlteleskop weiten den linear polarisierten Laserstrahl auf $1,5 \ldots 2d$. Ein Phasenschieber wandelt ihn in einen zirkular polarisierten Laserstrahl, der über Umlenkspiegel zur Fokussieroptik geleitet wird.

Die Fokussierlinse bündelt den Strahl und lässt ihn im **Fokuspunkt** zur maximal wirksamen Konzentration zusammenlaufen. Bei einer Fokussierlinse von 2,5″ Brennweite auf einen Fokuspunkt von $\leq 0,12$ mm, bei einer Linse von 5″ Brennweite sind es $\leq 0,2$ mm.

Das Aufweiten des Strahls nach dem Auskoppelspiegel verringert die **Divergenz,** die zu Strahlungsverlusten führt. Eine Divergenz von 1 mrad bedeutet die Aufweitung des Laserstrahls um 1 mm je 1 m Strahllänge. Um in wechselnden Entfernungen des Resonators zur Fokussieroptik gleiche Strahlqualität zu erreichen, muss die Divergenz so gering wie möglich sein.

Wichtig ist dieses bei bewegter Optik in 2-D- oder 3-D-Anlagen, da sowohl kurze wie lange Strahlwege auftreten. Bei Laserlichtkabeln von Nd:YAG-Lasern tritt keine Divergenz auf.

Im unfokussierten Strahl zeigt die Grundmode TEM_{00} höchste Strahlungsintensität in der Mitte, die dann entsprechend einer Gauß'schen Verteilungskurve nach außen abnimmt. Auch nach der Fokussierung des Strahls bleibt die Intensitätsverteilung wirksam.

Für flächige Wirksamkeit wird die Modestruktur TEM_{01} eingesetzt. Hier ist in der Strahlmitte eine sehr geringe Intensität, die zur Hälfte des Strahlquerschnitts zum Maximum ansteigt und zum Rand auf null abfällt.

Leistungsstarke Laseranlagen arbeiten teilweise mit Mode TEM_{03} für Laserstrahlschneiden bzw. Laserstrahlschweißen.

Laser-Hybridschweißen

Die Konzentration des Laserstrahls auf einen sehr kleinen Fokusdurchmesser erlaubt nur geringe Bauteiltoleranzen der zu fügenden Werkstücke. Der Idealfall wären Werkstücke ohne Spalt. In der Realität können jedoch Spaltbreiten, wie auch ein Versatz der Fokusposition zum Spalt im Bereich von 0,1 bis 0,3 mm oft nicht vermieden werden.

Gegenüber dem konventionellen Laserstrahlschweißen bietet das **Laser-Hybridschweißen** mehr Freiräume für ein serienstabiles Erreichen hoher Nahtqualität unter Beibehaltung der lasertypischen Vorteile.

Man kombiniert zwei verschiedene Energiequellen und erreicht gegenüber dem reinen Laserstrahlschweißen eine **größere Spaltüberbrückbarkeit,** eine **verbesserte Prozessstabilität** und **höhere Schweißgeschwindigkeiten** (siehe Seite 229).

So wird MIG-, wie auch WIG-Schweißen mit der Strahlung eines CO_2-Lasers oder Nd:YAG-Lasers für die Verarbeitung von Tailored-Welded-Blanks (TWB) aus Stahl angewendet. Mit dem Hybrid-Laser-WPL-Verfahren[1] an TWBs aus Aluminiumlegierungen im Karosseriebau ist gegenüber einer Laserstrahl-Schweißverbindung die Spaltüberbrückbarkeit auf 0,2 mm verdoppelt und

die Schweißgeschwindigkeit von 6 m/min auf 8 m/min angestiegen. Zudem konnte ein scharfkantiger Übergang der 1 mm dicken Bleche vermieden werden.

Bei 3 mm Stumpfstoßverbindung z. B. der Al-Legierung EN AW-6082 (EN AW-AlSi1MgMn) erfolgt die Kopplung eines 3 kW-CO_2-Lasers mit einem 100 A-WIG-Lichtbogen + **Z**usatz-**W**erkstoff (Hybrid-Laser-WIG + ZW) oder mit einem 190 A-MIG-Lichtbogen + ZW (Hybrid-Laser-MIG + ZW) und dem Schweißzusatz EN AW 4043A (EN AW-AlSi5). Diese Hybrid-Verfahren arbeiten mit einer Schweißgeschwindigkeit von WIG 2,2 m/min und MIG 3,0 m/min und erzeugen Schweißnähte, die nach dem Durchstrahlungsbefund keine Poren aufweisen.

Ähnliches gilt auch für Edelstähle und Schiffsbaustähle mit deutlicher Schweißgeschwindigkeitssteigerung gegenüber MSG-Verfahren und bei einer Spaltüberbrückung von bis zu 2 mm. Leistungssteigerungen lassen sich auch für den Automobil- und Behälterbau, sowie in der Rohr- und Profileherstellung bzw. -verarbeitung nennen.

Werden hybrid verschiedene Laser simultan eingesetzt, so können im Fokus beliebige Intensitätsverteilungen angesteuert werden. Dabei können z. B. Nd:YAG-, wie auch Diodenlaser mit unterschiedlicher Fokuslage wirken.

Schweißstoß

Der Laserstrahl schmilzt nur eine schmale Zone auf. Bei einem Spalt von mehr als 5 % der Werkstückdicke kann das Schmelzbad den Schweißspalt nicht mehr überbrücken. Die Stoßkanten müssen daher ohne Spalt aufeinander liegen, da prozesserleichternd meist ohne Schweißzusatz gearbeitet wird. Spanend bearbeitete Kanten sind sehr gut laserschweißbar. Genibbelte Kanten ergeben zu große Spaltbreiten, die zum Durchsacken der Naht führen. Laser- bzw. wasserstrahlgeschnittene, ebenso schergeschnittene Fügekanten sind gut laserstrahlschweißbar, wenn die Rautiefe der Fügeteile < Spaltbreite ist.

Die flexible Strahlführung im Laserlichtkabel der Nd:YAG-Laser gestattet das Schweißen mit 2 Fokuspunkten, die leicht versetzt zueinander angeordnet sind. Die Erhöhung der Schweißnahtbreite erleichtert die Überbrückung größerer Spaltbreite bei Stumpfnähten und verbessert zudem die Nahtgüte bei Al-Werkstoffen. Die Anforderungen an die Nahtvorbereitung können verringert werden, wenn eine **Zusatzdraht-Einrichtung** an der Außenseite des Schweißkopfes integriert ist. Der Schweißzusatz (∅ 0,8 bis 1,2 mm) wird kontinuierlich zugeführt, verhindert eine Nahtunterwölbung und erhöht zugleich den Nahtquerschnitt. Der Schweißzusatz kann auch

---

[1] WPL-(Wolfram-)Plasmalichtbogenschweißen

zur gezielten metallurgischen Beeinflussung der Schmelzzone eingesetzt werden.

Für eine hochwertige Naht muss der Fügebereich sauber sein. Leicht geölte Fügeflächen beeinflussen die Nahtbildung bei Stahl nur gering. Stärker gefettete oder verschmutzte Stoßkanten sorgfältig reinigen. An beschichteten Blechen entstehen durch Zn, Cr oder Sn u. U. poröse Nähte. Nicht schweißbar sind Werkstücke mit Rost-, Zunder-, Lack- oder eloxierten Nahtzonen. Magnesiumwerkstoffe, Aluminiumwerkstoffe und verzinkte Stahlbleche sind mit dem Nd:YAG-Laser-MIG-Hybridschweißen gut zu verbinden.

Schweißnahtarten

Angewendet werden für das Laserschweißen:

Bördelnaht:
einfache Vorbereitung, meist gut zugänglich, Versteifung der Fügeteile, ungünstiger Kraftfluss

I-Naht:
erfordert sorgfältige Vorbereitung, gut zugänglich, günstiger Kraftfluss, Dickenunterschiede im Stoß möglich

Kehlnaht:
erfordert sorgfältige Vorbereitung schlecht zugänglich, günstiger Kraftfluss, Bindefehler möglich, Fügequerschnitt erfasst nicht volle Werkstückdicke

Ecknaht:
einfache Vorbereitung, Fügespalt sehr klein, gut zugänglich, Kerbwirkung innen = erhöhte Bruchgefahr

Überlappnaht:
einfache Vorbereitung, gut zugänglich, ungünstiger Kraftfluss, Nahtquerschnitt = Schmelzbadbreite

Axialrundnaht:
aufwendige Vorbereitung mit Presspassung, Anschlagflächen oder Heftpunkte erforderlich, Spaltänderung durch Querschrumpfung = Verzug

Radialrundnaht:
einfache Vorbereitung, gut zugänglich, günstiger Kraftfluss, gute Positionierung

Laser-Bearbeitungsanlagen

Das Laserlicht wird im Lasergerät (Laserstrahlerzeuger) erzeugt. Vom Strahlerzeuger muss der Laserstrahl genau durch die Maschine zur Fokussieroptik geleitet werden. Das Lasergerät kann im Maschinenrahmen integriert werden oder gesondert angeordnet sein.

Das Spektrum der Bearbeitung führt zu unterschiedlichen Anlagen- bzw. Maschinenkonzepten.

Maschinenkonzepte zu Laser-Bearbeitungsanlagen (Bild 1, Seite 227)

1-D-Anlagen:

stationäre Optik bei bewegtem Werkstück in einer Richtung; diese werden eingesetzt an Sondermaschinen, z. B. an Rohr-Längsschweißmaschinen

2-D-Anlagen:

Maschinenkonzept 1: Bewegte, „fliegende" Optik in 3 Achsen bei stationär ruhendem Werkstück; Ausführung als Flachbettmaschine für flächiges Schweißen oder Schneiden; nach Anlagengröße abgestuft bis zu einem Arbeitsbereich von maximal 6000 mm × 2000 mm. Als Sonderausführung für den Schiffsbau auch mit Arbeitsbereich von maximal 12 000 × 4000 mm für Schneiden und Schweißen mit zwei CO_2-Laserstrahlquellen. Ein Fügespalt von 0,3 mm wird bei diesen Arbeitslängen dabei problemfrei eingehalten. Die Z-Achse der Arbeitsoptik mit anpassungsfähiger Höhenverstellung, z. B. 115 mm.

Die maximale Bearbeitungsgeschwindigkeit beträgt achsparallel 200 m/min, längs und quer gleichzeitig (simultan) 300 m/min; kleinstes programmierbares Wegmaß 0,01 mm bei einer Positionsabweichung von $Pa = 0,10$ mm und einer Streubreite von $Ps = 0,03$ mm.

Maschinenkonzept 2: Stationäre Optik mit anpassungsfähiger Höhenverstellung, bewegtes Werkstück in 3 Achsen (Höhen- und Dickenunterschiede gelten als 3. Achse); Ausführung als Flachbettmaschine. Die Anwendung ist eingeschränkt, da sich beliebige Massen nicht positionsgenau schnell verfahren lassen, Werkstücke verrutschen

3-D-Anlagen:

Maschinenkonzept 1: stationäres Werkstück, bewegte Optik am Ausleger der Anlage, Optik in 5 Achsen steuerbar; dieses Konzept wird eingesetzt an Laser-Schweiß- oder Schneidanlagen, die ein dreidimensionales, beliebiges Bearbeiten am ruhenden Werkstück erfordern

Maschinenkonzept 2: bewegtes Werkstück in einer Achse bei bewegter Optik in 5 Achsen; diese Anlage ist mit einer Rundachse zur Werkstückaufnahme am Maschinenkörper ausgelegt und gestattet die allseitige Bearbeitung, auch am sich drehenden Werkstück z. B. bei einer Rohrbearbeitung

Maschinenkonzept 3: bewegtes Werkstück in einer Achse bei bewegter Optik in 4 Achsen; Maschinenanlage in Portalbauweise für die Aufnahme der bewegten Optik mit beliebigen Dreh- und Höhenbewegungen; der Ma-

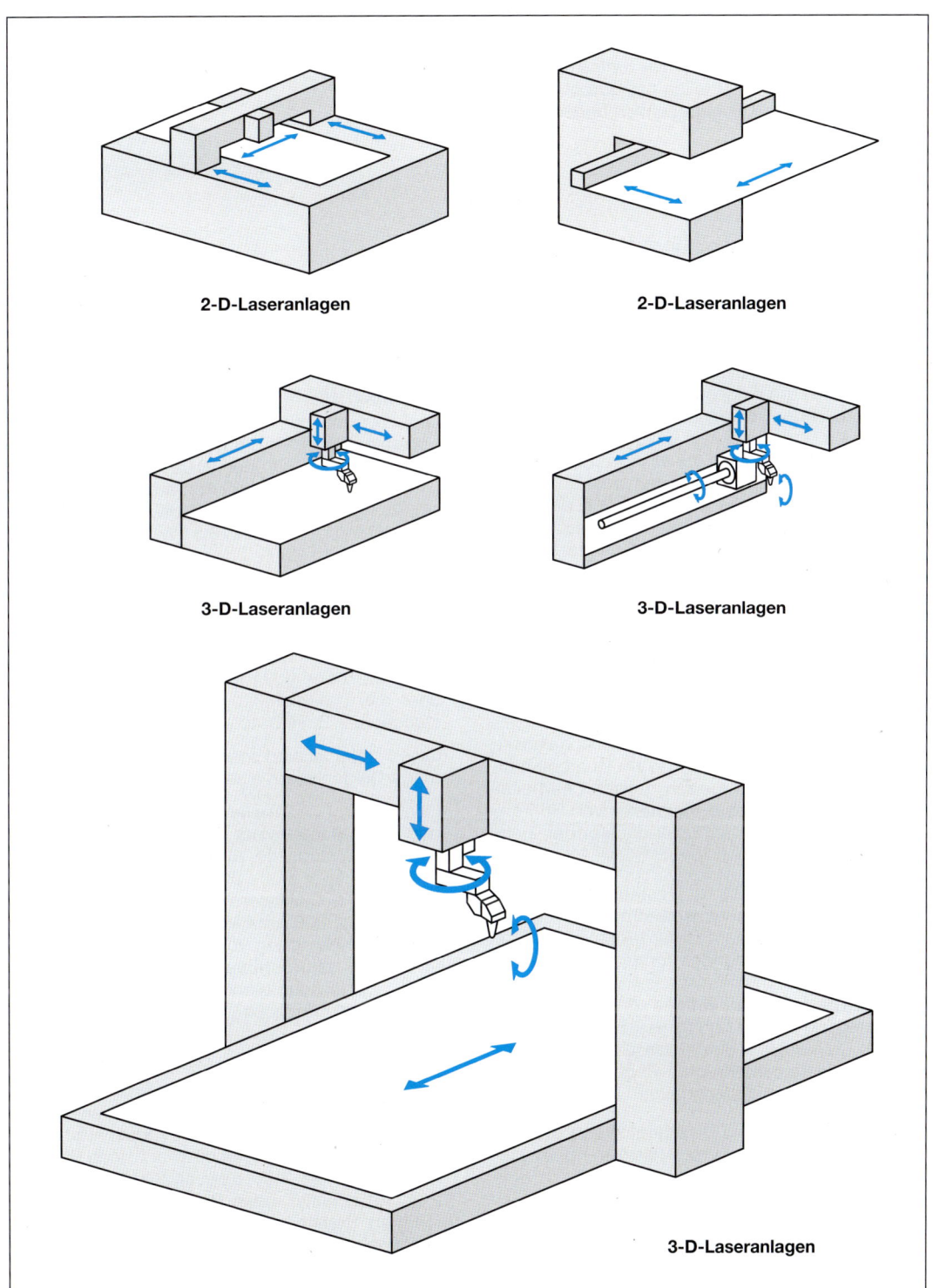

2-D-Laseranlagen

2-D-Laseranlagen

3-D-Laseranlagen

3-D-Laseranlagen

3-D-Laseranlagen

1 Maschinenkonzepte der Laser-Bearbeitungsanlagen (ohne Laserstrahlerzeuger)

schinentisch mit dem aufgelegten Werkstück übernimmt die Längsbewegung; diese Maschinenanlagen sind geeignet zur fünfseitigen Bearbeitung von Tiefziehteilen mit Durchbrüchen, Ausschnitten und Formbeschneidungen

Lasertypen

Die Laser werden ausgewählt nach den Bearbeitungsaufgaben am Werkstück-Spektrum, der dazu maximal erforderlichen Laser-Ausgangsleistung und Leistungsregelung, der Strahlqualität und der Strahlführung (z. B. Laserlichtkabel).

Der **Rubinlaser** ist der erste Laser, der für die Metallbearbeitung eingesetzt werden konnte. Die geringe Leistung begrenzt seine Anwendung. Beim Rubinlaser wird das laseraktive Medium Rubin intensiv mit Licht einer Anregungslampe oder durch Hochleistungsdioden bestrahlt (optisches Pumpen). Dieses Licht wird von den aktiven Atomen absorbiert und hebt die Leuchtelektroden (Rubin) in den höheren Energiezustand, die das monochromatische Laserlicht nach der Besetzungsinversion (= Sättigungsgrad) am Resonatorspiegel austreten lassen. Der Festkörperlaser arbeitet mit einer Wellenlänge von 694 nm.

Rubinlaser werden nur in speziellen Fällen angewendet. In der Schmuckindustrie wird der Rubinlaser zum Mikroschweißen von Goldkettengliedern u. Ä. eingesetzt. Als weitere Arbeitsbeispiele sind zu nennen: Schneiden von Quarzplatten, vakuumdichtes Einschmelzen optisch bearbeiteter Fenster in Quarzrohre, Herstellen von Bohrungen bis zu ∅ 30 μm für Spinndüsen oder Ziehsteine.

Der **Nd:YAG-Laser** ist ein Festkörperlaser. Das laseraktive Medium ist ein stabförmiger, künstlich gezüchteter Kristall aus **Y**ttrium-**A**luminium-**G**ranat **(YAG)** mit eingelagerten Ionen des Elements Neodym (**Nd** ist ein chemisches Element der seltenen Erden aus der Gruppe der Erdmetalle). Die Anregung zur Erhöhung des Energieniveaus erfolgte ursprünglich durch das Licht von hochfrequenzangeregten Krypton-Bogenlampen mit weniger als 1000 h Lebensdauer.

Diese sind weitgehend verdrängt durch diodengepumpte Versionen. Die Ansteuerung in der Höhe der Anregungsleistung bewirkt direkt eine entsprechende Änderung der Ausgangsleistung. Auch Pulsbetrieb ist über die Anregungsleistung beliebig regelbar. Das Laserlicht liegt im nahen Infrarot, mit 1,06 μm nahe am sichtbaren Wellenlängenbereich. Die Diodenstrahlung als Anregungsenergie steigerte den Gesamtwirkungsgrad

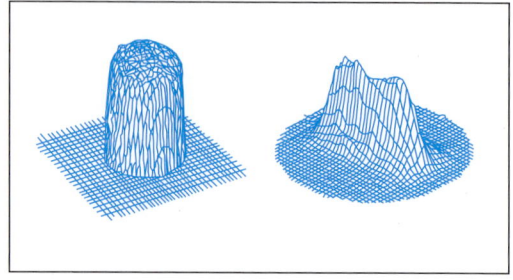

1 Laserstruktur im Modeschuss –
Intensitätsverteilung der Laserstrahlung

von unter 5 % auf mehr als 10 % und weniger Verlustwärme, die abgeleitet werden muss. Die Lebensdauer einer Dioden-Pumpquelle ist ohne Leistungsabfall auf über 10 000 h angegeben. Im unteren Leistungsbereich arbeiten gepulste Nd:YAG-Laser mit 40 bzw. 60 W, deren maximale Pulsleistung bei 3,5 bzw. 6,5 kW, bei Pulsenergien von 40 bis 70 Joule liegen. Die Pulsdauer liegt zwischen 0,3 und 20 μs bei Pulsfrequenzen bis zu 100 Hz.

Die kurzzeitige Pulsleistung kann leistungsabhängig über Lichtleitfasern mit Durchmessern von 200, 400 oder 600 μm abgerufen werden und über das Laserlichtkabel zu beliebigen Arbeitsstationen, z. B. Roboteranlagen geführt werden.

Laserlichtkabel sind sonst nur noch bei Hochleistungs-Diodenlasern einsatzfähig.

Lichtstrahlen der Wellenlänge von 1,06 μm werden vom Mantel einer Glasfaser immer wieder von einer Wandseite zur anderen reflektiert und können so über große Strecken verlustfrei geführt werden. Die Glasfasern mit einem Durchmesser von 100 bis 600 μm (leistungsabhängig) werden zu einem Kernstrang von ca. ∅ 6 mm gebündelt und bilden den **Lichtwellenleiter** im **Laserlichtkabel**. Mit Isolierung und Schutzummantelung ist das etwa 10 mm dicke Laserlichtkabel eine hochflexible Zuleitung des Laserlichts zur Arbeitsoptik.

Eine cw-Strahlleistung bis maximal 1000 W (kurzzeitig 1200 W) kann übertragen werden. Dieses ist ein Vorteil beim Einsatz des Lasers an schwer zugänglichen Stellen oder bei Industrierobotern, die mit einem 5-achsigen bis 8-achsigen Bearbeitungssystem an 2-D- oder an 3-D-Laseranlagen z. B. Ausschnitte oder Durchbrüche an vorgefertigten Stahlteilen einbringen oder den Rand beschneiden.

In der Automobilfertigung ermöglicht der Laserroboter an schwer zugänglichen Stellen im größeren Umfang auch Punkt- und Nahtschweißen.

Die maxiale Ausgangsleistung einer Nd:YAG-Anlage beträgt 6000 W. Bei Leistung des Lasers über 1200 W wird über Spiegel, Weichen und Strahlteiler die Ausgangsleistung auf bis zu fünf Laserlichtkabel verteilt. Die Energie kann so an mehrere Bearbeitungsstationen geleitet, wie auch am Werkstück gebündelt und zeitlich versetzt, oder mit versetzten Fokuspunkten zur verbreiterten Nahtbildung wirksam werden.

Hohe Leistungsdichten ermöglichen auch das Laserstrahlschweißen sehr unterschiedlicher Werkstoffpaarungen wie Aluminium mit Stahl. Die gebündelte Strahlung eines 1,4-kW-Diodenlaser bzw. eines 200-W-Nd:YAG-Lasers begrenzt durch die schroffen Erwärmungs- und Abkühlvorgänge die Bildung von intermetallischen Phasen auf Dicken unter 10 µm und stellt ein geeignetes Verfahren zur Verbindung dieser Werkstoffpaarung dar.

Nd:YAG-Diodenlaser-Hybridschweißen

Ein großes Anwendungsspektrum bieten neu entwickelte, diodengepumpte Festkörperlaser. Hier werden zwei völlig unterschiedliche Laser, nämlich ein Nd:YAG-Laser und ein Diodenlaser zu einem Gerät verbunden. Dadurch erhöht sich der Wirkungsgrad des Festkörperlasers bei gleicher oder sogar höherer Strahlqualität um ein Mehrfaches. Über Lichtleitfasern von 400 µm wird die Ausgangsleistung im Laserlichtkabel nahezu verlustfrei auch über größere Strecken zu Robotern und automatisierten 3-D-Laseranlagen geführt. Der Diodenlaser ist direkt am Handhabungsgerät montiert, er arbeitet daher direktstrahlend zur Fokussierlinse. Durch Umlenkspiegel erfolgt die Wellenlängenkopplung, die dann durch die Fokussierlinse zum wirksamen Laserstrahl auf dem Werkstück zusammengefasst wird. Durch die koaxiale Kopplung ist es möglich, die beiden Strahlen unter dem gleichen Anstellwinkel auf das Werkstück zu führen. Der Verstellmechanismus für einen der Umlenkspiegel lässt eine laterale (seitliche) Verstellung der beiden Fokusse zueinander zu. Zusätzlich ist eine vertikale Verschiebung des Nd:YAG-Fokus möglich. Dadurch kann man das System als einen Laser mit nahezu beliebig einstellbarer Intensitätsverteilung im Laserstrahl einsetzen.

Die beiden Laser sind unabhängig von einander regelbar im Bereich von 100 bis 3000 W. Bei einer Fokussierlinse von f = 100 mm Brennweite entstehen folgende Fokusgeometrien:

Nd:YAG-Laser: Kreis mit ∅ 0,3 mm
Diodenlaser: Rechteck mit 1 mm × 2,5 mm.

Bei gleicher Laserleistung ist eine Verbreiterung der Schweißnaht um bis zu 50 % zu erreichen.

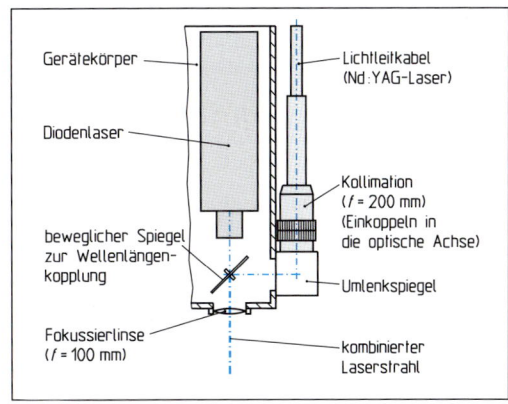

1 Hybridschweißen: Aufbau eines hybriden Nd:YAG-Diodenlasers

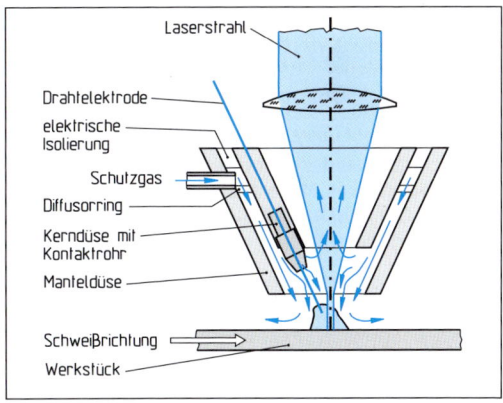

2 Koaxiale Schweißdüse (Hybrid-Schweißkopf)

Nd:YAG-MIG-Hybridschweißen

Das Verfahren zeichnet sich durch die gleichzeitige Anwendung von zwei unterschiedlichen Energiequellen aus. Dabei wirken der MIG-Lichtbogen der Drahtelektrode und der fokussierte Laserstrahl gemeinsam bei der Erzeugung der Schweißenergie.

Der Schweißzusatz wird als **Drahtelektrode nachlaufend** dem Laserstrahl in einem gemeinsamen Hybridschweißkopf zugeführt. Die Kerndüse ist von einer wassergekühlten Manteldüse umgeben; das aus dem Spalt ausströmende Schutzgas schirmt das Schmelzbad ab. Das Kontaktrohr der Drahtelektrode sitzt in der Kerndüse, ist aber leicht austauschbar.

Die **vorlaufende Laserstrahlung** erzeugt die Dampfkapillare, die die Oxidschicht der Werkstoffe auf der Schmelze aufbricht. Die induzierte

Schmelzströmung bewirkt zusätzlich eine Öffnung der metallischen Schmelzoberfläche und fördert eine Konzentration des Lichtbogens.

Während bei reinen MIG-Verfahren oft Ar-He-Gemische eingesetzt werden müssen, genügt bei der Hybridschweißung Argon.

Eingesetzt vorwiegend für Aluminiumlegierungen, hat sich das Laser-MIG-Hybridschweißen auch bei Magnesiumwerkstoffen und bei verzinktem Stahlblech (H320LA ZE 75/75 Bonazink, Blechdicke 0,88 mm) im Karosseriebau bewährt. Mit einer Schweißgeschwindigkeit von 4 m/min und der verbesserten Spaltüberbrückbarkeit kann bei Spaltweiten unter 1 mm auf eine Badabstützung verzichtet werden.

Bei 4 mm dicken Al-Legierungen kann mit 2,7 kW-Laserleistung und MIG-Impulslichtbogen bei einem ca. 0,8 mm Spalt ohne Badabstützung noch mit einer Schweißgeschwindigkeit von 2,5 m/min gefügt werden. Der Schweißzusatz mit Drahtdurchmesser 1,2 mm wird mit einem Vorschub von 7,8 m/min zugeführt.

Anstelle des Nd:YAG-Lasers kann bei leicht modifizierten Werten auch ein CO_2-Laser gekoppelt werden. Der Hybridschweißkopf wird auch für das **CO_2-Laser-MAG-Hybridschweißen** an Stählen eingesetzt.

Der **CO_2-Laser,** ein Gaslaser im Wellenlängenbereich von 10,6 µm, wird in der Metallbearbeitung häufig eingesetzt. Aufbau und Wirkungsweise sind auf den vorhergehenden Seiten teilweise dargestellt.

Das eingesetzte Lasergas ist ein Gemisch aus CO_2, N_2 und He, das im Mischungsverhältnis 0,5 : 2 : 5 mit einem Betriebsdruck von 100 mbar im Resonator (= Entladungsrohr) und dem Kühlaggregat zirkuliert. Im Entladungsrohr wird durch die Energiezufuhr die Gasentladung erzeugt, die die CO_2-Moleküle in das obere Laserniveau heben. Bei der Laserstrahlerzeugung bestimmt der Aufbau des Resonators die Intensitätsverteilung im Strahlquerschnitt.

Der CO_2-Laser mit Leistungen über 2 bis 20 kW wird erfolgreich zum Schweißen größerer Werkstückdicken eingesetzt. Im Dauerstrichbetrieb werden ohne Schweißspalt Nahttiefen von 0,1 mm … 26 mm, mit Schweißspalt und Kaltdraht-Schweißzusatz Nahttiefen bis 100 mm erreicht.

Hervorzuheben ist allgemein die Bildung schmaler Schweißnähte bei hoher Schweißgeschwindigkeit. Die geringe Wärmeeinbringung verursacht minimalen Verzug bzw. niedrige Schweißrestspannung.

Der diffusionsgekühlte **CO_2-Slab-Laser** arbeitet unter Wegfall der Gasumwälzung und der externen Gasversorgung. Ein vorderer und ein hinterer Metallspiegel bilden den optischen Resonator. Zwischen den wassergekühlten Elektrodenplatten erfolgt die Anregung des Lasergases mittels Hochfrequenz. Der CO_2-Gasverbrauch ist minimal. Eine im Laserkopf integrierte Gasflasche reicht für ca. 1 Jahr Dauerbetrieb. Die bei der Anregung entstehende Wärme wird von den Elektrodenplatten aufgenommen (Diffusionskühlung) und über das Kühlwasser abgeleitet.

Der am optischen Resonator austretende CO_2-Strahl erhält durch eine im Laserkopf integrierte Optik seine rotationssymmetrische Laserform.

Der **Slab-Laser** im Leistungsbereich von 100 W bis 300 W eignet sich für das Schweißen, insbesondere für das Remote-Schweißen (siehe Seite 232), und Schneiden, wie auch für die Oberflächenbearbeitung.

Bei dem **CO_2-Laser-MIG-Hybridschweißen** an Stahl werden ausgezeichnete Schweißergebnisse bei hohen Prozesstoleranzen erreicht.

So wird bei 10 mm-Pipelinestahl P460NL2 mit 10,5 kW-Laserstrahlleistung, einem MIG-Impulslichtbogen und dem Schweißdraht SG2 mit Drahtdurchmesser 1,2 mm bei einem Drahtvorschub von 5,2 m/min einlagig geschweißt. Selbst bei schweißtechnisch unzulässigem Kantenversatz von 40 % der Materialstärke kann in einer Lage durchgeschweißt werden, wenn – bei dieser Werkstückdicke üblich – eine 10° Stoßfuge eingehalten wird.

Als Schutzgas wird 10 l/min Argon + 30 l/min Helium eingesetzt.

Dieses Verfahren erweist sich als besonders geeignet, in den Bereichen der Stahl-Grobblechverarbeitung eingesetzt zu werden, in denen keine für das reine Laserstrahlschweißen ausreichend genaue Naht- und Stoßvorbereitung eingehalten werden kann. Wirtschaftliche Vorteile entstehen aus dem einlagigen Schweißen, dem geringen Verzug, der eine Richtarbeit minimiert und der hohen Produktivität der Anlage.

Der **CO_2-Laser** ist immer noch der Laser mit dem größten Schneidpotenzial. Bei Konturschnitten dreht sich eine motorische Langlochdüse in die jeweilige Schneidrichtung. Das Schneidgas Stickstoff erzeugt im Hochdruck-Laserschmelzschneiden oxidfreie Fügekanten. An 12 m langen Blechen für den Schiffsbau wird für den später erfolgenden Schweißvorgang eine Spaltbreite unter 0,3 mm problemlos eingehalten. Im Schiffsbau geschieht das Schweißen von T-Stößen simultan und verzugsarm mit zwei Schweißoptiken und verbindet mit Vollanschluss. Stumpfstöße werden bei voller Durchschweißung bis zum Grenzbereich von 12 mm, vorwiegend aber von 3 bis 8 mm in einem Arbeitsgang geschweißt. An Schiffstypen, wie Korvetten und Fregatten sind bei Einzelnähten von bis zu 12 m Länge immerhin ca. 240 km Schweißnähte an der Außenhaut, im Deckbereich und an den längs- und querlaufenden Wandelementen zu fertigen.

Eingesetzt für die Fertigung der 12 × 4 m großen Flächenbauteile werden zwei ortsfeste CO_2-Laseranlagen mit jeweils 12 kW-Laserleistung, sekundenschnell umschaltbar von Schneiden auf Schweißen.

Der **Hochleistungs-Diodenlaser,** kurz **HDL** genannt, ist eine Weiterentwicklung des Dioden-lasers, der bereits vielfältig z. B. in CD-Druckern, CD-Playern und Scannerkassen Anwendung fin-det. Das Kernstück des HDL ist ein Mikrochip aus den Halbleiterelementen Gallium und Arsenid. Der Mikrochip aus Gallium-Arsenid wird elek-trisch angeregt. Dieser Halbleiter, in den Maßen 10 mm × 0,6 mm × 0,1 mm, wird zusammenge-fasst in „Barren" und erzeugt abhängig von der Anregungsintensität eine kontinuierliche Leistung zwischen 20 W … 40 W in den Wellenlängen 790 nm und 980 nm.

Durch Weiterentwicklung sind auch Diodenlaser in den Wellenlängen von 800 bis 830 nm im Ein-satz, deren Halbleiterbarren 50 W Dauerleistung erzeugen. Die Barren können ebenfalls im „Stak" zur Leistungssteigerung angeordnet werden.

Um in den Kilowatt-Bereich zu kommen, werden die Barren zu einem „Stak" übereinander gesta-pelt. Der abgegebene Gesamtstrahl wird in einem optischen System fokussiert.

Die Leistung des HDL liegt im Bereich von 10 … 6000 W.

Der 6-kW-Hochleistungs-Diodenlaser fokussiert seine Strahlung auf einen Brennfleck von 0,7 mm × 3,5 mm mit einer Leistungsdichte bis zu 106 W/cm². Zum Härten und Beschichten können damit Erwärmungsspuren von 30 mm Breite ge-legt werden.

Vorteile und Anwendung

Der innovative Fortschritt des HDL gegenüber anderen Lasersystemen liegt im 10-mal höheren Wirkungsgrad, da bei diesem Laser > 35 % der eingesetzten Energie als Laserleistung abgege-ben wird. Seine Baugröße ist 100-mal kleiner als andere Laseranlagen gleicher Leistungsstufe, zudem ist die Lebensdauer der Dioden mit > 10 000 Betriebsstunden sehr hoch. Der HDL ist auch geeignet als Strahlungsquelle anstelle von Blitzlampen bei optisch angeregten Laseranlagen

wie z. B. im Nd:YAG-Strahlerzeuger. Die rasche Erwärmung und die einfache Gestaltung der Fügegeometrie beim Wärmeleitungsschweißen hält die Wärmezone schmal und fertigt span-nungsarme Schweißnähte.

Auftragschweißungen mit zugeführtem Schweiß-zusatz in Form von Metallpulver oder Massiv-drähten ist an Werkzeugen und Bauteilen mög-lich.

HDL-Anlagen sind auch für Lötanwendungen und flächiges Erwärmen im Einsatz, z.B. bei laser-gestütztem Drehen oder Fräsen.

Die Hybridtechnik hat das Anwendungsspektrum des HDL entscheidend erweitert.

Die HDL-Anlage (Baugröße: ca. Schuhkarton) und die Fokussieroptik (in Größe einer Videokamera) sind gut zu integrierende Komponenten für Maschinen- und Robotersysteme.

Handgeführte HDL-Bearbeitungssysteme mit einer Strahlleistung des Diodenlasers bis zu 1 kW sind zum Wärmeleitungsschweißen in Anwen-dung. Die Strahlleistung wird über ein Laser-lichtkabel herangeführt, die Prozessbeobachtung erfolgt auf einem 2,5 Zoll Display direkt am Hand-gerät. Es können lineare oder gekrümmte Nähte geschweißt, gelötet oder Oberflächen flächig beschichtet werden.

Brennschneidversuche mit Einsatz des HDL anstelle einer Vorwärmflamme sind erfolgreich. Flexibel ansteuerbare HDL sind koaxial um die Sauerstoff-Schneiddüse angeordnet, sodass kreisförmige Erwärmungslinien entstehen. Auf dem Werkstück entsteht ein zeitlich und räum-lich exakt dosierter, ringförmiger Heizfleck, der die Werkstückoberfläche auf Zündtemperatur er-wärmt. Beim Einsatz von Schneidsauerstoff sind an unlegierten und niedrig legierten Stählen bis zu 100 mm Schneiddicke gute Ergebnisse zu verzeichnen.

Nachteile

Die begrenzt gute Strahlqualität schränkt die Fokussierfähigkeit ein. Daher ist eine HDL-Anlage für Erwärmungen und Wärmeleitungsschweißen, aber nicht für thermisches Schneiden oder Tief-schweißen geeignet. Das Wärmeleitungsschwei-ßen wird vorwiegend zum Verschweißen dünn-wandiger Bauteile eingesetzt.

HDL-Aktivgasschweißen

Die Anwendung des Hochleistungsdiodenlasers hat sich seit 2002 erweitert. Durch die Zuführung von Aktivgaskomponenten wurde der Schweiß-vorgang revolutionär verbessert.

Bei einem Wechsel des Prozessgases vom bisher üblichen Argon oder Helium zu einem Argon-Helium-CO_2-Gemisch (Lasgon C1) kommt es statt flacher Einschweißung (wie beim Wärme-leitungsschweißen) zu einer Durchschweißung. Es entstehen tiefe und schlanke Schweißnähte bei Schweißgeschwindigkeiten von über 1 m/min. Der Schweißprozess ist speziell auf die Anforderungen bei un- und niedriglegierten Stählen, vor allem aber auch bei verzinkten Stahlblechen (Automobilfertigung) abgestimmt.

Zum großen Vorteil wird auch das niedrige Gewicht des HDL und seine Kompaktheit, die eine maschinenintegrierte Montage und Energieübertragung durch Laserlichtkabel z. B. am Knickarmroboter erlauben. Der Laser kann mit geringem Platzbedarf eingesetzt werden. Ein weiterer Vorteil ist der linienförige, ca. 3,5 mm breite Fokus. Werkstückkanten benötigen keine hochgenauen Vorbereitungen, da durch den größeren Fokus Toleranzen und Fügespalten bis 2 mm überbrückt werden. Bei Bedarf werden als Schweißzusatz Drahtelektroden stromlos, bei dicken Blechen lichtbogenunterstützt zugeführt.

Mit dem **Kupferdampflaser** werden im Resonator gleichzeitig Laserstrahlen in 2 Wellenlängen ausgekoppelt. Im Wellenlängenbereich für Grün = 511 nm und Gelb = 578 nm wird der Laserstrahl emittiert. Dieser nieder divergente[1] Strahl wird im nachgeschalteten Verstärker auf die erforderliche Laserleistung angehoben. Über Pulssteuerung ist eine konstante Leistungsregelung im gesamten Leistungsbereich möglich. Die besondere Stärke des Laser liegt im Tiefloch-bohren in nahezu jedem Winkel zur Werkstück-oberfläche.

Yb:YAG-Scheibenlaser

Der Scheibenlaser ist ein **Yb:YAG-Festkörperlaser** mit der Wellenlänge von 1030 μm. Es ist eine Scheibe aus **Y**ttrium-**A**luminium-**G**ranat mit eingelagerten Atomen von **Yb** = **Y**tter**b**ium, einem chemischen Element der Lanthaniden (seltene Erden).

Eine dünne Scheibe Yb:YAG wird durch den Diodenlaser optisch gepumpt und emittiert vertikal aus der Oberfläche auf der Rückseite. Die gegenüberliegende, verspiegelte Scheibenfläche (Auskoppelspiegel) ist auf einem Kühlfinger montiert. Die reflektierten Strahlanteile werden über Spiegel mehrfach auf der Scheibe abgebildet, bis der größte Teil der Pumpstrahlung absorbiert und über die Öffnung des Auskoppelspiegels an die Lichtleitfasern abgegeben werden kann.

Bei einem Wirkungsgrad von ca. 20 % liegt die Ausgangsleistung einer Scheibe bei 750 W, die über Lichtleitfasern von 150 μm weitergeleitet wird. Die Leistung kann über Faserkopplung parallel addiert und somit um ein Vielfaches erweitert werden. Dieses im Gegensatz zum Nd:YAG-Stablaser, bei dem mit 8 in Serie angeordneten Pumpkammern ein Maximum erreicht ist. Während diodengepumpte Nd:YAG-Laser das Problem der thermischen Linse in Abhängigkeit von der Laserleistung haben, kann beim Scheibenlaser auf die thermische Linse verzichtet werden. Die ausgezeichnete Strahlqualität kann über Kopplung zum Laserlichtkabel in seiner Leistung gesteuert werden. Die Scheibengeometrie realisiert eine stark verkürzte Bauart. Scheibenlaser mit einer Laserleistung von wenigen Watt bis zu 4 kW werden verwendet.

Der Scheibenlaser verfügt über ein großes Zukunftspotential, u. a. im Dickblech- und Remote-Schweißen.

Laserstrahlschweißen durch High-Speed-Strahlbewegung – Remote-Laserstrahlschweißen

Bei Laserleistungen über 4000 W kann mit CO_2-Anlagen die Schweißgeschwindigkeit an Bauteilkonturen kleiner Abmessung durch die üblichen Maschinenkonzepte nicht genutzt werden. Hier geht man den neuen Weg über Strahlablenkungssysteme für die Bewegung des Laserstrahls auf dem Werkstück.

Es erfolgt nur eine Grundpositionierung von Werkstück und Bearbeitungskopf (Arbeitsoptik mit Strahl-Umlenkspiegel). Den eigentlichen Arbeitsvorschub, den Strahlweg am Werkstück, realisieren die bewegten Spiegel des Strahlablenkungssystems im Bearbeitungskopf. Der Laserstrahl wird dabei durch eine Linse zum Werkstück fokussiert und zwei zueinander senkrecht, durch Galvanometer angetriebene Ablenkspiegel bewegen den Strahlfleck auf dem Werkstück.

Durch die geringe Masse der Ablenkspiegel erfolgt diese Strahlbewegung auch bei hohen Vorschubgeschwindigkeiten (bis 600 m/min) sehr präzise.

Arbeitsbeispiel: Lasernahtschweißen von kreisförmig gebogenen Blechstreifen zu einem Ring mit 16 Kurznähten, sog. Steppnähten, von je 5 mm Länge. Die Gesamtschweißzeit der 16 Kurznähte beträgt 500 ms. Die mit diesem Verfahren gefügte Teilezahl des Herstellers liegt weltweit bei ca. 20 Millionen Stück/Jahr.

Dieses Verfahren wird auch in der Automobilfertigung mit einem 5 kW CO_2-Laser zum Punktschweißen eingesetzt. Die Optik wird auf einem

---

[1] divergent: auseinander laufend

Linearschlitten ($v \leq 20\,\text{m/min}$) montiert, dessen Verfahrweg die Positionierung des Fokuspunktes in Richtung der Z-Koordinate erzeugt. X- und Y-Koordinaten werden über einen rotierenden Spiegel angesteuert, sodass ein Arbeitsbereich von $1500 \times 2400\,\text{mm}$ – ohne Werkstückbewegung – möglich ist. Die Ebene des Fokus ist dabei um 400 mm verstellbar (Bild 1).

Induktiv unterstütztes CO₂-Laserstrahlschweißen

Unlegierte Stähle mit $C \geq 0,25\,\%$ und legierte Stähle mit $C \geq 0,20\,\%$ zeigen oft eine unzulässig hohe Aufhärtung und Rissbildung nach Schweißvorgängen durch überkritische thermische Spannungen und hohe Zugeigenspannungen.

Eine prozessintegrierte, induktive Kurzzeitwärmebehandlung ermöglicht ein rissfreies Schweißen einer Vielzahl von Einsatz-, Vergütungs-, Feder- und Kaltarbeitsstählen wie auch austenitischen Stählen, ausgewählten Eisen-Gusswerkstoffen und Aluminium-Sonderlegierungen.

Geschweißt werden die bereits fertig bearbeiteten, einsatzgehärteten und geschliffenen Bauteile meist als Radialrundnaht. Durch die induktive Vorwärmung wird im Bereich der Fügestelle die Fließgrenze des Werkstoffs örtlich gesenkt und somit der Abbau der Schweißeigenspannungen begünstigt.

Die Einstellung des gezielt inhomogenen Temperaturfeldes zur Vorwärmung verhindert z.B. ein Anlassen der einsatzgehärteten Zahnflanken wie auch den Werkstückverzug.

Für zusätzliche induktive Erwärmung ausgerüstete Laserschweißmaschinen werden z.B. in der Bundesrepublik Deutschland eingesetzt für das Schweißen von Getriebebauteilen des Werkstoffs C45/C45 (DIN EN 10083-1) bzw. Pkw-Antriebswellen der Werkstoffkombination C38/26Mn5 (DIN EN 10084) mit jährlich ca. 1,3 Mio Stück. Auch für das Fügen von Scheibenwischergestängen, kleinen Bauteilen aus einer Aluminium-Sonderlegierung, wird dieses Verfahren eingesetzt.

Die Serientauglichkeit des Fügeverfahrens ist durch namhafte Pkw-Hersteller bewiesen.

Magnetisch unterstütztes Laserstrahlschweißen

Das Verfahren wird eingesetzt bei Aluminium- und Magnesiumwerkstoffen. Es beruht auf der Wirksamkeit elektromagnetischer Volumenkräfte im Schmelzbad. Diese führen zu veränderten Bedingungen der Schmelzbadströmung und der Energieeinkopplung.

Der CO_2- oder Nd:YAG-Laser muss die Nahtflanken der Werkstücke im Tiefschweißeffekt vollständig erfassen und die Dampfkapillare ausbil-

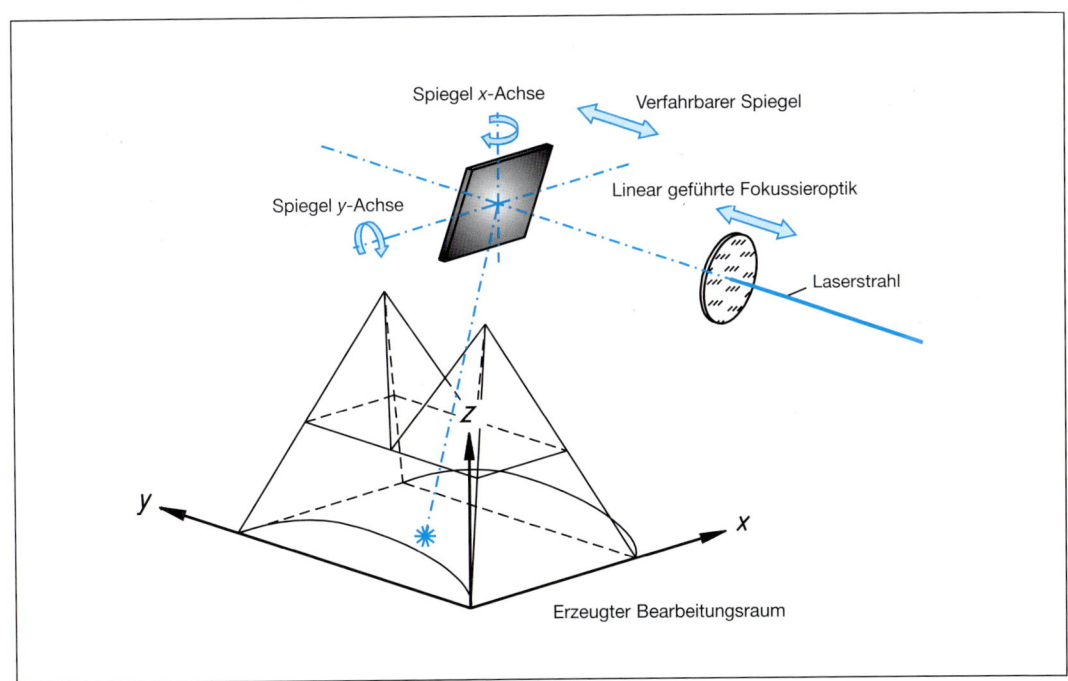

1 Prinzip des Remote-Laserstrahlschweißens

den. Eine externe Stromquelle liefert Gleichstrom, der dicht hinter der Dampfkapillare über den Zusatzdraht als Schweißzusatz eingebracht wird, ohne dass durch eine Bogenentladung zusätzliche Energiezufuhr erfolgt.

Bei Werkstücken von 3 bis 5 mm Dicke wird ein Schweißzusatz von $\varnothing$ 1,2 mm eingesetzt. Ein unter dem Schmelzbad des Werkstücks angeordneter Elektro- oder Permanentmagnet erzeugt das Magnetfeld, das die Schmelze nach hinten gegen das Ende des Schmelzbads drückt. Dadurch wird die Dampfkapillare offen gehalten und das Entstehen von Poren verhindert.

Je nach Magnetfeldorientierung lässt sich ein nach unten Drücken oder ein Anheben des gesamten Schmelzbads realisieren.

Für das Laserstrahlschweißen, bei * auch für Elektronenstrahlschweißen verbindlich, ist der allgemein gültige Erfahrensstand in folgenden Normen zusammengefasst:

DIN 2311-1: Oberflächenbearbeitung mit Laserstrahlung unter Verwendung von Zusatzwerkstoffen

*DIN EN ISO 15614-11: Schweißverfahrensprüfungen an metallischen Werkstoffen

DIN EN 1011-6: Empfehlungen zum Laserstrahlschweißen

*DIN EN ISO 13919-1… Schweißverbindungen, Leitfaden für Bewertungsgruppen für Unregelmäßigkeiten an Stahl

*DIN EN ISO 13919-2: Schweißverbindungen, Leitfaden für Bewertungsgruppen für Unregelmäßigkeiten an Aluminium und seine schweißgeeigneten Legierungen

DVS 3203-1: Qualitätssicherung von CO_2-Laserstrahlschweißarbeiten
     -3: CO_2-Laserstrahl-Schweißeignung von metallischen Werkstoffen
     -4: Qualitätssicherung von CO_2-Schweißarbeiten; Nahtvorbereitung und konstruktive Hinweise

DVS 3207-1: Qualitätssicherung von Nd:YAG-Laserstrahlschweißarbeiten

*DVS 3209: Wirkungsgrade

*DVS 3210: Prüfverfahren zur Qualitätssicherung

*DVS 3211: Kostenbetrachtungen für die Prozesse des Schweißens

Elektronenstrahlschweißen (EB)

> Beim Elektronenstrahlschweißen entsteht die Wärme durch das Auftreffen der Elektronen eines im Hochvakuum erzeugten gebündelten Elektronenstrahles auf das Werkstück.

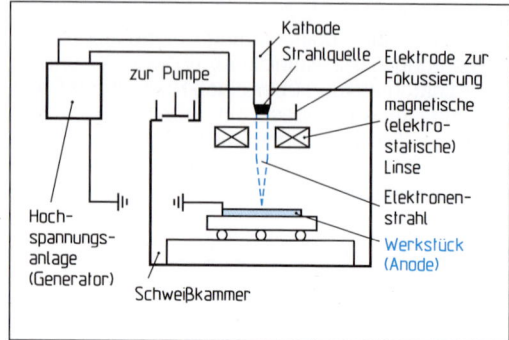

1 Elektronenstrahlschweißanlage

Die Vorteile des **Elektronenstrahlschweißens** (EB[1]-Schweißen) liegen in der hohen Leistungsdichte der Energiequelle begründet.

Dort, wo es auf Formgenauigkeit und hohe Festigkeit ankommt, kann das Verfahren wirkungsvoll eingesetzt werden, auch dort, wo hoch schmelzende Metalle – insbesondere mit schwer schmelzenden Oxidschichten an der Oberfläche – zusammengefügt werden sollen.

In einem Elektronenstrahl-Generator („Kanone") wird der Elektronenstrahl erzeugt (Bild 1). Eine aufgeheizte Wolframkathode emittiert ihn. Durch eine Hochspannung von bis zu 175 kV werden die Elektronen beschleunigt. Die elektrostatische Linie bewirkt die Bündelung des Strahles. Der Brennpunkt des Strahles liegt in der Werkstückebene. Die Strahlerzeugung sowie meist auch das Schweißen erfolgen in einem Vakuum von $0,1…0,01$ Pa ($10^{-6}…10^{-7}$ bar).

Die Schweißgüter müssen also in einen luftleeren Raum gebracht werden, eine umständliche Handhabung und teure Rüstzeiten zum Pumpen des Vakuums. Die mittlere Leistungsdichte eines Elektronenstrahles beträgt 10^7 bis 10^8 W/cm². Dabei ist ein Brennfleckdurchmesser von ca. 0,1 bis 0,2 mm vorhanden. Ein derart fein fokussierter Elektronenstrahl lässt Schweißungen geringster Breite und sehr großer Tiefe zu. Es können starke Bleche rostbeständiger Stähle mit 500 mm/min einwandfrei ohne Zusatzwerkstoff verschweißt werden, ebenso Werkstoffe mit sehr hohen Schmelzpunkten. Die Wärmezone und damit die Beeinflussung des Grundwerkstoffes sind daher sehr klein.

Die Schweißverbindung hat je nach Strahlcharakteristik extrem schmale Nähte, die jedoch hohe mechanische und technologische Gütewerte auf-

---

[1] EB: Electronic Beam

weisen. Das erfordert – als Nachteil – eine genaue Nahtvorbereitung und einen hohen Aufwand für die Schweißvorrichtungen, die eine Genauigkeit von ± 0,1 bis 0,15 mm aufweisen müssen.

Das Eindringtiefenverhältnis, d. h. das Verhältnis Schweißnahttiefe t_s in cm zu Schweißnahtbreite b_m in cm, ist gleich $10 \cdot \sqrt{t_s}$. Es können mehrere untereinander angeordnete Bleche ohne weiteres gleichzeitig geschweißt werden.

Die Wirkung der hoch beschleunigten Elektronen ist so, dass ein Teil der Elektronen zwar beim Auftreffen auf eine metallische Oberfläche von dieser reflektiert wird, der weitaus größte Teil jedoch in den Werkstoff eindringt, und zwar geradlinig bis zu einer bestimmten Tiefe. Die anfängliche Kaverne bildet sich zu einem Kanal aus. Die Strahlelektronen oder auch primäre Elektronen können die Werkstoffatome ein- oder zweifach ionisieren und aus dem Atomverband lösen (Sekundärelektronen). Je höher die Strahlenenergie ist, umso mehr Werkstoff schmilzt und verdampft am Auftreffpunkt auf dem Werkstück. Aus dem Kanal strömt ionisierter Metalldampf (Plasma). Dieses Plasma überträgt die Energie an die Kanalwand. Strahlleistung und Leistungsdichte sowie Schweißbarkeit des Werkstoffes – neben anderen technologischen Daten des Werkstoffes – bestimmen Größe und Form des Kanals.

Normen für Elektronenstrahlschweißen (siehe auch Normen Laserstrahlschweißen)

DVS 3201: Grundsätze für das Konstruieren
DVS 3204: Schweißeignung von metallischen Werkstoffen
DIN EN 1011-7: Empfehlungen zum Elektronenstrahlschweißen

Das **EB-Schmelzen** macht die Herstellung hoch schmelzender Metalle von höchster Reinheit möglich, es wird heute auch zur Herstellung hochfester Stähle und Sonderlegierungen angewendet.

> Mit dem Elektronen-Strahlschweißverfahren lassen sich selbst Titan und seine Legierungen im Vakuum thermisch verbinden. Durch Laserstrahlschweißen vielfach ersetzt.

Mit konventionellen Schweißverfahren zeigt Titan bereits bei Temperaturen über 500 °C eine erhöhte Löslichkeit für Wasserstoff, Stickstoff und Sauerstoff und neigt damit in der Nahtzone, selbst beim Schweißen mit Schutzgas, zur Versprödung.

Beim **EB-Trennen** wird der Werkstoff als kleine Kügelchen aus der Trennfuge gerissen. Das ergibt etwas rauere Schnittflächen als beim Fräsen. Die Arbeitsgeschwindigkeit ist aber wesentlich grö-

ßer. Wird dabei die Energiedichte des Elektronenstrahles auf 10^8 bis 10^9 W/cm² erhöht, so wird das Temperaturgefälle beim Auftreffen des Strahles auf den Werkstoff so groß, dass dieser zwar verdampft, aber die schmalen Aufschmelzzonen nicht mehr zusammenfließen. Man kann dadurch Werkstoff durch Verdampfung abtragen, eine Fertigung, die man als **„EB-Fräsen"** bezeichnet. Über eine Lichtpunktsteuerung oder NC-Steuerung lassen sich so beliebige Formen direkt von der Zeichnung übertragen und fertigen.

Bei modernen **EB-Schweißmaschinen** ist heute die Elektronenquelle vom Bearbeitungsraum getrennt, damit können Schweißungen wirtschaftlicher durchgeführt werden.

In der Serienfertigung werden heute

a) Hochvakuum-Maschinen,

b) Halbvakuum-Maschinen und

c) Atmosphärendruck-Schweißmaschinen

eingesetzt.

Die Atmosphärendruck-Schweißmaschinen arbeiten mit EB-Generatoren ohne Evakuierung des Schweißraumes und gestatten ein kontinuierliches und wirtschaftlicheres automatisches Schweißen.

Elektronenstrahl-Hybridverfahren

Eine Steigerung der Schweißgüte erfolgt mit einem Vorwärmbad. Hier läuft ein EB-Vorwärmstrahl dem eigentlichen Schweißstrahl voraus. Der Temperatursprung in der Schmelzzone ist weniger schroff. Dadurch können die entstehenden Abkühl- und Umwandlungsspannungen im Schmelzbad durch mikroplastische Verformungen abgebaut und Rissbildung verhindert werden.

> Vorteile des Verfahrens: Verbinden sehr unterschiedlicher Querschnitte, Fügen von hoch schmelzenden Metallen und Leichtmetallen, gute Entgasung durch Vakuum, Formgenauigkeit und hohe Festigkeit; deshalb Verwendung im Flugkörperbau.

Nachteile des Verfahrens: hoher Anschaffungspreis, gute mechanische Vorbereitung der Nahtflanken durch Fräsen, Hobeln, Drehen, dabei sollen die Mittenrauwerte nicht über 6 µm liegen.

Alle Teile sind vor dem EB-Schweißen zu reinigen, zu entfetten bzw. zu beizen. Bis zu 80 % des Strahlstromes (Elektronen mit kinetischer Energie) können beim Auftreffen auf das Werkstück reflektiert werden.

5.2.5.5 Widerstands-Schmelzschweißen

Beim Widerstands-Schmelzschweißen wird die zum Anschmelzen der Stoßflächen der Teile und zum Verflüssigen des Schweißzusatzwerkstoffes erforderliche Wärme durch den elektrischen Strom und den ohmschen Widerstand im Bereich der Schweißstelle erzeugt.

Elektro-Schlacke-Schweißen (RES[1])

Die Wärme wird in der zwischen den Teilen liegenden eingeformten Schweißstelle durch Widerstandserwärmung eines verflüssigten und dadurch elektrisch leitend gewordenen Schlackenbades erzeugt (Bild 1). Der Strom führende Schweißzusatzwerkstoff schmilzt in der verflüssigten Schlacke fortlaufend ab.

Die Schlackentemperatur, die höher sein muss als die Schmelztemperatur des Grundwerkstoffes, liegt zwischen 2000 ... 2200 °C. Ein elektrischer Lichtbogen zündet kurz zu Beginn des eigentlichen Schweißvorganges und verflüssigt das Schweißpulver im Schweißspalt. Gegenüber der konventionellen UP-Schweißung ist der Pulververbrauch bei diesem Verfahren nur rund 2 %. Wenn das Schlackenbad vorhanden ist, erlischt der Lichtbogen. Der Strom führende Schweißzusatzwerkstoff, 3 bis 18 Schweißdrähte von je ca. 3 mm Durchmesser, schmilzt in der verflüssigten Schlacke fortlaufend ab und der eigentliche Schweißvorgang beginnt. Dabei beträgt die Spannung 42 ... 50 V und der Strom 650 ... 700 A.

> Der Vorteil dieses Verfahrens liegt in seiner sehr hohen Wirtschaftlichkeit, besonders bei sehr starkwandigen Querschnitten und im Wegfall jeglicher Schweißnahtvorbereitung.

5.2.5.6 Auftragschweißen

Beim Auftragschweißen wird eine Werkstoffschicht mit schweißtechnischen Verfahren auf ein Werkstück aufgetragen. Das Auftragschweißen dient entweder durch Ersatz abgenutzter Werkstoffschichten der Erneuerung gebrauchter Teile oder es dient durch Aufbringen von Schichten mit besonderen Werkstoffeigenschaften einer gezielten Verbesserung von Bauteileigenschaften. Die anzustrebenden Werkstoffeigenschaften können z. B. erhöhte Korrosionsbeständigkeit oder erhöhte Verschleißfestigkeit sein. Beim Ersatz abgenutzter Werkstoffschichten wird überwiegend

---

[1] RES: Resistance-Elektroschlacke-Schweißen

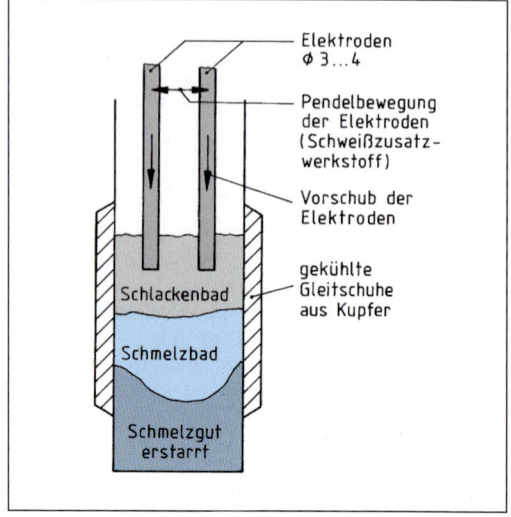

1 Elektro-Schlacke-Schweißen

(Beschriftungen im Bild: Elektroden Ø 3...4 / Pendelbewegung der Elektroden (Schweißzusatzwerkstoff) / Vorschub der Elektroden / gekühlte Gleitschuhe aus Kupfer / Schlackenbad / Schmelzbad / Schmelzgut erstarrt)

artgleicher Werkstoff verwendet, beim Anbringen von Schichten mit Sondereigenschaften dagegen immer **artfremder** Werkstoff.

Beim Anbringen von Schichten mit Sondereigenschaften sind folgende Verfahren zu unterscheiden:

1. **Schweißpanzern**, ein Auftragschweißen von verschleißfesterem Schweißzusatz,
2. **Schweißplattieren**, ein Auftragschweißen von meist chemisch beständigerem Schweißzusatz,
3. **Puffern**, ein Auftragschweißen von Pufferschichten, die eine beanspruchungsgerechte Bindung zwischen nicht artgleichen oder sehr spröden Werkstoffen ermöglichen. Pufferschichten müssen in Zeichnungen oder Fertigungsanweisungen gesondert angegeben und bemaßt werden.

> Geeignete Grundwerkstoffe zur Auftragschweißung sind alle schweißbaren legierten und unlegierten Stähle, Stahlguss und ferner die meisten der auch für das Verbindungsschweißen geeigneten rost-, säure- und wärmebeständigen Stähle.

Austenitische Cr-Ni-(Mo)-Grundwerkstoffe verlangen z. B. Ta- oder Nb-stabilisierte Zusatzwerkstoffe. Gusseisen, höher legierte Werkzeugstähle und Schnellstähle eignen sich nur bedingt für die Auftragschweißung.

Für verschleißfeste, mit hoher Warmhärte, zunder- oder korrosionsbeständige Auftragschweißungen werden ferritische oder austenitische Schweißzusätze nach DIN 8555-1 eingesetzt. Die hochlegierten Stab- oder Füllstabelektroden enthalten Legierungsstoffe wie C, Cr, Mo, Nb, Co, V und W in unterschiedlichen Zusammensetzungen für spezifische Anwendungsfälle hochverschleißfester Hartauftragungen. Die Rockwellhärte liegt dabei unbehandelt von 32 HRC bis 68 HRC. Für höchstverschleißfeste Hartauftragungen werden Fülldrahtelektroden gewählt, deren Schweißgut zu 60 % aus eingelagerten Wolfram-Schmelz-Karbiden bestehen.

Der Schweißzusatz ist nach den Gesichtspunkten der Arbeitsaufgabe, der Ausgangshärte und der Wärmebehandlung, wie auch einer möglichen Bearbeitung auszuwählen. Eine Wärmenachbehandlung – Anlassen und Spannungsarmglühen – ist oft möglich.

Schweißzusätze werden in DIN EN 14700 wie folgt unterschieden:

– eisenhaltige Schweißzusätze von 30 … 70 HRC

– nickelhaltige Schweißzusätze von 45 … 60 HRC

– kobalthaltige, aluminiumhaltige und chromhaltige Schweißzusätze   von 35 … 60 HRC bzw. 200 … 700 HV

Sehr häufig stellen Bauteile einen Werkstoffverbund dar, bei der die eine Seite aus unlegiertem Baustahl und die andere Seite aus Edelstahl (Cr-, CrNi- oder CrNiMo-Stahl) besteht. Die artverschiedenen Stähle (Schwarz-Weiß-Verbindungen) erfordern Pufferlagen, die mit austenitischem Schweißzusatz hergestellt werden, wie z. B. Massivdraht S-Ni 6062 EN ISO 18274 (2011-04) in der Legierungsangabe: NiCr15Fe8Nb, oder Massivdraht S-Ni 6176 EN ISO 18274 (2011-04) in der Legierungsangabe: NiCr16Fe6.

Gestaltung und Ausführung des Verbindungsschweißens plattierter Stähle in DIN EN 1011-5.

> Unterschiedliches Ausdehnungsverhalten zwischen Grund- und Schweißzusätzen verlangen eine zähe „austenitische Pufferschicht". Dies gilt besonders, wenn thermische Wechselbeanspruchungen auftreten.

Pufferschichten können auch für eine bessere Schrumpfungsmöglichkeit sorgen. Bei Auftragschweißungen für hoch temperaturbeanspruchte Teile verwendet man hoch nickelhaltige Zwischenschichten (Inconel). Diese verhindern eine Kohlenstoffdiffusion, die wiederum bei einer Langzeit-Temperaturbeanspruchung über 300 °C zu einer Versprödung führen kann.

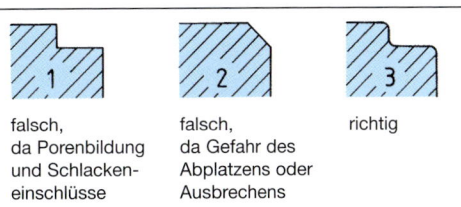

falsch, da Porenbildung und Schlackeneinschlüsse

falsch, da Gefahr des Abplatzens oder Ausbrechens

richtig

1 Kantenvorbereitung für Auftragschweißung

Völlig spannungsfreie Übertragungen sind nur mit besonderen Maßnahmen zu erreichen, z. B. durch Vorwärmen. Mit Größe und Dicke der Auftragung wächst auch die Rissempfindlichkeit.

Beim Aufschweißen von Kanten ist auf eine zweckmäßige Kantenvorbereitung zu achten, da z. B. die Kante nach Bild 1, Figur 1 Kerbwirkung zeigt und das Schweißgut in der scharf ausgebildeten Ecke zu Porenbildung und Schlackeneinschlüssen neigt. Die Kantenausbildung nach Figur 2 schützt das Schweißgut nicht gegen Druck und Stoß, eine solche Auftragschweißung wird meist abplatzen oder ausbrechen.

Bei den Mangan-Hartstählen sind wegen der metallurgischen Eigenschaften besondere Maßnahmen zu beachten.

Beispiel einer **Reparatur-Auftragschweißung** an Warmarbeitsstahl:

1. Weichglühen des Werkstückes bei 850 °C

2. nachfolgende Ofenabkühlung auf ca. 300 °C während 2 h

3. Erwärmen auf 400 … 600 °C

4. Auftragschweißen bei 400 … 600 °C, Schweißzeit 2 h, Abkühlen bis 600 °C, nicht schneller als 10 °C je h

5. spanende Bearbeitung

6. Härten aus dem Salzbad zwischen 1050 bis 1100 °C, eventuell Stufenhärtung

7. Anlassen 600 … 700 °C, ein- oder mehrmalig mit einer Haltezeit von 1 h

Auftragschweißverfahren

Für Auftragschweißen können die meisten Schmelzschweißverfahren mit Zusatzwerkstoff verwendet werden. Es lassen sich hierbei Schichten von 0,05 bis 5,0 mm Dicke herstellen, bei Oberflächenhärten bis zu 67 HRC. Der Grundwerkstoff wird dabei in Abhängigkeit vom Schweißverfahren unterschiedlich stark aufgeschmolzen und mit dem flüssigen Schweißzusatz vermischt. Dabei muss bei einlagigen Auftragun-

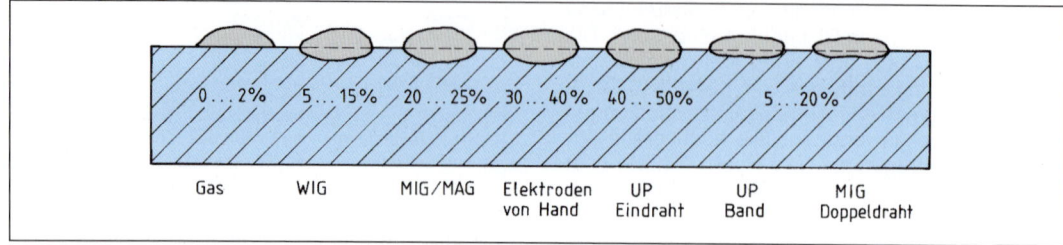

1 Einbrandtiefe und Vermischungswerte verschiedener Schweißverfahren

gen mit den in Bild 1 angegebenen Einbrandtiefen und Vermischungswerten gerechnet werden (%-Angaben geben die Vermischungswerte an).

Die großen Unterschiede der Vermischungstiefe sind auf die bei den einzelnen Schweißverfahren möglichen Einstellparameterspannen zurückzuführen.

Das entstehende Mischgut mit völlig anderer Legierungszusammensetzung bewirkt meist eine Verminderung der Eigenschaften des Schweißzusatzes, z. B. eine Verminderung der Korrosionsbeständigkeit. Auch Martensitbildung und Versprödung der Schweißzone ist – abhängig vom Grundwerkstoff – möglich.

Es kann ein **Aufmischen** durch unvermeidbares Aufnehmen von Grundwerkstoff oder Schweißgut wie auch ein **Abmischen** der einzelnen Legierungselemente stattfinden. Um diesen Mängeln entgegenzuwirken, werden folgende Maßnahmen empfohlen: vorzugsweise mit niedriger Stromstärke schweißen, kleine Querschnitte der Schweißzusätze anwenden, in Stichraupen bei einer möglichst hohen Schweißgeschwindigkeit mit geringem örtlichen Aufschmelzen schweißen.

Besonders geeignet sind:

Lichtbogenschweißen mit Stabelektrode, WIG-Schweißen, MSG-Schweißen mit einem oder zwei Zusatzdrähten sowie das UP-Schweißen mit draht- und bandförmigem Zusatzwerkstoff. Das UP-Band- und das MSG-Zweidrahtverfahren haben die größten Abschmelzleistungen der Verfahren. Aufgrund der geringen Einbrandtiefe ist die Abschmelzleistung größer und die Zahl der Schweißlagen kann auf zwei bzw. eine herabgesetzt werden.

Besondere Bedeutung haben die Fülldrahtelektroden erlangt, da dem Schweißbad über die Pulverfüllung verschiedenartige Legierungselemente oder unter anderem Cobalt-, Wolfram und/oder Chromcarbide zugeführt werden können. Durch die Schlackebildung und durch das zusätzlich zugeführte Schutzgas ist eine gute Abschirmung gegen Lufteinfluss gewährleistet.

Thermisches Spritzen (DIN EN 657)

Plasma-Auftragschweißen bzw. Plasma-Pulverspritzen,

Gas-Pulverschweißen bzw. Pulver-Flammspritzen

Bei der Anwendung der Pulver werden unterschieden:

1. Flammspritzen bzw. Plasmaspritzen ohne thermische Nachbehandlung,
2. Flammspritzen bzw. Plasmaspritzen mit thermischer Nachbehandlung.

Der zweite Arbeitsgang dient dem Schmelzverbinden.

Als Spritzpulver werden reine Metalle, Metalllegierungen, Oxidkeramik oder Metallcarbide angewendet.

Beschichten mit dem **Laserstrahl** (Bild 2)

Bei diesem Auftragsverfahren wird der pulverförmige Zusatzwerkstoff kontinuierlich in das werkstückseitige Schmelzbad eingebracht. Dabei schmilzt das Pulver in der Wirkzone des Laserstrahls und bildet nach raschem Erstarren eine Beschichtungsraupe. Hervorzuheben ist der gute

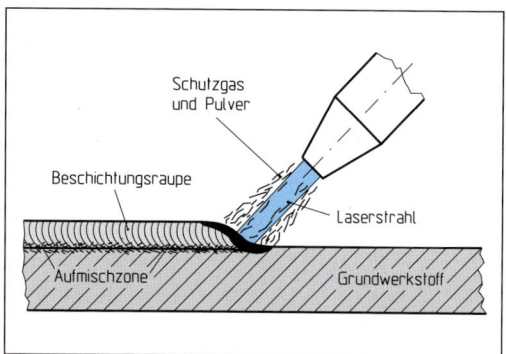

2 Prinzip des Laserstrahl-Beschichtens mit koaxialer Pulverdüse

Schichtverbund mit nur ca. 5 % Aufmischungs-grad bei lokal begrenzter Wärmeeinbringung.

Durchgeführt wird das Beschichten mit CO_2-, Nd:YAG- oder Diodenlasern. Schichtdicken von 0,1 … 0,5 mm bei 0,5 … 6 m/min Vorschub-geschwindigkeit im Bereich von 150 … 500 W Laserleistung. Im Bereich von 1200 … 2000 W sind es Beschichtungsraupen von 1,5 … 12 mm Breite und 0,5 … 2 mm Höhe bei Vorschubge-schwindigkeiten zwischen 0,15 … 0,9 m/min.

Als Weiterentwicklung sind Ringfocus-Dioden-laser im Einsatz, bei denen die optische Achse für die Zuführung von Zusatzstoffen strahlungsfrei bleibt, der Pulverstrahl im ringförmigen Laser-strahl aufschmilzt und an der zu bearbeitenden Stelle verlustfrei auftrifft.

Laser-Plasma-Hybrid-Auftragschweißen

Leistungsfähiger sind Pulverbeschichtungen im Zusammenspiel von zwei Energiequellen: Plas-mabrenner und Diodenlaser oder Nd:YAG-Laser mit defokussiertem Laserstrahl.

Während des Beschichtens wird das Pulver durch den Plasmabrenner aufgeschmolzen und mit sei-ner kinetischen Energie im noch flüssigen oder in einem hochplastischen Zustand das Werkstück erreichen. Der Laserstrahl wird zielgerichtet für das kontrollierte Anschmelzen der Unterschicht und das Verschmelzen der hochplastischen Pul-verteilchen eingebracht.

Die Steuerung des Dioden-Laserstrahls erfolgt über Scanner und Spiegelsteuerung, der eine völlige Übereinstimmung des Lasers mit dem Spritzstrahl-$\varnothing$ des Plasmabrenners gelingt.

Der Plasmabrenner ist mit ca. 95 % an der Pro-zessenergie beteiligt. Ein 1,4 kW Diodenlaser arbeitet mit Brennfleckabmessungen von meh-reren mm². Für eine Schichtdicke von 150 µm können mit einem 30 kW-Plasmaspritzbrenner Schweißgeschwindigkeiten von bis zu 12 m/min erreicht werden.

Die erforderlichen Leistungsdichten liegen werk-stoffabhängig zwischen 5 und 9×10^3 W/cm², die selbst bei Laser-Arbeitsabständen von 200 mm leicht zu erreichen sind.

Bei der Instandsetzung von Triebwerkschaufeln und Werkzeugen hat sich sowohl die hervorra-gende Haftfestigkeit, wie auch die vollständig dichte und feindendritische Erstattungsstruktur bewährt. Die Hybridtechnologie zielt insbeson-dere auf den Schichtdickenbereich von wenigen l/10 mm (Bild 1).

Angaben in den Normen:

DIN EN 14700: Schweißzusätze zum Auftrag-und Verbindungsschweißen

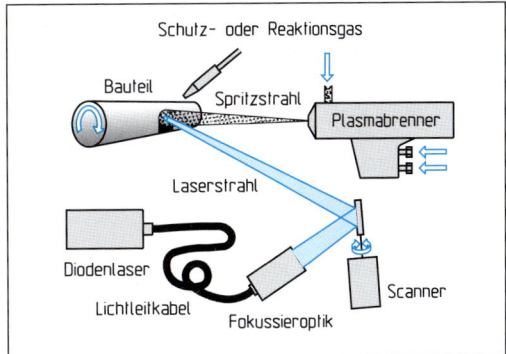

1 Funktionsprinzip des Laser/Plasma-Hybridbeschichtens

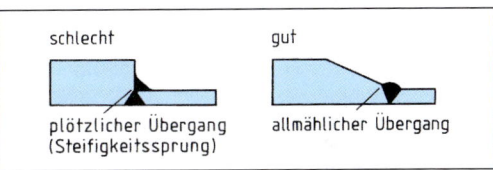

2 Steifigkeitssprung

DIN EN 1274: Spritzpulver für Flamm- und Plasmaspritzen

DIN EN ISO 2063: metallische und andere anorganische Spritzwerkstoffe

5.2.5.7 Reparaturschweißen von Stahl und Stahlguss

Reparaturschweißungen können sowohl gasge-schweißt, schutzgasgeschweißt als auch licht-bogengeschweißt ausgeführt werden. Bei dyna-misch beanspruchten Konstruktionsteilen darf der Steifigkeitsgrad der Konstruktion durch die Schweißung nicht verändert werden. An verstärk-ten Stellen tritt eine sprunghafte Änderung in der Steifigkeit auf, was erfahrungsgemäß wieder zu einem Bruch führt.

Dynamisch beanspruchte Konstruktionen sollen nach Möglichkeit auch nach der Reparatur den gleichen Steifigkeitsgrad aufweisen. Ein Steifig-keitssprung muss über einen bestimmten Weg eingeleitet werden, er darf nicht plötzlich zur Wirkung kommen (Bild 2).

Die Schweißnaht hat fast immer ein grobes Gussgefüge, deshalb soll eine Reparatur-schweißung mit möglichst vielen Lagen aus-geführt werden. Somit sind kleine Elektroden-durchmesser zu verwenden. Damit werden die unteren Lagen jeweils von den oberen Lagen normalisiert, d. h., das Grobkorn baut sich zum Feinkorn um.

Auch die Gefahr der Entstehung von Seigerungen wird so geringer, da die Verunreinigungen nicht alle in die Mitte gedrängt werden. Über die letzte Lage legt man zum Zwecke der Normalisierung noch eine Lage, die dann wieder auf das ursprüngliche Maß abgearbeitet wird. Bei einem Kohlenstoffgehalt ab 0,25 bis 0,3 % muss vorgewärmt werden.

5.2.5.8 Reparaturschweißen von Gusseisen

Schweißzusätze zum Schweißen von Gusseisen sind in DIN EN ISO 1071 genormt, Hinweise zur Technologie der Gusseisenwerkstoffe sind in DVS 0602, die Gütesicherung in DVS 0603 festgelegt.

Gussteile sind im Allgemeinen schweißbar. Langsames Abkühlen an ruhender Luft oder das Hämmern des Schweißgutes begünstigen den Spannungsabbau.

> Teile, die längere Zeit der Einwirkung von Dampf, Hitze oder Öl ausgesetzt waren, binden sich nicht mit dem Zusatzwerkstoff.

Erst eine Abarbeitung der Oberfläche bis auf den gesunden Guss ermöglicht eine Schweißung. Risse werden vor der Reparaturschweißung zweckmäßig bis 20 mm ausgenutet und gründlich gesäubert. Die Verschlechterung der Schweißbarkeit von Gusseisen wird durch „Wachsen" hervorgerufen, eine bleibende Volumenzunahme, die auf einer Lockerung des Gefüges beruht. Die Bestandteile des Gusseisens sind unter dem Einfluss des angreifenden Mediums oxidiert, die anhaftenden Oxide verhindern eine Bindung des Schweißzusatzes.

Die technischen Gusseisen sind annähernd Dreistofflegierungen von Fe-Si-C und können – unter Berücksichtigung der Schweißanweisungen der Schweißzusatzhersteller – mit Gas- oder Lichtbogenschweißverfahren geschweißt werden.

MAG-Schweißen unter Mischgas mit Drahtelektrode MSG-NiFe DIN EN ISO 1071 oder der Fülldrahtelektrode MF NiFe-1 DIN EN ISO 1071 ist an Gusseisen möglich. Hoch nickelhaltige Stabelektroden haben sich zudem bei Verbindungen von Gusseisenwerkstoffen mit Stahl bewährt.

Möglichst geringe Wärmeeinbringung bei GJMB, Vorwärmen bei Schweißungen an GJS und gesteuerte Abkühlung um 40 °K/h … 100 °K/h sichern u. a. den Erfolg. Die schrittweise Herstellung kurzer Schweißnähte, aber auch u. U. eine Wärmenachbehandlung verringern die Rissge-

fahr. Bei erhöhten Anforderungen an die Risssicherheit sollte eine Pufferlage aus Rein-Nickel gelegt werden.

Bei Reparaturschweißungen haben sich auch Bronze-Drahtelektroden MSG-CuSn DIN EN ISO 1071 bewährt, jedoch nur mit verringerter Zugfestigkeit der Schweißverbindung.

5.2.5.9 Reparaturschweißen von Leichtmetallen

Leichtmetalle unterscheiden sich durch ihren niedrigen Schmelzpunkt, ihre hohe Wärmeleitfähigkeit und den hohen Ausdehnungskoeffizienten deutlich von Stahl.

Die Aluminium-Werkstoffe sind in DIN EN 573-1 bis -5, die Al-Gusslegierungen in DIN EN 1706 genormt. Magnesium-Knetlegierungen sind in DIN 1729-1, Mg-Gusslegierungen in DIN EN 1753 festgelegt. Eine Anzahl dieser Leichtmetalle ist schweißbar.

In der Norm DIN EN 1011-4 sind Empfehlungen für das Lichtbogenschweißen von Aluminium und Aluminium-Legierungen zusammengefasst. Ein artgleicher Schweißzusatz oder eine dem Grundwerkstoff angenäherte Al-Legierung ist zur Nahtbildung erforderlich, diese sind in DIN EN ISO 18273 aufgeführt.

Aluminium-Werkstoffe können zusätzlich nach dem technologischen Verhalten unterteilt werden in:

- Reinaluminium, wie Al 1450 (Al99,5Ti); Al 1200 (Al99,0)
- nicht aushärtbare Al-Knetlegierungen, wie Al 3103 (AlMn1); Al 5183 (AlMg4,5Mn0,7)
- aushärtbare Knetlegierungen, wie Al 6060 (AlMgSi); Al 4046 (AlSi10Mg)
- Al-Gusslegierungen, wie G-AlSi12; G-AlMg3Si

Auf Leichtmetallen bildet sich eine natürliche Oxidschicht mit einem hohen Schmelzpunkt ($> 2000 °C$). Erschwerend wirkt zudem bei der Nahtbildung der rasche Übergang vom festen Zustand in ein dünnflüssiges Schmelzbad.

Die gebräuchlichsten Reparaturschweißverfahren sind das WIG- und das MIG-Verfahren, vorteilhaft mit Impulsstromsteuerung und mit während des Schweißvorgangs regelbaren Prozessgrößen.

Die Entfernung der Oxidhaut erfolgt hier durch den Reinigungseffekt des Lichtbogens unter der

Abschirmung des ionisierten Schutzgases. Es kann dadurch auf die Anwendung spezieller, aggressiver Flussmittel zur Beseitigung der Oxidhaut verzichtet werden.

Das E-Handschweißen wird nicht mehr angewendet, die Porenanfälligkeit dieses Verfahrens ist zu hoch. Ausschließlich WIG- und MIG-Verfahren werden empfohlen.

Beim Beheben von Schäden an Zylinderköpfen (oft aus EN AC-AlSi6Cu4) und Motorengehäusen (oft aus EN AC-AlSi10Mg(Cu)) wie auch zur Beseitigung von Bearbeitungs- und Gussfehlern sind durch das WIG- oder MIG-Impulsschweißen vollwertige Nähte möglich. Empfohlen wird Schutzgas in der Zusammensetzung 90 % Helium + 10 % Argon, als Schweißzusatz SG-AlSi12 DIN EN ISO 18273 und das Werkstück auf ca. 200 °C vorzuwärmen.

5.2.6 Kunststoffschweißen

> Beim Kunststoffschweißen werden thermoplastische Kunststoffe unter Anwendung von Druck und Wärme ohne oder mit Schweißzusatz im plastischen Zustand der Fügegrenzflächen miteinander verbunden.

Schweißbar sind nur die meisten thermoplastischen Kunststoffe gleicher Dichte, also PE-hart mit PE-hart usw. Die Schweißbarkeit ist infolge des molekularen Aufbaues durch die Kettenkonstruktion der Fadenmoleküle gegeben. Die Molekülenden dieser Fadenmoleküle an der Oberfläche zweier Werkstücke (z. B. Grundwerkstoff und Zusatzwerkstoff) verknäueln sich bei Zuführung von Wärme und geringem Druck und fließen ineinander über. Beim Kunststoffschweißen ist immer Druck erforderlich. Die günstigste

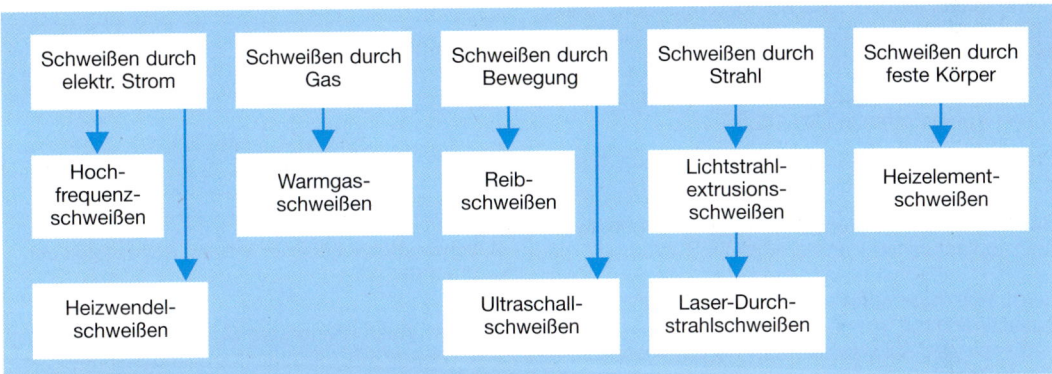

1 Verfahrensübersicht Kunststoffschweißen (DIN 1910-3)

Schweißverfahren	Erwärmungsverfahren	Anwendung
Warmgasschweißen	meist mit auf 200 ... 270 °C erwärmter Luft	bei Folien, Platten, Profilen aus PVC, PE, PP
Heizelementschweißen 1. direkt 2. indirekt	mit Heizelementen entsprechend der Nahtform, durch Kontakt der Strahlung, durch Wärmeleitung in den Verbindungsflächen der Werkstoffe	bei Folien, Tafeln Profilen, beschichtet Geweben
Reibschweißen	mittels Reibwärme	bei Rundteilen wie Stangen, Rohren usw.
Ultraschallschweißen Vibrationsschweißen	mittels Dämpfung von Schwingungen	beschichtete Gewebe und Folien, Formteile
Hochfrequenz-(HF)-Schweißen	in hochfrequenten Wechselfeldern im Kondensatorfeld	wie beim Heizelementschweißen
Laser-Durchstrahlschweißen	mittels Laserstrahlung	an Formteilen aus strahlungsabsorbierenden Kunststoffen

2 Anwendung von Pressschweißverfahren für Kunststoffe

Thermoplast	Warmgasnenntemperatur in °C		Schweißgeschwindigkeit in cm/min	
	Normaldüse[1]	Schnellschweißdüse[2]	Normaldüse[1]	Schnellschweißdüse[2]
PVC-hart	230 ± 10	250 ± 10	15 ... 25	50 ... 70
PE-hart	230 ± 10	250 ± 10	12 ... 20	40 ... 60
PE-weich	200 ± 10	220 ± 10	12 ... 20	50 ... 70
PPH	240 ± 10	260 ± 10	15 ... 25	50 ... 70
POM	250 ± 10	250 ± 10	12 ... 15	40 ... 60

1 Richtwerte für Warmgasschweißen   [1] Fächelschweißen   [2] Ziehschweißen

Schweißtemperatur hängt vom Molekularaufbau ab. Zwischen diesen Schweißparametern Druck und Temperatur besteht ein gewisses Abhängigkeitsverhältnis.

Die unterschiedliche Wärmeleitfähigkeit und die große Wärmedehnung der Thermoplaste erfordern verschiedene Schweißbedingungen und Schweißverfahren (siehe DIN 1910-3) (Bild 2, Seite 241).

Grundsätze zum Schweißen von thermoplastischen Kunststoffen in DIN 16960-1.

Prüfungen von Schweißverbindungen aus thermoplastischen Kunststoffen DIN EN 12814.

Prüfung von Bauteilen und Konstruktionen aus thermoplastischen Kunststoffen DVS 2206.

Beim **Warmgasschweißen** werden Grund- und Zusatzwerkstoff durch erwärmtes Gas – meist Luft – an der Schweißstelle in den thermoplastischen Zustand überführt und unter Druck verbunden. Einstellbare Größen sind Schweißgeschwindigkeit, Luftmenge und Temperatur.

Die zu verbindenden Teile müssen sauber sein, an den Fügeflächen muss die Oxidschicht entfernt sein und am Schweißstab muss die gealterte Oberfläche durch Abziehen oder Schaben beseitigt werden.

Beim **Warmgas-Fächelschweißen** wird die Düse zwischen Schweißstab und Kunststofffuge pendelnd bewegt.

Die Warmgasnenntemperatur zum Schweißen muss auf den Thermoplast abgestimmt werden. Gemessen wird diese Temperatur 5 mm vor der Düse des Schweißgerätes (Bild 1).

Die wichtigsten Schweißnahtformen sind V-Naht (Bilder 2, 3), X-Naht und Kehlnaht. X-Nähte werden wechselseitig geschweißt, bei Kehl- und V-Nähten kann durch Winkelvorgabe der Schweißverzug verringert werden. Die Schweißfestigkeitswerte sind besonders von der sorg-

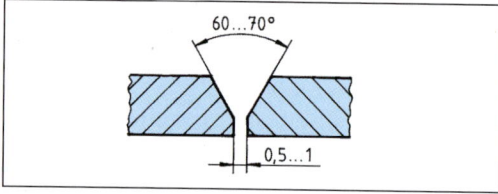

2 Stumpfstoß mit V-Naht

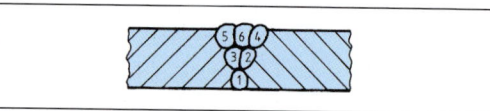

3 Schweißfolge bei einer V-Naht, Reihenfolge der Strichraupen

fältigen Ausführung der Schweißung abhängig. Bei Überhitzung erfolgt thermische Schädigung. Gerechnet wird bei PVC mit **Schweiß-Wertigkeitsfaktor**[1] 0,6 bis 0,8, bei PE und PP liegen die Werte bei Faktor 0,8 bis 1,0.

Schnellschweißdüsen für **Warmgas-Ziehschweißen** haben den Vorteil, dass der Schweißzusatz nicht mehr von Hand geführt werden muss. Die Aufgabe, den Schweißzusatz zu führen, übernimmt eine erwärmte Düse. Die Schweißgeschwindigkeit erhöht sich dadurch auf das Drei- bis Vierfache. Der Zusatzwerkstoff muss dem Grundwerkstoff entsprechen.

Das **Heizelementschweißen** (Bild 1, Seite 243) ist ein einfach durchzuführendes, Zeit sparendes Schweißverfahren. Vorwiegend wird es für PE, PP und PVC-hart eingesetzt. Es wird auch eingesetzt für Bahnen im Erd- und Wasserbau, z. B. bei Erddeponieabdichtungen.

---

[1] Schweiß-Wertigkeitsfaktor (Wertigkeitsverhältnis)

$$S = \frac{\text{Zugfestigkeit der Schweißnaht}}{\text{Zugfestigkeit des Grundwerkstoffes}}$$

Verfahrensarten sind: Stumpf-, Abkant-, Nut- und Überlappschweißen, ferner Thermobandschweißen und Überlappschweißen von PE-Verpackungsfolien.

Für das **Heizelement-Stumpfschweißen** (Bild 2 … 4) wird die Wärme flächig gleichmäßig, z. B. am Querschnitt des Rohres zugeführt. Als Heizelemente eignen sich Heizkeile (Bild 1), Metallringe oder Metallscheiben, Heizspiegel oder bei Rohren dem Durchmesser angepasste Heizbuchsen bzw. Heizdorne. Die Heizelemente aus rostfreiem Stahl oder Aluminium sind meist elektrisch beheizt und mit stufenloser Temperaturregelung ausgestattet. Eine PTFE-Beschichtung verhindert das Ankleben von plastifiziertem Kunststoff und erleichtert das Reinigen der Heizflächen.

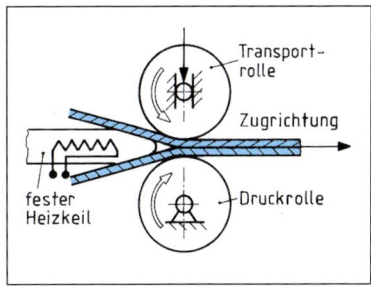

1 Heizelementschweißen (Heizkeil-rollennahtschweißen)

Anwendung:

Im Behälter- und Lüftungsbau,

schweißen von Fensterprofilen aus PVC-U,

PVC-Handläufen und PVC-Dichtungen.

Das Verfahren eignet sich besonders zum Fügen von PE-HD-Rohren und Rohrteilen für Gas- und Wasserleitungen:
- manuell oder auf transportablen Schweißanlagen,
- mit aufzusteckenden Muffen und Heizelement.

Schweißanlagen werden für PE-HD-Rohre von 25 mm Durchmesser in Abstufungen bis 1500 mm Durchmesser eingesetzt.

Zur Sicherstellung der Schweißnahtgüte müssen beim Heizelementschweißen folgende Voraussetzungen erfüllt sein:
- planparallele Vorbereitung der Fügeflächen
- Vorsehen von „Angleichzeit" im Falle mangelhafter Vorbereitung der Fügeflächen
- positionsgenaues Fügen
- Wahl der richtigen Temperatur des Heizelementes (Bild 1, Seite 244)
- Wahl des richtigen Anpressdruckes während der Erwärmungsphase (im Allgemeinen eines relativ geringen Druckes) (Bild 1, Seite 244)
- Einhaltung der Erwärmungszeit zur Sicherstellung der Plastifizierung der Fügefläche; dabei Beachtung von Einflüssen durch Lufttemperatur, Sonnenstrahlung und Luftbewegung; Beachtung der Tabellenwerte der Halbzeughersteller (Bild 1, Seite 244)
- Einhaltung kurzer „Umstellzeiten" zum Zwecke raschen Fügens
- Wahl des richtigen Anpressdruckes in der Fügephase (Bild 1, Seite 244)
- Einhaltung genügend langer Auskühlzeit unter Fortdauer der Fügekraft

Die Prüfung von Kunststoffschweißern erfolgt nach DVS-Merkblätter und Richtlinie DVS 2212-1 … -4

Das **Heizwendelschweißen** erfolgt über Schweißmuffen, die an den Rohrenden aufgesetzt und durch elektrischen Strom mit Heizwendeln die Schweißwärme erzeugen. Die Heizwendeln sind in den Muffen eingebettet und verbleiben in der Fügezone.

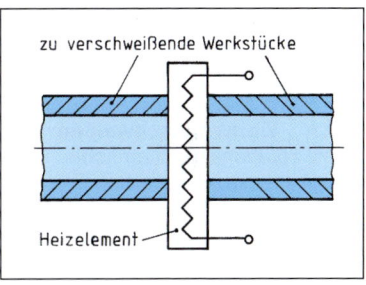

2 Heizelement-Stumpfschweißen

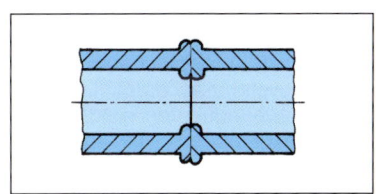

3 Wulst vergrößert die Fügefläche

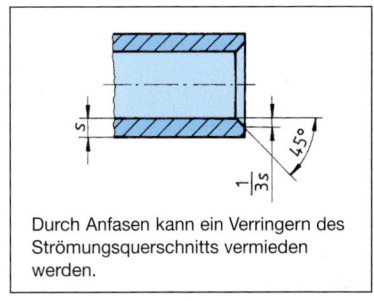

Durch Anfasen kann ein Verringern des Strömungsquerschnitts vermieden werden.

4 Anfasen eines Rohres

Als Kunststoff für Druckrohrleitungen – Rohre, Muffen und Rohrteile – wird meist Polybuten (PB125) eingesetzt.

Das **Reibschweißen** eignet sich für die Werkstoffe PE-HD, PP, PVC-hart, PA und POM. Es ist vorzugsweise bei **rotationssymmetrischen** Körpern anwendbar. Beispiele sind Rundstäbe, Rohre und Behälter. Die Fügeteile dürfen beim Reibschweißen nicht ausweichen können, Formzentrierungen können bereits beim vorangegangenen Spritzgießen vorgesehen werden.

In der Regel wird bei PE-HD und PP mit Reibgeschwindigkeiten von 90 bis 180 m/min, bei PVC-hart mit 100 bis 180 m/min, bei POM mit 20 bis 100 m/min gearbeitet. Die Anpressdrücke liegen zwischen 20 und 80 N/cm² (Bilder 2 und 3).

Durch **Vibrationsschweißen** können nicht rotationssymmetrische Formteile gefügt werden. Es werden Translationsschwingungen (mit Schwingweiten von 2 bis 4 mm) oder Rotationsschwingungen angewandt. Die Schwingfrequenzen betragen 100 … 250 Hz.

Das **Hochfrequenzschweißen** (HF-Schweißen) ist nur für Kunststoffe mit hohem dielektrischen Verlustfaktor geeignet, z. B. für PVC in grundsätzlich allen Härteeinstellungen. Angewandt wird das HF-Schweißen meist für Folien aus **PVC-weich**.

Die HF-Schweißtechnik macht sich die – für die Isoliertechnik z. B. unliebsame – Tatsache der Erwärmung eines Isolierstoffes durch Ladungsverschiebungen in einem hochfrequenten elektrischen Feld zunutze. Die angelegte Frequenz und die elektrische Feldstärke bestimmen den Grad der Erwärmung.

Hochfrequenzschweißmaschinen sind mechanische oder hydraulische Pressen, deren Tisch die untere Elektrode bildet, während die obere Schweißelektrode am beweglichen Stempel angebracht ist (Bild 4).

Beim **Ultraschallschweißen** tritt anstelle der oberen Elektrode die so genannte Sonotrode (Tonkopf). Dieses elektrische Bauelement sendet die von einem Generator erzeugten Schallwellen in den Kunststoff, wo sie sehr rasch abgedämpft und in Wärme umgesetzt werden (Bild 1, Seite 244). Die angewandten Schwingfrequenzen betragen 20 000 bis 50 000 Hz.

Die Schwingungen erzeugen an den Fügeflächen durch innere Dämpfung und Reibung so viel Wärme, dass die Schweißzeit in der Regel unter 1 s liegt und die Haltezeit zur Verfestigung der Schweißzone nicht länger als 2 s dauert. Dieses Verfahren arbeitet also mit sehr kurzen Fertigungszeiten. Es wird in der Massenfertigung bevorzugt.

Werkstoff	Heizelement-Oberflächen-temperatur in °C	Anwärmzeit in s bei 3 … 5 mm Dicke	Anpressdruck in $\frac{N}{cm^2}$	
			Anwärmen	Fügen
PVC-hart	225 ± 10	20 … 60	7	20
PE-HD	200 ± 10	40 … 80	8	15 … 25
PE-LD	180 ± 10	20 … 60	5	10
PP	210 ± 10	30 … 110	8	15 … 20
POM	220 ± 10	10 … 30	3	5
PA	280 ± 10	10 … 40	3	5

1 Beispiel für Richtwerte beim Heizelementschweißen, gültig für nicht dickwandige Werkstücke

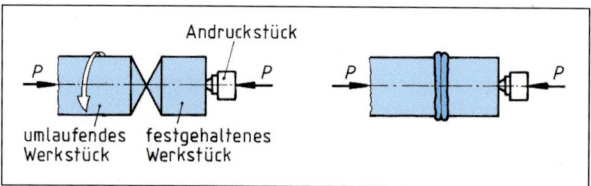

2 Reibschweißen eines Vollstabes (Reib-Stumpfschweißen)

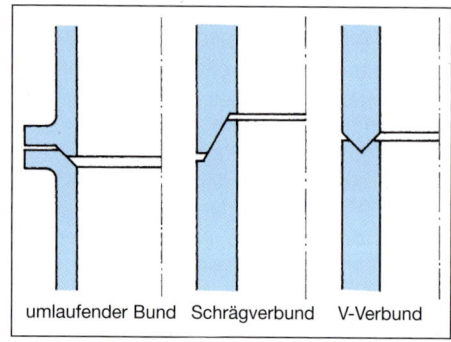

3 Nahtformen beim Reibschweißen

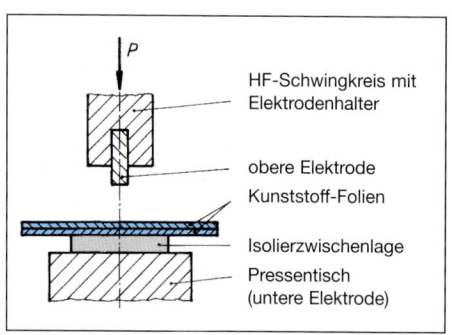

4 Prinzip des Hochfrequenzschweißens

Die Fügeteile müssen verfahrens- und kunststoffgerecht gestaltet sein (Bild 2). Die Auslegung der Fügeflächen, die Amplitude der Ultraschallschwingung, der Anpressdruck und die Beschalldauer sind auf den Kunststoff und die Sonotrodenform bzw. die Fügefläche abzustimmen.

Gut schweißbar sind amorphe Kunststoffe wie PS. Mehr Leistung erfordern dagegen die teilkristallinen Kunststoffe wie PE-hart, PP, PA und POM. Die geschweißten Verbindungen sind hoch belastbar (Schweiß-Wertigkeitsfaktor 1). Gasdichte und flüssigkeitsdichte Formteile (z. B. Feuerzeugkörper) sind möglich.

Laser-Durchstrahlschweißen

Durch die präzise Wärmeeinbringung, wirksam in der Fügezone, ist nicht nur das Schweißen von Bauteilen mit Wanddicken von nur einigen Zehntel Millimeter möglich, es können auch beliebig geformte thermoplastische Fügeteile bis hin zu hochtemperaturbeständigen Thermoplasten mit optimal abgestimmten Schweißtemperaturen verschweißt werden.

Voraussetzung für dieses Verfahren sind die Kunststoffeigenschaften der Fügeteile. Ein Teil muss **transparent** für die Laserstrahlung, das andere Teil **strahlabsorbierend** sein. Beide Fügeteile werden zu Fügebeginn mit geringem Druck in Kontakt gebracht. Der von einem Diodenlaser emittierte Laserstrahl durchdringt das für den Laser transparente Fügeteil und wird am absorbierenden Fügeteil in Wärme umgewandelt. Die Wärmeausdehnung an der Fügefläche genügt, um eine Schweißung durchzuführen (Bild 3). Die Wärmeeinflusszone ist minimal und liegt bei 30 bis 300 μm.

Als absorbierender Stoff ist am bekanntesten das Rußpigment. Es absorbiert nicht nur hervorragend die Laserstrahlung, sondern dient in vielen Anwendungsfällen (z. B. Rohre, Stoßstangen u. ä.) auch als preisgünstiger UV-Absorber und Füllstoff.

Zum Fügen von zwei schwarzen Bauteilen wird für das transparente Teil ein Farbstoff verwendet, der eine hohe Transparenz für die Diodenlaserstrahlung im NIR (**N**ahes **I**nfra**r**ot) und eine hohe

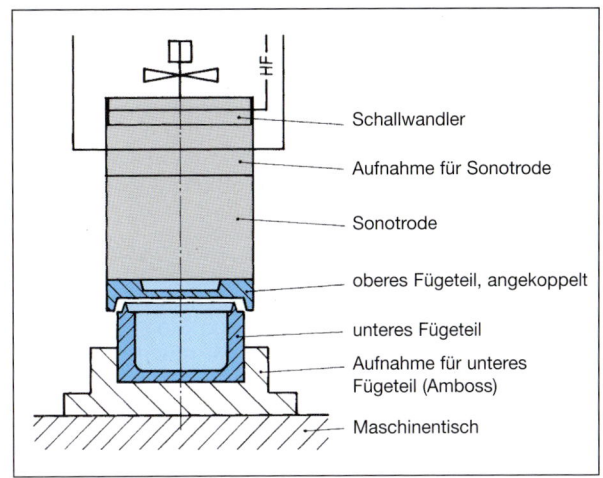

1 Prinzip eines Ultraschallschweißgerätes

Labels:
- Schallwandler
- Aufnahme für Sonotrode
- Sonotrode
- oberes Fügeteil, angekoppelt
- unteres Fügeteil
- Aufnahme für unteres Fügeteil (Amboss)
- Maschinentisch

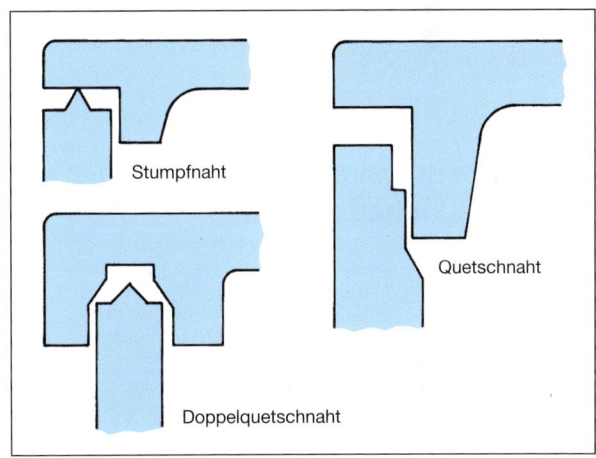

2 Beispiele für Fügeflächen beim Ultraschallschweißen

Labels:
- Stumpfnaht
- Quetschnaht
- Doppelquetschnaht

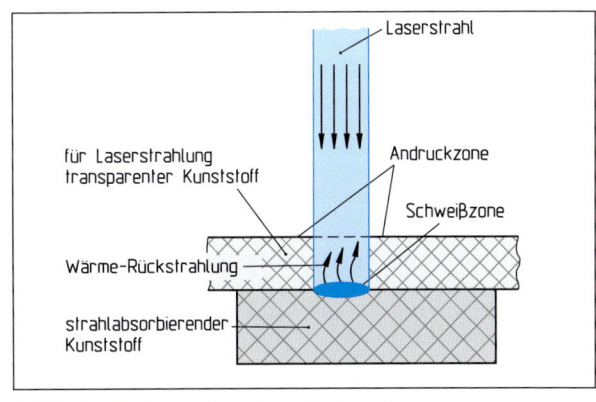

3 Prinzip des Laser-Durchstrahlschweißens

Labels:
- Laserstrahl
- für Laserstrahlung transparenter Kunststoff
- Andruckzone
- Schweißzone
- Wärme-Rückstrahlung
- strahlabsorbierender Kunststoff

Absorption im sichtbaren Wellenlängenbereich aufweist. So erscheinen für das menschliche Auge beide Fügeteile schwarz.

Die Kunststoffpaarungen können unterschiedlich sein, z. B. KFZ-Rückleuchten aus PMMA/ABS, Lenkölbehälter aus PA 6.6 mit 30 % Glasfaser, PC/ABS, Pumpengehäuse u. ä. Auch das Fügen von Elastomeren ist in Anwendung.

Das Durchstrahlschweißen ist ein kontaktloses Fügeverfahren. Der Einsatz eines fasergeführten Diodenlasers in Kombination mit einem Industrieroboter mit 6 Achsen eröffnet neue Möglichkeiten für das 3D-Schweißen im Mikrobereich sensibler Elektronikkomponenten, wie auch für Makrobauteile bis zu 1 m Länge. So genügt eine Programmierung der neuen Nahtgeometrie, die Anpassung der Andruckvorrichtung und die Regelung der Geschwindigkeit der Laserbewegung oder – falls bereits programmiert – der Aufruf einer neuen Datei bei einem Wechsel der Fügeteile.

Laserstrahlschweißen thermoplastischer Kunststoffe wird in DVS 2243 dargestellt.

5.2.7 Arbeitsschutz – Gesundheitsschutz

Zahlreiche Verordnungen, Richtlinien und Merkblätter weisen auf Gefahrenquellen beim Schweißen und Schneiden hin und erläutern Maßnahmen, wie diese verfahrensspezifischen Gefahren zu vermeiden und abzuwenden sind.

> Schweiß- und Schneidarbeiten dürfen nur von zuverlässigen, mit den Einrichtungen und den Verfahren vertrauten Personen ausgeführt werden. Alle zur Unfallverhütung und zum gesundheitlichen Schutz vorgesehenen Geräte, Schutzvorrichtungen und Schutzmittel sind vom Betrieb zur Verfügung zu stellen und auch instand zu halten.

Metalldämpfe und -stäube sowie Gasverbindungen treten auf durch thermische und chemische Prozesse bei den verschiedenen Füge- und Trennverfahren.

Verdacht auf Krebsverursachung besteht bei Cadmium, Bleichromat und Chromtrioxid. Als Krebs erzeugend gelten die Arbeitsstoffe Beryllium, Calcium-, Zink- und Chrom-III-Chromate, Cobalt und Nickel (als Stäube oder in verschiedenen Verbindungen). Dieses gilt auch für asbesthaltige Schutzmittel (Handschuhe u. Ä.) durch

Asbeststäube im Längenbereich von 2 … 5 μm dieser mineralischen Faser.

Für diese Gruppen sind technische Richtwertkonzentrationen aufgestellt worden, bei deren Überschreiten zusätzliche Maßnahmen zum Schutz der Gesundheit erforderlich sind: **MAK-Werte.**

PVC setzt bei Überhitzung stechende Dämpfe frei (Salzsäure = HCl).

Beim **Gasschweißen** und Löten können durch Wärme, Rauch, Gase und Dämpfe Schädigungen entstehen, insbesondere durch nitrose Gase (Stickstoffdioxid und Stickstoffoxid) und Sauerstoffanreicherung beim Arbeiten in engen Räumen. Dabei dürfen die maximal zulässigen Arbeitsplatz-Konzentrationswerte nicht überschritten werden. Schon eine Anreicherung der Raumluft mit mehr als 4 % Sauerstoff kann zu einem stichflammenartigen Entzünden der mit Sauerstoff getränkten Kleidung führen. Dabei macht der Sauerstoffgehalt ein Ersticken der Flammen unmöglich. Leicht entflammbare Ausrüstung oder leicht schmelzende Kunststofffaserausrüstungen sind gefährlich.

> Öl, Fett und Glycerin können stichflammenartig verbrennen, wenn sie mit reinem und unter hohem Druck stehendem Sauerstoff in Berührung kommen.

Werfen, Stoßen und Umkippen von Gasflaschen können zu deren Beschädigung oder zu undichten Flaschenventilen führen, dabei können Gase austreten, die mit der Raumluft gefährliche Gemische bilden.

Sowohl starke Wärmeeinwirkung – Drucksteigerungen – als auch zu tiefe Temperaturen – Versprödung des Flaschenmaterials – sollen vermieden werden.

> Stehende Gasflaschen müssen zuverlässig gegen Umfallen gesichert werden. Liegende Flaschen sind gegen Wegrollen zu sichern.
>
> Gasflaschen müssen mindestens durch einen Farbring gekennzeichnet werden.

Neben Licht im sichtbaren Spektralgebiet entstehen bei Gas- und Lichtbogenschweißverfahren auch Strahlungen im Ultraviolett- und Infrarot-Spektralgebiet, die zu Augenschädigungen führen. Dieses erfordert Schweißerschutzfilter (s. Bild 1 und 2, Seite 247) in Abhängigkeit der Strahlungsintensität. Zudem muss die Schutzbrille oder der Schweißschutzschild mit Augenschutzglas die Sicherheit gegen Metallspritzer, glühende Körper sowie die thermische und UV-Strahlungsbeständigkeit als Grundforderungen erfüllen.

Schutz-stufen	Verwendung	Verbrauch	
		Gas	Volumendurchsatz $\frac{l}{h}$
2 2.5 3	Leichte Brennschneidarbeiten		
4	Schweißen und Hartlöten	Acetylen	bis 70
	Brennschneiden	Sauerstoff	bis 900
5	Schweißen und Hartlöten	Acetylen	über 70 bis 200
	Brennschneiden	Sauerstoff	über 900 bis 2000
6	Schweißen und Hartlöten	Acetylen	über 200 bis 800
	Brennschneiden	Sauerstoff	über 2000 bis 4000
7	Schweißen und Hartlöten	Acetylen	über 800
	Brennschneiden und Flämmen	Sauerstoff	über 4000 bis 8000
7w	Warmschweißen und Flämmen an heißen Werkstücken		
8	Brennschneiden	Sauerstoff	über 8000
8w	Warmschweißen und Flämmen an heißen Werkstücken		

1 Schutzstufen und empfohlene Verwendung von Schweißschutzfiltern beim Gasschweißen (Auszug aus DIN EN 169)

2 Schutzstufen und empfohlene Verwendung von Schweißerschutzfiltern beim Lichtbogenschweißen (Auszug aus DIN EN 169)

Zusatzforderungen wie Schutz gegen starke Stoßbelastung, spritzende Flüssigkeiten, Gase, Feinstaub u. Ä. sind je nach Arbeitsplatzbelastungen als Extras möglich.

Die Wahl der Schutzstufe des Schweißerschutzfilters ist abhängig von:

- Gasverbrauch des Schweiß- oder Schneidbrenners
- Stromstärke
- Schweißwerkstoff
- Position des Schweißers zur Strahlungsquelle
- persönlicher Blendempfindlichkeit
- Beleuchtungsverhältnis am Arbeitsplatz

Einige Normen für den persönlichen Schutz:

DIN EN 169: Persönlicher Augenschutz; Filter für das Schweißen und verwandte Techniken

DIN EN 175: Augen- und Gesichtsschutz

DIN EN ISO 11611: Schutzkleidung für Schweißen und verwandte Verfahren

DIN EN ISO 14731: Schweißaufsicht

> Beim Inbetriebsetzen des Brenners ist zuerst das Sauerstoffventil zu öffnen, bei Außerbetriebsetzen ist zuerst das Brenngasventil zu schließen.

Beim **Elektroschweißen** kann die betriebsmäßige Leerlaufspannung der Schweißstromerzeuger leicht zur gefährlichen Berührungsspannung werden, z. B. beim gleichzeitigen Berühren eines beschädigten Elektrodenhalters und des Werkstückes mit ungeschützten Händen. Ein trockener Standort des Schweißers ist anzustreben.

> Der elektrische Schweißlichtbogen sendet neben sichtbaren Strahlen auch infrarote und ultraviolette Strahlen aus. Neben einer Blendung können dadurch weitgehende Schädigungen der Augen („Verblitzen") und Sonnenbrand der ungeschützten Haut eintreten. Das gilt für alle im Strahlenbereich befindlichen Personen.
>
> Lösungsmittel wie Per, Tri oder Tetra in der Raumluft bilden bei Erhitzen oder durch UV-Strahlung **Phosgen**. Dies hat starke Reizung der Atemwege und Gefahr von Lungenwassersucht zur Folge.
>
> Durch Strahlungseinwirkung können auch **Kontaktlinsen** am Augapfel festkleben.

Am Arbeitsplatz sollte der Lichtbogen wegen der Gefahr durch reflektierte Strahlen mindestens 0,5 m Abstand von der Wand haben. Als Wandanstriche werden helle, jedoch matte Farben empfohlen.

Absaugevorrichtungen in Schweißboxen sind beim Schneiden verzinkter oder mit Korrosionsschutzanstrichen versehener Gegenstände notwendig. Zinkrauch kann Metallfieber verursachen.

Kalkbasische Elektroden setzen Calciumfluorid im Rauch frei, das zur Reizung der Atemwege und zu Knochenschäden führt.

Beim **Schutzgasschweißen** hat der Lichtbogen eine sehr hohe Stromdichte, damit sehr hohe Temperaturen und eine sehr kräftige UV-Strahlung. Durch Eigenstrahlung des Schweißwerkstoffes können Strahlungsmaxima in verschiedenen Wellenlängenbereichen auftreten. Das kann bei ungeschützten Personen schon nach wenigen Minuten zu Hautverbrennungen führen. Die intensive UV-Strahlung erzeugt **Ozon**. Der Einsatz von Rauchabsaugpistolen – siehe Seite 204 – kann die Schadstoffbelastung von Rauchen und Gasen im Atembereich des Schweißers erheblich reduzieren.

Für die Lichtbogen-Schweißverfahren werden auch Schweißer-Schutzhelme eingesetzt, deren Abdunklungsschaltzeiten von $\leq 0,0005\,s$ einen genügend raschen Augenschutz bewirken. Der Vorteil liegt im freien Blick auf den Ansatzpunkt und der nachfolgenden selbstregelnden und stufenlosen Schweißlichterkennung in den Schutzstufen 9 bis 13.

Beim **Widerstandsschweißen** können insbesondere glühende Metallspritzer im Umkreis von mehreren Metern zu Verbrennungen und Brandgefahren führen. Auch besteht hier die Gefahr von Handverletzungen durch Quetschungen. Durch Undichtigkeiten der unter hohem Druck stehenden Hydraulikflüssigkeit bei Abbrennstumpfschweißmaschinen können Verletzungen eintreten.

Beim **Metallspritzen** wird ein Teil des aufzutragenden Metalls – insbesondere im Plasmastrahl – überhitzt, es entstehen Metalldämpfe (z. B. Blei), die abgesaugt werden müssen. Auch Filtergeräte mit Staubstofffiltern können Abhilfe schaffen. Beim **aluminothermischen Schweißen** muss auf genügende Entfernung des Brennstoffbehälters von der Schweißstelle gesehen werden. Das Thermit wie auch die Formen und Geräte sind unbedingt trocken zu halten und zu lagern. Beim Zünden und Abstechen müssen Schweißer und Helfer einige Schritte zurücktreten und Schutzbrillen tragen. Die Arbeitshose soll die Schuhe bedecken, die Fußbekleidung muss das Eindringen flüssigen Metalls verhindern und leicht abgeworfen werden können.

Beim hochenergetischen **Plasmaschweißen** ist in einem weiten Bereich des Spektrums mit Gefahren durch Strahlung zu rechnen. Deshalb sind unbedingt Augenschutzfilter erforderlich. Das Verfahren arbeitet mit höheren Leerlaufspannungen, einer hochfrequenten Zündspannung und extrem hohen Gasaustrittsgeschwindigkeiten. Diese erzeugen einen hohen Lärmpegel.

Bei vertikal strahlenden **Laseranlagen** sichern Lichtschranken, Fußkontaktmatten u. ä. den Arbeitsnahbereich, und unterbrechen bei Aufenthalt durch Maschinenabschaltung die Gesamt-Maschinenaktivität. Eine horizontale Strahlungsabgabe wird durch eine Gummistiftmatte rings um den Laserkopf zuverlässig unterdrückt.

Für Laseranlagen mit dreh- und schwenkbarem Laserkopf wird eine Vollabschirmung durch eine Schutzkabine gefordert, die im Sichtbereich der Anlage gegen Strahlungseinwirkung mit einem strahlungsabsorbierenden Kunststoff die auftretende Streustrahlung abfängt.

Ganz allgemein sind leistungsfähige Absaugvorrichtungen vorgeschrieben, die Rauchgase und Stäube, die beim Laserschweißen oder -schneiden entstehen, über Filtersysteme binden.

Durchführungsanweisungen zur Unfallverhütung Laserstrahlung in BGV B2.

Beim **Elektronenstrahlschweißen** wird mit Hochspannung gearbeitet, es treten Röntgenstrahlen und intensive Lichtstrahlung auf.

Kunststoffe können bei thermischer Überlastung giftige Dämpfe bilden. Bei PVC entsteht Chlorwasserstoff bzw. Salzsäure, bei fluorhaltigen Kunststoffen wie Teflon und Hostaflon TF werden u. U. Fluorgase freigesetzt.

Bei **thermischen Arbeitsverfahren** werden überhitzte Partikel als Metallspritzer oder Schlacketropfen durch die kinetische Energie des Verfahrens in alle Richtungen verteilt. Brandgefährdete Bereichsangaben in Bild 1.

Raumbegrenzungen, Abdeckungen und Abschirmungen können die Gefahren verringern, aber nicht gänzlich abwenden. Auch bei gezielten Schutzmaßnahmen bilden unverschlossene kleine Öffnungen, wie Spalten, Schlitze oder Durchbrüche für Hohlböden, Decken- oder Wandverkleidungen, insbesondere deren Isolierstoffe ein erhöhtes Gefahrenpotential. Bei Brandbildung führen verdeckte Brandherde oft zu erheblichen Personen- und Feuerschäden.

Arbeits-verfahren	horizontal[1]	nach unten	nach oben
Flammen-löten	bis 1,5 m	bis 9 m	bis 1,5 m
Gas- und Lichtbogen-verfahren[2]	6 bis 7 m	bis 20 m	bis 3 m
thermisches Trennen	bis 10 m	bis 20 m	bis 3 m

[1] bei Arbeitshöhe von ca. 1,5 m
[2] im Handbetrieb

1 Brandgefährdete Bereiche bei thermischen Arbeitsverfahren

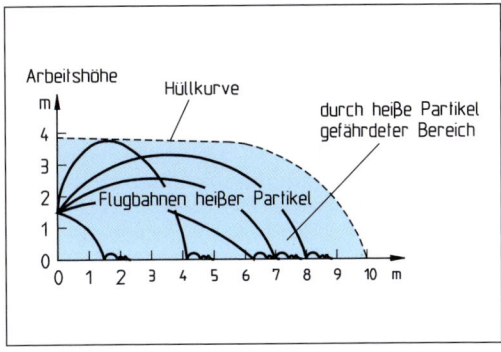

2 Bereich der Brandgefahr

Bei Verschulden kann die strafrechtliche Haftung für Verursacher **und** Auftraggeber erhebliche Folgen haben.

Beim **Schweißen von Hohlkörpern** (Fässern, Kesseln, Tanks usw.) sind diese vor Beginn der Arbeit **restlos** von Inhalt freizumachen. Rückstände sind möglichst aufzuweichen und mit nicht funkenreißenden Werkzeugen zu entfer-

Vor und während der Schweißarbeiten an Hohlkörpern ist dafür zu sorgen, dass sich keine gefährlichen Gasgemische im Behälter bilden können, gegebenenfalls ist mit Flammen erstickenden Gasen – wie Stickstoff, CO_2 oder Argon – zu füllen.

Die beim Schweißen entstehenden Temperaturen liegen meist wesentlich höher als die Entzündungstemperatur der meisten brennbaren Stoffe. Das gilt auch für nicht mehr rot glühende Metall- und Schlackespritzer.

Bei Montagen und Reparaturen außerhalb der betrieblichen Schweißerwerkstätte, z. B. in Lagerräumen, Kaufhäusern und Betrieben, die brennbare Stoffe lagern, ist besondere Vorsicht am Platze. Langzeitüberwachung durch ausgebildete Brandwache ist erforderlich.

Solche **„Feuerarbeiten"** dürfen nur von genügend instruierten Personen mit den hierfür notwendigen Kenntnissen ausgeführt werden. In entsprechenden schriftlichen Aufträgen sind die erforderlichen Schutzmaßnahmen einzeln festzulegen, ein verantwortlicher Aufsichtsführender ist zu bestimmen. Der Schweißer soll den Empfang des Auftrages und eines eventuellen Merkblatts für die Ausführung von „Feuerarbeiten" schriftlich bestätigen.

Bei Brandausbruch gilt: Zuerst die Feuerwehr alarmieren, dann erst mit Löschen beginnen!

5.3 Fügen durch Löten

5.3.1 Allgemeines

Löten ist ein Verfahren zur stoffschlüssigen Verbindung oder zur Beschichtung von Werkstoffen mithilfe eines geschmolzenen Lotes (Schmelzlöten) oder durch Diffusion an den Berührungsflächen (Diffussionslöten). Die Schmelztemperatur der Lote liegt niedriger als die Schmelztemperatur der Fügewerkstoffe (siehe DIN ISO 857-1 bis 3).

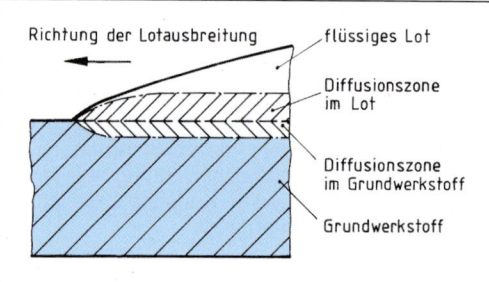

1 Legierungsbildung an der Lötstelle

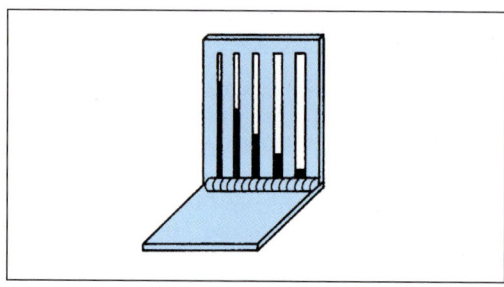

2 Probekörper zur Messung der Steighöhe _h_

Lötvorgang

Von entscheidender Bedeutung für das Löten ist das **Benetzen** der Grundwerkstoffe durch das Lot: Ein flüssiger Tropfen des Zusatzmetalls breitet sich auf der Oberfläche der Werkstücke perlenfrei aus und haftet nach der Erstarrung fest auf ihnen.

Fast alle technischen Gebrauchsmetalle auf Stahl-, Kupfer- und Nickelbasis sowie Edelmetalle können bei metallisch reiner Oberfläche und bei Arbeitstemperatur (siehe Seite 260 ff.) benetzt werden.

Bei der Benetzung läuft eine **Legierungsbildung** zwischen Grundwerkstoff und Lot ab (Bild 1). Es diffundiert einerseits das Lot in den Grundwerkstoff, andererseits der Grundwerkstoff in die Lotschicht.

Die Legierung Grundwerkstoff-Lot gibt der Lötverbindung eine bedeutend größere Festigkeit als die des reinen Lotes.

Für die Festigkeit einer Lötung ist die Tiefenausdehnung der Diffusionszone maßgebend.

Die Legierungsbildung ist exotherm und die frei werdende Wärme liefert wahrscheinlich die mechanische Energie für die Lotausbreitung auf dem Grundwerkstoff. Daneben nützt man, besonders beim Hartlöten, die Kapillarwirkung von Flüssigkeiten aus. In enge Lötspalte wird das Lot infolge der Kapillarwirkung hineingezogen bzw. hineingedrückt. Man nennt diesen Druck den **kapillaren Fülldruck** p_k.

Löttechnisch und für die lötgerechte Konstruktion ist der kapillare Fülldruck von wesentlicher Bedeutung.

Versuch: Abhängigkeit der kapillaren Steighöhe *h* von der Spaltbreite *b*.

In einen Probekörper aus 1 mm dickem Blech aus Kupfer oder Stahl DC03 nach DIN EN 10130 werden senkrechte Spalten von 01 … 0,8 mm eingesägt, die Oberfläche wird mit Flussmittel geschützt und ein Lotdrahtabschnitt an den Fußpunkt der Schlitze gelegt (Bild 2, Seite 249). In einem Ofen wird der Probekörper auf entsprechende Arbeitstemperatur erwärmt.

Das Versuchsergebnis entspricht ungefähr dem Diagramm von Bild 1.

Eigenschaften und Anwendung der Lötverbindungen

Vorteile:

1. fast jede metallische Werkstoffpaarung möglich

2. geringe Wärmeenergie nötig, deshalb kurze Erwärmungs- und Lötzeit

3. keine hohen Löttemperaturen, deshalb geringe Metallspannungen

4. gute elektrische Leitfähigkeit und gute Wärmeleitfähigkeit

5. verschieden starke Werkstücke und schwierig erreichbare Verbindungsstellen gut lötbar

Nachteile:

1. geringe bis mittlere Festigkeiten bei Stumpfstößen

2. bei Feuchtigkeit Korrosionsgefahr wegen der Verschiedenartigkeit der Werkstoffe

3. aufwendige Reinigung der Lötflächen

4. eventuelle Wärmenachbehandlung kann Eigenschaften der Lötstellen beeinträchtigen

5.3.2 Lötverfahren

Für Fertigungsangaben in technischen Zeichnungen oder in Fertigungsunterlagen sind Kennzahlen der Lötverfahren in DIN EN ISO 4063 festgelegt (Bild 2).

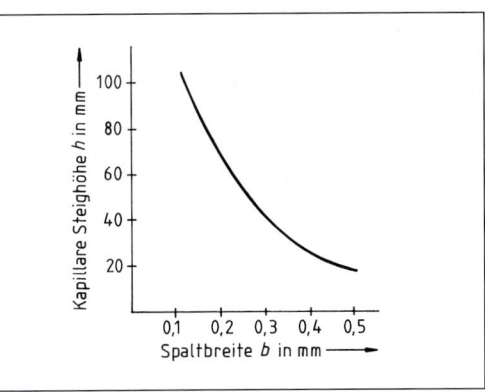

1 Abhängigkeit der kapillaren Steighöhe von der Spaltbreite (unter idealen Bedingungen)

Ordnungs-nummern	Lötverfahren
91	Hartlöten mit örtlich begrenzter Erwärmung
912	Flammhartlöten
913	Laserstrahlhartlöten
914	Elektronenstrahlhartlöten
918	Widerstandshartlöten
922	Vakuumhartlöten
924	Salzbadhartlöten
94	Weichlöten mit örtlich begrenzter Erwärmung
942	Flammweichlöten
943	Kolbenweichlöten
946	Induktionsweichlöten
947	Ultraschallweichlöten
97	Fugenlöten
948	Widerstandsweichlöten
971	Fugenlöten mit Flamme
973	Metall-Schutzgaslöten
974	Wolfram-Schutzgaslöten

2 Ordnungsnummern Hartlöten, Weichlöten und Fugenlöten (Auszug DIN EN ISO 4063)

5.3.2.1 Einteilung nach der Löttemperatur (DIN ISO 857-2)

Grundsätzlich unterteilt man das Löten in die Verfahrensgruppen Weich-, Hart- und Hochtemperaturlöten.

Arbeitstemperatur	
Weichlöten (WL):	< 450 °C
Hartlöten (HL):	> 450 °C
Hochtemperaturlöten (HTL):	> 900 °C

Beim **Weichlöten** liegt die Arbeitstemperatur unter 450 °C. Meist bestehen die Lote hierfür aus Legierungen weicher Metalle wie Zinn, Zink, Blei und Cadmium.

Weichlötungen sind gut verformbar, haben aber geringe Festigkeiten.

Einsatz: Elektroindustrie, Schmuckwarenindustrie, Nahrungsmittel- und Kälteindustrie, Rohrverbindungen im Kalt- und Warmwasserbereich und für Gase.

Beim **Hartlöten** liegen die Arbeitstemperaturen oberhalb 450 °C. Hartlötungen können Festigkeitswerte bis 500 N/mm² erreichen.

Die Festigkeit einer Hartlötung hängt von der Art des Lotes und von der Gestaltung der Lötverbindung ab.

Einsatz: Maschinenbau, Fahrzeugbau.

Hochtemperaturlöten ist ein flussmittelfreies Löten unter Luftabschluss (Vakuumlöten, Schutzgaslöten) mit Loten, deren Schmelztemperatur oberhalb 900 °C liegt. Unterschieden wird nach Kupferbasisloten, zinkhaltig und zinkfrei, Nickelbasisloten und Gold-, Palladium- sowie Titanloten. Die höchsten Löttemperaturen erreichen platinhaltige Lote mit Arbeitstemperaturen von 1800 °C bis 2000 °C. Die Lote werden als Lotformteile oder Lotpasten zugegeben. Bei diesen Lötverfahren ist kein partielles Erwärmen mehr möglich, auch entfällt die Beschränkung der Lötzeit, da ohne Flussmittel unter Ausschluss von Luft in Durchlauföfen oder Vakuumöfen gelötet wird. In Vakuumöfen kann hierbei eine werkstoffspezifische Wärmebehandlung erfolgen, um beim Lötteil optimale Zähigkeit und Festigkeit zu erreichen. Der Lötzyklus eines Lötteils kann mehrere Stunden umfassen. Einsatz: Luft- und Raumfahrt, Reaktortechnik.

Hochtemperaturlöten stellt z. Zt. eine Untergruppe des **Hartlötens** dar.

Für das Löten charakteristische Temperaturen

1. Schmelzbereich eines Lotes

Der Schmelzbereich eines Lotes ist der Temperaturbereich vom Beginn des Schmelzens (Solidustemperatur) bis zur vollständigen Verflüssigung (Liquidustemperatur).

2. Arbeitstemperatur

Die Arbeitstemperatur ist die niedrigste Temperatur, die an der Berührungsfläche zwischen Lot und Werkstück herrschen muss, damit das Lot sich ausbreiten, fließen und am Grundwerkstoff binden kann.

Die Arbeitstemperatur ist immer höher als die Solidustemperatur des Lotes; sie kann unterhalb oder oberhalb seiner Liquidustemperatur liegen oder mit ihr zusammenfallen.

3. Maximale Löttemperatur

Die maximale Löttemperatur ist die Temperatur, oberhalb der das Lot (z. B. durch Verdampfen von Legierungsbestandteilen) oder das Werkstück (z. B. durch übermäßige Grobkornbildung) oder das Flussmittel geschädigt wird. Arbeitstemperatur und maximale Löttemperatur begrenzen den Bereich der Löttemperatur.

4. Wirktemperaturbereich

Der Wirktemperaturbereich ist der Temperaturbereich, innerhalb dessen ein Flussmittel oder Lötschutzgas das Benetzen von Werkstücken durch flüssige Lote ermöglicht oder begünstigt.

5.3.2.2 Einteilung der Lötverfahren nach Energieträgern (DIN ISO 857-2 und DIN 8593-7)

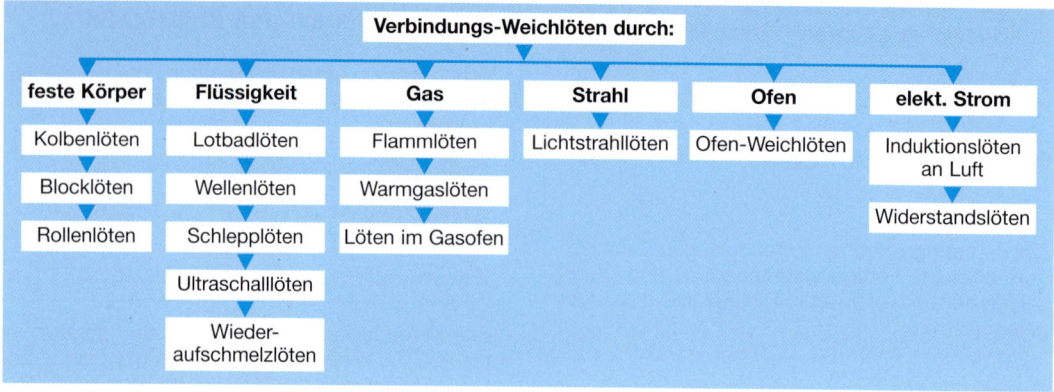

1 Weichlöten (WL)

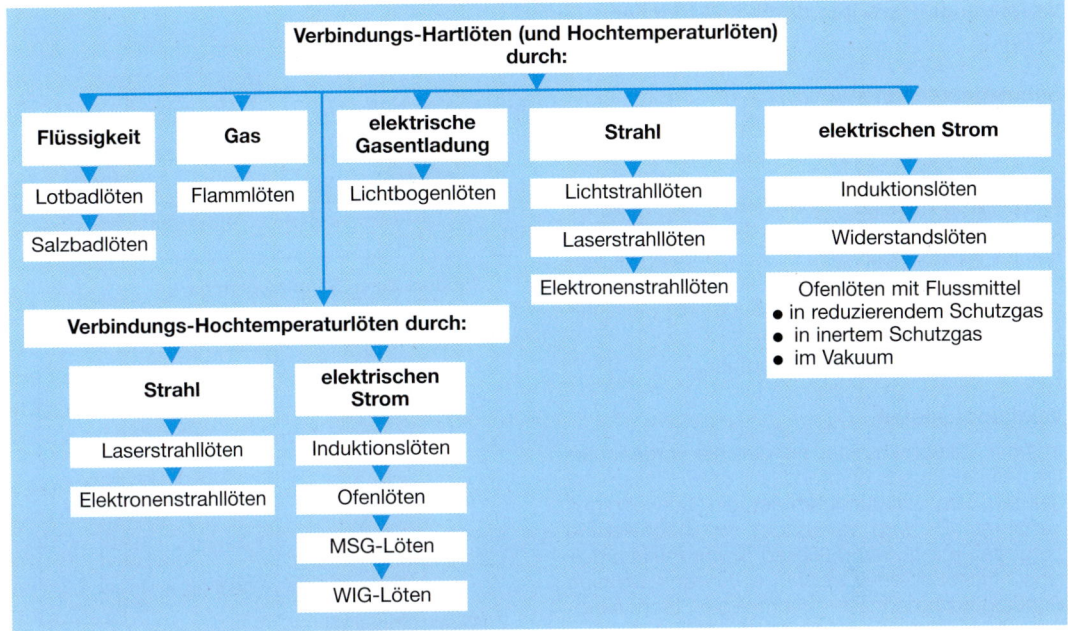

Verbindungs-Hartlöten (und Hochtemperaturlöten) durch:

Flüssigkeit	Gas	elektrische Gasentladung	Strahl	elektrischen Strom
Lotbadlöten	Flammlöten	Lichtbogenlöten	Lichtstrahllöten	Induktionslöten
Salzbadlöten			Laserstrahllöten	Widerstandslöten
			Elektronenstrahllöten	

Verbindungs-Hochtemperaturlöten durch:

Strahl	elektrischen Strom
Laserstrahllöten	Induktionslöten
Elektronenstrahllöten	Ofenlöten
	MSG-Löten
	WIG-Löten

Ofenlöten mit Flussmittel
- in reduzierendem Schutzgas
- in inertem Schutzgas
- im Vakuum

1 Hartlöten (HL) und Hochtemperaturlöten (HTL)

Verbindungs-Weichlöten durch festen Körper

Kolbenlöten

Mithilfe eines Kupferlötkolbens (elektrisch- oder gasbeheizt) wird die Wärmeenergie auf das Lot und die zu verbindenden Werkstücke gebracht. Das Flussmittel wird getrennt oder im Innern eines Rohrdrahtes zugeführt.

Einsatz: Weichlötung, manuelles Löten.

Verbindungs-Weichlöten durch Flüssigkeit

Lotbadlöten

Durch Eintauchen in ein Lotbad (Lötschmelze) werden die zu verbindenden Teile erwärmt und benetzt. Das Flussmittel kann entweder vorher aufgebracht werden oder man kann es auf dem Lötbad schwimmen lassen.

Einsatz: Weichlötung.

Ölbadlöten

Die vorfixierten Fügeteile werden zusammen mit Lot und Flussmittel in ein Ölbad (pflanzliche Öle, auch Glycerin möglich) getaucht und dabei auf Arbeitstemperatur gebracht.

Einsatz: Weichlötung.

Verbindungs-Hartlöten durch Flüssigkeit

Salzbadlöten

Entspricht dem Ölbadlöten, nur dass das Bad aus flüssigen Salzen besteht. Dadurch können höhere Temperaturen erreicht werden. Man kann meistens auf das Flussmittel verzichten, da das Salzbad die Aufgabe des Flussmittels übernimmt.

Einsatz: Hartlötung.

Verbindungs-Hartlöten durch elektrischen Strom

Schutzgasofenlöten (Bild 1)

Dies entspricht dem elektrisch beheizten Kammerofenlöten, nur dass in einer neutralen oder reduzierenden Schutzgasatmosphäre (Argon, Wasserstoff-Stickstoff-Gemisch oder teilweise verbranntes, entschwefeltes Ferngas/Stadtgas) gelötet wird. Wegen des Sauerstoffmangels verzundern die Lötteile nicht. Sie kommen blank aus dem Ofen. Keine Nachbehandlung. Auf Flussmittel kann oft verzichtet werden.

Einsatz: Hartlötung, Massenfertigung.

Vakuumofenlöten

In einer Vakuumkammer werden die vorgerichteten Teile elektrisch erwärmt und ohne Flussmittel gelötet. Das Vakuumlöten ist ein aufwendiges Verfahren. Es wird verwendet, wo hochwertige Lötungen mit hohem Füllgrad (keine Flussmitteleinschlüsse) erzeugt werden sollen und wo eine Schutzgasatmosphäre nachteilige technologische Auswirkungen auf die Werkstücke hätte.

Hochlegierte Stähle, wie z. B. Inconel oder Chrom-Molybdän-Stahl, sowie neue Metalle, wie Titan, Zirconium, Beryllium und deren Legierungen, können nur im Vakuum gelötet werden. Für das Vakuumlöten sind spezielle Vakuumlote erforderlich.

Einsatz: Hochtemperaturlöten.

Widerstandslöten (Bild 2)

Hierbei erfolgt die Erwärmung der Fügeteile wie beim Widerstandsschweißen durch Kohle- oder Kupferelektroden. Die Erwärmung geschieht sehr schnell und ist örtlich sehr eng begrenzt. Das Lot wird meistens als Blech oder Folie eingelegt. Die zu verbindenden Teile müssen bis zur Erstarrung des Lotes unter Druck stehen.

Einsatz: Weichlötung, Hartlötung, Kleinteile. In der Serienfertigung oft mit lotbeschichteten Teilen.

Induktionslöten

Um die Lötstelle wird die Sekundärspule einer Hochfrequenz-Stromquelle gelegt. Das Werkstück und die Lötstelle werden induktiv erwärmt. Durch die hohe Erwärmungsgeschwindigkeit, die Gleichmäßigkeit der Erwärmung und die Unabhängigkeit von der Art der Lötteile ist das Induktionslöten ein für Massen-Kleinteile sehr wirtschaftliches, aber einrichtungsmäßig sehr aufwendiges Verfahren.

Einsatz: Weichlötung, Hartlötung; vollmechanisiertes und automatisches Löten, Großserienfertigung.

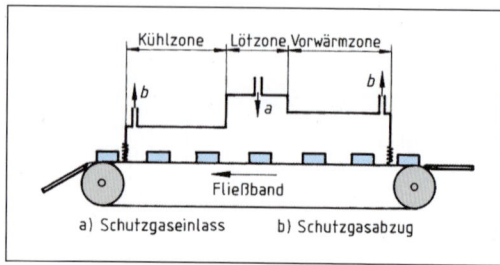

1 Schema eines Schutzgasofens

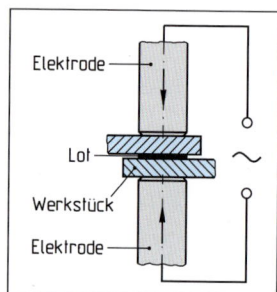

2 Widerstandslöten

Verbindungs-Weich- oder Hartlöten durch Gas oder Strom

Ofenlöten

Erwärmung in gas- oder elektrisch beheizten Stufen-, Durchlauf- oder Muffelöfen. Das Lot und das Flussmittel müssen vorher aufgebracht sein. Da das gesamte Werkstück gleichmäßig erwärmt wird, geringes Verziehen. Die Lotzugabe erfolgt meist durch Lotformteile.

Einsatz: Weichlötung, Hartlötung, Massenfertigung.

Verbindungs-Weich- oder Hartlöten durch Gas

Flammlöten (Bild 1, Seite 255)

Die Lötteile werden durch Brenner (Lötlampe oder Sonderbauart des Autogenschweißbrenners) von Hand oder in Brennervorrichtungen erwärmt. Das Löten erfolgt sowohl mit eingelegtem wie auch mit angesetztem Lot (siehe Abschnitt 5.3.2.4). Flussmittel sind erforderlich.

Einsatz: Weichlötung, Hartlötung. Häufigst angewandtes Verfahren.

Verbindungs-Hartlöten durch elektrische Gasentladung

MSG-Löten und WIG-Löten

Um Korrosion nach dem Schweißen verzinkter Bauteile im Schweißbereich zu vermeiden, wird das MSG-Löten mit Schweißzusätzen für Kupfer und Kupferlegierungen nach DIN EN ISO 24373 eingesetzt. Dabei wird mit Bronzedrahtelektroden SG-CuSi3 oder SG-CuSi2Mn oder bei Al-beschichteten Werkstücken mit SG-CuAl8 im Schmelzbereich zwischen 950 °C … 1080 °C gelötet.

Gearbeitet wird mit Impulslichtbogen, bei Zinkschichten ≥ 15 μm jedoch im Kurzlichtbogen. Bei günstiger Prozessführung erfolgt eine **Verbindung ohne Anschmelzen** der zu verbindenden Werkstoffe.

Beim **WIG-Löten** wird die Lötnaht glatter und ohne Spritzerbildung ausfallen. Die Schweißstäbe entsprechen in der Zusammensetzung den Drahtelektroden. Die Lichtbogenenergie kann in Grund- und Zusatzwerkstoff differenziert eingebracht werden.

Es können feuerverzinkte Bauteile mit Dicken auch über 3 mm gelötet werden, ohne dass das Zink im Bereich neben der Naht verdampft, auch rückseitig bleibt der Korrosionsschutz erhalten.

Mit dem WIG-Lötverfahren können auch sehr unterschiedliche Werkstoffe miteinander verbunden werden, beispielsweise niedrig- und hochlegierte Stähle oder verzinkte Werkstücke mit Aluminium, Messing und Kupfer.

Verbindungs-Hartlöten durch Strahl

Laserstrahllöten

In der Automobilfertigung ist das flussmittelfreie Hartlöten bei der Fertigung von Karosserieteilen und der C-Säule mit dem hinteren Kotflügel bereits eingeführt. Es werden dabei Arbeitsgase eingesetzt, die durch ihre Bestandteile eine hohe Affinität zu Sauerstoff besitzen. So führt die Anwendung von Formiergas, einer Mischung aus Stickstoff, dem als O_2-reduzierendes Reaktionsgas Wasserstoff beigemengt ist, zu sehr guten Lötergebnissen. Flussmittelrückstände, die aus Gründen des Korrosionsschutzes entfernt werden müssten, fallen nicht an.

Eingesetzt werden Nd:YAG-Laser, deren Wellenlänge von 1064 nm von den Loten gut absorbiert wird und diese rasch aufschmelzen lässt. Zunehmend kommt der besser geeignete Diodenlaser zum Einsatz, dessen rechteckiger Strahlquerschnitt einerseits den Fügebereich bereits vorwärmt und andererseits das geschmolzene Lot längere Zeit flüssig hält, bevor es wieder erstarrt.

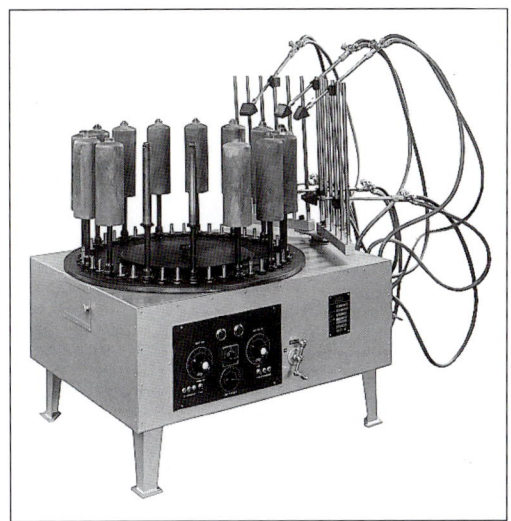

1 Flammlöten auf Lötkarussell

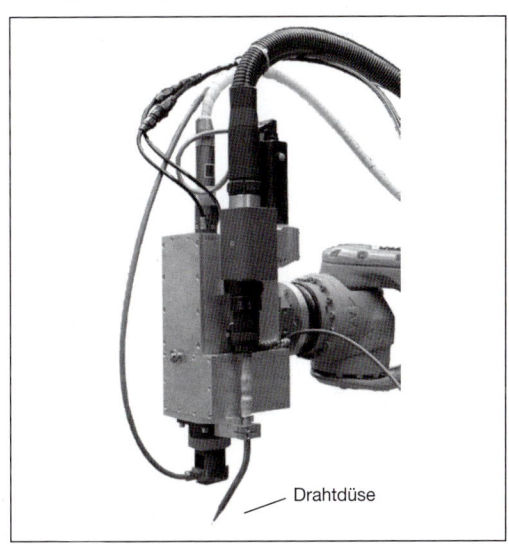

Drahtdüse

2 Bearbeitungskopf zum Laserstrahllöten

Das Lot benetzt den vorgewärmten Fügespalt besser, und die Vorschubgeschwindigkeit kann erhöht werden.

So wird an Karosserieteilen mit einem 4 kW-Diodenlaser und dem Lotdraht L-CuSi3 eine maximale Lötgeschwindigkeit von 5 m/min realisiert. Im Kostenvergleich zum Nd:YAG-Laser ist der Diodenlaser um den Faktor 2,2 wirtschaftlicher (Bild 2).

Zum Laserlöten eignen sich auch Lotpasten oder galvanisch aufgebrachte Lotschichten. Voraussetzung für die einwandfreie Lötung ist neben der hohen Positioniergenauigkeit auch der thermi-

sche Kontakt der Fügeteile, da i. Allg. kein Höhen-
ausgleich der Lötschicht erfolgt. Die Lötzeiten,
z. B. an Bauteilen für Leiterplatten, sind kleiner
als 1 s. Durch die schmale Wärmezone ist das
Stumpflöten von Drähten mit Lötlackisolierung
wie auch das Löten an Kühlkörpern elektroni-
scher Bauteile möglich.

Hervorzuheben ist der Einsatz bei Reparaturen
an hoch integrierten Leiterplatten: einzelne Lötverbindungen lassen sich gezielt nachlöten bzw.
einzelne Bauelemente können ausgewechselt
werden. Eingesetzt sind HDL-Diodenlaser als
auch Nd:YAG-Laser im Dauerstrichbereich mit
15 … 20 W Laserleistung.

Einsatz: Hartlöten und Hochtemperaturlöten.

Lichtstrahllöten

Beim Lichtstrahllöten werden gebündelte Lichtstrahlen als Wärmequelle verwendet (Bild 1).

Die Lichtstrahlverfahren dienen vorwiegend zur
thermischen Bearbeitung von Keramik, Glas- und
Kunststoffen, jedoch auch durch die saubere
und punktförmige Wärmekonzentration zum Hartlöten. Das Verfahren ist weitgehend automatisiert
für Lötaufgaben in der Schmuckindustrie.

Elektronenstrahllöten

Die Lötstelle wird vorwiegend in einer Vakuum-
kammer durch Absorption eines gebündelten
Elektronenstrahles auf Arbeitstemperatur des
Lotes erwärmt. Wie beim Laserstrahllöten wird
auch hier durch die hohe Energiedichte an großen
Bauteilen örtlich schnell die Löttemperatur er-
reicht bei geringer thermischer Beeinflussung des
Bauteils.

Einsatz: Hartlöten und Hochtemperaturlöten.

5.3.2.3 Einteilung der Lötverfahren nach der Art der Lötstelle

Es wird zwischen Auftraglöten und Verbindungslöten unterschieden.

1. Auftraglöten

Beschichten eines Werkstückes durch Löten.

2. Verbindungslöten

Fügen eines oder mehrerer Werkstücke durch
Löten.

Die Spaltbreite (Lötspalt) beeinflusst hierbei die
Lotauswahl.

Je nach Spaltbreite spricht man entweder vom
Spaltlöten (Spaltbreite < 0,5 mm) oder vom
Fugenlöten (Spaltbreite > 0,5 mm).

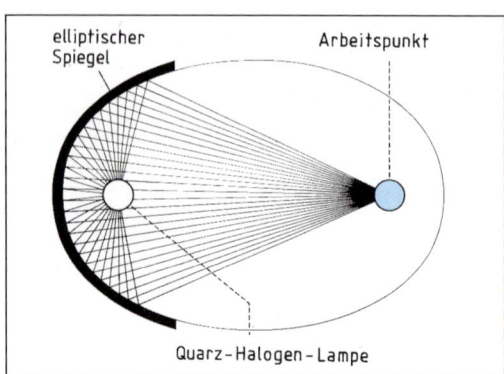

1 Prinzip des Lichtstrahlverfahrens

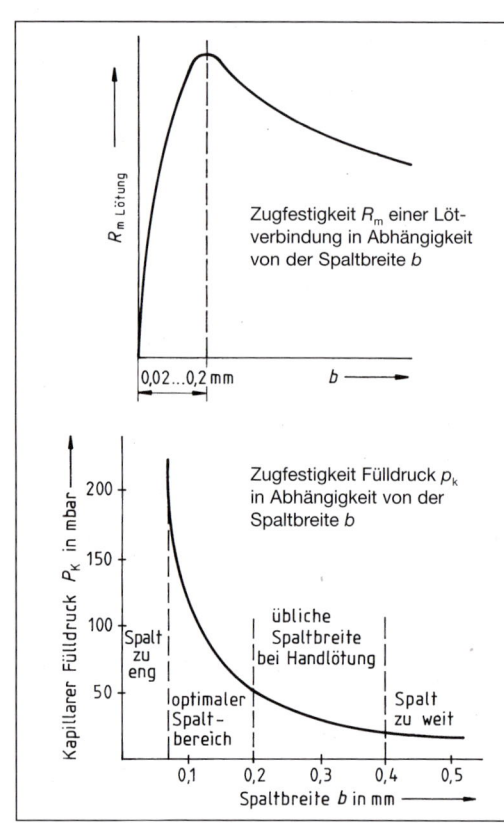

Zugfestigkeit R_m einer Lötverbindung in Abhängigkeit
von der Spaltbreite b

Zugfestigkeit Fülldruck p_k
in Abhängigkeit von der
Spaltbreite b

2 Zugfestigkeit und kapillarer Fülldruck in Abhängigkeit von der Spaltbreite

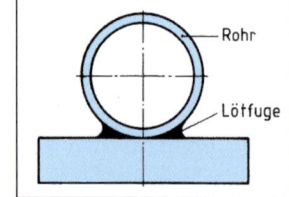

3 Lötfuge beim Fugenlöten

Spaltlöten

Spaltlöten ist ein Löten von Werkstücken, deren miteinander zu verbindende Oberflächen einen kleinen, üblicherweise gleich bleibenden Abstand (Lötspalt) voneinander haben.

Der kapillare Fülldruck des Lotes führt hierbei zu einem tiefen Eindringen in den Lötspalt. Bei engen Lötspalten sind dünnflüssige Lote günstig, z. B. Weichlote:

> Lot DIN 1707-100-S-Sn63Pb35Ag2
> mit Schmelztemperatur 178/178 °C.
> Lot DIN ISO 9453 Nr. 101
> mit Schmelztemperatur 183/183 °C.

Hartlote:

> Lot EN ISO 17672-Ag340
> mit Schmelztemperatur 595/630 °C
> Lot ISO 3677-B-Cu59Zn(Sn)(Ni)(Mn)(Si)
> 870/890 °C.

Die günstigsten Lötspaltbereiche liegen beim mechanisierten Löten zwischen 0,05 und 0,2 mm, bei Handlötung zwischen 0,1 und 0,3 mm (Bild 2, Seite 256).

Fugenlöten

Fugenlöten ist ein Löten von Werkstücken, deren miteinander zu verbindende Oberflächen einen größeren Abstand als 0,5 mm haben oder bei denen die Lötstelle V- oder X-förmig erweitert ist. Man nennt in diesem Falle die Lötstelle eine Lötfuge (Bild 3, Seite 256).

Dünnflüssige Lote sind hierfür ungeeignet, eine Dichtlötung wäre nicht möglich. Geeignet sind Schmierlote (z. B. Lot DIN 1707-100-S-Pb64Sn35 Sb1-186/235 °C). Beim Fugenlöten kommen kapillare Kräfte nicht mehr zur Wirkung. Es werden Nähte ähnlich dem Schmelzschweißen gezogen (deshalb oft auch die Bezeichnung: **Schweißlöten**). Das Fugenlöten findet man bei Reparaturarbeiten an Stahl- und Gussteilen. Es hat gegenüber dem Schweißen den Vorteil, dass die Lötteile nur auf Temperaturen weit unter der Schweißtemperatur erwärmt werden müssen und somit die Wärmespannungen bedeutend geringer sind.

5.3.2.4 Einteilung der Lötverfahren nach der Art der Lotzuführung

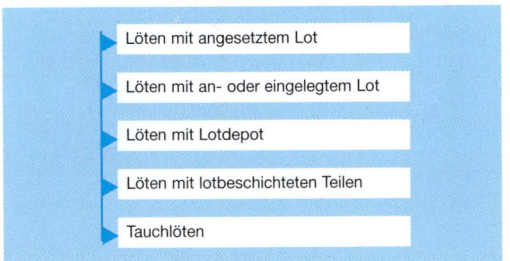

Löten mit angesetztem Lot

Löten mit angesetztem Lot ist eine Arbeitsweise, bei der erst die Werkstücke auf Löttemperatur erwärmt werden und dann das Lot durch Berühren mit den Werkstücken bzw. mit der Wärmequelle zum Schmelzen gebracht wird. Sie findet hauptsächlich beim Weichlöten und beim Hartlöten von Einzelstücken Anwendung.

Löten mit an- oder eingelegtem Lot

Löten mit an- oder eingelegtem Lot ist eine Arbeitsweise, bei der die Werkstücke und eine abgemessene Lotmenge, die meist in unmittelbare Nähe des Lötspaltes angebracht wird, gemeinsam auf Löttemperatur erwärmt werden.

Hierzu ist auch das Löten im Öl- und Salzbad zu rechnen. Diese Art der Lotzuführung wird in der Massenfertigung eingesetzt.

Lotformteile

Das eingelegte Lot nennt man Lotformteil. Das Lotformteil wird der Form der Werkstücke angepasst (Bild 1).

Für die Bemessung der Lotformteile ist die erforderliche Lotmenge zu ermitteln. Zu viel Lot bedeutet Lotverschwendung, zu wenig Lot führt zur Verminderung der Festigkeit der Lötverbindung.

Das erforderliche Lotvolumen erhält man durch Berechnung des größtmöglichen Spaltvolumens (Bild 1, Seite 258) oder man bestimmt es durch Versuch.

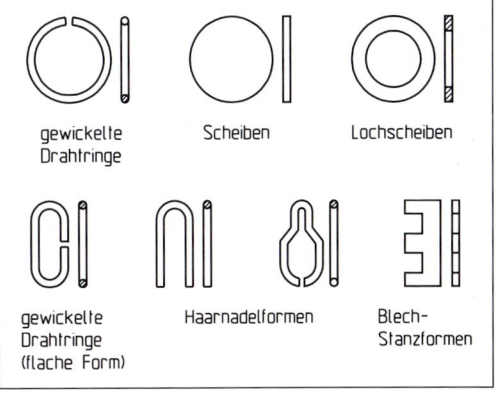

1 Lotformteile

Löten mit Lotdepot

Das Lot wird vor dem Erwärmen in ein im Innern des Werkstücks enthaltenes (konstruktiv vorzusehendes) Lotdepot gelegt. Es wird beim Erwärmen gleichzeitig mit den zu lötenden Werkstücken am Lötstoß auf die Arbeitstemperatur gebracht (Bild 3, Seite 269).

Infolge des Lotdepots wird direkte Flammeneinwirkung auf das Lot vermieden. Der Fließweg ist von innen nach außen, das Lot verdrängt dabei das Flussmittel aus dem Lötspalt.

Löten mit lotbeschichteten Teilen

Hier sind die erforderlichen Lotmengen vor dem Lötprozess auf ein oder beide Fügeteile bereits aufgebracht worden, z. B. durch Vorverzinnen, Galvanisieren, Bedampfen oder Walzplattieren. Vielfach eingesetzt wird diese Art der Lotzuführung beim Widerstands- und Induktionslöten in vollmechanisierten oder automatischen Lötanlagen (Wiederaufschmelzlöten).

Tauchlöten

Tauchlöten ist eine Arbeitsweise, bei der die Werkstücke in einem Bad aus geschmolzenem Lot auf Löttemperatur erwärmt werden. Der Lotverbrauch ist hierbei größer als bei den anderen Lotzuführungsverfahren. Dieses Verfahren kann nur für Kleinteile verwendet werden.

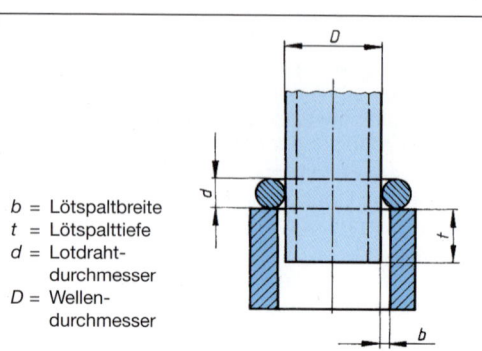

b = Lötspaltbreite
t = Lötspalttiefe
d = Lotdrahtdurchmesser
D = Wellendurchmesser

Berechnung des erforderlichen Drahtdurchmessers eines Lotringes:

Spaltvolumen der Lötstelle = Lotdrahtvolumen

$$(D + b) \cdot \pi \cdot b \cdot t = \frac{d^2 \, \pi}{4} \cdot (D + d) \cdot \pi$$

Unter der Annahme, dass $(D + b) \approx (D + d)$, was in den meisten Fällen angenommen werden kann, ergibt sich:

$$b \cdot t = \frac{d^2 \, \pi}{4}$$

$$d = 2 \cdot \sqrt{\frac{b \cdot t}{\pi}}$$

1 Berechnungsbeispiel für Lötformteil

5.3.2.5 Einteilung der Lötverfahren nach der Art der Oxidbeseitigung

Die Beseitigung auf den Fügeflächen vorhandener Oxide ist für die Güte der Lötverbindung ausschlaggebend. Sie kann erfolgen mit Flussmitteln oder mit mechanischen Verfahren, wie z. B. Bürsten oder Schmirgeln. Darüber hinaus ist es notwendig, die Bildung neuer Oxide zu verhindern.

Hierzu eignen sich besonders folgende Verfahren:

Löten unter reduzierendem Schutzgas
Löten unter inertem Schutzgas
Löten unter Vakuum

5.3.2.6 Einteilung der Lötverfahren nach der Art der Fertigung

Begriffe	Kurzzeichen	Erklärungen
Handlöten (manuelles Löten)	m	Alle Vorgänge werden von Hand ausgeführt.
teilmechanisiertes Löten	t	Einige Vorgänge des Lötvorgangs laufen mechanisch ab.
vollmechanisiertes Löten	v	Alle den Ablauf des Lötens kennzeichnenden Vorgänge sind mechanisiert.
automatisches Löten	a	Alle den Ablauf kennzeichnenden Vorgänge einschließlich aller Nebentätigkeiten, wie z. B. Werkstückwechsel, laufen selbsttätig ab.

5.3.3 Lote

Definition nach DIN EN ISO 9453:

> Lot ist ein metallischer Zusatzwerkstoff, der benutzt wird, um metallische Teile miteinander zu verbinden, dessen Schmelzpunkt (Liquidus) unterhalb desjenigen der zu verbindenden Teile liegt.

Mit DIN EN ISO 17672 wird statt „Lot" die Bezeichnung Lotzusatz eingeführt.

Lotzusatz (reines Metall oder Legierung) wird eingesetzt in Form von Draht, Blech, Formteilen aus Draht oder Blech, Röhrchendraht oder Kerbdraht mit Flussmittel, Stangen, Schnitzeln, Körnern, Pulver und Pasten. Stäbe können teilweise oder ganz mit Flussmittel umhüllt sein.

Die Lote sind gegliedert in

1. **Weichlote** – nach DIN EN ISO 9453 und DIN 1707-100 und DIN EN ISO 3677
2. **Hartlote – Lotzusätze** nach DIN EN ISO 17672 und DIN EN ISO 3677

Die Bezeichnungen und Anwendungen der Lotzusätze sind in DIN EN ISO 3677 für Weichlote und Hartlote angegeben.

Grundvoraussetzungen für die Eignung eines Lotes sind:

1. Schmelzpunkt des Lotes mindestens 50 °C niedriger als der Schmelzpunkt des Grundwerkstoffes
2. gute Haftfähigkeit bzw. Benetzung auf dem Grundwerkstoff
3. gute Kapillar- und Diffusionseigenschaften
4. geringer Wärmedehnungsunterschied zum Grundwerkstoff
5. geringe Abweichung in der elektrochemischen Spannungsreihe gegenüber dem Grundwerkstoff (geringe Korrosionsgefahr)

5.3.3.1 Weichlote

Weichlote (DIN EN ISO 9453 und DIN 1707-100) sind besonders durch ihre niedrigen Arbeitstemperaturen unterhalb 450 °C und ihre geringe Festigkeit gekennzeichnet. Ihre Hauptanwendung finden sie in der Elektroindustrie und bei Installationen.

Weichlote für Schwermetalle				
Legierungsgruppe	Legierungs-Nr.	Legierungs-kurzzeichen	Schmelztemperatur in °C Solidus/Liquidus	Verwendung
Zinn-Blei-Legierungen	101	S-Sn 63 Pb 37	183 … 183	Elektroindustrie
	103	S-Sn 60 Pb 40	183 … 190	nicht rostende Stähle
	111	S-Pb 50 Sn 50	183 … 215	gedruckte Schaltungen
	114	S-Pb 60 Sn 40	183 … 235	Klempnerlot, Schmierlot
	116	S-Pb 70 Sn 30	183 … 255	
	122	S-Pb 90 Sn 10	280 … 305	Kühlerbau
	124	S-Pb 98 Sn 2	320 … 325	Feinblechpackungen
Zinn-Blei-Legierungen mit Antimon	131	S-Sn 63 Pb 37 Sb	183 … 183	Elektronik
	133	S-Sb 50 Sn 50 Sb	183 … 216	Miniaturtechnik
	136	S-Pb 69 Sn 30 Sb 1	185 … 250	Kabelmantellötung
	137	S-Pb 78 Sn 20 Sb 2	185 … 270	Zinkblechlötung
Zinn-Antimon	201	S-Sn 95 Sb 5	230 … 240	Kälteindustrie
Zinn-Blei-Wismut-Legierungen	141	S-Sn 60 Pb 38 Bi 2	180 … 185	
	301	S-Bi 58 Sn 42	138 … 138	Zweitlot
Zinn-Blei-Cadmium	151	S-Sn 50 Pb 32 Cd 18	145 … 145	Kondensatoren, Schmelzsicherung
Zinn-Kupfer-Blei-Legierungen	402	S-Sn 97 Cu 3	227 … 310	Elektronik
	162	S-Sn 50 Pb 49 Cu 1	183 … 215	Miniaturtechnik
Indium-Zinn-Legierung	601	S-Sn 50 In 50	117 … 125	Sicherheitslot
Zinn-Silber-Blei-Legierungen	703	S-Sn 96 Ag 4	221 … 221	Kupferrohrinstallation
	702	S-Sn 97 Ag 3	221 … 230	Kupferrohrinstallation, Kälteindustrie
Elektronikqualität: Nr. 102 = S-Sn 63 Pb 37 E; Nr. 104 = S-Sn 60 Pb 40 E; Nr. 112 = S-Pb 50 Sn 50 E (nur 0,05 % Sb, 0,05 % Bi)				

1 Weichlote, Auszug aus DIN ISO 9453

Die Weichlote nach DIN EN ISO 9453 beinhalten 34 Legierungen, die in 9 Gruppen eingeteilt sind. Der Legierungskurzbezeichnung, entsprechend der Analyse der chemischen Zusammensetzung, ist eine Legierungsnummer zugeordnet (Bild 1, Seite 259).

Für den Einsatz in der Elektronikindustrie wird die erforderliche höhere Reinheit der verwendeten 3 Weichlotlegierungen durch den angefügten Buchstaben „E" (Elektronikqualität) angezeigt.

Das Lot S-Sn 63 Pb 37 (Lot DIN EN ISO 9453 Leg. Nr. 101) geht fast ohne Schmelzbereich bei 183 °C vom festen (Solidus) in den flüssigen (Liquidus) Zustand über (Bild 1).

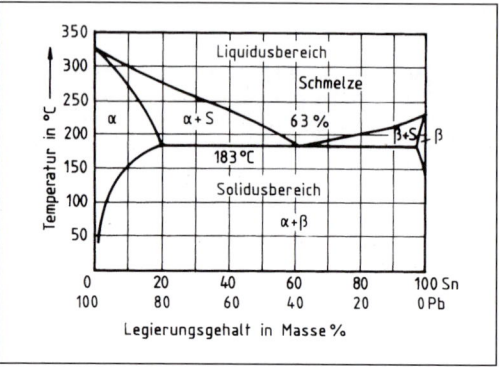

1 Zinn-Blei-Zustandsdiagramm

Weichlote für Schwermetalle							
Legierungs-Gruppe	Legierungs-kurzzeichen	Schmelztemperatur in °C Solidus/Liquidus	bevorzugte Löt-verfahren WL-				Hinweise für die Verwendung
			FL	LO	KO	IL	
A Blei-Zinn- und Zinn-Blei-Lote	S-Pb 88 Sn 12 Sb	250 … 295	×	×			Kühlerbau
	S-Pb 79 Sn 20 Sb1	186 … 270	×	×			Kühlerbau
	S-Pb 64 Sn 35 Sb1	186 … 235	×	×	×		Schmierlot, Bleilötungen
	S-Pb 64 Sn 33 (Sb)	183 … 242	×				Kabelmantellötungen
	S-Pb 60 Sn 40	183 … 235	×	×	×		Feinblechpackungen
	S-Sn 70 Pb 30	183 … 192		×			Bauelementefertigung
	S-Sn 90 Pb 10	183 … 215	×				Zinnwaren
B Zinn-Blei-Weich-lote mit Kupfer-, Silber- oder Phosphor-Zusatz	S-Sn 60 Pb 40 CuP	183 … 190		×			gedruckte Schaltungen
	S-Sn 50 Pb 46 Ag 4	178 … 210		×	×		Elektrogerätebau, Elektronik,
	S-Sn 63 Pb 35 Ag2	178 … 178		×	×	×	Miniaturtechnik
	S-Pb 50-Sn 50 P	183 … 215		×			Elektronik, gedruckte Schaltungen
	S-Sn 63 Pb 37 P	183 … 183		×			Schlepp- und Tauchlöten
	S-Sn 60 Pb 40 Cu P	183 … 190		×			
C Sonder-Weichlote	S-Sn 80 Cd 20	180 … 195		×	×	×	Elektrotechnik
	S-Cd 82 Zn 16 Ag 2	270 … 280	×		×		Elektromotoren, Isolierstoffklasse F
	S-Cd 73 Zn 22 Ag 5	270 … 310	×		×		Isolierstoffklasse F
	S-Cd 68 Zn 22 Ag 10	270 … 380	×		×		Isolierstoffklasse F
	S-Zn 80 Sn 20	195 … 385	×		×		Stufenlot (Erstlot)
	S-Cd 95 Ag 5	340 … 395	×				Elektromotoren, Isolierstoffklasse H
Weichlote für Aluminium-Werkstoffe							
D Weichlote für Aluminium-Werkstoffe	S-Sn 60 Zn 40	200 … 340	×		×		Reiblöten, Al-Kabelmäntel, Löten mit F-LW 1
	S-Cd 80 Zn 20	265 … 285	×		×	×	Löten mit F-LW 2
	S-Zn 95 Al 5	380 … 390	×	×			Ultraschall- und Ofen-Löten
WI-FL = Flammlöten, WL-LO = Lötbadlöten, WL-KO = Kolbenlöten, WL-IL = Induktionslöten							

2 Weichlote: Auszug aus DIN 1707-100

Dieses Lot eignet sich sehr gut für enge Lötspalte, weil es beim Schmelzen sofort dünnflüssig wird.

Ist der Schmelzbereich groß, dann lassen sich die Lote gut verstreichen, fließen aber nicht in enge Lötspalte (Schwemmlote, Schmierlote).

DIN 1707-100 enthält Angaben über Sonderweichlote und Weichlote für Aluminium-Werkstoffe. Die bevorzugten Weichlötverfahren in dieser Norm sind Hinweise für den Anwender.

Sonderweichlote

Die Anwendung im Lebensmittelsektor erfordert u. U. Cd-, Zn- und Pb-freie Lote. Diese werden dann weitgehend durch Legierungen von Sn-Ag ersetzt.

Die Weichlote mit den Legierungsbestandteilen Indium und Wismut sind teilweise „selbstfließend", d. h. mit diesen Loten ist ein Löten ohne Flussmittel möglich. Sie haften auch auf Glas und Keramikstoffen.

Extrem niedrige Schmelzpunkte, bis herunter auf 38 °C, finden sich bei Loten mit den Bezeichnungen Wood'sches Metall, Lipowitz-Metall, Feuermelder- und Sprinkler-Sicherungsmetall.

5.3.3.2 Hartlote

Die Normung der Lotzusätze ist in 3 Systemen festgelegt, die gleichwertig nebeneinander bestehen und in DIN EN ISO 17672 zusammengefasst sind. Eingegliedert sind auch die Lotzusätze für das Hochtemperatur- und Vakuumlöten.

Ausgehend vom Schmelzverfahren können Lotzusätze zum Spaltlöten und/oder Fugenlöten eingesetzt werden.

Der Lotzusatz für das Hartlöten muss mit der Benennung **„Lotzusatz"**, der Norm-Nummer **„EN ISO 17672"** und einer **nachfolgenden Kennzeichnung** bezeichnet werden.

Wie in den Bezeichnungsbeispielen angegeben, können zwei verschiedene Lotbezeichnungen angewendet werden, z. B. für ein Silberhartlot mit 24 … 26 % Ag, 39 … 41 % Cu und 33 … 37 % Zn:

1. **DIN EN ISO 17672** beschränkt die Kennzeichnung auf die Lotgruppe in zwei Buchstaben und drei Ziffern.
   Bezeichnungsbeispiel:
   Lotzusatz EN ISO 17672-AG 225

2. Das zweite System der Kennzeichnung erfolgt nach **DIN EN ISO 3677** (im Anhang von EN ISO 17672 enthalten).
   Bezeichnungsbeispiel:
   Lotzusatz ISO 3677-B-Cu40ZnAg-700/790.

Die Kennzeichnung nach **DIN EN ISO 17672** besteht für jeden Lotzusatz aus dem Kurzzeichen der Gruppe in zwei Buchstaben und drei Ziffern, die fortlaufend zugeordnet mit 101 beginnen. Bei Gruppenunterteilung beginnt die erste Untergruppe mit 101, die zweite mit 201 usw.

Die Hartlot-Normung gliedert sich in sieben Gruppen:
- Al: Lotzusätze, die Aluminium als Hauptlegierungselement enthalten
- Ag: Lotzusätze, die Silber als bedeutsamen Zusatz enthalten, selbst wenn Silber nicht das Hauptlegierungselement ist
- CuP: Lotzusätze, deren Hauptlegierungselement Kupfer ist, mit Zusätzen von Phosphor
- Cu: Lotzusätze, die Kupfer als Hauptlegierungselement enthalten und in keiner anderen Gruppe eingeteilt sind
- Ni: Lotzusätze mit Nickel als Hauptlegierungselement
- Pd: Lotzusätze, die Palladium enthalten (% beliebig)
- Au: Lotzusätze, die Gold enthalten (% beliebig).

Nach **DIN EN ISO 3677** erfolgt die Kennzeichnung der Lotzusätze über das ausführliche Kurzzeichen. Es gliedert sich in 3 Teile:

1. Bezeichnung für das Hartlötverfahren durch den Buchstaben „B"
2. die Angabe der Legierungselemente, beginnend mit dem lötbestimmenden Element in %
3. die Bestimmung des Schmelzbereichs (Solidus- und Liquidustemperatur). Die beiden Temperaturangaben werden durch einen Schrägstrich getrennt. Die Schmelzbereichsangaben sind informativ und stellen nur Näherungswerte dar, sie sind nicht Teil der Lotanforderungen

Niedrige Arbeitstemperaturen sparen Lohnkosten, senken den Energieverbrauch, erleichtern den Lötvorgang, verhindern Grobkornbildung und vermeiden Zunderbildung. **Silberlote** finden aus diesen Gründen – trotz höherer Lotpreise – immer mehr Eingang in die Industrie.

Gruppe Al – Leichtmetalllote (Bild 1)

Aus Gründen der Korrosion dürfen Leichtmetalllote keine oder nur wenig Schwermetalle enthalten. Mit einem Restrisiko für den Eintritt von Korrosion an Lötstellen muss gerechnet werden. Die Neutralisation der Flussmittel – schwierig in engen Spalten – ist sorgfältig durchzuführen.

Gruppe Ag – Silberhartlote (Bild 1, Seite 263)

Aufgeteilt in 5 Untergruppen sind diese Lote in: Cd-freie/Sn-haltige, Cd-/Sn-freie, Cd-haltige, Zn-freie oder Ni- bzw. Mn-haltige Lote.

Wenn die Lötstelle mit Nahrungs- und Genussmitteln in Berührung kommt, werden cadmiumfreie Lote gefordert, wie u. a.

Ag 155 = B-Ag 55 Zn Cu Sn -630/660
(AT 660 °C)

Ag 134 = B-Cu 36 Ag Zn Sn -630/730
(AT 710 °C)

Ag 225 = B-Cu 40 Zn Ag-700/790
(AT 800 °C)

Mit der niedrigsten Arbeitstemperatur für hochwertige Lötungen ist geeignet

Ag 340 = B-Ag 40 Zn Cd Cu -595/630
(AT 610 °C),

auch für maschinelles Hartlöten durch hohen kapillaren Fülldruck und für empfindliche Werkstoffe bzw. Medien, wie Gase, Öl, schwefelhaltige Medien und in der Kältetechnik zugelassen.

Selbst bei genauer Einhaltung der vorgeschriebenen Arbeitstemperatur cadmiumhaltiger Lote können gesundheitsschädliche Cadmiumoxid-Dämpfe entstehen, sodass bei Anwendung dieser Lote gut belüftet oder unter Absaugvorrichtungen gelötet werden muss.

> Cadmiumhaltiges Lot: Überhitzen ist schlechtes Löten und kann zu gesundheitsschädigenden Dämpfen führen. Absaugvorrichtungen über Filter sind erforderlich.

Hartlote – Lotzusätze DIN EN ISO 17672 (Auszüge)

Kurzzeichen – DIN EN ISO 17672 – DIN EN ISO 3677	Zusammensetzung Massenanteil % Legierungs-bestandt.	Beimeng. zul.	Schmelzbereich Solidus in °C	Liquidus	Arbeits-temp. –	Verwendung Grundwerkstoff	Löt-stoß
Al 107 B-Al 92 Si-575/615	Si 6,8 … 8,2 Cu 0,25 Al Rest	Fe 0,8 Mn 0,1	575	615	605 … 615	Al, AlMn, Al Mn Mg, bedingt Al Mg, Al Mg Si bei Mg ≤ 2 %	Spalt
Al 110 B-Al 90 Si-575/590	Si 9 … 11,0 Cu 0,3 Al Rest Mg 0,05	Fe 0,8 Zn 0,1 Ti 0,2 Mn 0,05	575	590	595 … 605		
Al 112 B-Al 88 Si-575/585	Si 11 … 13,0 Cu 0,3 Al Rest	Fe 0,6 Zn 0,2 Mn 0,15 Mg 0,1 Ti 0,15	575	585	590 … 600		
Al 210 B-Al 86 Si Cu-520/585	Si 9 … 11,0 Cu 3 … 5,0 Al Rest	Fe 0,6 Zn 0,2 Ti 0,15 Mn 0,15 Mg 0,1	520	585	560 … 590		Fuge, Spalt
Al 310 B-Al 89 Si Mg-555/590	Si 9 … 10,5 Mg 1,0 … 2,0 Al Rest	Fe 0,8 Zn 0,2 Cu 0,25 Mn 0,1	555	590	575 … 605		
Verunreinigungen: andere Elemente einzeln max. 0,05, zusammen 0,15 %							

1 Hartlote – Gruppe Al: Aluminiumhartlote

Kurzzeichen – DIN EN ISO 17672 – DIN EN ISO 3677	Zusammensetzung Massenanteil in % Legierungs- bestandteile	Schmelzbereich Solidus – Liquidus in °C	Arbeits- temp. ~ in °C min.	Verwendung Grundwerkstoff	Löt- stoß
Ag 155 B-Ag 55 Zn Cu Sn-630/660	Ag 54,0 … 56,0 Cu 20,0 … 22,0 Zn 20,0 … 24,0 Sn 1,5 … 2,5	630 – 660	650	St, Cu-Leg. Ni-Leg.	
Ag 244 B-Ag 44 Cu Zn-675/735	Ag 43,0 … 45,0 Cu 29,0 … 31,0 Zn 24,0 … 28,0	675 – 735	730	Stahl, Temperguss Kupfer, Kupfer-Leg. Nickel, Nickel-Leg.	Spalt
Ag 225 B-Cu 40 Zn Ag-700/790	Ag 24,0 … 26,0 Cu 39,0 … 41,0 Zn 33,0 … 37,0	700 – 790	780		
xxxxxx B-Cu 44 Zn Ag(Si)-680/810	Ag 19,0 … 21,0 Cu 43,0 … 45,0 Zn 34,0 … 38,0 Si 0,05 … 0,25	690 – 810	810		Spalt und Fuge
Ag 350 B-Ag 50 Cd Zn Cu-620/640	Ag 49,0 … 51,0 Cu 14,0 … 16,0 Zn 14,0 … 18,0 Cd 17,0 … 21,0	620 – 640	640	Stahl, Edelmetalle Kupferlegierungen	
Ag 345 B-Ag 45 Cd Zn Cu-605/620	Ag 44,0 … 46,0 Cu 14,0 … 16,0 Zn 14,0 … 18,0 Cd 22,0 … 26,0	605 – 620	620	Edelmetalle, Doublé, Kupferlegierungen Stahl	Spalt
Ag 340 B-Ag 40 Zn Cd Cu-595/630	Ag 39,0 … 41,0 Cu 18,0 … 20,0 Zn 19,0 … 23,0 Cd 18,0 … 22,0	595 – 630	610	Stähle, Temperguss Kupfer, Kupfer-Leg. Nickel, Nickel-Leg.	Spalt
Ag 326 B-Cu 30 Zn Ag Cd-605/720	Ag 24,0 … 26,0 Cu 29,0 … 31,0 Zn 25,5 … 29,5 Cd 15,5 … 19,5	605 – 720	710		
xxxxxx B-Cu 40 Zn Ag Cd-605/765	Ag 19,0 … 21,0 Cu 39,0 … 41,0 Zn 23,0 … 27,0 Cd 13,0 … 17,0	605 – 765	750		Spalt und Fuge
Ag 272 B-Ag 72 Cu-780/780	Ag 71,0 … 73,0 Cu 27,0 … 29,0	780 – 780	780	Kupfer, Kupfer-Leg. Nickel, Nickel-Leg.	
xxxxxx B-Ag 56 Cu In Ni-600/710	Ag 55,0 … 57,0 Cu 26,25 … 28,25 In 13,5 … 15,5 Ni 2,0 … 2,5	600 – 710	710	Chrom- und Chrom-/Nickel- stähle	Spalt
Ag 485 B-Ag 85 Mn-960/970	Ag 84,0 … 86,0 Mn 14,0 … 16,0	960 – 970	970	Stähle, Nickel, Nickel-Leg.	
Ag 427 B-Cu 38 Ag Zn Mn Ni-680/830	Ag 26,0 … 28,0 Cu 37,0 … 39,0 Zn 18,0 … 22,0 Mn 8,5 … 10,5 Ni 5,0 … 6,0	680 – 830	840	Hartmetall auf Stahl Wolfram- und Molybdän- Werkstoffe	

Max. Verunreinigungen: Al 0,001 Cd, Bi je 0,03, Pb 0,025, P 0,008, Si 0,05. Gesamt 0,15 %

1 Hartlote – Gruppe Ag: Silberhartlote

Kurzzeichen – DIN EN ISO 17672 – DIN EN ISO 3677	Zusammensetzung Massenanteil in % Legierungs- bestandteile	Schmelzbereich Solidus – Liquidus in °C	Arbeits- temp. ≈	Verwendung Grundwerkstoff	Löt- stoß
CuP 286 B-Cu 75 Ag P-645	P 6,6 … 7,5 Ag 17,0 … 19,0 Cu Rest	645–645	650	Kupfer, Rotguss, Kupfer-Zink-Leg. Kupfer-Zinn-Leg.	Spalt
CuP 284 B-Cu 80 Ag P-645/800	P 4,7 … 5,3 Ag 14,5 … 15,5 Cu Rest	645–800	720		
CuP 281 B-Cu 89 P Ag-645/815	P 5,7 … 6,3 Ag 4,5 … 5,5 Cu Rest	645–815	710		Spalt und Fuge
CuP 182 B-Cu 92 P-710/770	P 7,5 … 8,1 Cu Rest	710–770	720		Spalt
CuP 179 B-Cu 94 P-710/890	P 5,9 … 6,5 Cu Rest	710–890	760		Spalt und Fuge
CuP 389 B-Cu 92 P Sb-690/825	P 5,6 … 6,4 Sb 1,8 … 2,2 Cu Rest	690–825	740		
Max. Verunreinigungen: Al 0,01, Bi 0,03, Cd, Pb je 0,025, Zn-Cd, Zn je 0,05. Gesamt 0,25 %					

1 Hartlote – Gruppe CuP: Kupfer-Phosphorhartlote (Auszug)

Kurzzeichen – DIN EN ISO 17672 – DIN EN ISO 3677	Zusammensetzung Massenanteil in % Legierungs- bestandteile	Schmelzbereich Solidus – Liquidus in °C	Arbeits- temp. ≈ in °C	Verwendung Grundwerkstoff	Löt- stoß
Cu 110 B-CU 100/1085	Cu 99,9 Bi 0,0025 Cd 0,025, Cu Rest	1085–1085	1100	Stähle	Spalt, für hohe Anforde- rungen
Cu 922 B-Cu 94 Sn(P)-910/1040	Sn 5 … 8 P 0,02 … 0,4 Cu Rest	910–1040	1040	Eisen- und Nickelwerkstoffe	Spalt
Cu 925 B-Cu 88 Sn(P)-825/990	Sn 11 … 13 P 0,02 … 0,4 Cu Rest	825–990	990		
Cu 471 B-Cu 60 Zn(Sn)(Si)(Mn)-870/900	Cu 58,5 … 61,5 Sn 0,2 … 0,5 Si 0,15 … 0,4 Mn 0,05 … 0,25 Zn Rest	870–900	900	Stähle, Temperguss, Kupfer, Kupfer-Leg. mit Schmelzp. ≥ 950 °C Nickel, Nickel-Leg.	Spalt und Fuge
Cu 773 B-Cu 48 Zn Ni(Si)-890/920	Cu 46,0 … 50,0 Sn/Mn ≤ 0,2 Ni 8,0 … 11,0 Si 0,15 … 0,4 Zn Rest	890–920	920	Stähle, Temperguss, Nickel, Nickel-Leg. verschleißfeste Auftragschichten	
Cu 681 B-Cu 59 ZnSn(Ni)(Mn)(Si)-870/890	Cu 56,0 … 62,0 Sn 0,5 … 1,5 Si 0,1 … 0,5 Mn 0,2 … 1,0 Ni 0,5 … 1,5 Zn Rest	870–890	890	wie CU 304	Spalt; Fuge für hohe Festig- keits- ansprüche
Max. Verunreinigungen: Al, Sb, As, Bi je 0,01, Pb 0,02; Gesamt 0,2 % (ohne Fe). Fe 0,2 % Cu 304: Verunreinigungen max. 0,04 % (ausgenommen O und Ag).					

2 Hartlote – Gruppe Cu: Kupferhartlote (Auszug)

Kurzzeichen – DIN EN ISO 17672 – DIN EN ISO 3677	Zusammensetzung (Massenanteile in %)	Schmelzbereich Solidus – Liquidus in °C
Ni 600 B-Ni 73 Cr Fe Si B(C)-980/1060	Cr 13 ... 15, Si 4 ... 5, B 2,75 ... 3,5, Fe 4 ... 5, C 0,6 ... 0,9, P 0,02, Ni Rest	980–1060
Ni 610 B-Ni 74 Cr Fe Si B-980/1070	Cr 13 ... 15, Si 4 ... 5, B 2,75 ... 3,5, Fe 4 ... 5, C 0,06, P 0,02, Ni Rest	980–1070
Ni 630 B-Ni 92 Si B-980/1040	Si 4... 5, B 2,75 ... 3,5, Fe 0,5, C 0,06, P 0,02, Ni Rest	980–1040
Ni 650 B-Ni 71 Cr Si-1080/1135	Cr 18,5... 19,5, Si 9,75 ... 10,5, B 0,03, C 0,06, P 0,02, Ni Rest	1080–1135
Ni 800 B-Ni 66 Mn Si Cu-980/1010	Si 6 ... 8, C 0,06, P 0,02, Cu 4 ... 5, Mn 21,5 ... 24,5, Ni Rest	980–1010
Co 900 B-Co 51 Cr Ni Si W(B)-1120/1150	Ni 16 ... 18, Cr 18 ... 20, Si 7,5 ... 8,5, Fe 1, B 0,7 ... 0,9, C 0,35 ... 0,45, P 0,02, W 3,5 ... 4,5, Co Rest	1120–1150
Zulässige Verunreinigungen (für alle Typen) max. Al 0,05, Ti 0,05, Zr 0,05, S 0,02, Co 0,1 (nicht CO 101), Se 0,005, andere 0,05 %.		

1 Hartlote – Gruppen Ni: Nickel- und Kobalthartlote

Gruppe CuP: Kupfer-Phosphorhartlote (Bild 1, Seite 264)

Diese Lote sind an Kupfer/Kupfer ohne zusätzliche Flussmittel verwendbar, mit Flussmittel an Messing, Bronze, Rotguss. Nicht geeignet bei Eisenwerkstoffen, Nickel- oder Kupferlegierungen mit Nickelgehalt. Im Gegensatz zu den anderen Loten, die nur auf, um oder über der Liquiduslinie zufrieden stellend fließen, sind die meisten CuP-Lote auch unter der Liquiduslinie flüssig genug zum Hartlöten.

Gruppe Cu: Kupferhartlote (Bild 2, Seite 264)

Die Lote Cu 110, Cu 922 und Cu 925 und Lote mit 87 ... 99,9 % Cu werden für das **Hochtemperaturlöten** eingesetzt, die Lote Cu 471, Cu 681 und Cu 773 als Cu-Zn-Legierungen für alle Eisenwerkstoffe – u. U. auch verrostet und verschmutzt –, Kupfer und Bronze.

Die meist verwendeten Hochtemperaturlote sind aus den Gruppen:

Ni – Nickel – und Kobalthartlote,
Pd – Palladiumhartlote und Au – Goldhartlote.

Mit diesen Loten werden – flussmittelfrei – im Vakuum oder unter Schutzgas hochfeste Verbindungen mit einer Zugfestigkeit $\leq$ 600 N/mm², meist wertgleich dem Grundwerkstoff, hergestellt. Für hochfeste Stähle, Nickel- und Kobaltlegierungen werden zudem Lote auf Titan-, Zirkonium-, Kobalt- und Niobbasis eingesetzt.

Hinweis:
Die Hochtemperaturlote (Hartlote) – Gruppe Au „Goldhartlote" und Gruppe Pd „Palladiumhartlote" für hochfeste Verbindungen sind vorwiegend in speziellen und industriellen Anwendungen verwendet und hier nicht näher aufgeführt.

5.3.3.3 Flussmittel

In DIN EN ISO 9454-2 sind Flussmittel definiert:

Flussmittel unterstützen geschmolzenes Lot bei der Benetzung der metallischen Oberflächen, die miteinander verbunden werden sollen, durch Entfernen von Oxiden und anderen Verunreinigungen auf den zu lötenden Oberflächen während der Lötung. Flussmittel schützen Oberflächen gegen Oxidation und unterstützen die Benetzung der Grundwerkstoffe bei geschmolzenem Lot.

Die Auswahl der Flussmittel muss zudem erfolgen unter den Aspekten: Entsorgung, Korrosivität bei ungenügender Beseitigung der Rückstände, mögliche Gesundheitsschäden und andere Sicherheitsprobleme.

Es gibt eine Vielzahl von Flussmitteln. Sie bestehen für WL im Wesentlichen aus Harzen – mit oder ohne Aktivator – oder aus Salzgemischen (Chloride), die in der Lage sind, Metalloxide und Fettschichten abzulösen. Flussmittel zum HL der Schwermetalle haben in der Regel Bor-Verbindungen zur Grundlage, ferner Chloride und Fluoride. Für HL-Leichtmetalle sind es Chloride und Fluoride.

Die Lieferformen sind anwendungsorientiert als Pulver, Paste, Flüssigkeit oder Lot-Flussmittel-Mischung.

Beim Arbeiten mit Flussmitteln sind die Verarbeitungshinweise zu beachten. Berührung mit der Haut, besonders bei Hautwunden, ist zu vermeiden. Arbeitsplatz und Werkstatt angemessen lüften n. Allgemeine UVV beachten.

Fluoridhaltige Flussmittel müssen als Gefahrensymbol das Andreaskreuz ✖ – mit orangem Hintergrund, darunter „gesundheitsschädlich" – führen. Auf Anforderung: Sicherheitsdatenblätter für jedes Flussmittel über den Hersteller.

Einteilung und Kennzeichnung der Flussmittel

Flussmittel für **Weichlote** sind mit Einteilung und Kennzeichnung in DIN EN ISO 9454-2 festgelegt (Bild 2 und 3). Die Prüfverfahren dieser Flussmittel auf Löslichkeit oder Haftvermögen von Flussmittelrückständen, Säurewert, Korrosionstest u. a. sind in DIN EN ISO 9455-1 bis 17 enthalten.

Ergänzend sind zu nennen:
Weichlotpasten DIN 32513.

Typ-Kurzzeichen	Wirkung der Rückstände Anwendung
3.2.2. 3.1.1. 3.2.1.	korrodierend (S); Tauchverzinnen, Klempnerarbeiten Tauchverzinnen, Klempnerarbeiten
3.1.1. 3.1.2. 2.1.3. 2.2.1. 2.2.3. 2.1.1. 2.1.3. 2.2.3. 2.1.2. 2.2.2. 1.1.2. 1.1.3. 1.2.2.	bedingt korrodierend (S) Kupfer- und Bleilegierungen, Tauch- und Flammlöten
1.1.1. 1.1.3. 1.2.3. 2.2.3.	nicht korrodierend (S); Elektrotechnik, gedruckte Schaltungen
3.1.1. 2.1.3. 2.1.2.	korrodierend (L); mit Wasser und/ oder verdünnter Salpetersäure abwaschen

2 Säurewirkung der Flussmittelrückstände (DIN EN ISO 9454-2)

Lotbezeichnung	Schmelztemperatur °C
S-Bi57Sn43	139
S-SnAgCu	214 ... 221
S-Sn99Cu1	227

1 Bleifreie Weichlotpasten DIN 32513-1 – Auszug

Die pulverförmigen Lotwerkstoffe sind im pastenförmigen Flussmittel eingebettet.

Auf zusätzliches Flussmittel kann verzichtet werden.

Flussmittelgefüllte **Röhrenlote** und massive **Lotdrähte** DIN EN ISO 12224-1 ... 3. Bei Röhrenloten ist eine begrenzte Flussmittelfüllung (kann auch in außen liegenden Kerben enthalten sein) für die Grundstoff-Benetzung vorhanden.

Massive Lotdrähte erfordern Zugabe von Flussmittel.

Flussmittel zum **Hartlöten** (DIN EN 1045) sind unterteilt in die Gruppen (Bild 1, Seite 267):

Typ	Flussmittel-Basis	Aktivator
1 Harz	1 Kolophonium	1 ohne Aktivator
	2 ohne Kolophonium	2 mit Halogenen u. Ä. aktiviert
2 organisch	1 wasserlöslich	
	2 nicht wasserlöslich	3 ohne Halogene aktiviert
3 anorganisch	1 Salze	1 mit Ammonium-2 ohne chlorid
	2 Säuren	1 Phosphorsäure 2 andere Säuren
	3 alkalisch	1 Amine und/oder Ammoniak
Die Flussmittelart: A = flüssig, B = fest, C = Paste		

3 Einteilung der Weichlötflussmittel – DIN EN ISO 9454-2

Flussmittel				Anwendung
Typ-Kurzzeichen		Wirktemperatur-bereich in °C	Wirkung der Rückstände/Maßnahme	
DIN EN 1045	Altnorm			
FH10	F-SH1	550 ... 800	allgemein korrosiv, waschen oder beizen	Vielzweckflussmittel
FH11				vorwiegend für Cu-Al-Legierungen
FH12		550 ... 850		rostfreie, hochleg. Stähle, Hartmetalle
FH20	F-SH2	700 ... 1000		Vielzweckflussmittel
FH21		750 ... 1100		
FH30	F-SH3	> 1000	nicht korrosiv, bürsten oder beizen	vorwiegend für Cu- und Ni-Lote
FH40	F-SH4	600 ... 1000	allgemein korrosiv, waschen oder beizen	für borfreie Anwendungen
FL10	F-LH1	> 550		Leichtmetalle
FL20	F-LH2		nicht korrosiv, Lötverbindung vor Wasser schützen	

1 Flussmittel für Hartlot

FH – zum Hartlöten von Schwermetallen, wie Stähle, rostfreie Stähle, Kupfer und Kupferlegierungen, Nickel und Nickellegierungen, Edelmetalle, Molybdän, Wolfram.

FL – zum Hartlöten von Aluminium und Aluminiumlegierungen.

> Ein Flussmittel muss so gewählt werden, dass die Löttemperatur innerhalb des Bereiches der Wirktemperatur des Flussmittels liegt.

Weich- oder Hartlotpasten sind homogene Mischungen, bestehend aus Lotlegierung, Flussmittel und einem neutralen Binder. Flussmittelumhüllte Lote und flussmittelgefüllte Lote gewährleisten richtigen Wirktemperaturbereich.

5.3.4 Gestaltung von Lötverbindungen

Die Güte einer Lötverbindung wird schon am Reißbrett durch die konstruktive Gestaltung beeinflusst.

> Eine Lötverbindung ist dann richtig gestaltet, wenn das Lot bei Erwärmung durch den Kapillardruck ganz in den Lötspalt hineingezogen wird und eine Diffusion zwischen Lot und Grundwerkstoff stattfindet.

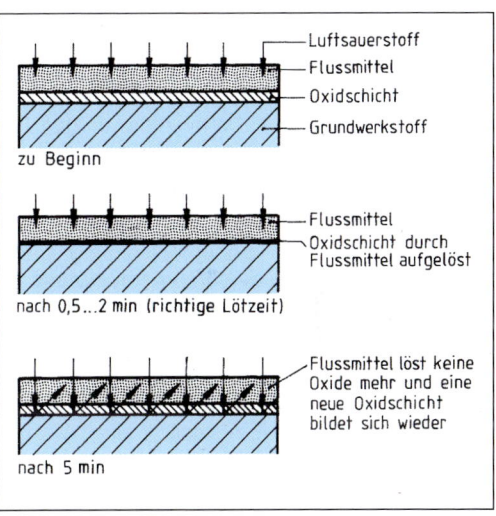

2 Lötzeit in Abhängigkeit vom Flussmittel

5.3.4.1 Lötzeit in Abhängigkeit vom Flussmittel

Zur Reinigung der Spaltoberflächen benötigt das Flussmittel Zeit. Dieser Zeitbedarf ist für die **Mindestlötzeit** maßgebend. Sie beträgt zwischen 4 ... 5 s. Das Lösevermögen ist aber auch nach oben hin zeitlich beschränkt. Nach 4 min Erwärmungsdauer sättigt sich das Flussmittel mit Metalloxiden, es können keine Oxide mehr gelöst werden. Es bildet sich erneut eine Oxidschicht (Bild 2).

So gilt 2 min als obere Grenze für die Erwärmungszeit auf Löttemperatur.

Es eignen sich daher für ein mechanisches Hartlöten an Luft mit Flamm- oder Induktionserwärmung **vorzugsweise** Bauteile mit geringer Masse, deutlich unter 1000 g.

Ein zu langsames Erwärmen muss vermieden werden. Eine stärkere Wärmequelle schafft Abhilfe.

> Der reine Lötvorgang nach Aufbringen des Flussmittels muss im Allgemeinen spätestens nach 2 min beendet sein.

Ein Löten unter Schutzgas und damit eine verringerte Zufuhr von Luftsauerstoff erhöht die „Lebensdauer" eines Flussmittels. Das ist vor allem für dickwandige Werkstücke von Bedeutung, die nur langsam auf Löttemperatur gebracht werden können.

Eine Sonderstellung nimmt das mechanisierte Hart- und Hochtemperaturlöten in Öfen ein.

Bei allen Ofenlötungen unter Schutzgas oder im Vakuum sind Flussmittel nicht mehr erforderlich. Daher gibt es auch keine Beschränkung der Lotzeit und der Bauteilmasse, jedoch wird immer das ganze Bauteil erwärmt. Daher müssen das Lot und die Schutzgasart bzw. das Vakuum auf die Art der zu lötenden Werkstoffe abgestimmt werden. Bereits bei Anwendung eines mäßigen Vakuums von 10 Pa (10^{-1} mbar) tritt eine qualitative Steigerung gegenüber einem Lötschutzgas ein. Die Anwendung des Hochtemperaturlötens in Hochvakuumöfen ist auf besonders hochwertige Bauteile beschränkt. Das Hochvakuum von 10^{-2} Pa (10^{-4} mbar) erfordert Spezialöfen und hochwertige Pumpenanlagen. Nur wenn kein anderes, gleichwertiges Fügeverfahren eingesetzt werden kann und u. U. zusätzlich eine Wärmenachbehandlung der Fügewerkstücke wie Homogenisieren, Aushärten und Vergüten notwendig ist, wird das Hochvakuumlöten angewendet. Es bietet die bestmöglichen äußeren Lötprozessbedingungen.

Die Lötzugabe erfolgt bei allen Schutzgas- oder Vakuumlötungen in Form von Lotpasten an den fertig zusammengefügten Einzelteilen. Die manuell oder mechanisch am Lötstoß aufgetragenen Lotpastenmengen werden mithilfe von pneumatisch gesteuerten Dosiereinrichtungen auf den Lötstoß abgestimmt.

5.3.4.2 Lötspaltbreite in Abhängigkeit vom Flussmittel

Die Dicke der Oxidschicht auf blanken Metallen hat im Normalfall eine Stärke von 0,03 … 0,04 μm. Zum Auflösen dieser Oxidhaut ist eine Flussmittelschicht von 0,01 mm notwendig. In einem Lötspalt ist danach 0,02 mm die geringste Spaltbreite für eine einwandfreie Lötung. In der Praxis wählt man die Spaltbreite aus Sicherheitsgründen größer, besonders bei Temperaturen über 600 °C, weil hier die Oxidschicht stark zunimmt (Bild 1).

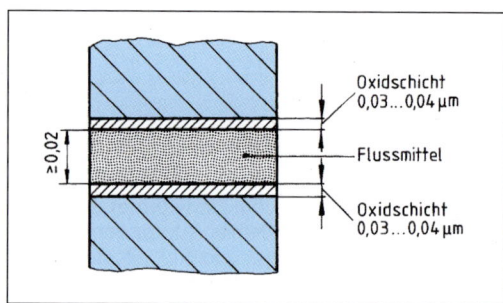

1 Theoretische Mindestspaltbreite

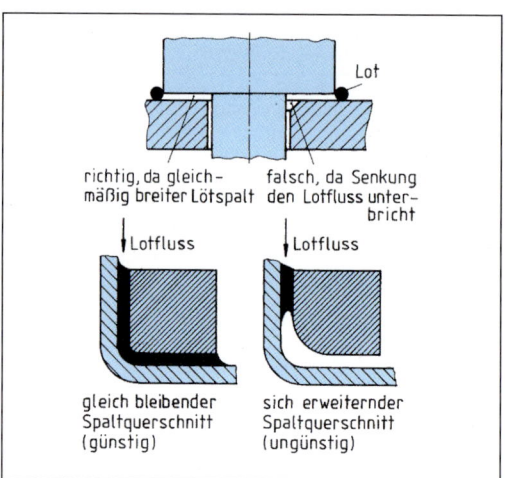

2 Auswirkung der Lötspaltveränderung auf den Lotfluss

5.3.4.3 Maße des Lötspaltes

Der Lötspalt ist durch die Maße Spaltbreite b, Spalttiefe t und Spaltlänge l festgelegt.

Die Spaltbreite b

Die Spaltbreite b ist der Abstand der miteinander zu verbindenden Werkstückoberflächen. Die untere Grenze der Spaltbreite wird durch das Flussmittel auf ca. 0,05 mm (siehe Seiten 250 und 262) festgelegt, die obere Grenze auf 0,5 mm wegen des Nachlassens des Kapillardruckes.

> Als günstig hat sich eine Spaltbreite von 0,05 bis 0,2 mm erwiesen.

Eine Veränderung der Spaltbreite durch Wärmedehnung der Lötteile wirkt sich in den meisten Fällen bei obigem Richtmaß nicht aus.

Von viel größerer Bedeutung ist die Parallelität der Lötspaltflächen. Verengungen des Spaltes erschweren den Abfluss des mit Oxiden angereicherten Flussmittels, Erweiterungen verringern die Kapillarwirkung (Bild 2, Seite 268).

Die übliche Oberflächenrauigkeit der Fügeflächen, hergestellt durch die gebräuchlichen Fertigungsverfahren Umformen und Spanen ($Rz = 25$ bis 100 µm) ist ausreichend. Weitere Feinbearbeitung ist nicht erforderlich. Ein besonderes Aufrauen der Oberflächen, wie es manchmal fälschlicherweise durchgeführt wird, erhöht keinesfalls die Festigkeit der Lötverbindung. Dies darf nicht mit Zentrier- oder Befestigungsriefen im Fließweg verwechselt werden (Bild 1).

Die Spalttiefe t

Die Spalttiefe t hängt von der Eindringtiefe des Lotes ab, hervorgerufen vom kapillaren Fülldruck p_k. Sie wirkt sich auf die Festigkeit der Lötverbindung aus (Scherfläche). Da die Eindringtiefe des Lotes von der Spaltbreite b, von der Spaltform und von der exakten gleichmäßigen Erwärmung der Lötstelle abhängt, lassen sich genaue Werte über die Spalttiefe kaum angeben.

Die Spalttiefe muss als Einstecktiefe bzw. Überlappungslänge vorgegeben werden. Als günstig hat sich erwiesen:

$$\text{Spalttiefe } t \approx 3 \ldots 6 \cdot s \qquad \begin{array}{l} s = \text{Wanddicke des} \\ \text{dünneren Lötteils} \end{array}$$

Größere Überlappungen als $t = 6 \cdot s$ bringen oft schlechteren Füllgrad des Lötstoßes und unnötig hohen Lotverbrauch.

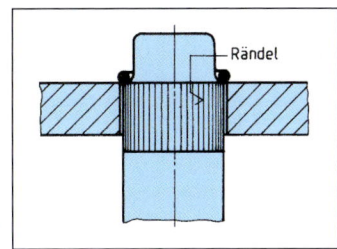

1 Zentrierung eines Bolzens durch Rändel

Bewertungsgruppen für Unregelmäßigkeiten in hartgelöteten Verbindungen **EN ISO 18279**

Bewertungsgruppen	Bewertungssymbol
niedrigste	D
mittlere	C
strengste	B

Das Bewertungssymbol **A** ist für sehr anspruchsvolle Anwendungen gedacht. Unregelmäßigkeiten dazu vereinbaren.

Bewertungs-symbol	D	C	B
Bindefehler	max. 25%	max. 15%	max. 10%
Füllfehler	60% gefüllt	70%	nicht zulässig
unvollständiger Durchfluss	zulässig, ohne nachteilige Funktion	zulässig	nicht zulässig
Flussmittelrest	zulässig	zulässig	nicht zulässig

2 Bewertungsgruppen für Lötverbindungen – EN ISO 18279 (Auszug)

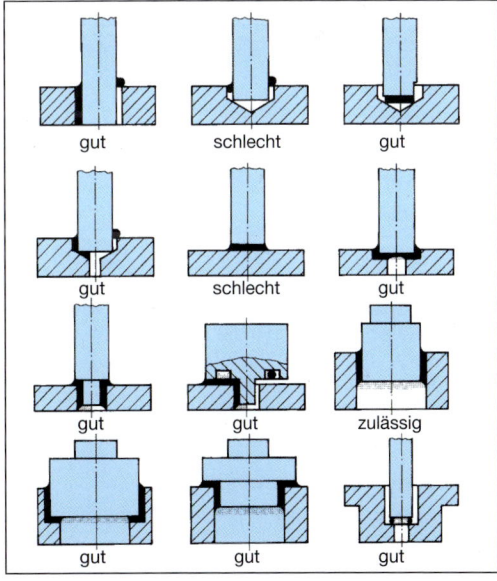

gut   schlecht   gut

gut   schlecht   gut

gut   gut   zulässig

gut   gut   gut

3 Bolzen und Wellen

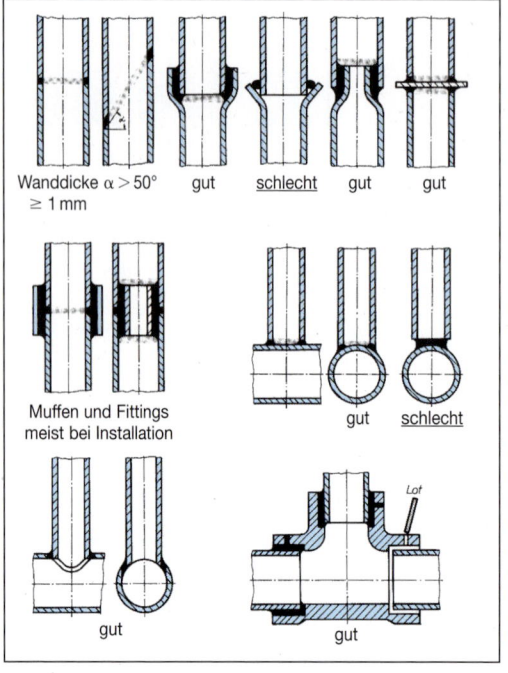

1 Rohre

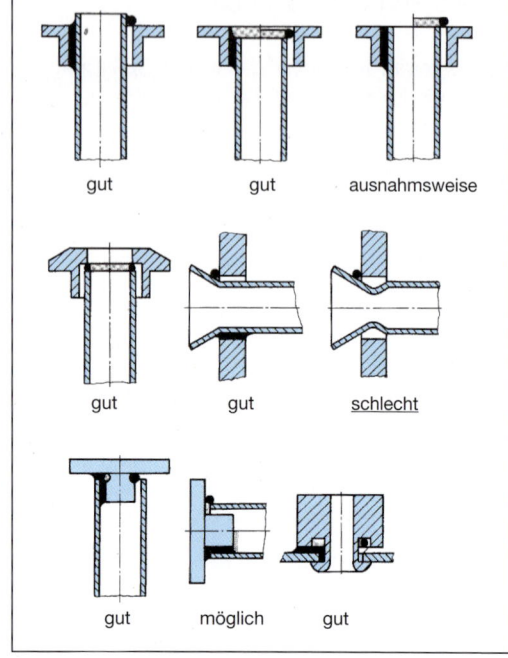

2 Nippel und Flansche

Festigkeit an der Lötnaht

Statisch oder dynamisch belastete Lötverbindungen sollten nicht mit den von Lotherstellern angegebenen Festigkeitswerten eingesetzt werden. Beschleunigtes Abkühlen, Lötfehler oder ungünstige Lötnahtgestaltung und Ähnliches können die angegebenen Festigkeitswerte verringern.

Als Bruchspannungen an Lötspalten können angenommen werden:

Weichlötverbindung $\tau_{aB} \approx 5\ N/mm^2$

Hartlötverbindung $R_m \approx 180\ bis\ 200\ N/mm^2$
$\tau_{aB} \approx 90\ bis\ 100\ N/mm^2$

Bei dynamisch stark beanspruchten Lötverbindungen oder Lötteilen mit erhöhten Betriebstemperaturen müssen die zulässigen Belastungswerte der Beanspruchungsart z. B. durch Zeit-Temperatur-Versuche festgelegt werden. Zugbelastungen an Weichlotverbindungen sollten vermieden werden.

Bewertung von Lötverbindungen

Lötverbindungen sind nach dem **Füllgrad** des Lötspaltes und nach den Merkmalen, die den äußeren und inneren **Befund der Lötung** kennzeichnen, zu bewerten.

Merkmale äußerer Befund:
offener Spalt, eingefallene Lötnaht, Riss, Poren, Lotüberlauf, Lotausbreitung außerhalb des Lötspalts, unzureichende Hohlkehle, Anschmelzung, raue Lötnahtoberfläche, Ausblühungen, Anlauffarben, Spritzer, Flussmittelrest.

Merkmale innerer Befund:
Riss, Füllfehler, Feststoffeinschluss, Gaseinschluss, Flussmitteleinschluss, Bindefehler, Anlösung des Grundwerkstoffs.

Prüfungen von WL-Spaltlötverbindungen sind in DIN 8526 angegeben. Die Benennungen und Erklärungen von Fehlern an HL-Verbindungen sind in DIN EN 12797 beschrieben. In DIN EN ISO 18279 sind die Bewertungsgruppen für Hart- und hochtemperaturgelötete Bauteile festgelegt (Bild 2, Seite 269).

5.3.4.4 Konstruktionsbeispiele

Konstruktionsbeispiele technisch wichtiger Lötverbindungen sind in Bild 3, Seite 269, und den Bildern 1 und 2 dargestellt. Die zeichnerische Darstellung der Löt- und Schweißverbindungen ist in DIN EN ISO 17659, DIN 1912-4, wie auch in DIN EN 22553 festgelegt.

5.4 Fügen durch Kleben

Kleben ist ein Fügen von Werkstücken aus gleichen oder unterschiedlichen Werkstoffen unter Verwendung eines nichtmetallischen Klebstoffes, der Fügeteile durch Flächenhaftung (Adhäsion) und molekularer Festigkeit (Kohäsion) verbinden kann.

5.4.1 Grundlagen

5.4.1.1

DIN EN 923: 2008-06 unterscheidet die Klebstoffe nach drei Gesichtspunkten: nach Art des Klebstoffes, der Anwendung sowie des Abbindevorgangs, sodass die Verbindung eine ausreichende Festigkeit (Kohäsion) besitzt.

DIN 8593-8 (2003-09) trennt nach:

1. **physikalisch abbindenden Klebstoffen:**
   Nasskleben, Kontaktkleben, Aktivierkleben und Haftkleben
2. **chemisch abbindenden Klebstoffen:**
   Reaktionskleber

Die Güte einer Klebeverbindung ist von einer Reihe von Faktoren abhängig, von denen Adhäsion an den Fügeflächen die wichtigste Einflussgröße darstellt.

Die optimale Adhäsion kann nur erreicht werden, wenn der Klebstoff die Fügefläche wie eine Flüssigkeit benetzt (Lösungsmittel- oder Dispersionsklebstoff), oder er wird durch Erwärmung als Schmelze (Schmelzklebstoff), oder als Gemisch bzw. Einzelkomponenten reaktionsfähiger Stoffe auf die zu klebende Fügefläche aufgetragen. Das Abbinden kann physikalisch durch Verdunsten des Lösungsmittels oder Abkühlen, und/oder chemisch durch Reaktion der Klebstoffkomponenten erfolgen.

Während ihres Abbindens sind die Fügeteile bis zum Erreichen der Endfestigkeit unter ausreichendem Pressdruck in der angestrebten Fügelage zu fixieren.

Wärmeeinwirkung beschleunigt das Abbinden vieler Klebstoffe, vor allem der Reaktionsklebstoffe und führt meist auch zu einer Festigkeitssteigerung.

DIN EN 923 enthält Benennungen und Definitionen bezüglich Klebstoffarten, funktionale Klebstoffkomponenten, chemische Grundprodukte, Klebstoffeigenschaften, Werkstoffe und Werkstoffbehandlung, Fügevorgänge und Eigenschaften von Klebungen.

Bild 2, Seite 272 teilt die Klebstoffe nach Art der **Grundstoffe, Viskosität** und **Lösungsmittel** ein. Die Kenntnis dieser Zusammenhänge lässt noch am ehesten auf die jeweilige Verwendbarkeit schließen.

Leimlösungen enthalten Kolloide im Lösungsmittel, zumeist Wasser, Grundstoffe sind sowohl natürliche organische Substanzen (Eiweiß, Stärke) als auch Kunststoffe, seltener anorganische Stoffe. Sie härten durch Verdunstung des Lösungsmittels aus, z. T. auch durch Gelieren des Kolloids (z. B. Kleister).

Dispersionen sind Aufschwemmungen nicht wasserlöslicher feinster Feststoffe in Wasser (z. B. PVC in Wasser = Weißleim).

Lösungsmittelkleber enthalten echte Lösungsmittel, d. h., der Grundstoff (meistens Kunststoff) ist vollständig darin aufgelöst. Die Verfestigung erfolgt durch Verdunstung des Lösungsmittels, wonach der in der Fuge verbleibende Grundstoff wieder seine ursprüngliche Festigkeit erhält (z. B. Alleskleber).

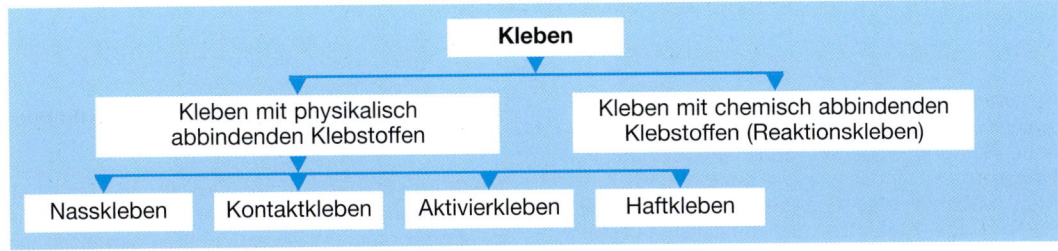

Einteilung der Klebverfahren nach DIN 8593-8 (2003-09) (Auszug)

Fugenspalt	klein (0,05 … 0,5 mm)			groß
Oberfläche	vorwiegend eben			beliebig
Werkstoffe	porös		nicht porös (vorwiegend Metalle)	beliebig
	wasserempfindlich	nicht wasserempfindlich		
Verbindung	wasserfest	nicht wasserfest	im Allgemeinen wasserfest	
Klebstoffe	Leime und Pasten mit wasserfreien Lösungsmitteln Kontaktkleber Reaktionskleber (teuer) Vorsicht: Lösungsmittel können Werkstücke anlösen, dann artfremde Lösungsmittel oder Reaktionskleber verwenden.	sämtliche wasserlöslichen Leime, Pasten und Dispersionen	Reaktionskleber (hart) (Metall auf Metall) Kontaktkleber (elastisch) (Nichtmetalle auf Metall) Cyanoacrylate, z. B. als Schraubensicherung oder zur Fixierung bei der Montage	Reaktionskleber (lösungsmittelfrei, nicht schrumpfend) (nur Kleber mit Vernetzung durch Polymerisation oder Polyaddition)

1 Anwendung der Klebstoffe (Auszug aus DIN EN 923)

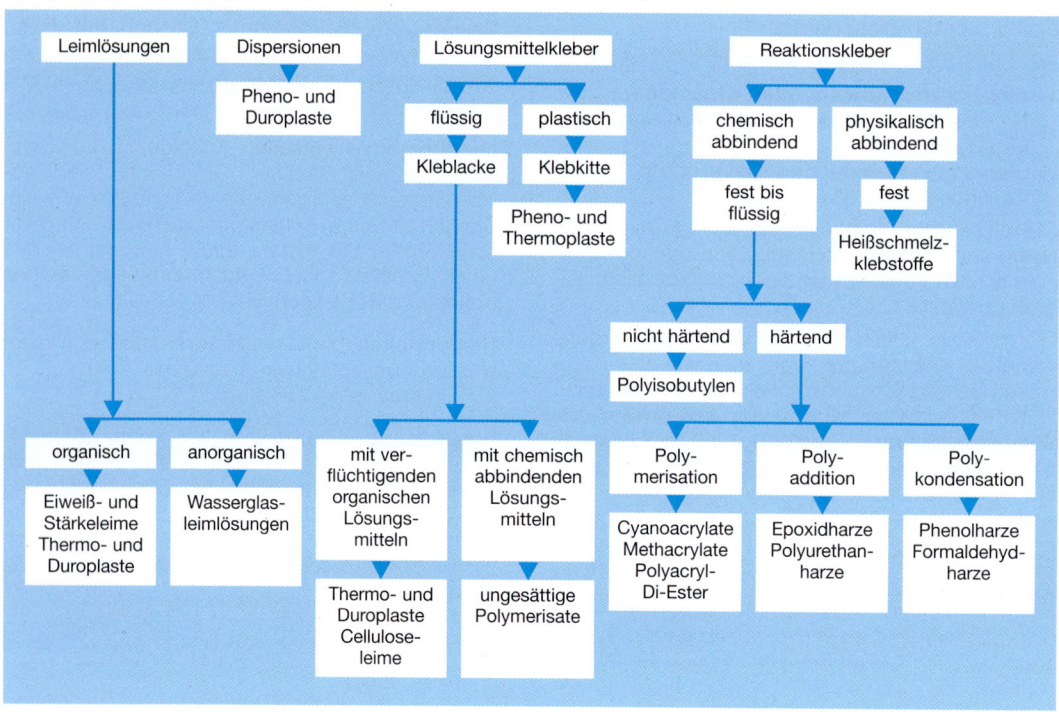

2 Klebstoffarten (Auszug aus DIN EN 923)

Es werden auch Lösungsmittel verwendet, die zusätzlich eine die Festigkeit erhöhende chemische Bindung eingehen; dann spricht man von **Härtern**.
Man unterscheidet flüssige **Kleblacke** sowie pastenartige **Klebkitte**, die zusätzlich Füllstoffe (zumeist mineralischer Art) enthalten.

Alle lösungsmittelhaltigen Klebstoffe **schrumpfen** während des Abbindens.

Reaktionskleber enthalten keine Lösungsmittel, sie werden teilweise vor der Verarbeitung aus zwei oder mehreren Komponenten gemischt, die sowohl flüssig als auch fest sein können.

Ihre Verfestigung resultiert aus chemischen Reaktionen der Komponenten miteinander oder mit der Umgebung.

Sie haben zzt. die größte Bedeutung in der industriellen Fertigung. In der Konstruktion unterliegen Bauteile meistens mehreren Beanspruchungen gleichzeitig, sie müssen statische und Wechsellasten ertragen und unterliegen Umwelteinflüssen. Klebstoffe, die diesen Bedingungen genügen – und dazu zählen insbesondere die Reaktionsklebstoffe – werden daher oft als **Konstruktionsklebstoffe** bezeichnet. Die Normung verwendet für diese Klebstoffe und ihre Verarbeitung und Prüfung die Begriffe **Strukturklebstoff** bzw. **Strukturklebung**.

Man unterscheidet folgende Reaktionskleber:

Polymerisationskleber

Reaktionsfähige Moleküle schließen sich – oft unter Einfluss eines Katalysators – miteinander zu hochmolekularen Verbindungen zusammen. Dabei handelt es sich meistens um **Einkomponentenkleber**. Sie sind im Lieferzustand chemisch blockiert, d. h., ihre Reaktion ist verhindert und kommt erst durch äußere Einflüsse in Gang, z. B. durch Luftfeuchtigkeit, Luftabschluss (anaerob), UV-Strahlung oder durch Zufuhr von Wärme. Die bekanntesten Vertreter sind: Cyanoacrylate, Polyacryl-Di-Ester und Methacrylate. Die Methacrylate benötigen zum Reagieren einen Beschleuniger, der eine Art Kettenreaktion in Gang setzt, die sich selbsttätig fortsetzt. Dadurch ist das Mischungsverhältnis unkritisch (kein stöchiometrischer Zusammenhang). Sie erhalten wegen ihrer einfachen Verarbeitung zunehmende Bedeutung. Cyanoacrylate reagieren, wenn sie mit der Luftfeuchtigkeit oder mit der natürlichen Feuchtigkeit der Klebefuge in Berührung kommen. Die Viskosität kann in weiten Grenzen eingestellt werden. Dadurch können sie sparsam verwendet werden und die Fertigungskosten können trotz des oft hohen Preises vergleichsweise niedrig gehalten werden. Die Reaktionszeit dieser Kleber ist sehr kurz, daher können nur kleine Flächen verklebt werden. Die meist nur wenige Sekunden dauernde Reaktion gestattet sofortige Weiterverarbeitung der verklebten Werkstücke (Sekundenkleber).

Polyacryl-Di-Ester-Harze gehören zu den anaerob aushärtenden Klebern, d. h., die Reaktion beginnt in der Klebefuge, sobald keine Luft mehr an das Harz gelangen kann. Der Klebefilm bleibt zähelastisch.

Während des Auftragens besitzt dieser Kleber hohe Kapillarwirkung und kann daher engste Fugen füllen (z. B. Loctite).

Alle diese Kleberarten zeichnen sich durch gute chemische Beständigkeit, hohe Endfestigkeit (bis 35 N/mm^2) und gute Dicht-Eigenschaften aus. Die Klebung ist je nach verwendbarem Klebertyp hart bzw. spröde oder auch elastisch.

Polyadditionskleber

Hierbei werden zwei oder mehrere chemisch unterschiedliche Stoffe miteinander in stöchiometrischen Verhältnissen gemischt. Im reaktionsfähigen Zustand addieren sich die einfachen Moleküle zu langen, vernetzten Kettenmolekülen. Diese Klebstoffe sind meistens **Zweikomponentenkleber**.

Der Lieferzustand dieser Komponenten ist unterschiedlich:

- Sie werden kurz vor ihrer Verarbeitung gemischt, die Vernetzung beginnt sofort, meistens bei Raumtemperatur.

- Sie werden in vorgemischtem, oft festem Zustand (z. B. als beliebig geformte Stangen, Ringe, Tabletten) angeliefert, die Reaktion beginnt meistens erst bei Temperatur über 200 °C.

- Eine oder beide Komponenten werden in nicht reagierenden Grundstoffen verkapselt. Erst bei der Anwendung werden diese Mikrokapseln zerbrochen und dabei die Komponenten reaktionsfähig vermischt.

Wichtigste Vertreter sind Epoxidharz-, Epoxidharz-Silicon und Polyurethan-Klebstoffe.

Am weitesten im Maschinenbau verbreitet sind derzeit die Epoxidharz-Kleber, besonders wegen ihrer guten Adhäsion auf Metallen. Ihre Viskosität ist in weiten Grenzen einstellbar und daher sowohl auf rauen Oberflächen bzw. für große Fugenspalte wie auch für enge, ebene Fugen anwendbar. Ihre Festigkeit reicht bis 60 N/mm^2 und höher.

Polyurethanklebstoffe eignen sich besonders für elastische Verbindungen. Ihre **Viskosität** kann zusätzlich durch Lösungsmittel auf den jeweiligen Verwendungszweck eingestellt werden, allerdings muss das Lösungsmittel vor dem Fügen ablüften, d. h. verdunsten (z. B. Kontaktkleber).

Polykondensationskleber

Auch hierbei reagieren zwei oder mehrere niedermolekulare Stoffe miteinander, wobei Nebenprodukte abgespalten werden, z. B. Wasser oder Formaldehyd, die zumeist als Dampf, d. h. gasförmig aus dem Klebstoff ausgeschieden werden. Der dabei auftretende Dampfdruck erfordert meistens höhere Fügekräfte. Oft sind auch höhere Temperaturen notwendig, um die Reaktion in Gang zu halten, da die Kondensation Wärme entzieht.

Zu diesen Klebern zählen besonders die Phenolharze, aber auch modifizierte Epoxid-, Polyester- und Formaldehydharze können so reagieren.

Heißschmelzklebstoffe

Sie wirken ohne chemische Reaktion. Es sind thermoplastische Kunststoffe, die durch hohe Temperaturen rein physikalisch zum Schmelzen gebracht werden. Sie erhalten nach dem Abkühlen wieder die ursprüngliche Festigkeit. Manche von ihnen sind schon bis 150 °C wärmebeständig, daher erlangen sie zunehmend Bedeutung im Maschinenbau beim Kleben von Stahl auf Stahl.

5.4.1.2 Haftmechanismen

Maßgebend für die Qualität einer Klebeverbindung sind an den Übergangsflächen Werkstück/Klebstoff **Adhäsionskräfte**, im Klebstoff selbst **Kohäsionskräfte** (Bild 1). Die Kohäsionskräfte sind im Allgemeinen viel geringer als die Adhäsionskräfte.

Wie die mikroskopische Untersuchung der Oberfläche eines Werkstückes zeigt, sind über dem Grundwerkstoff im Wesentlichen drei Zonen mit unterschiedlichem physikalischen und chemischen Verhalten zu erkennen (Bild 2).

Den größten Einfluss haben die Adsorptions- und die Oxidschicht. Dabei kommt es auf die Klebstoffart an, ob sich der Einfluss positiv oder negativ auswirkt. Die Klebewirkung kommt im Allgemeinen sowohl durch physikalische Bindungskräfte (van der Waals'sche Kräfte, Adsorption) als auch durch chemische Bindung (Chemosorption) zustande. Zusätzlich können infolge der Oberflächengestalt (Rauheit) Kräfte durch Formschluss wirksam werden. Dementsprechend muss durch eine geeignete Vorbehandlung die Werkstückoberfläche immer erst auf den Reaktionsmechanismus des verwendeten Klebstoffs abgestimmt werden. Insbesondere sollte immer das Entstehen einer chemischen Bindung begünstigt werden, da diese größere Haftkräfte erzeugt.

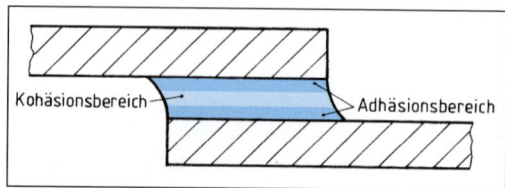

1 Wirkkräfte in der Klebeverbindung

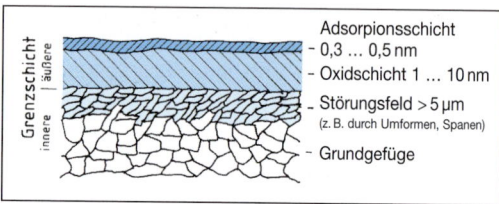

2 Technische Oberfläche

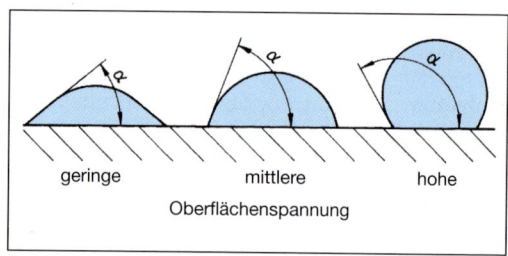

3 Benetzungsfähigkeit

Ein Kennzeichen für die Güte der zu erwartenden Adhäsion ist das **Benetzungsvermögen** des Klebstoffs auf den Fügeflächen. Dabei gilt der Randwinkel eines Tropfens als Maß für die Benetzungsfähigkeit: Je kleiner der Winkel ist, umso besser wird die Fügefläche mit Klebstoff benetzt (Bild 3).

Bei großen Rautiefen ist die Fuge im Allgemeinen dicker, sodass für die Festigkeit ausschließlich die Kohäsionskräfte ausschlaggebend sind. Dafür empfehlen sich Klebkitte oder hochviskose Reaktionskleber. Bei Verwendung dünnflüssiger Kleber kommt es zwar zu besserer Adhäsion, doch können dabei klebstofffreie Zonen in den Vertiefungen der Oberfläche entstehen, sodass nur noch die Spitzen miteinander durch Adhäsion verbunden sind.

5.4.1.3 Festigkeit der Klebeverbindung

Die Festigkeit einer Klebeverbindung ist im Allgemeinen nur dort von Bedeutung, wo große Beanspruchungen auf die Klebefuge einwirken, wo also die (meistens metallischen) Fügeteile als Konstruktionselement eingesetzt sind. In solchen Fällen werden fast ausschließlich Polymerisationskleber und Polyadditionskleber angewandt.

Eine Ausnahme bildet der Holzbau, wo für tragende Verbindungen noch vielfach Dispersionskleber eingesetzt werden. Aber auch dort finden Heißschmelzklebstoffe wegen ihrer wesentlich kürzeren Reaktionszeit (gegenüber der Verdunstungszeit des Lösungsmittels) zunehmend Verbreitung.

Die Festigkeit einer Klebeverbindung hängt im Wesentlichen von folgenden Einflussgrößen ab:

- Beanspruchungsart in der Klebefuge
- Dehnungsverhalten der Fügeteile
- Gestalt der Klebefuge
- Oberfläche der Fügeteile
- Abmessungen des Klebespaltes

Da die Festigkeit der Fügeteile im Allgemeinen wesentlich höher (10 … 20fach) liegt als diejenige des Klebstoffes und eine Fügeverbindung zumindest ähnliche Festigkeitswerte aufweisen sollte wie die Fügeteile selbst, kann eine homogene Klebeverbindung nur über eine entsprechend große Fügefläche erreicht werden. Die aus der Festigkeitslehre bekannten Kennwerte sind auch für Klebstoffe zu ermitteln. Die wichtigsten Beanspruchungsarten sind Zug, Druck, Verdrehung, Schub und als besondere Eigenart einer Klebeverbindung die Schälbeanspruchung (Bild 1). Die Schälbeanspruchung ist besonders gefährlich und muss unter allen Umständen vermieden werden. Sie tritt immer dann auf, wenn Biegemomente auf die Klebeverbindung wirken. Dies kann infolge Verformung der Bauteile und der Elastizität des Klebstoffs schon bei reiner Zugbeanspruchung der Fall sein, sodass Konstruktionen zu bevorzugen sind, die möglichst nur reine Schubbeanspruchungen zulassen.

Die in der Praxis verwendeten Kennwerte sind:
- Bindefestigkeit τ'
- Scherfestigkeit τ_S
- Zugfestigkeit R_m
- Schälfestigkeit σ'

$$\tau' = \frac{\text{Zugkräfte}}{\text{Fügefläche}} \quad \text{in N/mm}^2$$

$$\tau_s = \frac{\text{Scherkraft}}{\text{Fügefläche}} \quad \text{in N/mm}^2$$

$$R_m = \frac{\text{Zugkraft}}{\text{Querschnitt}} \quad \text{in N/mm}^2$$

$$\sigma' = \frac{\text{Zugkraft}}{\text{Fugenbreite}} \quad \text{in N/mm}$$

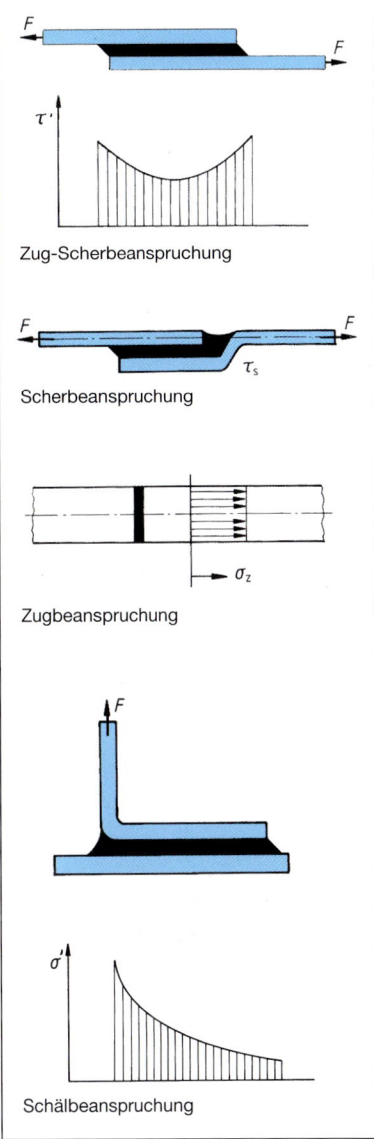

Zug-Scherbeanspruchung

Scherbeanspruchung

Zugbeanspruchung

Schälbeanspruchung

1 Beanspruchungsarten

Die Bindefestigkeit wird meistens im Zug-Scher-Versuch an einschnittig überlappten Probestreifen ermittelt, wogegen die reine Scherfestigkeit an zweischnittig überlappten oder zumindest an einer gekröpften Verbindung gemessen werden muss, damit keine Biege- oder Schälmomente auftreten können (Bild 1, Seite 275).

Die genannten Festigkeitskennwerte gelten im Allgemeinen für ruhende Belastung, daher sind sie bei der meist vorhandenen dynamischen Beanspruchung der Klebefuge auf etwa 30 % zu reduzieren.

Bei vielen Reaktionsklebern kann eine bessere Endfestigkeit erzielt werden, wenn sie bei höheren Temperaturen aushärten (Bild 1).

Einen weiteren Einfluss hat die Länge l der Überlappung, und zwar abhängig von der Fügeteildicke s (Bild 2). Dies rührt daher, dass die Spannungsverteilung in der Fügefläche nie gleichmäßig ist, weil wegen deren Unebenheit der prozentuale Traganteil immer geringer wird, je größer die Klebfläche ist. Wichtig ist auch das elastische Verhalten der Werkstoffe im Bereich der Klebefuge. Dieses kann unterschiedlich sein, wenn entweder verschiedene Werkstoffe miteinander verklebt werden oder wenn die Fügeteile unterschiedliche Querschnitte haben (Bild 3).

Für hoch beanspruchte Klebeverbindungen ist anzustreben, den Fügespalt so eng wie möglich zu gestalten, damit die Adhäsionsbereiche beider Klebeflächen ineinander greifen. Dadurch kann die Festigkeit der Verbindung wesentlich höher werden, als es der Festigkeit des Klebstoffs entspricht, weil die Adhäsionskräfte größer als die Kohäsionskräfte sind (Bild 4).

Höhere Betriebstemperaturen mindern dagegen die Festigkeit der Klebeverbindung erheblich (Bild 1, Seite 277).

Während sich Metalle erst nach Überschreiten der Streckgrenze plastisch verformen, muss bei den vielfach thermoplastischen Klebern schon bei geringer Belastung und bei Raumtemperatur damit gerechnet werden, dass sie sich stetig verformen, sie **kriechen.** Daher ist auch die Kriechfestigkeit eine wichtige Kennzahl. Eine weitere Einflussgröße ist das **Zeitstandverhalten**. Das bedeutet, dass eine Klebeverbindung umso länger hält, je niedriger die Beanspruchung ist. Die Dauerfestigkeit kann dann noch etwa 20 … 40 % der Scherfestigkeit betragen.

> Die meisten Kleber **altern**, dadurch sinkt ihre Festigkeit um bis zu 30 %.

Da alle diese Einflüsse nur mit sehr großem Aufwand numerisch zu erfassen sind, rechnet man in

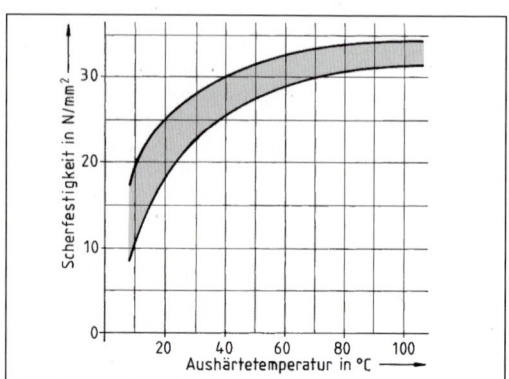

1 Steigerung der Scherfestigkeit durch höhere Aushärtetemperaturen

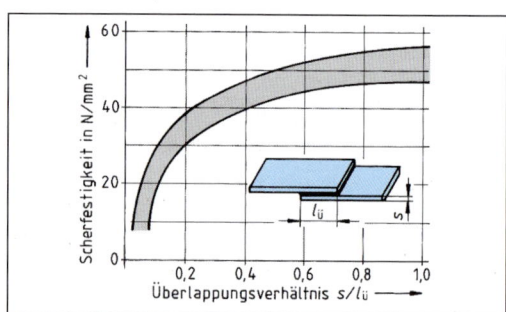

2 Zusammenhang zwischen Überlappungsverhältnis und Scherfestigkeit

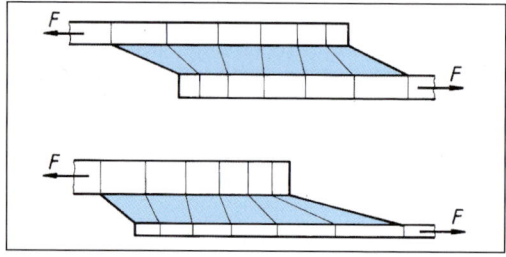

3 Dehnungsverhalten der Klebfuge

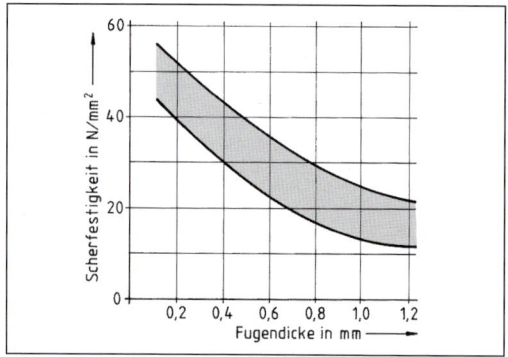

4 Einfluss der Fugendicke auf die Scherfestigkeit

unkritischen Fällen mit der Sicherheit ν, die dann im Bereich von 1,5 bis 3 liegt, je nachdem, welche Haupteinflüsse bereits in den Kennwerten enthalten sind.

In wichtigen Anwendungsfällen ist es ratsam, durch eigene Versuche genauen Aufschluss über das Verhalten der Klebeverbindung in Bezug auf die spezielle Beanspruchung und auf den speziellen Belastungsfall zu erhalten.

Die Berechnung einer Klebeverbindung erfolgt z. B. für eine einschnittige Überlappung wie folgt:

$$F = A \cdot \tau'/\nu$$

mit

$A = l \cdot b$ = Fügefläche in mm²
τ' = Bindefestigkeit des Klebstoffs in N/mm²
F = Zugkraft in N
ν = Sicherheit (1,5 ... 3)

Liegt Schälbeanspruchung vor, so ist die Schälfestigkeit zu berechnen:

$$F = b \cdot \sigma'/\nu$$

mit

b = Fugenbreite in mm
σ' = Schälfestigkeit des Klebstoffs in N/mm

F und ν wie oben

Analog erfolgt die Berechnung anderer Belastungsfälle gemäß den bekannten Regeln der Festigkeitslehre.

Berechnungsbeispiel (Bild 2):

Der Abschluss eines Druckluftstutzens mit maximal 0,8 MPa (8 bar) Überdruck soll durch Aufkleben eines Deckels verschlossen werden. Zwei konstruktive Möglichkeiten bieten sich an:

a) Der Stutzen ist gebördelt, der Deckel flach,

b) der Deckel ist gebördelt, der Stutzen eben abgeschnitten.

Im Vorversuch wurden für diese Klebstoff/Werkstoff-Kombinationen die folgenden Kennwerte ermittelt:

Scherfestigkeit τ_s = 16 N/mm²
Schälfestigkeit σ' = 14 N/mm
Zugfestigkeit R_m = 25 N/mm²

Um zusätzliche Einflüsse wie dynamische Beanspruchung, zeitweise höhere Temperaturen und ungleichmäßige Oberfläche der umgeformten Teile zu berücksichtigen, wird als zulässige Festigkeit jeweils etwa ein Drittel der obigen im statischen Versuch ermittelten Werte genommen:

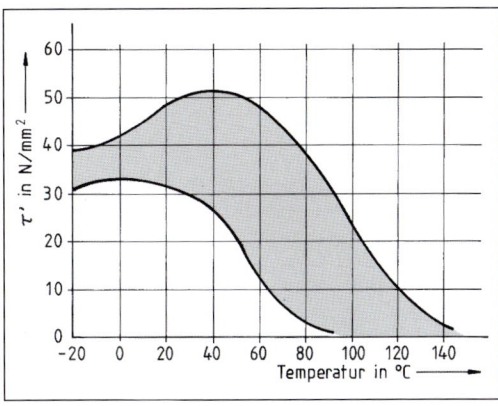

1 Einfluss der Betriebstemperatur auf die Bindefestigkeit

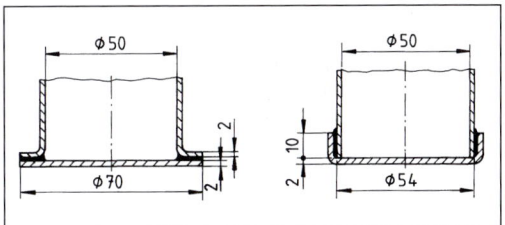

2 Berechnungsbeispiel

τ_{zul} = 5,3 N/mm²;
σ'_{zul} = 4,7 N/mm;
$\sigma_{z\,zul}$ = 8,3 N/mm².

Die Bodenkraft berechnet sich in beiden Fällen mit $F = p \cdot A$ zu $F = 1600$ N.

Fall a): Berechnung auf Zug- und Schälbeanspruchung

$$\sigma_{z\,vorh} = \frac{4 \cdot F}{(d_a^2 - d_i^2) \cdot \pi} = \frac{4 \cdot 1600}{(70^2 - 50^2) \cdot \pi}$$

$$= 0{,}85 \text{ N/mm}^2 \ll \sigma_{z\,zul} = 8{,}3 \text{ N/mm}^2$$

$$\sigma'_{vorh} = \frac{F}{d \cdot \pi} = \frac{1600}{50 \cdot \pi} = 10{,}2 \text{ N/mm} > \sigma'_{zul}$$

$$= 4{,}7 \text{ N/mm}$$

Diese Klebekonstruktion ist wegen der möglichen Schälbeanspruchung durch die Wölbung des Deckels ungünstig, allenfalls bei kleinerem Stutzendurchmesser noch anwendbar.

Fall b): Berechnung auf Schubbeanspruchung

$$\tau_{vorh} = \frac{F}{(d + 2\,s) \cdot \pi \cdot l} = \frac{1600}{(50 + 4) \cdot \pi \cdot 10}$$

$$= 0{,}95 \ \text{N/mm} \ll \tau_{zul} = 5{,}3 \ \text{N/mm}$$

Diese Lösung ist besser. Dabei könnte die Überlappungslänge theoretisch noch kleiner sein:

$$l = \frac{F}{(d + 2\,s) \cdot \pi \cdot \tau_{zul}}$$

$$= \frac{1600}{(50 + 4) \cdot \pi \cdot 5{,}3} = 1{,}78 \ \text{mm}$$

Auch fertigungstechnisch ist diese Lösung besser, da das Fügen der Bauteile durch einfaches Aufstecken des Deckels erfolgen kann, wogegen im ersten Falle zumindest mittels Klammern fixiert werden sollte.

Es muss betont werden, dass es sich bei den verwendeten **Festigkeitswerten** um Beispiele handelt. Die tatsächlichen Kennwerte müssen vom Klebstoffanwender ermittelt bzw. vom Hersteller in Erfahrung gebracht werden. Nur in seltenen Fällen stehen alle Kennwerte gleichzeitig zur Verfügung.

DIN EN 13887 Strukturklebstoffe; Leitlinien für die Oberflächenvorbehandlung von Metallen und Kunststoffen vor dem Kleben.

DIN EN 15190 Strukturklebstoffe; Prüfverfahren zur Bewertung der Langzeitbeständigkeit geklebter metallischer Strukturen.

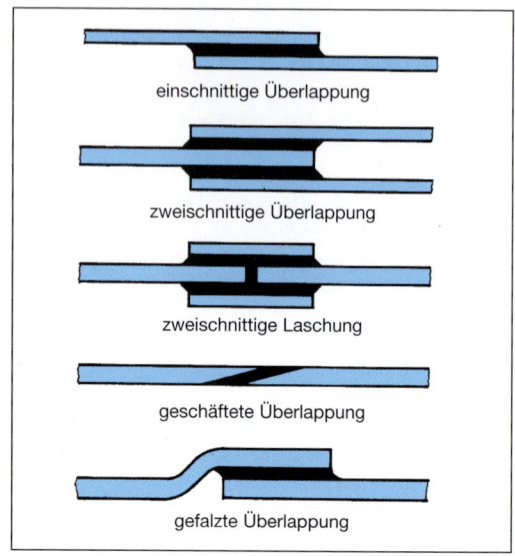

1 Fugenformen

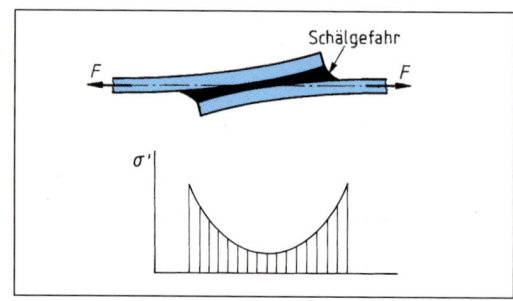

2 Schälbeanspruchung durch Verformung

5.4.1.4 Konstruktive Gestaltung

Die spezifischen Eigenschaften einer Klebeverbindung zwingen zu eigenständigen Konstruktionen.

Es gelten folgende konstruktive Grundsätze:

Scherbeanspruchung in der Klebefuge anstreben

Zugbeanspruchung nur in besonderen Fällen zulassen

Schälbeanspruchung unter allen Umständen vermeiden

Fugenspalt so klein wie möglich halten

Keinesfalls können konventionelle Verbindungstechniken ohne tief greifende Konstruktionsänderungen durch Kleben ersetzt werden. Dabei ist schon vor dem Entwurf Klarheit über den zu verwendenden Kleber anzustreben, damit dessen

Eigenschaften gemäß den Herstellerangaben bei der Konstruktion berücksichtigt werden können.

Bild 1 zeigt die beim Kleben übliche Gestaltung von Verbindungen, die hauptsächlich auf Scherbeanspruchung abzielen.

Dabei ist die einschnittige Überlappung nur bei sehr starren Fügeteilen sinnvoll, da schon geringe elastische Verformungen der Bauteile zu einer Zug-Scherbeanspruchung oder sogar zu Schälbeanspruchung führen kann (Bild 2).

Bei der geschäfteten Überlappung muss berücksichtigt werden, dass ihre Herstellung teuer, bei dünnen Blechen sogar meistens undurchführbar ist.

Wenn eine Schälbeanspruchung nicht sicher vermieden werden kann, z. B. an den Enden der Klebefuge, dann ist durch geeignete konstruktive

Maßnahmen sicherzustellen, dass möglichst geringe elastische Verformungen an dieser Stelle auftreten können (Bild 1). Demgegenüber weist eine geschäftete Verbindung eine wesentlich gleichmäßigere Spannungsverteilung auf, zurückzuführen auf die stetig dünner werdenden Enden der Bauteile (Bild 2).

Im Übrigen gelten ähnliche Gestaltungsregeln wie beim Löten, sodass auf die dort gezeigten konstruktiven Beispiele verwiesen werden kann.

Dies gilt insbesondere auch für die Abmessungen des Fugenspaltes: Je enger der Spalt, umso geringer ist der Einfluss der Kohäsionszone, d. h., die beiden Adhäsionsbereiche greifen ineinander, sodass die Festigkeit wesentlich höher liegen kann, als es der Endfestigkeit des Klebstoffes entspricht.

Von geringerer Bedeutung ist der Fugenspalt dann, wenn es nur darum geht, durch die Klebung eine flüssigkeits- oder gasdichte Verbindung ohne höhere Festigkeitsansprüche herzustellen. Dann können Fugen von mehreren Millimetern Dicke mit zumeist pastenförmigen Klebern gefüllt werden.

Werden dagegen dünnflüssige Kleber eingesetzt, z. B. aus Festigkeitsgründen, dann muss die Fuge eng sein, damit die Kapillarwirkung genutzt wird, sonst benetzt der Kleber die Fügefläche unvollständig.

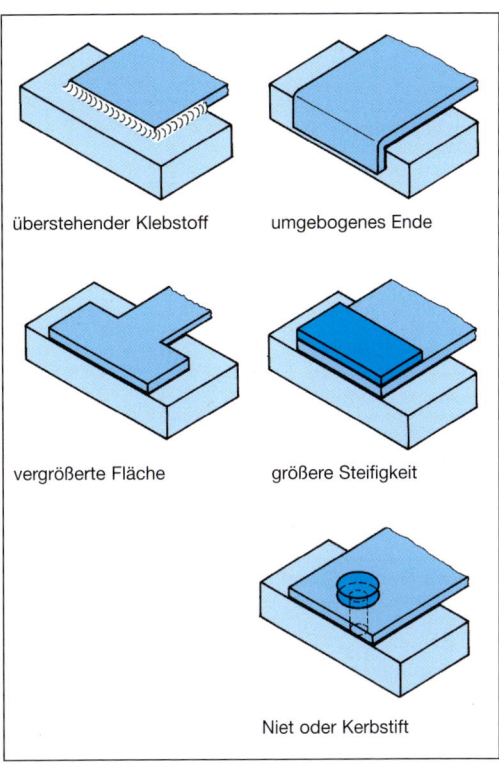

überstehender Klebstoff

umgebogenes Ende

vergrößerte Fläche

größere Steifigkeit

Niet oder Kerbstift

1 Maßnahmen zur Minderung der Schälwirkung

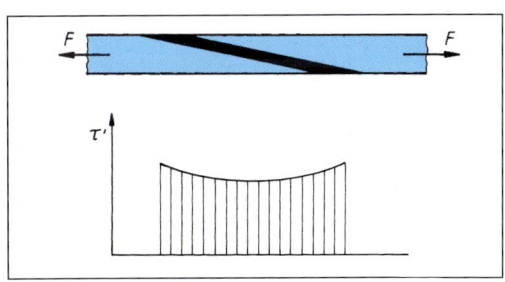

2 Geschäftete Überlappung

5.4.2 Fertigungsablauf beim Kleben

Die Eigenarten der vielen verschiedenen Klebstoffarten erfordern die genaue Einhaltung der von den Herstellern vorgeschriebenen Verarbeitungshinweise. Allgemein kann eine Klebeverbindung nach folgendem **Arbeitsplan** hergestellt werden:

1. Vorbereiten des Haftgrundes

2. Vorbereiten des Klebstoffs
   dabei ggf. Vorwärmen der Fügeteile und/oder Vorwärmen des Klebstoffes

3. Auftragen des Klebstoffes innerhalb der Topfzeit
   dabei ggf. Ablüften des Lösungsmittels

4. Fügen und Fixieren der Teile
   dabei ggf. Fügedruck aufbringen und/oder Erwärmen der gefügten Teile

5. Aushärten der Klebung

6. Nachbehandeln (z. B. Reinigen, Lackieren)

7. ggf. Prüfen (z. B. Festigkeit, Dichtheit)

8. Weiterverarbeitung, wenn Anfangsfestigkeit erreicht ist,
   volle Belastung, wenn Endfestigkeit erreicht ist

Werkstoffe	Aufrauen und durch		Entfetten und/oder mit			Beizen mit
	Schmirgeln	Strahlen	Tri	P 3	Sonst.	
Al und Al-Legierungen	•	•	•	•		Chromschwefelsäure
eloxiertes Aluminium		•	•	•		Chromschwefelsäure
Chrom, verchromte Flächen		•	•	•		warme Salzsäure
Glas		•	•			–
Grauguss	•	•	•	•		
Keramik (ohne Glasur)	•	•				–
Kautschuk	(•)		(•)			konz. Schwefelsäure
Cu und Cu-Legierungen	•	•	•	•		Eisenchloridlösung
Mg und Mg-Legierungen	•	•	•	•		Natronlauge, Chromsäure
Messing	•	•	•			konz. Salpetersäure
unlegierte Stähle	•	•	•	•		Phosphorsäure + Alkohol
hochlegierte Stähle	•	•	•	•		Oxalsäure + Schwefelsäure
Wolfram und Wolframcarbide	•	•	•	•		Natronlauge
Polycarbonat, Polymethylacrylat, Polystyrol, PVC	•	•			Methanol	–
Epoxidharze, Harnstoff-, Melamin-, Phenol- und Polyesterharze, Polyurethan, Polyphenylenoxid	•	•			Aceton	–
chlor. Polyether, Polyethylen, Polyformaldehyd, Polypropylen					Aceton	Schwefelsäure + Kalium-dichromat, z. T. mehrere Stunden lang

1 Haftgrundbehandlung verschiedener Werkstoffe

5.4.2.1 Haftgrundvorbereitung

> Wichtigste Voraussetzung für die einwandfreie Funktion einer Klebeverbindung ist die gründliche Reinigung der Fügeflächen mit anschließender mechanischer und/oder chemischer Aktivierung der Oberflächen.

Die genaue Kenntnis des Haftmechanismus des verwendeten Klebstoffes muss vorausgesetzt werden. Ohne einwandfreie Adhäsion kann keine Klebung gelingen.

Bild 1 gibt eine Übersicht über die anzuwendenden Verfahren zur Reinigung und chemischen Behandlung der Werkstücke, abhängig vom Werkstoff.

Einige Normen befassen sich mit den Oberflächen von zu klebenden Werkstoffen, so z. B. DIN EN 13887, welche eine Übersicht über die Verfahren der Metalloberflächenbehandlung gibt, und zwar in Abhängigkeit vom Werkstoff, vom Zustand der Werkstücke. Sie enthält auch Rezepturen für chemische Behandlungen.

Bild 2 zeigt qualitativ die Abhängigkeit der Schälfestigkeit vom Zustand der Fügeflächen. Genaue Werte können meistens nur durch Eigenversuche ermittelt werden und sind im Übrigen abhängig von den Arbeitsbedingungen bei der Haftgrundvorbereitung und beim Kleben (Sauberkeit, Luftfeuchtigkeit, Temperatur).

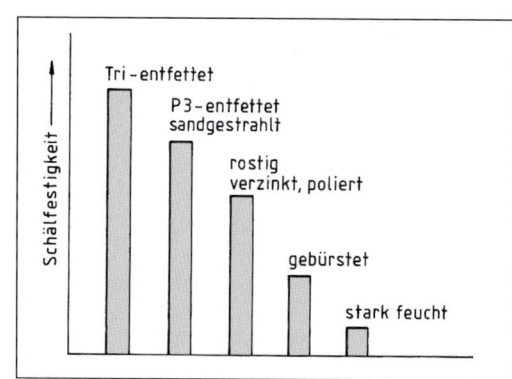

2 Einfluss der Oberflächenbehandlung auf die Festigkeit

5.4.2.2 Vorbereiten und Auftragen des Klebstoffes

Lösungsmittelkleber

Diese Klebstoffe werden im Allgemeinen in gelöstem Zustand angeliefert. Je nach Art des Auftragens muss durch Beimischen von Lösungsmitteln die Viskosität herabgesetzt werden. Der Auftrag erfolgt mit Pinsel, bei größeren Flächen auch durch Spritzen. Dickflüssige Kleber werden mit Spachtel aufgebracht. Auch Walzauftrag ist möglich (z. B. Durchlaufverfahren bei Bändern), dann muss durch geeignete Zusätze das Fädenziehen vermindert werden.

Weniger genau in der Dosierung ist das Gießen mittels Breitschlitzdüsen. Hierbei ist ständige Viskositätsmessung und -regelung notwendig, damit die Schichtdicke innerhalb geringer Toleranzen konstant bleibt.

Oft werden Lösungsmittelkleber lange vor dem Fügen der Bauteile aufgebracht. Die Teile werden nach dem Trocknen gelagert, wobei die Fügefläche evtl. durch eine Folie geschützt wird. Kurz vor dem Fügen löst man durch Aufsprühen des Lösungsmittels den Kleber an, wodurch dessen ursprüngliche Haftfähigkeit wieder hergestellt wird. Durch diese Methode kann man die einzelnen Produktionsabläufe trennen, beispielsweise um das Abluftproblem besser lösen zu können.

Reaktionskleber

Hier muss zwischen Einkomponenten- und Zweikomponentenklebern unterschieden werden.

Einkomponentenkleber werden in vorgemischtem Zustand, meistens in festem Zustand als Pulver oder als der Anwendung entsprechend gestaltete Formstücke angeliefert.

Sie werden entweder auf die vorgewärmten Werkstücke aufgebracht und schmelzen dann oder sie werden zusammen mit den Werkstücken nach dem Auftragen im Ofen erwärmt. Die Reaktion setzt im Allgemeinen ab 200 °C ein. Bei Formstücken nutzt man die Kapillarwirkung der Klebefuge (Bild 1).

Zweikomponentenkleber müssen unmittelbar vor der Verarbeitung gemischt werden, wobei je nach Kleberart das Mischungsverhältnis genau eingehalten werden muss. Die beiden Komponenten werden allgemein als Binder und als Härter bezeichnet. Gerade der Begriff „Härter" verführt oft dazu, mehr davon beizumischen. Tatsächlich hat eine Klebeverbindung mit zu viel Härter eine geringere Festigkeit, ebenso wie eine Verbindung mit zu wenig Härter.

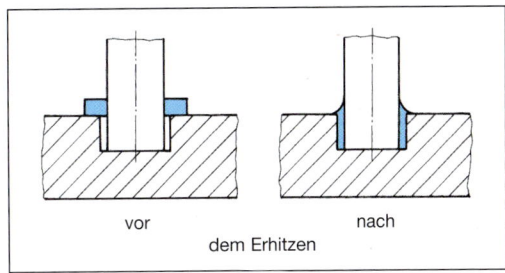

1 Kleben mit Formstücken

vor   nach
dem Erhitzen

Bei Klebstoffen, die zu ihrer Reaktion nur einen Katalysator (Beschleuniger) benötigen, sind Abweichungen vom empfohlenen Mischungsverhältnis ohne Auswirkung auf die Güte der Klebung. Zu viel Beschleuniger wird ausgeschieden und kann danach entfernt werden.

Unmittelbar nach dem Mischen beginnt der Reaktionsprozess. Die Frist, innerhalb derer der Kleber verarbeitungsfähig bleibt, heißt **Topfzeit**. Sie ist abhängig von der Kleberart, der Raumtemperatur, der Klebstofftemperatur und der Klebstoffmenge (bei größeren Mengen wird mehr Reaktionswärme frei, die ihrerseits zu höherer Temperatur und schnellerer Reaktion führt). Die Topfzeit ist je nach Kleber unterschiedlich lang, sie dauert wenige Minuten bis zu mehreren Stunden.

Das Mischen der Komponenten erfolgt bei industriellen Fertigungsprozessen heute meistens in Dosierungsgeräten. Das Mischungsverhältnis wird dabei genau eingehalten (Abwiegen ist überflüssig) und es wird immer gerade so viel Klebstoff gemischt, wie benötigt wird. Dadurch können sowohl Kleber mit kurzer Topfzeit (meistens gleichbedeutend mit schneller Aushärtezeit) als auch teure Kleber wirtschaftlich verarbeitet werden.

Der Auftrag des Klebstoffes erfolgt entweder von Hand (Pinsel, Spachtel) oder mit leicht handhabbaren Auftragsgeräten, die oft mit den oben genannten Dosierungsgeräten kombiniert sind. Auch vollautomatisierter Kleberauftrag ist möglich (Düsen, Walzen).

Heißklebstoffe

werden mit Heizgeräten (zumeist in Pistolenform) entweder in der jeweils benötigten Menge portioniert oder aber auch stetig abgegeben, sodass damit zügig Punkt- oder Linienklebungen durchgeführt werden können.

Die Weiterentwicklung der Klebstoffe und der Auftrags- und Dosiergeräte macht eine ständige Überwachung der Verarbeitungsprozesse und ihre Optimierung notwendig. Die Umgebungseinflüsse spielen dabei eine wichtige Rolle. Gleichmäßige Raumtemperatur, Staubfreiheit, saubere und hygienisch einwandfreie Arbeitsplätze sind Voraussetzungen für gute Klebeverbindungen.

5.4.2.3 Fügen und Abbinden

Lösungsmittelkleber

Normalerweise werden die miteinander zu verbindenden Werkstücke sofort nach dem Klebstoffauftrag lagerichtig gefügt. Wurde dünnflüssiger Kleber verwendet, so kann es vorteilhaft sein, zuerst einen Teil des Lösungsmittels verdunsten zu lassen (Ablüften).

Durch die Verdunstung schrumpft der Klebstoff stark, sodass während des Abbindens z. T. erheblicher Fügedruck aufgebracht werden muss, damit sich der Abstand der Fügeteile stets dem Klebstoffvolumen anpassen kann. Der Fügedruck kann durch Auflegen von gleichmäßig verteilten Gewichten oder aber durch spezielle Spannmittel erzeugt werden. Während des Abbindens ist noch Lagekorrektur möglich. Ist der Fügedruck zu niedrig, dann können in der Fuge klebstofffreie Zonen entstehen oder die Lage der Bauteile zueinander stimmt nicht.

Die Abbinde- bzw. Trockenzeit hängt davon ab, wie viel Lösungsmittel verdunsten muss und in welcher Richtung dies erfolgt. Bei festen, massiven Bauteilen kann das Lösungsmittel nur durch den Fugenspalt entweichen, was je nach Größe der Fugenfläche Stunden dauern kann.

Bei porösen Werkstoffen verdunstet das Lösungsmittel auch durch die Bauteile hindurch, dann werden wesentlich kürzere Trockenzeiten erreicht.

Leichte Erwärmung kann den Prozess beschleunigen (Bild 1).

> Vorsicht: Die meisten Lösungsmittel sind brennbar, ihre Dämpfe explosiv! Absaugung erforderlich.

Lösungsmittelkleber auf Basis der Reaktionskleber müssen im Allgemeinen zuerst ablüften, bis sie fast trocken sind. Dann wird genau gefügt und sofort starker Druck aufgebracht. Dadurch erfolgt die Vernetzungsreaktion der beiden Klebstoffflächen miteinander, und zwar augenblicklich, sodass der Fügedruck nur kurze Zeit notwendig ist.

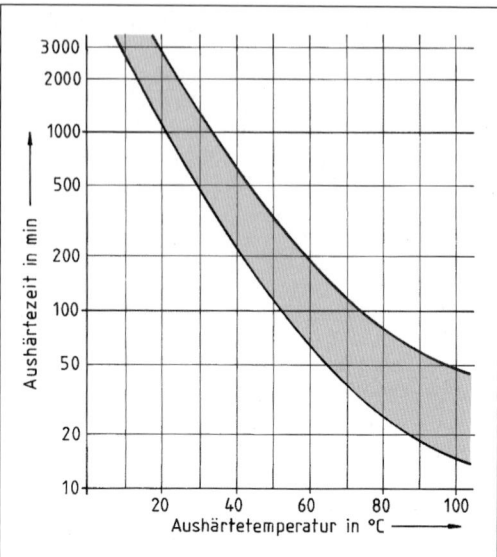

1 Verkürzung der Aushärtezeit bei höheren Aushärtetemperaturen

Je stärker der Druck, umso dichter vernetzt der Kleber und umso höher ist auch die Festigkeit der Verbindung (Kontaktkleber). Eine Lagekorrektur ist nach dem Fügen nicht mehr möglich.

Reaktionskleber

Auch bei diesen Klebern ist es üblich, die Teile sofort nach dem Auftrag in der richtigen Lage miteinander zu fügen. Da diese Klebstoffe praktisch keine Volumenänderung während des Abbindens bzw. Aushärtens erfahren, ist Fügedruck nur dann notwendig, wenn dadurch das „Wegschwimmen" der Teile auf dem noch flüssigen Kleber verhindert werden muss. Oft reicht dafür das Eigengewicht der Teile. Auf alle Fälle genügen einfache und billige Spannmittel. Hoher Fügedruck führt dazu, dass der Fugenspalt zwischen den Werkstücken sehr klein wird, was der Festigkeit zugute kommt (Adhäsion, Bild 4, Seite 276). Besteht bei rauen Oberflächen die Gefahr, dass der Klebstoff die Vertiefungen nur unvollständig ausfüllt, so kann man durch Ultraschall den Benetzungsvorgang unterstützen.

Bei Klebern, die durch Polykondensation reagieren, ist meistens ein höherer Fügedruck erforderlich, da die sich abspaltenden Kondensationsprodukte teilweise einen erheblichen Dampfdruck entwickeln.

Die Abbindezeit hängt von der Topfzeit des Klebstoffs ab und davon, wie viel von dieser Zeit schon für das Mischen und Auftragen „verbraucht" wurde. Sie beträgt wenige Minuten bis zu einigen Stunden, so lange müssen ggf. die Teile fixiert bleiben.

Durch Wärmezufuhr kann die Reaktion beschleunigt werden (Bild 1, Seite 282). Damit ist meist eine Festigkeitssteigerung verbunden (Bild 1, Seite 276). Manche Kleber reagieren überhaupt erst bei höheren als Raumtemperaturen, sodass für große Bauteile großvolumige Wärmeeinrichtungen (Autoklaven) erforderlich sind. Wichtig ist die Einhaltung der erforderlichen Temperatur, damit sich die berechnete Festigkeit auch tatsächlich einstellt.

5.4.2.4 Nachbehandlung und Weiterverarbeitung

Grundsätzlich wird wohl jede Baueinheit von Klebstoffresten befreit werden müssen, was z. T. schon während des Abbindevorganges erfolgen muss. Dazu wird entweder das entsprechende Lösungsmittel verwendet oder aber der Hersteller gibt besondere Hinweise.

Wenn hohe Anforderungen an die Dauerfestigkeit der Klebeverbindung gestellt werden, besonders hinsichtlich Kerbwirkung und/oder chemischer Einflüsse, dann muss die Klebefuge nachbehandelt werden. Dies geschieht beispielsweise mechanisch durch Verschleifen bzw. Polieren; gegen Korrosion (viele Reaktionskleber sind wasserempfindlich) werden Lacküberzüge aufgebracht.

Oft sind an das Kleben anschließende spanende Bearbeitungen notwendig. Sie können bald nach dem Abbinden erfolgen, wenn die Zerspanungskräfte nicht zu groß sind. Denn charakteristisch für die meisten Reaktionskleber ist die Eigenschaft, nach relativ kurzer Zeit bereits eine ausreichende Festigkeit zu erreichen. Diese Anfangsfestigkeit muss im Versuch ermittelt werden. Die Endfestigkeit einer Klebeverbindung wird insbesondere bei Reaktionsklebern erst nach einigen Tagen erreicht. Dann erst sollten die geklebten Teile der Funktionsbeanspruchung ausgesetzt werden.

5.4.3 Normung und Qualitätssicherung

Für die vielen unterschiedlichen Klebstoffarten gibt es eine große Anzahl von genormten Prüfverfahren. Diese beziehen sich aber meistens auf Standardprüfungen an festgelegten Probenformen (meistens einfach und doppelt überlappt geklebte Metallstreifen). Diese Versuche dienen im Wesentlichen der Ermittlung von Eigenschaften des Klebstoffs, wie Festigkeitskennwerte

(Zug-, Scher-, Schäl-, Drehscherfestigkeit), physikalische Eigenschaften (Dichte, Viskosität, Thixotropie[1], Elastizität, Plastizität, thermische Beständigkeit) und chemische Eigenschaften (Klebzeit, Topfzeit, Lagerfähigkeit, Flammpunkt, Witterungsbeständigkeit).

Für **Strukturklebungen** im konstruktiven Bereich ist es zweckmäßig und vielfach erforderlich, eigene Prüfverfahren zu entwickeln, um die gewünschten Eigenschaften geklebter Baueinheiten im Dauereinsatz zu prüfen. Besonders in der Serienfertigung von Strukturklebungen mit dafür entwickelten Auftragsgeräten ist es notwendig, auf Dauer einen garantierten Qualitätsstandard zu erhalten. Diesem Ziel entsprechen viele Normen dadurch, dass sie außer der Prüfung der technologischen Eigenschaften des Klebstoffs auch die Anerkennung des Herstellers gemäß DIN EN 2000 sowie die Erzeugnisqualifikation gemäß DIN EN 9133 enthalten. Außerdem sind Vorgaben bezüglich der Verpackung und Kennzeichnung der Klebstoffe sowie Hinweise auf gesetzliche Vorschriften enthalten. Die beiden genannten Normen wurden zwar für die Luft- und Raumfahrt entworfen, sie können aber sehr gut auch in anderen Bereichen, in denen hochwertige und sicherheitsrelevante Konstruktionen hergestellt werden (allg. Maschinenbau, Fahrzeugbau), als Grundlage vertraglicher Vereinbarungen zwischen Hersteller und Anwender dienen.

5.4.4 Schutzmaßnahmen

Besondere Schutzmaßnahmen sind in zweierlei Hinsicht wahrzunehmen: Absauganlagen bzw. ausreichende Belüftung der Räume bei mengenmäßig umfangreicher Verarbeitung von Klebern mit brennbaren oder gar explosiblen Lösungsmitteln sowie Körperschutz bzw. gründliche Körperreinigung bei längeren Arbeiten mit gesundheitsgefährdenden Substanzen. Dazu zählen zum einen flüchtige Reaktionsprodukte und Lösungsmittel, zum anderen hautreizende Grundstoffe (z. B. Epoxidharze, Polyesterharze). Manche Härter führen, wenn sie mit den Augen in Berührung kommen, zur Erblindung. Menschen mit Veranlagung zu Allergien sind besonders gefährdet, von Dermatosen (Hautausschlägen) oder Augenentzündungen befallen zu werden. Die einschlägigen Vorschriften und **Merkblätter der Berufsgenossenschaft der Chemischen Industrie** und der Hersteller sind strengstens zu beachten.

---

[1] Thixotropie = Eigenschaft einer meist gelartigen Flüssigkeit, im fließenden Zustand (z. B. beim Rühren) die Viskosität zu verringern, d. h. dünnflüssiger zu werden. Im Ruhezustand stellt sich wieder die ursprüngliche Viskosität ein.

6 Beschichten und Stoffeigenschaftändern

Beim Beschichten werden fest haftende Schichten aus formlosen Stoffen auf Werkstückoberflächen aufgebracht.

Stoffeigenschaftändern wird durch Umlagern, Aussondern oder Einbringen von Stoffteilchen in die Werkstücke bewirkt.

6.1 Überblick

6.1.1 Allgemeines

Beschichten und Stoffeigenschaftändern sind die fünfte und sechste Hauptgruppe der Fertigungsverfahren nach DIN 8580. Obwohl sich diese Fertigungsverfahren definitionsgemäß unterscheiden, verfolgen sie doch oft denselben Zweck. Beide Gebiete sind umfangreich und vielgestaltig, sowohl was den Zweck als auch die Verfahren anbetrifft. Oft erfüllen unterschiedliche Verfahren ähnliche Aufgaben. Das jeweils richtige ist daher häufig nur durch Versuche zu ermitteln. Bei gleichwertigen Verfahren wird die Kostenfrage entscheiden. In der Praxis versucht man zuweilen, durch ein einziges Verfahren gleichzeitig mehrere Ziele zu erreichen. Dazu ist es notwendig, dass die einzelnen Verfahren bezüglich ihrer Wirksamkeit und ihrer Zielrichtung genau bekannt sind. Vielfach wird man ohne den Rat eines einschlägigen Dienstleistungsunternehmens nicht auskommen.

Die meisten Verfahren des Stoffeigenschaftänderns sind im Bereich der Werkstoffkunde anzusiedeln, so z. B. das Härten in seinen verschiedenen Varianten, das Anlassen und Vergüten ebenso wie die verschiedenen Glühverfahren oder das Nitrieren und Borieren. Solche Verfahren werden daher in diesem Kapitel nur am Rande gestreift bzw. erwähnt. Wenn aber Verfahren zur Änderung der Stoffeigenschaft in Konkurrenz zu Beschichtungsverfahren treten, dann werden sie näher erläutert.

6.1.2 Zweck des Beschichtens und des Stoffeigenschaftänderns (verfahrensunabhängig)

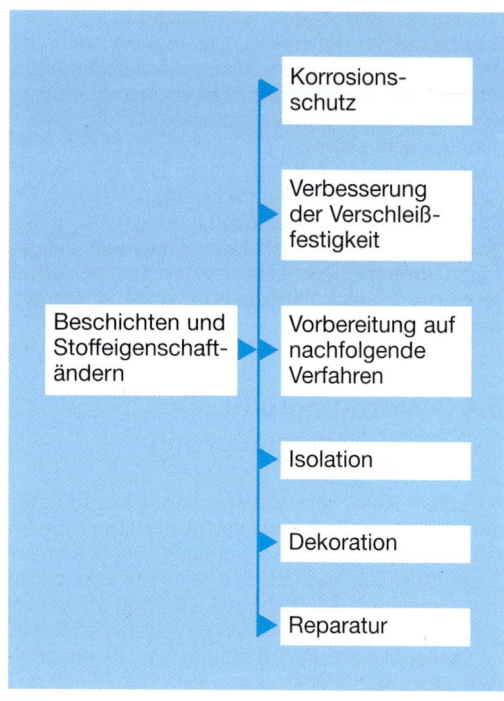

Beschichten und Stoffeigenschaftändern

- Korrosionsschutz
- Verbesserung der Verschleißfestigkeit
- Vorbereitung auf nachfolgende Verfahren
- Isolation
- Dekoration
- Reparatur

6.1.2.1 Schutz vor Korrosion

Die Oberflächenbehandlung und Beschichtung zum Korrosionsschutz nimmt innerhalb des gesamten Gebietes eine Vorrangstellung ein, erklärbar wegen der Milliardenschäden, die der Weltwirtschaft alljährlich durch Korrosion entstehen.

Daneben dient der Korrosionsschutz auch zur Verbesserung bzw. Aufrechterhaltung der elektrischen Kontaktfähigkeit, z. B. in Schaltern.

Nichtmetallische Überzüge werden entsprechend ihrer chemischen Beständigkeit verwendet. Metallische Überzüge als Korrosionsschutz unterliegen eigenen elektrochemischen Gesetzen, denen zufolge der Überzugswerkstoff sorgfältig auf den Werkstoff des zu überziehenden Bauteils abgestimmt sein muss.

Bekannt ist die Unterteilung in edle und unedle Metalle. Kriterium dafür ist der Platz des Metalls innerhalb der elektrochemischen Spannungsreihe (Bild 1).

Danach bilden zwei Metalle in Anwesenheit eines Elektrolyten (z. B. angesäuertes Wasser, natürliche Luftfeuchtigkeit, Handschweiß) eine Spannungsquelle, die in den meisten Fällen, d. h., wenn keine besonderen Isolationsmaßnahmen ergriffen werden, kurzgeschlossen ist (Bild 2). Dann kann ein elektrischer Strom fließen. Solche kurzgeschlossenen Spannungsquellen heißen **Lokalelemente.**

Bei diesem elektrochemischen Prozess wird das unedlere Metall (d. i. dasjenige mit dem niedrigeren Potenzial) angegriffen, wobei sich die Korrosionsgeschwindigkeit einmal nach der Konzentration des Elektrolyten, zum anderen nach der Höhe der Spannungsdifferenz zwischen beiden Metallen richtet.

Tabellen mit elektrochemischen Spannungsreihen gelten jeweils nur in Bezug auf die angegebene Basis (in Bild 1 ist dies Wasser mit pH 6). In Wirklichkeit verhalten sich die Metalle unter dem Einfluss der jeweils vorhandenen Elektrolyte, Temperaturen und Oberflächenstrukturen sehr unterschiedlich. Daher kann die Spannungsreihe nur einen groben Anhaltswert für die zu erwartende Korrosionsgeschwindigkeit und damit über die Wirksamkeit des Korrosionsschutzes geben.

6.1.2.2 Verbessern der Verschleißfestigkeit

Einige Oberflächenbehandlungen zielen darauf ab, die natürliche Verschleißfestigkeit der Grundwerkstoffe zu verbessern. Dazu gehören in erster

Metall	Spannung in mV	
GD-ZnAl 4	−853	
Zink Zn 98,5	−823	(−760)
Zinküberzug auf Stahl	−794	
Cadmium Cd	−574	(−400)
EN-GJL-200 mit Gusshaut	−404	
Stahl mit 1,26% C	−377	
Stahl St 4	−350	
Blei Pb 99,9	−283	(−130)
Zinn Sn 98	−275	(−140)
Zinnlot LSn 90	−258	
Hartchrom auf Stahl	−249	(−560)
Zinn Anodenmetall	−175	(−140)
Aluminium Al 99,5	−169	(−1660)
AlMGSi	−124	
X 45 CrNiW 18 9	− 84	
AlCuMg	+ 21	
Nickel Ni 99,6	118	(−230)
Messing G-Cu 64 Zn	126	
Kupfer Cu	140	(+510)
Messing CuZn 30	145	
G-AlSiMg mit Gusshaut	155	
Bronze CuSn 8	156	
CuNi 18 Zn 20 (Neusilber)	161	
Titan Ti	181	
Silber Ag	194	(+800)
Gold Au	306	(1700)

Praktische Spannungsreihe wichtiger Metalle und Legierungen gegenüber Wasser (pH 6,0). Klammerwerte entsprechen der Normalspannungsreihe, gemessen gegen Wasserstoff.

1 Elektrochemische Spannungsreihe

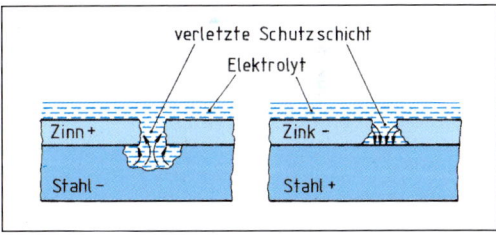

2 Korrosion bei Metallüberzügen

Linie das Einsatzhärten und das Nitrieren. Dabei bleibt aber zumindest das Einsatzhärten nicht auf die Oberfläche im strengen Sinne beschränkt. Zudem ist in vielen Fällen eine spanende Nachbehandlung der Oberfläche notwendig. Das Hartverchromen, das Eindiffundieren von Carbiden in die Oberfläche sowie das Plattieren mit geeigneten Metallen und Kunststoffen dienen dem gleichen Zweck. Auch das Verdichten der Oberfläche (z. B. Prägepolieren) zählt dazu.

6.1.2.3 Vorbereiten auf nachfolgende Verfahren

Einige Fertigungstechniken erfordern eine vorherige Oberflächenbehandlung, ehe sie zum Einsatz kommen können. Dazu zählt vor allem entsprechendes Reinigen der Werkstücke und das Entfernen von Graten. Eine völlig andere Art der vorbereitenden Oberflächenbehandlung stellt das Beschichten von Kunststoffen mit Metallüberzügen dar. Werkstoffe, die sich wenig zum Löten eignen, versieht man mit galvanischen oder aufplattierten Überzügen aus Kupfer oder Messing. Bestimmte Behandlungen (z. B. Beizen) sind auch vor dem Verkleben von Metallen erforderlich. Gleitschichten erleichtern in vielen Fällen die Zug- oder Druckumformung.

6.1.2.4 Isolation

Hier spielt vor allem die **elektrische** Isolation eine bedeutende Rolle. Nichtmetallische anorganische oder organische Überzüge vermögen bereits in geringen Schichtdicken von einigen μm Ladungsträger mit hohem Potenzial gegeneinander zu isolieren. Isolation gegen **Wärme** ist dagegen meist nur mit erheblichen Schichtdicken aus besonders wärmedämmenden Stoffen (z. B. Keramik) zu erreichen. Hingegen kann durch entsprechende Farbgebung oder Verspiegelung die Strahlungsaufnahme bzw. die Wärmeabstrahlung vermindert oder verstärkt werden. In besonderen Fällen kann auch Isolation gegen **Schall** erzielt werden, besonders dann, wenn schwingungsfähige (d. h. dünne und großflächige) Metallwände in ihrem Eigenschwingungsverhalten gedämpft werden sollen. Hier kommt man selten mit Schichtdicken unter 0,5 mm aus.

6.1.2.5 Dekoration

In solchen Fällen soll die Farbe oder die Oberflächenstruktur optischen Erfordernissen angepasst werden. Dies trifft meistens auf Endprodukte zu, deren Aussehen beispielsweise in Farbe und Oberflächenstruktur der Mode unterliegt. In anderen Fällen ist eine glatte, gut zu reinigende Oberfläche erwünscht.

6.1.2.6 Reparatur

Sofern Beschichtungsverfahren größere Schichtdicken zulassen, können sie zur Reparatur von Verschleißteilen (z. B. Lagern) oder von Schadstellen (z. B. Rissen) angewandt werden. Hohe Maschinenstundensätze zwingen heute immer mehr zu möglichst schnellen Reparaturen (Reduzierung der Stillstandzeiten), die auch den Einsatz teurer Schichtwerkstoffe und Verfahren rechtfertigen.

6.1.3 Schichtwerkstoffe

Betrachtet man die Schichten nach der Art ihrer Werkstoffe, so kommt man zu folgender Übersicht:

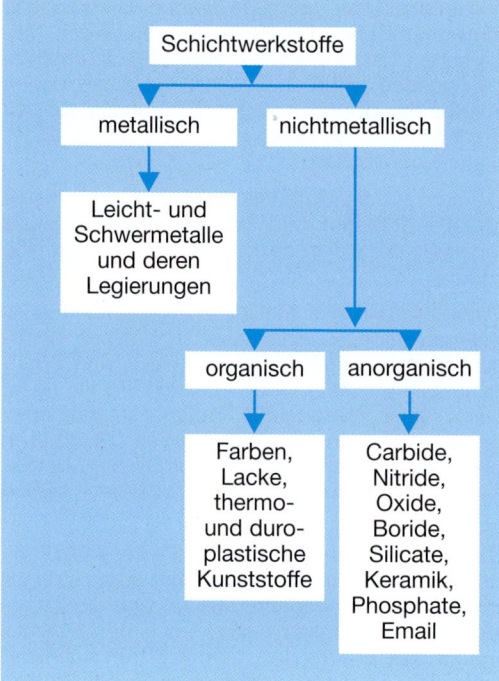

Die Vielzahl der Schichtwerkstoffe einerseits sowie die Vielfalt der Anwendungsmöglichkeiten andererseits machen es schwierig, eine umfassende Zuordnung zu schaffen. Zudem spielt das Beschichtungsverfahren eine entscheidende Rolle, ob ein bestimmter Werkstoff für eine vorgesehene Aufgabe geeignet ist.

Oft müssen zuerst Versuche durchgeführt werden, bis der für den jeweils beabsichtigten Zweck optimale Schichtwerkstoff gefunden ist. Gerade bei Korrosionsschutzproblemen sind Langzeitversuche (über mehrere Monate) unerlässlich.

Bild 1, Seite 287 soll einen ungefähren Überblick geben, welche Schichtwerkstoffe sich für bestimmte Aufgaben eignen – ohne Rücksicht auf die dafür anzuwendenden Arbeitsverfahren.

Zweck des Beschichtens		Schichtwerkstoff	
	metallisch	nichtmetallisch	
		anorganisch	organisch
Korrosionsschutz	Zn, Sn, Ni, Cr, Cd, Pb	Al_2O_3, Phosphate, Email, Keramik	Lacke, Kunststoffe
Verbesserung der Verschleißeigenschaften	Hartchrom Ag, Pt, Pd	TiN, TiC, WC, Keramik, Email	–
Vorbereitung auf nachfolgende Verfahren	Zn, Al	Metalloxide	Grundlacke Primer
Isolation — elektrisch	–	Phosphate, Keramik	Lacke, Kunststoffe
Isolation — thermisch und akustisch	–	Keramik	Kunststoffe
Dekoration	Au, Ag, Cr, Ni	Al_2O_3, Email, Chromate, TiN (Au-Ersatz)	Lacke
Reparatur	dem Werkstoff des Reparaturteils angepasst		

1 Schichtwerkstoffe und ihre Anwendung

6.2 Vorbereitende Arbeiten

6.2.1 Allgemeines

Darunter versteht man Arbeiten, die vor der eigentlichen Oberflächenbehandlung durchgeführt werden müssen, soll das gewünschte Ergebnis nicht infrage gestellt werden.

Es zeigt sich aber, dass durch einige dieser Verfahren bereits so gute Oberflächenqualitäten erzielt werden können, dass sich eine Nachbehandlung erübrigt, sowohl was das Aussehen als auch die Korrosionsbeständigkeit anbetrifft.

Das Reinigen der Werkstücke bezweckt die Entfernung unerwünschter Oberflächenschichten. Es ist ein Trennen gemäß DIN 8580.

Die vorbereitenden Arbeiten dienen hauptsächlich der **Reinigung.**

Außerdem kann durch die vorbereitenden Verfahren eine Änderung der Oberflächengestalt beabsichtigt sein, sei es ein Glätten (z. B. vor dem Galvanisieren) oder ein Aufrauen (z. B. zur Verbesserung der Haftfestigkeit einer Auftragsschicht). Reinigen und Strukturändern der Oberfläche werden oft gleichzeitig durchgeführt.

Das Reinigen wird besonders bei Schmutz, Fett, Öl, Zunder und anderen chemischen Schichten (Oxide, Salze) angewendet. Die Verfahren richten sich nach der Art und der Stärke der zu beseitigenden Schicht.

Sie lassen sich wie folgt einteilen:

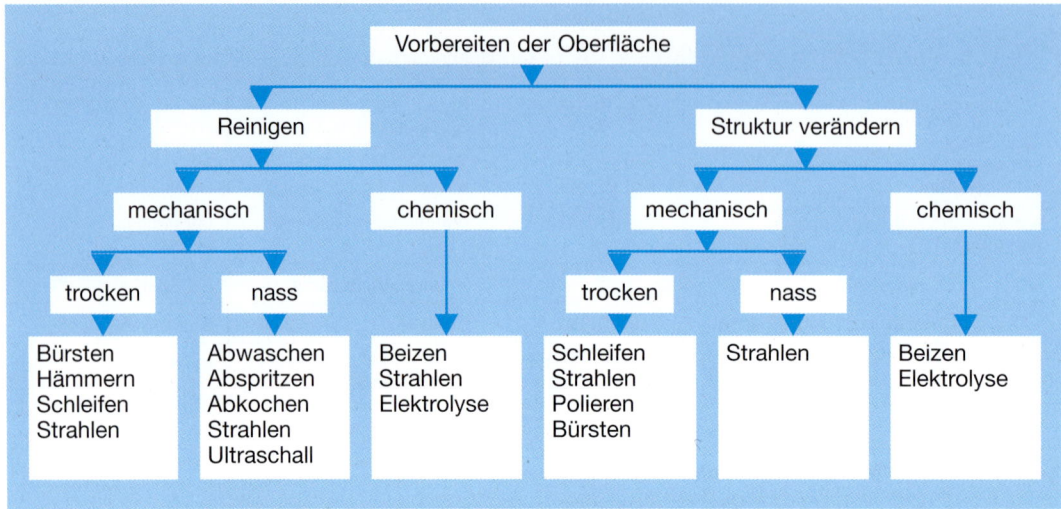

Die Tatsache, dass gleiche Verfahren sowohl zum Reinigen als auch zum Strukturverändern geeignet sind, weist darauf hin, dass in vielen Fällen mit **einem** Verfahren **beides** erreicht werden kann.

Im Folgenden werden die wichtigsten Verfahren in willkürlicher Reihenfolge genannt, wobei im Wesentlichen zwischen mechanischen und chemischen Verfahren unterschieden wird. Dem bei allen Nassverfahren notwendigen Trocknen ist ein eigener Abschnitt gewidmet.

6.2.2 Verfahren

6.2.2.1 Mechanische Verfahren

Bürsten und Hämmern

Stark verschmutzte oder verzunderte sowie mit Graten versehene Werkstücke werden mit Drahtbürsten (von Hand oder maschinell) oder durch Hämmern vorbehandelt. Dazu zählen auch die Arbeiten in der Gussputzerei mit Handschleifmaschinen.

Das Bürsten von Aluminiumblechen (Verkleidungen, Karosserieblech) mit rotierenden Drahtbürsten (Pfauenaugen-Muster) ist eine Endbehandlung. Sie begünstigt gleichzeitig die Bildung

einer gleichmäßigen, korrosionsschützenden Oxidschicht.

Polieren

Obwohl als Fertigungsverfahren nicht in DIN 8580 enthalten, weil zu den abtrennenden bzw. abtragenden Verfahren nach Hauptgruppe 3 zählend, werden unter dem Begriff Polieren nach wie vor alle jene Techniken zusammengefasst, die der Erzielung einer besonders glatten Oberfläche durch Abtragen der Rauheitsspitzen dienen.

Mechanisches Polieren ist Schleifen mit ungebundenen Schleifmitteln. Ungebundene Schleifmittel werden hier Poliermittel genannt (Bild 1, Seite 289). Dabei ist das Hauptziel eine absolut **porenfreie** Oberfläche, um die Bildung von Lokalelementen zu verhindern bzw. korrosiven Gasen, Dämpfen oder Flüssigkeiten eine möglichst kleine Angriffsfläche zu bieten.

Besonders vor dem Galvanisieren ist Polieren – oft bis zum Glänzen – notwendig, weil galvanische Schichten nur sehr dünn sind und daher der Untergrund bereits völlig eben sein muss. Vielfach wird auch zur Nach- oder Endbehandlung von beschichteten Werkstücken poliert.

Diese Poliermittel werden in verschiedenen Körnungen als Pasten oder Aufschlämmungen verwendet. Zugabe von **Siliconen** verbessert die Kühlwirkung.

Zum Vorpolieren werden z. T. auch andere Poliermittel, wie Tripel (d. i. Kieselsäure in kristalliner Form) angewandt. Sie sind in Fett eingemischt oder als Emulsion lieferbar.

Poliermittelträger (Bild 2) sind Tuchringe (Schwabbelscheiben), Polierringe (das sind ringförmig gefaltete Tücher mit hoher Ventilationswirkung), Mopp-Geräte und viele andere, für spezielle Zwecke entwickelte Scheiben. Auch Bänder kommen als Poliermittelträger in Anwendung.

Die **Poliergeschwindigkeit** richtet sich nach dem Werkstoff. Harte Metalle werden mit etwa 30 m/s, weiche Metalle mit 45 … 60 m/s und Kunststoffe mit 25 … 35 m/s poliert. Dabei ist zu beachten, dass beim Polieren örtlich hohe Temperaturen (bis zu 1000 °C) auftreten können, was unter Umständen zu Gefügeveränderungen mit unerwünschten Folgen (unterschiedliche Härte, Flecken) führen kann.

Außer mechanisch kann auch **chemisch** oder **elektrochemisch** poliert werden, und zwar mithilfe besonders dafür geeigneter Beizen und Inhibitoren (siehe Abschnitt 6.2.2.2). Der Vorteil dieser Verfahren liegt darin, dass im Allgemeinen keine mechanische oder thermische Belastung der Oberfläche stattfindet.

Daneben ist auch das **elektrische** Polieren mittels Funkenerosion bekannt.

Nassreinigen

Das Nassreinigen geschieht heutzutage mit sehr unterschiedlichen Flüssigkeiten. Eine Übersicht zeigt Bild 3.

Verwendung	Poliermittel
Weiche Werkstoffe Edelmetalle	Kreide, $SiO_2 + Al_2O_3$ Polierrot Fe_2O_3
Nickellegierungen	Wiener Kalk $MgO + CaO$ (Dolomit)
Stähle	Chromoxid Cr_2O_3
Hartmetall	Berylliumoxid BeO
universell	Tonerde Al_2O_3

1 Poliermittel

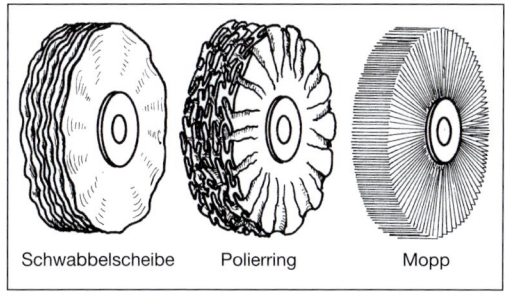

Schwabbelscheibe   Polierring   Mopp

2 Poliermittelträger

Verunreinigung	Reinigungsmittel				
	mechanisch	chemisch			
	Wasser	Säure	Lauge	Tensid[1]	organische Lösungsmittel
Salze, Metallsalze	++	+	−	−	−
wasserlösliche Schmier- und Kühlmittel	++	−	−	−	−
Rost, Zunder, Metalloxide	−	++	+	−	−
dünne Metallschichten	−	++	+	−	−
Öle und Fette (natürlich) Öle und Fette (synthetisch)	− −	− −	+ −	+ ++	++ +
Konservierungsmittel	−	−	−	+	++
Lacke, Harze, Kunststoffe	−	−	+	−	++
[1] Tensid: Netzmittel, ist ein waschaktiver, seifenähnlicher Wirkstoff, der das Wasser entspannt					

3 Reinigungsmittel

An dieser Stelle werden nur die **mechanischen** Verfahren genannt, nämlich das **Abwaschen** oder **Abspritzen** mit Wasser. Wenn die Werkstücke verfettet oder verölt sind, ist der Reinigungseffekt gering. Wird mit hohem Druck gearbeitet, kann auch stark anhaftender Schmutz in kurzer Zeit entfernt werden. In hartnäckigen Fällen hilft **Abkochen** in Wasser oder Abblasen mit **Heißdampf.** Zur besseren Entfettung werden dem Wasser Lösungsmittel organischer oder alkalischer Natur beigegeben.

Ultraschallreinigen

Bei diesem wohl vollkommensten Verfahren wird die Reinigungsflüssigkeit (meist schwach alkalisch oder organisch) in hochfrequente Schwingungen versetzt (25 … 40 kHz). Infolge der Trägheit der Flüssigkeit, die den raschen Bewegungen nicht folgen kann, entstehen Luftbläschen (Kavitation), deren Sogwirkung die Fett- und/oder Schmutzteilchen auch aus den feinsten Poren und Haarrissen reißt. Die Verunreinigungen emulgieren sofort in der Flüssigkeit, der ganze Vorgang dauert einige Minuten, unter Umständen nur wenige Sekunden.

Ultraschallreinigen ist sowohl bei Kleinteilen wie auch bei großen Werkstücken und Baugruppen (vollständige Geräte, z. B. Schreibmaschinen) anzuwenden.

Sonstige Verfahren

Für größere Werkstücke und Baugruppen wird das **Flammstrahlen** angewandt. Dabei wird mit einem Flammstrahlbrenner (meist noch auf Acetylen-Sauerstoff-Basis, neuerdings auch mit Xenonbrennern, Plasma oder Laser) der Oberflächenbelag aus Rost oder Zunder in eine amorphe, leicht abbürstbare Schicht umgewandelt. Die Rauheit R_z liegt je nach Rostgrad zwischen 15 und 150 µm. Das Verfahren wird vorzugsweise bei Stahlkonstruktionen (z. B. Brücken) zur Haftgrundvorbehandlung für nachfolgende Farbanstriche verwendet. Bleche unter 5 mm eignen sich wegen der höheren Temperaturen weniger zum Flammstrahlen, bei dickeren Blechen liegen die Temperaturen unter 200 °C, abhängig von der Vorschubgeschwindigkeit des Brenners, die in der Regel bei 3 … 5 m/min liegt.

Als weitere mechanische Verfahren zur Vorbehandlung von Werkstückoberflächen haben sich das Schleifen und Läppen, insbesondere das Gleitschleifen, sowie das Strahlen bewährt. Dabei werden Strahlmittel unterschiedlicher Werkstoffe

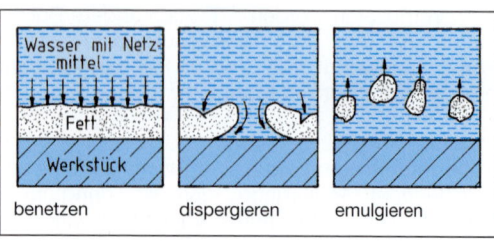

1 Entfetten im Wasser

und Körnung verwendet, sodass das Strahlen sowohl für grobes Vorreinigen (z. B. von Gussteilen) als auch zur Endbehandlung (Polieren, Satinieren, Mattieren) einer Vielzahl von Werkstoffen verwendet werden kann.

Da dies spezifisch spanende bzw. abtragende Verfahren sind, werden sie hier nicht näher behandelt.

6.2.2.2 Chemische Verfahren

Die chemischen Verfahren sind Nassverfahren. Die dabei verwendeten Flüssigkeiten können Bild 3, Seite 283 entnommen werden.

Chemisches Entfetten

Eine der wichtigsten Stationen auf dem Wege zu einer einwandfreien Oberflächenbehandlung ist das Entfetten.

Grundlagen

Das Entfettungsverfahren muss sich nach der Art des Schmierstoffes (Fette oder Öle) richten. Man unterscheidet verseifte und nicht verseifte Schmierstoffe. **Verseifte** Schmierstoffe (z. B. Maschinen-, Wälzlager-, Heißlagerfette) können in **Alkalien** (Laugen) zu Seife umgewandelt werden, die in Wasser löslich sind. **Nicht verseifte** Schmierstoffe (z. B. fast alle Schmieröle) können in **organischen Lösungsmitteln** aufgelöst werden. Um sie in Wasser aufzulösen, bedarf es besonderer Maßnahmen (Bild 1): Mittels **Netzmittel** muss die zwischen Wasser und Fetten bestehende Oberflächenspannung abgebaut und gleichzeitig das Fett in kleinste Teile zerlegt werden (dispergieren). Nach gleichmäßiger Verteilung im Wasser (emulgieren) kann das Fett mit dem Wasser abgeführt werden.

Entfetten mit alkalischen Lösungsmitteln

Alkalische Lösungsmittel wirken bei **nicht verseiften** Schmierstoffen als Emulgatoren, d. h., die Fett- oder Ölteilchen werden feinstverteilt von der Reinigungsflüssigkeit aufgenommen. **Verseifte** Fette wandeln sie in wasserlösliche seifige Substanzen um. Wichtig ist dabei, dass die Reiniger ein gutes Benetzungsvermögen haben, damit auch Poren fettfrei werden. Als Alkalien dienen Natronlauge (NaOH, stark ätzend) oder Soda (Na_2CO_3), beide in etwa 10%iger Lösung. Zuschlagstoffe (z. B. Phosphate) verhindern unerwünschten Oberflächenangriff durch die Laugen.

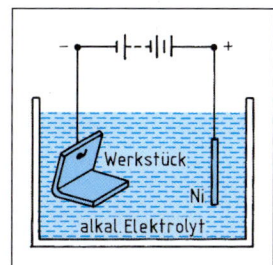

1 Elektrolytisches Entfetten

Entfettung mit organischen Lösungsmitteln

Als organische Lösungsmittel kommen heute noch meistens chlorierte oder fluorierte Kohlenwasserstoffe zum Einsatz. Sie sind als umweltbelastend erkannt, ihre Entsorgung wirft Probleme auf. Keinesfalls dürfen sie ohne ausreichende Absauganlagen verwendet werden. Neue Anlagen arbeiten völlig geschlossen mit eigenem Recycling, sie sind abwasserfrei. Die bekanntesten dieser Lösungsmittel sind Trichlorethylen (Tri), Tetrachlormethan (Tetra) und Perchlorethylen (Per).

Lösungsmittel dürfen niemals weggeschüttet werden – sie müssen der sachgerechten Abfallbeseitigung zugeführt werden!

Tri zersetzt sich in offener Flamme in giftige Gase und Salzsäuredämpfe, Merkblatt ‚Tri' beachten!

Beim Reinigen von Leichtmetalllegierungen mit Tri besteht die Gefahr der explosionsartigen Zersetzung des Lösungsmittels!

Das Entfetten kann durch Eintauchen in die Reinigungsflüssigkeit oder durch Besprühen erfolgen. In geschlossenen Reinigungsgeräten können die Lösungsmittel auch in gasförmigem Zustand als Dampf aufgeblasen werden, die Entfettung gelingt schneller und ist wirksamer.

Elektrolytisches Entfetten

In besonders hartnäckigen Fällen und wenn es auf vollkommene Fettfreiheit ankommt, wendet man die elektrolytische Entfettung an (Bild 1). Hierbei wird das zu reinigende Werkstück als Kathode in schwach alkalische Bäder (Elektrolyt) gegeben, große Werkstücke einzeln, Massenware in Metallkörben. Als Anode wird Nickel oder vernickelter Stahl verwendet. Die Anlage wird mit Niedervolt-Gleichspannung betrieben (Bild 1). Dabei wird das anhaftende Fett durch den kathodisch abgeschiedenen Wasserstoff abgesprengt. Möglicherweise in das Werkstück eingedrungener Wasserstoff wird durch kurzzeitiges Umpolen wieder entfernt. Die Reinigungsdauer beträgt, abhängig vom Werkstoff, 10 … 120 s.

Beim **Cuprodekapieren** verwendet man eine Kupferanode. Dadurch wird die Oxidation des fettfreien Werkstückes verhindert, gleichzeitig ist ein fehlerfreier Kupferüberzug das Erkennungsmerkmal für vollkommene Entfettung.

Beizen

Beizen ist ein chemisches Verfahren, durch das unerwünschte Oberflächenschichten entfernt, Oberflächenstrukturen verändert oder aber zusätzliche Überzüge erzielt werden (Übersicht s. Bild 1, Seite 292).

Zum Beizen verwendet man sowohl Laugenbäder als auch Säurebäder. Die Werkstücke müssen nach dem Beizen oft **neutralisiert** werden, bei Verwendung von Laugenbeizen durch kurzes Eintauchen in verdünnte Säuren. Dadurch werden auch die beim Beizen evtl. aufgetretenen unerwünschten Verfärbungen wieder entfernt.

Der Umgang mit Beizflüssigkeiten zwingt zu großer Sorgfalt, da sie ätzend auf die Haut wirken. Je nach Verarbeitungsverfahren treten zusätzlich Dämpfe auf, die abgesaugt und neutralisiert werden müssen.

Normales Beizen erfolgt durch Eintauchen der Ware in kalte oder warme Bäder, Letzteres zur Beschleunigung des Vorganges. Beizflüssigkeiten können auch durch Aufspritzen oder Aufsprühen verarbeitet werden. Die Bäder können zur Verstärkung ihrer Wirkung durch Ultraschall bewegt werden. Viele Beizverfahren entwickeln Wasserstoff, der in die Korngrenzen eindringt und zur **Beizbrüchigkeit** führt. Zusätze, so genannte **Sparbeizen**, sollen dies verhindern.

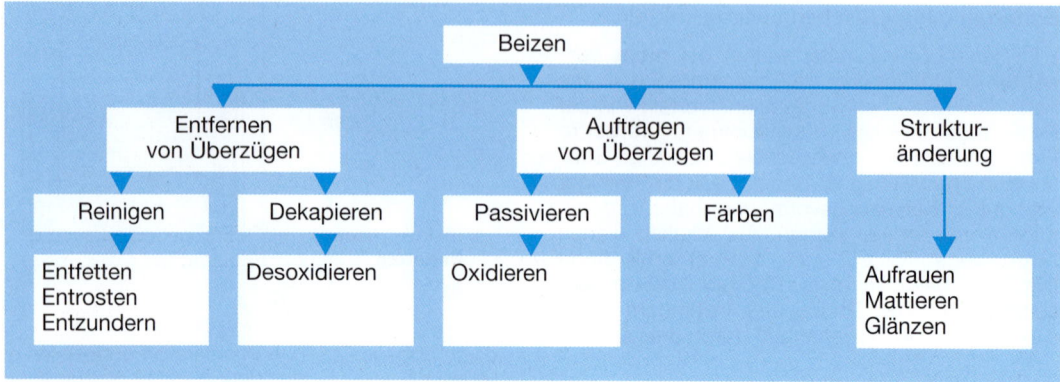

1 Beizverfahren

Die unangenehmen Eigenschaften von Säurebeizen werden durch **Inhibitoren** verbessert. Das sind Zusätze, die gleichzeitig mehrere Aufgaben erfüllen sollen:

Beschleunigung der Beizreaktion

Einsparen von Beizsäure

Minderung des Metallabtrages am Werkstück

Minderung der Wasserstoffabscheidung und damit der Versprödung

Sicherstellung einer metallisch reinen Oberfläche

Eine spezielle Art des Beizens ist das **Dekapieren**, das zur Entfernung von Oxidschichten dient, insbesondere solcher, die im Verlauf eines galvanischen Prozesses während des Wechsels von einem Bad zum anderen innerhalb kürzester Zeit entstehen können. Sie sind meist kaum sichtbar, gefährden aber die einwandfreie Weiterbehandlung. Stahl wird hauptsächlich in verdünnter Schwefelsäure desoxidiert. Salzsäure arbeitet langsamer, greift dafür den Stahl weniger an.

Die Zusammensetzung der Bäder richtet sich

1. nach dem Werkstoff

2. nach dem gewünschten Effekt

Ungeeignete Beizen stellen nicht nur den Erfolg infrage, sondern beschädigen unter Umständen sogar das Werkstück. Besonders Leichtmetalle und deren Legierungen sind sehr empfindlich und können bei Fehlbehandlung bis zur Unbrauchbarkeit angegriffen werden. Hinweise der Hersteller von Beizen sind daher genauestens zu beachten. Beizen werden im Allgemeinen als in Wasser lösliche Salze, als fertige Lösung oder als Fettsäuren (wasserlöslich) geliefert. Entsprechend ihrer jeweiligen Aufgabe gibt es

Dekapierbeizen,

Mattbeizen,

Entrostungs- und Entzunderungsbeizen,

Entfettungsbeizen (auch für elektrolytische Entfettung),

Poliersalze (auch für das Gleitschleifen),

Farbbeizen,

Metallentferner.

Kombinationsprodukte entrosten, entzundern, entkalken und konservieren gleichzeitig.

6.2.3 Trocknen

Viele der genannten Verfahren machen ein anschließendes Trocknen erforderlich. Hierzu dienen **Strahler**, z. B. Infrarotstrahler (ggf. im Vakuum zum Schutz vor Oxidation), ferner **Heißluftöfen,** heiße **Inertgase** (Schutzgase), und zwar in **Einzel-** oder **Durchlauf**anlagen.

In der Massenfertigung sind die Trocknungsanlagen oft in die gesamte Oberflächenbehandlung integriert. Das Produkt (Kleinteile ebenso wie z. B. ganze Fahrzeugkarosserien) durchläuft dann den Beschichtungsprozess einschließlich der vorbereitenden Arbeiten mit allen dazwischen und am Ende liegenden Beiz-, Reinigungs- und Trocknungsverfahren in einer zumeist geschlossenen Fertigungsstraße. Dabei wird weitgehend ausgeschlossen, dass die betrieblichen Mitarbeiter mit gesundheitsgefährdenden Werk- und Hilfsstoffen in Berührung geraten.

6.3 Verfahren des Beschichtens

Im Folgenden wird nach der Einteilung gemäß DIN 8580 vorgegangen, nach der sich das Beschichten nach der Art der Aufbringung des grundsätzlich als formlos anzusehenden Schichtwerkstoffes einteilen

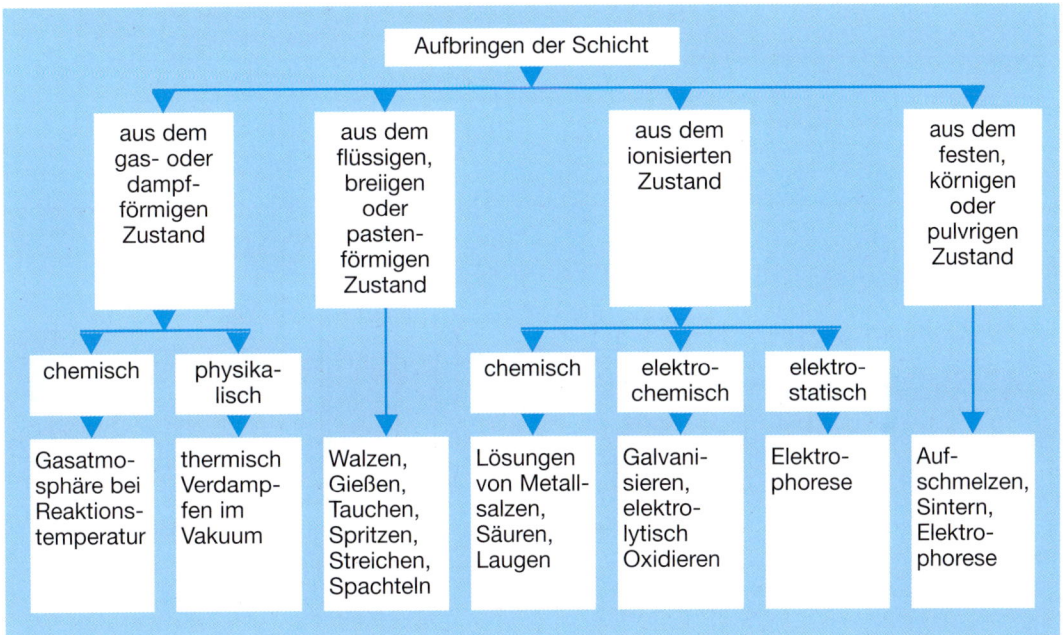

6.3.1 Beschichten aus dem gasförmigen Zustand

Bei diesem Verfahren werden die Schichtwerkstoffe durch Erhitzen in den gasförmigen Zustand überführt und dann direkt oder in Verbindung mit Gasen und/oder unter Verwendung von elektrischen Feldern auf das Werkstück aufgebracht.

Einige Verfahren des Stoffeigenschaftänderns verwenden unmittelbar Gase (N_2, CO_2), die auf die Werkstückoberfläche wirken, meist bei erhöhter Temperatur. Es handelt sich dabei vorwiegend um klassische Härteverfahren.

6.3.1.1 Chemische Verfahren

Diese Verfahren sind unter der Kurzbezeichnung CVD (Chemical Vapor Deposition) bekannt. Hierbei werden Metall-Halogenide (z. B. $TiCl_4$), Metall-Nitride (TiN), Metall-Carbide (TiC, WC, Cr_4C_3) oder

Gemische aus diesen Stoffen unter Zusatz von Gasen (z. B. H_2, N_2, CH_4, Ar) verdampft und einem Ofen zugeführt, in dem sich die zu beschichtenden Werkstücke befinden, und zwar bei einer Temperatur von 700 °C (Mitteltemperatur) bis zu 1100 °C (Hochtemperatur) (Bild 2, Seite 294). Es finden Diffusionsvorgänge statt, d. h., der Trägerwerkstoff ist an der Reaktion beteiligt. Maßänderungen finden kaum statt, dagegen ändert sich die Eigenschaft der Oberfläche erheblich, meistens in Richtung größerer Härte. Durch Diffusion von Chrom (Inchromieren) ist auf normalem Baustahl z. B. auch die Ausbildung einer edelstahlähnlichen Schicht möglich.

Einige Diffusionsverfahren sind in Bild 1, Seite 294 aufgeführt.

Diffusionsvorgänge lassen sich auch dadurch herbeiführen, dass die Werkstücke in Pulver aus den o. g. Metallen und Metall-Verbindungen eingepackt und dann im Ofen erhitzt werden. Auch hier ist der zusätzliche Einsatz von Gasen (als Schutzgas oder als Reaktionsgas) üblich.

Metall-überzug	Grund-werkstoff	Name der Verfahren	Verwendung als	Verfahrenstechnik
Zink	Stahl	Sherardisieren	Korrosionsschutz	Zinkpulver bei 400 °C
Aluminium	Stahl	Alitieren Kalorisieren	Zunderschutz bis 950 °C	Aluminium- oder Aluminiumoxid-pulver bei 900 °C
Chrom	Stahl	Inchromieren Chrodieren	Korrosions- und Zunderschutz	Chrompulver oder Chrom-chloriddampf bei 1000 °C
Zinn	Messing	–	Korrosionsschutz	Zinnchlorid

1 Diffusionsverfahren und ihre Anwendung

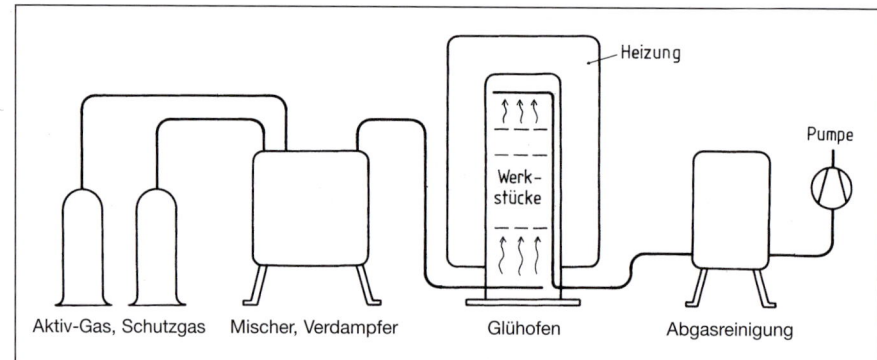

2 Schema einer CVD-Anlage

Aktiv-Gas, Schutzgas   Mischer, Verdampfer   Glühofen   Abgasreinigung

Nachteil dieser Verfahren ist die hohe Erwärmung der Bauteile, der Vorteil liegt in der großen Streu-fähigkeit, d. h., das Werkstück wird allseitig und gleichmäßig vom reagierenden Gas umgeben. Diese Verfahren erlangen zunehmend Bedeutung, z. B. als Ersatz für andere umweltbelastende Ver-fahren. So wird z. B. das Sherardisieren als Ersatz für Cadmiumbeschichten erfolgreich verwendet.

Zu den Diffusionsverfahren zählen auch die be-kannten Härteverfahren, z. B. Nitrieren in Ammo-niakgas, u. U. bei zusätzlicher Verwendung von stickstoffhaltigen Salzen. Werden auch kohlen-stoffhaltige Gase (CO) verwendet, so führt das zum gleichzeitigen Aufkohlen: Carbonitrieren. Näheres wird in spezieller Fachliteratur zu Werk-stofftechnik und Härtetechnik ausführlich be-schrieben.

Das Schema einer solchen Anlage zeigt Bild 2.

6.3.1.2 Physikalische Verfahren (Verdampfen)

Diese Verfahren sind unter der Kurzbezeichnung PVD (Physical Vapor Deposition) bekannt. Im Gegensatz zum CVD wird hier nur der Schicht-werkstoff zum Schmelzen gebracht und im Vakuum auf das (kalte) Werkstück aufgedampft. Es entstehen Auftragsschichten mit einer allen-falls dünnen Diffusionszone, die zwar eine bes-sere Haftung des Schichtwerkstoffes bewirkt, jedoch keinen Einfluss auf dessen chemische Zusammensetzung hat.

Allgemein wird das zu beschichtende Werkstück **Substrat**, der zu verdampfende Schichtwerkstoff **Target** genannt.

Als Schichtwerkstoff kommen wie beim CVD die vielfältigsten Metalle und ihre Verbindungen (Oxide, Nitride, Carbide) sowie Legierungen zur Anwendung. Unproblematisch sind reine Metalle und ihre Verbindungen. Dagegen muss bei Legie-rungen und Mischungen von Verbindungen be-rücksichtigt werden, dass sie beim Verdampfen zerfallen und sich nach dem Kondensieren wieder neu bilden müssen. Dies erfolgt nicht immer unter den dafür notwendigen Bedingungen, sodass andere Eigenschaften daraus resultieren.

Man unterscheidet folgende Verfahren:

Aufdampfen im Hochvakuum (Bild 1)

Das Schichtmetall wird in Behältern elektrisch auf etwa 4000 °C erhitzt, die Dampfmoleküle breiten sich im Hochvakuum von bis zu 10^{-4} Pa (10^{-6} mbar) geradlinig aus und treffen auf das Substrat. Trotz des hohen Vakuums treten mit dem Restgas noch unerwünschte Reaktionen auf, was zu Verunreinigungen der Schicht führt.

Ionenplattierung (Bild 2)

Hierbei wird zur Vermeidung schädlicher Reaktionen ein Inertgas (meistens Argon) verwendet, zudem wird eine Vorspannung von einigen Kilovolt angelegt.

Kathodenzerstäubung (Bild 3)

Hier wird zwischen Target und Substrat eine Spannung von bis zu 5 kV angelegt. (Target am Minuspol = Kathode). Es wird ebenfalls mit einer Argonatmosphäre bei 10^{-1} … 10^{-3} Pa (10^{-3} bis 10^{-5} mbar) gearbeitet. Dabei bilden sich Gasionen, die beim Aufprall auf dem Target Metallionen herauslösen, die auf dem gegenüberliegenden Substrat kondensieren. Durch Magnetfelder kann die Ionenkonzentration verbessert werden: Hochleistungszerstäubung.

Diese Verfahren erlauben Schichtdicken von z. T. weniger als 0,2 µm, z. B. bei Hartmetallen, wo mehrere dünne Schichten aus Nitriden, Nitrid/Carbid-Legierungen und Oxiden (Keramik) übereinander gelegt werden. Auch Schichten bis 15 µm und mehr können erzielt werden. Die Streufähigkeit der PVD-Verfahren ist nicht so gut, weil nur die dem Target unmittelbar gegenüberliegende Substratseite optimal von den Dampfatomen oder Dampfmolekülen getroffen wird.

Die Anwendung dieser Verfahren erstreckt sich auf alle in Kap. 6.1 genannten Gebiete. Besondere Erfolge werden mit folgenden Schichten erzielt: MoS_2, CoCrAl Y, NiCoCrAl Y, TiC, TiN und WC. Das durch Verdampfen aufgebrachte MoS_2 bewirkt eine vielfach bessere und vor allem längere Schmierwirkung als die in Pastenform aufgetragene MoS_2-Substanz. Die Warmfestigkeit von Oberflächen wird durch Aufdampfen von CoCrAl Y und NiCoCrAl Y-Legierungen verbessert. Wie beim CVD wird auch durch PVD mit TiC, TiN, WC u. a. die Standzeit von Schneidplatten verbessert. Besonders bei den Hochleistungsverfahren behält das Substrat eine niedrige Temperatur, sodass damit z. B. niedrig schmelzende Kunststoffe metallisch zu beschichten sind. Ferner werden auf diese Art Gläser verspiegelt und Optiken vergütet.

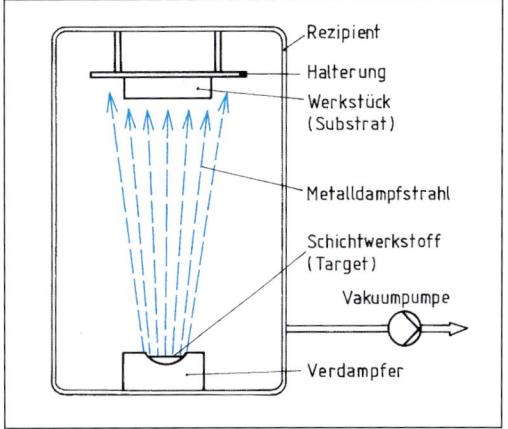

1 Aufdampfen im Hochvakuum

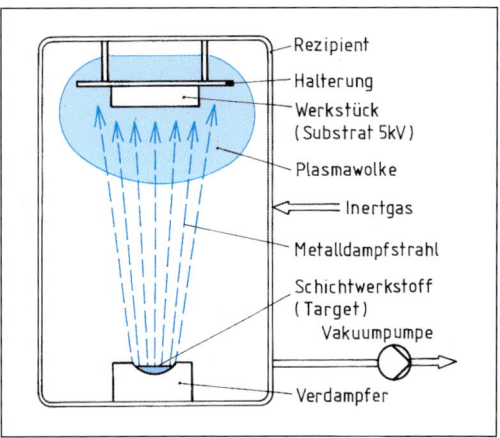

2 Ionenplattierung

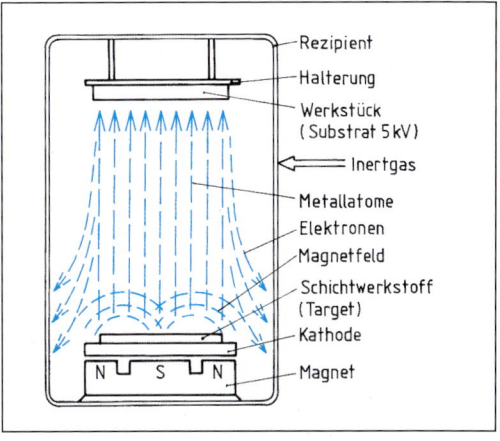

3 Kathodenzerstäubung im Magnetfeld

6.3.2 Beschichten aus dem flüssigen Zustand

Als Flüssigkeiten kommt eine Vielzahl von Stoffen in Betracht:

Metall-, Kunststoff- und Glasschmelzen,

Farben und Lacke unterschiedlichster chemischer und physikalischer Art,

Lösungen von organischen und anorganischen Stoffen.

Dementsprechend vielgestaltig sind die Beschichtungsverfahren. Hier können nur die wichtigsten und am meisten verbreiteten genannt werden. Neue Verfahren sind besonders im Hinblick auf Energie- und Kosteneinsparung sowie Umweltschutz ständig in Entwicklung.

Der Auftrag des flüssigen Schichtwerkstoffes ist nach folgenden Verfahren möglich:

Anstreichen, Spachteln (bei Pasten)

Spritzen mit und ohne Druckluft

Tauchen

Gießen

Walzen

Bedrucken

Das zu wählende Verfahren richtet sich nach Art und Zustand des Schichtwerkstoffes. Zu beachten sind dabei besonders Temperatur, Viskosität und chemische bzw. physikalische Aggressivität der Flüssigkeit.

6.3.2.1 Beschichten mit Schmelzen

Je nach verwendetem Werkstoff und je nach Auftragsart unterscheiden sich diese Verfahren beträchtlich. Sie reichen vom einfachen Eintauchen des Werkstückes in die Schmelze bis zum komplizierten Verflüssigungsverfahren während des Beschichtens mit z. T. aufwendigen vorausgehenden und nachfolgenden Umwandlungs- oder Stabilisierungsprozessen.

Tauchen in Metallschmelzen

Metallische Überzüge können durch Eintauchen der Werkstücke in Metallschmelzen hergestellt werden.

Hierzu eignen sich Metalle mit niedrigem Schmelzpunkt: Zinn, Zink, Blei, Aluminium. Die dabei erreichten Schichtdicken liegen meist zwischen 0,1 und 0,25 mm.

Feuerverzinnen (bei 270 °C) gibt Korrosionsschutz und verhindert unerwünschte Nitrierung in stickstoffhaltiger Atmosphäre. Angewandt wird es für Teile aus Eisen, Stahl und Metalllegierungen, z. B. Weißblech für Konservendosen. Verzinnte Eisen- und Stahlteile sind weichlötbar. **Feuerverzinken** (bei 450 °C) gibt ebenfalls Korrosionsschutz. Aluminiumzusatz im Bad erhöht die Beständigkeit gegen einige organische Flüssigkeiten. Der Korrosionsschutz besteht hauptsächlich durch die sich nach kurzer Zeit bildende Zinkoxidschicht. Wird diese zusätzlich mit einem Lackanstrich versehen, hat man einen langjährigen Wetterschutz. Gegen stärkere chemische Korrosion schützt besser das **Verbleien** (bei 350 °C). Auch hier bildet sich eine Bleioxidschicht, die besonders beständig gegenüber alkalischen Lösungen und anorganischen Säuren ist.

Aluminiumüberzüge werden durch **Tauchalitieren** bzw. **Tauchaluminieren** erzeugt. Bestimmte Salzzugaben in das Aluminiumbad müssen dabei die Oxidbildung an der Schmelzoberfläche verhindern; die Oxidhaut würde sich sonst beim Eintauchen der Werkstücke zwischen diese und die Aluminiumschicht legen. Mechanische Vibration unterstützt die oxidationshemmende Wirkung der Salze.

Thermisches Spritzen

Unter thermischem Spritzen versteht man das Aufsprühen von Werkstoff-Schmelzen auf einen kalten Haftgrund.

Besonders das Metallspritzen hat weite Verbreitung gefunden.

Bild 1, Seite 291 erfasst die verschiedenen Verfahren, die sich im Wesentlichen durch die Art der Energieerzeugung unterscheiden. Der Vollständigkeit halber ist darin auch das Plasmaverfahren aufgenommen, obwohl es sich dabei streng genommen um ein Beschichten aus dem ionisierten Zustand handelt (siehe Abschnitt 6.3.3).

Der Einsatz dieser Verfahren richtet sich einmal nach den Beschichtungswerkstoffen, zum anderen nach der verlangten Spritzleistung. Alle Stähle und NE-Metalle und deren Legierungen können, sofern ihr Schmelzpunkt 3000 °C nicht über-

Verfahren	Temperatur °C	Pistolensystem	Anlagenschema
Flammspritzen	3 200	Spritzstrahl · Pressluft · Gasgemisch · Schmelzzone · Spritzdraht	Zerstäubungsluft · Pistole · Drahthaspel · Druckluft für Vorschub · Spritzdraht · C_2H_2 · O_2
Pulverspritzen	3 200	Behälter mit Dosiereinrichtung · Pulver · Pulverdüse · Sauerstoff · Flammdüse · Gas	Pulverbehälter · evtl. Druckluft für Zerstäuber · C_2H_2 · O_2
Lichtbogenspritzen	5 500	Spritzdrähte · Spritzstrahl · Lichtbogen · Pressluft · Spritzdraht u. Stromzuführung · Isolation · Schutzgehäuse	Pistole · Drahthaspel · Druckluft · Generator · 20 ... 30 V = bis 800 A
Plasmaspritzen[1]	20 000	Kühlwassermantel · Trägergas mit Pulver · Pulvereintritt · Kathode (verschiebbar) · Schmelzzone · Anode · Lichtbogen · Plasma gas	Pulverdosierung · Steuerleitung · Trägergas · Plasmagas · Kühlwasser · 80...160 V bis 800 A · Generator

[1] Plasma ist ein erhitztes Gas, das in einem elektrischen Feld ionisiert wird und dadurch einen höheren thermischen Energiezustand erhält.

1 Metallspritzen

schreitet, durch **Flammspritzen** verarbeitet werden. Dieselben Werkstoffe können auch durch **Lichtbogenspritzen** aufgetragen werden, insbesondere dann, wenn ihr Schmelzpunkt höher liegt und größere Spritzleistungen verlangt werden, die im Wesentlichen von der Stromstärke abhängen (Bild 1 Seite 298). Zudem sind die Energiekosten infolge des wesentlich höheren Wärmewirkungsgrades des Lichtbogens um bis zu 90 % niedriger als beim Flammspritzen. Das **Plasmaspritzen** schließlich dient zur Verarbeitung aller genannten Metalle in Pulverform, wird aber vorwiegend bei hochschmelzenden anorganischen Stoffen angewandt. Beim **Laserspritzen** wird das Pulver von einem Laserstrahl geschmolzen (Bild 2 Seite 298). Da das Laserlicht keinerlei Richtwirkung auf das Pulver ausübt, sondern nur der Temperaturerzeugung dient, muss das Pulver durch Schwerkraft bzw. mittels Unterstützung durch ein Trägergas (das auch ein Schutzgas sein kann) auf das Werkstück gerichtet werden. (Vergleiche hierzu auch Seite 301: Laserstrahl-Oberflächenbehandlung.)

Besonders die Verarbeitung von Pulver gestattet die freie Wahl von Grund- und Beschichtungswerkstoff. Durch entsprechende Pulvermischungen können Legierungen verschiedenster Zusammensetzung aufgetragen werden, auch solche nichtmetallischer Art.

Als Beispiele seien genannt:

- Leicht- und Schwermetall-Legierungen
- W-, Cr-Carbide
- Ti-Nitrid
- Ti-, Zn- und Cr-Boride
- Al-, Zr-, Cr- und Ti-Oxide
- MoSi-Verbindungen

Die europäische Norm DIN EN 1274 erfasst in umfangreichen Tabellen die verschiedenen Pulverarten. Gleichzeitig enthält sie Angaben über Eigenschaften (chem. Zusammensetzung, Korngrößen und ihre Verteilung, Kornform) und Eigenschaftsbestimmung der Pulver. Alle in den Tabellen aufgeführten Pulverarten erhalten ein Kurzzeichen, das Bestandteil der Bezeichnung sein muss, z. B.

Spritzpulver EN 1274 – 11.8 – 45/5 – gesintert
= Spritzpulver aus einer gesinterten Wolfram-Kobalt-Legierung mit 12 % Co und etwa 5 % C (entspricht Kurzzeichen Nr. 11.8), Korngrößenbereich 45/5 μm

Auch Spritzdrähte, -stäbe und -schnüre sind genormt, und zwar in DIN EN ISO 14919. Dort sind die Werkstoffe gemäß der Herstellungsmethode eingeteilt (Bild 3).

Spritz-verfahren	Spritzleistung in kg/h			
	C-Stähle	Zink	Aluminium	Bronze
Flamm-spritzen	5	20	5	10
Lichtbogen-spritzen bei				
100 A	4,7	10	2,7	26
400 A	18,8	40	10,6	26
800 A	37,6	80	21,2	52
1200 A	56,4	120	31,8	78

1 Spritzwerkstoffe und Spritzleistung (Auswahl)

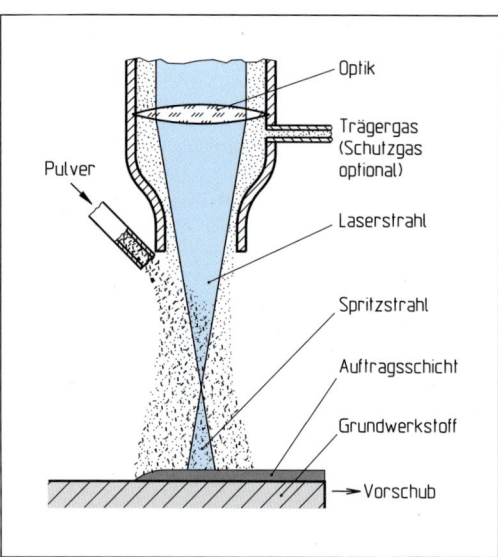

2 Laserspritzen

Nr.	Bezeichnung	Herstellungsmethode	Struktur
1	Massivdraht/Stab	schmelzmetallurgische Herstellung und Umformung	homogen
2	Massivdraht/Stab	pulvermetallurgische Herstellung und Umformung	homogen
3	Fülldraht (Röhrchendraht)	Auffüllen eines metallischen Rohres mit Pulver und anschließendes Verdichten durch Umformen	nahtlose Metallschale mit Pulverfüllung
4	Fülldraht (Falzdraht)	umgeformtes Metallband mit Pulverfüllung und Binder mit anschließendem Ziehen	Metallschale mit Pulverfüllung
5	Schnur	gleichzeitiges Extrudieren von Pulver, Binder und organischer Hülle	Kunststoffschale mit Pulverfüllung
6	keramischer Stab	Extrudieren und Sintern von keramischen Werkstoffen	poröser Stab aus gebundenen Keramik-partikeln

3 Arten der festen Spritzzusätze

Zudem sind die Werkstoffgruppen eingeteilt (Bild 1).

Die Werkstoffgruppen werden durch Erweiterung spezifiziert, z. B.: 4.7 = CuAl 10 oder 8.4 = Al_2O_3.

Auch DIN EN ISO 14919 enthält Angaben über die erforderlichen Eigenschaften (mechanisch, Oberflächen, Verarbeitbarkeit), Probenentnahme und Untersuchung, Technische Lieferbedingungen, Werks- und Prüfzeugnisse.

Die Bezeichnung eines Spritzdrahtes aus X12CrNiMn18-8-6 lautet nach dieser Norm z. B.

Thermischer Spritzwerkstoff
EN ISO 14919 – 5.10 – 1.6 – 1

→ Herstellungs-Nr.
→ Drahtdurchmesser
→ Werkstoff-Nr.

Wichtig für ein gutes Gelingen der Spritzmetallisierung ist eine richtige **Haftgrundvorbereitung**. Die Werkstücke müssen aufgeraut werden. Das geschieht durch Strahlen, Beizen, galvanisches Aufrauen, in besonderen Fällen auch durch Überdrehen mit genügend großer Rautiefe. Risse werden vorher V-förmig erweitert und gegebenenfalls schwalbenschwanzförmig angeschliffen (Bild 2). DIN EN 13507 gibt einige grundsätzlichen Hinweise und zitiert weiterführende Normen, z. B. zu Strahlmittel, Korrosionsschutz, Arbeitsschutz, Unfallverhütungsvorschriften.

Die hohen Temperaturen beim Metallspritzen, besonders beim Plasmaspritzen, bewirken eine teilweise Oxidation des Auftragmetalls. Dadurch wird die Härte der Spritzschicht erhöht. Die elektrische Leitfähigkeit, unter Umständen aber auch die Festigkeit werden vermindert. Durch Spritzen mit Schutzgas kann die Oxidation unterbunden werden.

Anwendung

Korrosionsschützend sind besonders Zn- und Al-Überzüge (**Spritzalitieren, Alumetieren**), deren Wirkung durch Anstriche noch erhöht werden kann. Vor aggressiven Medien (Säuren u. a.) schützen Überzüge aus Kupfer, Blei, Nickel und hochlegierten Cr-Ni-Stählen.

Gegen Verzunderung bei hohen Betriebstemperaturen helfen ebenfalls Al-Überzüge und solche aus Cr-Al-legierten Stählen. Zum Schließen der Poren werden Imprägnierungen mit Silicaten, Bitumen, Wasserglas und anderen Stoffen vorgenommen. Andererseits kann die Porosität bei

Nr.	Bezeichnung
1	Zinn und Zinnlegierungen
2	Zink und Zinklegierungen
3	Aluminium und Aluminiumlegierungen
4	Kupfer und Kupferlegierungen
5	Eisen und Eisenlegierungen
6	Nickel und Nickellegierungen
7	Molybdän
8	Oxidkeramiken

1 Spritzwerkstoffgruppen

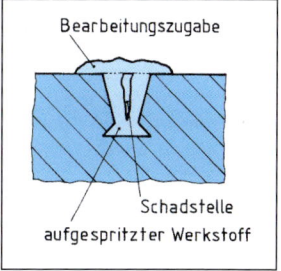

2 Reparaturspritzen

Lagerschichten zur Verbesserung der Lauf- und Notlaufeigenschaften (Fettkammern) genutzt werden.

Der Vorteil der Metallspritzung gegenüber anderen Metallauftragsverfahren liegt in der universellen Anwendbarkeit. So können z. B. beliebig große Werkstücke ortsgebunden, z. T. erst nach dem Zusammenbau ganzer Baugruppen, beschichtet werden. Die Erwärmung der Oberfläche hält sich in erträglichen Grenzen, sodass selten mit Verzug oder gar unerwünschten Gefügeveränderungen zu rechnen ist.

So können auch Kunststoffe mit Metallen mit niedrigem Schmelzpunkt beschichtet werden. Ferner ist es möglich, Spritzschichten thermisch nachzubehandeln. Dadurch kann z. B. eine Auftragsschicht auf einem an sich nicht härtbaren Grundwerkstoff gehärtet werden. Bei hohen Temperaturen (1050…1200 °C) kann auch ein nachträglicher Schmelzprozess durchgeführt werden, wodurch die Poren der Schicht geschlossen werden.

Solche Schichten brauchen oft nicht weiter bearbeitet zu werden. Sie sind mit einer Genauigkeit von bis zu 0,1 mm herstellbar und dabei homogen, dicht und gasundurchlässig.

Die Metallspritzverfahren sind weit entwickelt; die Industrie bietet vielfältige Anlagen von leichten, tragbaren Spritzgeräten bis zu vollautomatischen Spritzanlagen an (Bilder 1…3).

Auch nichtmetallische Werkstoffe können, sofern sie einen ausgeprägten Schmelzpunkt haben, durch thermisches Spritzen aufgetragen werden. Besonders die Verarbeitung von Pulver gestattet die freie Wahl des Beschichtungswerkstoffes. So werden W- und Cr-Carbide, Ti-Nitride, Ti-, Zn- und Cr-Boride, MoSi-Verbindungen sowie Al-, Zr-, Cr- und Ti-Oxide zur Herstellung von Schichten mit besonderen Eigenschaften verwendet.

Diese Oxide, allgemein als **Keramik** bezeichnet, werden hauptsächlich als Korrosionsschutz bei hohen und höchsten Temperaturen (z. B. im Raketen- und Reaktorbau) sowie als verschleißmindernde Überzüge (z. B. als Hartmetallbeschichtung oder für Spritzdüsen für hohe Drücke und abrasive Stoffe) verwendet.

Keramische Stoffe bestehen hauptsächlich aus metallischen Oxiden, die unter Einwirkung von Hitze gehärtet sind.

Gegen Verschleißbeanspruchung ist Aluminiumoxid, als Zunderschutz Zirconiumoxid am geeignetsten. Zur Verwendung gelangen aber auch Quarze (Siliciumdioxid) sowie viele andere Metalloxide. Elastischer und stoßfester als reine Keramiküberzüge sind solche aus Cermets.

Cermets sind Mischungen aus Keramik und Metall (**cer**amic and **met**als).

Man erzeugt sie durch Beimengung von Chrom-, Bor- und Nickelpulver. Standardisierte Mischungen sind unter anderem unter dem Namen Colmonoy® auf dem Markt.

Keramische Schichten haften auf metallischem Untergrund lediglich durch mechanische Verzahnung (Formschluss), daher ist eine richtige **Haftgrundvorbereitung** äußerst wichtig (z. B. Strahlen, Beizen u. Ä.). Ist eine Metalloxidschicht vorhanden, so kommt es in begrenztem Maße auch zu einer Art Lötvorgang durch Diffusion der Oxidschichten von Grundmetall und Keramik.

Keramische Überzüge bringt man vorwiegend durch **Flammspritzen** auf, für hochschmelzende

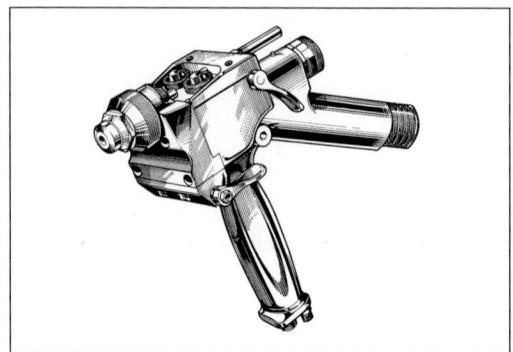

1 Flammspritzpistole für manuelles Spritzen

2 Hochleistungs-Flammspritz-Aggregat für Drähte bis ⌀ 5 mm (Stahl)

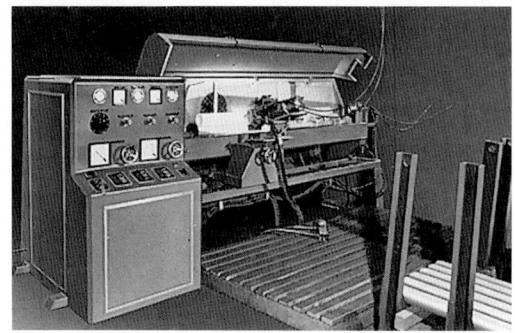

3 Spritzbank (Lichtbogenspritzmaschine)

Keramik werden auch das Lichtbogen- und das Plasmaspritzverfahren angewandt. Die Verarbeitungsgeräte sind praktisch dieselben wie beim Metallspritzen. Auch Schutzgasspritzen zur Vermeidung unerwünschter Reaktionen ist üblich.

Um die Temperaturwechselfestigkeit zu erhöhen, werden keramische Überzüge oft auf Cermet-Zwischenschichten aufgespritzt. Bemerkenswert ist die geringe Wärmeleitfähigkeit von Keramik. Die Schichtdicken bewegen sich je nach Verwendungszweck zwischen 0,1 und 2,5 mm. Nachbehandlung mit Imprägniermitteln (z. B. Wasserglas) verbessern die korrosionsschützenden Eigenschaften der Überzüge.

Ferner können auch geschmolzene **Kunststoffe** durch Spritzen verarbeitet werden. Dafür hat sich besonders das Flammspritzen bewährt. Es werden gasbeheizte Spritzpistolen verwendet, das Spritzgut wird als Stange, Band oder Pulver zugeführt, zum Schmelzen gebracht und mittels Druckluft oder Druckgas zerstäubt. Der Strahlkegel ist einstellbar, er kann sogar im Querschnitt in etwa der Form des Werkstückes angepasst werden. Dadurch können die Zerstäubungsverluste minimiert werden.

Bei diesem Verfahren ist meist eine Vorwärmung der Teile notwendig, um ausreichende Haftung zu gewährleisten (140...350 °C, je nach Kunststoffart). Die Flammtemperaturen betragen bis zu 1700 °C, daher dürfen die Kunststoffteilchen nicht zu lange im Bereich der Flamme verweilen, damit sie nicht verbrennen, verkoken oder depolymerisieren (zerfallen). Verarbeitet werden Thermoplaste, aber auch chemisch aushärtbare Kunststoffe, z. B. Epoxidharze.

Laserstrahl-Oberflächenbehandlung

Laserstrahlen lassen sich als Beschichtungsverfahren zum Einschmelzen, Auftragen und Aufschweißen verwenden. Bei der Stoffeigenschaftsänderung dienen sie zum Härten, Anlassen, Legieren und Dispergieren.

Verwendet werden Gaslaser (CO_2-Laser) und Festkörperlaser (Nd:YAG-Laser). Diese Verfahren unterscheiden sich im Wesentlichen durch ihre Wellenlänge. CO_2-Laser haben eine 10-mal größere Wellenlänge als Festkörperlaser, dementsprechend liegt ihr Absorptionsgrad (Eindringtiefe) niedriger. Diese hängt außerdem auch vom Werkstoff ab: Stahl hat einen etwa doppelt so hohen Absorptionsgrad wie Aluminium; Nickel liegt dazwischen. Beide Laser liegen im (unsichtbaren) Infrarotbereich (1,06...10,6 μm).

Durch die Optik ist eine sehr enge Begrenzung des Laserstrahls auf dem Werkstück möglich (Arbeitsfleck). Daher können eng begrenzte Flächen gezielt beschichtet werden. Ebenso ist das Anbringen von unauslöschbaren Beschrif-

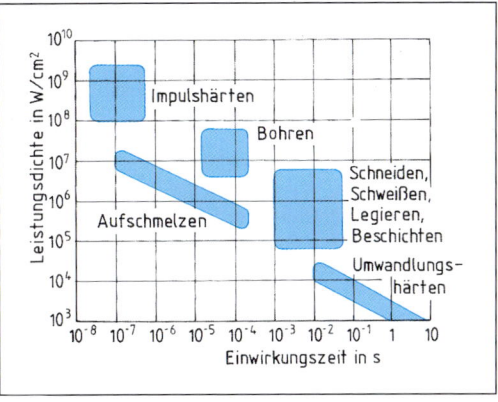

1 Laserbearbeitung

tungen durch Einschmelzen oder Auftragen auf beliebigen Werkstoffen in extrem kurzer Zeit möglich.

Die hauptsächlichen Einsatzbereiche des Lasers in Abhängigkeit von der Leistungsdichte (in W/cm²) und der Einwirkungszeit (in s) zeigt Bild 1.

Emaillieren

> Email ist ein Überzug aus Sondergläsern, die auf die Oberfläche aufgebracht und anschließend eingebrannt werden.

Email setzt sich zusammen aus

feuerfesten Stoffen:
Quarz, Feldspat, Ton (Al- und Mg-Oxide),

Flussmitteln:
Borax, Borsäure, Pottasche, Metalloxide,

Trübungsmitteln:
Calciumfluorid, Kryolith, Farboxide, Oxidationsmittel,

Haftmittel: Cobalt- und Nickeloxide.

Eigenschaften und Verwendung

Bekannt ist die Beständigkeit gegen praktisch alle organischen und anorganischen Säuren und Laugen (abhängig vom Quarzgehalt des Emails), die hohe Hitzebeständigkeit, ebenso die elektrische Isolationsfähigkeit, aber auch die Schlag-, Stoß- und Biegeempfindlichkeit. Bleibt die Emailschicht ohne Verletzung, schützt sie den Grundwerkstoff auf Jahrzehnte ohne Einbuße an Aussehen und Wirksamkeit.

Als Grundwerkstoffe kommen hauptsächlich Stahl (mit möglichst geringem C-, P-, S-, Cu- und Si-Gehalt), Gusseisen, Aluminium und seine Legierungen infrage. Spezialemail gibt es für legierte Stähle.

Die Schichtdicken liegen durchwegs bei mehreren Zehntel mm. Die Schichten sind allgemein nicht weiter bearbeitbar und daher nur auf Fertigteile aufzubringen. **Schutzemail** wird für technische Anlagen (Behälter, Verkleidungen) angewandt, es zeichnet sich durch gute Haftfähigkeit und chemische Beständigkeit aus. **Schmuckemail** wird unter anderem für Haushaltsgeräte, Beschilderungen angewandt, hierbei wird Wert auf ansprechendes Aussehen gelegt (Glanz, Farbe).

Verfahren

Besondere Bedeutung kommt der Vorbehandlung der zu beschichtenden Teile zu. Die Oberflächen müssen metallisch rein und aufgeraut sein. So ist beispielsweise für eine einwandfreie Direktweißemaillierung eine umfangreiche Behandlungsfolge notwendig:

dreimaliges Entfetten mit Zwischenspülung

1. Beizen
2. Nachentfetten ⎫ jeweils mit Warm-
3. Intensivbeizen ⎬ und Kaltspülung
4. Vernickeln
5. Spülen
6. Passivieren
7. Trocknen

Das Aufbringen des Emails kann durch **Aufspritzen, Tauchen** oder durch **Elektrophorese** (Elektro-Tauch-Emaillieren) geschehen. Alle drei Verfahren kommen auch oft gemeinsam vor, besonders in automatisierten Großanlagen.

Es wird zwischen **Grundemail** und **Deckemail** unterschieden: Grundemail enthält Haftoxide und wird bei etwa 1000 °C eingebrannt. Deckemail zeichnet sich durch höheren Glanz aus und enthält die gewünschte Farbe, es wird auf das Grundemail bei etwa 800 °C aufgebracht. Mechanisch hoch beanspruchte Teile werden so emailliert. Bei geringerer Beanspruchung (Verkleidungen) kann auch einfach emailliert werden, z. B. nach dem Verfahren der **Direktweißemaillierung**. Dieses Email enthält gleichzeitig Haft- und Farbmittel. Bild 1 zeigt das Schema einer solchen Anlage.

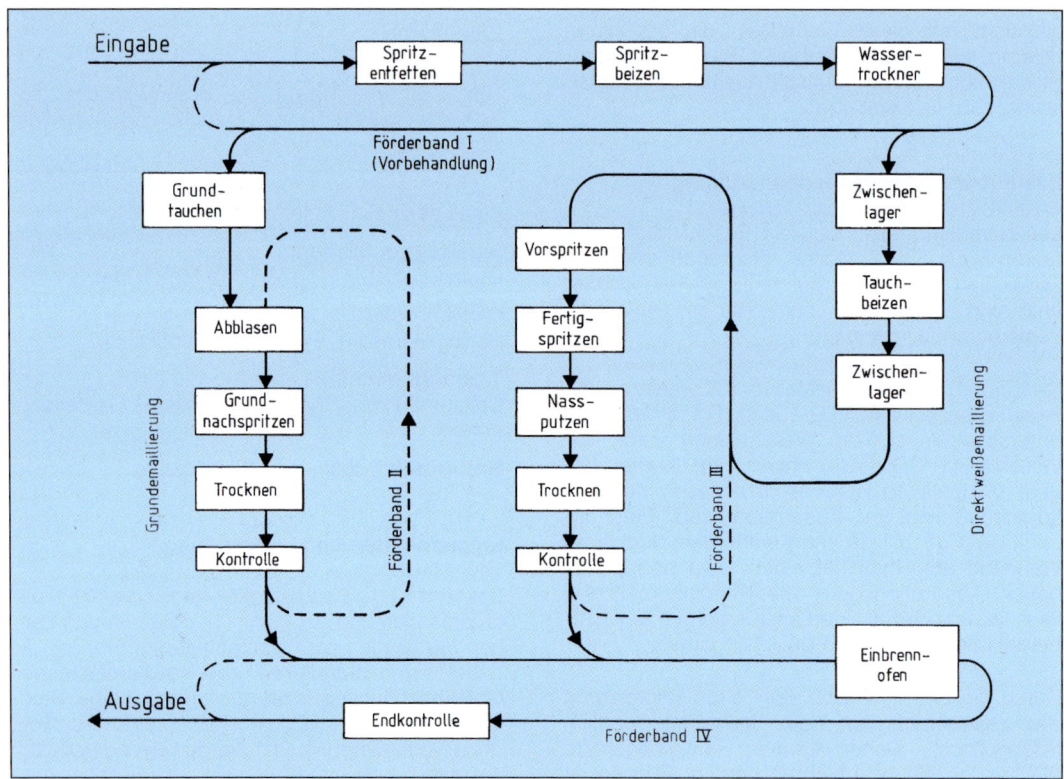

1 Schema einer Emaillieranlage (Spritz- und Tauchemaillieren)

Trotz der bekannten Schlag- und Stoßempfindlichkeit ist Email elastisch genug, dass damit Stahlbleche dünn, aber wirksam beschichtet werden können. Dabei sind diese Emailbleche auch noch umformbar. Sie sind als Coils im Handel. Da Email hinsichtlich Farbe und Oberfläche (von glatt und glänzend bis matt und rau) sehr variabel einzustellen ist, wird dieser Verbundwerkstoff häufig in der Architektur im Innen- und Außenbereich eingesetzt.

6.3.2.2 Beschichten mit Farben und Lacken

> Farben und Lacke sind Mischungen aus Pigmenten, Bindemitteln, Lösungs- und Verdünnungsmitteln und Zusatzstoffen.

Pigmente sind feinstzermahlene Substanzen, die im Allgemeinen unlöslich sind und als Farbträger dienen. Es werden verwendet:

1. natürliche anorganische Stoffe (Erdfarben): gemahlene Gesteine und Ablagerungen (Carbonate, Silicate, Sulfate),

2. künstliche anorganische Stoffe:
Metalloxide (Zinkweiß, Titanweiß, Cobaltblau, Chromoxidgrün, Eisenoxidrot, Bleimennige), Carbonate (Bleiweiß), Sulfate (Blancfixe), Sulfide (Zinnober), Silicate (Ultramarin), Chromate (Chromgelb)

3. metallische Pigmente (Aluminium- und Zinkpulver)

4. natürliche organische Stoffe:
Tier- und Pflanzenfarbstoffe, Ruß

5. künstliche organische Pigmente (Teerfarbstoff):
Anilin, Naphtho- und Azofarbstoffe

Die größte Bedeutung kommt den **Bindemitteln** zu. Sie haben die Aufgabe, die Pigmente untereinander und mit dem Untergrund zu verbinden. Die Trocknung des Bindemittels kann physikalisch (durch Verdunstung des Lösungsmittels) oder chemisch (z. B. durch Oxidation oder Vernetzung) erfolgen. Die Einteilung der Farben und Lacke richtet sich im Wesentlichen nach der Art der Bindemittel (Bild 1).

Lösungs- und **Verdünnungsmittel** geben den Farben die erforderliche Viskosität. Sie müssen auf das Bindemittel abgestimmt sein. Es werden verwendet

für lufttrocknende Lacke: Lackbenzin, Terpentinöl, Xylol, Toluol,

für ofentrocknende Lacke: Toluol, Benzol, Alkohole, Ketone, Ethylglykol.

Neuerdings werden in steigendem Umfang wasserlösliche Farben verwendet, womit die Umweltbelastung erheblich reduziert wird.

Zusatzwerkstoffe sind unter anderem Weichmacher, Trocknungsstoffe (Sikkative), Härter, Netzmittel, Mattierungsstoffe.

Insbesondere die Weichmacher sind wichtige Bestandteile für Lacke, die auf nachträglich umzuformende Teile aufgebracht werden. Sie sind zumeist in die Bindemittel eingebaut. Härter sind Bestandteile von kratzfesten Lacken.

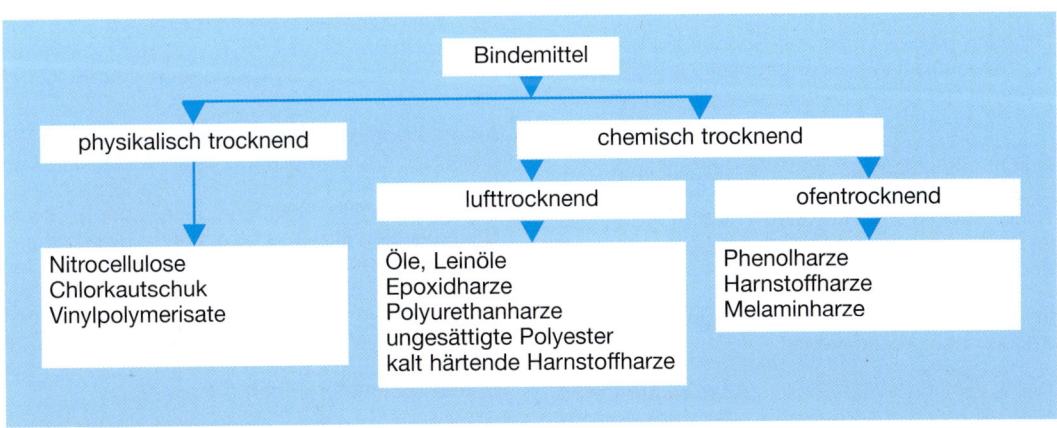

1 Einteilung der Farben und Lacke

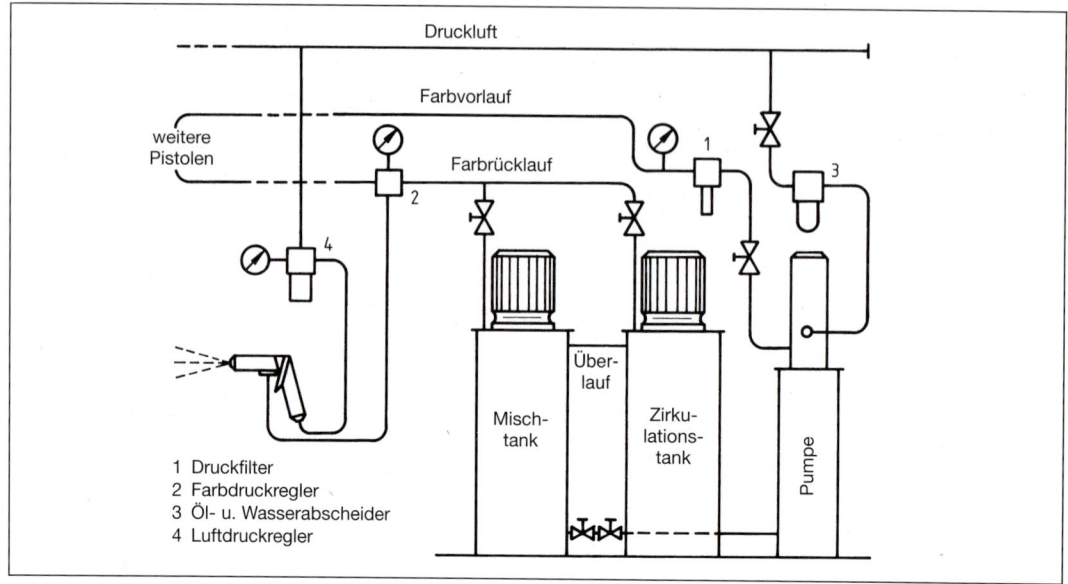

1 Farbumlaufanlage

Es seien hier beispielhaft aus der Vielzahl der Lackarten einige moderne Lacke mit ihren Abkürzungen genannt:

SH-Lacke: Säurehärtende Reaktionslacke, schnell trocknend

2 K-DD-Lacke: 2-Komponenten-Desmodur/Desmophen-Lacke, lösungsmittelfrei viel Festkörper (FK) enthaltend, porenfüllend

NC-Lacke: Nitro-Cellulose, physikalisch trocknend

PUR-Lacke: auch 2-Komponenten-PUR-Systeme, isocyanatvernetzt

2 K-HS-PUR: 2-Komponenten-High Solid-Polyurethan-Lacke mit sehr harter Oberfläche

Daneben gibt es Lacke mit Sondereffekten, z. B. Hammerschlaglack, Schrumpflack, phosphoreszierende (nachleuchtende) und fluoreszierende (selbstleuchtende) Lacke.

Durch die technische Weiterentwicklung der Lacke werden die Lackschichten immer dünner. Schichtdicken von 20...30 µm sind möglich. Das ist nicht nur Kosten sparend, sondern erleichtert auch die Abfallentsorgung.

Im Folgenden werden die wichtigsten **Lack**auftragsverfahren beschrieben:

Der Lackauftrag mit Pinsel (**Anstreichen**) wird allenfalls noch zur Reparatur oder Korrektur angewendet.

Spritzen mit Druckluft

Hierfür dienen **Spritzpistolen**, in denen mittels eines Düsensystems die Farbe zu einem Sprühkegel zerstäubt wird, der den jeweiligen Erfordernissen angepasst werden kann. Der Farbbehälter kann unmittelbar an die Pistole angebaut sein. Bei Großanlagen wird hingegen mit getrennten Farbbehältern gearbeitet, an die z. T. mehrere Pistolen angeschlossen sind. **Farbumlauf**anlagen (Bild 1), die für ständig gleich bleibende Viskosität und Temperatur sorgen, eignen sich für mittlere und große Anlagen (ab 50 kg Farbauftrag pro Tag).

Für besonders hohe Farbdichte, strahlenden Glanz, bei gleichzeitiger Einsparung von Spritzzeit, Lösungsmittel und Farbe eignet sich das **Heißspritzen**, bei dem z. B. mit Heißwasser die Farbe ständig auf Temperaturen bis zu 90 °C gehalten wird.

Automatisches Spritzen lohnt sich bei großen Objekten (Automobilbau) oder Massenartikeln (mit mehreren hundert m²/h Flächenleistung). Im ersten Falle vollführen eine oder mehrere Spritzpistolen hin- und hergehende Bewegungen (mikroprozessorgesteuerte Roboter), im zweiten Falle stehen die Pistolen meistens fest, und die Ware wird mittels Fördergehänge durch den Spritzkegel geführt.

Spritzen ohne Druckluft (Airless-Spray)

Bei diesem Verfahren werden Hochdruck-Kolbenpumpen (über 20 MPa/bzw. 200 bar) verwendet, die pneumatisch oder elektrisch betrieben werden. Ein besonderes Düsensystem sorgt für einwandfreie Verteilung des Farbmittels, die Spritzkegel haben Streuwinkel von 5° bis zu 120°. Die hohen Drücke bedingen hochfeste Düsenwerkstoffe (z. B. Sintercarbide). Die Verarbeitungsmenge geht bis zu 6 l pro min und mehr. Außer hochviskosen Farben können auch pastöse Substanzen verarbeitet werden, ebenso Zinkstaubfarben und andere aggressive und abrasive (abtragende) Mittel.

Die beiden Verfahren mit und ohne Druckluft werden z. T. kombiniert, indem man die Farbe selbst luftlos zerstäubt, zur Minderung der Lackverluste jedoch einen Luftmantel um den Spritzkegel legt. Das Verfahren ist unter dem Namen „Air-Coating" bekannt.

Tauchen

Hierbei handelt es sich um einfaches Eintauchen der zu beschichtenden Teile in Farbbäder. Dieses Verfahren eignet sich besonders für automatisierte Anlagen, wobei die Werkstücke (Massenware oder Einzelteile), an stetig laufenden Förderbändern hängend, kurzzeitig in u. U. beheizte Farbbäder abgesenkt und anschließend zumeist in Öfen zur Trocknung eingeführt werden. Die Schichtdicke richtet sich hierbei nach der Viskosität des Farbstoffes, einstellbar mittels Lösungsmittel und Temperatur.

Wasserlösliche Lacke können im Tauchbad unter Strom abgeschieden werden: Elektrotauchlackierung (ETL). Dieses Verfahren ist besonders verlustarm und das Tauchbad eignet sich gut für die Rückführung wieder verwendbarer Substanzen (Lösungsmittel, Farbstoffe) in den Fertigungsprozess.

Bedrucken

Besonders Bänder aus metallischen Werkstoffen können mittels Walzen bedruckt werden. Dabei muss vorher – ebenfalls mittels Walzen – ein Farbgrund aufgebracht werden, der in einem zweiten Arbeitsgang ein- oder mehrfarbig bedruckt wird. Abschließend können noch farblose Überzugslacke aufgebracht werden. Solche Lacke sind meistens mithilfe von Weichmachern so elastisch, dass die bedruckten Bleche nach verschiedenen Verfahren spanlos umgeformt werden können (z. B. Konservendosen). **Coil-Coating** (coil = Walze, coating = Überziehen) ist ein weit verbreiteter Fachausdruck für dieses Farbauftragsverfahren.

Gießen

Ebene Flächen können durch Aufgießen der Farbe beschichtet werden. Farbüberschüsse werden wieder aufgefangen und der Auftrags- und Dosiervorrichtung zugeführt. Die Schichtdicke ist abhängig von der Viskosität der Farbe und der Neigung der zu beschichtenden Fläche (Ablaufgeschwindigkeit). Das Verfahren wird vorzugsweise in automatischen Anlagen angewandt.

Daneben existieren eine Vielzahl von Verfahren, die mithilfe von elektrischen Feldern besonders die Lackverluste verringern, die bei den üblichen Spritzlackierungen bis zu 80 % betragen können. Diese Verfahren werden im Abschnitt 6.3.3 erfasst.

Neben Flüssigkeiten werden auch Schichtstoffe im breiigen oder pastenförmigen Zustand verarbeitet. Dazu zählen das Anstreichen und Spachteln mit zähflüssigen bis pastösen Substanzen. Auch das Auftragschweißen zählt dazu.

Kunststoffe

Die meisten Kunststoffe werden meistens nach diesen Verfahren verarbeitet.

Beschichten lassen sich metallische und nichtmetallische Oberflächen aller Art und Form. Als Beschichtungsstoffe kommen praktisch alle Kunststoffe, insbesondere aber Thermoplaste und Elastomere, infrage. Auch Naturprodukte wie Harze, Asphalt, Bitumen, Wachse, Teere eignen sich dazu.

Die Verwendungsmöglichkeiten von Kunststoffüberzügen sind vielfältig: Korrosionsschutz, elektrische Isolation, Dekoration, Schalldämmung, Wärmedämmung, Verschleißminderung, Gleitverbesserung.

Je nach Eigenschaft des Haftgrundes und des Beschichtungswerkstoffes, nach Form und Art des Werkstückes sowie nach Anwendungszweck kommen verschiedene Auftragsverfahren zur Anwendung.

Anstreichen, Spachteln

Aushärtende Kunststoffe mit Lösungsmitteln oder mit zusätzlichen Härtern können wie Farbschichten in Dicken bis zu einigen Millimetern durch Anstreichen oder Spachteln (je nach Viskosität) aufgetragen werden. Dazu eignen sich besonders Epoxidharze, Ethylen-Vinylacetat-Copolymere und Siliconkautschuk. Gibt man den Kunststoffen Farbpigmente zu, dann ist die Kunststoffbeschichtung kaum vom Lackieren mit Kunstharzlacken zu unterscheiden, allenfalls durch die Schichtdicke.

Gießen, Walzen

Auf ebenen Flächen können Kunststoffe durch Gießen aufgebracht werden. Dabei werden die Überzugsstoffe entweder durch Schmelzen oder durch Lösungsmittel verflüssigt. Das Verfahren bietet besonders Vorteile beim kontinuierlichen Beschichten von Bändern und Tafeln, die stetig unter einer entsprechenden Ausfluss- und Dosieröffnung durchlaufen. Bei hochviskosen Kunststoffen ist die Schichtdicke ziemlich genau einstellbar, gegebenenfalls sogar selbsttätig regelbar.

Dünne Schichten können auch, ähnlich wie beim Bedrucken, mittels Walzen aufgetragen werden. Auf diese Art werden Bänder ein- oder beidseitig beschichtet.

Tauchen

Wie beim Farbtauchen können kleine bis mittelgroße Teile unmittelbar in flüssige Kunststoffbäder getaucht werden. Dabei muss aber u. U. mit erheblichem Materialverlust gerechnet werden, da sich an den Behälterwänden verhältnismäßig dicke Schichten ablagern. Die Schichtdicke auf dem Werkstück richtet sich nach der Viskosität des Kunststoffes und nach der Temperatur der eingetauchten Werkstücke.

Auch anorganische Stoffe werden in organischen Trägerwerkstoffen aufbereitet, wobei sie ein thermoplastisches Verhalten zeigen. Auf diese Weise werden besonders Siliconverbindungen als Überzug verwendet, meistens auf NE-Metallen, aber auch auf organischen Oberflächen. Sie bilden einen farblosen, dünnen (bis 5 μm) und sehr harten, abriebfesten und dichten Belag. Sie können durch Tauchen, Spritzen, Walzen, Gießen oder Streichen verarbeitet werden. Silicone können leicht mit anderen organischen oder anorganischen Stoffen gemischt und damit den jeweiligen Anforderungen angepasst werden.

Zunehmende Anwendung finden lackierte Kunststoffe, einerseits um eine genaue farbliche Anpassung an andere lackierte Bauteile oder bestimmte Oberflächenstrukturen zu erzielen, andererseits um die Oberflächen vor äußeren Einflüssen (Witterung, Licht, aggressive Medien) zu schützen. Die Lacke müssen genau auf den Kunststoff abgestimmt sein, die bekannten Verfahren der Metalllackierung können nicht ohne weiteres übernommen werden. So werden z. B. die Lackschichten in einer Form mit dem Bauteil verpresst, oft als zweite Stufe der Bauteilefor-

mung selbst.

Trocknung flüssig aufgebrachter Werkstoffe

Üblich sind Lufttrocknung und Ofentrocknung.

Lufttrocknung braucht Zeit und bedingt umfangreiche Staub abwehrende Maßnahmen. Wärmeempfindliche Teile (Kunststoff) können aber selten anders getrocknet werden. Bestimmte chemisch trocknende Lacke benötigen zur vollständigen Austrocknung (z. B. Vernetzungsprozesse) sowieso eine gewisse Zeit.

Ofentrocknung verkürzt die Trocknungszeit auf 5…10 %, die Temperaturen liegen üblicherweise zwischen 80 °C und 160 °C. Heizquellen sind Heißluft, Hell- und Dunkelstrahler (Infrarot) und Hochfrequenz (Induktion). Verwendet werden spezielle Einbrennlacke, die durch diese „Wärmebehandlung" zusätzlich eine höhere Verschleißfestigkeit (Härte) erlangen. Den genannten Vorteilen steht der zusätzliche Energieaufwand für die Heizung gegenüber.

Oft lässt man die zu trocknenden Teile vor dem Durchgang durch den Ofen ein elektrostatisches Feld durchwandern, mit dessen Hilfe Lacktropfen abgezogen werden.

Ein neueres Trocknungsverfahren ist das **Elektronenstrahlhärten**, bei dem die Wirkung hochenergetischer Elektronenstrahlen auf die Struktur der Kunstharzlacke in Form von zusätzlicher Polymerisation ausgenutzt wird.

6.3.3 Beschichten aus dem ionisierten Zustand

Hierzu zählen alle Verfahren, die sich die Wirkung elektrischer Felder (im Vakuum, in der Luft oder in Flüssigkeiten) zunutze machen, oder Dissoziationsvorgänge, bei denen chemische Verbindungen (meistens Metallsalze und/oder Säuren) in Ionen zerfallen. Die wohl größte Bedeutung hat die Galvanostegie, gefolgt von der Anwendung elektrostatischer Felder und den stromlosen chemischen Abscheidungsverfahren.

6.3.3.1 Elektrolytisches Abscheiden

Wichtigstes Verfahren in diesem Bereich ist das Galvanisieren, daneben hat auch das elektrochemische Oxidieren große Bedeutung erlangt.

Galvanisieren (Galvanostegie)

> Unter Galvanostegie versteht man alle Verfahren zum elektrochemischen Abscheiden von Metallen auf metallische oder metallisierte Werkstücke unter Verwendung eines Elektrolyten.

Galvanische Grundlagen

Die Galvanostegie beruht auf der Elektrolyse. Elektrolyte sind elektrisch leitende Flüssigkeiten oder Schmelzen von Salzen. Beim Galvanisieren werden meistens wässrige Lösungen von Salzen desjenigen Metalls verwendet, mit dem Werkstücke (oft kurz „Ware" genannt) beschichtet werden sollen, z. B. Kupfersulfat zum Verkupfern.

Taucht man das Werkstück und einen geeigneten Gegenpol in eine Metallsalzlösung und legt eine Gleichspannung an, so trennen sich unter dem Einfluss des elektrischen Feldes die dissoziierten (aufgespaltenen) Salzmoleküle (z. B. $CuSO_4 \rightarrow Cu^{2+} + SO_4^{2-}$). Die positiven Metallionen wandern zur negativen Kathode – das ist das Werkstück. Die negativen Säurerest-Ionen wandern zur positiven Anode, wo sie ihre negative Ladung (= Elektronen) abgeben (Bild 1). Es ist im Allgemeinen zweckmäßig, die Anode aus demselben Metall zu nehmen, womit beschichtet wird. Dadurch wird die Konzentration des Elektrolyten, d. h. dessen Metallsalzgehalt, erhalten.

Da das oft für das Salz als Lösungsmittel verwendete Wasser ebenfalls dissoziiert, können H^+-Ionen zum Werkstück und O^{2-}-Ionen zur Anode wandern. Der Wasserstoff kann dann in die Oberfläche des Werkstückes eindiffundieren. Das ist besonders bei Stahl gefährlich, weil dadurch die Oberfläche spröde wird und damit die Kerbempfindlichkeit erheblich steigt.

> Wasserstoffentwicklung beim Galvanisieren ist bei Werkstücken aus Stahl zu vermeiden!

Man verwendet deshalb beim Galvanisieren von Stahlteilen Salze, bei denen die Dissoziation des Wassers geringer oder gar unterbunden ist. Auch bestimmte Zusätze können dies verhindern, sie sind meist in den konfektionierten Salzen enthalten. So verwendet man statt (saurem) Kupfersulfat Kupfercyanide.

Der ebenfalls frei werdende Sauerstoff kann die Anode angreifen (oxidieren), sodass eine weitere

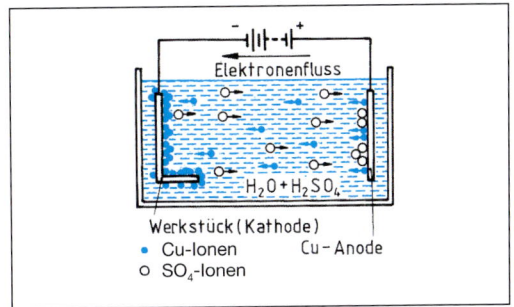

1 Prinzip der Galvanostegie

Lösung von Metall oder gar der Stromdurchgang erschwert bis ganz verhindert wird.

> Die Bildung einer Oxidschicht auf der Anode heißt Passivieren.

Den Begriff der Passivierung wendet man auf alle Fälle an, in denen durch eine Oxidschicht eine – gewünschte oder unerwünschte – aktive Beteiligung der Oberfläche an chemischen oder elektrochemischen Vorgängen unterbunden wird. Passivierte Oberflächen können im Allgemeinen durch kurzes Eintauchen in Säuren wieder aktiviert werden.

Die **Schichtdicke** und damit die abgeschiedene **Stoffmenge** ist abhängig von der Stromstärke und von der Galvanisierungszeit. Ferner wird sie bestimmt von der Art des Elektrolyten, von dessen Konzentration sowie vom Wirkungsgrad des Galvanisierungsprozesses. Die Betriebsspannung hat nur mittelbaren Einfluss auf den Prozess, sie ist richtet sich nach dem Elektrolyten. Dessen temperaturabhängiger Durchgangswiderstand bestimmt entsprechend der optimalen Stromstärke die erforderliche Spannung – sie liegt grundsätzlich im ungefährlichen Niederspannungsbereich.

Normung

Es gibt viele Normen, an welche die Hersteller von Chemikalien sowie die Anwender gebunden sind. Dazu sind in einigen grundlegenden Normen (z. B. DIN EN 1403: Galvanische Überzüge, Verfahren für die Spezifizierung allgemeiner Anforderungen) allgemeine Bestimmungen über Anwendungsbereich, normative Verweisungen, Definitionen sowie Informationen, die der Auftraggeber geben muss, enthalten. Ferner sind Bestimmungen über die Bezeichnung, über Schichtdicken und Prüfung enthalten.

Bean-spruchungs-stufe	Stärke der Beanspruchung
0	dekorative Anwendung (ohne Beanspruchung)
1	Innenraumbeanspruchung in warmer, trockener Atmosphäre
2	Innenraumbeanspruchung in Räumen, in denen Kondensation auftreten darf
3	Freibewitterung unter gemäßigten Bedingungen
4	Freibewitterung unter schweren korrosiven Bedingungen, See- oder Industrieklima

1 Beanspruchung von Oberflächen

Symbol	Art der Behandlung
T1	Anwendung von Farben, Lacken, Pulverbeschichtung oder ähnlicher Beschichtungsstoffe
T2	Anwendung von anorganischen oder organischen Versiegelungsmitteln
T3	Färben
T4	Anwendung von Fetten, Ölen oder anderer Schmiermittel
T5	Anwendung von Wachsen

Umwandlungsüberzüge (wie z. B. Chromatieren) erhalten kein Symbol, weil sie selbst zusätzliche Behandlungen erfahren können.

2 Überzugs-Behandlungsarten

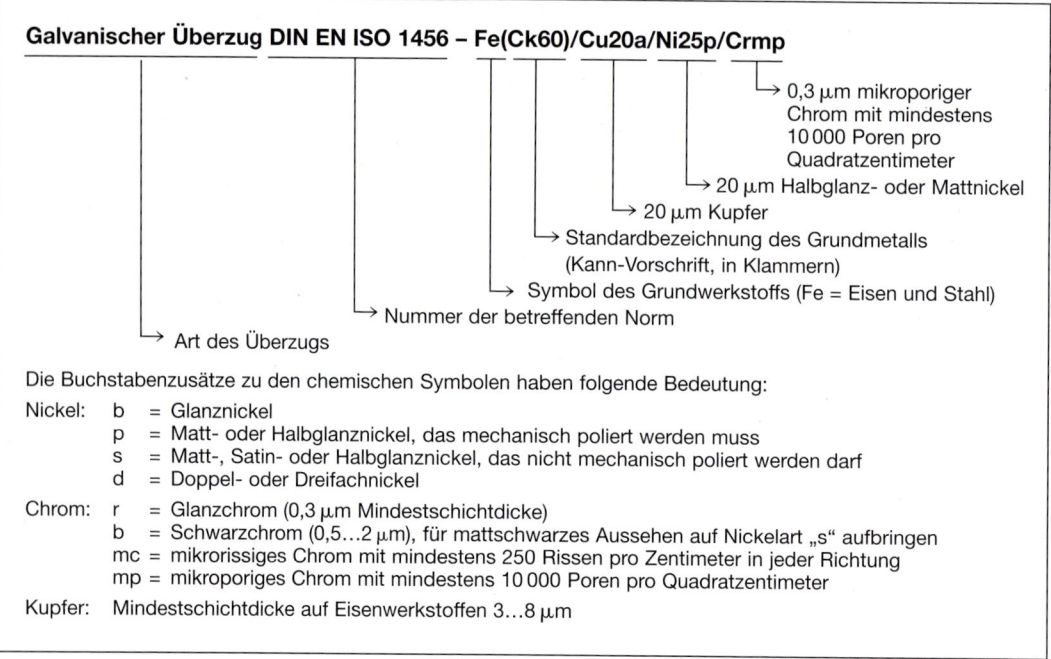

Galvanischer Überzug DIN EN ISO 1456 – Fe(Ck60)/Cu20a/Ni25p/Crmp

→ 0,3 µm mikroporiger Chrom mit mindestens 10 000 Poren pro Quadratzentimeter

→ 20 µm Halbglanz- oder Mattnickel

→ 20 µm Kupfer

→ Standardbezeichnung des Grundmetalls (Kann-Vorschrift, in Klammern)

→ Symbol des Grundwerkstoffs (Fe = Eisen und Stahl)

→ Nummer der betreffenden Norm

→ Art des Überzugs

Die Buchstabenzusätze zu den chemischen Symbolen haben folgende Bedeutung:

Nickel: b = Glanznickel
         p = Matt- oder Halbglanznickel, das mechanisch poliert werden muss
         s = Matt-, Satin- oder Halbglanznickel, das nicht mechanisch poliert werden darf
         d = Doppel- oder Dreifachnickel

Chrom: r = Glanzchrom (0,3 µm Mindestschichtdicke)
         b = Schwarzchrom (0,5...2 µm), für mattschwarzes Aussehen auf Nickelart „s" aufbringen
     mc = mikrorissiges Chrom mit mindestens 250 Rissen pro Zentimeter in jeder Richtung
     mp = mikroporiges Chrom mit mindestens 10 000 Poren pro Quadratzentimeter

Kupfer: Mindestschichtdicke auf Eisenwerkstoffen 3...8 µm

3 Vollständige Bezeichnung eines Überzugs (Beispiel)

Festgelegt sind auch Informationen über Beanspruchungsstufen, denen geeignete Überzugssysteme zugeordnet werden können (Bild 1).

Sofern eine zusätzliche Behandlung der Überzüge erforderlich ist, muss sie durch eines der folgenden Symbole gekennzeichnet werden (Bild 2).

Für die wichtigsten galvanischen Überzüge gibt es besondere Normen, z. B. DIN EN ISO 1456 für

Nickel-, Nickel-Chrom-, Kupfer-Nickel- und Kupfer-Nickel-Chromüberzüge. Diese enthalten Prüfvorschriften, Prüfmethoden, Angaben geeigneter Überzüge auf verschiedenen Grundwerkstoffen sowie Querverweise auf weitere Normen mit wichtigen Prüfvorschriften.

In Bild 3 ist die vollständige Bezeichnung eines Überzugs dargestellt.

Berechnungsgrundlagen

Mithilfe der genannten Einflussgrößen lässt sich die abscheidbare Stoffmenge wie folgt bestimmen (es werden die in der Galvanisierpraxis üblichen Einheiten verwendet):

(1)

$$m = C \cdot I \cdot t \cdot a$$

m = abgeschiedene Stoffmenge in g

C = Stoffkonstante des Überzugmetalls

$$= \frac{\text{Grammatom}}{\text{Ionenwertigkeit} \cdot 96\,500} \quad \text{in g/Ah}$$

$I = A \cdot S$ = Stromstärke in A

$\quad A$ = Oberfläche der zu beschichtenden Fläche in dm²

$\quad S$ = Stromdichte in A/dm²

t = Galvanisierdauer in h

a = Stromausbeute

Die Stromausbeute a entspricht dem Wirkungsgrad des galvanischen Prozesses und berücksichtigt die Tatsache, dass ein Teil des Stromes den Elektrolyten erwärmt und chemische Prozesse im Elektrolyten verursacht, die nicht unmittelbar mit dem Galvanisieren zusammenhängen. Werte für C siehe Bild 1.

Die abgeschiedene Stoffmenge errechnet sich aus den geometrischen Verhältnissen am Werkstück:

(2)

$$m = A \cdot h \cdot \rho \cdot 10^{-2} \quad \text{in g}$$

h = Schichtdicke in µm

ρ = Dichte des Schichtmetalls in g/cm³

Aus den Gleichungen (1) und (2) lässt sich die zur Herstellung der Schichtdicke h notwendige Galvanisierungsdauer t bestimmen:

(3)

$$t = \frac{60 \cdot m}{C \cdot I \cdot a} = \frac{60 \cdot A \cdot h \cdot \rho}{C \cdot I \cdot a} \quad \text{in min}$$

Metall		Atom-masse	Art der Bäder	Ionen-wertig-keit	C in $\frac{g}{Ah}$
Cadmium	Cd	112,4	alkalisch (Cyanid)	2	2,09
Chrom	Cr	52	alkalisch (Cyanid)	3	0,647
			sauer (Chrom-säure)	6	0,323
Gold	Au	196,97	alkalisch (Cyanid)	1	1,041
			sauer	3	0,694
Kupfer	Cu	63,54	alkalisch (Cyanid)	1	3,371
			sauer (Sulfat)	2	1,185
Nickel	Ni	58,72	sauer (Sulfat)	2	1,095
Platin	Pt	195,09	sauer (Chlorid)	4	1,821
Silber	Ag	107,87	alkalisch (Cyanid)	2	4,025
Zink	Zn	65,37	alkalisch u. sauer	2	1,22
Zinn	Sn	118,69	alkalisch (Cyanid)	2	2,20
			sauer	4	1,10

1 Eigenschaft der Überzugsmetalle

Die Stromstärke wird in der Praxis auf die zu beschichtende Oberfläche bezogen und als Stromdichte S in A/dm² angegeben. Sie hängt von der Art des Elektrolyten und von seiner Temperatur ab. Es sind die Hinweise der Elektrolytenhersteller zu beachten.

Rechenbeispiel:

10 Stoßstangen mit zusammen 600 dm² Oberfläche sollen eine 5 µm dicke Glanzchromschicht erhalten. Es wird ein saurer Elektrolyt verwendet, es wird mit maximaler Stromdichte gefahren, die Stromausbeute wird zu $a = 0{,}15$ angenommen.

$A = 600$ dm²; $h = 5$ µm

aus Bild 1 und Bild 1 Seite 305:

$C = 0{,}647$ g/Ah; $S = 20$ A/dm²;

$a = 0{,}15$; $\rho = 7{,}194$ g/cm³

Berechnungen:

1. $I = A \cdot S = 600 \text{ dm}^2 \cdot 20 \text{ A/dm}^2 = 12\,000$ A

2. $m = A \cdot h \cdot \rho \cdot 10^{-2} = 600 \cdot 5 \cdot 7{,}194 \cdot 10^{-2} = 215{,}8$ g

3. $t = \dfrac{60 \cdot m}{C \cdot I \cdot a} = \dfrac{60 \cdot 215{,}8}{0{,}647 \cdot 12\,000 \cdot 0{,}15} = 11{,}1$ min

Wahl der Überzugsmetalle

Die Schutzwirkung eines Metallüberzuges richtet sich nach dessen Stellung in der elektrochemischen Spannungsreihe gegenüber dem Grundmetall. Geht man davon aus, dass viele Überzüge mikroporig sind und somit das Grundmetall nicht vollständig decken, so muss ein edler Schutzüberzug auf einem unedleren Grundmetall geringe Schutzwirkung haben, denn bei Anwesenheit eines Elektrolyten wird zuerst das Werkstück angegriffen bzw. zerstört.

Überzieht man hingegen das Werkstück mit einem unedleren Metall, so wird zuerst der Überzug angegriffen. Das ist optisch meist schon im Frühstadium erkennbar, sodass rechtzeitig Maßnahmen zum weiteren Schutz des Bauteils ergriffen werden können. Demnach ist z. B. ein Ni-Überzug unmittelbar auf Stahl nicht empfehlenswert, wogegen ein darunter liegender Cu-Belag den Ni-Überzug unedler werden lässt, sodass im Korrosionsfalle zuerst die Ni-Oberfläche angegriffen wird, das Werkstück aus Stahl bleibt durch die vorläufig nicht angegriffene Cu-Schicht geschützt.

Fertigungstechnische Grundlagen

Als **Elektrolyte** werden meist handelsübliche Salzmischungen verwendet, die neben dem entsprechenden Metallsalz auch noch andere Substanzen enthalten, die Glanz, Fleckenfreiheit, Verformbarkeit (= Duktilität) und Porenfreiheit des Überzuges sowie thermische und chemische Stabilität des Bades sichern sollen. Das Lösen der Salze geschieht meistens in warmem bis heißem Wasser.

Die Werkstoffe der **Badbehälter** richten sich nach der Art des Elektrolyten. Hauptsächlich werden mit Hartgummi oder PVC verkleidete Stahlblechwannen empfohlen, aber auch glasfaserverstärkte Polyester- oder Epoxidharzwannen sind üblich. Große Werkstücke werden elektrisch leitend an beweglichen Rahmen aufgehängt und kontinuierlich hin und her bewegt, Massenteile werden in drehbare Metallkörbe gegeben.

> Die Bewegung der Ware ist notwendig, um Konzentrationsänderungen des Elektrolyten im Abscheidungsbereich zu unterbinden.

Demselben Zweck dient die Badbewegung durch Rührwerke oder Umwälzpumpen.

Die **Anoden** bestehen in der Regel aus demselben Werkstoff, mit dem die Werkstücke beschichtet werden, und zwar in reinster Form (maximal

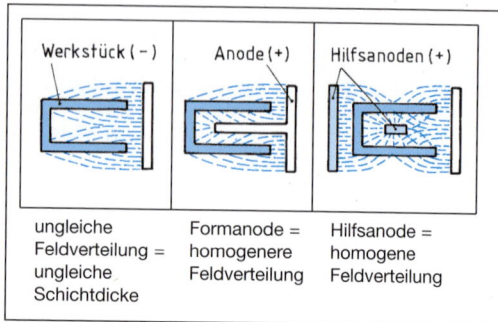

1 Elektrische Feldverteilung beim Galvanisieren

0,01…0,02 % Verunreinigungen). In einzelnen Fällen werden auch andere Metalle verwendet. Oft wird die Ware zwischen **zwei** Anoden bewegt, um möglichst gleichmäßige Schichtdicken auf allen Seiten zu erzielen.

Stark profilierte Teile, aber auch einzelne Kanten, Spitzen oder Vertiefungen stören die Homogenität des elektrischen Feldes, sodass Schichten unterschiedlicher Dicke entstehen. Dies kann durch Abschirmen mit entsprechend geformten Metallblechen oder Drähten oder aber durch eine geeignete Anodenform bzw. durch Hilfsanoden mit z. T. anderen Betriebsspannungen verhindert werden (Bild 1). Dies ist besonders bei Chrombädern notwendig, die an sich schon eine schlechte Feldverteilung durch Unterschiede in der Badkonzentration besitzen.

> Bäder müssen während des Galvanisierens hinsichtlich ihrer Temperatur und ihrer chemischen Zusammensetzung überwacht werden.

Meistens wird mit Gleichstrom konstanter Spannung gearbeitet. Dabei können Nebenreaktionen auftreten, bei höheren Abscheidungsraten ist starkes Kristallwachstum zu beobachten. Eine raue Oberfläche mit dendritischer Struktur ist die Folge.

Das **Pulse Plating**-Verfahren verwendet pulsierenden (getakteten) Gleichstrom höherer Spannung. Während des Stromimpulses wird eine höhere Abscheidungsrate erreicht, in der stromlosen Pause wird das Eindiffundieren der abgeschiedenen Werkstoffes in die Werkstückoberfläche begünstigt. Die Schichten werden gleichmäßiger und ebener. Ähnliche Ziele verfolgen das Periodic Reverse Plating- (Stromumkehr) und das Superimpose Plating- (Frequenzüberlagerung)-Verfahren bzw. Kombination aus allen drei Verfahren.

Aus Gründen des Umweltschutzes sind laufend neue Bäder in Entwicklung, die entweder weniger belastende Substanzen enthalten oder aber einfacher zu beseitigen bzw. leichter zu regenerieren sind. Vor der Neuinstallation einer Anlage sind daher die aktuellen Angebote der Chemikalienhersteller zu beachten (Bild 1).

Oft sind auch andere, weniger oder nicht belastende Verfahren durch Weiterentwicklung zum vollwertigen Ersatz für problembehaftete Beschichtungsverfahren geworden. Auch infolge geänderter Mode werden Verfahren z. T. überflüssig. So ist z. B. der Anteil verchromter Teile an Kraftfahrzeugen in kurzer Zeit um über 70 % gesunken.

Kupfer dient vor allem als Zwischenschicht unter Nickel- und Chromüberzügen. Sein Vorteil ist, dass es auf fast allen Metallen galvanisch abscheidbar ist und somit als Grundlage für weitere Oberflächenbehandlungen dienen kann. Es eignet sich auch gut für Einfärbungen, dient daher oft dekorativen Zwecken. Zudem macht man sich vielfach die gute Lötbarkeit zunutze. Die hauptsächlich verwendeten cyanidischen Bäder enthalten neben Kupfercyanid ($Cu(CN)_2$) auch Alkalien (Ätznatron, Soda).

> Cyanidische Kupferbäder haben eine gute einebnende Wirkung.

Raue (gebeizte) Oberflächen werden glatt, weil sich das Kupfer zuerst in den Vertiefungen niederschlägt. Erhöhter Glanz wird erreicht, wenn während des Galvanisierens die Stromrichtung öfters wechselt (ca. 80 % kathodisch, 20 % anodisch). Bei der stets notwendigen Spülung gelangen Cyanide und andere Salze in das Spülwasser.

> Cyanide und Kupfersalze müssen entfernt sein, bevor Spülwasser in den Abfluss gegeben wird!

Kupferlegierungen (Messing, Bronze) können ebenfalls galvanisch aufgebracht werden. Oft genügt ein entsprechender Zusatz von Zink- oder Zinnsalzen in die Kupferbäder, um die gewünschte Legierungsabscheidung hervorzurufen (z. B. Zinkcyanid für Messingüberzüge). Messing mit 20…30 % Kupfer und 80…70 % Zink ist unedler als Stahl und gibt diesem daher guten Korrosionsschutz. Bronzeüberzüge sind hart und abriebfest.

Überzugs-metall	Art der Bäder	kathodische Stromdichte A/dm²	Strom-ausbeute
Cadmium	cyanidisch	2,5 … 5	0,85 … 0,92
	sauer	0,5 … 1,5	0,95 … 0,98
Chrom (glänzend) (hart) (matt)	sauer	5 … 20	0,13 … 0,20
	cyanidisch	40 … 70	0,10 … 0,20
	sauer	12 … 25	0,13 … 0,22
Gold	cyanidisch	0,6	< 0,5
	sauer	2	< 0,5
Kupfer	alkalisch	2 … 6	0,5 … 0,95
	sauer	1 … 20	0,95 … 1,0
Nickel	sauer	1 … 8	0,95 … 0,99
Platin	sauer	3 … 10	0,98
Silber	sauer	0,5 … 1,5	0,98 … 1,0
Zink	alkalisch	2 … 6	0,70 … 0,90
	sauer	2 … 6	0,93 … 1,0
Zinn	alkalisch	1,5 … 2,5	0,98 … 1,0
	sauer	1 … 10	0,85

Die Badtemperaturen hängen von den verwendeten Chemikalien ab. Da oft mit Salzmischungen gearbeitet wird, richte man sich nach den Herstellerangaben. Die Badspannung richtet sich nach der Größe der Werkstückoberfläche und nach der optimalen Stromdichte. Für neu entwickelte Hochgeschwindigkeitsverfahren werden höhere Spannungen eingesetzt, um bei hohen Stromdichten (bis 200 A/dm²) große Abscheidegeschwindigkeiten (bis 2 μm/s) zu erzielen.

1 Technologische Eigenschaften galvanischer Bäder (Auswahl)

Nickel ist das am meisten verwendete galvanische Überzugsmetall. Sein Korrosionsschutz ist gut. Das leicht gelbliche Aussehen wird oft durch einen Chromüberzug von wenigen Zehntel μm verbessert. Meist wird über eine dünne Kupferschicht vernickelt, um den unvermeidbar entstehenden Wasserstoff am Eindringen in den Grundwerkstoff zu hindern.

Man unterscheidet einerseits matte, gut verformbare (z. B. tief ziehbare), einebnende Nickelüberzüge und andererseits Glanzüberzüge. Eine Kombination dieser beiden strukturell unterschiedlichen Schichten heißt **Duplexnickelschicht**. Glanznickel ist um ein weniges unedler als die darunter liegende Mattnickelschicht, daher ist der Korrosionsschutz besser als bei einfachen Nickelüberzügen.

Vor anschließendem Verchromen muss gründlich gespült, in schwacher Schwefelsäure dekapiert, erneut gespült und die Ware sofort in das Chrombad getaucht werden, da sonst mit Fleckenbildung zu rechnen ist.

Chrom ist gekennzeichnet durch Härte, hochglänzendes Aussehen und chemische Beständigkeit.

Glanzverchromung mit Schichtdicken von etwa 0,3 µm wird bei Gebrauchsgegenständen zu dekorativen Zwecken auf dickeren Kupfer-Nickel-Zwischenschichten angewandt. Seltener wird unmittelbar auf Stahl glanzverchromt – dann empfiehlt sich jedoch vorheriges Aufrauen in Säurebeizen.

Hartverchromung mit Schichtdicken bis zu 0,1 mm wird als verschleißfester Überzug unmittelbar auf den Grundwerkstoff (Stahl, Al-Legierungen) aufgebracht. Die Badtemperaturen liegen hierbei höher, wodurch größere Härte (auch Sprödigkeit) erreicht wird.

Mattverchromung ist eine mikrorissige Hartverchromung. Solche Schichten sind ebenfalls verschleißfest, zudem griffig, ohne Blendwirkung und werden bei Messzeugen, Werkzeugen und zur Dekoration angewandt.

Die drei genannten Verchromungsverfahren unterscheiden sich hauptsächlich in den Badtemperaturen und vor allem in der Galvanisierungsdauer (wegen der unterschiedlichen Schichtdicken).

> Chrombäder und chromsäurehaltige Spülwässer dürfen nicht in das Abwasser gelangen! Chrombadnebel sind aggressiv und müssen unbedingt abgesaugt werden!

Zink ergibt dichte, gleichmäßige und feinkristalline Überzüge bis zu 30 µm. Sie sind glänzend und bei poliertem Grundwerkstoff auch glatt. Sie werden hauptsächlich als Korrosionsschutz verwendet. Da die Badtemperaturen niedrig sind, können auch gehärtete oder vergütete Stahlteile verzinkt werden.

> Zink-Abwässer müssen entgiftet werden!

Verzinkte Teile müssen gründlich gespült, in schwacher Salpetersäure dekapiert und wieder gespült werden. Zur Erhöhung der Korrosionsbeständigkeit können verzinkte Teile nachträglich chromatiert werden. Das Verfahren beruht auf geringfügiger Ablösung der Zinkschicht mittels Chrompräparaten, auf der Oberfläche bilden sich dann Zinkchromate. Solche Überzüge können zusätzlich mit organischen Farbstoffen eingefärbt werden.

Cadmium ist dem Zink chemisch nahe verwandt. Es lässt kurze Galvanisierungszeiten zu, verändert später sein Aussehen kaum, ist aber teurer als Zink. Vercadmete Teile können ebenfalls chromatiert werden. Nachbehandlung und Abwasserentgiftung haben wie beim Verzinken zu erfolgen.

Zinn zeigt beste Beständigkeit gegen Witterungseinflüsse, Wasser und Salzlösungen. Es ist gut lötbar. Weißbleche werden heute zu 75 % galvanisch hergestellt. Alkalische Bäder haben eine bessere Streuwirkung, d. h. eine gleichmäßige Stromdichte, saure Bäder erfordern u. U. Hilfsanoden. Eines der bekanntesten Verzinnungsverfahren ist das **Stannal**-Verfahren.

Blei findet trotz Unansehnlichkeit vielfach Verwendung als Korrosionsschutz, vor allem gegen Säuren. Bleiüberzüge können mit Farbanstrichen versehen werden. Bekannt ist das **Plumbal**-Verfahren. **Zinn-Blei-Überzüge** sind feinkristallin und seidenmatt.

Silber und **Gold** verwendet man vorwiegend zu Überzügen für dekorative Zwecke; seltener aus technischen Gründen. Bei Silber unterscheidet man (ähnlich wie bei Chrom) **Hart-** und **Glanzversilberung**. Goldlegierungsbäder werden zur **Hartvergoldung** oder zur **Hartgold-„Plattierung"** verwendet. Diese unterscheiden sich durch die Schichtdicke: Hartvergoldung 0,05 ... 0,5 µm, Hartgoldplattierung 5 ... 20 µm. Die dünnen Goldschichten müssen durch eine Zwischenschicht aus Kupfer und durch farblose Lacküberzüge gegen Korrosion bzw. Abrieb geschützt werden.

In Sonderfällen wird auch **Platin** und **Rhodium** galvanisch verarbeitet, hauptsächlich in der Elektrotechnik (Kontakte) oder als Korrosionsschutz.

Kunststoff-Galvanisierung

Auch nichtmetallische Teile können galvanisiert werden. Hierzu eignen sich unter anderem ABS- und PPO-Kunststoffe,[1] die metallisiert (elektrisch leitend) und anschließend mit beliebigen Metallüberzügen versehen werden können.

Oxidieren

Oxidschichten können auch elektrochemisch aufgetragen werden. Dabei wird das Werkstück als Anode geschaltet, man spricht daher vom **anodischen Oxidieren**.

---

[1] ABS = Acrylnitril-Styrol-Propfpolymerisat, PPO = Poly-Phenolen-Oxid (modifiziert)

Das Verfahren wird insbesondere bei Aluminium und seinen Legierungen angewandt und ist dort als **Eloxalverfahren**[1] bekannt (Bild 1).

Der Elektrolyt (Schwefelsäure, Oxalsäure, Chromsäure) wandelt das Aluminium an der Oberfläche in Oxide und Hydroxide um. Bei längerer Einwirkungszeit dringt die Umwandlungszone immer tiefer ein (bis 30 µm, in besonderen Fällen sogar bis 100 µm), d. h., die Schutzschicht wird nicht, wie bei anderen Verfahren üblich, aufgetragen, sondern baut sich nach innen auf.

Kurz-zeichen	Elektrolyt	Spannung	Strom-dichte A/dm³
GS	Schwefelsäure	12 ... 15 V=	1 ... 2
GX	Oxalsäure	> 60 V=	1 ... 1,5
WX	Oxalsäure	50 V,	–
Chromsäure-verfahren	Chromoxid + Wasser	20 ... 50 V=[1]	0,5 ... 1,0

[1] Während des Prozesses nach Programm steigend

1 Eloxalverfahren (Auswahl)

> Beim anodischen Oxidieren werden die Werkstückabmessungen praktisch nicht verändert.

Sealing (= Versiegeln) heißt das Nachverdichten der zumeist porösen Eloxalschichten mittels Heißwasser oder Dampf (ein Quellvorgang) oder aber durch Co-Ni-Salze oder Chromate, welche die Poren füllen.

Nach ähnlichen Verfahren können Magnesium und seine Legierungen anodisch oxidiert weden. Auch Zink lässt sich so behandeln und bildet dann einen hervorragenden Haftgrund für Farbanstriche.

Da alle Metalloxide eine charakteristische Farbe haben, die zudem durch chemische Zusätze in weitem Bereich geändert werden kann, wird das Oxidieren oft auch zu Dekorationszwecken angewandt.

6.3.3.2 Chemisches Abscheiden

Es handelt sich hierbei im Wesentlichen um Ionenaustauschvorgänge, die in Lösungen von Metallsalzen oder in Säurebädern stattfinden.

Tauchen in Metallsalzlösungen

> Metallische Überzüge können durch Eintauchen in Lösungen von Metallsalzen auf chemischem Wege hergestellt werden.

Diese Verfahren werden heiß und kalt angewandt. Kalte Schwermetall-Salzlösungen (z. B. Kupfersulfat, $CuSO_4$) wirken so auf die Oberfläche des

Grundwerkstoffes (meist Stahl) ein, dass die Eisenatome des Werkstückes in Lösung gehen und ihr Platz durch Kupferatome besetzt wird. Grundsätzlich muss das abzuscheidende Metall edler sein als das Grundmetall. Der Vorgang beruht auf einem Austausch der elektrischen Ladungen und ist ein Redoxvorgang, z. B.: $Cu^{2+} + Fe \rightarrow Cu + Fe^{2+}$. Beim **Kontaktverfahren** kann durch Hinzunahme eines noch unedleren Metalls auch ein Überzug auf einem edleren Grundmetall erzeugt werden.

Solche chemisch erzeugten Überzüge sind meistens sehr dünn und nicht abriebfest. Farblose Lacküberzüge verbessern die Abriebfestigkeit, sodass das Verfahren zumindest für Dekorationszwecke vielfältig angewandt werden kann.

Höhere Badtemperaturen beschleunigen den Vorgang, weswegen oft heiße Bäder verwendet werden. Damit steigt aber die Gefahr der Zersetzung der Bäder. Lässt man die Bäder kalt und beheizt die eingetauchten Werkstücke induktiv, so mindert man diese Gefahr und senkt gleichzeitig die Betriebskosten. Stromlose **Reduktionsverfahren** werden für Nickel-, Cobalt- und Chromüberzüge verwendet. Hierbei wirkt der Werkstoff der zu beschichtenden Teile lediglich als Katalysator, die Salzlösung selbst enthält ein Reduktionsmittel, durch das die entsprechenden Metallionen reduziert werden und sich auf den Teilen niederschlagen. Das Verfahren ist vor allem für stark profilierte Teile sowie für die metallische Beschichtung von Nichtmetallen (Kunststoffe, Glas) geeignet, z. B. Verspiegeln von Glas.

Tauchen in Säurebäder

> Durch Tauchen in Säuren bilden sich auf metallischen Oberflächen fest haftende Metallsatzschichten.

---

[1] Eloxal: Elektrisch oxidiertes Aluminium

Für diese Verfahren gelten ähnliche Beanspruchungsarten, wie sie in Bild 1, Seite 308 aufgeführt sind. In einschlägigen Normen findet man die Definition der Verfahren, die Bezeichnung, Bestellangaben sowie charakteristische Angaben zu den Überzügen bzw. Prüfung derselben.

Es können verschiedene Säuren verwendet werden. Am meisten verbreitet sind die Chromsäure und die Phosphorsäure, die den Verfahren Chromatieren und Phosphatieren ihren Namen gegeben haben. Beide Verfahren lassen sich sowohl bei Leichtmetallen als auch bei Schwermetallen anwenden. Grundsätzlich sinkt die Chromatierfähigkeit, je edler der Grundwerkstoff ist. Im Gegensatz dazu steigt die Phosphatierfähigkeit, wie Bild 1 zeigt.

Chromatieren

Chromate sind Salze der Chromsäure H_2CrO_4. Solche Schichten sind im Allgemeinen sehr dünn (wenige µm).

> Chromatschichten sind von hoher Passivität.

DIN 50962 (Galvanische Überzüge – chromatierte Zinklegierungsüberzüge auf Eisenwerkstoffen) unterscheidet daher ausdrücklich nicht mehr zwischen den Verfahren Chromatieren und Passivieren.

Chromatschichten entstehen durch Eintauchen der Werkstücke in chromsäurehaltige Bäder. Haben die Werkstücke eine metallisch reine Oberfläche (Grundmetall oder Überzüge), so bilden sich die entsprechenden Chromate, z. B. Zinkchromat auf verzinkten Teilen. Aber auch phosphatierte Teile können nachträglich chromatiert werden, dann bilden sich Chromphosphate. Sie entstehen auch bei der Behandlung mit kombinierten Phosphorsäure- und Chromsäurebädern.

Fast alle Chromat- oder Chromphosphatschichten zeichnen sich durch irisierende Farben aus, vornehmlich Gelb, Grün und Oliv. Die Farbe hängt vom Grundwerkstoff und von den Badzusätzen ab. Die Verfahren werden daher auch als **Grün-** bzw. **Gelbchromatieren** bezeichnet. DIN 50962 unterscheidet beispielsweise farblich drei Chromatierüberzüge (Bild 2, hier auf Zink- bzw. Zinklegierungsüberzügen).

Diese Überzüge können zudem versiegelt werden nach Gruppe T2 (DIN EN 1403, s. Bild 2, Seite 308).

Chromatschichten können zusätzlich mit organischen Stoffen eingefärbt werden. Diese Farben sind aber nicht besonders lichtbeständig. Einige Chromate bleichen auch unter dem Einfluss wässriger Medien aus und verlieren ihre Korrosionsschutzwirkung.

Grundmetall	Mg	Al	Zn	Fe	Cd
Chromatieren	+++	++	++	++	–
Phosphatieren	+	++	+++	+++	+++

1 Eignung der Metalle zum Chromatieren und Phosphatieren

Verfahrens-gruppe	Farbton	Name
A	farblos bis bläulich irisierend	farblos
C	gelblich oder oliv- bis blaugrün	irisierend
F	schwarz	schwarz

2 Chromatierfarben

Phosphatieren

Phosphate sind Salze der Phosphorsäure H_3PO_4. Das Phosphatieren von Stahl ist weit verbreitet und wird mit Erfolg auch bei anderen Metallen (Leicht- und Schwermetallen) angewandt. Das ist auf die vielfältigen Eigenschaften der Phosphatschichten zurückzuführen.

Allgemein erfolgt Phosphatierung nach Reaktionsgleichungen, wobei die Werkstücke in wässrige Lösungen von Zinkphosphat $(Zn(H_2PO_4)_2)$ und Phosphorsäure (H_3PO_4) getaucht werden.

> Phosphatieren ist ein chemischer Prozess ohne Anwendung von elektrischem Strom, der zu 5…15 µm starken Phosphatschichten führt.

Als Norm sei genannt DIN EN 12476.

Durch Phosphatier-verfahren werden bewirkt:	Reinigung Entfettung Beizen Rostschutz Rostumwandlung

Die beim Phosphatieren gebildeten Oberflächenschichten erfüllen folgende Funktionen:

Haftmittel für nichtmetallische Überzüge
Schmiermittelträger bei Kaltumformung
Gleitmittel
elektrische Isolation

Die Verfahren und vor allem die Zusammensetzung der Chemikalien sind oft rechtlich geschützt. Dasselbe gilt für die Bezeichnung der Verfahren (**Bonder, Parker, Atrament**). Gleichwohl werden diese Begriffe in der Praxis oft für die ganze Verfahrensgruppe angewandt.

Die Eignung der Phosphate gibt Bild 1 wieder.

In der Hauptsache wird das Phosphatieren als **Korrosionsschutz** und als **Haftgrundierung** für Lackierungen angewandt.

Stellvertretend für die Vielzahl vorhandener Verfahren sind in Bild 2 drei Beispiele angegeben, die den unterschiedlichen Zeitbedarf und die erforderlichen Temperaturen erkennen lassen.

Ein weiteres Anwendungsgebiet ist die **Rostumwandlung**. Dabei werden bestehende Rostschichten mittels Phosphorsäure (mit Zusätzen) chemisch in Eisenphosphatschichten umgewandelt. Das zumeist flüssige Mittel wird unmittelbar auf die (möglichst dichte und geschlossene) Rostschicht aufgetragen und muss danach bis zu 24 h an der Luft trocknen. Die Schutzwirkung hält einige Monate an.

Die so behandelten Werkstücke werden oft noch mit Schmierstoffen nachbehandelt, z. B. mit Alkaliseifen (Stearite).

Zinkstearit (d. i. eine Zinkseife) schützt die darunter liegende Zinkphosphatschicht vor weiterem Angriff und stellt gleichzeitig ein hervorragendes Schmiermittel dar.

Die hohe Schmierwirkung in Verbindung mit zusätzlichen Schmiermitteln ermöglicht das wirtschaftliche **Kaltumformen** auch von Stählen mit höherer Festigkeit. Gleichzeitig können dabei oft ein oder mehrere Zwischenglühvorgänge eingespart werden.

Phosphatschichten dienen auch allgemein zur **Gleitverbesserung**. Sie verhindern das Zusammenschweißen von Laufflächen, erhöhen die Schmierwirkung, verbessern Einlaufvorgänge, glätten Bearbeitungsrauheiten und bieten zudem Korrosionsschutz (Passungsrost).

Große Bedeutung haben Phosphatschichten auch als **elektrische Isolation**.

Anwendung als	Eisen-phos-phat	Zink-phos-phat	Erd-alkali-phos-phat	Mangan-phos-phat
Korrosionsschutz	•	•	•	•
Haftgrundierung	•	•	•	•
Rostumwandlung	•			•
Gleitverbesserung allgemein	•	•	•	•
Gleitverbesserung beim Kaltumformen		•	•	
elektrische Isolation		•	•	

1 Eignung der Phosphate

Arbeitsvorgänge	Alkaliphosphat als Vorbehandlung		Zinkphosphat			
			Auftrag durch Sprühen 5 μm		Auftrag durch Tauchen 10 μm	
	Zeit in s	Temp. in °C	Zeit in s	Temp. in °C	Zeit in s	Temp. in °C
Reinigen und Entfetten			120	55 … 65	600	85 … 95
Reinigen und Phosphatieren	60 … 180	60 … 70				
Spülen in Wasser	60	20	45	35	60	20
Aktivieren					60	40
Phosphatieren			120	50 … 60	300 … 600	50 … 80
Spülen in Wasser			45	20	60	20
Passivieren	45	40	45	40	60	40
Abbrausen, Spülen	3	20	3	20	nach Bedarf	
Trocknen	nach Bedarf		nach Bedarf		nach Bedarf	

2 Phosphatierverfahren (Beispiele)

Oxidieren

Das Oxidieren von metallischen Oberflächen ist eine künstliche Korrosion. Ist die Korrosionsschicht dicht und porenfrei, so schützt sie das darunter liegende Grundmetall vor weiterer Oxidation. Diese Erscheinung ist bekannt bei Aluminium und seinen Legierungen, die in natürlichem Zustand ständig von einer dünnen, 0,01...0,1 μm starken Oxidschicht überzogen sind. Ähnliches gilt für Zink, Blei und deren Legierungen.

Grundsätzlich ist die Schutzwirkung von natürlichen Oxidschichten, von wenigen Ausnahmen abgesehen, nur gering bzw. von kurzer Dauer.

Oxidieren von Stählen

Das einfachste und wohl älteste Verfahren ist das **Blaufärben**, bei dem blanke Stahlteile längere Zeit auf 280...300 °C erwärmt werden. Beim **Brünieren** werden die Werkstücke bei 100...150 °C in Natronlauge, Sulfatlösungen oder andere spezielle Lösungen getaucht und anschließend mit Öl oder Wachs eingerieben.

Ebenso bekannt als einfaches und billiges Verfahren ist das **Schwarzbrennen**, bei dem dunkelrot glühende Werkstücke in Öl getaucht werden. Beim Herausnehmen entzündet sich dann das Öl und es bildet sich eine verhältnismäßig fest eingebrannte Oxidschicht. Bei allen diesen Verfahren kann der Korrosionsschutz durch Anstriche verbessert werden.

Wechselweise Behandlung mit oxidierenden (Sauerstoff) und reduzierenden (Kohlenstoffmonooxid) Gasen heißt **Inoxidieren**. Die abwechselnde Reduktion der künstlich erzeugten Oxide mit anschließender Neubildung verstärkt die Oxidschicht. Beim **Thermoxidieren** wird Stahl in ein Passivierungsbad (z. B. Salpetersäure, Chlor- oder Chromoxidlösung) getaucht und die dadurch erzeugte Oxidschicht durch anschließendes Glühen an Luft verstärkt. Diese Schutzschicht haftet gut und ist abriebfest.

Oxidieren von Al und Al-Legierungen

Für Aluminium und seine Legierungen wird das **MBV-**[1] oder das **EW-Verfahren**[2] angewandt. Lösungen von Chromaten, Carbonaten, Soda u. a. Alkalien erzeugen die Oxidschicht, die zusätzlich mit Wasserglas oder organischen Stoffen imprägniert wird und dadurch höhere chemische Beständigkeit erhält. Das MBV-Verfahren wird – weil ungiftig – in der Lebensmittelindustrie angewandt, das EW-Verfahren liefert dagegen abriebfestere Schichten.

Oxidschichten können auch elektrochemisch aufgebracht werden – siehe Abschnitt 6.3.3.1.

In Bild 1 sind einige anorganische Schichtwerkstoffe und ihre Hauptanwendungsgebiete zum Vergleich aufgeführt.

---

[1] MBV: Modifiziertes Bauer-Vogel-Verfahren
[2] EW: Erftwerk-Verfahren

Überzugsverfahren		Korrosions-schutz	Verschleiß-festigkeit	Gleit-wirkung	elektrische Isolation	dekorative Wirkung	Haftgrund
Oxidieren	Stähle	(+) ... ++	–	–	–	(+)	(+)
	Aluminium	+	(+)	–	–	(+)	–
Anodisches Oxidieren		+ ... ++	+	–	(+) ... +	+ ... ++	(+) ... ++
Phosphatieren		+ ... +++	(+)	++	+ ... ++	(+)	++
Chromatieren		++	–	–	–	+	+
Emaillieren		+++	(+)	–	++	++	–
Keramische Überzüge		+++	++	–	+++	(+)	(+)
Nitrieren		+	+++	–	(+)	–	–
(+) = bedingt geeignet, je nach Modifikation des Verfahrens							

1 Anorganische Überzüge, Übersicht und Eignung

6.3.3.3 Elektrostatisches Abscheiden

Unter dem Einfluss elektrischer Felder werden pulvrige oder flüssige Schichtwerkstoffe ionisiert und entsprechend der Feldverteilung zum Werkstück beschleunigt und dort abgelagert.

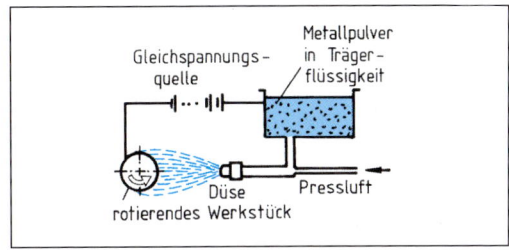

1 Elektrophorese

Dieses Verfahren ist auch unter dem Namen **Elektrophorese** bekannt. Zwischen Werkstück und Schichtwerkstoff (Behälter oder Sprühpistole) wird normalerweise eine Gleichspannung von 30...50 kV angelegt. Dadurch entsteht ein elektrisches Feld, das sich z. T. auch um die Werkstücke herum ausbildet und nicht nur direkt von der Austrittsöffnung zum Werkstück führt. Die aufgeladenen Teilchen des Schichtwerkstoffes (Ionen) lagern sich daher gleichmäßiger auf dem Werkstück ab und erreichen auch ungünstig gelegene Stellen (gute Streufähigkeit).

Feststoffe, vorwiegend Kunststoffe, werden als Pulver – u. U. mit zusätzlicher Unterstützung durch Druckluft – mittels Sprühpistole aufgebracht. Oft schließt sich ein Sintern in Öfen an, damit eine geschlossene, porenfreie Schicht erzeugt wird. Es können aber auch strukturierte Oberflächen erzeugt werden, z. B. durch Beflocken mit Fasern (Veloureseffekt).

Auch pulverisierte Metalle können so verarbeitet werden, sie werden dazu in Trägerflüssigkeiten aufgeschlämmt. Die so erzielte Schicht haftet nicht sonderlich gut, ist z. T. sehr porös, jedoch können in kurzer Zeit große Schichtdicken von einigen mm pro min erzielt werden (Bild 1).

Sehr gute Ergebnisse erzielt man auch mit elektrostatischen **Farbspritzen**. Auch hier wird eine Gleichspannung von 30...50 kV angewandt. Die Farbteilchen oder die Druckluft werden vor oder während ihres Austritts aus der Düse ionisiert. Die unmittelbar im Bereich des Druckluftkegels befindlichen Pigmente treffen wie gewohnt auf dem Werkstück auf, die außerhalb liegenden (sonst verlorenen) werden durch das elektrische Feld längs der Feldlinien entlang zum Werkstück hin beschleunigt. Dadurch können auch Flächen beschichtet werden, die von der Spritzpistole **abgewandt** liegen. Wie groß der Wirkungsbereich hinter dem Werkstück ist, hängt von der Spannung, vom eingestellten Spritzkegel, von der Stärke des Druckluftkegels und natürlich von der Form des Werkstückes ab.

Elektrostatische Verfahren werden auch beim **Tauchen in Farbbädern** angewandt. Verwendet werden wasserlösliche, elektrisch isolierende Lacke. Die hierbei üblichen Spannungen liegen im

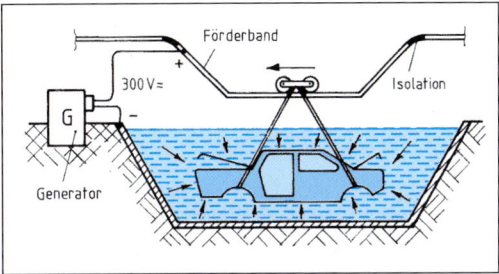

2 Elektrotauchlackierung

Bereich von einigen 100 V. Auch hier wandern – wie beim Spritzen – ionisierte Lackteilchen entlang der Feldlinien, die zwischen Badbehälter und Werkstück verlaufen. Solche Überzüge sind porenfrei, von gleichmäßiger Dicke (bis etwa 25 μm), die Lackausbeute beträgt annähernd 100 % (Bild 2).

Die Anwendung elektrischer Felder findet man auch vielfach noch bei anderen Beschichtungsverfahren aus dem gasförmigen, flüssigen oder festen Zustand (z. B. Metall- und Kunststoffspritzen, PVD).

6.3.3.4 Ionenstrahlverfahren

Das sind Verfahren, die das Beschichten im gasförmigen Zustand (Kapitel 6.3.1) durch Einwirkung von Ionenstrahlen ergänzen und/oder erweitern.

Ionenimplantation

Die auftreffenden Ionen werden nicht nur auf das Substrat aufgedampft, sondern sie dringen aufgrund entsprechend hoher Energie in die Werkstoffoberfläche ein (**Dotierung**). Die Eindringtiefe liegt bei 10...100 nm.

Ionenstrahlmischen

Hierbei haben die Ionen die Aufgabe, bereits vorhandene, durch konventionelle Verfahren der Galvanostegie, PVD oder CVD aufgebrachte Schichten mit dem Substrat zu mischen. Dabei kann vollständig gemischt werden, was zu neuen Legierungsschichten führt, oder es wird nur die Grenzschicht zwischen Deckschicht und Substrat gemischt, was die Haftung der Schicht verbessert.

Vorteile dieser z. T. recht aufwendigen Verfahren sind:

- sehr gute Haftung der Schicht
- niedrige Verfahrenstemperatur (u. U. Raumtemperatur)
- gute Fertigungstoleranzen
- gute Begrenzung des Beschichtungsbereichs auch bei großen Werkstücken
- Erhaltung der Oberflächenbeschaffenheit, keine Veränderung der Rautiefen

Nachteile sind:

- geringe Schichtdicken
- wegen geringer Streuung der Ionenstrahlen schlechte Beschichtung von Ecken und Kanten

6.3.3.5 Synergistische[1] Überzüge

In Schichten, die durch konventionelle Verfahren, wie Anodisieren oder Hartgalvanisieren, aufgebracht wurden, lässt man Polymere, wie z. B. Polyvinylfluorid (PVF) oder Polytetrafluorethylen (PTFE), eindringen. Durch das Zusammenwirken dieser Zusatzstoffe mit der Grundbeschichtung ergeben sich völlig neue, höherwertige Bezüge.

Es sind für jeden metallischen Werkstoff spezielle Verfahren und Rezepturen erforderlich, oft in vielen Variationen. Damit ist es aber möglich, gezielt anwenderspezifische Eigenschaften der Oberfläche zu erzeugen: Schmierverhalten, Temperaturfestigkeit, geringe Adhäsion (z. B. bei Formen für Kautschukprodukte), große Härte auf weichen Werkstoffen (Al-Legierungen).

---

[1] Synergismus: Zusammenwirken von Substanzen oder Faktoren

6.3.4 Beschichten aus dem festen Zustand

Hierzu zählen alle Verfahren, bei denen Feststoffe in den unterschiedlichsten Formen (Platten, Bänder, Folien, Pulver) auf die Werkstoffe aufgebracht werden. Oft werden diese Schichtstoffe anschließend einer (meist thermischen) Nachbehandlung unterworfen. Streng genommen handelt es sich in vielen dieser Fälle um ein Fügen, denn die festen, oft vorgeformten Schichtmaterialien müssen durch Kleben, Löten oder Schweißen mit dem Werkstück verbunden werden.

6.3.4.1 Plattieren

> Plattieren ist ein Beschichtungsverfahren, bei dem hochwertige Metalle fest mit einem (meist preisgünstigen) Grundmaterial verbunden werden. Plattierte Werkstoffe sind **Verbundwerkstoffe**.

Solche Verbundwerkstoffe sind vollwertige Materialien mit den Eigenschaften des aufplattierten Metalls, besonders dann, wenn beidseitig plattiert wird. Als Beschichtungswerkstoff kommen hauptsächlich Kupfer, Nickel, Chrom und deren Legierungen sowie Edelmetalle infrage. Verbundwerkstoffe aus gleichartigen Werkstoffen verhalten sich bezüglich Bearbeitung (Härte, Dehnung), Temperaturverhalten (Bimetallwirkung) und Korrosionsbeständigkeit (Kontaktkorrosion am besten. Sehr oft werden hochlegierte Stähle als Deckschicht auf unlegierte Stähle aufplattiert (chem. Anlagen, Reaktorbau, Triebwerksbau).

Herstellungsverfahren

An erster Stelle liegt das **Walzplattieren**, wobei die Folie bzw. das Blech unter Anwendung von Wärme und Druck auf das Grundmetall aufgewalzt wird (Bild 1, Seite 313). Dabei verbinden sich beide Metalle unlösbar, teils durch Diffusion, teils durch Pressschweißung. Oft wird eine (galvanische) Zwischenschicht aus Nickel aufgebracht, um **unerwünschte** Diffusion (z. B. Kohlenstoff in hochlegierte Chromstähle) zu verhindern, da dies zu Versprödung in der Verbindungszone führen kann.

Durch **Hartlöten** werden besonders Edelmetalle aus Kupfer-, Nickel-, Messing- oder Silberbänder aufplattiert (z. B. Walzgold). Niederschmelzende Deckmetalle können auch durch **Gießen** aufgetragen werden, so z. B. Kupfer auf Stahl mit niedrigem Kohlenstoffgehalt. Die gegossene Oberfläche muss anschließend durch Walzen verbessert werden.

Für besondere Fälle ist das **Sprengplattieren** entwickelt worden, z. B. zum nachträglichen Plattieren fertig geformter und montierter Bauteile. Das Deckblech wird dabei genau der Werkstückform angepasst, sodass nur ein geringer Abstand zwischen beiden Teilen verbleibt. Das Deckblech wird mit einer Sprengstoff-Folie beschichtet und diese an einer Stelle entzündet. Die sich rasch fortpflanzenden Detonationsfront erzeugt eine starke Druckwelle. Dabei prallt das Deckblech mit Geschwindigkeiten von etwa 1000 m/s auf das Werkstück auf und verbindet sich unlösbar mit ihm, wobei die Druckwellen zu einer gegenseitigen Verzahnung beider Werkstücke führen.

Verbundwerkstoffe können verarbeitungstechnisch als homogene Materialien angesehen und dementsprechend mit den meisten spanlosen Verfahren weiterverarbeitet werden. Bleche können z. B. weiter ausgewalzt werden. Dabei bleibt das Dickenverhältnis von Schicht- und Grundwerkstoff im Allgemeinen erhalten. Die Schichtdicke liegt zwischen 5 und 20 % der Gesamtstärke und kann bis auf ca. 20 µm ausgewalzt werden.

Weit verbreitet ist auch das Beschichten von Oberflächen mit Kunststofffolien, meistens zu dekorativen Zwecken.

6.3.4.2 Aufschmelzen

Bringt man nach irgendeinem Verfahren pulvrigen Stoff auf die Werkstückoberfläche und verbessert man die Haftfestigkeit durch gleichzeitiges Erwärmen bis zum Schmelzen des Pulvers, dann spricht man von Aufschmelzen bzw. Sintern. Dies wird **besonders bei Kunststoffen** angewandt und ist als **Wirbelsintern** bekannt. Dabei werden **vorgewärmte** Werkstücke in **Kunststoffpulver** eingetaucht, das durch Luft in Schwebe gehalten wird. Das Pulver haftet auf den Teilen und sintert unter dem Einfluss der Eigenwärme des Haftgrundes. Um glattere Überzüge zu erhalten, kann anschließend im Ofen nachgesintert werden.

Wirbelsintergeräte bestehen aus einer unten liegenden Druckluftkammer, die durch eine mikroporöse Platte aus Keramik, Filz, Kunststoff oder

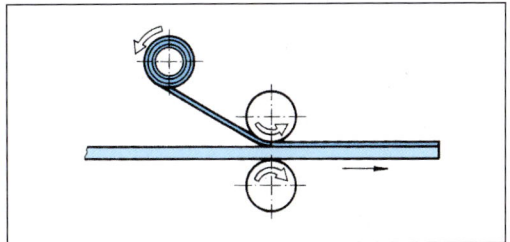

1 Walzplattieren

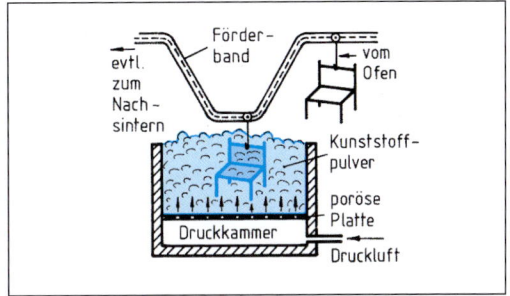

2 Wirbelsintern

Sintermetall mit Öffnungen von maximal 50 µm gegen den darüber liegenden Oberkasten abgeschlossen ist. Im Oberkasten befindet sich das Kunststoffpulver, das durch die Druckluft in Schwebe gehalten wird, vergleichbar mit einer kochenden Flüssigkeit (Bild 2). Über- und austretendes Pulver kann am Rand abgesaugt werden.

Auf diese Weise können sowohl Einzelstücke, Massenware als auch Halbzeuge (Drähte, Rohre, Tafeln) beschichtet werden. Wegen der hohen **Werkstücktemperatur** (ca. 300 °C) können nur Teile aus Eisen und Stahl, Aluminium, Kupfer, Zink und deren Legierungen wirbelgesintert werden. Weichgelötete Teile kommen nicht infrage.

Die Vorwärmung erfolgt in Öfen, die dafür benötigte Zeit richtet sich nach Größe und Werkstoff der Teile. Aus dem Ofen werden sie unmittelbar in den Oberkasten abgesenkt, die Verweilzeit dauert oft nur wenige Sekunden. Die Abkühlung kann in Luft oder Wasser erfolgen.

In den Fällen, in denen die Werkstücke wärmeempfindlich sind, wird das Pulver kalt aufgebracht (z. B. nach einem der im Abschnitt 6.3.3.3 beschriebenen elektrostatischen Verfahren). Anschließend wird im Ofen oder unter Strahlen gesintert, z. T. unter Verwendung von Schutzgas. Dabei dringt die Wärme nicht wesentlich in das Werkstück ein. Zudem ist dieses Verfahren energiesparender.

6.3.5 Zuordnung Verfahren/Schichtwerkstoff

Die Vielzahl der z. T. kombinierten Verfahren sowie die noch größere Anzahl von Schichtwerkstoffen macht es notwendig, einen Überblick über deren Zuordnung zu geben. Das muss zwangsläufig unvollständig sein, da ständig neue Verfahren und neue Werkstoffe entwickelt sowie neue Anwendungsbereiche erschlossen werden und zudem viele spezielle, weniger verbreitete Verfahren hier nicht aufgenommen werden können.

In Bild 1 sind nur diejenigen Schichtwerkstoffe aufgeführt, die im Text besonders erwähnt wurden. Ergänzend können auch die Bilder 298.1, 309.1, 313.1, 314.1, 315.1 und 316.1 zu Rate gezogen werden.

Bild 1 Seite 321 gibt ergänzend einen Überblick über typische Verfahren, die den Untergruppen nach DIN 8580 zugeordnet werden können.

Schichtwerkstoffe	Zustand des Schichtwerkstoffes vor dem Beschichten										
	gasförmig		flüssig				ionisiert				fest
	Beschichtungsverfahren										
	chem.	phys.	Tauchen in Schmelze	Tauchen in Lösung	Spritzen mit Schmelze	Spritzen mit Lösung	elektrolytisch	anod. oxid.	elektrostat.	chem.	Sintern
Ag							•				
Al	•	•	•		•			•			
Al-Leg.	•	•			•						
Al-Oxide								•			
Au							•				
Boride	•	•			•						
C-Stähle					•						
Carbide	•	•			•						
Cd							•				
Chromate										•	
Co							•			•	
Cr	•	•					•			•	
Cu					•		•			•	
CuNi					•						
CuZn					•						
Email			•						•		•
Farben				•		•			•		
Fe-Oxide										•	
Gläser		•	•						•		•
Halogenide	•	•									
Harze					•				•	•	
Keramik		•							•		•
Kunststoffe				•					•		
Lacke				•		•			•		
Metall-Leg.		•			•				•		
Mg-Oxide								•			
Mo-S-Verb.		•									
Mo-Si-Verb.					•						
Ni							•			•	
Nitride	•	•			•						
Oxid-Kompl.		•			•			•	•	•	
Pb			•		•		•				
Pd							•				
Phosphate										•	
Pt							•				
Rh							•				
Sn	•	•	•		•		•				
Thermoplaste				•					•		•
X... CrNi...					•						
Zn	•	•			•		•	•	•		

1 Übersicht Verfahren/Schichtwerkstoff

Zustand (DIN 8580)	Verfahren		typische Beispiele
gas- oder dampfförmig	chemisch (CVD)		Nitrieren, Alitieren
	physikalisch (PVD)		Ionenplattierung, Sputtering
flüssig, breiig oder pastös	Tauchen	Schmelzen	Feuerverzinken, Emaillieren
		Lösungen	Tauchlackieren
	Schmelzen	Schmelzen	Metallspritzen, Flammspritzen
		Lösungen	Lackieren, Kunststoffbeschichten
Ionisiert	elektrolytisch		Galvanisieren
	anodisch Oxidieren		Eloxieren
	chemisch		Phosphatieren, Brünieren
	elektrostatisch		elektrophoretisch Lackieren
fest	Plattieren		Walz-, Sprengplattieren
	Aufschmelzen		Wirbelsintern

1 Verfahrensbeispiele

6.4 Prüfung von Oberflächenschichten

Die Prüfung von Überzügen und Schichten hat jeweils im Hinblick auf ihren Verwendungszweck zu erfolgen. Unter der Voraussetzung, dass die Eigenschaften einwandfreier Überzüge bekannt sind, genügt im Allgemeinen die Messung der Schichtdicke zusammen mit Untersuchungen auf Porenfreiheit. Ist hingegen das Langzeitverhalten der Überzüge unbekannt, so müssen entsprechende Prüfverfahren angewandt werden, die aus verhältnismäßig kurzen Versuchszeiten Rückschlüsse auf das Dauerverhalten zulassen.

Zu diesen Prüfverfahren zählen insbesondere die in DIN-Normen festgelegten Prüfungen auf Korrosionsbeständigkeit mit Kochversuchen, Einwirkung von aggressiven Medien oder auch nur von natürlichen Witterungseinflüssen während bestimmter Zeitdauer. Im Vordergrund stehen innerhalb der Fertigungsprozesse die Messung der Schichtdicken. Hierzu dienen mechanische, chemische, elektrische und magnetische Verfahren.

6.4.1 Mechanische Prüfungen

Die einfachste Methode besteht darin, die Masse eines beschichteten und eines unbeschichteten Werkstückes zu messen und mittels der Größe der Werkstückoberfläche, der Dichte des Überzugwerkstoffes und des gemessenen Massenunterschiedes die **mittlere** Schichtdicke zu berechnen.

Für genauere Ergebnisse, insbesondere bei komplizierten Werkstückformen, müssen Proben entnommen und geschliffen werden; die Schichtdicke wird dann mikroskopisch ausgemessen. Liegen die Fertigungstoleranzen des unbeschichteten Werkstückes weit unterhalb der Schichtdicke, genügen auch unmittelbare Längenmessungen, z. B. mit der Messschraube.

6.4.2 Chemische Prüfungen

Bei chemischer Prüfung werden die Schichten örtlich abgelöst. Dies kann einerseits allein durch Chemikalien (Säuren, Laugen) geschehen, andererseits durch elektrochemische Verfahren, in denen die Überzüge dadurch entfernt werden, dass man die Werkstücke als Anode schaltet. Durch Messung der Masse vor und nach der Ablösung wird als Differenz die Überzugsmasse festgestellt und daraus die mittlere Schichtdicke berechnet.

Ein anderes Verfahren, das **Strahlverfahren**, löst mittels eines örtlich eng begrenzten Strahles aggressiver Chemikalien die Schicht ab, bis der Grundwerkstoff sichtbar wird (Bild 1). Aus der Dauer des Vorganges lässt sich die Schichtdicke ermitteln. Dieses Verfahren eignet sich auch zur Prüfung von mehrschichtigen Überzügen.

Dünne Chromüberzüge können sehr einfach nach dem **Tüpfelverfahren** geprüft werden. Dabei wird Salzsäure in einem Wachsring (zur Begrenzung des Prüfbereiches) gegeben und die Zeit bis zum Erscheinen des unter der Chromschicht liegenden Metalls (meist Nickel) gemessen.

Wegen der Zerstörung der Überzüge sind diese Verfahren nur für Stichproben geeignet.

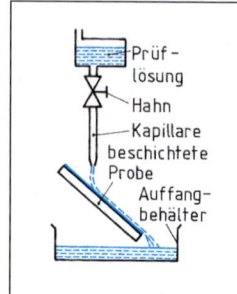

1 Strahlverfahren

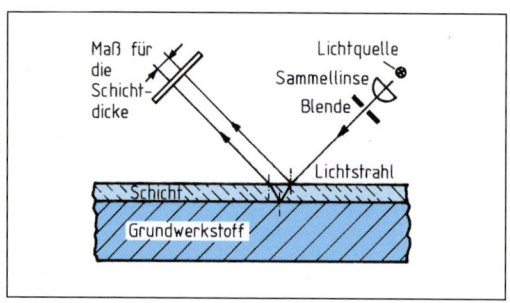

2 Lichtschnittverfahren

6.4.3 Elektrische und magnetische Prüfungen

Ohne Zerstörung der Überzüge arbeiten elektrische und magnetische Prüfverfahren.

Mittels induzierter **Wirbelströme** können elektrisch isolierende Schichten auf metallischen Grundwerkstoffen gemessen werden. Die Rückwirkung der Wirbelströme auf Messspulen ist abhängig von der Schichtdicke; der Messspulenstrom ist daher unmittelbar ein Maß für die Schichtdicke.

Unmagnetische Schichten auf Eisen und Stahl können mittels magnetischer Messgeräte geprüft werden. Das kann durch **Dauermagnete** geschehen, deren Haftkraft von der Schichtdicke abhängig ist und daher ein Maß für sie darstellt. Andere Verfahren bedienen sich der elektromagnetischen **Induktion**. Diese Geräte geben die Schichtdicke unmittelbar auf einem Messinstrument in μm oder mm an.

6.4.4 Prüfung mit Strahlen

Lichtdurchlässige Schichten (dazu gehören u. a. Eloxalschichten) werden mittels **Lichtschnitt** gemessen. Ein schräg auffallender Lichtstrahl wird einmal an der Oberfläche des Überzugs, zum anderen an der Oberfläche des Grundmetalls reflektiert. Dadurch entstehen zwei Bilder im Objektiv, deren Abstand ein Maß für die Schichtdicke ist (Bild 2). Zu berücksichtigen ist dabei der Brechungsindex des Überzugs.

Ein universell einsetzbares Verfahren für Überzüge aller Art bedient sich der Rückstreufähigkeit von **Betastrahlen** (= Elektronen radioaktiver Elemente) in Überzügen und Grundwerkstoff. Die Dicke der Überzüge ändert die messbar zurückgestreuten Betastrahlen. Der Messwert ergibt sich aus der halben Eindringtiefe der Strahlen.

Neben den genannten Messverfahren gibt es noch eine Vielzahl von Geräten zur Prüfung der Porenfreiheit, des Glanzes, der elektrischen Isolationsfähigkeit und anderer bei Überzügen relevanter Eigenschaften.

6.5 Unfall- und Umweltschutz

Die Arbeit mit vielen Oberflächenbehandlungsverfahren birgt wegen des z. T. intensiven Umgangs mit Chemikalien und chemischen Prozessen Gefahren in sich. Ebenso ist die Umwelt durch chemisch verunreinigte Abwässer oder gasförmige Emissionen gefährdet. Aus beiden Gründen sind daher umfangreiche Maßnahmen unumgängliche Voraussetzung für die Inbetriebnahme einer neuen Anlage und z. T. noch viel mehr für die Inbetriebhaltung derzeit bestehender Anlagen.

6.5.1 Unfallschutz

Wegen der Vielfalt der verwendeten Chemikalien sind keine generellen Regeln aufzustellen, außer diesen: Unmittelbaren Hautkontakt vermeiden (dazu gehört auch die Sauberhaltung der Kleidung), Schutzkleidung, Schutzhandschuhe und Schutzbrillen tragen, Dämpfe und Gase nicht einatmen, daher absaugen, Prozesse u. U. automatisieren, um menschlichen Kontakt mit Werkstücken und Chemikalien überhaupt zu verhindern.

Für viele Chemikalien, die beim Reinigen, Beizen oder Galvanisieren verwendet werden, geben die Berufsgenossenschaften oder Hersteller spezielle **Merkblätter** heraus, die unbedingt zu beachten sind. Periodische ärztliche Untersuchung ergänzt die Sicherheitsmaßnahmen sinnvoll.

Auf die besondere Gefahr der Gewöhnung soll ausdrücklich hingewiesen werden: Wenn monate- oder jahrelang kein Unfall geschehen ist, lässt die Aufmerksamkeit oft sträflich nach! Die Verantwortung für die zu ergreifenden und ständig zu wahrenden Sicherheitsmaßnahmen muss bei jedem Einzelnen liegen!

6.5.2 Umweltschutz

Wie die Erfahrung lehrt, werden Abwässer von Reinigungs-, Beiz- oder Galvanisierungsprozessen oft in unverantwortlicher Weise ungereinigt in Kanalisationen oder gar Flüsse und Seen geleitet. Die Folgen sind vielerorts bereits katastrophal. Genauso ist es mit der Emission von Dämpfen und Gasen, die gerade ihrer Gefährlichkeit wegen aus den Betrieben abgesaugt werden, dann aber ungereinigt den niedrig liegenden Luftschichten anvertraut werden, die Mensch und Natur als Atemluft dienen.

Dabei sind es nicht nur die ausgesprochen giftigen Substanzen, die gefährlich sind. Oft führen

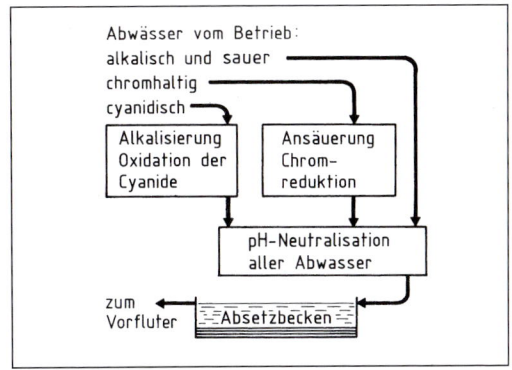

1 Abwasserreinigung (Schema)

auch harmlos erscheinende Chemikalien zu Prozessen in der Natur, die zu deren Zerstörung führen können. Als Beispiel hierfür mag die Tatsache dienen, dass Phosphate, toxisch weit weniger gefährlich als etwa Cyanide und als Düngemittel bekannt, mitverantwortlich für die Eutrophierung der Flüsse und Seen sind, sodass auch deren Abbau in unschädliche Substanzen notwendig ist.

Das Grundschema für jede Abwasserreinigung gibt Bild 1 wieder.

Zu den unumgänglichen Maßnahmen gehört das Neutralisieren saurer oder basischer Abwässer mittels Laugen oder Säuren, wobei darauf zu achten ist, dass dabei nicht neue Produkte (z. B. Salze) entstehen, die ihrerseits wieder schädlich sind. Am gefährlichsten sind Cyanide. Diese müssen durch chemische Umwandlung, durch Ausfällen und Ausfiltern aus den Abwässern entfernt und an sicherem Ort unschädlich gemacht werden. Ein neueres Verfahren beruht auf der Aufspaltung der Cyanide in Ammoniak und Salze der Ameisensäure durch Erhitzen auf 200 °C in einem Druckbehälter. Zu beachten ist auch, dass bei Kühlungsprozessen mancher Fertigungsverfahren chemische Produkte entstehen, die aus den Werkstücken (z. B. aus Kunststoffen) abgespalten werden.

Die Hersteller von Chemikalien für Oberflächen-Behandlungsverfahren bieten heute weitgehend auch Mittel zur Reinigung bzw. Unschädlichmachung der Abwässer an. Wie umfangreich gezielte Maßnahmen sein müssen, veranschaulicht das Schema einer Entgiftungs- und Neutralisierungsanlage für cyan- und chromhaltige Abwässer eines Betriebes mit Härterei und Galvanik.

Besonders Schwermetalle und ihre Salze belasten die Umwelt. Gesetzliche Auflagen zwingen zu neuen, kostenintensiven Abwasser-Reinigungs- und ggf. Recycling-Anlagen.

Abwässer von Schwermetallen (besonders Cr, Cd und Pb) müssen unter Anlegung strengster Anforderungen entgiftet werden.

In vielen Fällen können andere, ungefährliche Schichtwerkstoffe verwendet, oft umweltfreundlichere Verfahren eingesetzt werden.

Eine weitere Gefahr besteht darin, dass die Rückstände auf chemisch behandelten Werkstücken die Verbraucher belasten. Noch höhere Gefahren bestehen in der Lebensmittel- oder pharmazeutischen Industrie, wo solche Rückstände (z. B. von Reinigungsmitteln) in Lebensmittel, Medikamente oder Infusionen gelangen können.

Ein Maß dafür ist z. B. der Anteil an pyrogenen (Fieber erzeugenden) Rückständen und ihr Einfluss auf die Körpertemperatur (Bild 1).

Immer größere Bedeutung erlangt das **innerbetriebliche** Recycling. Durch Trennung der Abwässer in ihre chemisch reinen Bestandteile können einige von diesen wieder in den Prozess zurückgeführt werden. Beispielhaft sei dies am Lack-Recycling verdeutlicht (Bild 2).

Solche Entwicklungen sind nur möglich, wenn Erzeuger und Anwender gemeinsam entwickeln und optimieren, wodurch sich zwangsläufig ergibt, dass der Erzeuger einerseits entscheidenden Einfluss auf die Fertigung nimmt, wie andererseits der Anwender den Erzeuger zu entsprechenden Weiterentwicklungen zwingt.

Auch Berufsverbände bemühen sich um umfassende Informationen für ihre Mitglieder, indem sie Verfahrenskonzepte nach dem neuesten Stand der Technik entwickeln, welche die Planung, die Beschaffung und den Betrieb der Anlagen zur Oberflächenbehandlung erleichtern. Dazu gehören auch die aktuellen Kosten für Kauf und Betrieb der Anlagen sowie für die Entsorgung der Hilfsstoffe.

Grundsätzlich ist es die Pflicht insbesondere der für die Fertigung Verantwortlichen, sich rechtzeitig über alle möglichen Folgeerscheinungen zu informieren, die bei der Abwasserbeseitigung und Abluftreinigung auftreten können. Aber auch der einzelne am Arbeitsprozess Mitwirkende ist zum Mitdenken aufgefordert.

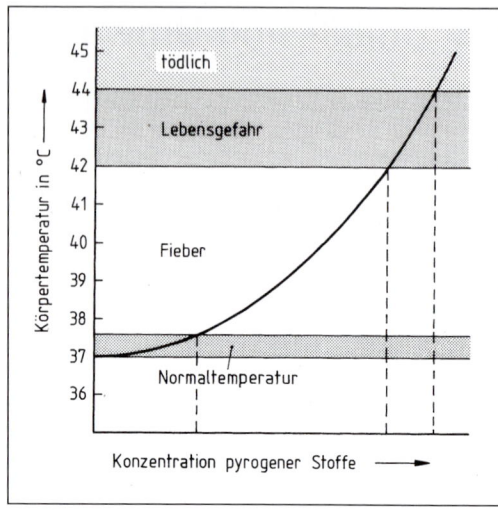

1 Einfluss toxischer Stoffe auf den Menschen

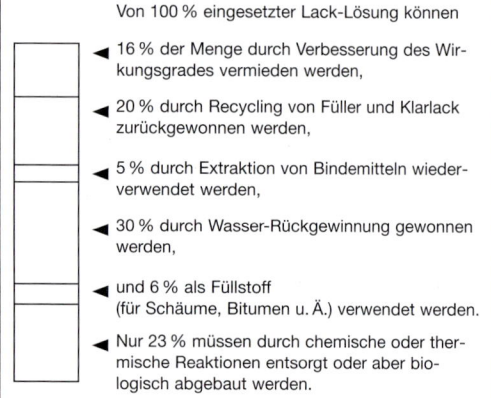

2 Recycling von Lacken

Aus der Vielzahl der zu beachtenden Gesetze seien genannt:

- Abfallbeseitigungsgesetz (AbfG)
- Abfallnachweisverordnung (AbfNachwV)
- Abwasserabgabengesetz (AbwAG)
- Bundes-Immissionsschutzgesetz (BImSchG)
- Bundesnaturschutzgesetz (BNatSchG)
- Benzinbleigesetz (BzBlG)
- Techn. Anleitung zur Reinhaltung der Luft (TA Luft)
- Wasserhaushaltsgesetz (WHG)

Die meisten dieser Gesetze werden durch Verordnungen ergänzt, durch die allgemein gehaltene Gesetzestexte näher erläutert bzw. im Einzelnen bestimmt werden. Außerdem ist mit neuen Gesetzen zu rechnen, die z. T. noch im Entwurf oder in der Beratung sind.

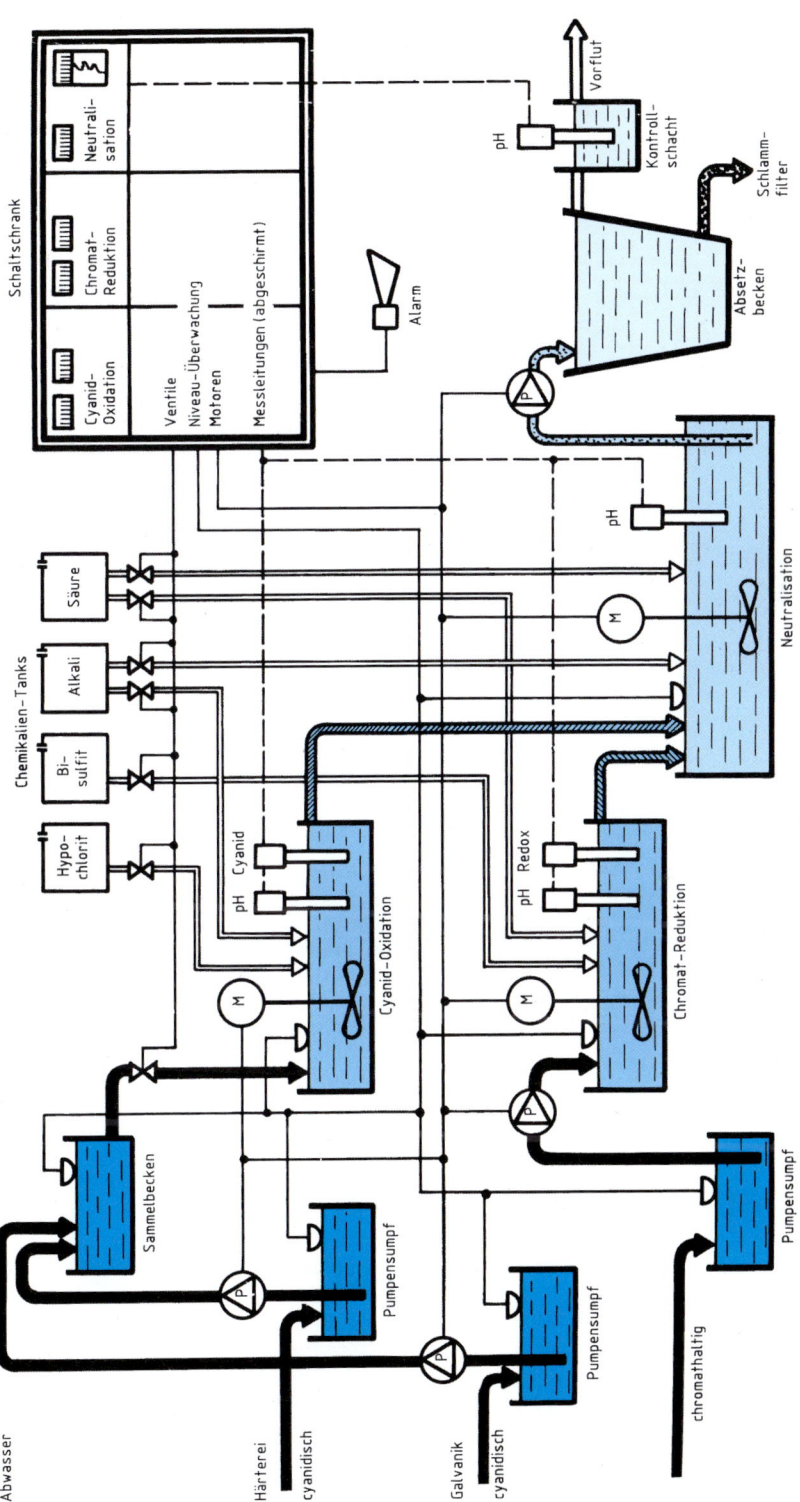

1 Prinzipschema einer Entgiftungs- und Neutralisationsanlage für cyan- und chromhaltige Abwässer

7 Thermisches Schneiden

Unterteilung der thermischen Schneidverfahren und Prozesse nach DIN 2310-6:

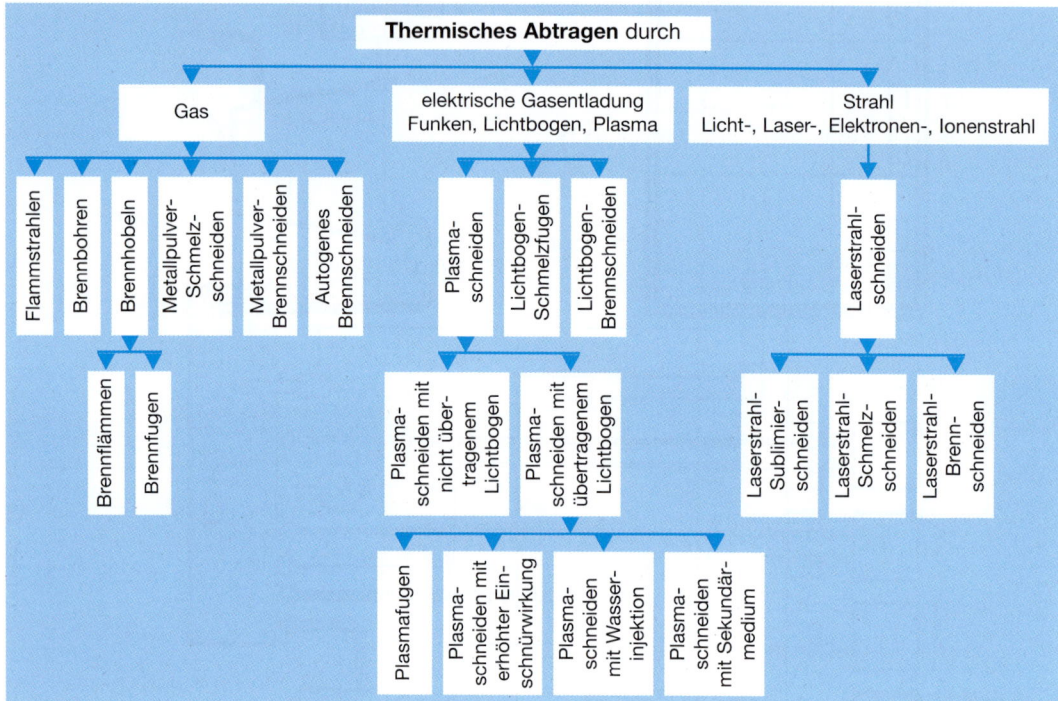

Einige dieser thermischen Abtrageverfahren sind **auch thermische Trennverfahren.**

Als thermisches Trennverfahren werden in der Metallverarbeitung überwiegend **autogenes Brennschneiden, Plasmaschneiden** und **Laserstrahlschneiden** angewendet.

Hierbei wird angestrebt, Werkstücke mit geringen Form- und Maßabweichungen zu fertigen.

Die **Formabweichungen der Schnittfläche** (dazu gehören **Rechtwinkligkeits-** und **Neigungstoleranz** sowie die **gemittelte Rautiefe-** und die **Maßabweichung der Schnittbreite und Schnittlänge**) sollten so gering sein, dass geschnittene Werkstücke ohne Nacharbeit zur Weiterverwendung geeignet sind. Werkstücke, für die eine mechanische Bearbeitung vorgesehen ist, werden mit einem entsprechenden Aufmaß hergestellt.

7.1 Qualität der Schnittflächen

Die Qualität der Schnittflächen ist für das thermische Trennen verfahrensunabhängig festgelegt in DIN EN ISO 9013. Sie gilt für Werkstoffe, die zum

– autogenen Brennschneiden von 3 bis 300 mm,
– Plasmaschneiden von 1 bis 150 mm,
– Laserstrahlschneiden von 0,5 bis 40 mm

geeignet sind. Die Norm enthält die **Qualitätseinteilung** sowie **Maßtoleranzen.**

Die Qualität der Schnittfläche wird beschrieben durch:
– die **Rechtwinkligkeits- und Neigungstoleranz u**, in mm,
– die **gemittelte Rautiefe Rz5** in μm
– **Form- und Lagetoleranzen** in mm.

Unregelmäßigkeiten an autogenen Brennschnitten, Laserstrahlschnitten und Plasmaschnitten sind in DIN EN 12584 angegeben und in 5 Gruppen beschrieben:

Gruppe 1: Unregelmäßigkeiten an Schnittkanten
2: Unregelmäßigkeiten an Schnittflächen
3: Schlacken
4: Risse
5: sonstige Unregelmäßigkeiten

Die auftretenden Unregelmäßigkeiten können wir nach sichtbaren und messbaren Kriterien beurteilen.

Als **sichtbare Kriterien** eines thermischen Schnittes gelten

Gratbildung: Metallisch oder schlackenartig, fest oder schwach anhaftende Kruste, Schlackenbart

Kolkung: Vereinzelt, Anhäufung, Lage der Kolkung

Unregelmäßigkeit: Hohlschnitt, welliges Profil, übermäßige Rillenbildung, Abweichung von der idealen Schnittfläche, Anschmelzungen

Wärmeeinflusszone: Durch Wärmeeinwirkung beschädigte Werkstückoberfläche, Gefügeveränderung

Die **messbaren Kriterien** für die Qualität von thermischen Schnitten werden in DIN EN ISO 9013 durch folgende Kenngrößen festgelegt:

- **Rechtwinkligkeits-** und **Neigungstoleranz u** in mm, 2 mal 3 Messungen mit je 20 mm Abstand je Meter Schnitt (Bild 2).

- **gemittelte Rautiefe Rz5** (in μm), ergibt sich aus der Rillentiefe und den Unregelmäßigkeiten der Schnittfläche, als arithmetisches Mittel an 15 mm Schnittlänge in Schneidrichtung. 1 mal 1 Messung je Meter Schnitt.

- **Grenzabmaße für Nennmaße der Toleranzklasse 1 und Toleranzklasse 2** (in mm) gelten für Maßabweichungen am geschnittenen Werkstück (Bild 3).

Die Grenzabmaße schließen den durch Rechtwinkligkeits- und Neigungstoleranz verursachten Anteil **nicht** ein.

Maß-, Form- und Lagetoleranzen gelten voneinander unabhängig.

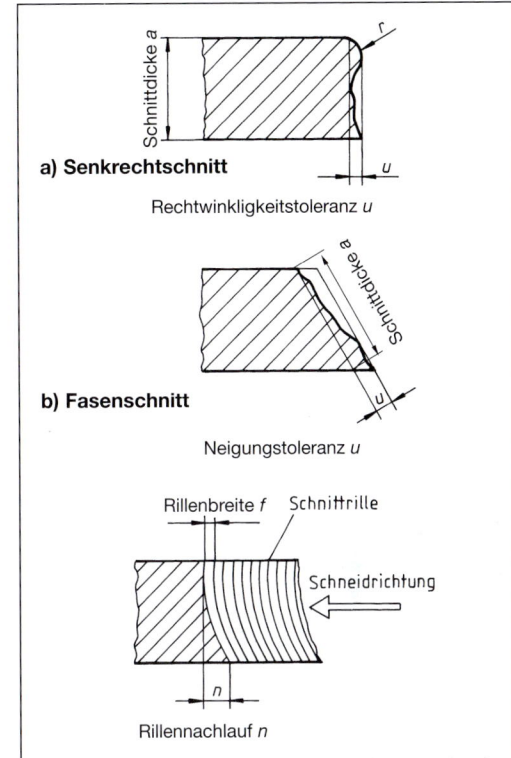

a) Senkrechtschnitt

Rechtwinkligkeitstoleranz u

b) Fasenschnitt

Neigungstoleranz u

Die Rechtwinkligkeits- bzw. Neigungstoleranz u ist der Abstand zweier paralleler Flächen, zwischen denen die Schnittfläche liegen muss.

1 Qualität der Schnittflächen

Mess-bereiche Bereich	Rechtwinkligkeits- und Neigungstoleranz u in mm	gemittelte Rautiefe Rz5 in μm
1	0,005 + 0,003a	10 + (0,6a:mm)
2	0,15 + 0,007a	40 + (0,8a:mm)
3	0,4 + 0,01a	70 + (1,2a:mm)
4	0,8 + 0,02a	110 + (1,8a:mm)
5	1,2 + 0,035a	–

2 Berechnung der Schnittqualität unter Berücksichtigung der Schnittdicke a
(Auszug DIN EN ISO 9013)

Nennmaße (mm)	3 ... <10		10 ... <35		35 ... <125		125 ... <315		315 ... <1000	
Toleranzklasse	1	2	1	2	1	2	1	2	1	2
Werkstückdicke	Grenzabmaße in mm									
>1 ... 3,15	± 0,2	± 0,4	± 0,2	± 0,5	± 0,3	± 0,7	± 0,3	± 0,8	± 0,4	± 0,9
>3,15 ... 6,3	± 0,3	± 0,7	± 0,4	± 0,8	± 0,4	± 0,9	± 0,5	± 1,1	± 0,5	± 1,2
>6,3 ... 10	± 0,5	± 1,0	± 0,6	± 1,1	± 0,6	± 1,3	± 0,7	± 1,4	± 0,7	± 1,5
>10 ... 50	± 0,6	± 1,8	± 0,7	± 1,8	± 0,7	± 1,8	± 0,8	± 1,9	± 1,0	± 2,3

3 Grenzabmaße thermischer Schnitte für Nennmaße der Toleranzklasse 1 und 2
(Auszug EN ISO 9013)

Die Grenzabmaße der Toleranzklassen 1 und 2 gelten für Maße ohne Toleranzangabe, wenn auf Zeichnungen oder Lieferbedingungen auf die Norm verwiesen wurde. Wenn andere Form- und Lagetoleranzen eingehalten werden müssen, sind sie gesondert zu vereinbaren.

Wird auf die Festlegung eines Wertes verzichtet, ist in den Zeichnungen eine „0" (Null) zu setzen.

Die Qualität der Schnittflächen sind für die Weiterverarbeitung der Werkstücke von großer Bedeutung. Die messbaren Werte werden an gesäuberten Schnittflächen festgestellt.

Bei Mehrflankenschnitten zur Vorbereitung von Y-, Doppel-V- oder HV-Nähten ist jede Schnittfläche gesondert zu betrachten.

Maßtoleranzen bei Teilen ohne Nachbehandlung

Das Schneidteil-Nennmaß (Bild 3, Seite 327) ergibt sich aus dem Zeichnungsmaß, vermindert um das Grenzabmaß.

Das Istmaß eines Bauteils, das durch ein thermisches Schneidverfahren hergestellt ist, entspricht immer dem Größtmaß bei Außenmaßen und dem Kleinstmaß bei Innenmaßen.

Maßtoleranzen bei Teilen mit Nachbehandlung

In der Praxis wird, wenn in der Zeichnung nichts angegeben ist, eine von der Blechdicke abhängige Bearbeitungszugabe Bz vorgesehen (Bild 1).

Die Auswahl des Schneidverfahrens hängt ab von: Werkstoffart, Schnittdicke, geforderter Schnittflächenqualität und einzuhaltender Maßtoleranz.

Bei autogenem Brennschneiden und Laserstrahlschneiden können nahezu parallele Schnittfugenflanken erreicht werden, während beim Plasmaschneiden eine Schnittfugenschräge von 2 bis 3° entsteht (Bild 3).

Bei Schnittflächen aus Aluminium, Titan, Magnesium und ihren Legierungen und Messing ergeben sich körnige und wellige Oberflächen, an denen die Rautiefe nicht ermittelt und nach Norm bewertet werden kann. Für Aluminium und Al-Legierungen sind bezogen auf diese Norm etwa vierfach höhere Werte möglich.

Schnittdicke a in mm	Bearbeitungszugabe B_z je Schnittfläche in mm
2 ... 20	2
> 20 ... 50	3
> 50 ... 80	5
> 80	7

1 Zugabemaße B_z für Teile mit Nachbehandlung

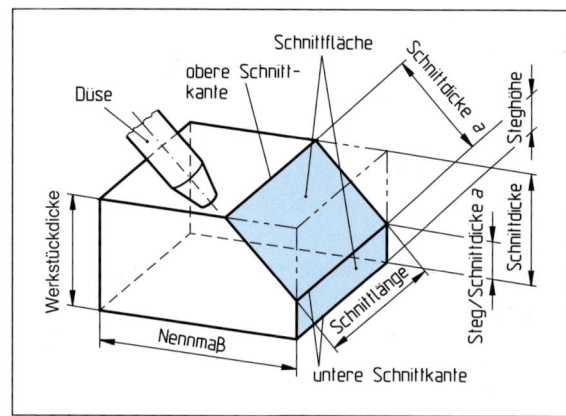

2 Begriffe am fertigen Werkstück

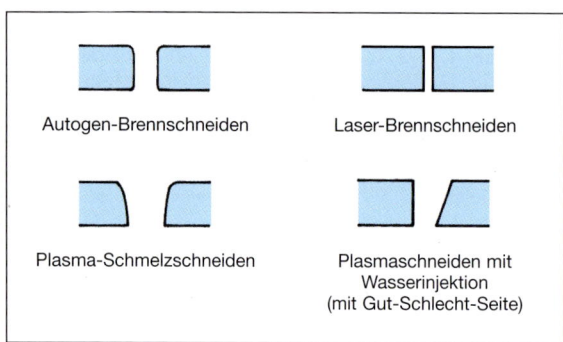

Autogen-Brennschneiden

Laser-Brennschneiden

Plasma-Schmelzschneiden

Plasmaschneiden mit Wasserinjektion (mit Gut-Schlecht-Seite)

3 Schnittfugenformen bei verschiedenen thermischen Trennverfahren (Blechdicke: 3 mm)

7.2 Brennschneiden

Autogenes Brennschneiden zählt neben Brennhobeln, Brennfugen (Fugenhobeln), Brennflämmen (Flämmen), Brennbohren (Sauerstoffbohren) und Flammstrahlen zu den Verfahren der Autogen-Technik. Bei allen diesen Verfahren des autogenen Trennens wird Werkstoff unter Ausnutzung seiner Oxidationswärme im zugeführten Sauerstoff verbrannt und abgetragen oder das Werkstück wird durch Entfernen unerwünschter Beläge gereinigt. Beim Brennschneiden werden die zu trennenden Stahlteile zunächst auf 1000 °C (Entzündungstemperatur) mit einer Heizflamme aus Brenngas-Sauerstoff vorgewärmt, dann mit Sauerstoff (Schneidsauerstoff) in Verbindung gebracht. Entsprechend der Breite des Schneidsauerstoffstrahles erfolgt eine Verbrennung. Die kinetische Energie der Brenngase schleudert Eisenoxid als Verbrennungsprodukt aus der Schnittfuge. Unlegierte Stähle lassen sich bis 3 m Dicke schneiden. Bei legierten Stählen bestehen Schwierigkeiten mit dem Abtransport der Oxide der Legierungselemente, deshalb ist die Schneidbarkeit von Eisenlegierungen begrenzt. Umfangreiche Schneidarbeiten werden mit Brennschneidmaschinen ausgeführt, deren Brennerführung durch Handführung oder maschinelle Steuerung erfolgen kann.

Das Brennschneiden als thermisches Trennverfahren ist sowohl ein physikalischer als auch ein chemischer Vorgang, der sich in vier Phasen abspielt:

1. Reaktion: Durch die Heizflamme wird der zu schneidende Werkstoff auf Zündtemperatur gebracht und so weit erwärmt, dass er bei Sauerstoffzuführung unter Oxidbildung reagiert. Der Schmelzpunkt des Metalloxids muss dabei niedriger als der des Metalls sein und die Oxidbildung soll mit großer Wärmeentwicklung verbunden sein.

2. Diffusion: Bei zunehmender Temperatur wandern immer mehr Atome, Ionen oder Moleküle wechselseitig und lockern den Zusammenhang.

3. Wärmetransport: Der Transport der Wärme, die zugeführt werden soll, geschieht durch das Brenngas. Sie soll nicht größer als notwendig sein, damit die Erwärmungszone möglichst klein bleibt.

4. Stofftransport: Er geschieht durch Wegblasen der Oxide mittels des Schneidsauerstoffes. Je dünnflüssiger die Oxidschlacke ist, umso besser kann sie weggeblasen werden.

Die bei diesem Brennverfahren notwendige Wärme wird erhalten

1. aus der Verbrennung des Brenngases (endothermer Vorgang) und

2. aus der Oxidation des Metallwerkstoffes in der Fuge (exothermer Vorgang).

Die frei werdende Verbrennungswärme genügt allerdings nicht, um die Entzündungstemperatur aufrechtzuerhalten, weil der Druckabfall des austretenden Sauerstoffstrahles von 15 MPa (150 bar) in der Flasche auf ca. 0,5 MPa (5 bar) im Brenner die Anschnittkante zu sehr abkühlt. Deshalb ist eine Vorwärmung, wie oben erwähnt, notwendig.

> Der Brennschneidvorgang wird durch einen Strahl reinen Sauerstoffs eingeleitet und aufrechterhalten, die Eisenoxid-Schlacke ist jedoch das schneidende „Werkzeug" (Bild 1).

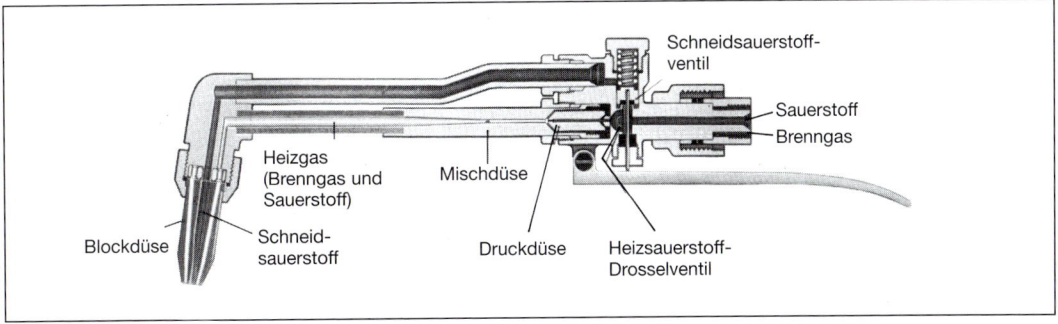

1 Schneideinsatz für Autogen-Handschweißbrenner

Labels im Bild:
- Schneidsauerstoff-ventil
- Sauerstoff
- Brenngas
- Heizgas (Brenngas und Sauerstoff)
- Mischdüse
- Blockdüse
- Schneid-sauerstoff
- Druckdüse
- Heizsauerstoff-Drosselventil

Die Verbrennungswärme spült den Werkstoff aus dem Material und bestimmt alle auftretenden physikalischen und chemischen Vorgänge. Der Schneidstrahl – der als Überschallstrahl durch die Fuge strömt – ist Transportmittel für die Schlacke.

Die Brennschneiddüse ist das wichtigste Teil des Schneidgerätes und bestimmt Schneidrichtung, Schnittdicke und Schnittflächengüte. Die Aufgabe der Heizdüse ist fast ebenso wichtig, ihre Energie, die Form und Art der Flammenaufteilung, der Abstand zum Schneidsauerstoff und zur Werkstückoberfläche beeinflussen den Schneidvorgang.

Brennschneiddüsen werden in zwei Gruppen eingeteilt:

- konzentrische Düsen für beliebige Schneidrichtungen,
  für maschinellen Brennschnitt erforderlich (Bild 1)

- hintereinander liegende Düsen, für nur eine Schneidrichtung (Bilder 3, 4),
  für gerade oder schwach gekrümmte Schnitte

Eingesetzt werden (Bild 2):

- Blockdüsen (die Schneiddüsenbohrung ist konzentrisch zu den Heizflammenbohrungen in einem Körper fest angeordnet)

- zweiteilige Düsen mit konzentrisch angeordneten Heizflammenschlitzen oder -bohrungen und einem gesonderten Heizdüsenmantel, der die Schneiddüse umschließt

- Ringdüsen, bei denen die Heizgase aus einem Ringspalt zwischen beiden Düsen austreten (veraltet, nur noch beim Handschneiden eingesetzt)

- Stufendüsen, ein- oder zweiteilig, Heiz- und Schneiddüsen getrennt hintereinander liegend angeordnet (Bilder 3, 4)

- Gase mischende Düsen

Brenngas und Heizsauerstoff werden normalerweise gemischt der Heizdüse zugeführt. Für Mehrbrenner-Schneidmaschinen, zum Lochstechen und für Warmschnitte sind jedoch **Gase mischende Schneiddüsen** erforderlich, da diese völlig rückschlagsicher und unempfindlich gegen Erwärmung sind. Die Gemischbildung von Brenn-

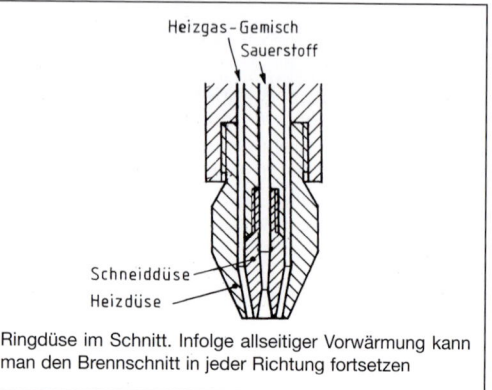

Ringdüse im Schnitt. Infolge allseitiger Vorwärmung kann man den Brennschnitt in jeder Richtung fortsetzen

1 Brennschneiddüse

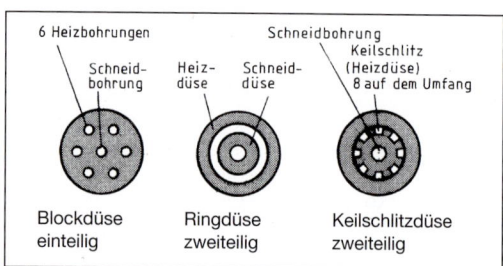

2 Düsenformen

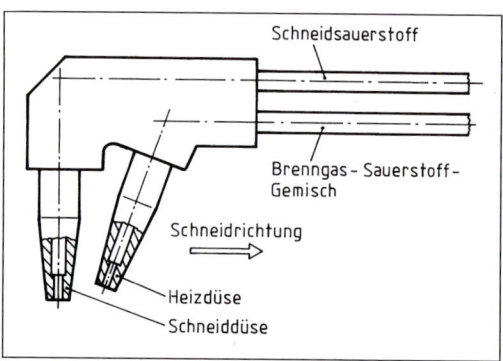

3 Zweiteilige Stufendüse

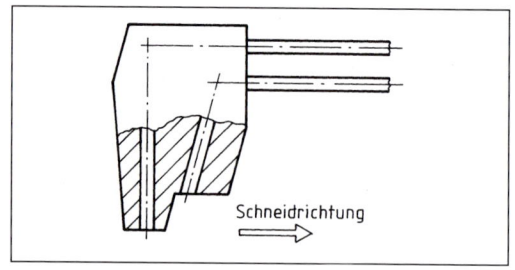

4 Einteilige Stufendüse

gas und Sauerstoff erfolgt erst in den Heizgasbohrungen der Düse. Erfolgt der Mischvorgang nach dem Austritt der Gase, also vor der Düse, so ist es eine **außen mischende Schneiddüse**, die vorwiegend in Hüttenbereichen und in der Grobblechverarbeitung bei geringen Qualitätsanforderungen im Einsatz ist.

Vorteile der Gase mischenden Düsen sind: Stabilität der Schneidflamme auch bei rauesten Bedingungen, großer Schneidbrennerabstand – etwa 60 mm – zum Werkstück, Erfordernis von nur drei Düsengrößen für den Bereich von 60 bis 1000 mm.

Voraussetzungen für einen sauberen Brennschnitt sind:

1. richtiger Düsenabstand von der Schnittoberkante, sonst wird die Vorwärmflamme nicht wirksam oder das Eisenoxid klebt hinter dem Schneidstrahl wieder zusammen, weil die Wucht des Strahles zu gering ist

2. Schneiddüsengröße entsprechend der Werkstückdicke

3. sauberer Brenner, aus dem ein wirbelfreier Sauerstoffstrahl austreten kann

4. richtiger Sauerstoffdruck, der von der zu schneidenden Werkstückdicke abhängig ist; Vorwärmflamme dabei neutral

5. richtige Schneidgeschwindigkeit, entweder gleich oder etwas geringer als die Vorwärmgeschwindigkeit

Eine maximale Schneidgeschwindigkeit ist nur bei maschinellem Vorschub erreichbar.

Sauerstoff-Hochdruckschneiden

Eine Steigerung der Schneidgeschwindigkeit beim autogenen Brennschneiden ist möglich. Bei Einsatz von **Hochdruckdüsen** mit Sauerstoffdrücken von 1,8 bis zu 4 MPa, meist angewendet im Bereich von 1,8 bis 2,4 MPa (18 bis 24 bar), sind an Blechen von 10 bis 40 mm Dicke Steigerungen um ca. 15 bis 30 % möglich.

Die Leistungssteigerung ist auf den höheren Volumenstrom des Schneidsauerstoffs zurückzuführen. Vorteilhaft ist die Verringerung der Wärmeeinflusszone an der Schnittkante und die erhöhte Prozessstabilität bei Konturschnitten und Mehrbrennereinsatz. Kantenanschmelzungen und Schlackenbartanhaftungen nehmen gegenüber der Normal-Schneiddüse mit 0,5 MPa nicht zu. Trotz erhöhtem Sauerstoffbedarf der Hochdruckdüse verringern sich die Schnittmeterkosten.

Brenngase und Brennerausführungen

Als Brenngase werden vorwiegend Acetylen oder Propan angewendet, danach folgen Wasserstoff, Ferngas (veraltete Benennungen sind: Leuchtgas, Stadtgas) und Erdgas. Für Sonderaufgaben wird auch Benzin als Brenngas eingesetzt. Schneidbrenner und Brennerdüsen müssen für den Brenngastyp geeignet sein.

Anwendung: autogenes Brennschneiden bei unlegierten und niedrig legierten Stählen von 2 bis 400 mm, zum Trennen bis 3000 mm Dicke.

7.3 Verfahrensvarianten des Brennschneidens

Das **Metallpulver-Brennschneiden** erweitert das autogene Brennschneiden auf höher legierte Stähle und Nichteisenmetalle.

Bei Werkstoffen, deren Schmelzpunkt tiefer als der des Oxids liegt (Schmelzpunkt des GG 1150 °C...1300 °C, Schmelzpunkt der GG-Oxidhaut ca. 1400 °C) oder bei Werkstoffen mit hoch schmelzenden Chromoxiden, z. B. bei Chrom-Nickelstählen, wird der Schneidvorgang durch Eisenpulverzugabe ermöglicht. Eisenpulver wird mittels Druckluft gesondert um die Heizdüse herum in den Schneidsauerstoff geblasen und verbrannt. Die erhöhte Verbrennungswärme erreicht die Entzündungstemperatur und erzeugt nun dünnflüssige Schlacke, die thermisch oder mechanisch aus der Schnittfuge herausgeblasen

wird. Saubere, glatte Schnitte sind nicht möglich, die Schnittflächengüte ist geringer als Güte II.

Das Verfahren wird, wie erwähnt, bei Chrom-Nickelstählen, GG und Nickel angewendet, bedingt auch bei Aluminium, im Dickenbereich von 15 bis 600 mm, sowie bei feuerfesten Steinen und bei Beton.

Beim **Sauerstoffbohren** (Sauerstofflanze) wird durch ein Stahlrohr Sauerstoff geleitet, das zur Leistungssteigerung mit Eisendrähten gefüllt wird. Sobald das Stahlrohr an einem Ende auf Entzündungstemperatur erhitzt ist, kann der dann durchströmende Sauerstoff die Verbrennung einleiten. Die Verbrennungswärme bewirkt örtliches Aufschmelzen durch Aufsetzen des Rohres. GG und mineralische Stoffe wie Stein oder Beton können bearbeitet oder getrennt werden. Statt eingelegter Eisendrähte kann auch Eisenpulver verwendet werden. Da ohne Brenngas gearbeitet wird, kann der Schneidsauerstoff das Eisenpulver zum Rohrende blasen und dort verbrennen. Das Rohr wird dann nicht gegen das Werkstück gedrückt, sodass die Reaktionswärme vorwiegend vom Eisenpulver erzeugt wird und so die Nutzungsdauer des Rohres verlängert.

Für das **Brennfugen (Fugenhobeln)** werden gesonderte Brenner und leicht gebogene Hobeldüsen benötigt. Durch verlangsamten Schneidsauerstoff-Austritt wird nur etwa 20 % Eisen verbrannt, vorwiegend also schmelzflüssiger Werkstoff weggeblasen. Das Brennfugen wird zum Vorbereiten von Schweißfugen, zum Wurzellage-Ausfugen für das nachfolgende Kapplageschweißen oder zum Freilegen von Nahtfehlern eingesetzt.

Schneidbrenner mit größeren Schneiddüsen oder Schlitzdüsen werden zum **Brennflämmen** von Brammen, Stahlblöcken und Walzknüppeln eingesetzt, wenn die verzunderte oder fehlerhafte Oberflächenschicht vor der Weiterverarbeitung längsseitig in Walzrichtung entfernt werden muss. Bei höher legierten Stählen oder als Starthilfe beim Flämmhobeln wird hierbei mit Eisenpulverzusatz gearbeitet.

Lichtbogen-Schmelzfugen wird mit einem Kohle-Lichtbogen und Druckluft zum Ausblasen der Schmelzfuge an Baustählen zur Nahtvorbereitung und Freilegen von Schweißnahtfehlern angewendet.

Bei der Demontage von Nuklearanlagen wird das **Benzin-Sauerstoff-Schneiden** an hochfesten Stählen erfolgreich eingesetzt. Entscheidend für die Anwendung ist die intensive und problemlos arbeitende Vorwärmflamme, die z. B. bei 250 mm Kesselwanddicke eine Schnittgeschwindigkeit von $\approx$ 145 mm/min sichert.

Eine Weiterentwicklung des autogenen Schneidbrenners ermöglicht, den gesamten **Schneidprozess unter Wasser** durchzuführen. Das Brenngasgemisch der Heizdüse wird in ca. 10 cm Wassertiefe gezündet und der Brennschnitt eingeleitet. Da der Schneidprozess im Wasserbad abläuft, werden Schadstoffe weitgehend gebunden, der Wärmeverzug – üblicherweise entstehend bei komplex aufgeteilten Flächenschnitten – unterbleibt, die Geräuschbelastung sinkt.

Bislang sind Blechdicken $\leq$ 150 mm schneidbar bei einer um 10 % verringerten Schnittgeschwindigkeit.

Eine andere Möglichkeit ist das **Lichtbogen-Brennschneiden**. Der zum Trennen unter Wasser notwendige Sauerstoff wird der **Hohlstabelektrode** (z. B. $\varnothing$ 8 mm bei 300 bis 800 A Gleichstrom) über einen geeigneten Elektrodenhalter zugeführt. In 10 m Wassertiefe wird je nach Werkstückdicke mit 4 bis 10 bar O_2-Druck gearbeitet, bei größerer Tiefe entsprechend höher.

Dieses Verfahren wird eingesetzt zum Trennen von Eisenmetallen, Leichtmetallen und NE-Metallen an Bohrinseln, Schiffskörpern, Brückenpfeilern u. Ä. Bei Verwendung von Druckluft kann die Hohlstabelektrode auch zum Trennen dieser Werkstoffe im Trockenen verwendet werden.

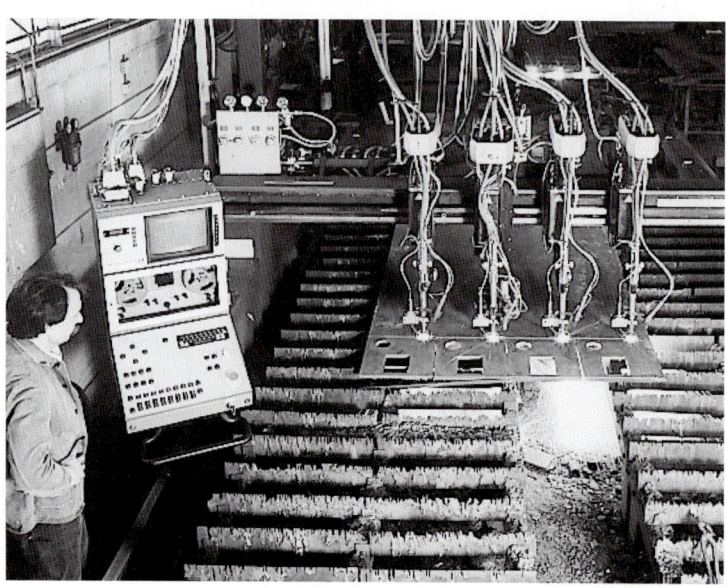

1 CNC-gesteuerte Brenn-schneidmaschine mit vier Autogen-Schneidbrennern mit kapazitiver Höhenverstellung und Zündeinrichtung

7.4 Plasmaschneiden

Mit dem **Plasmaschneidverfahren** können bei **übertragenem Lichtbogen** alle elektrisch leitfähigen Metalle geschnitten werden. Hauptsächlich schließt es neben dem Laserschneiden die Lücke der Schneidverfahren für Metalle, die nicht autogen brennschneidbar sind.

Die schneidbare Werkstückdicke ist beim Plasmaschneiden begrenzt auf ca. 150 mm, da die gesamte zur Verflüssigung des Werkstoffs erforderliche Wärme durch den Plasmalichtbogen bereitgestellt werden muss.

Bei **nicht übertragenem Lichtbogen** liegt der Werkstoff nicht im Stromkreis. So können auch elektrisch nicht leitende Werkstoffe geschnitten werden. Dieses bedingt die kleinen Schneidleistungen, weil die Schneiddüse als Anode wirkt.

Verfahrensbeschreibung:

Zwischen einer nicht abschmelzenden Elektrode (meist aus Wolfram) und dem Werkstück entsteht durch zugeführte Energie ein eingeschnürter, übertragener Lichtbogen (Bild 1).

– Es sind auch Plasma-Anlagen mit nicht übertragenem Lichtbogen im Einsatz (siehe **Plasmaschweißen**: Arten von Plasmabrennern). – In diesem Lichtbogen werden einatomige Gase (Argon) oder Gasgemische (z. B. aus 35 % Argon, 65 % Wasserstoff) ionisiert, mehratomige Gase (wie Stickstoff) dissoziiert. Zunehmend im unteren Leistungsbereich wird auch trockene Druckluft als Plasmagas angewendet.

Im Lichtbogenbereich bilden diese Gase einen Plasmastrahl von hoher Temperatur mit großer kinetischer Energie. Der Werkstoff schmilzt, die Strahlenenergie drückt den flüssigen Werkstoff aus der entstehenden Schnittfuge. Bei 18 000 bis 25 000 K wird das Metall rasch aufgeschmolzen. Die Wärmeableitung in die Schnittflanken ist gering, da mit hohen Schneidgeschwindigkeiten gearbeitet werden kann, der Verzug ist gering.

Plasmaschneiden mit erhöhter Einschnürwirkung

Ein Fortschritt ist die Anwendung von **Sauerstoff** als Plasmagas beim Schneiden mit übertragenem Lichtbogen. Gegenüber Luft steigert O_2 die Schneidgeschwindigkeit um 10 % und unterdrückt die Aufnitrierung der Schnittfläche, die u. U. abgearbeitet werden müsste.

Das Zünden des Pilotlichtbogens erfolgt mit Luft, da so die Nutzungsdauer der Kathode gegenüber Sauerstoff um den Faktor 5 ansteigt. Erst mit dem Zünden des Plasmalichtbogens wird automatisch

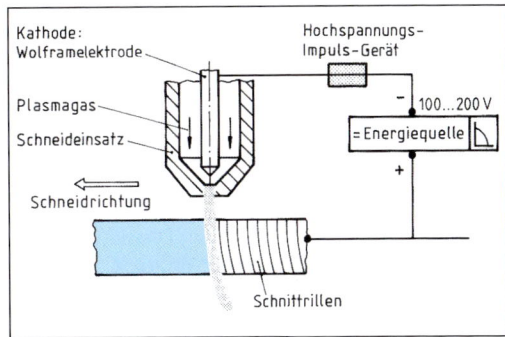

1 Plasmaschneiden mit übertragenem Lichtbogen – Funktionsprinzip – (siehe auch Bild 1, Seite 218)

auf Sauerstoffversorgung umgeschaltet und der Schmelzschnitt eingeleitet.

Gegenüber anderen Plasmagasen ergeben sich schmalere Schnittfugen, bartfreie Unterkanten und riefenärmere Schnittflächen. Der Einsatz von Sauerstoff vermindert im Vergleich zu Luft auch die Rauch- und Staubanteile.

Ein wesentlicher Faktor für das Fertigen einer hochwertigen Schnittfläche ist die Einhaltung eines konstanten Abstands zur Schneidoberfläche bei hohen Schneidgeschwindigkeiten. Der Brennerabstand bei Plasmaanlagen wird daher über eine spannungsabhängige Regeleinrichtung gesteuert, die mit der Plasmalichtbogenspannung verknüpft ist. Spannungsabweichungen führen zur Abstandskorrektur.

Beim **Plasmaschneiden mit Wasserinjektion** erfolgt – abweichend von der üblichen Plasmaschmelztechnik – zusätzlich radiales Einspritzen von Wasser (ca. 3 l/min) in den Plasmastrahl.

Durch die radiale Wasserbewegung bildet sich ein einseitig intensiver wirkendes Plasma, sodass der Schnitt auf der einen Seite fast senkrecht ausfällt, auf der anderen Seite aber bis zu 10° von dieser Idealform abweicht (Gut-Schlecht-Seite).

Der freigesetzte Sauerstoff des Wassers bewirkt besonders hohen Energiegehalt des Plasmastrahls – Temperaturerhöhung auf bis zu 50 000 Kelvin – und schlackenfreie Schnittflächen und Schnittunterkanten. Entstehende Metalldämpfe und Schneidstäube werden durch das nicht verdampfte Wasser mitgerissen. Zugleich wird der Lärm um etwa 15 dB (A) verringert. Auch die gesundheitsschädlichen Reizgase Ozon, Stickstoffoxid und Stickstoffdioxid werden im Wassernebel größtenteils gebunden. Darüber hinaus lässt sich erhebliche Umweltentlastung dadurch erreichen, dass 10 cm bis 20 cm über einem Wasserbad geschnitten wird.

Eine starke Geräuschentwicklung entsteht durch die hohe Ausströmgeschwindigkeit der Plasmagase. Darüber hinaus wachsen die Geräusche mit zunehmender Stromstärke an.

Bei Anwendung von Stickstoff als Schneidgas wird mit einer Wolframelektrode gearbeitet. Bei Anwendung von Druckluft ist zur Bildung eines stabileren Brennflecks die Elektrode mit Zirkonium oder Hafnium beschichtet. Von der Druckluft mitgerissene, aus dem Druckluftsystem stammende Wassertröpfchen verursachen Elektrodenverschleiß. Daher Druckluft-Mikrofilter vorschalten.

Das **Unterwasser-Plasmaschneiden** zeigt die geringste Umweltbelastung, indem es Stäube im Wasser bindet, Lärm mindert und die vom Lichtbogen ausgehende UV-Strahlung erheblich verringert. Der gesamte Schneidbereich – einschließlich der Plasmadüse – befindet sich unter der Wasseroberfläche.

Wird das Wasser durch ein Sekundärgas – z. B. Druckluft – vom Lichtbogen fern gehalten, kann ein beliebiges Plasmagas eingesetzt werden. Beim Wasserinjektionsverfahren mit Stickstoff als Plasmagas ist kein Sekundärgas zur Wasserverdrängung erforderlich.

Unregelmäßigkeiten und deren Ursachen beim Plasmaschneiden sind in DVS 2103 festgelegt.

Anwendung:

Bei allen schmelzschneidbaren Metallen. Das Verfahren wird vielfach bei autogen nicht brennschneidgeeigneten Metallen von 1,5 bis etwa 120 mm eingesetzt. Bei Chrom-Nickelstählen liegt die Anwendbarkeitsgrenze zzt. bei 200 mm. Anwendung erfolgt auch bei unlegierten und niedrig legierten Stählen bis 50 mm Dicke. Bei Vernachlässigung der Schnittgüte ist das Plasmaschneiden bis 40 mm Werkstückdicke anderen thermischen Trennverfahren überlegen. „Gut-Schlecht-Seite" erfordert sog. Gitterfertigung.

7.5 Laserstrahlschneiden[1]

Die Vorteile des Laserstrahlschneidens sind begründet in der hohen Leistungsdichte des Schneidstrahls von etwa 10^6 W/mm^2 und der berührungslosen Energieübertragung. Die hochwertige Schnittgüte, die geringe Rautiefe, verbunden mit einer hohen Schneidgeschwindigkeit, sind weitere Verbesserungen gegenüber anderen thermischen Trennverfahren, sodass trotz der hohen Investitions- und Betriebskosten die Anzahl der eingesetzten Laseranlagen stetig zunimmt.

Das Laserschneiden ist vom Absorptionsverhalten der Metalle, der Werkstückoberfläche und Schnittwinkel, der Wellenlänge des Lasers und der Brennflecktemperatur abhängig, Metalle mit hoher Wärmeleitfähigkeit wie Gold und Messing lassen sich nur sehr schlecht, Silber und Kupfer gar nicht laserschneiden. Ein Ausweg bietet u. U. das Wasserstrahlschneiden mit Unterstützung des Schneidvorgangs durch Abrasivmittel.

Laser eignen sich bei genügender Leistung und Strahlqualität, sowie bei Anwendung geeigneter Fokussieroptiken, Gase und Gaszuführungen zum Laserstrahlschweißen wie auch zum Laserstrahlschneiden.

Zum Schneiden oder Bohren wird ein scharf gebündelter Laserstrahl bevorzugt, wie er im Modem TEM$_{00}$ zur Verfügung steht.

Je nach angewendetem Schneidgas werden unterschieden:

- Laserbrennschneiden: mit Sauerstoff, selten Luft
- Laserschmelzschneiden: mit Argon oder Stickstoff
- Lasersublimierschneiden: vorwiegend Argon

In der Metallverarbeitung überwiegen die Verfahren Laserbrennschneiden und Laserschmelzschneiden.

Das **Laserbrennschneiden** verstärkt die Laserstrahlwirkung über das Prozessgas Sauerstoff und wird bei oxidierbaren Werkstoffen eingesetzt.

Die exothermische Reaktion des Sauerstoffs mit Metall erhöht um 80 % die Schneidleistung bei Stahl. Eingesetzt wird Sauerstoff mit einer Reinheit von 3,5 (O_2 = 99,95 Vol%) und einem Druck von ca. 6 bar. Der Verbrauch liegt bei max. 2,5 m^3/h und ist bei dünnem Material am größten (hohe Schneidgeschwindigkeit).

Das durch den Laserstrahl aufgeschmolzene Material in der Schneidfuge wird von Sauerstoff verbrannt und ausgeblasen (Bild 1, Seite 335).

---

[1] Zum Aufbau der Laserstrahl-Anlagen siehe die Ausführungen im Kapitel Laserstrahlschweißen

Gegenüber herkömmlichem Sauerstoff (O_2 = 99,5 Vol%) bringt die erhöhte Sauerstoffqualität 3,5 eine Geschwindigkeitssteigerung von ca. 15 %. Ein weiterer Vorteil ist die geringere Bartbildung und weniger Auskolkungen an der Schnittfläche.

Beim **Laserschmelzschneiden** von Edelstahl mit Stickstoff 5,0 (N_2 = 99,999 Vol%) tritt keine exothermische Reaktion ein. Der Werkstoff wird ausschließlich über die Laserstrahlenergie geschmolzen und vom eingesetzten Schneidgas ausgeblasen. Der hohe Schneiddruck von 8 bis 20 bar treibt die Schmelze mit hoher Geschwindigkeit aus der Schnittfuge, sodass Gratbildungen und Schlackenkrusten weitgehend verhindert werden.

Durch die wesentliche Erhöhung des Schneidgasdrucks versucht man die langsamere Schneidgeschwindigkeit beim Schmelzschneiden auszugleichen. Dieses bedeutet einen Verbrauch von N_2 je nach Düsendurchmesser von bis zu 70 m^3/h.

Das reaktionsträge Gas unterbindet an den Schnittflächen Oxidbildung, erschwert jedoch den Einstechvorgang. Prozesssteuerungen ermöglichen den Einstechvorgang daher mit Sauerstoff bei anschließender Umstellung auf inerte oder reaktionsträge Gase.

Laserschmelzschweißen wird vorwiegend eingesetzt zur Bearbeitung rostfreier Stähle bis 12 mm. Aluminiumlegierungen bis 4 mm können mit Stickstoff gratfrei, bis 8 mm Dicke mit weichem, leicht zu entfernendem Grat geschnitten werden.

Wegen zu hoher Kosten werden Argon oder Helium zum Schmelzschneiden seltener eingesetzt.

Interessant für das Laserschmelzschneiden ist die Doppelwirkung einer Kombination eines 1-kW-CO_2-Lasers und eines 100-W-Nd:YAG-Lasers. Dieses lässt den Laserstrahl sehr gut in hoch reflektierende Werkstoffe (z. B. CrNi-Stahl, Aluminium) bei gleichzeitig schneidgerecht kleinem Fokus-$\emptyset$ einkoppeln. Folge: Problemlos lassen sich NE-Metalle über 2 mm Dicke mit Schneidgeschwindigkeiten bis zu 1,1 m/min trennen.

Das **Lasersublimierschneiden** arbeitet mit höherer Energiedichte als das Laserschmelzschweißen. Der Werkstoff wird hierbei unter Überspringen der Flüssigkeitsphase im Kern des Laserstrahls verdampft. Das Verfahren wird vorwiegend für Nichtmetalle mit dem inerten Schneidgas Argon eingesetzt.

Holz, Leder, Gummi, Wolle und Textilien, sogar Papier, glasfaserverstärkte, spröd-harte und weiche Kunststoffe werden unter Verwendung von

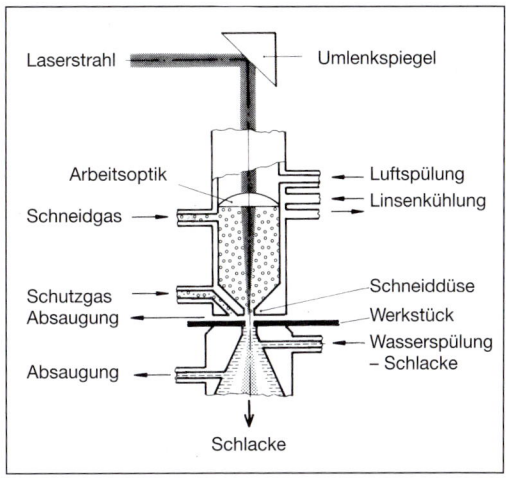

1 Schematischer Aufbau eines CO_2-Schneidkopfes, mit Absaugung der Verbrennungsrückstände und Wassersystem

Stickstoff als Schneidgas auf Laseranlagen geschnitten. Zur Herstellung von Feinstbohrungen ist das Sublimierschneiden ebenfalls geeignet, wie z. B. von Feinstbohrungen mit 0,10 mm Durchmesser in Keramikplatten mit einer Toleranz von 0,01 mm.

Laserlinsen mit **zwei Fokuspunkten**

Zur Vermeidung einer Gratbildung muss der Fokus in die Nähe der Unterseite des Bleches gelegt werden.

Eine neuartige Linsenausführung, die **Bifokale Optik,** verbessert bei größerer Schneiddicke die Schnittspaltform hin zu erhöhter Parallelität und verringert die Bartbildung an der Schnittunterkante.

Ein zentraler, kreisförmiger Ausschnitt des Laserstrahls wird in dem unteren Bereich des Schneidspalts fokussiert (F_2), um Gratbildung zu vermeiden. Der verbleibende ringförmige Ausschnitt wird auf die Blechoberseite fokussiert (F_1) und führt dort zu einer beschleunigten Erhitzung der Bearbeitungsstelle.

Folge: bessere und zuverlässigere Schnittqualitäten, höhere Schneidgeschwindigkeiten bei erheblich verringertem Gasverbrauch durch geringeren Gasdruck und den kleineren Düsendurchmesser.

Doppelfokuslinsen, angepasst an die Schneiddicke, können anstelle der konventionellen ZnSe-Linsen in alle gängigen Laserschneidköpfe eingesetzt werden.

Schnittbildung – Schnittfugen – Schnittflächen

Selten können Schnittfugen vom Rand eines Bleches ausgehen. Beim Einstechen zur Bildung einer Schnittfuge muss der Laserstrahl den Werkstoff zuerst aufschmelzen und die Schmelze oxidieren oder wegblasen bis zur völligen Durchdringung des Werkstücks. Dieser Einstechvorgang kann punktförmig mit voller Laserleistung schnell erfolgen, mit dem Nachteil, dass Metalldämpfe die Funktion des Schneidkopfs beeinträchtigen. Häufiger wird über langsam ansteigende Laserleistung „Rampe" und danach konstante Leistung das Einstechloch erzeugt. Dabei kann der Laserstrahl in der Geraden oder im Kreis ($\varnothing$ 2 mm) außerhalb der Werkstückkontur bewegt werden. Das Einstechen wie auch der Schneidvorgang werden durch Gase, die mit dem Laserstrahl aus der Düse des Schneidkopfs austreten, unterstützt.

Wichtig für das Schneidergebnis ist die **Fokuslage** des Laserstrahls. Zum Schneiden mit Sauerstoff ist der Fokuspunkt als Brennpunkt mit höchster Energiedichte bei Materialdicken ≤ 8 mm auf der Werkstückoberfläche oder dicht darüber am wirksamsten. Bei Dicken > 8 mm wird der Fokuspunkt deutlich über die Werkstückoberfläche gelegt. Beim Schneiden mit Stickstoff (Lasersublimierschneiden) wird der Fokuspunkt jedoch abhängig von der Materialdicke in das Material platziert.

Die **Schnittfugen,** bedingt durch Linsenbrennweite und Fokuslage, sind nicht völlig parallel von der Schnittoberkante bis zur Schnittunterkante, meist aber in ausreichender Güte für Bauteile ohne mechanische Nachbehandlung. Die Schnittfugenbreite von 0,15 mm bei Werkstückdicken ≤ 6 mm steigert sich bis zu einer Schnittfugenbreite von 0,6 mm bei 25 mm dicken Werkstücken.

Die gemittelte **Rautiefe der Schnittflächen** bis 4 mm Materialdicke ist gering; bei unlegierten Stählen mit CO_2-Laser an 1 mm Blechdicke ca. 15 µm, bei 6 mm Blechdicke ca. 50 µm, bei 10 mm Blechdicke ansteigend auf ca. 95 µm. Die Rautiefenwerte bei Anwendung des Nd:YAG-Lasers sind noch günstiger.

Sonderschneidverfahren – Laserbohren

Wasserstrahlgeführte Laser-Micro-Jet-Technik

Eine Sonderstellung nehmen wasserstrahlgeführte Laser ein: Die Schnittkante wird gekühlt. Bei anderen Laserverfahren ist der Einsatz an allen Buntmetallen, Kunst- und Schichtstoffen, Gummi u. Ä. nicht mehr sinnvoll, da im Schnittbe-

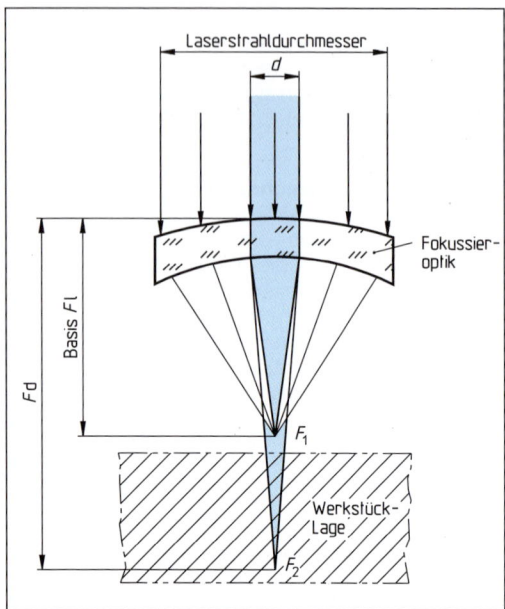

1 Wirkprinzip der Bifokalen Optik

reich bei einer Temperatur von ca. 3200 °C der Schnittrand verbrennt. Die Micro-Jet-Technik wird nicht in der klassischen Laserbearbeitung von Stahlblechen eingesetzt. Diese ist dort am besten geeignet, wo andere Techniken bisher versagen.

Durch die Ausnutzung des Unterschieds im Brechungsindex von Luft zu Wasser wird der Laserstrahl an der Übergangsfläche von Luft/Wasser total reflektiert und daher im Wasserstrahl geführt, vergleichbar wie in einer optischen Faser.

Eingesetzt werden vorwiegend gepulste Nd:YAG- oder Excimerlaser im 500-W-Leistungsbereich in einem Wasserstrahldurchmesser von 50 µm bei einem Wasserdruck von 100 bar.

Die Wasserstrahlführung des Lasers ergibt einen parallel wirkenden Laserstrahl, der Schnitte mit parallelen Kanten – auch an mehrschichtigen Werkstücken – gestattet. Bei der geringen Wärmebildung von nur ca. 70 °C am Werkstück sind Wärmeschäden weitgehend unterdrückt. Die wasserstrahlunterstützte Materialabtragung verhindert Schlackenbildung bei sehr geringer Gratbildung, die Schnittbreite von 0,8 mm ist gleichmäßig.

Ein wasserstrahlgeführter Laser kann auch zur Oberflächenstrukturierung u. a. von Aluminium eingesetzt werden. Gleichmäßige Rautiefe, keine Risse oder Gefügeveränderungen am Werkstück werden als Forderung im Flugzeugbau erfüllt.

Neben dem Kupferdampflaser ist der wasserstrahlgeführte Excimerlaser für extrem feine Bohrungen geeignet. Mit einem Bohrungsdurchmesser von $\leq 30\,\mu m$ werden nach dieser Excimer-Technologie u. a. weltweit 95 % aller Desktop-Tintenstrahldruckerköpfe geschnitten.

Die Micro-Jet-Technik wird auch zum Schneiden an dünnen Chromnickelstahlrohren aus Shape Memory Alloy (SMA) für diagnostische Untersuchungen in der Medizintechnik mit Wanddicken von 0,1 mm bei Rohrdurchmesser von 0,6 mm eingesetzt. Diese Endoskoprohre werden mit einer Laserleistung von 10 W bei einem Wasserdruck von 100 bar und einem Wasserstrahldurchmesser von 50 μm geschnitten.

Hochgeschwindigkeitsschneiden mit wasserstrahlgeführtem Laser von Folien oder Feinblechen

Folien aus Metall oder Kunststoff werden mit dem wasserstrahlgeführten Laserstrahl eines 700-W-Nd:YAG-Lasers im cw-Betrieb mit einer Schnittgeschwindigkeit von 2 m/s bei einer hervorragenden Schnittgüte getrennt.

Der die Diamantdüse mit $\varnothing$ 75 μm verlassende, außen glatte Wasserstrahl leitet den Laserstrahl an der Oberfläche Wasser/Luft in Totalreflexion. Durch den scharfkantigen Düsenauslauf verjüngt sich der Wasserstrahl auf 65 μm und bildet eine ca. 50 mm lange, sehr stabile Laserstrahlführung ohne Aufweitung. Bei einem Wasserdruck von 200 bar bleibt eine stabile Wasserstrahllänge von 100 mm erhalten. Eine engbegrenzte Abstandsregelung, sonst für volle Energieübertragung anderer Laserverfahren unerlässlich, ist nicht notwendig.

Edelstahlfolie mit einer Dicke von 100 μm wird mit einer Geschwindigkeit von 72 m/min geschnitten. Bei 1 mm dicken Aluminiumblechen für den Flugzeugbau wird mit gepulsten Nd:YAG-Lasern gearbeitet, deren überhöhte Pulsleistung das Aluminium verdampft. Zwischen den Laserpulsen trifft das Wasser direkt, also ohne Plasma, auf das Aluminium. Die Schnittqualität erfüllt die Bedingungen, Gratbildung, Mikrorisse oder Gefügeveränderungen treten nicht auf.

Durch den Einsatz von Laseroptik-Wechselkassetten mit unterschiedlichen Brennweiten wie 2,5", 3,75", 5" oder 7,5" kann eine optimale Abstimmung zur Schneidaufgabe im Bereich bis 5 mm Werkstückdicke erfolgen.

Die Leistungsfähigkeit des Verfahrens wird an einem Anwendungsbeispiel deutlich:

In Edelstahl mit einer Blechdicke von 0,5 mm sind Sieblöcher mit $\varnothing$ 10 mm zu schneiden. Bei einem Abstand von 12 mm können 506 Löcher pro Minute geschnitten werden. Die Abweichung von der Kreisform wird mit $\leq 0,1$ mm angegeben.

Die Maschinenleistungen sind beachtlich: Achsgeschwindigkeiten bis max. 200 m/min und Bahngeschwindigkeiten bis max. 280 m/min werden an diesen 2D-Laseranlagen erreicht. Die Maschinenanlage ist eine Flachbettmaschine mit extern fest stehendem Strahlerzeuger und einem bewegten Laserschneidkopf. Die Strahlzuführung erfolgt über das flexible, massearme Laserlichtkabel.

Nachteile der Micro-Jet-Technik: hoher Anlagenpreis, Trocknen der Werkstücke nach der Bearbeitung. Das Anwendungsspektrum ist groß. Wechseltische für Werkstücke mit je 1150 mm × 750 mm, Vakuumsauger und seitliche Niederhalter, für Stahl auch der Einsatz von Permanentmagneten, vergrößern die Einsatzfähigkeit.

Bohren mit dem Laserstrahl

Das Hochgeschwindigkeits-Perforationsbohren mit dem Laserstrahl wird zum Perforieren von Metallen, Keramik, Kunststoffen, Pappe oder Papier eingesetzt, wenn Bohrungsreihen oder definierte Biegekanten oder Sollbruchstellen gefragt sind. Perforationsreihen sind in der Filtertechnik gefragt, ebenso Mikrobohrungen in Feinstsieben für Zentrifugen.

Es werden große Perforationsflächen, z. B. in Metall bis 1 mm Dicke, mit gleich bleibender Bearbeitungsqualität hergestellt.

Gearbeitet wird mit einem CO_2-Laser mit 600 W Laserleistung, der mit hoher Geschwindigkeit als pulsierender Laserstrahl über das Werkstück geführt wird. Durch Steuerungsanpassungen lässt sich der Bohrungsabstand wie auch die Form der Bohrung in Rund-, Oval- oder Schlitzformen variieren.

Die Leistungsfähigkeit können 3 Fertigungsbeispiele verdeutlichen:

- Steuernuten im Steuerschieber (Bild 2, Seite 338)

- in CrNi-Blechen mit einer Werkstückdicke von 0,8 mm werden 20 000 Bohrungen pro Minute eingebracht

- an Hartpapier, ein mit Phenolharz verpresstes Papier, mit einer Dicke ≤ 1 mm können aneinander gereiht ca. 30 000 Bohrungen in der Minute gefertigt werden.

Viel versprechend zeigt sich als Neuentwicklung ein Metalldampflaser, der **Kupferdampflaser**, dessen besonders hohe Fokusierung des Laserstrahls bei der Herstellung feiner Bohrungen Vorteile bringt (Bild 1).

Mit dem Kupferdampflaser werden im Resonator gleichzeitig Strahlungen in zwei Wellenlängen emittiert, ein niederdivergenter[1] Laserstrahl wird erzeugt und im nachgeschalteten Verstärker auf die gewünschte Leistung angehoben. Die niedrige Divergenz erlaubt eine starke Fokussierung beider Wellenlängen durch die Achromatlinse, sodass feinste Schnitte und Bohrungen möglich werden.

Bei Bohrungen sind Schachtverhältnisse (Schmelzloch ∅ / Schmelzlochlänge) von 1 : 100 möglich.

Der Vorteil des Kupferdampflasers liegt im Einsatz in nahezu jedem beliebigen Winkel zur Werkstückoberfläche.

Ein Werkstück wird nicht mit einem einzelnen Puls „durchbohrt", sondern durch mehrere aufeinander folgende Pulse erfolgt der Vortrieb der Bohrung. Die kurzen Wechselwirkungszeiten begrenzen dabei die Wärmeeinflusszone auf den sub-µ-Bereich.

Bohrungen mit ∅ 1,5 µm mit zentrischen Abständen von 50 µm wie auch Bohrungen von ∅ 100 µm werden direkt „gebohrt". Größere Bohrungsdurchmesser und Schnitte an Werkstückdicken ≥ 6 mm erfordern Bohrungsüberlappungen.

Die bevorzugten Einsatzgebiete sind: Bohrungen an Einspritznadeln, Schneiden von Chipträgern, Schmuck und Gewebe, Trimmen von Widerständen, Kondensatoren u. Ä.

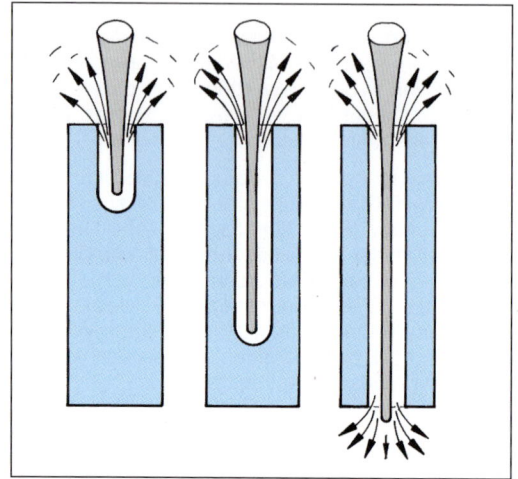

1 Prinzip des Bohrens und Schneidens mit Kupferdampflasern

Arbeitsschutz

Beim Einsatz von Laseranlagen sind zwei Gefahrengruppen zu unterscheiden:

1. Gefahren durch Laserstrahlung und durch Elektrizität
2. Gefährdung durch Partikelemissionen, wie Metallstäube und -dämpfe, und Gasemissionen, wie durch Bildung toxischer Gase bei Kunststoffen

Für thermische Schneidverfahren sind grundlegende Angaben über Arbeitsschutz – Gesundheitsschutz ab Seite 246 zu finden.

Wasserstrahlschneiden

Dieses **Kaltschnittverfahren** wird in vielen Bereichen der Feststoffbearbeitung mit oder ohne zusätzliche Strahlmittel eingesetzt.

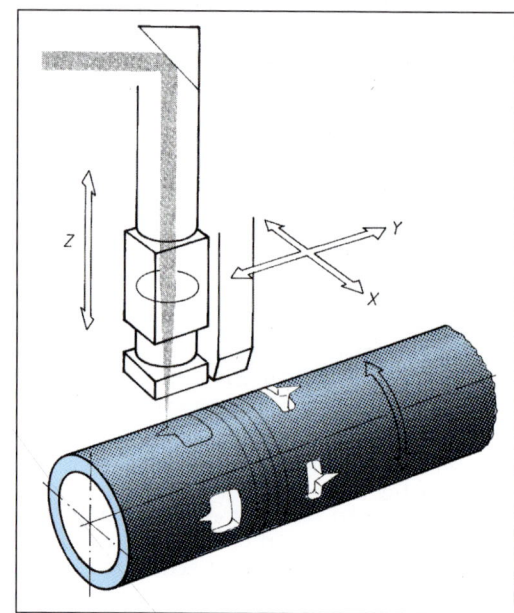

2 Fertigungsbeispiel einer 3D-Laseranlage: Steuernuten im Steuerschieber

Durch die Zugabe scharfkantiger Strahlmittel im Wasserstrahl stellt es als Abrasiv[2]-Wasserstrahlschneiden eine Ergänzung zum Laserstrahlschneiden dar.

Zur Formgebung wird das **Abrasiv-Wasserstrahlschneiden** eingesetzt, wenn kein anderes Fertigungsverfahren die Aufgabe lösen kann oder wenn bei vergleichbaren Kosten die Qualität und Fertigungsvielfalt entscheiden.

---

[1] divergent [lat.]: auseinander laufend
[2] abrasiv, von abrasio [lat.]: Abtragung, Abschabung

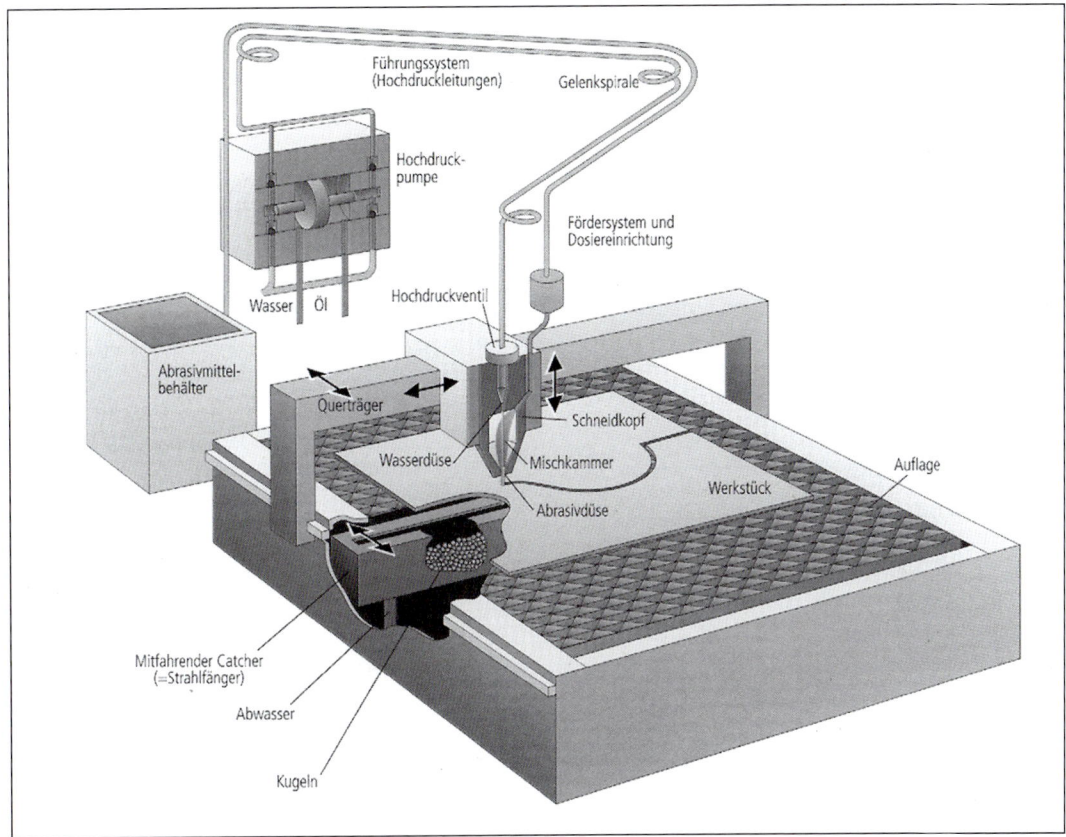

1 Abrasiv-Wasserstrahlschneidanlage

Gewählt wird dieses Trennverfahren, wenn es gilt, stark reflektierende oder gut Wärme leitende Metalle, Kunststoffe oder Verbundwerkstoffe, z. B. aus Metall/Kunststoff, ohne Qualitätsminderung der Werkstoffe zu schneiden. Wasserstrahlschneiden ist über die Programmierung des Bearbeitungsvorgangs in Verbindung mit der CNC-Steuerung des Schneidkopfes ein hochwertiges Trennverfahren.

Arbeitsweise (Bild 1): Eine Hochdruckpumpe erzeugt einen sehr hohen Wasserdruck von bis zu 4000 bar. Hochdruckleitungen führen das Wasser bis zum Schneidkopf, der über der Einstichstelle am Werkstück positioniert ist. Ein Ventil vor der Abrasivdüse aus Saphir oder Rubin mit einem Innendurchmesser von 0,08 mm bis 0,5 mm schließt im Schneidkopf die Hochdruckleitung ab. Bei geregelter Öffnung des Ventils fließt das Druckwasser in die Mischkammer des Schneidkopfes, in dem das Abrasivmittel beigemischt und zusätzlich Luft mitgerissen wird (Injektorprinzip).

Dieses Gemisch trifft beim Schneidvorgang fokussiert aus der Abrasivdüse des Schneidkopfs aus 1 mm … 2 mm Abstand auf das Werkstück.

Der Einstich kann durch ein gebohrtes Startloch am Werkstück erfolgen oder in 2 mm … 3 mm Abstand durch Hin- und Herbewegung auf einer Geraden bzw. durch kreisförmige Bewegung im Abfallteil beginnen.

Erst danach wird vom Einstich her die Schnittkontur angefahren.

Der Schnittbeginn mit Startloch ist vorteilhaft bei Verbundwerkstoffen und Laminaten, um ein Ablösen (Delaminieren) der Schichten während des Einstechens zu vermeiden.

Wird ein Werkstoff ohne Abrasivmittel bearbeitet, genügt ein Hochdruckrohr, das mit einer Wasserdüse abschließt. Grundsätzlich sind alle Werkstoffe, die mit einem Messer geschnitten werden können, auch ohne Abrasivmittel trennbar, so z. B. Schaumstoffe.

Wird mit Abrasivmittel gearbeitet, sind es scharf-kantige, mineralische Strahlmittel, meist Granat in der Körnung 120 Mesh[1], die in der Düse be-schleunigt werden und mit ca. 900 m/s auf das Werkstück auftreffen und den Schneidvorgang bewirken. Die eingesetzte Abrasivmittelmenge liegt im Bereich von 100 g/min … 260 g/min. Aluminium, Kupfer, Titan sowie deren Legierun-gen, auch als Verbundwerkstoffe, beschichtete Metalle und Laminate, z. B. faserverstärkte Kunststoffe sind das bevorzugte Einsatzgebiet.

Es werden 100 mm Schnittdicke an Metallen aller Art und an Kunststoffen erreicht.

> Die maximale Trenngeschwindigkeit kann umso höher gewählt werden, je weicher der Werkstoff und niedriger seine Zähigkeitswerte sind.

Die maximale Schneidgeschwindigkeit entspricht der Trenngeschwindigkeit. Diese liegt bei:

Stahl   10 mm: ca. 0,3 m/min
        20 mm: ca. 0,1 m/min

Al   10 mm: ca. 0,7 m/min
        20 mm: ca. 0,3 m/min

Titan   1,2 mm: ca. 0,6 m/min
Teflon mit
Cu-Einlage   3 mm dick: ca. 0,45 m/min

Die Schnittkanten werden nach VDI 2906-10 in Glattschnittzone und Restfläche aufgeteilt.

Für Schnittgüte und Maßtoleranzen gilt bei bei-den Wasserstrahlschneid-Verfahren die Norm DIN EN ISO 9013.

Der Glattschnittanteil wächst bei sinkender Schnittgeschwindigkeit.

Für Metalle gilt: Bei maximal möglicher Trenn-geschwindigkeit = **Trennschnitt** liegt der Glatt-schnittanteil bei ca. 30 %.

Ein **Qualitätsschnitt** ≙ 0,5× Trenngeschwindig-keit ist bei wirtschaftlicher Schneidgeschwindig-keit mit einem Glattschnittanteil von 50 % zu er-zielen.

Der **Feinschnitt** mit einem Glattschnittanteil von nahezu 100 %, also fast bis zur Unterkante, wird mit 0,25× Trennschnittgeschwindigkeit erreicht. Die Kantenqualität ist sehr gut und rechtwinklig, die Schnittkanten bleiben gratfrei.

7.6 Handschneiden und Maschinenschneiden

Die Wahl des Antriebs zur Erzeugung der Bren-nerbewegung ist unter anderem vom Schneid-verfahren, vom Werkstoff, von den geforderten Gütewerten des Schnittes, von der Anzahl der Werkstücke und der Wirtschaftlichkeit des Schneidverfahrens abhängig.

Die technologisch erforderliche Schneidge-schwindigkeit ist **nur** mit maschinellem Vorschub gleichmäßig zu erreichen. Zugleich ist dieses die Voraussetzung für optimale Schnittflächengüte.

Brennschneiden von Hand wird als **Freihand-schneiden,** wie auch an **Schablonen** oder **Leit-linealen** durchgeführt. Die Schnittflächengüte ist meist geringer als EN ISO 9013-3.4.2.
Handsteuerung ist an **Gelenkarm-Brenn-schneidmaschinen** durch ein maschinell an-getriebenes, lenkbares Reibrad unter einer Maschinenkopfplatte möglich. Durch den Rich-tungswechsel des Reibrades wird ein Führungs-stift über eine maßstäbliche Zeichnung oder in einer Schablonenrille geführt, während der genau darunter befindliche Autogen- oder Plasma-schneidbrenner den Schnitt ausführt. Selbsttätig arbeitende Brennschneidmaschinen können aus den Maschinen mit Handsteuerung grundsätzlich entstehen. Hierzu wird das Reibrad durch eine Magnetrolle ersetzt. Die magnetisch aktivierte Rolle bewegt sich längs einer Stahlschablone. Die Schablone entspricht der Werkstückkontur, unter Berücksichtigung von Innen-/Außenschnitt mit Plus- oder Minusmaßen und des Antriebs-rollen-∅.
Geeignetes Verfahren für Kleinserien und hand-werklichen Einsatz.

Handbrennschneidmaschinen sind kleine, durch strömenden Sauerstoff oder elektrisch angetriebene Geräte, die seitwärts einen oder zwei Autogenschneidbrenner tragen. Diese Ge-räte können von Hand geführt werden, oder sie spuren in Leitschienen. Mit Kreisschneideeinrich-tungen sind auch Kurvenformen schneidbar.
Preiswerte Geräte für den Werkstatteinsatz mit guten Schnittergebnissen.

---

[1] Mesh: Maschenanzahl je Quadratzoll; der Wert ist identisch mit Körnungsangabe der Schleifmittel auf Schleifpapier 120 Mesh ≙ 0,2 … 0,3 mm Kantenlänge

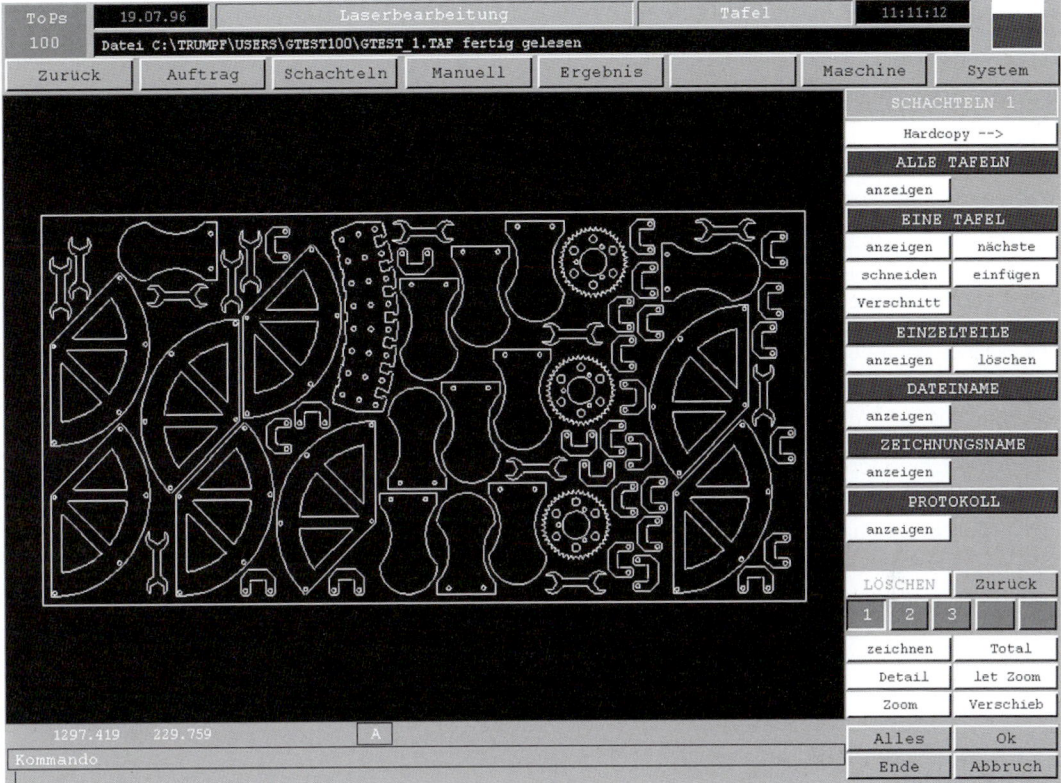

1 Auftragorientiertes, automatisches Verschachteln von Brennschnitt-Teilen über CAD/CAM-Programmier-system auf einer Blechtafel

Koordinatenschneidmaschinen arbeiten entweder mit fotoelektrischer oder numerischer Steuerung. Der Koordinatenantrieb erfolgt durch je einen Linearmotor für die Längs- und Querbewegung und wird elektrisch so geregelt, dass die Summe der Vorschub-Bewegungen stets gleichbleibend ist. Die fotoelektrische Steuerung arbeitet wählbar mit Kantenabtastung oder Strichmittenabtastung einer Zeichnung. Die Zeichnungsvorlage ist meist maßstäblich 1 : 1 oder für Großteile maßstäblich verkleinert. Die fotoelektrische Steuerung erlaubt Schneidgeschwindigkeiten bis zu 3 m/min.

Plasmaschneiden wird meist, **Laserschneiden** ausschließlich unter Einsatz von CNC-Steuerungen durchgeführt. Mit numerischen Steuerungen und stabilen Maschinenanlagen sind höhere Schneidgeschwindigkeiten mit hohen Maßgenauigkeiten zu erreichen.

Für das Plasmaschneiden liegen die Schneidgeschwindigkeiten im Stahl-Dickenbereich von 4 bis 12 mm um den Faktor 2 bis 3 höher gegenüber dem Laserstrahlschneiden, die Anlagenkosten sind zudem wesentlich niedriger.

Gepulste **Nd:YAG-Schneidroboter** sind vielfach, insbesondere im Automobilbau, eingesetzt für dreidimensionale Blechbearbeitung. Das maßgenaue Formbeschneiden ist mit keinem anderen Verfahren an z. T. eingebauten Tiefziehteilen möglich.

Die **CO_2-Laserschneidverfahren** sind die leistungsstärksten, mit dem größten Anteil von allen Laserschneidverfahren.

Die Anwendungsmöglichkeiten der Lasertechnik haben zu unterschiedlichen Maschinenkonzepten geführt. Es sind 1D-, 2D- und 3D-Anlagen eingesetzt, wobei der Resonator der Strahlerzeugung immer ortsfest angeordnet ist und der Laserstrahl gekapselt oder über Laserlichtkabel dem Laserschneidkopf zugeführt wird. – Siehe Laserbearbeitungsanlagen –.

Mit einem 1500-W-CO_2-Laser liegt die Schneidgeschwindigkeit z. B. für ein 10 mm dickes Stahlblech S235JR (DIN EN 10025) bei 1 m/min; bei

1 mm Dicke bei rund 10 m/min. In Abhängigkeit von Werkstoff und Werkstückdicke sind Schneidgeschwindigkeiten bis zu 72 m/min möglich.

Nur die CNC-Steuerung reagiert hier zuverlässig rasch, mit Positioniergenauigkeiten von ± 0,1 mm/m. Anspruchsvolle Konturen können extern und rechnerunterstützt erstellt und als Programm eingegeben werden. Ein Tafelplan zur optimalen Flächenausnutzung unterschiedlicher oder gleicher Formen ist möglich, über Bildschirm überprüfbar und als Schneidfolge festlegbar. Dabei ist die Möglichkeit gegeben, dass durch vereinzelte Heftpunkte einer Wärmeverlagerung des Bleches vorgebeugt wird (Bild 1, Seite 341).

Eingesetzt werden ferner kombinierte Laserschneid- und -schweißanlagen. Für wechselnde Arbeiten sind diese Anlagen mit Wechseloptiken (Schneid-/Schweißoptik) in verschiedenen Linsenbrennweiten ausgelegt.

In der Blechbearbeitung wird das Laserschneiden auch maschinenkombiniert mit Stanzen, Nibbeln und Umformen eingesetzt. Die Bearbeitung erfolgt in der Bewegung des Werkstücks in einer Koordinatenführung unter nebeneinander liegenden, fest stehenden Arbeitsstationen.

Durch Laserbearbeitung werden feinste Schnittgeometrien, scharfwinklige Ausschnitte und schmale Schlitze möglich.

Thermisches Abtragen – auch flächendeckend – auf genau definierte Tiefe am Werkstück oder örtliches Durchstoßen des Werkstoffs kann erfolgen.

Zur Ergänzung der Schneidvorgänge ist es mit dem Laserstrahl möglich:

- Teile zu Identifikationszwecken zu kennzeichnen, z. B. mit Ziffern, Buchstaben oder Symbolen

- Körnerpunkte zu setzen, z. B. als Anbohrpunkte, maßgenau ins Material

8 Aufgaben und Kontrollfragen

8.1 Aufgaben und Kontrollfragen zum Kapitel: Urformen, Umformen (Massivumformen)

1 Welche Eigenschaften werden von einem guten Gießereisand gefordert?

2 „Modelle sollen form-, gieß- und putzgerecht sein." Erklären Sie diese Begriffe.

3 Erklären und skizzieren Sie die Gießarten:
a) liegender Guss,
b) stehender Guss,
c) Stapelguss.

4 Beschreiben und skizzieren Sie das Vollformgießen und nennen Sie die Vorteile des Verfahrens.

5 Mit welchen Verfahren können Druckgussteile aus NE-Metallen hergestellt werden? – Beschreiben und skizzieren Sie eines dieser Verfahren.

6 Erklären Sie Kernherstellung im CO_2-Verfahren.

7 Nennen und skizzieren Sie Fehler an Gussstücken, die vor allem beim Sandguss auftreten.

8 Erklären Sie den Begriff „Schwindmaß" und geben Sie einige Werte an.

9 Nennen Sie die Werkstoffe zur Herstellung von
a) verlorenen Modellen,
b) Dauermodellen.

10 Aus welchen Gründen werden Modelle farblich gekennzeichnet?

11 Welche Aufgaben und Eigenschaften hat
a) ein Kernsand,
b) ein Modellsand?

12 Beschreiben und skizzieren Sie eine Absenkformmaschine.

13 1000 Lagerschalen aus EN-GJS-350-22-RT sollen durch Gießen in einer Kastenform hergestellt werden (Bild 1).
Bestimmen bzw. erstellen Sie
a) Modellskizze mit Benennung der wichtigen Bereiche am Modell,

b) Arbeitsgänge zur Herstellung des Gussrohlings.

c) Erläutern Sie die wichtigsten Gussgestaltungsregeln.

14 In einem Formkasten ist die skizzierte Scheibe zum Gießen eingeformt (Bild 2).
a) Skizzieren Sie den kompletten Formkasten.
b) Berechnen Sie die Auftriebskraft gegen den Oberkasten bei vollständig gefüllter Gussform.
Höhe des Oberkastens. Ho = 1,0 mm
Gusswerkstoff. GE240.

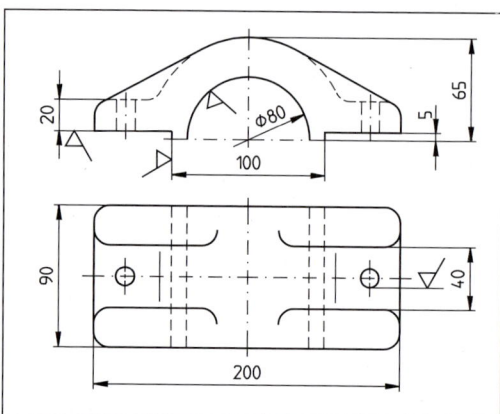

1 Lagerschale (Aufgabe 13)

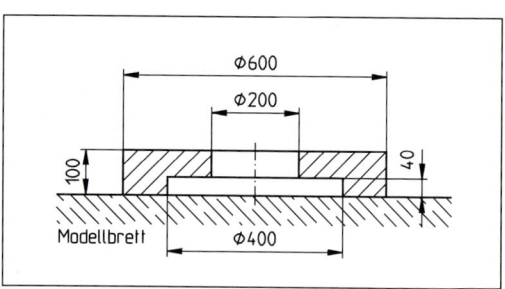

2 Formkasten (Aufgabe 14)

15 Beschreiben und skizzieren Sie eine Stift-
abhebemaschine.

16 Wann entstehen Lunker? Erklären Sie den
Begriff und nennen und beschreiben Sie die
Lunkerarten.

17 Beschreiben und skizzieren Sie das

a) Stranggussverfahren,

b) Strangpressen

von Stahl.

18 Schraubenrohlinge nach Skizze, Werkstoff
E 360, sollen aus Stangenmaterial hergestellt
werden. Für die Bestimmung der Rohlings-
länge soll das Stauchverhältnis $\geqq 1{,}2$ sein.
Für den Reibwert kann $\mu = 0{,}15$ gewählt werden, für den Formänderungswirkungsgrad
$\eta = 0{,}80$.

Ermitteln Sie

a) den Stangendurchmesser (auszuwählen-
des Normprofil),

b) die Länge des Stangenabschnitts,

c) das Formänderungsverhältnis,

d) die maximale Umformkraft,

e) die Formänderungsarbeit.

19 Mit welchem Verfahren können Profile gefertigt werden, die aufgrund ihrer Querschnittsform nicht walzbar sind? Beschreiben Sie
dieses Verfahren. – Einsatzmaterial: Stahl.

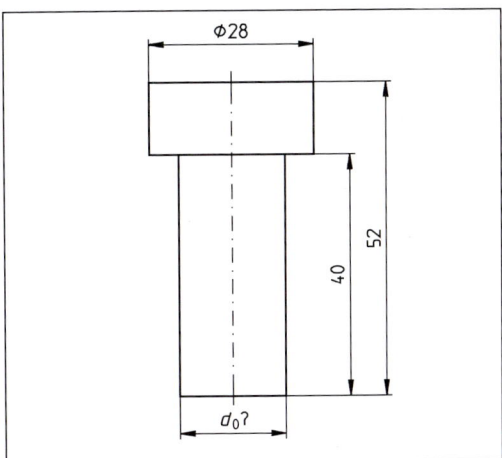

1 Schraubenrohling (Aufgabe 18)

20 Welche Vorteile bietet die Fertigung gewickel-
ter Rohre gegenüber längs geschweißten
Rohren?

21 Nennen Sie Herstellverfahren, Vor- u. Nachteile von geschweißten Rohren.

22 Nennen Sie Herstellungsverfahren für nahtlose Rohre und geben Sie stichwortartig die
Herstellstufen an.

23 Berechnen Sie die Formänderungsarbeit und die erforderliche theoretische maximale Druckkraft für das Stauchen eines zylindrischen Werkstückes aus C10E mit einer Anfangshöhe $h_0 = 30\,mm$ und einem Anfangsdurchmesser $d_0 = 20\,mm$ auf eine Endhöhe von $h_1 = 20\,mm$ bei einem Formänderungswirkungsgrad von 0,6.

Bestimmen Sie:

A_0; V; A_1; d_1; $-\varepsilon_h$; W in Nm; F in kN. –

Tragen Sie den Linienzug in Bild 1 ein!

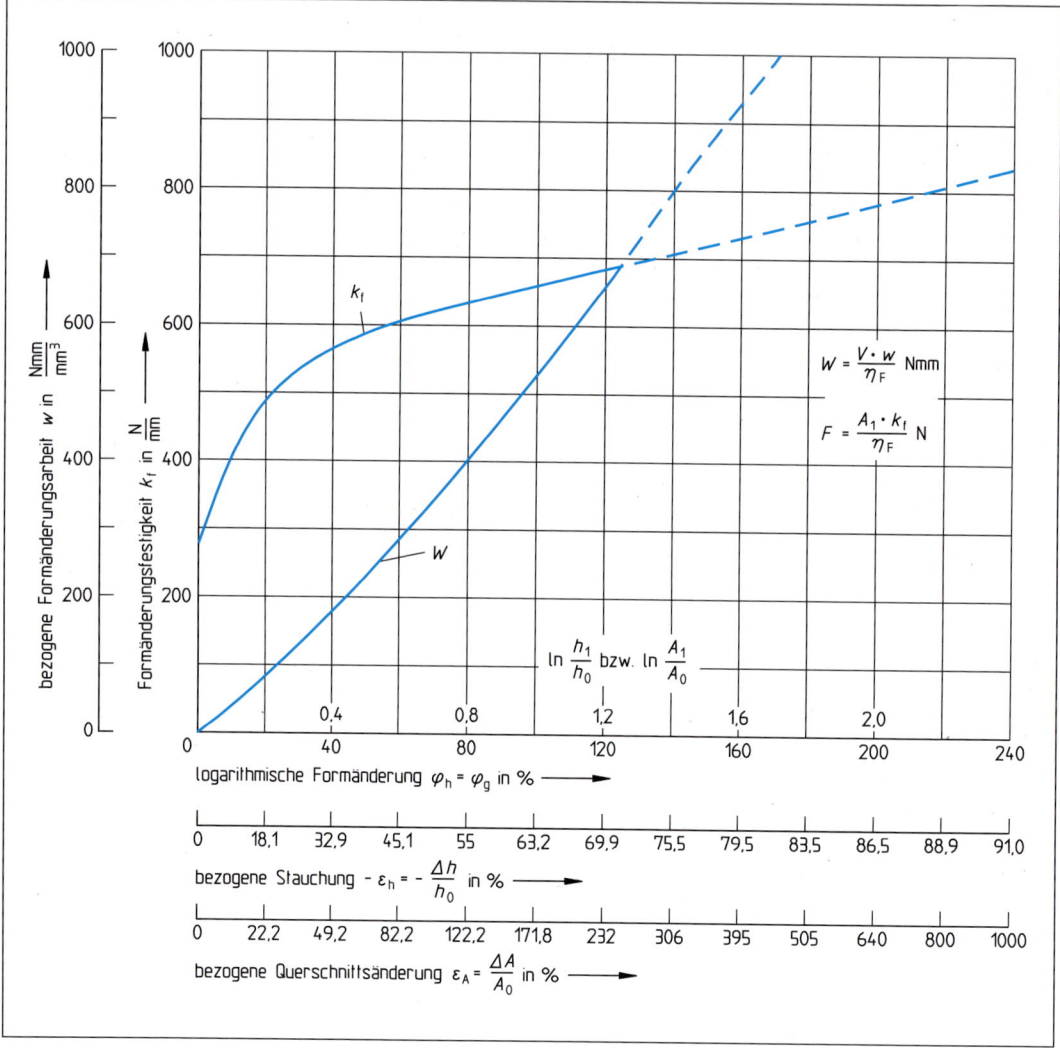

1 Fließkurven von Stahl 1.1121 (C10E)

8.2 Aufgaben und Kontrollfragen zum Kapitel: Umformen

1 Von dem skizzierten Halter für Vierkantmuttern sollen 30 000 Stück gefertigt werden.

a) Wie wird der Werkstoff beim Biegen beansprucht?

b) Worauf muss beim Biegeumformen geachtet werden?

c) Bestimmen Sie Fertigungsfolge und Zuschnittsgröße

d) Berechnung der aktiven Werkzeugelemente (Biegewinkel, Biegeradius)

e) Gestaltung des Biegewerkzeugs (Prinzipskizze) mit Angaben, welche Maßnahmen zur Kompensation der Rückfederung ergriffen werden können.

f) Biegekraft und Biegearbeit

2 Von dem skizzierten Haltewinkel (Bild 2), Werkstoff S235JR, sollen 40 000 Teile gefertigt werden.

Legen Sie die Fertigungsschritte fest und bestimmen Sie

a) Zuschnittsgröße und Fertigungsvorschlag zur Herstellung des Zuschnitts,

b) einzusetzendes Schneidwerkzeug mit Angaben zum Werkzeugaufbau (Skizze), Führungsart, Stempelanordnung, Vorschubbegrenzung,

c) erforderliche Nennpresskraft der einzusetzenden Presse,

d) Biegekraft.

e) Skizzieren Sie das Biegegesenk mit Maßangaben zu den aktiven Werkzeugelementen (Biegestempelwinkel, Biegestempelradius, Gesenkweite).

3 Von dem skizzierten Biegeteil (Bild 3) sollen 80 000 Teile hergestellt werden.

Bestimmen Sie

a) Zuschnittsgröße,

b) Biegestempel für das V-Biegen,

c) Nennpresskraft der einzusetzenden Presse.

d) Skizzieren Sie die Biegestation.

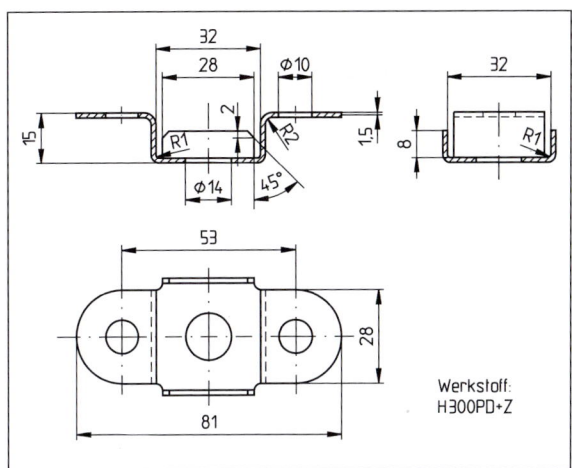

1 Stanzteil (Aufgabe 1)

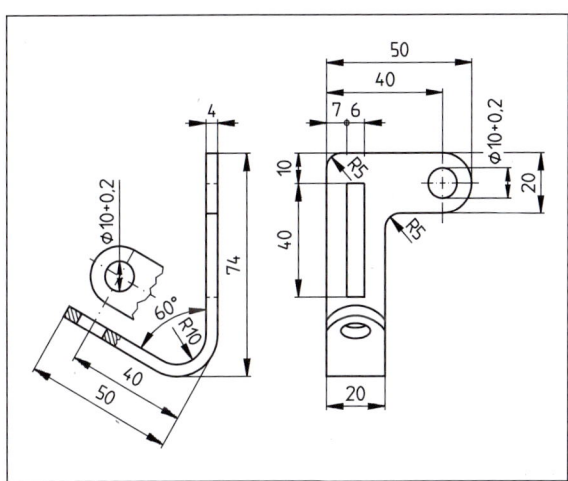

2 Haltewinkel (Aufgabe 2)

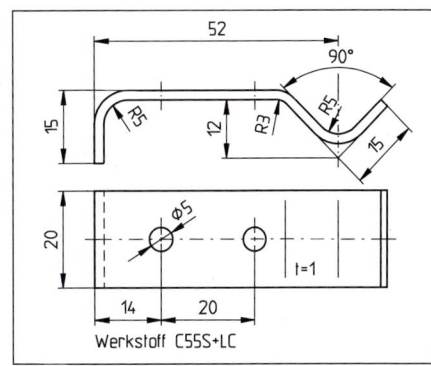

3 Biegeteil
(Aufgabe 3)

4 Von dem skizzierten Haltewinkel (Bild 1) sollen 30 000 Stück gefertigt werden.

Bestimmen Sie

a) Fertigungsfolge,

b) Zuschnittsgröße und Zuschnittsfertigung,

c) aktive Werkzeugelemente des Biegewerkzeugs (Biegeradius, Biegewinkel),

d) Biegekraft.

e) Skizzieren Sie das Biegewerkzeug mit Konstruktionsvorschlag zur Kompensation der Rückfederung.

5 Für die Fertigung des dargestellten Halteblechs (Bild 2) aus EN AW-2017A (Stückzahl: 20 000) sind festzulegen bzw. zu berechnen:

a) Fertigungsfolge,

b) Zuschnittsgröße und Zuschnittsfertigung,

c) Gestaltung des Biegewerkzeugs (Prinzipskizze) mit Berechnung der aktiven Werkzeugelemente und Angaben, welche Maßnahmen zur Kompensation der Rückfederung ergriffen werden können,

d) Nennpresskraft der einzusetzenden Presse.

6 Aus Tiefziehblech, DC01-A, $s = 1\,mm$, sollen zylindrische Hohlkörper, Innendurchmesser 60 mm, gezogen werden.

Bestimmen Sie

a) Zuschnittsgröße für einen Zug,

b) erreichbare Zargenhöhe h, wenn zum Beschneiden des Randes ca. 5 mm gebraucht werden.

c) Skizzieren Sie den prinzipiellen Aufbau des Ziehwerkzeugs, wenn eine einfach wirkende Exzenterpresse zur Verfügung steht.

7 Aus gut tiefziehbarem Stahlblech, $s = 1\,mm$, soll in 2 Zügen ein Hohlteil mit Innendurchmesser 50 mm gezogen werden.

Bestimmen Sie

a) die Zuschnittsgröße,

b) die maximale Zargenhöhe,

c) die Radien an Ziehring und Ziehstempel,

d) den Ziehspalt,

e) die Mindestgröße der einzusetzenden Maschine, wenn eine hydraulische Presse mit Ziehkissen benutzt wird.

f) Skizzieren Sie den prinzipiellen Aufbau des Ziehwerkzeugs für den Anschlagzug.

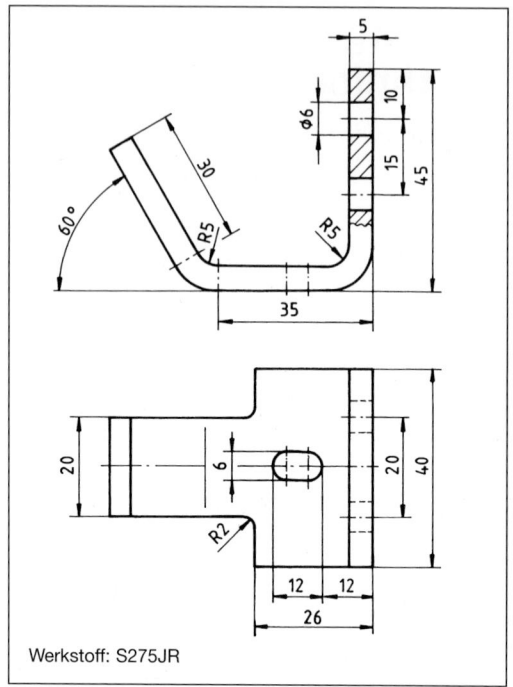

Werkstoff: S275JR

1 Haltewinkel (Aufgabe 4)

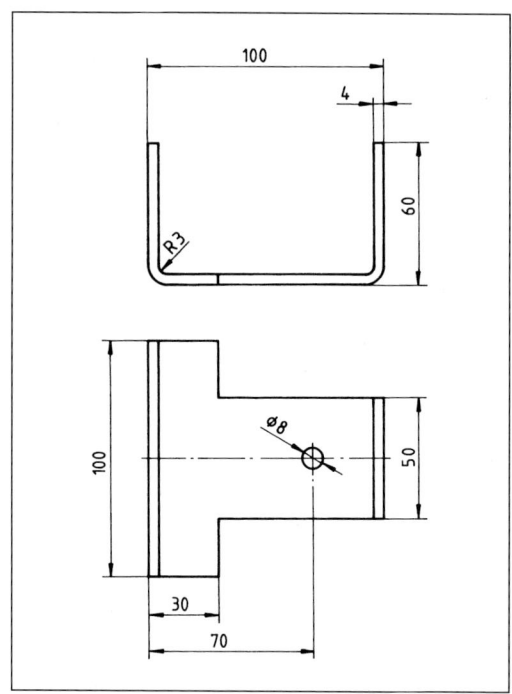

2 Halteblech (Aufgabe 5)

8 Aus gut tiefziehbarem Stahlblech DC04, $s = 2$ mm soll ein Ziehteil (Bild 1) hergestellt werden.

Es ist festzulegen:

a) Platinendurchmesser des Zuschnitts, wenn zum Beschneiden des Flansches rundherum ca. 4 mm anfallen,

b) Zugabstufung, wenn das Ziehteil ohne Zwischenglühen gefertigt wird und für den Anschlagzug $b_{o\,max} = 1{,}9$ nicht überschritten werden soll,

c) Kraftaufwand der Presse,

d) Tiefzieharbeit.

9 Aus gut tiefziehbarem Stahlblech (DC04) $s = 2$ mm sollen 5000 Lagerhülsen nach Werkstückzeichnung hergestellt werden (Bild 2).

Es sind festzulegen:

a) Arbeitsplan

b) Platinendurchmesser des Zuschnitts

c) Zugabstufung, wenn das Ziehteil ohne Zwischenglühen gefertigt wird und für den Anschlagzug $\beta_{0max} = 1{,}7$ nicht überschritten werden soll.

d) der Kraftaufwand der einzusetzenden Maschine, wenn eine hydraulische Presse mit Ziehkissen benutzt wird.

e) Tiefzieharbeit für den Anschlagzug

f) Skizze des Lochwerkzeugs mit Stempel- und Durchbruchsmaß

10 Wie wird der Werkstoff des Zuschnittes beim Tiefziehen beansprucht? Beschreiben Sie die Vorgänge dieser Umformung.

11 Von welchem Grundsatz wird bei der Zuschnittsermittlung von Tiefziehteilen ausgegangen?

12 Welche Ursachen können folgende Fehler an Ziehteilen haben:

a) Risse in den Ecken,

b) Risse am Rand,

c) Risse am Boden?

13 Worauf ist bei der Gestaltung von Tiefziehteilen zu achten?

14 Wie erfolgt das Umformen des Bleches beim Hydroformverfahren?

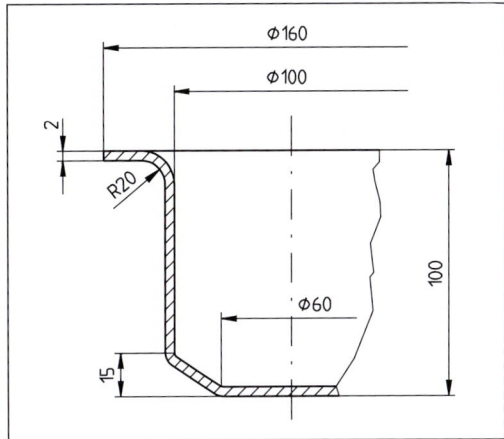

1 Ziehteil (Aufgabe 8)

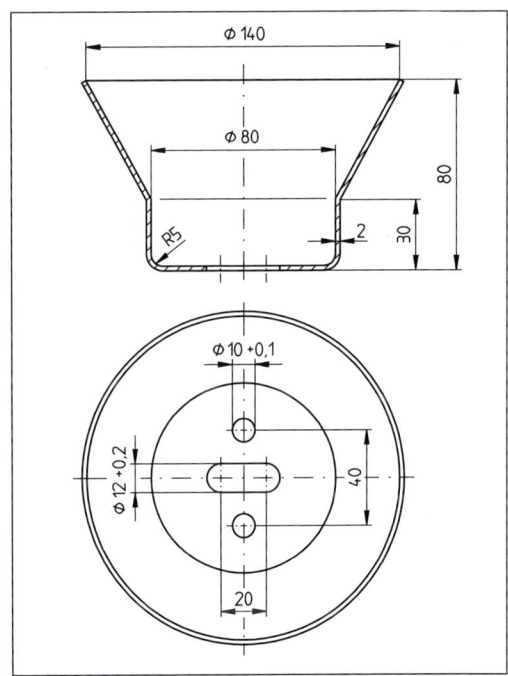

2 Lagerhülse (Aufgabe 9)

15 Nennen Sie Vorteile des hydromechanischen Umformens.

16 Warum federt ein Biegeteil bei der Entnahme aus dem Gesenk auf?

8.3 Aufgaben und Kontrollfragen zum Kapitel: Maschinen der Blechumformung

1 Welche Gestellformen der Umformmaschinen gibt es?

2 Erklären Sie den Begriff „Nennpresskraft".

3 Welcher Grundsatz gilt für die Kraft-Kennlinie der Presse und für die Kraft-Kennlinie des Umformvorganges?

4 Welche Kenngrößen sind bei der Auswahl einer Presse zu bedenken?

5 Welche Sicherheitseinrichtungen werden an Pressen

   a) zum Schutz des Menschen,

   b) zum Schutz der Maschine vor Überlastung verwendet?

6 Durch welche Bezugsgrößen wird bei der Exzenterpresse die zulässige Presskraft begrenzt?

7 Geben Sie für

   a) die Exzenterpresse,

   b) die hydraulische Presse,

   c) die Kniehebelpresse

die geeignetsten Einsatzbereiche an und begründen Sie Ihre Ausführungen.

8 a) Skizzieren Sie für eine Exzenterpresse und hydraulische Presse das Weg-Kraft-Diagramm und das Weg-Zeit-Diagramm.

   b) Welche Folgerungen lassen sich daraus für den Einsatz schließen?

   c) Welche Sicherheitseinrichtungen sind bei den genannten Pressen zum Schutz der Maschine vor Überlastung üblich?

9 Zur Fertigung eines Biegeteils steht eine Exzenterpresse mit $F_o = 630\,kN$ zur Verfügung. Der Maximalhub beträgt $H_{max} = 140\,mm$, der fertigungsbedingte Mindesthub $H = 100\,mm$.

Welche max. Biegekraft steht zur Verfügung

   a) im Dauerhub

   b) im Einzelhub,

wenn ein Arbeitsweg von 40 mm erforderlich ist? Die Biegearbeit kann überschlägig mit $W_b = 0,4 \times F \times h$ berechnet werden.

10 Zur Fertigung eines Ziehteils steht eine Exzenterpresse mit $F_o = 800\,kN$ zur Verfügung. Der Maximalhub beträgt $H_{max} = 180\,mm$, der fertigungsbedingte Mindesthub $H = 140\,mm$.

Prüfen Sie, ob und in welchem Arbeitsmodus das Teil der vorgegebenen Presse gefertigt werden kann, wenn der Arbeitsvorgang 60 mm vor uT beginnt und eine Umformkraft von 500 kN erforderlich ist. Die Tiefziehbarkeit kann überschlägig mit $W_t = 0,6 \times F \times h$ berechnet werden.

11 Auf einer Exzenterpresse mit einer Nennpresskraft von $F_o = 630\,kN$ und $H_{max} = 80\,mm$ (verstellbar) soll ein Pressteil gefertigt werden, für dessen Umformung $F_{max} = 400\,kN$ erforderlich sind.

Welche max. Arbeitshöhe kann dabei

   a) im Dauerhub

   b) im Einzelhub

erreicht werden und welcher Maximalhub kann jeweils eingestellt werden, wenn F_{max} nach ca. ¼ des Arbeitsweges auftritt und die erforderliche Umformarbeit überschlägig mit $W_{erf} = F \times h \times 0,7$ errechnet wird?

8.4 Aufgaben und Kontrollfragen zum Kapitel: Trennen

1 Von dem skizzierten Stanzteil (Bild 1) sollen mit einem Folgewerkzeug 500 000 Teile gefertigt werden.

Bestimmen Sie:

   a) Streifenauslegung mit Stempelanordnung und Vorschubbegrenzung,

b) erforderliche Nennpresskraft der einzusetzenden Presse, wenn ein Werkzeug mit federndem Abstreifer benützt wird.

c) Skizzieren Sie die Schneidplatte mit Außen- und Durchbruchsmaßen.

2 Von der skizzierten Lasche aus S275JR (Bild 2), $s = 4\,mm$ sollen 20 000 Teile mit einem Folgewerkzeug hergestellt werden.

a) Es sind festzulegen:
- Streifenauslegung mit Stempelanordnung und Vorschubbegrenzung,
- Lage des Einspannzapfens,
- erforderliche Nennpresskraft der einzusetzenden Presse, wenn ein Werkzeug mit federndem Abstreifer benützt wird.

b) Welche konstruktiven Maßnahmen können getroffen werden, wenn die vorhandene Presse nicht die erforderliche Nennpresskraft hat?

c) Bestimmen Sie den erforderlichen Schneidspalt und geben Sie an, welche Auswirkungen
- ein zu großer Spalt,
- ein zu kleiner Spalt hat.

d) Bestimmen Sie die Stempel- und Durchbruchsmaße.

3 Von dem skizzierten Stanzteil (Bild 3) sollen mit einem Folgewerkzeug 800 000 Teile gefertigt werden.

a) Skizzieren Sie die Streifenauslegung mit Anordnung der Stempel und Vorschubbegrenzung. Entwerfen Sie drei Varianten und wählen Sie eine davon aus.

Begründen Sie die Wahl.

b) Ermitteln Sie dazu die erforderliche Nennpresskraft der einzusetzenden Presse.

c) Zeigen Sie mit einfachen Prinzipskizzen den Werkzeugaufbau für das Teil, wenn es
- mit einem Folgewerkzeug,
- mit einem Gesamtwerkzeug

gefertigt wird.

d) Benennen Sie die wichtigsten Werkzeugteile und geben Sie Vor- und Nachteile sowie Einsatzbereich der jeweiligen Werkzeugart an.

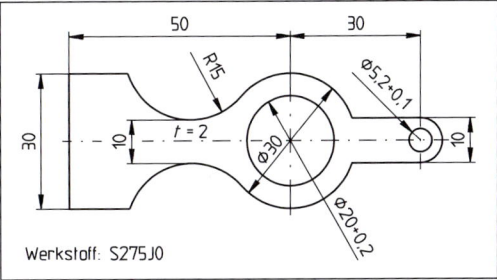

Werkstoff: S275J0

1 Stanzteil (Aufgabe 1)

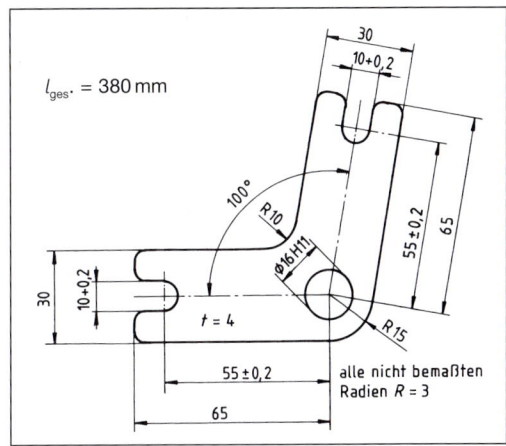

$l_{ges.} = 380\,mm$

alle nicht bemaßten Radien $R = 3$

2 Lasche (Aufgabe 2)

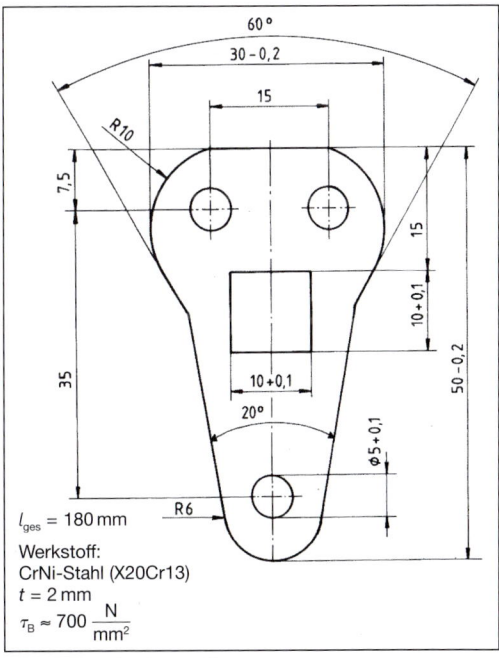

$l_{ges} = 180\,mm$

Werkstoff:
CrNi-Stahl (X20Cr13)
$t = 2\,mm$
$\tau_B \approx 700\,\dfrac{N}{mm^2}$

3 Stanzteil (Aufgabe 3)

4 Die skizzierte Lasche (Bild 1) soll mit einem Folgewerkzeug gefertigt werden.

  a) Entwerfen Sie Streifenauslegung mit Stempelanordnung, wenn

     – 50 000 Teile,
     – 1 000 000 Teile benötigt werden.

  b) Berechnen Sie die Schneidkraft und Schneidarbeit, wenn die Ausschneidestation dachförmig angeschliffen ist.

  c) Wie ist der Anschliff maßlich zu gestalten (Skizze) und welchen Einfluss hat er auf die Schnittdaten?

5 Skizzieren Sie den möglichen Kraft-Weg-Verlauf beim Schneiden von Stahlblech (S235JR), wenn

  a) Schneidspalt richtig,

  b) Schneidspalt zu klein,

  c) Schneidspalt zu groß,

  d) Schneidkanten dachförmig angeschliffen sind.

Welche Schnittflächen ergeben sich in der Regel bei den angeführten Fällen?

6 Welchen Einfluss hat der Schneidspalt auf die Schnittdaten und nach welchen Kriterien wird das Maß des Schneidspalts festgelegt?

7 Feinschneiden:

  a) Erklären Sie stichwortartig mit Skizzen den Arbeitsablauf beim Feinschneiden.

  b) Nennen Sie Vor- und Nachteile sowie Anwendungsbereiche des Verfahrens.

  c) Wodurch unterscheiden sich Feinschneidpresse und -werkzeug vom Maschinen- und Werkzeugeinsatz beim normalen Schneiden?

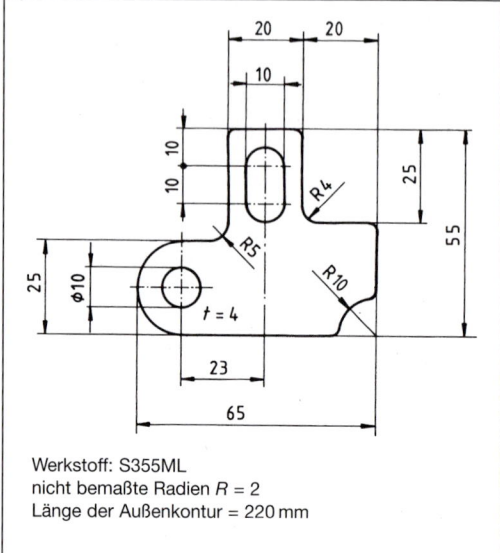

Werkstoff: S355ML
nicht bemaßte Radien R = 2
Länge der Außenkontur = 220 mm

1 Lasche (Aufgabe 4)

  d) Wie unterscheidet sich die Streifenauslegung beim Feinschneiden vom herkömmlichen Schneiden?

  e) Wozu dient die Ringzacke und worauf ist bei der Anordnung der Ringzacke zu achten?

  f) Welche Werkstoffe sind für das Feinschneiden geeignet?

  g) Beschreiben Sie die aufzuwendenden Kräfte für den Feinschneidvorgang.

8.5 Aufgaben und Kontrollfragen zum Kapitel: Fügen

8.5.1 Fügen durch Schweißen

1 a) Welche Pressschweiß-Verfahren eignen sich

     – für Überlappverbindungen,
     – für Stumpfverbindungen?

  b) Welche Anwendungsgebiete haben die angeführten Verfahren?

  c) Welche Möglichkeiten und Vorteile ergeben sich bei modernen Widerstandsschweißanlagen durch die elektronischen Steuerungen des Schweißvorgangs?

  d) Welche wechselseitige Abhängigkeit besteht zwischen den einstellbaren Wirkgrößen (Schweißstrom – Schweißzeit – Elektrodenpresskraft) und der Beschaffenheit des Werkstücks (Leitfähigkeit – Blechdicke – Blechoberfläche)?

  e) Beim Punktschweißen kam es zum „Spritzen".

Nennen Sie mögliche Ursachen.

2 Zwei Stahlbleche $s_1 = 1$ mm; $s_2 = 2$ mm sollen durch Punktschweißen (3 Schweißpunkte, einreihig) überlappt verbunden werden.

Ermitteln Sie die

a) Anordnung der Schweißpunkte (Skizze mit Maßangaben für Punktdurchmesser, Überlappung, Punkt- und Randabstand)

b) gewählten Einstellwerte für Stromstärke, Stromzeit und Elektrodenpresskraft, wenn eine Punktschweißmaschine mit einem Höchstschweißstrom von 20 kA zur Verfügung steht.

3 Erklären Sie die Wärmeentwicklung und den Einfluss der Einzelwiderstände beim Punktschweißen.

4 Stumpf verschweißte Rundstäbe zeigen folgende Gratausbildung an der Schweißstelle (Bild 1):

Nach welchem Verfahren wurden die Teile verschweißt?

Beschreiben Sie stichwortartig das jeweilige Verfahrensprinzip.

5 Nennen Sie zwei Vorteile von balligen Elektroden gegenüber flachen Elektroden.

6 Wie würden Sie die Schweißpunkte bei einer zweireihigen Überlappverbindung anordnen?

7 Erklären Sie kurz das Verfahren des Widerstandsstumpfschweißens mit einem Anwendungsbeispiel.

8 Beim Punktschweißen treten verschiedene elektrische Widerstände auf. Erläutern Sie diese Widerstände und geben Sie deren Auswirkungen auf das Schweißergebnis an.

9 Beim Punktschweißen von Al- oder Cu-Blech treten Probleme auf.

a) Erläutern Sie diese Probleme.

b) Wie könnte Abhilfe geschaffen werden?

c) Warum wird ein Mindestabstand für zwei Schweißpunkte vorgeschrieben?

d) Wie groß soll der Mindestabstand zweier Schweißpunkte für Stahlblech sein?

10 a) Warum ordnet man das Ultraschallschweißen den Reibschweißverfahren zu?

b) Durch welche Eigenschaften eignen sich die Thermomere (thermoplastische Kunst-

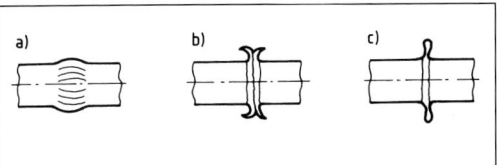

1 Gratausbildung an der Schweißstelle von Rundstäben (Aufgabe 4)

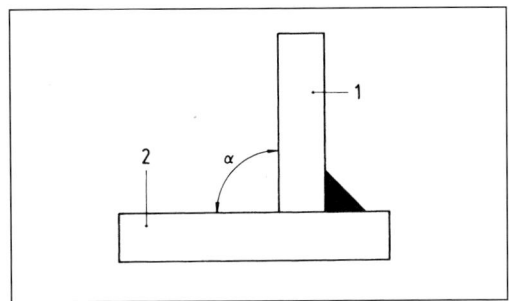

2 Winkel mit Kehlnaht (Aufgabe 13)

stoffe) besonders gut für dieses Verfahren?

11 Welche Unterschiede ergeben sich beim LB-Handschweißen, wenn die Elektrode

a) = (–),

b) = (+),

c) Wechselstrom

gepolt ist?

12 Bei einem Schweißversuch wurden mit einer Elektrode $\varnothing$ 3,2 mm Schweißraupen gelegt mit einer eingestellten Stromstärke

a) 60 A,

b) 130 A,

c) 200 A.

Welche Beobachtung kann gemacht werden bezüglich Nahtoberfläche, Einbrandtiefe, Nahtübergang, Zündwilligkeit?

Welche Folgerung kann aus dem Versuch gezogen werden?

13 Die Bauteile 1 und 2 werden durch die gezeichnete Kehlnaht verbunden (Bild 2).

Wie ändert sich der Winkel γ? (Begründen Sie die Antwort.)

14 Stabelektroden sind mit einer Umhüllung versehen. Welche Aufgaben hat diese Umhüllung?

15 Welche Umhüllungsart würden Sie verwenden für

a) Heftschweißungen von Dünnblechen,

b) Schweißungen in Zwangslagen, z. B. Rohrleitungen,

c) Schweißungen der Decklagen von Kehlnähten in Wannenposition?

16 Was versteht man unter der „Ausbringung" einer Stabelektrode?

17 Erklären Sie die Entstehung des elektrischen Lichtbogens und vergleichen Sie das Verhalten des Lichtbogens bei Gleichstrom und Wechselstrom.

18 Wie kann die statische Kennlinie einer Schweißmaschine ermittelt werden?

19 Wann verwendet man Schweißmaschinen

a) mit fallender (steiler) Kennlinie,

b) mit flacher Kennlinie?

20 Welchen Nachteil haben Schweißstromquellen mit steilen Kennlinien?

21 Warum wird die Elektrode beim Verbindungsschweißen an den – Pol gelegt?

22 2 Stahlbleche aus S355NL; $s_1 = s_2 = 4$ mm sollen durch eine I-Naht verschweißt werden (hochfeste Verbindung).

a) Wählen Sie:

– Elektrodenart und Elektrodendurchmesser,
– Schweißmaschine,
– einzustellende Stromstärke.

b) Begründen Sie Ihre Wahl.

c) Woran kann man erkennen, ob die eingestellte Stromstärke richtig gewählt wurde?

23 Beim Lichtbogenschweißen mit einer Gleichstromquelle tritt Blaswirkung auf.

a) Erklären Sie die Ursache der Blaswirkung.

b) Welche Auswirkung hat die Blaswirkung?

c) Welche Gegenmaßnahmen können getroffen werden?

24 Erklären Sie den prinzipiellen Aufbau einer WIG- bzw. MIG/MAG-(MSG-)Schweißanlage.

25 Was versteht man unter dem „Selbstregeleffekt" und wie erreicht man ihn?

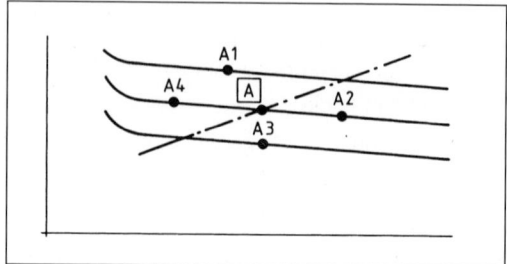

1 Arbeitspunkte beim Schweißen (Aufgabe 26)

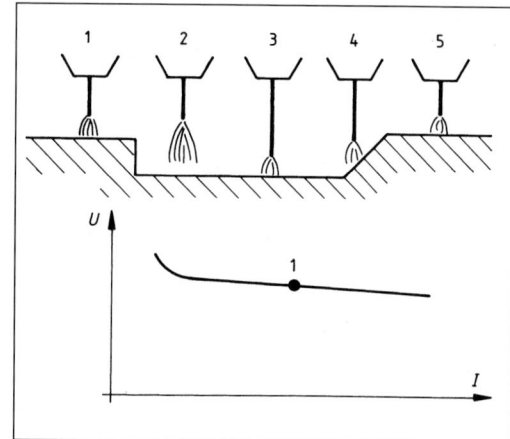

2 Beschweißung eines unebenen Werkstücks (Aufgabe 27)

26 Beim Laborversuch an der MAG-Anlage wurden Schweißungen in den Arbeitspunkten A1–A4 vorgenommen (Bild 1).

a) Durch welche Veränderung der Einstellwerte an der Schweißmaschine wurden vom idealen Arbeitspunkt A die anderen Arbeitspunkte erreicht?

b) Wie wirken sich diese Veränderungen auf LB-Art und Schweißverhalten aus?

27 Erklären Sie anhand eines Beispiels (Schweißung eines unebenen Werkstücks) die innere Regelung (Selbstregeleffekt) der Schweißmaschine und tragen Sie die mögliche Lage der Arbeitspunkte 1 … 5 in ein U-I-Diagramm ein (Bild 2).

28 Unterscheiden Sie MIG- und MAG-Schweißen hinsichtlich der Schutzgase und deren Auswirkungen auf die Schweißnaht und die zu verschweißenden Werkstoffe.

29 Aluminiumteile ($s = 3\,mm$) sollen mit einer Kehlnaht verbunden werden. Wählen Sie

Schweißverfahren,

Schweißmaschine,

Stromart und Polung,

die etwaige einzustellende Stromstärke

und begründen Sie Ihre Wahl.

30 Vergleichen Sie die Kennlinien für einen Kleintrafo und ein Schweißgerät für das WIG-Schweißen (Skizze) und beschreiben Sie das Verhalten beider Schweißgeräte beim Zünden und beim Schweißen.

31 Erklären Sie das Prinzip des WIG-Schweißens und nennen Sie Anwendungsbereiche sowie Vor- und Nachteile des Verfahrens.

32 Welche Auswirkungen ergeben sich für Wolframelektrode und Schweißung, wenn man 2 Alu-Bleche

a) mit = (+),

b) mit = (–),

c) mit ~

bei gleichem Einstellwert an der Schweißmaschine (ca. 80 A) verschweißt?

8.5.2 Fügen durch Löten

1 Erklären Sie die Begriffe

a) Löten,

b) Schmelzlöten,

c) Diffusionslöten.

2 Worauf beruht die Haftung des Lotes am Grundwerkstoff?

3 Welche Werkstoffe sind lötfähig, und welche Werkstoffpaarungen sind möglich?

4 Nennen Sie Eigenschaften und Anwendungen von Lötverbindungen.

5 Wie werden die Löt-Verfahrensgruppen – mit Angabe der Arbeitstemperaturbereiche – eingeteilt?

6 Erklären Sie die Begriffe Schmelzbereich eines Lotes, Arbeitstemperatur, maximale Löttemperatur.

7 Welche Aufgaben erfüllen die Flussmittel, und unter welchen Umständen ist ein Löten ohne Flussmittel möglich?

8 Was verstehen Sie unter dem Wirktemperaturbereich eines Flussmittels?

9 Die Lötverfahren werden nach Energieträgern eingeteilt. Nennen Sie zu den Verfahrensgruppen je 2 Lötverfahren.

10 Unter welchen Bedingungen wird das Hochtemperaturlöten durchgeführt?

11 Beschreiben Sie den Arbeitsablauf des Kolbenlötens.

12 Durch Induktionslöten werden Hartmetalle an Steinbohrer gelötet. Begründen Sie die Auswahl/Anwendung des Lötverfahrens.

13 Verdeutlichen Sie die Unterschiede von Auftraglöten – Verbindungslöten, Spaltlöten – Fugenlöten.

14 Welche Lötspaltbreiten sind günstig:

a) für eine Handlötung,

b) für mechanisiertes Löten?

15 Zeigen Sie Möglichkeiten auf, wie die Bildung von Oxiden während des Lötvorganges an den Werkstückoberflächen verhindert werden kann.

16 Welche Kriterien kennzeichnen Weichlote bzw. Hartlote?

17 Nennen Sie Grundvoraussetzungen für die Eignung eines Lotes zum Löten!

18 Benennen Sie Weichlote – Hartlote (mindestens je 3 Lote).

19 Was verstehen Sie unter einem Schmierlot? Wann wird es eingesetzt?

20 Für Warmwasser führende Rohrleitungen sind bleifreie Weichlote festgelegt.

a) Aus welchen Gründen sind für Warmwasser führende Rohre bleifreie Weichlote erforderlich?

b) Nennen Sie Kurzzeichen dieser Lote.

21 Erläutern Sie nach Zusammensetzung und Schmelzverhalten folgende Weichlote:

	Bezeichnung nach DIN 1707-100	DIN EN ISO 9453	Schmelztemperatur S/L
a)	L-Pb Sn 40	S-Pb 60 Sn	183 … 235 °C
b)	L-Sn 63 Pb Ag	S-Sn 63 Pb	178 … 178 °C
c)	L-Cd-Ag 5	S-Cd 95 Ag	340 … 395 °C

22 Erläutern Sie nach Zusammensetzung und Schmelzverhalten folgende Hartlote (DIN EN ISO 17672):

a) B-Ag 45 Cd Zn Cu 605/620,

b) B-Cu 60 Zn (Si) (Mn) 870/900,

c) B-Cu 88 Sn (P) 825/990,

d) B-Ni 66 Mn Si Cu 980/1010.

23 Nennen Sie je 3 Flussmitteltypen für die Bereiche Weichlöten und Hartlöten.

24 Machen Sie Angaben zu den maximalen Belastungswerten (N/mm^2) an Lötverbindungen

a) bei Weichlötverbindungen,

b) bei Hartlötverbindungen.

25 Welche Arbeitsschutzmaßnahmen sind bei Lötarbeiten zu beachten? Nehmen Sie hierbei auch Bezug auf Pb, Zn und Cd.

Um die Einflüsse von Betriebstemperatur und Toleranzen in der Mischung des 2-Komponenten-Klebers sowie Toleranzen im Fugenspalt aufzufangen, wird mit einer Sicherheit $n = 2$ gerechnet.

Der Hersteller empfiehlt einen Fugenspalt von 0,05 ... 0,1 mm. Er soll höchstens um 20 % über- bzw. unterschritten werden.

a) Welche Klebelänge $l_\ddot{u}$ ist erforderlich, wenn die Klebeverbindung mindestens dasselbe Drehmoment aufnehmen können muss wie das Rohr selbst?

b) Wie verhält es sich dabei (d. h. bei der gewählten Klebelänge $l_\ddot{u}$) mit der Festigkeit der Klebeverbindung bei reiner Zugbeanspruchung?
Welche Klebelänge wäre ggfs. erforderlich, um auch in diesem Fall mindestens die gleiche Festigkeit zu erhalten wie der Rohrquerschnitt?

c) Welche Passung sollte die Fügeverbindung erhalten, um die Fugenbreite sicherzustellen?

8.5.3 Fügen durch Kleben

1 Unterscheiden Sie die verschiedenen Reaktionskleber hinsichtlich ihrer Nebenprodukte, Reaktionsauslösung, erforderlichen Fügekraft und Reaktionszeit (in tabellarischer Form nach Bild 2).

2 In eine mit 40 H8 gebohrte Gabel aus G-Al Mg 3 soll ein Rohr 40 × 3 mm aus Al Mg 1 mit Epoxydharz eingeklebt werden (Bild 1).

Der Werkstoff des Rohres hat folgende Kennwerte:

R_e = 150 N/mm^2,
τ = 120 N/mm^2

Der Kleber hat nach Herstellerangaben folgende Kennwerte:

τ = 15 N/mm^2,
σ' = 12 N/mm^2

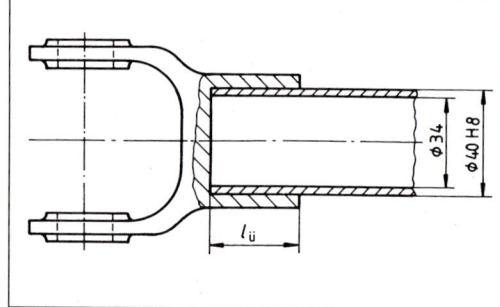

1 Gabel (Aufgabe 2)

Reaktionskleber	Nebenprodukte	Reaktionsauslösung	Fügekraft	Reaktionszeit
Polymerisationskleber				
Polyadditionskleber				
Polykondensationskleber				
Heißschmelzklebstoffe				

2 Reaktionskleben (Aufgabe 1)

8.6 Aufgaben und Kontrollfragen zum Kapitel: Beschichten und Stoffeigenschaftsändern

1 Eine Hohlwalze mit einer Länge von 2000 mm und einem Durchmesser von 600 mm soll mit einer 1 mm starken Zinkschicht überzogen werden. Das Auftragsverfahren ist Lichtbogenspritzen bei 200 A. Wie lange dauert der Vorgang mindestens?

2 300 Behälter nach Zeichnung (Bild 1) sollen allseitig mit einer 0,1 mm dicken Nickelschicht versehen werden.

Zur Verfügung steht ein Nickelbad, dessen Stromstärke auf 4 kA begrenzt ist.

Es wird Nickelsulfat ($NiSo_4$) verwendet, die kathodische Stromdichte beträgt $S = 2 \, A/dm^2$ bei einer Badspannung von $U = 10 \, V$. Rechnen Sie mit einer Stromausbeute von $a = 0,95$.

Ermitteln Sie

a) die Anzahl Werkstücke je Bad,

b) die jeweils erforderliche Galvanisierdauer,

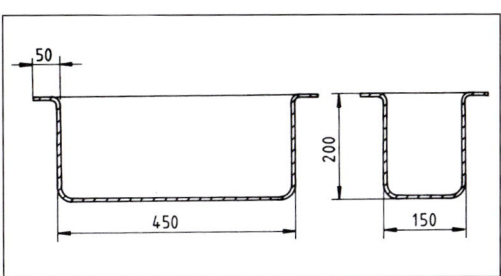

1 Behälter (Aufgabe 2)

c) die gesamte Auftragszeit mit einer Werkstückwechselzeit von 5 min sowie einer Badrüstzeit von 1,5 h,

d) die dabei erreichte Abscheidegeschwindigkeit (in µm/min),

e) die erforderliche elektrische Leistung in kW bei einem Anlagenwirkungsgrad von 85 %.

8.7 Aufgaben und Kontrollfragen zum Kapitel: Thermisches Trennen

1 a) Was versteht man unter thermischen Trennverfahren?

b) Nennen Sie thermische Trennverfahren und erklären Sie anhand eines Verfahrens den Verfahrensablauf.

2 Welche Vorteile/Nachteile kennzeichnen thermische Trennverfahren gegenüber anderen Trennverfahren, z. B. Stanztechnik?

3 Nach welchen Kriterien werden die Schnittflächen der thermischen Trennverfahren beurteilt?

4 Beschreiben Sie in Stichworten den physikalischen und chemischen Verfahrensvorgang beim autogenen Brennschneiden.

5 Welche Werkstoffe können gut durch autogenes Brennschneiden getrennt werden?

6 a) Woran erkennt man eine „außen mischende" Schneiddüse und wo wird diese Form der Schneiddüsen eingesetzt?

b) Skizzieren Sie die Düse und erklären Sie die Aufgabe der Düsenbohrung.

7 Beurteilen Sie die Verfahren

a) Freihandschneiden,

b) Brennschnitte mit Handbrennschneidmaschinen,

c) Brennschnitte mit Koordinatenschneidmaschinen

im Gütevergleich.

8 Nennen Sie Anwendungsbeispiele für das Brennfugen (Fugenhobeln).

9 a) Welche Vor- und Nachteile hat das Pulverbrennschneiden?

    b) An welchen Werkstoffen wird das Pulverbrennschneiden eingesetzt?

    c) Welche Schnittflächengüte ist mit dem Pulverbrennschneiden erreichbar?

10 a) Beschreiben Sie das Plasmaschmelzschneiden.

    b) Wann wird das Plasmaschmelzschneiden eingesetzt?

    c) Nennen Sie

       – die Vor- und Nachteile,
       – die Werkstoffe,
       – die Werkstückdicke,
       – den Einsatzbereich,
       – die Arbeitstemperaturen

    beim Plasmaschmelzschneiden.

11 Welche Vorteile sind mit der Anwendung des Wasser-Plasmaschneidens verbunden?

12 Erklären Sie die Begriffe Laser und Laserstrahl.

13 Wie wird die Energie des Laserstrahls erzeugt, der Laserstrahl der Arbeitsoptik zugeführt und gebündelt?

14 Welche physikalischen/chemischen Vorgänge erfolgen beim Laserstrahlschneiden?

15 Welche Vorteile hat eine Laser-Schneidanlage gegenüber einer autogenen Brennschneidanlage?

16 Erklären Sie die grundlegenden Unterschiede der Verfahren: Laserschmelzschneiden, Lasersublimierschneiden, Laserbrennschneiden.

17 Welche Lasertypen werden vorzugsweise für Schneidaufgaben eingesetzt?

18 Wie beurteilen Sie die Laserleistung im Dauerstrich- bzw. im Pulsbetrieb?

19 Bei welchen Werkstoffen (Metalle – Nichtmetalle) führen Laserschneidverfahren zu guten Schneidergebnissen?

20 a) Verdeutlichen Sie die Funktion einer Koordinatenschneidmaschine.

    b) Differenzieren Sie die möglichen Arten der Steuerung des Schneidkopfes bzw. des Werkstückes.

21 Welche Arbeitsschutzmaßnahmen sind bei Betrieb einer Laseranlage unbedingt zu beachten?

Auszug aus dem Verzeichnis der Einzel-Unfallverhütungsvorschriften der gewerblichen Berufsgenossenschaften (VBG-Vorschriften)

VBG-Nr.	Bezeichnung der Vorschriften	VBG-Nr.	Bezeichnung der Vorschriften
BGI 743	Nitrose Gase beim Schweißen, Schneiden	VBG 7n 5.2	Hydraulische Pressen
		VBG 7n 5.3	Spindelpressen
VBG 4	Elektrische Anlagen und Betriebsmittel	VBG 7n 8	Druckgießmaschinen
		VBG 7x	Walzwerke
VBG 5	Kraftbetriebene Arbeitsmittel	VBG 7ac	Spritzgießmaschinen
VBG 7e	Draht	VBG 24	Lacktrockenöfen
VBG 7n	Metallbearbeitung	VBG 32	Gießereien
VBG 7n 2	Metallbearbeitung; Scheren	VBG 93	Laserstrahlung
VBG 7n 5.1	Exzenter- und verwandte Pressen	BGV B3	Lärm

Sachwortverzeichnis

Normenverzeichnis

---

* zurückgezogen